丛 书 总 主 编　陈宜瑜
丛书副总主编　于贵瑞　何洪林

中国生态系统定位观测与研究数据集

森林生态系统卷

广东鼎湖山站
（1998—2018）

张倩媚　刘世忠　褚国伟　主编

中国农业出版社
北　京

中国生态系统定位观测与研究数据集

中国生态系统定位观测与研究数据集
森林生态系统卷·广东鼎湖山站

编 委 会

主　编　张倩媚　刘世忠　褚国伟

副主编　刘菊秀　周国逸　张德强　李跃林
　　　　刘效东

编　委　（按拼音顺序排列）

陈越豪　褚国伟　戴雨航　范宗骥

龚文璇　黄忠良　李跃林　刘菊秀

刘佩伶　刘世忠　刘效东　孟　泽

莫定升　吴东海　向传银　杨月娣

张德强　张倩媚　周国逸　邹　顺

PREFACE 1
序 一

进入20世纪80年代以来，生态系统对全球变化的反馈与响应、可持续发展成为生态系统生态学研究的热点，通过观测、分析、模拟生态系统的生态学过程，可为实现生态系统可持续发展提供管理与决策依据。长期监测数据的获取与开放共享已成为生态系统研究网络的长期性、基础性工作。

国际上，美国长期生态系统研究网络（US LTER）于2004年启动了Eco Trends项目，依托US LTER站点积累的观测数据，发表了生态系统（跨站点）长期变化趋势及其对全球变化响应的科学研究报告。英国环境变化网络（UK ECN）于2016年在*Ecological Indicators*发表专辑，系统报道了UK ECN的20年长期联网监测数据推动了生态系统稳定性和恢复力研究，并发表和出版了系列的数据集和数据论文。长期生态监测数据的开放共享、出版和挖掘越来越重要。

在国内，国家生态系统观测研究网络（National Ecosystem Research Network of China，简称CNERN）及中国生态系统研究网络（Chinese Ecosystem Research Network，简称CERN）的各野外站在长期的科学观测研究中积累了丰富的科学数据，这些数据是生态系统生态学研究领域的重要资产，特别是CNERN/CERN长达20年的生态系统长期联网监测数据不仅反映了中国各类生态站水分、土壤、大气、生物要素的长期变化趋势，同时也能为生态系统过程和功能动态研究提供数据支撑，为生态学模型的验证和发展、遥感产品地面真实性检验提供数据支撑。通过集成分析这些数据，CNERN/CERN 内外的科研人员发表了很多重要科研成果，支撑了国家生态文明建设的重大需求。

近年来，数据出版已成为国内外数据发布和共享，实现“可发现、可访问、可理解、可重用”（即 FAIR）目标的重要手段和渠道。CNERN/CERN 继 2011 年出版“中国生态系统定位观测与研究数据集”丛书后再次出版新一期数据集丛书，旨在以出版方式提升数据质量、明确数据知识产权，推动融合专业理论或知识的更高层级的数据产品的开发挖掘，促进 CNERN/CERN 开放共享由数据服务向知识服务转变。

该丛书包括农田生态系统、草地与荒漠生态系统、森林生态系统以及湖泊湿地海湾生态系统共 4 卷（51 册）以及森林生态系统图集 1 册，各册收集了野外台站的观测样地与观测设施信息，水分、土壤、大气和生物联网观测数据以及特色研究数据。本次数据出版工作必将促进 CNERN/CERN 数据的长期保存、开放共享，充分发挥生态长期监测数据的价值，支撑长期生态学以及生态系统生态学的科学研究工作，为国家生态文明建设提供支撑。

孙鸿烈

2021 年 7 月

PREFACE 2
序 二

科学数据是科学发现和知识创新的重要依据与基石。大数据时代，科技创新越来越依赖于科学数据综合分析。2018 年 3 月，国家颁布了《科学数据管理办法》，提出要进一步加强和规范科学数据管理，保障科学数据安全，提高开放共享水平，更好地为国家科技创新、经济社会发展提供支撑，标志着我国正式在国家层面加强和规范科学数据管理工作。

随着全球变化、区域可持续发展等生态问题的日趋严重以及物联网、大数据和云计算技术的发展，生态学进入“大科学、大数据”时代，生态数据开放共享已经成为推动生态学科发展创新的重要动力。

国家生态系统观测研究网络（National Ecosystem Research Network of China，简称 CNERN）是一个数据密集型的野外科技平台，各野外台站在长期的科学研究中，积累了丰富的科学数据。2011 年，CNERN 组织出版了“中国生态系统定位观测与研究数据集”丛书。该丛书共 4 卷、51 册，系统收集整理了 2008 年以前的各野外台站元数据，观测样地信息与水分、土壤、大气和生物监测以及相关研究成果的数据。该丛书的出版，拓展了 CNERN 生态数据资源共享模式，为我国生态系统研究、资源环境的保护利用与治理以及农、林、牧、渔业相关生产活动提供了重要的数据支撑。

2009 年以来，CNERN 又积累了 10 年的观测与研究数据，同时国家生态科学数据中心于 2019 年正式成立。中心以 CNERN 野外台站为基础，生态系统观测研究数据为核心，拓展部门台站、专项观测网络、科技计划项目、科研团队等数据来源渠道，推进生态科学数据开放共享、产品加工和分析应用。为了开发特色数据资源产品、整合与挖掘生态数据，国家生态科学数据中心立足国家野外生态观测台站长期监测数据，组织开展了新一版的观测与研究数据集的出版工作。

本次出版的数据集主要围绕“生态系统服务功能评估”“生态系统过程与变化”等主题进行了指标筛选，规范了数据的质控、处理方法，并参考数据论文的体例进行编写，以翔实地展现数据产生过程，拓展数据的应用范围。

该丛书包括农田生态系统、草地与荒漠生态系统、森林生态系统以及湖泊湿地海湾生态系统共 4 卷（51 册）以及图集 1 本，各册收集了野外台站的观测样地与观测设施信息，水分、土壤、大气和生物联网观测数据以及特色研究数据。该套丛书的再一次出版，必将更好地发挥野外台站长期观测数据的价值，推动我国生态科学数据的开放共享和科研范式的转变，为国家生态文明建设提供支撑。

2021 年 8 月

FOREWORD 前言

广东鼎湖山森林生态系统国家野外科学观测研究站（National Scientific Observation and Research Field Station of Dinghushan Forest Ecosystem in Guangdong），简称鼎湖山站，英文代码 DHF。鼎湖山站建立于 1978 年，以季风常绿阔叶林及其演替系列为监测对象，在资源调查、野外观测和科学研究诸方面均获得了长足进展。随着观测手段和技术的进步，近年来鼎湖山站发展迅速，在野外观测方面获得了大量的第一手数据资料。

鼎湖山站一直遵循中国生态系统研究网络（Chinese Ecosystem Research Network，CERN）和国家生态系统观测研究网络（Chinese National Ecosystem Research Network，CNERN）的操作规程，观测和数据采集严格按照监测指标体系和规范进行，并对所有长期监测数据及研究数据进行过多次系统整理。

CNERN 曾组织各野外台站对 2008 年以前的长期联网观测数据与研究数据进行整理，并于 2011 年出版了“中国生态系统定位观测与研究数据集”丛书，《森林生态系统卷——广东鼎湖山站》数据时间 1998—2008 年。数据集的出版拓展了 CNERN 生态数据资源共享的模式，为我国生态系统研究和相关生产活动提供了重要的数据支持。

10 年间（2009—2018 年），CNERN 又积累了大量观测与研究数据。这期间大数据兴起，以国家生态服务评估、大尺度生态过程和机理研究等重大需求为导向，CNERN数据共享需要从特色数据资源产品开发、生态数据深度服务等方面建设。

鼎湖山站数据主要围绕“生态系统服务功能评估”“生态类型的生态系统过程与变化”等主题，以出版数据集的形式发布联网观测数据产品与台站特色研究数据产品，并参考数据论文的体例编写，增加数据的可解释性和可重用性。期望从内容和形式上能够上一个台阶，能够形成一系列的数据产品。本次出版的数据集整合了之前已经出版过的数据，时间范围为1998—2018年，为更长时间尺度上的森林经营管理、生态学研究和生态服务功能评估等提供重要数据支撑。

《中国生态系统定位观测与研究数据集·森林生态系统卷·广东鼎湖山站（1998—2018）》依据森林生态系统卷的编写指南编撰，按照数据来源清楚、原始记录连续系统、数据质量可靠、标准规范统一等原则整编。以整理、收集和共享台站的监测和研究数据的精华为宗旨，对大量野外实测数据采取月统计、年统计或求平均及标准差等方式汇总。鼎湖山站所有的数据资源元数据可通过鼎湖山网站的数据资源服务板块获取，本书内容涵盖实物资源的观测场地和设施描述，水、土、气、生等的连续观测数据与部分研究数据，行政资源的论文、项目、学生毕业论文、授权专利与新品种及集体和个人获奖目录等（至2019年12月）。

本书第1章引言由张倩媚、刘菊秀、周国逸、张德强撰写；第2章场地设施由张倩媚、刘世忠、褚国伟整编；第3章生物数据由刘世忠、邹顺整编，土壤数据由褚国伟、刘菊秀、李跃林整编，水分数据由刘效东、张倩媚、刘佩伶整编，气象数据由张倩媚、孟泽、刘效东、刘佩伶、戴雨航整编；第4章台站特色数据由黄忠良、李跃林、范宗骥整编，管理数据由张倩媚、龚文璇整编。全书由张倩媚统稿，刘菊秀、周国逸、张德强审核。孟泽、莫定升、吴东海、杨月娣、向传银等提供第一手监测数据，陈越豪修正了部分图片。虽然我们对数据进行了认真统计和校核，力求合理准确，但由于收集数据时间长，仪器有所更新，数据量庞大、种类繁多，篇幅限制，编辑时间仓促，书中错漏之处在所难免，敬请批评指正。该数据集的出版得到“国家生态网络台站长期观测及数据信息建设项目”的资助。

本数据集可供科研院所、大专院校和相关研究领域的广大科技工作者和研究生参考使用，如果在数据使用过程中存在疑虑或者尚需共享其他未列出的数据，请登录鼎湖山网站（http：//dhf. cern. ac. cn）查询、申请、下载相关数据，如有引用，请标注“广东鼎湖山森林生态系统国家野外科学观测研究站提供（Data provided by Dinghushan Forest Ecosystem Research Station)”。

在此，对长期以来在我站进行过观测试验的专家学者表示崇高的敬意和衷心的感谢！特别是对那些长期坚守在野外，风雨无阻完成监测和实验任务的观测人员表示由衷的谢意！

编　者

2021 年 7 月

CONTENTS 目录

第1章 引言

1.1 台站简介

中国科学院鼎湖山森林生态系统定位研究站和广东鼎湖山森林生态系统国家野外科学观测研究站（简称鼎湖山站）于1978年建立，位于广东省肇庆市的中国科学院鼎湖山国家级自然保护区内，隶属中国科学院华南植物园，现为中国科学院生态系统研究网络、国家野外科学观测研究站、广东林业生态监测科技创新联盟、中国通量网、中国科学院大气本底观测网、国际氮沉降观测网成员及联合国教科文组织人与生物圈第17号定位站。鼎湖山站于2003年获广东省直属机关“青年文明号”，2006—2015年连续3个5年评估周期均被中国科学院评为优秀野外台站，2019年获国家站5年（2013—2017年）评估优秀站、广东省五一劳动奖状集体奖。

鼎湖山位于112°30′39″—112°33′41″E，23°09′21″—23°11′30″N的北回归线附近，拥有保存完好的有近400年历史的地带性顶极森林群落及丰富的过渡植被类型，被称为“北回归线上的绿色明珠”。

本区气候类型为南亚热带季风气候，破坏性灾害主要为雷暴和台风，对设备的破坏性极大。年均气温为20.8 ℃，年均降水量为1 950 mm，其中70%的降雨集中在4—9月；蒸发量约1 115 mm，地下水位深度约3 m，年平均湿度82%，年干燥度0.58；主要土壤类型为发育于砂页岩的赤红壤和山地黄壤；主要地貌地形为丘陵和低山，海拔大多在100～700 m，最高峰鸡笼山海拔1 000.3 m。

鼎湖山站的资源包括自然资源（森林、土壤、动物、微生物、水文、气候）、平台资源（基础设施、研究设施、实验设备、后勤服务等）、信息资源（背景资料、观测数据、研究数据、成果论文等）、人才资源等。鼎湖山站最早的群落调查始于1955年，最早的土壤调查始于1956年，最早的森林小气候观测始于1965年，大规模的本底调查是在1978年定位站建立之后开始的，而系统的环境监测工作是在1998年中国科学院生态系统研究网络建立之后开始的。悠久的历史资料是一笔宝贵的财富，为森林群落演替的研究、生物多样性的维持机制、生态系统对环境变化的响应与适应等研究提供了全面的数据支持和参考。

鼎湖山丰富的自然资源、完善的科研设施和深厚的科研积累为珠江三角洲地区、粤港澳大湾区的大、中、小学开展教学实习、科普教育等活动提供了丰富的素材。鼎湖山站的平台能力建设在国家野外科学观测研究站和中国科学院生态系统研究网络的大力支持下得到了显著的提高，基础设施完善、研究设施齐全、仪器设备先进，具备承担国家重大研究项目的能力和条件，也吸引了越来越多的国内外科研人员到鼎湖山站开展研究工作，平台资源得到充分利用。对外开放与数据共享的实行，更提升了知名度和影响力。

鼎湖山站毗邻珠江三角洲地区，东距广州100 km，交通便利，有高速公路和高铁直达；有实验用房1 500 m^2，设有土壤、水文、气象等实验室；有客座公寓2座，标准客房40多间；越野车1台，商务车1台；建有气象场1个，碳通量观测场3个，大气本底观测站1个，大型集水区2个，不同演替系列森林的永久样地、封闭型径流场、氮沉降实验平台、酸沉降实验平台、垂直位移增温实验平台、降雨控制实验平台、树干液流实验平台等；通过近年的仪器修购项目，鼎湖山站增加了较多的仪器设备，现有温室气体分析仪、碳同位素分析仪、液态水和水汽同位素分析仪、全自动氧弹热量计、全自动化学分析仪、水体碳氮分析仪、紫外-可见分光光度计等室内分析仪器，及 LI-6400 光合测定系统、便携式多参数水质分析仪、土壤温湿度自动观测系统、地表蒸散观测设备、植被 CO_2 和 CH_4 同位素通量廓线分析系统、植被高光谱观测系统、热扩散植物茎流计、土壤（CO_2、CH_4、N_2O）通量原位观测系统、气象辐射观测设备等野外观测设备，共约 300 台（套）。

鼎湖山站于 2017 年开始，自主研发了野外台站综合运营管理系统（http：//dhf. scib. ac. cn/），包括了数据大屏（适时展示每日、每月、每年产生的数据量及 VR 场地实景展示）、采样地（场地、样地）、项目（模板、活动等）、数据（浏览、采集、审核、转化、配置）、实验室管理、设备（仪器和观测设施）、数据授权、机采管理、系统管理（用户、角色、部门、运行报告、机采活动配置、各种日志、通知管理）等栏目，还开发了人工数据采集 App，很大程度上提升了数据管理的时效、精准、纠错、共享、分析等能力。

鼎湖山站已建设成为拥有良好的实验样地、设施、仪器设备、实验室及后勤保障条件的国际科研平台。

1.2 历史沿革

1956 年，通过全国人大立法，建立我国第一个国家级自然保护区，也是唯一的隶属中国科学院的保护区——鼎湖山国家级自然保护区。

1978 年，建立鼎湖山站。

1979 年，鼎湖山国家级自然保护区加入联合国教科文组织人与生物圈保护区网，成为国际第 17 号生物圈保护区。

1991 年，鼎湖山站加入中国科学院中国生态系统研究网络。

1999 年，鼎湖山站加入首批科技部国家野外科学观测试验站试点站。

2002 年，鼎湖山站纳入中国科学院国家通量观测网。

2003 年，鼎湖山站纳入中国科学院大气本底观测网。

2006 年，鼎湖山站被科技部命名为广东鼎湖山森林生态系统国家野外科学观测研究站。

2006 年，鼎湖山站加入国际氮沉降观测研究网络。

2020 年，鼎湖山站加入广东林业生态监测科技创新联盟。

1.3 研究方向

鼎湖山站以地带性森林生态系统演替过程与规律及其结构与功能为基本研究方向，进行碳、氮、磷、水循环及其耦合机制，森林生态系统对全球变化的响应、适应规律与调控机理等研究，探讨南亚热带生物多样性起源、维持及发展机理，以及自然保护区维护与持续发展模式。

主要研究内容：

①森林生态系统演替过程结构与功能、格局与过程相互关系的研究。

②森林生态系统碳、氮、磷、水循环及其耦合机制。

③森林生态系统对全球变化的响应、适应规律与调控机理。

④森林生态系统服务功能。

⑤全球变化背景下森林植物的响应与适应，以及基于植物重要功能性状探讨森林群落演替及其构建机制的研究。

⑥氮沉降全球化对森林生态系统结构和功能影响的研究。

1.4 研究成果与科学贡献

建站40多年来，鼎湖山站的科学研究先后经历了本底调查，群落结构、动态、生物量和生产力研究，生态系统结构与功能研究，生态系统关键过程及其耦合对全球变化的响应与适应性研究等阶段。以人类社会对水资源稳定而持续的需求，温室气体吸收与排放平衡的需求为驱动，将森林生态系统作为调控媒介，阐述其不同阶段（造林—成熟森林—地带性森林）所涉及的关键水碳循环过程及其机理，为人类社会和环境可持续发展提供科学支撑。主要科学贡献如下：

①发现成熟森林土壤可持续积累有机碳并阐述其机理，论证全球“碳失汇”的可能去向和天然林保护的必要性，为国家气候谈判提供科学分析和数据支撑。

②发现全球环境变化背景下，常绿阔叶林群落的变化趋势并阐述其机理，为国家应对全球变化决策提供支撑，为该区域生态公益林建设、改造、维护提供支撑。

③发现气候与地表覆盖对河川径流量影响的全球模式，划分出适合植被恢复且不损害水资源的空间区域。

依托鼎湖山站开展的科学研究取得了丰硕的成果，原站长周国逸曾代表中国参加第21届联合国气候变化大会（巴黎气候大会）边会，具有重要的国际影响力。

至2019年年底，鼎湖山站共参与完成专著近30篇部，发表论文1 000多篇，其中SCI论文近400篇，包括*Science*、*National Science Review*、*Science Advances*、*Nature Communications*、*PNAS*、*New Phytologist*、*Ecology*、*Ecology Letters*、*Global Change Biology*等全球著名学术刊物，鼎湖山站编辑出版了《热带亚热带森林生态系统研究》论文集（共9集），积累了大量的监测、研究数据。荣获国家自然科学二等奖1项，广东省自然科学一、二等奖8项，中国基础研究十大新闻1项，主持中科院先导专项课题2项、子课题多项，国家自然科学基金重点项目3项，国家杰出青年科学基金3项，国家优秀青年科学基金1项，国家基金国际合作项目1项，国家重点基础研究发展计划（973计划）课题2项，中科院百人计划课题4项，中科院重要方向性项目，中科院创新人才前沿项目，广东省团队项目等。1998年开始定期发行的《鼎湖山之窗》站刊（半年一期），详细记载了鼎湖山站的科研进展、学术交流、监测活动、信息管理、人才培养、基础设施建设、科普活动以及保护区的保护与管理等内容，已成为鼎湖山站的宣传品牌。

1.5 人才培养与队伍建设

鼎湖山站包含生态系统生态学、生态系统管理、全球变化与植物功能性状研究、生态系统化学计量及其生态功能、陆面生物地球化学循环、进化与生态基因组学等多个研究方向，是中国科学院华南植物园“十三五”科研发展规划和“一三五”发展重点突破的主要完成单元。现有研究人员21人、技术支撑人员5人、辅助人员8人、科研助理5人。有百人计划3人，杰出青年3人，优秀青年1人，“中国科学院特聘研究员”计划特聘核心骨干1人、特聘研究员2人，珠江科技新星2人，中科院青年创新促进会3人（其中优秀会员1人），广东省特支计划人才5人次等。分别荣获广东省“五一劳动奖章”、中国生态系统研究网络科技贡献奖（2人）、南粤百杰（2人）、广东省丁颖科技奖、全国五一劳动奖章、全国优秀科技工作者等个人称号。

至2019年，已培养毕业研究生115人，其中博士60人、硕士55人，出站博士后12人。学生有60多人次获得优秀博士论文、院长优秀奖、国家奖学金、三好学生标兵及各种冠名奖，30多人有国外交流学习经历。毕业生中，有百人计划3人，中科院研究所所级干部2人，正高职称近20人、副高职称 60 多人。2019 年，在读研究生 51 人，其中博士 22 人，硕士 29 人，在站博士后 15 人。

1.6 开放与交流

鼎湖山站独特的区位优势、完善的平台设施、丰富的研究积累和卓越的成果产出吸引了越来越多的国内外科研人员到鼎湖山寻求合作研究和开展学术交流。鼎湖山站已派出上百人次科研人员、研究生出国进修、合作研究、考察或参加国际会议等。与美国、德国、日本、丹麦、澳大利亚、法国、加拿大、肯尼亚等 20 多个国家的科研院校建立了长期合作研究和联合培养研究生计划。中国科学院地理与资源研究所、植物研究所、大气物理研究所、遥感应用研究所、南京土壤研究所、沈阳应用生态研究所，广州地球化学研究所，华南环境科学研究所、广东省林业科学研究院，北京大学，南京信息工程大学，南京林业大学，厦门大学，中山大学，暨南大学，华南师范大学，华南农业大学，广州大学，广东工业大学，福建农林大学，南宁师范学院等 20 多家科研院校、企事业单位在鼎湖山长期开展科研工作。

鼎湖山站是国家科技基础条件平台的组成之一，数据资源对站内完全共享，对站外有条件共享，行政和实物资源也对国内外相关人员开放，实行来访登记、数据使用跟踪，发挥平台更大作用。成功举办或承办了多期各种类型的国际、国内学术研讨会或培训班。

据不完全统计，2015 年 9 月至 2020 年 12 月，鼎湖山站信息平台（http：//dhf. cern. ac. cn/）访问量约 460 000 人次，下载量超过 100GB。每年线下线上为国内外科研院所、高等院校、中小学校、政府部门、企业等 100 多家单位，提供数据服务 400 多次。接待外单位从事科学研究的团队 60 多批约 800 人次。接待大学生教学实习 10 多批 1 500 人次，生态考察人员约 6 000 人次，中小学生及公众科普受众 20 000 人次以上，逐年呈稳步上升态势。

第2章

主要场地与观测设施

2.1 概述

鼎湖山站长期定位观测的森林植被类型主要有4种，分别为季风常绿阔叶林（简称季风林）、针阔叶混交林（简称针阔Ⅰ、针阔Ⅱ、针阔Ⅲ、针阔Ⅳ号）、马尾松针叶林（简称松林）、山地常绿阔叶林（简称山地林），各主要样地的空间位置如图2-1所示。场地主要介绍使用时间≥10年的长期或永久样地，包括联网观测各类观测场和生态站长期观测、研究、试验样地；观测设施主要介绍面积≥2 m^2，或高度≥2 m，或有特色的大中型长期观测实验设施。

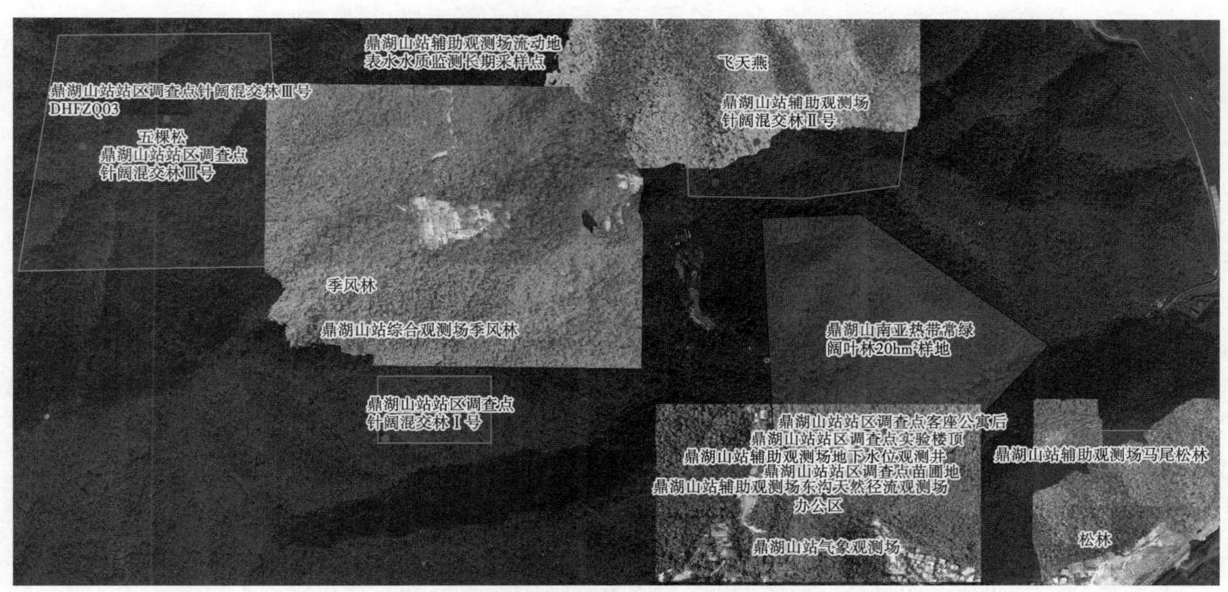

图2-1 鼎湖山站科研、生活和野外观测设施布局图

鼎湖山站共有19个观测场地，其中包括1个站区整体（用于在站区范围内的整体调查，以及没有具体位置的调查、采样的场地代码）、1个综合观测场（季风林）、6个辅助观测场（松林、针阔Ⅱ号、流动地表水、静止地表水、东沟集水区、地下水井等）、7个站区调查点（针阔Ⅰ号、针阔Ⅲ号、针阔Ⅳ号、山地林、苗圃地、客座公寓后、20 hm^2 大样地）、1个气象观测场（图2-2），另有不在鼎湖山站区范围的3个观测场地（5个实验场地），包括河南鸡公山、广东英德石门台林冠层氮添加实验平台，华南植物园科研区实验温室，华南植物园科研区氮水添加实验平台，华南植物园游览区碳通量观测平台等。

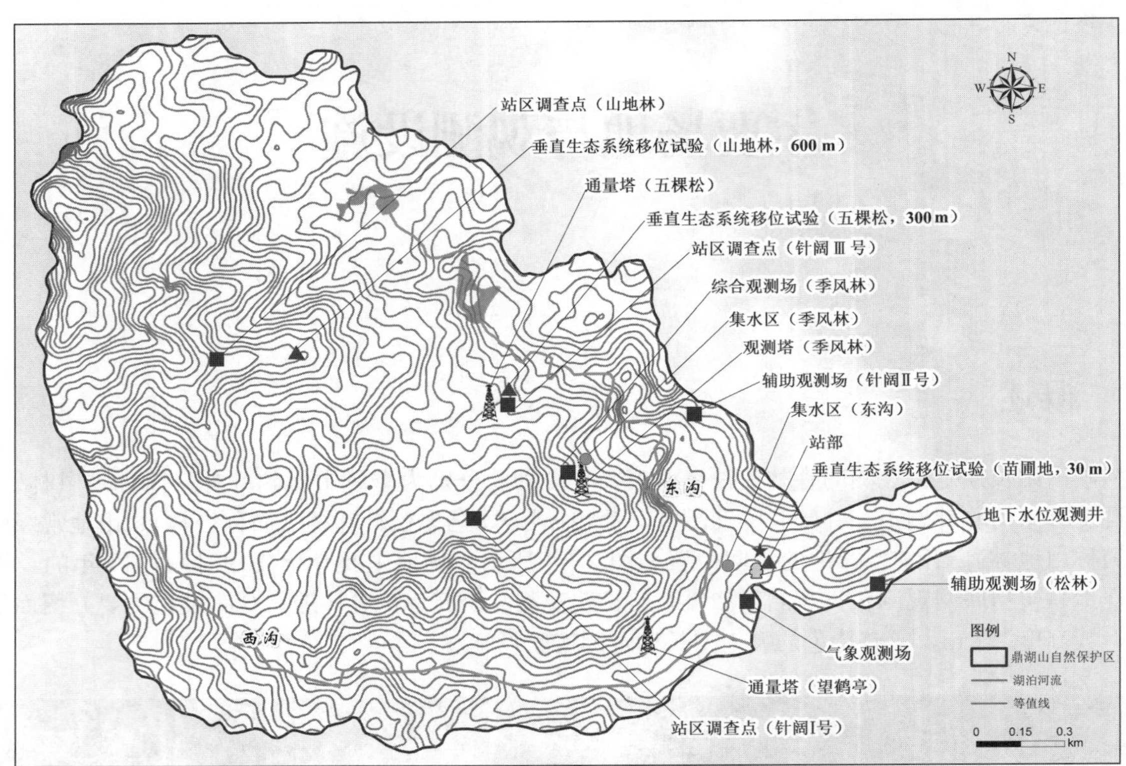

图 2-2 鼎湖山站区主要场地的空间位置图

场地内包含采样地、水土气生监测设施和实验设施。

监测设施：鼎湖山站全部监测、采样、长期观测设施。在 19 个观测场地中，生物监测有永久样地（6 个）、凋落物收集框（5 个林分别有 10～15 个框）、物候在线自动观测系统（2 个林 4 套）；水分监测有土壤水分监测系统［时域反射仪（TDR）5 个林 7 套］、烘干法测水分设施（4 个林）、地下水位观测井（4 个）、东沟与季风林集水区地表径流观测设施（各 1 套）、穿透降水设施（4 个林各 3 套）、树干径流设施（4 个林）、枯枝落叶含水量设施（4 个林）；气象监测有人工和自动观测设施（各 1 套）、土壤水分监测设施（1 套），雨水采集设施（1 套）、水面蒸发人工观测设施（1 套）。另有长期监测的通量塔 3 套（含蒸散）、大气本底观测 1 套、森林小气候梯度观测塔 1 座、塔吊 1 座；土壤监测在 5 个破坏性样地中进行；还有多个小气象站和 E 601 型水面蒸发器等较小型设施。

实验设施：分布在不同森林演替阶段的各场地中的实验设施。包括氮沉降模拟设施 3 套，氮、磷耦合模拟设施 3 套，酸沉降模拟设施 3 套，垂直位移增温开顶箱（Open-Top-Chamber，OTC）3 套，树干液流测定设施 5 套，林外大气降雨测定设施 3 套，降水格局改变测定设施 1 套，封闭型功能径流场 3 套，林冠氮雨喷淋平台 2 套，华南植物园温室 1 套，华南植物园氮水交互平台实验设施 1 套，常绿阔叶林大样地 1 套。

按表 2-1 的顺序列表和介绍。

表 2-1　鼎湖山站场地和设施一览表

序号	场地代码	场地名称	设施名称	设施代码
场地				
1	DHFZQZT	鼎湖山站站区整体	鼎湖山站站区整体植物物种调查	DHFZQZT _ 01
2			鼎湖山站站区整体动物物种调查	DHFZQZT _ 02
3			鼎湖山站站区整体大型真菌调查	DHFZQZT _ 03
4			鼎湖山站站区社会经济状况调查	DHFZQZT _ 04
5			鼎湖山站站区整体森林病虫害和自然灾害记录	DHFZQZT _ 05
6			鼎湖山站大气本底自动观测设施	DHFZQZT _ DQBD
7	DHFZH01	鼎湖山站综合观测场季风林	鼎湖山站综合观测场季风林永久样地	DHFZH01A00
8			鼎湖山站综合观测场季风林破坏性采样地	DHFZH01B00
9			鼎湖山站综合观测场季风林土壤水分观测	DHFZH01CTS
10			鼎湖山站综合观测场季风林烘干法采样地	DHFZH01CHG
11			鼎湖山站综合观测场季风林集水区径流观测场	DHFZH01CRJ
12			鼎湖山站综合观测场季风林树干径流观测	DHFZH01CSJ
13			鼎湖山站综合观测场季风林穿透降水观测设施	DHFZH01CCJ
14			鼎湖山站综合观测场季风林枯枝落叶含水量观测	DHFZH01CKZ
15			鼎湖山站综合观测场季风林森林小气候梯度观测塔	DHFZH01 _ QX
16			鼎湖山站综合观测场季风林凋落物观测设施	DHFZH01DLW
17			鼎湖山站综合观测场季风林物候观测设施	DHFZH01WH _ 01
18			鼎湖山站综合观测场季风林生长节律在线自动观测系统	DHFZH01WH _ 02
19	DHFFZ01	鼎湖山站辅助观测场马尾松林	鼎湖山站辅助观测场马尾松林永久样地	DHFFZ01A00
20			鼎湖山站辅助观测场马尾松林破坏性采样地	DHFFZ01B00
21			鼎湖山站辅助观测场马尾松林土壤水分观测	DHFFZ01CTS
22			鼎湖山站辅助观测场马尾松林烘干法采样地	DHFFZ01CHG
23			鼎湖山站辅助观测场马尾松林树干径流观测	DHFFZ01CSJ
24			鼎湖山站辅助观测场马尾松林穿透降水观测设施	DHFFZ01CCJ
25			鼎湖山站辅助观测场马尾松林枯枝落叶含水量观测	DHFFZ01CKZ
26			鼎湖山站辅助观测场马尾松林凋落物观测设施	DHFFZ01DLW
27	DHFFZ02	鼎湖山站辅助观测场针阔混交林Ⅱ号	鼎湖山站辅助观测场针阔混交林Ⅱ号永久样地	DHFFZ02A00
28			鼎湖山站辅助观测场针阔混交林Ⅱ号破坏性采样地	DHFFZ02B00
29			鼎湖山站辅助观测场针阔混交林Ⅱ号土壤水分观测	DHFFZ02CTS
30			鼎湖山站辅助观测场针阔混交林Ⅱ号烘干法采样地	DHFFZ02CHG
31			鼎湖山站辅助观测场针阔混交林Ⅱ号树干径流观测	DHFFZ02CSJ
32			鼎湖山站辅助观测场针阔混交林Ⅱ号穿透降水观测设施	DHFFZ02CCJ
33			鼎湖山站站区辅助观测场混交林Ⅱ号枯枝落叶含水量观测	DHFFZ02CKZ
34			鼎湖山站辅助观测场针阔混交林Ⅱ号凋落物观测设施	DHFFZ02DLW
35			鼎湖山站辅助观测场针阔混交林Ⅱ号塔吊	DHFFZ02YJ _ TD

（续）

序号	场地代码	场地名称	设施名称	设施代码
36	DHFZQ01	鼎湖山站站区调查点针阔混交林Ⅰ号	鼎湖山站站区观测点针阔混交林Ⅰ号永久样地	DHFZQ01A00
37			鼎湖山站站区调查点针阔混交林Ⅰ号破坏性采样地	DHFZQ01B00
38			鼎湖山站站区调查点针阔混交林Ⅰ号土壤水分观测	DHFZQ01CTS
39			鼎湖山站站区调查点针阔混交林Ⅰ号烘干法采样地	DHFZQ01CHG
40			鼎湖山站站区调查点针阔混交林Ⅰ号树干径流观测	DHFZQ01CSJ
41			鼎湖山站站区调查点针阔混交林Ⅰ号穿透降水观测	DHFZQ01CCJ
42			鼎湖山站站区调查点针阔混交林Ⅰ号枯枝落叶含水量观测	DHFZQ01CKZ
43			鼎湖山站站区调查点针阔混交林Ⅰ号凋落物观测设施	DHFZQ01DLW
44	DHFZQ02	鼎湖山站站区调查点山地常绿阔叶林	鼎湖山站站区调查点山地常绿阔叶林永久样地	DHFZQ02A00
45			鼎湖山站站区调查点山地常绿阔叶林土壤水分观测	DHFZQ02CTS
46	DHFZQ03	鼎湖山站站区调查点针阔混交林Ⅲ号	鼎湖山站站区调查点针阔混交林Ⅲ号永久样地	DHFZQ03A00
47			鼎湖山站站区调查点针阔混交林Ⅲ号破坏性采样地	DHFZQ03B00
48			鼎湖山站站区调查点针阔混交林Ⅲ号通量观测系统平台	DHFZQ03SY _ TTL
49			鼎湖山站站区调查点针阔混交林Ⅲ号蒸散观测系统	DHFZQ03SY _ 02
50				DHFZQ03DLW
51			鼎湖山站站区调查点针阔混交林Ⅲ号生长节律在线自动观测	DHFZQ03WH _ 02
52	DHFZQ04	鼎湖山站站区调查点针阔混交林Ⅳ号	鼎湖山站站区调查点针阔混交林Ⅳ号通量观测系统平台	DHFZQ04SY _ TTL
53	DHFZQ10	鼎湖山南亚热带常绿阔叶林20 hm^2样地		
54	DHFFZ10	鼎湖山站辅助观测场流动地表水水质监测长期采样点		
55	DHFFZ11	鼎湖山站辅助观测场静止地表水水质监测长期采样点		
56	DHFFZ12	鼎湖山站辅助观测场东沟天然径流观测场		
57	DHFFZ13	鼎湖山站辅助观测场地下水位观测井	鼎湖山站辅助观测场地下水位观测井——旧井、新井、宿舍区、濒危园	DHFFZ13CDX _ 01～DHFFZ13CDX _ 04
58	DHFQX01	鼎湖山站气象观测场	鼎湖山站自动、人工气象观测站	DHFQX01 _ 01～DHFQX01 _ 02
59			鼎湖山站气象观测场土壤水分观测	DHFQX01CTS
60			鼎湖山站气象观测场水面蒸发量人工观测	DHFQX01CZF
61			鼎湖山站气象观测场雨水采集装置	DHFQX01CYS

（续）

序号	场地代码	场地名称	设施名称	设施代码
62	DHFSY01	河南鸡公山林冠模拟氮沉降和降雨实验样地	河南信阳鸡公山站林冠氮、雨喷淋平台	DHFSY01_DYPL
63	DHFSY02	广东英德石门台林冠模拟氮沉降实验样地	广东英德石门台站林冠氮、雨喷淋平台	DHFSY02_DYPL
64	DHFSY03	鼎湖山站广州华南植物园	鼎湖山站站区调查点华南植物园小青山通量观测系统平台	DHFSY03_TTL
65			鼎湖山站广州华南植物园降水改变和氮添加控制平台观测设施	DHFSY03_SD
66			鼎湖山站广州华南植物园实验温室	DHFSY03_WS
		实验设施		
67	DHFZH01	鼎湖山站综合观测场季风林	鼎湖山站综合观测场季风林酸沉降梯度控制实验设施	DHFZH01YJ_SCJ
68	DHFFZ01	鼎湖山站辅助观测场马尾松林	鼎湖山站辅助观测场马尾松林酸沉降梯度控制实验设施	DHFFZ01YJ_SCJ
69	DHFFZ02	鼎湖山站辅助观测场针阔混交林Ⅱ号	鼎湖山站辅助观测场针阔混交林Ⅱ号酸沉降梯度控制实验设施	DHFFZ02YJ_SCJ
70	DHFZH01	鼎湖山站综合观测场季风林	鼎湖山站综合观测场季风林氮沉降实验设施	DHFZH01YJ_DCJ
71	DHFFZ01	鼎湖山站辅助观测场马尾松林	鼎湖山站辅助观测场马尾松林氮沉降实验设施	DHFFZ01YJ_DCJ
72	DHFZQ04	鼎湖山站站区调查点针阔混交林Ⅳ号	鼎湖山站站区调查点针阔混交林Ⅳ号氮沉降实验设施	DHFZQ04YJ_DCJ
73	DHFZH01	鼎湖山站综合观测场季风林	鼎湖山站综合观测场季风林氮磷耦合实验设施	DHFZH01YJ_DLOH
74	DHFFZ01	鼎湖山站辅助观测场马尾松林	鼎湖山站辅助观测场马尾松林氮磷耦合实验设施	DHFFZ01YJ_DLOH
75	DHFZQ04	鼎湖山站站区调查点针阔混交林Ⅳ号	鼎湖山站站区调查点针阔混交林Ⅳ号氮磷耦合实验设施	DHFZQ04YJ_DLOH
76	DHFZQ02	鼎湖山站站区调查点山地常绿阔叶林	鼎湖山站站区调查点山地常绿阔叶林OTC实验设施	DHFZQ02YJ_OTC
77	DHFZQ03	鼎湖山站站区调查点针阔混交林Ⅲ号	鼎湖山站站区调查点针阔混交林Ⅲ号OTC实验设施	DHFZQ03YJ_OTC
78	DHFZQ06	鼎湖山站站区调查点苗圃地	鼎湖山站站区调查点苗圃地OTC实验设施	DHFZQ06YJ_OTC
79	DHFZH01	鼎湖山站综合观测场季风林	鼎湖山站综合观测场季风林降水控制实验设施	DHFZH01YJ_JSKZ
80	DHFZH01	鼎湖山站综合观测场季风林	鼎湖山站综合观测场季风林树干液流实验设施1	DHFZH01YJ_SGYL01
81	DHFZH01	鼎湖山站综合观测场季风林	鼎湖山站综合观测场季风林树干液流实验设施2	DHFZH01YJ_SGYL02
82	DHFZQ02	鼎湖山站站区调查点山地常绿阔叶林	鼎湖山站站区调查点山地林树干液流实验设施	DHFZQ02YJ_SGYL
83	DHFZQ03	鼎湖山站站区调查点针阔混交林Ⅲ号	鼎湖山站站区调查点针阔混交林Ⅲ号树干液流实验设施	DHFZQ03YJ_SGYL
84	DHFZQ05	鼎湖山站站区调查点客座公寓后	鼎湖山站站区调查点树干液流实验设施——客座公寓后	DHFZQ05YJ_SGYL
85	DHFZH01	鼎湖山站综合观测场季风林	鼎湖山站综合观测场季风林封闭型径流场	DHFZH01YJ_JSQ
86	DHFFZ01	鼎湖山站辅助观测场马尾松林	鼎湖山站辅助观测场马尾松林封闭型径流场	DHFFZ01YJ_JSQ

（续）

序号	场地代码	场地名称	设施名称	设施代码
87	DHFFZ02	鼎湖山站辅助观测场针阔混交林Ⅱ号	鼎湖山站辅助观测场针阔混交林Ⅱ号封闭型径流场	DHFFZ02YJ _ JSQ
88	DHFZH01	鼎湖山站综合观测场季风林	鼎湖山站综合观测场季风林林外大气降雨装置	DHFZH01YJ _ LGJY
89	DHFFZ01	鼎湖山站辅助观测场马尾松林	鼎湖山站辅助观测场马尾松林林外大气降雨装置	DHFFZ01YJ _ LGJY
90	DHFFZ02	鼎湖山站辅助观测场针阔混交林Ⅱ号	鼎湖山站辅助观测场针阔混交林Ⅱ号林外大气降雨装置	DHFFZ02YJ _ LGJY

2.2 主要场地和监测设施介绍

2.2.1 鼎湖山站站区整体（DHFZQZT）

鼎湖山站站区位于广东省肇庆市鼎湖区坑口镇，经度范围 112°30′39″—112°33′41″ E，纬度范围 23°09′21″—23°11′30″ N，总面积 1 155 hm^2，本区主要地形为丘陵和低山，海拔大多在 100～700 m，最高峰鸡笼山海拔 1 000.3 m。地带性土壤为赤红壤，母质或母岩为砂页岩，土层大部分厚 30～90 cm，表土（0～20 cm）有机质约 5%。鼎湖山国家级自然保护区国家 AAAAA 景区，游客众多。旅游区域单独划分，人为活动对森林植被有轻微影响。森林核心区远离旅游区域，基本不受人为活动干扰。

鼎湖山站站区整体拥有保存完好的地带性顶极森林群落——南亚热带季风常绿阔叶林，以及丰富的过渡植被类型，形成垂直带谱和演替序列，为森林生态系统演替过程与格局的研究，退化生态系统恢复与重建的参照提供了天然的理想研究基地。为便于管理，整个站区设置有综合观测场、辅助观测场、站区调查点、长期实验观测场、短期实验地等。长期进行生物、水分、土壤、气象、碳通量观测、大气本底监测，以及氮沉降、酸沉降、氮磷耦合、垂直移位增温 OTC、凋落物分解、倒木分解、降水控制等实验研究。

2.2.1.1 鼎湖山站站区整体植物物种调查（DHFZQZT _ 01）

1955 年、1978 年、1990 年分别对鼎湖山站站区及周边的植物种类进行了调查，网站数据库收集了 1978 年编印的《鼎湖山植物手册》2 429 条记录，网站数据集见 http：//dhf. cern. ac. cn/meta/detail/FAY001。不定期进行站区植物调查，后期数据变动较大，在本书 4.1.1 中收录了鼎湖山维管束植物名录（183 科 751 属 1 481 种）。黄忠良等（2019）出版了《鼎湖山野生植物》一书，共收集鼎湖山常见野生植物 178 科 707 属 1 320 种，对每一种植物均提供了简要特征和彩色照片。

2.2.1.2 鼎湖山站站区整体动物物种调查（DHFZQZT _ 02）

记录了 1980—1995 年对鼎湖山站站区进行的多次动物物种调查并已发表论文的部分。蝶类部分有习性方面的详细记录，其余只是名录（门、纲、目、科、种中文名和拉丁名）记载，共 1 103 条记录（http：//dhf. cern. ac. cn/meta/detail/FAY002）。新增物种信息有待收集整理。2019 年范宗骥等出版了《鼎湖山常见鸟类图鉴》，本书收录的部分数据在 4.1.2。

2.2.1.3 鼎湖山站站区整体大型真菌调查（DHFZQZT _ 03）

1980—1983 年和 1991—1994 年，广东省科学院微生物研究所对广东省的大型真菌进行了全面调查，收录了在鼎湖山站区内采集到的标本数据，共 892 条记录（http：//dhf. cern. ac. cn/meta/detail/FAY003）。暂时没有收集其他资料。

2.2.1.4 鼎湖山站站区社会经济状况调查（DHFZQZT _ 04）

了解当地社会经济状况，能更好地解释环境变化的过程。数据来源于肇庆市统计局官网（http：//www. zhaoqing. gov. cn/xxgk/tjxx/gjgb/index. html），2003—2018 年鼎湖山站数据见 http：//dhf. cern. ac. cn/meta/detail/FB13。

2.2.1.5　鼎湖山站站区整体森林病虫害和自然灾害记录（DHFZQZT _ 05）

站区范围内发生的较为严重的对森林生态系统或设备设施造成较大影响的病虫害和自然灾害等的记录，详见 http：//dhf. cern. ac. cn/meta/detail/FA35。

2.2.1.6　鼎湖山站大气本底自动观测设施（DHFZQZT _ DQBD）

鼎湖山区域大气本底观测站（简称大气本底站）隶属中科院中国生态系统研究网络大气本底观测子网，由鼎湖山站负责运行，中科院大气物理研究所中国生态系统研究网络大气分中心负责技术指导及设备的标定和样品的分析测定。

鼎湖山大气本底站于 2005 年 4 月建成投入运行。位于鼎湖山国家级自然保护区办公园区，112°32′38.40″ E，23°10′42.96″ N，海拔 30 m，气体采集管口集中位于实验楼 4 楼楼顶，离地面高度约 16 m，在大气本底站南面直线距离 200 m 处设有标准气象观测场（海拔 100 m），该观测场可作为环境要素的参照观测点，大气本底站方圆 20 km 范围无厂矿和工业园区。监测仪器设备集中安装在 4 楼监测室，面积 20 m^2，安装有空调和抽湿设备确保室内温度和湿度基本恒定，动力供应稳定，通讯光纤接入互联网，能实时监控。因大气本底站地处办公园区，维护与管理极为便利。

在线监测的仪器设备有 Thermo 43C SO_2 Analyer、Thermo 41C CO_2 Analyer、Thermo 42C $NO/NO_2/NO_x$ Analyer、Thermo 49C O_3 Analyer，此外，还有 Agilent 6820 气相色谱仪（采样测定 CH_4、N_2O）、大容量气溶胶采集器、干湿沉降采集装置等。

在线观测的指标有 O_3、SO_2、CO_2、NO_x 等；采样测定（采集样品寄北京中国生态系统研究网络大气分中心测定）的有每周 48h 仪器监测 CO、N_2O、CH_4；每周一天两次监测 CO、N_2O、CH_4、氟氯甲烷；每周 24h 滤膜采样细颗粒物（$PM_{2.5}$）、可吸入颗粒物（PM_{10}）、挥发性有机物（VOCs）、持久性有机污染物（POPs）、气溶胶及元素组成、干湿沉降及元素组成等。

2.2.2　鼎湖山站综合观测场季风林（DHFZH01）

综合观测场位于鼎湖山国家级自然保护区核心区——三宝峰。据史料记载，该山原无树木，1633 年起所有松杉为庆云寺僧人所栽，开始禁伐保护。1951 年起由政府接管，于 1956 年建立我国第一个自然保护区，于 1978 年建立定位站，至 2020 年已有 387 年的保护历史。样地植被保护良好，林分结构复杂，在此进行长期动态监测与研究，对了解森林生态系统的结构、功能，合理利用森林资源，改善环境具有重要意义，也是鼎湖山站一直以来的研究重点。

样地植被类型为亚热带季风常绿阔叶林，为本区地带性森林植被类型，面积约 22 018 hm^2。群落终年常绿，郁闭度约 95%。乔木层可分 3 层，灌木、草本各 1 层。乔木层郁闭度约 80%，优势种为锥（*Castanopsis chinensis*）、木荷（*Schima superba*）、厚壳桂（*Cryptocarya chinensis*）、肖蒲桃（*Syzygium acuminatissimum*）、云南银柴（*Aporosa yunnanensis*）等；灌木层盖度约 50%，优势种为香楠（*Aidia canthioides*）、柏拉木（*Blastus cochinchinensis*）、九节（*Psychotria asiatica*）、黄果厚壳桂（*Cryptocarya concinna*）等；草本层盖度约 40%，优势种为华山姜（*Alpinia oblongifolia*）、沙皮蕨（*Tectaria harlandii*）、金毛狗（*Cibotium barometz*）等，层间植物也比较丰富。

动物活动主要为野猪（*Sus scrofa*）、白鹇（*Lophura nycthemera*），影响程度轻微；除监测人员的活动外，也有其他项目研究人员进行野外工作，影响轻微。

季风常绿阔叶林综合观测场在 1978 年建立时是 2 000 m^2，于 1992 年扩大为 10 000 m^2，共有 100 m×100 m（投影面积）。海拔 230～350 m，观测内容包括生物、水分、土壤和气象，以及各种实验的设置。

地貌特征为位于低山的中坡，地面起伏不大，尚有少量裸露岩石，坡度 25°～35°，坡向东北（NE）。样地内有一个天然蚀沟，为集水区的建立提供了天然条件，集水面积为 77 000 m^2。

根据全国第二次土壤普查结果，土类和亚类均为赤红壤；根据中国土壤系统分类，属于强育湿润富铁土；土壤母质为砂页岩。土层大都在 30～90 cm，表土 0～20 cm 有机质 5%左右。土壤孔隙度较大，贮水性能较差。

破坏性灾害主要为雷暴和台风，在特大暴风雨的情况下，局部地方常有滑坡、崩塌等灾害发生，对样地和野外设施的破坏性极大。2002 年 8 月，因特大暴雨导致局部滑坡，集水区被冲垮；1986—1987 年，发生小范围虫害，导致样地内大部分黄果厚壳桂成树受害，2001 年左右，黄果厚壳桂几乎全部死亡，仅有少量幼苗存活。2018 年 6 月 8 日，特大暴雨导致洪水大爆发，冲垮了季风林集水区及部分研究设施；2018 年 9 月 14 日，遭遇了超强台风“山竹”，季风林永久样地及附近植被受损严重，很多树木被吹断或倒伏，树干液流实验样树被毁，树干流、穿透水等观测场地无法继续观测，重新布点观测并对季风林植被进行了全面调查。

1978 年，该样地前后无任何土地利用史，但由于实验研究长期在该样地进行，对样地的生态系统有一定的扰动和影响。2004 年起，除样地调查外，其他实验和采样均不在 1 hm^2 永久样地内进行。样地植被群落属演替顶极阶段，至今约有 400 年的历史。

在综合观测场附近的相近群落地段，近年增加了很多其他实验研究设施，包括氮沉降、氮磷耦合、酸沉降、径流场、树干液流、林外大气降雨、降水控制等，完善了鼎湖山站各项研究所需的野外实验条件。综合观测场季风林包括采样地和多套设施（表 2-1），由于鼎湖山站的实验设施大多设在松林、针阔林（有旱坑Ⅰ号、飞天燕Ⅱ号、五棵松Ⅲ号 3 个点）、季风林 3 个不同演替系列中，与季风林相关的统一在此介绍，其他林型不再重复叙述。

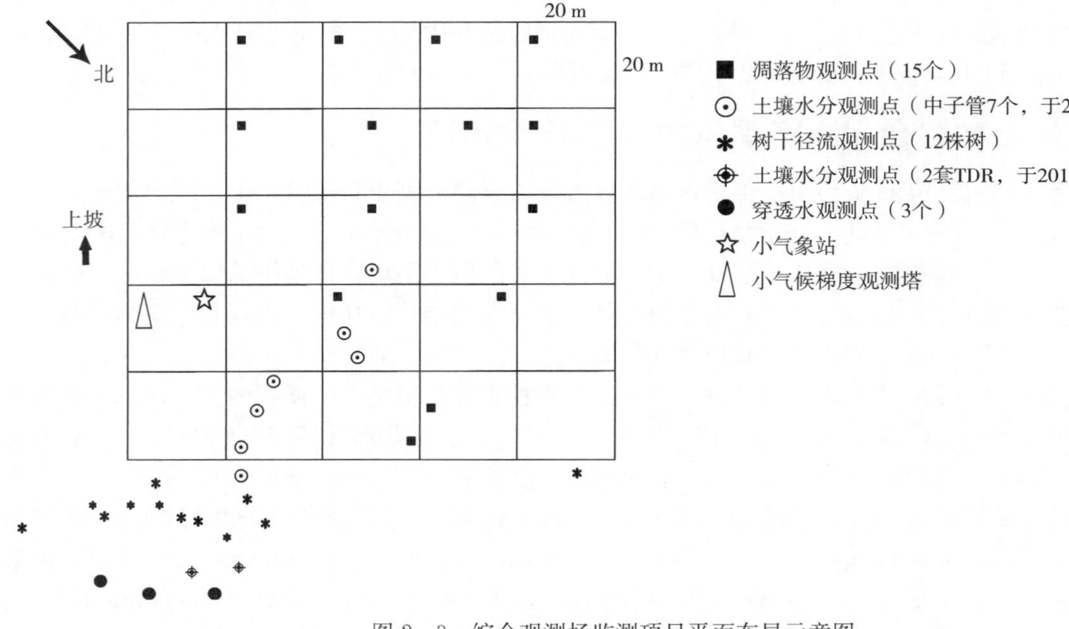

图 2-3　综合观测场监测项目平面布局示意图

图 2-3 为季风林样地的设施大致分布图，样地外围的植被类型与样地内的一致，为了便于观测，尽量减少对样地的破坏，把一些观测点设在样地外，只有小气候观测塔和凋落物观测在样地内（图中并不一定是确切位置）。

2.2.2.1　鼎湖山站综合观测场季风林永久样地（DHFZH01A00）

鼎湖山站永久样地包括：季风林、松林、针阔Ⅰ号、针阔Ⅱ号、针阔Ⅲ号、山地林 6 个。

季风林永久样地，海拔 230～350 m，坡向 NE（50°），1978 年建立时是 2 000 m^2，1992 年扩展

为10 000 m^2，样地中心点 112°32′21.12″ E，23°10′10.65″ N。左上角 112°32′21.71″ E，23°10′8.40″ N；右上角 112°32′18.96″E，23°10′10.37″ N；左下角 112°32′23.64″ E，23°10′11.27″ N；右下角 112°32′20.48″ E，23°10′13.00″ N。[①] 由于此样地植被类型是典型的常绿阔叶林，生物物种丰富，土壤类型代表性强，地势平坦，适合做土壤、生物观测样地。

生物监测内容主要包括：

①生境要素：植物群落名称、群落高度、水分状况、动物活动、人类活动、自然灾害、生长/演替特征土壤状况、气候条件、样地管理、周围环境等。

②乔木层每木调查：胸径（DBH）、高度、生活型、生物量。

③乔木层、灌木层、草本层物种组成：株数/多度、平均高度、平均胸径、盖度、生活型、生物量。

④树种的更新状况：实生数量、萌生数量、平均高度、平均基径。

⑤群落特征：分层特征、层间植物状况、叶面积指数。

⑥凋落物：月动态、现存量。

⑦优势乔灌草物候：出芽期、展叶期、首花期、盛花期、结果期、枯黄期等。

⑧优势植物和凋落物元素含量与热值：包括全碳、全氮、全磷、全钾、全硫、全钙、全镁、热值。

⑨鸟类种类与数量。

⑩动物种类与数量；包括大型野生动物、昆虫、大型土壤动物。

⑪土壤微生物生物量碳氮。

⑫生长节律在线自动观测系统：于 2017 年新增的群落优势乔灌木物候观测，在季风林气象观测塔和林外大气降雨观测塔安装了 1 套多光谱相机、4 部网络相机、1 套太阳能供电装置以及数据无线传输设备。每部网络相机每天 9：00 和 15：00 分别拍摄 1 张约 400 KB 的照片，多光谱相机每天 14：00 拍摄 5 张照片共约 9 MB，适时上传到生物分中心，可远程查看，下载图片数据。

生物采样采用机械布点，每次灌木草本调查的样方个数和面积稍有不同。样方编号见图 2－4，将 1 hm^2 样地分成 25 个 20 m×20 m 大样方，每个大样方再分成 4 个 10 m×10 m Ⅱ级样方，每个Ⅱ级样方再细分为 4 个 5 m×5 m 小样方。100 个 10 m×10 m 作乔木层每木调查（DBH≥1 cm）；每次在随机选定的 25 个Ⅱ级样方中选 1 个 5 m×5 m 样方作灌木样方调查，共 25 个；在灌木样方中随机围取 1 m×1 m 作草本层调查。

1 hm^2 样地分成 25 个 20 m×20 m 大样方分布

上坡

5	10	15	20	25
4	9	14	19	24
3	8	13	18	23
2	7	12	17	22
1	6	11	16	21

下坡

① 以面向山坡确定上、下、左、中、右等方位，全书同。

1 hm² 样地分成 100 个 10 m×10 m Ⅱ级样方分布

18	20	38	40	58	60	78	80	98	100
17	19	37	39	57	59	77	79	97	99
14	16	34	36	54	56	74	76	94	96
13	15	33	35	53	55	73	75	93	95
10	12	30	32	50	52	70	72	90	92
9	11	29	31	49	51	69	71	89	91
6	8	26	28	46	48	66	68	86	88
5	7	25	27	45	47	65	67	85	87
2	4	22	24	42	44	62	64	82	84
1	3	21	23	41	43	61	63	81	83

每个 20 m×20 m 大样方中的 5 m×5 m 小样方分布

1.4	2.4	3.4	4.4
1.3	2.3	3.3	4.3
1.2	2.2	3.2	4.2
1.1	2.1	3.1	4.1

每个 10 m×10 m Ⅱ级样方分成 4 个 5 m×5 m 小样方分布

2	4
1	3

图 2-4　综合观测场生物样方及编码示意图

2.2.2.2　鼎湖山站综合观测场季风林破坏性采样地（包括土壤水分特征常数采样，DHFZH01B00）

鼎湖山站破坏性采样地包括，季风林、松林、针阔Ⅰ号、针阔Ⅱ号、针阔Ⅲ号，土壤水分特征常数的采样地为季风林、松林、针阔Ⅱ号。

该样地位于永久样地下方，具有相同的环境及植被类型和种类，于 2004 年建立，中心坐标：112°32′23.14″ E，23°10′12.19″ N。

土壤监测内容主要包括：

①硝态氮、铵态氮、速效磷、速效钾、有机质、全氮、pH。

②缓效钾、阳离子交换量、土壤交换性阳离子（钙、镁、钾、钠）、有效钼、有效硫、容重、有机质、全氮、全磷、全钾、微量元素全量（硼、钼、锌、锰、铜、铁）。

③重金属（铬、铅、镍、镉、硒、砷、汞）、机械组成、土壤矿质全量（磷、钙、镁、钾、钠、铁、铝、硅、钼、钛、硫）、剖面容重等。

样方为 18 m×10 m 共 180 m²，长方形，划分为 6 个 5 m×6 m 小样方，编码为 DHFZH01ABC_02_A～DHFZH01ABC_02_F（图 2-5），每个小样方内用土钻按 S 形取 10 钻混合成 1 个样品，表层采样深度 0～20 cm，剖面采样深度 0～10、10～20、20～40、40～60、60～100 cm。其他林型破坏样地取样深度相同。并在其附近进行 10 年 1 次的森林生态系统土壤水分特征常数测定采样。

2	1	
4	3	路
6	5	

图 2-5　季风林土壤采样地示意图

2.2.2.3　鼎湖山站综合观测场季风林土壤水分观测（DHFZH01CTS）

1999 年开始，采用土壤水分观测中子仪法（使用北京超能科技 CNC503B 中子仪）进行观测，于 2016 年 6 月结束，包括季风林 7 根管，松林 3 根管、针阔Ⅰ号 3 根管、针阔Ⅱ号 3 根管、气象场 2 根管。

季风林 7 根中子管随机分布在永久样地以内及边缘的山坡上中下部，中心点坐标为 112°32′22″E，23°10′30″N，每 5 d 观测 1 次。按中国科学院生态系统研究网络统一规范编码。中子管埋入地下深度 90 cm，露出地面部分 25 cm，探测深度分别是 15、30、45、60、75、90 cm（其中 3 根管只能达到 75 cm）。

2014—2017 年，陆续更换为 TDR 进行水分观测。其中季风林 2 套、松林 1 套、针阔Ⅰ号 1 套、针阔Ⅱ号 2 套、山地林 1 套，共 5 个点 7 套。每套 10 个传感器，安装在 2 个土壤剖面里，安装深度为 5、10、20、30、50 cm（个别地点剖面只能挖到 40 cm 或 45 cm）。仪器每半小时自动采集 1 次土壤温度、湿度、电导率、介电常数，并自动统计每天数据，形成 2 个数据集上交，数据实时自动上传至水分分中心的服务器，台站人员可以通过互联网登录服务器，查看仪器运行情况和下载数据。

中子管和 TDR 分布如图 2-6 所示，中子管编号为 DHFZH01CTS _ 01 _ 01～DHFZH01CTS _ 01 _ 07。

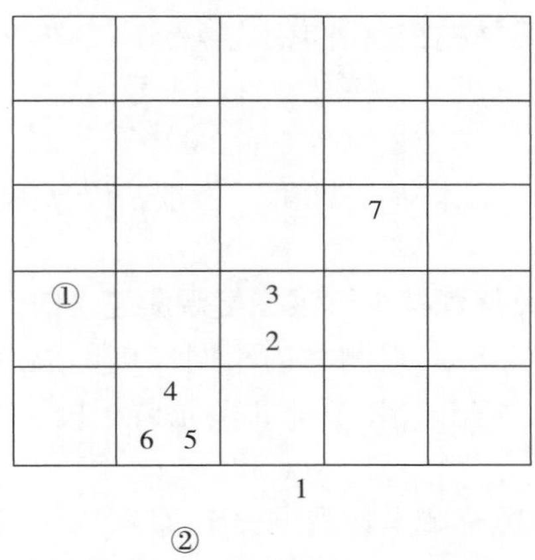

图 2-6　季风林中子管、TDR 采样点分布图

①、②：TDR　1～7：中子管（DHFZH01CTS _ 01 _ 01～DHFZH01CTS _ 01 _ 07）

2.2.2.4　鼎湖山站综合观测场季风林烘干法采样地（DHFZH01CHG）

烘干法采样地包括季风林、松林、针阔Ⅰ号、针阔Ⅱ号。所测的含水量具有代表性，能反映样地的平均含水量，并作为中子仪法的标定与校正。

1999 年至 2016 年 6 月前在中子管附近采样（不同年份、不同采样地点稍不一样，以水文数据土壤体积含水量表的描述为准），坐标为 112°32′22.85″E，23°10′11.56 N″。2017 年后，在 TDR 附近采样。每月观测 1 次，每个样地取 3 个样本，每个样本分 15、30、45 cm 共 3 层采样，称鲜重、干重，质量含水量 =100% ×（鲜重－干重）/干重。

2.2.2.5　鼎湖山站综合观测场季风林集水区径流观测场（DHFZH01CRJ）

1999 年，在季风林永久样地下方、庆云寺上方沟谷建立该样地，属于鼎湖山东沟大集水区的范围，集水区小屋边坐标 112°32′25.29″ E，23°10′15.60″ N，集水区径流场为长方形，流域面积为 7.7 hm²，之前使用 WGZ－1 自动水位测试仪记录并换算每天径流量（mm），2018 年 9 月 29 日起，改用压力式自动水位计观测，通过当日每 5 min 平均水头高度计算当日径流量（mm）。该观测场也可采样做水质测定。

2.2.2.6 鼎湖山站综合观测场季风林树干径流观测（DHFZH01CSJ）

树干径流监测样地包括季风林、松林、针阔Ⅰ号、针阔Ⅱ号。

1999 年，在 1 hm² 季风林永久样地边缘，选择具代表性的不同胸径的 4 个优势树种各 3 株，进行树干径流观测，中心点坐标 112°32′27.98″ E，23°10′13.04″ N。每次下雨后有径流产生即观测，每年测定树种的种名、冠幅、胸径、树高等用于计算。树干径流量（mm）＝测得量（mL）×40/（3.14×DBH²）＝0.001×测得量（mL）/冠幅（m²）（鼎湖山站多采用后一种方式计算），期间部分树木由于损坏或非正常生长等各种原因，需更换观测植株。2018 年 9 月，台风过后因原观测所在地树木受损严重，重新在附近选择观测植株。

2.2.2.7 鼎湖山站综合观测场季风林穿透降水观测设施（DHFZH01CCJ）

穿透降水监测样地包括季风林、松林、针阔Ⅰ号、针阔Ⅱ号。

于 1999 年建立，海拔 230～350 m，中心点坐标为 112°32′23″ E，23°10′13″ N。在样地内随机设置 2～3 个面积不等的穿透降水收集器（编码为 DHFZH01CCJ _ 01 _ 01～DHFZH01CCJ _ 01 _ 03），收集穿透水，记录实测穿透水量（mL）。再用公式算出穿透水量（mm）＝实测量（mL）×0.001/桶面积（m²）。每场下雨后有流量产生即观测。2010 年，改为 3 个面积均为 1.25 m² 的十字架型收集器，2016 年，增大水量收集桶的容量，避免大量雨水满溢导致数据不准。2018 年 9 月，台风灾后重新选点，中心点坐标为 112°32′27.75″ E，23°10′14.36″ N。

2.2.2.8 鼎湖山站综合观测场季风林枯枝落叶含水量观测（DHFZH01CKZ）

枯枝落叶含水量监测样地包括季风林、松林、针阔Ⅰ号、针阔Ⅱ号。

于 1999 年建立，中心点坐标 112°32′23.02″ E，23°10′10.58″ N，每个月在该林型冠层结构比较均匀的地方分别随机取 3 个 1 m×1 m 样本，称鲜、干重，以（鲜重－干重）/干重，算出含水率后再取平均值。

2.2.2.9 鼎湖山站综合观测场季风林森林小气候梯度观测塔（DHFZH01 _ QX）

于 1992 年建立，高 42 m，共 7 层，观测林内不同高度的温度、湿度、光合有效辐射、降水量等，2005 年起暂停观测。2017 年，塔上安装了 1 部多光谱相机、2 部网络相机进行生长节律在线自动观测。

2.2.2.10 鼎湖山站综合观测场季风林凋落物观测设施（DHFZH01DLW _ 01）

凋落物观测样地包括季风林、松林、针阔Ⅰ号、针阔Ⅱ号、针阔Ⅲ号。

于 1980 年设立，在样地内随机布设 15 个 1 m×1 m 的凋落物收集框，凋落物边框采用塑料管，收集网采用 40 目的尼龙网，底部离地面 50 cm，深度 ＞20 cm。每月定期分框收集，带回室内按树枝、树叶、花/果、树皮、苔藓、杂物等类别分拣、烘干、称重，其中，树叶又将主要的优势种分别分拣、烘干、称重。

2.2.2.11 鼎湖山站综合观测场季风林物候观测设施（DHFZH01WH _ 01）

2004 年开始，选择永久样地附近的 9 种优势乔、灌木种类（锥、木荷、厚壳桂、肖蒲桃、云南银柴、香楠、红枝蒲桃、柏拉木、九节）和 2 种草本种类（华山姜、沙皮蕨），挂牌观测。乔、灌木挂牌 5 株，草本挂牌 5 丛。九节因数量不足，2006 年起停止观测；红枝蒲桃因难以观测，2012 年起停止观测；因蕨类植物不开花，2009—2012 年未观测沙皮蕨。

2.2.2.12 鼎湖山站综合观测场季风林生长节律在线自动观测系统（DHFZH01WH _ 02）

于 2017 年在季风林及针阔Ⅲ号内建立，设备为生物分中心统一修购。共有 4 个观测点，其中季风林气象观测塔 1 部多光谱相机 A、2 部网络相机 B（2～3 号），林冠降雨观测塔楼部网络相机 D（6～7 号）。针阔Ⅲ号通量塔 2 部网络相机 C（4～5 号）。网络相机每天在 9：00 和 15：00 定时拍摄 7 种乔灌木物候，多光谱相机每天 14：00 拍摄 5 种光源（红、绿、蓝、红边、红外）冠层图像。

2.2.3　鼎湖山站辅助观测场马尾松林（DHFFZ01）

松林为综合观测场群落类型的演替前期阶段，对它进行土壤、水文与生物部分的监测，是对综合观测场监测内容的必要补充与对比。样地位于鼎湖山自然保护区缓冲区——塘鹅岭。邻近村落，偶有村民拾荒。1990 年，因中美合作项目需进行人为干扰下的马尾松林研究，建立了样地。

坐标：左上角 112°33′21.40″ E，23°9′58.91″ N；右上角 112°33′22.99″ E，23°10′1.36″ N；左下角 112°33′22.64″ E，23°9′55.43″ N；右下角 112°33′26.24″ E，23°9′58.32″ N。因场地所限，样地形状、面积不太规范，大致为长方形，约8 000 m^2，相邻样方之间有 5 m 的缓冲区，分为对照和处理（指从建样地的 1990 年至 2000 年，每年对样地内的地下部分收割 1 次，之后不再做处理）样地各 20 个（10 m×10 m），互相交错布置。上交中国生态系统研究网络（CERN）的为对照样地的 C1～C12 号样方共 1 200 m^2，2010 年起上交2 000 m^2（图 2－7）。

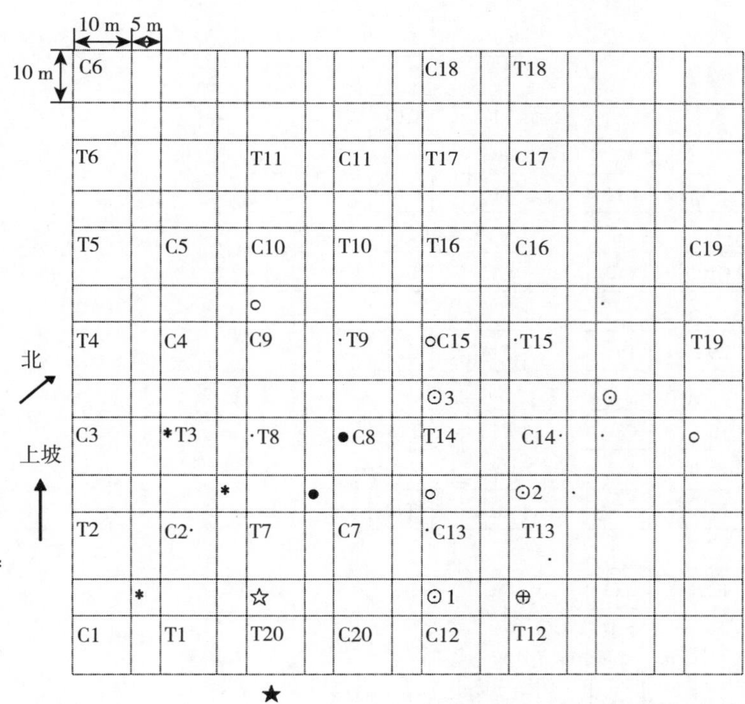

图 2－7　辅助观测场马尾松林监测项目平面布局示意图

注：样地总面积约 8 000 m^2，单元样方为 10 m×10 m，5 m 为缓冲带；C 为对照，T 为收割处理，中间为分隔带 5 m，C1～C20 为上交的 2 000m^2。

样地植被类型为马尾松林，郁闭度约 70%，1954 年前后种植，群落乔木高度约 15 m，乔木层优势种为马尾松（*Pinus massoniana*），灌木层优势种为三桠苦（*Melicope pteleifolia*）、桃金娘（*Rhodomyrtus tomentosa*），草本层优势种为芒萁（*Dicranopteris pedata*）。海拔 50～150 m，坡度：15°～25°，坡向东南（SE，135°），坡位为中坡。土壤：土类为赤红壤，亚类为赤红壤，中国土壤系统分类名称：强育湿润富铁土，母质或母岩为砂页岩。土层大多在 30～70 cm，表土（0～20 cm）有机质 2%～3%。

松林分布在自然保护区外围，尽管样地有铁丝网围栏，但由于邻近村落，野外观测设施偶尔会遭到损坏。鸟类影响程度轻微，1998 年以前，在样地进行模拟居民取走林下层枯枝落叶等人为干扰对马尾松林生态系统影响的实验。近年无其他土地利用形式。破坏性灾害主要为雷暴和台风，对设备的破坏性极大。在辅助观测场附近，仍属于松林的区域，于近年还增加了其他研究设施，包括氮沉降、酸沉降、氮磷耦合、降水变率、土壤水热格局变化、凋落物分解、封闭型径流场等实验设施。

2.2.3.1 鼎湖山站辅助观测场马尾松林永久样地（DHFFZ01A00）

此永久样地主要进行生物监测，包括植物样地调查、动物调查、微生物调查、凋落物量、叶面积、能值等，于 1990 年建立，长期使用，坐标约为 112°33′21″E，23°9′58″N；样地中心点海拔高度 80 m，样地外有水文观测设施。采样方法分两阶段：1999—2009 年，20 个 10 m×10 m 样方作乔木层每木调查（DBH≥1 cm），随机选取 5 个Ⅱ级样方作 5×5 m 灌木层调查，在灌木样方中同时进行 1 m×1 m 草本层调查。2010 年后，20 个 10 m×10 m 样方作乔木层每木调查（DBH≥1 cm）；固定选取 5 个Ⅱ级样方（图 2-8 中带下划线的 1、2、6、8、10 样方）作灌木层调查；在每个灌木样方中的左下角及右上角各围取 1 个 2 m×2 m 样方作草本层调查。未做生物量调查。

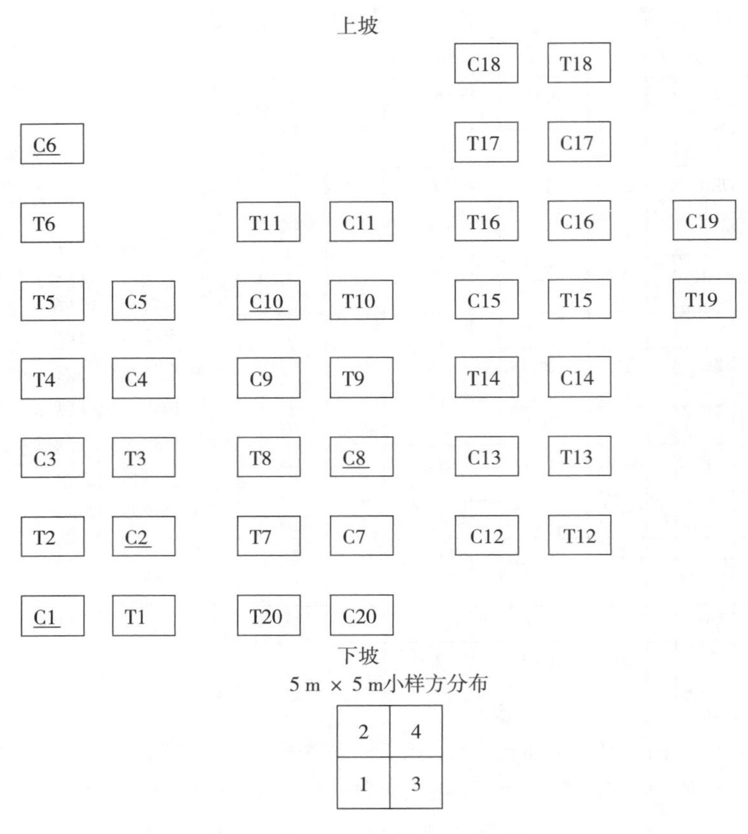

图 2-8 马尾松林永久样地分布图

2.2.3.2 鼎湖山站辅助观测场马尾松林破坏性采样地（包括土壤水分特征常数采样，DHFFZ01B00）

方法与 2.2.2.2 相同，于 2004 年在永久样地左方建立，编码为 DHFFZ01ABC _ 02 _ A～DHFFZ01ABC _ 02 _ F。中心点坐标为 112°33′26.01″ E，23°9′57.55″ N，左下角：112°33′25.55″ E，23°9′57.14″ N，右上角：112°33′26.45″ E，23°9′57.87″ N，并在其附近进行 10 年 1 次的森林生态系统土壤水分特征常数测定采样（图 2-9）。

路		
5	3	1
6	4	2

图 2-9　马尾松林破坏性样地示意图

2.2.3.3　鼎湖山站辅助观测场马尾松林土壤水分观测（DHFFZ01CTS）

方法与 2.2.2.3 相同，3 根中子管随机分布在永久样地内，编号为 DHFFZ01CTS _ 01 _ 01～DHFFZ01CTS _ 01 _ 03，坐标分别是 112°33′25.55″ E，23°9′57.80″ N，112°33′25.08″ E，23°9′58.21″ N，112°33′24.82″ E，23°9′58.56″ N。于 2016 年 6 月结束中子仪观测。2017 年起，更换为 1 套 TDR，此后，使用 TDR 进行水分观测。

2.2.3.4　鼎湖山站辅助观测场马尾松林烘干法采样地（DHFFZ01CHG）

方法与 2.2.2.4 相同，于 1999 年开始在中子管 1 号管附近采样，坐标为 112°32′22.85″ E，23°10′11.56″ N。

2.2.3.5　鼎湖山站辅助观测场马尾松林树干径流观测（DHFFZ01CSJ）

方法与 2.2.2.6 相同，1999 年在松林样地（铁丝网）范围内，随机选择不同胸径的马尾松 6 株，编码为 DHFFZ01CSJ _ 01 _ 01～DHFFZ01CSJ _ 01 _ 06，进行长期监测。

2.2.3.6　鼎湖山站辅助观测场马尾松林穿透降水观测（DHFFZ01CCJ）

方法与 2.2.2.7 相同，1999 年设置 2 个十字形穿透降水承接器（面积为 1.25 m^2 和 0.582 m^2），坐标为 112°33′25″ E，23°9′58″ N。编码：大桶为 DHFFZ01CCJ _ 01 _ 01，小桶为 DHFFZ01CCJ _ 01 _ 02。2010 年改为 3 个面积 1.25 m^2 的收集器，编码为 DHFFZ01CCJ _ 01 _ 01～DHFFZ01CCJ _ 01 _ 03。

2.2.3.7　鼎湖山站辅助观测场马尾松林枯枝落叶含水量观测（DHFFZ01CKZ）

方法与 2.2.2.8 相同。

2.2.3.8　鼎湖山站辅助观测场马尾松林凋落物观测设施（DHFFZ01DLW）

方法与 2.2.2.10 相同，在样地内共设置 10 个 1 m×1 m 收集框，其中树叶按针叶、阔叶分别收集记录。

2.2.4　鼎湖山站辅助观测场针阔混交林Ⅱ号（DHFFZ02）

针阔混交林为综合观测场群落类型的演替中期，对它进行土壤、水文与生物部分的监测，是对综合观测场监测内容的必要补充与对比。

样地位于鼎湖山国家级自然保护区缓冲区——飞天燕。原有于 1978 年建立的针阔混交林Ⅰ号样地（在旱坑），但因其混交林典型性不够明显。1999 年，在上山公路边重新建立代表鼎湖山演替中期阶段的针阔混交林Ⅱ号样地。1 hm^2 样地坐标：左上角为 112°32′54.66″ E，23°10′25.49″ N；右上角为 112°32′55.54″ E，23°10′12.63″ N；左下角为 112°32′50.85″ E，23°10′24.41″ N；右下角为 112°32′52.70″ E，23°10′21.37″ N。坡面呈长方形，投影为正方形；由于地形的原因，将样地西北角的 20 m×20 m样方移至样地东北角外边，共 10 000 m^2（图 2-10）。样地植被类型为针阔叶混交林，郁闭度在 90%以上，林龄约 80 年，群落高度约 12 m。乔木层优势种为锥、木荷、马尾松，灌木优势种为九节、罗伞树（*Ardisia quinquegona*），草本优势种为芒萁、淡竹叶（*Lophatherum gracile*）。海拔 100～200 m，坡度为 30°～45°，坡向西南（240°），坡位为上坡。土壤：全国第二次土壤普查名称为土类赤红壤，亚类赤红壤；中国土壤系统分类名称为强育湿润富铁土；美国土壤系统分类名称为赤红壤；母质或母岩为砂页岩。土层厚度 30～100 cm，表土（0～20 cm）有机质 2%～4%。

动物活动情况：偶见野猪、白鹇，影响程度较轻，因样地临近游览区道路，除监测人员活动以外，偶尔有其他人员活动，但影响轻微。样地建立前后植被无明显改变，于 2001 年在样地边缘建设面积为 150 m^2 的地表径流观测场 1 个，主要研究森林降雨的水文学过程、土壤水的物理化学过程以及水文学过程中有机碳的输入输出过程。2002—2008 年，陆续建立了封闭型径流场、氮沉降、酸沉降、氮磷耦合、凋落物分解实验地等。

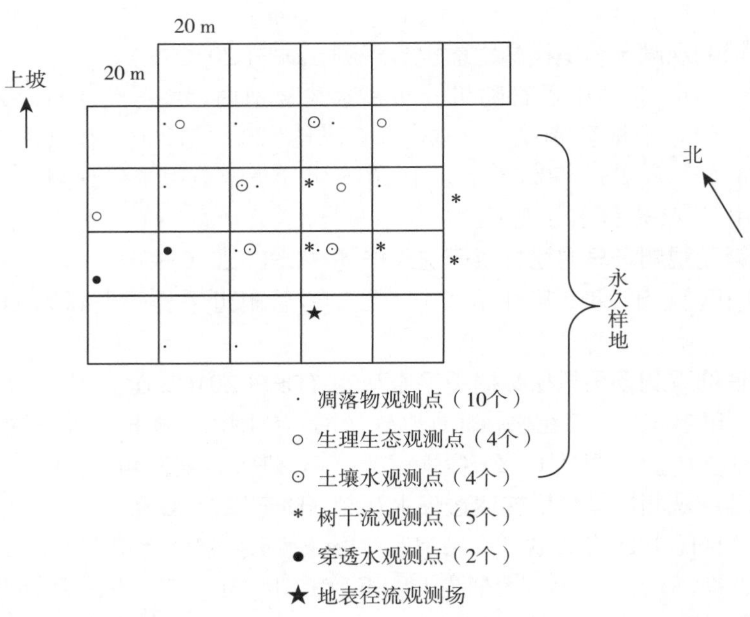

图 2-10 针阔混交林Ⅱ号（DHFFZ02）监测项目平面布局示意图

注：样地面积 10 000 m^2，Ⅱ级样方 20 m×20 m。

2.2.4.1 鼎湖山站辅助观测场针阔混交林Ⅱ号永久样地（DHFFZ02A00）

在此样地主要进行生物监测，包括植物样地乔灌草调查、动物调查、微生物调查、凋落物量、叶面积、能值等。选取的 1 200 m^2 样地位于 1 hm^2 样地的中心，为 60 m×20 m 的长方形，左上角：112°32′52.04″ E，23°10′23.88″ N；右上角：112°32′53.21 ″E，23°10′22.36″ N；左下角：112°32′52.31″ E，23°10′24.25″ N；右下角：112°32′52.86″ E，23°10′22.19″ N。海拔 190 m，水分设施在 1 200 m^2以外。Ⅱ级样方大小为 10 m×10 m，以左下角为起点，向右向上编号，即左下角第一个样方为 AA，右上角最后一个样方为 EB，其余类推。采样方法分两阶段：1999—2009 年，12 个 10 m×10 m 样方作乔木层每木调查（DBH≥1cm）；随机选取 10 个Ⅱ级样方作 5 m×5 m 灌木层调查；在灌木样方中同时进行 1 m×1 m 草本层调查。2010 年后，12 个 10 m×10 m 样方作乔木层每木调查（DBH≥1 cm）；固定选取 6 个Ⅱ级样方（图 2-11 中带下划线的 1、2、5、8、11、12 样方）作灌木层调查；在每个灌木样方中的左下角及右上角各围取 2 m×2 m 作草本层调查。

2.2.4.2 鼎湖山站辅助观测场针阔混交林Ⅱ号破坏性采样地（包括土壤水分特征常数采样，DHFFZ02B00）

方法与 2.2.2.2 相同，于 2004 年建立，海拔 160 m，编码为 DHFFZ02ABC _ 02 _ A～DHFFZ02ABC _ 02 _ F（图 2-12）。中心点坐标：112°32′50.77″ E，23°10′26.35″ N。并在其附近进行 10 年 1 次的森林生态系统土壤水分特征常数测定采样。

1 hm²样地20 m × 20 m样方分布：

上坡

	21	22	23	24	25
16	17	18	19	20	
11	12	13	14	15	
6	7	8	9	10	
1	2	3	4	5	

下坡

10 m × 10 m样方分布（每个20 m × 20 m样方内，样方序号先竖后横；25~36号样方为上交的1 200 m²，带下划线样方）

		82	84	86	88	90	92	94	96	98	100
		81	84	85	87	89	91	93	95	97	99
62	64	66	68	70	72	74	76	78	80		
61	63	65	67	69	71	73	75	77	79		
42	44	46	48	50	52	54	56	58	60		
41	43	45	46	49	51	53	55	57	59		
22	24	26	28	30	32	34	36	38	40		
21	23	25	27	29	31	33	35	37	39		
2	4	6	8	10	12	14	16	10	20		
1	3	5	7	9	11	13	15	17	19		

1 200 m²永久样地编号（带下划线的为灌木样方）

2	4	6	8	10	12
1	3	5	7	9	11

图 2-11 针阔混交林Ⅱ号样方分布图

	5	6
路	3	4
	1	2

图 2-12 针阔混交林Ⅱ号破坏性样方分布图

2.2.4.3 鼎湖山站辅助观测场针阔混交林Ⅱ号土壤水分观测（DHFFZ02CTS）

方法与 2.2.2.3 相同，3 根中子管随机分布在永久样地外左下方，编号为 DHFFZ02CTS _ 01 _ 01～DHFFZ02CTS _ 01 _ 03。2016 年 6 月结束中子仪观测。于 2017 年更换为 1 套 TDR，此后，使用 TDR 进行水分观测。

2.2.4.4 鼎湖山站辅助观测场针阔混交林Ⅱ号烘干法采样地（DHFFZ02CHG）

方法与 2.2.2.4 相同。

2.2.4.5 鼎湖山站辅助观测场针阔混交林Ⅱ号树干径流观测（DHFFZ02CSJ）

方法与 2.2.2.6 相同，于 1999 年在样地范围内，随机选择不同胸径的优势树种 6 株，编码为 DHFFZ02CSJ _ 01 _ 01～DHFFZ02CSJ _ 01 _ 06 进行长期监测。

2.2.4.6 鼎湖山站辅助观测场针阔混交林Ⅱ号穿透降水观测设施（DHFFZ02CCJ）

方法与 2.2.2.7 相同。

2.2.4.7 鼎湖山站站区辅助观测场混交林Ⅱ号枯枝落叶含水量观测（DHFFZ02CKZ）

方法与 2.2.2.8 相同。2011 年开始观测。

2.2.4.8 鼎湖山站辅助观测场针阔混交林Ⅱ号凋落物观测设施（DHFFZ02DLW）

方法与 2.2.2.10 相同，共设置 10 个收集框，其中树叶分马尾松、锥、木荷及其他种类分别收集记录。

2.2.4.9 鼎湖山站辅助观测场针阔混交林Ⅱ号塔吊（DHFFZ02YJ _ TD）

于2014年建立，在鼎湖山保护区缓冲区——飞天燕上山公路边，海拔150 m，112°32′ 54.6″E，23°10′25.32″N。作为中国生物多样性监测研究网络的重要组成部分，鼎湖山的塔式起重机高60 m，臂长60 m。通过塔机臂的旋转和吊篮的升降，能把工作人员和监测设备安全送到林冠层中的指定位置，便于取样或测定，以及开展林冠层的生物多样性、动植物相互关系以及生态过程对环境变化响应等方面的研究工作，尤其是对高大乔木的生理生态研究，解决了许多因设备和研究者无法到达林冠而无法开展的研究难题。该塔吊是国际冠层塔吊网络的一员（桂旭君等，2019）。

2.2.5 鼎湖山站站区调查点针阔混交林Ⅰ号（DHFZQ01）

样地位于鼎湖山自然保护区核心区——旱坑，代表鼎湖山演替中期阶段，样地1 200 m^2 经纬度为，左上角：112°32′29.18″ E，23°10′2.44″ N；右上角：112°32′30.91″ E，23°10′3.68″ N；左下角：112°32′30.65″ E，23°10′2.04″ N；右下角：112°32′31.61″ E，23°10′2.84″ N（图2-13）。1978建立，因代表性不明显，部分调查内容转到1999年在飞天燕建立的1 hm^2 针阔混交林Ⅱ号样地。样地植被类型为马尾松针叶阔叶混交林，郁闭度在90%以上，林龄约100年。乔木层高度约15 m，优势种为木荷、马尾松、锥，灌木优势种为黄果厚壳桂、九节、罗伞树，草本层优势种为淡竹叶、黑莎草（*Gahnia tristis*）。海拔200～300 m，坡度为30°～45°，坡向为东南（140°），坡位为中坡。土壤：全国第二次土壤普查名称为土类赤红壤，亚类赤红壤；中国土壤系统分类名称为强育湿润富铁土；美国土壤系统分类名称为赤红壤；母质或母岩为砂页岩。土层厚度30～70 cm，表土（0～20 cm）有机质3%～4%。有一些动物活动情况，影响程度轻，无人类活动情况。破坏性灾害主要为雷暴和台风，对设备的破坏性极大。样地建立前后植被种类无明显改变，目前针叶树的优势地位已被阔叶树所取代。此外，无其他土地利用方式。

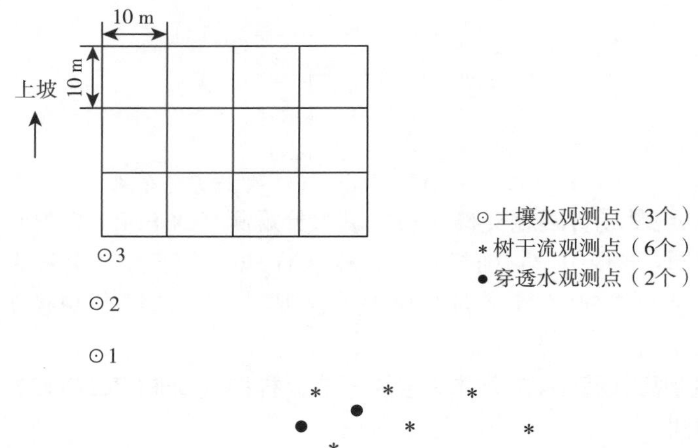

图2-13 站区观测点针阔混交林Ⅰ号监测项目平面布局示意图

2.2.5.1 鼎湖山站站区观测点针阔混交林Ⅰ号永久样地（DHFZQ01A00）

于1978年建立，长期使用，仅进行乔木、灌木、草本的每木调查，30 m×40 m长方形，海拔200 m。

采样方法分两阶段：1999—2009年，12个10 m×10 m样方作乔木层每木调查（DBH≥1 cm）；随机选取10个5 m×5 m的Ⅱ级样方作灌木层调查；在灌木层样方中同时进行1 m×1 m的草本层调查。2010年后，12个10 m×10 m样方作乔木层每木调查（DBH≥1cm）；固定选取6个Ⅱ级样方（图2-14中带下划线的1、4、6、7、9、12样方）作灌木层调查；在每个灌木样方中的左下角及右上角各围取2 m×2 m作草本层调查。

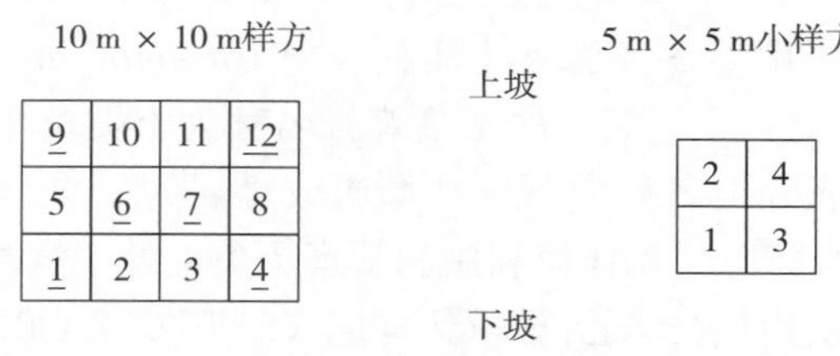

图2-14　针阔混交林Ⅰ号永久样地样方分布图

注：右边及下边为铁丝网边界

2.2.5.2　鼎湖山站站区调查点针阔混交林Ⅰ号破坏性采样地（DHFZQ01B00）

于2004年设立，由于当年以针阔混交林Ⅱ号样地代替Ⅰ号样地作为鼎湖山混交林代表样地，把此样地从辅助观测场改为站区调查点，不定期进行养分调查等采样工作（图2-15）。

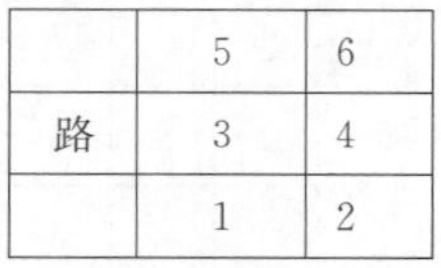

	5	6
路	3	4
	1	2

图2-15　针阔混交林Ⅰ号破坏性样方分布图

2.2.5.3　鼎湖山站站区调查点针阔混交林Ⅰ号土壤水分观测（DHFZQ01CTS）

方法与2.2.2.3相同，3根中子管从下坡到上坡分布在永久样地外的左下方，编号为DHFZQ01CTS_01_01～DHFZQ01CTS_01_03，于2016年6月结束中子仪观测。于2017年更换为1套TDR，此后，使用TDR进行水分观测。

2.2.5.4　鼎湖山站站区调查点针阔混交林Ⅰ号烘干法采样地（DHFZQ01CHG）

方法与2.2.2.4相同，1999年，在中子管1号管附近采样，坐标为112°32′22.85″E，23°10′11.56″N。

2.2.5.5　鼎湖山站站区调查点针阔混交林Ⅰ号树干径流观测（DHFZQ01CSJ）

方法与2.2.2.6相同，1999年，在样地范围内，随机选择不同胸径的优势树种6株，编码为DHFZQ01CSJ_01_01～DHFZQ01CSJ_01_06。分布在112°32′30.00″E，23°10′0.90″N附近。2001年，改在针阔Ⅱ号进行观测，因此本样地于2009年停止观测。

2.2.5.6　鼎湖山站站区调查点针阔混交林Ⅰ号穿透降水观测（DHFZQ01CCJ）

方法与2.2.2.7相同，1999年，设置2个十字形穿透降水承接器中心坐标为112°32′30.93″E，23°10′1.01″N。编码：大桶为DHFZQ01CCJ_01_01，小桶为DHFZQ01CCJ_01_02。2000年改在针阔Ⅱ号进行观测，因此本样地2009年停止观测。

2.2.5.7　鼎湖山站站区调查点针阔混交林Ⅰ号枯枝落叶含水量观测（DHFZQ01CKZ）

方法与2.2.2.8相同。

2.2.5.8　鼎湖山站站区调查点针阔混交林Ⅰ号凋落物观测设施（DHFZQ01DLW）

方法与2.2.2.10相同。

2.2.6　鼎湖山站站区调查点山地常绿阔叶林（DHFZQ02）

样地位于鼎湖山自然保护区核心区——鸡笼山。因位于山谷难于测定，仅测定样地边缘一点的坐标（112°31′12.92″E，23°10′31.83″N）。1996年，因执行国家科委"8·5"重大项目建立样地，于2004年重新调查并划定海拔为580～620 m，面积为1 200 m^2 的一块区域为永久样地。植被类型为山地常绿阔叶林，郁闭度在90%以上，成熟林。乔木层高度约10 m，优势种为黄杞（*Engelhardia roxburghiana*）、短序润楠（*Machilus breviflora*）、弯蒴杜鹃（*Rhododendron henryi*）等，灌木层优势种为亮叶猴耳环（*Archidendron lucidum*）、鸭公树（*Neolitsea chui*）、柃叶连蕊茶（*Camellia euryoides*）等，草本层优势种为华山姜、多羽复叶耳蕨（*Arachniodes amoena*）等。坡度为20°～30°，坡向东北40°，坡位为中坡。土壤：全国第二次土壤普查名称为土类黄壤，亚类黄壤；中国土壤系统分类名称为黄壤；美国土壤系统分类名称为黄壤；母质或母岩为砂页岩。少量动物活动，影响程度轻，无人类活动。样地地处偏僻高山，无任何利用和管理历史，处于演替后期。

2.2.6.1 鼎湖山站站区调查点山地常绿阔叶林永久样地（DHFZQ02A00）

于1996年建立，长期使用，海拔600 m，12个10 m×10 m样方作乔木层每木调查（DBH≥1 cm）；固定6个Ⅱ级样方作灌木层调查（图2-16中有下划线的1、3、5、8、10、12样方）；在灌木样方的左下角及右上角各围取2 m×2 m作草本层调查。

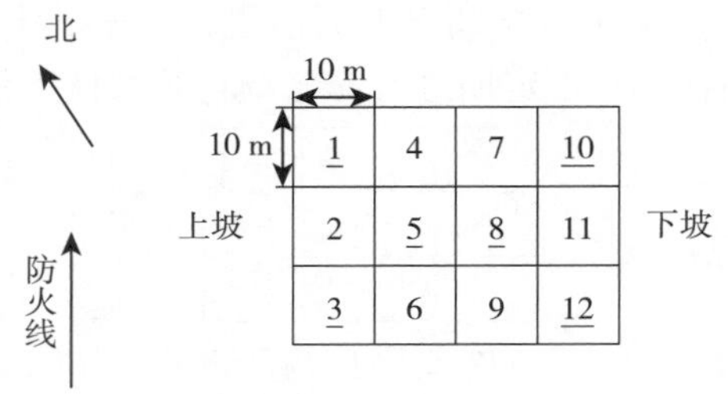

5 m × 5 m小样方分布

1.1	1.3	4.1	4.3	7.1	7.3	10.1	10.3
1.2	1.4	4.2	4.4	7.2	7.4	10.2	10.4
2.1	2.3	5.1	5.3	8.1	8.3	11.1	11.3
2.2	2.4	5.2	5.4	8.2	8.4	11.2	11.4
3.1	3.3	6.1	6.3	9.1	9.3	12.1	12.3
3.2	3.4	6.2	6.4	9.2	9.4	12.2	12.4

图2-16　站区观测点山地常绿阔叶林（DHFZQ02）平面布局示意图

2.2.6.2 鼎湖山站站区调查点山地常绿阔叶林土壤水分观测（DHFZQ02CTS）

方法与2.2.2.3相同，于2017年安装了1套TDR，开始进行水分观测。

2.2.7 鼎湖山站站区调查点针阔混交林Ⅲ号样地（DHFZQ03）

样地位于鼎湖山自然保护区核心区——五棵松。于2002年11月建立通量观测塔，长期进行通量观测。还建立了1 200 m^2永久样地进行生物本底调查，以及破坏样地进行土壤采样。修建了野外观测室2间（20 m^2）。样地植被类型为针阔叶混交林，郁闭度在90%以上，中龄林。乔木层高度约18 m，优势种为木荷、马尾松，灌木层优势种为薄叶红厚壳、黄果厚壳桂，草本层优势种为芒萁。海拔300～350 m，坡度为25°～30°，坡向东南（150°），坡位为中坡。土壤：土类赤红壤；中国土壤系统分类名称为强育湿润富铁土；美国土壤系统分类名称为赤红壤；母质或母岩为砂页岩，土层大都在30～90 cm，表土（0～20 cm）有机质含量3%～4%，动物活动较少，影响程度轻，整个样地有铁丝网围栏，人为破坏极少。样地建立前后无其他土地利用方式。样地地处雷区，雷击对野外观测设施破坏极大。在该样地的永久样地以外的区域分别建立了倒木分解、降水变率、土壤水热格局变化、树干液流、垂直移位增温等长短期实验研究，通过不断增加或更新通量塔上的仪器设备，进行通量、物候、蒸散、廓线系统、生长节律在线自动观测等项目的监测（图2-17）。

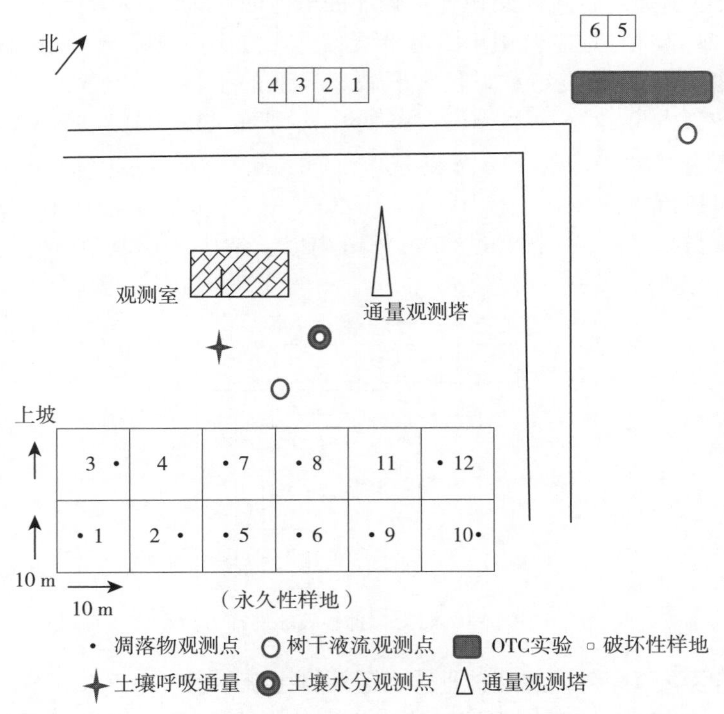

图 2-17 站区调查点（DHFZQ03）实验设施平面布局示意图

2.2.7.1 鼎湖山站站区调查点针阔混交林Ⅲ号永久样地（DHFZQ03A00）

DHFZQ03 的植被代表鼎湖山演替中期林型，因 2002 年在此建立了通量观测塔，设立样地，进行乔木、灌木、草本的本底调查。海拔约 300 m。2002 年，选取 12 个 10 m×10 m 样方作乔木层每木调查（DBH≥1 cm），灌木调查了 8 个有下划线的 5 m×5 m 小样方（图 2-18 中的 1.1、1.13、1.8、2.3、2.12、2.8、3.16、3.8），草本调查了 8 个灌木样方右上角的 2 m×2 m 样方；2010 年后选取 12 个 10 m×10 m 作乔木层每木调查（DBH≥1cm）；固定 6 个Ⅱ级样方作灌木层调查（图 2-18 中有下划线的 1、3、5、8、10、12）；在灌木样方的左下角及右上角各围取 2 m×2 m 作草本层调查。四个点坐标为：左上角 112°32′03.55″ E，23°10′24.84″ N；右上角 112°32′05.22″ E，23°10′25.95″ N；左下角 112°32′03.80″ E，23°10′24.11″ N；右下角 112°32′05.59″ E，23°10′25.18″ N。

上坡（铁塔）

1.11	1.12	1.15	1.16	2.11	2.12	2.15	2.16	3.11	3.12	3.15	3.16
1.9	1.10	1.13	1.14	2.9	2.10	2.13	2.14	3.9	3.10	3.13	3.14
1.3	1.4	1.7	1.8	2.3	2.4	2.7	2.8	3.3	3.4	3.7	3.8
1.1	1.2	1.5	1.6	2.1	2.2	2.5	2.6	3.1	3.2	3.5	3.6

下坡

上坡（铁塔，每个20×20 m样方内，样方序号先横后竖）

3	4	7	8	11	12
1	2	5	6	9	10

下坡

图 2-18 五棵松针叶林样方分布图

2.2.7.2 鼎湖山站站区调查点针阔混交林Ⅲ号破坏性采样地（DHFZQ03B00）

于 2004 年建立的破坏性样地主要用于测定土壤容重，位于生物永久样地旁边，具有与生物永久样地相同的环境及植被类型和种类组成，长方形破坏样地的坐标：左上角 112°32′03.55″ E，23°10′24.84″ N；右上角 112°32′05.22″ E，23°10′25.95″ N；左下角 112°32′03.80″ E，23°10′24.11″ N；右下角 112°32′05.59″ E，23°10′25.18″ N。海拔 330 m，样方为 18 m×10 m 共 180 m^2，划分为 6 个 5 m×6 m，编码为 DHFZQ03ABC _ 02 _ A～DHFZQ03ABC _ 02 _ F，其中，5 和 6 号样方于 2019 年移至右上角（图 2 - 17），在每一个 5 m×6 m 样方内以土钻按 S 形取 10 钻混合成 1 个样品，采样深度 0～20 cm（图 2 - 19）。

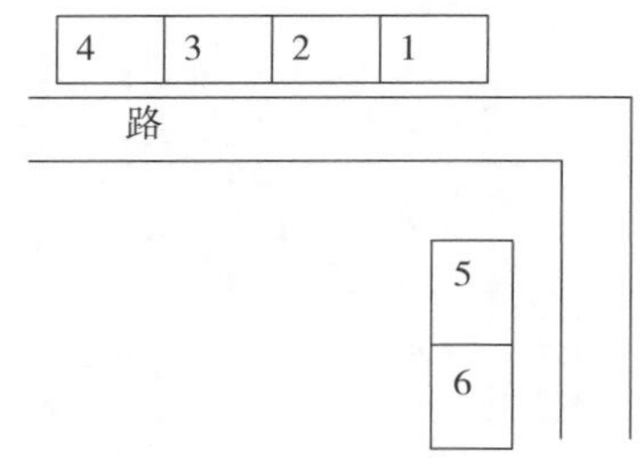

图 2 - 19 针阔混交林Ⅲ号破坏性样方分布图

2.2.7.3 鼎湖山站站区调查点针阔混交林Ⅲ号通量观测系统平台（DHFZQ03SY _ TTL）

通量观测塔于 2002 年 11 月开始观测。建立该平台的目的是使用通量观测网络的标准观测方法——涡度相关法，探讨森林生态系统 CO_2 通量的基本特征和环境因子对 CO_2 通量的影响。在中国陆地生态系统通量观测研究网络（ChinaFlux）建设思想指导下，建成与国际接轨并能长期运行的碳通量观测站，获取南亚热带低地常绿阔叶林生态系统的碳通量、植被光合作用和生物量变化，凋落物量与土壤有机质动态，以及植被群落的微气象等生态环境要素等第一手资料，研究中国内陆典型南亚热带低地常绿阔叶林生态系统中碳通量和水热通量的时空变化特征和动力学机制，建立相应的通量动态模型。

通量观测塔塔高为 36 m，为开路系统、7 层常规气象观测系统。安装有三维超声风速仪（CSAT3，Campbell Scientific Ltd，USA）、快速响应红外 CO_2/H_2O 分析仪（Li - 7500，Li Cor Inc，USA）；7 层 CO_2 廓线观测系统（LI - 820，Li Cor Inc，USA）以及常规气象仪器（HMP45C 等，VAISALA 等公司的产品）分别安装在 4、9、15、21、27、31、36 m 处；总辐射、净辐射、点状光合有效辐射及降水测量仪器均安装在 36 m 处；红外测温仪分别安装在 2 m 与 21 m 处；土壤温度表安装在地表 0cm 和地下 5、10、15、20、40、60、80、100 cm 处；土壤湿度仪安装在地下 5、20、40 cm 处；土壤热通量板安装在地下 5 cm 处。CO_2、H_2O 湍流通量数据采集器（CR10XTD、CR23XTD、CR5000）以 10Hz 频率采集观测数据，在采集实时数据的同时在线计算 30 min 的平均通量数据，全部观测数据保存到内存卡（PC 卡）上，由电脑实时下载（表 2 - 2）。下载的通量数据包括实时数据和半小时平均数据，常规气象数据包括半小时平均和日平均数据。详情请参考数据论文（李跃林等，2021）以及本数据集 4.1.4 节，其中 2003—2010 年的数据下载，具体访问 Science Data Bank 在线服务（http：//www. cnern. org. cn/data /initDRsearch? classcode＝SYC _ A02），或鼎湖山站（http：//dhf. cern. ac. cn/meta/detail/FTY01 - 10）。

表 2 - 2 碳水通量观测及相关气象和土壤因子观测信息

观测项目	单位	观测高度	观测频度	观测仪器型号	生产厂家
水汽通量	W/m^2	9 m，27 m	10Hz/s，30 min	CSAT3/LI7500	CAMPBELL SCIENTIFIC/LI - COR

（续）

观测项目	单位	观测高度	观测频度	观测仪器型号	生产厂家
CO_2 通量	mg/（m²·s）	9 m，27 m	10Hz/s，30 min	CSAT3/LI7500	CAMPBELL SCIENTIFIC/LI-COR
显热通量	W/m²	9 m，27 m	10Hz/s，30 min	CSAT3/LI7500	CAMPBELL SCIENTIFIC/LI-COR
潜热通量	W/m²	9 m，27 m	10Hz/s，30 min	CSAT3/LI7500	CAMPBELL SCIENTIFIC/LI-COR
总有效辐射	mmol/m²	36 m	30 min	LI190SB	LI-COR
天空长波辐射	W/m²	36 m	30 min	CNR-1	KIPP&ZONEN
天空短波辐射	W/m²	36 m	30 min	CNR-1	KIPP&ZONEN
冠层红外温度	℃	21 m	30 min	IRTS-P	APOGEE
降水量	mm	36 m	30 min	52203	RM YOUNG
大气压	kPa	4 m	30 min	CS105	VAISALA
有效辐射	μmol/m²	4 m，9 m，21 m	30 min	LQS7010	APOGEE
天空总辐射	W/m²	36 m	30 min	CM11	KIPP&ZONEN
相对湿度	%	4 m，9 m，15 m，21 m，27 m，31 m，36 m	30 min	HMP45C	VAISALA
净辐射	W/m²	36 m	30 min	CNR-1	KIPP&ZONEN
空气温度	℃	4 m，9 m，15 m，21 m，27 m，31 m，36 m	30 min	HMP45C	VAISALA
土壤红外温度	℃	1.2 m	30 min	IRTS-P	APOGEE
地表长波辐射	W/m²	36 m	30 min	CNR-1	KIPP&ZONEN
地表短波辐射	W/m²	36 m	30 min	CNR-1	KIPP&ZONEN
风向	°	36 m	30 min	W200P	VECTOR INSTRUMENTS
风速	m/s	4 m，9 m，15 m，21 m，27 m，31 m，36 m	30 min	A100R	VECTOR INSTRUMENTS
土壤热通量	W/m²	−5cm	30 min	HFP01	HUKSEFLUX
土壤含水量	m³/m³	−5cm，−20cm，−40cm	30 min	CS616	CAMPBELL SCIENTIFIC
土壤温度	℃	−5cm/−5cm，−10cm，−15cm，−20cm，−40cm/−20cm，−40cm，−60cm，−80cm，−100cm	30 min	TCAV/105T/107	CAMPBELL SCIENTIFIC

2.2.7.4 鼎湖山站站区调查点针阔混交林Ⅲ号蒸散观测系统（DHFZQ03SY_02）

于2016年安装，该系统用于野外现场原位连续测量陆地生态系统典型下垫面与大气间的水碳通量，以及配套的小气候和能量平衡观测，包括：感热交换、地表热通量、土壤温度、土壤湿度、净辐射、空气温湿度、光合有效辐射、降水量等。仪器基于涡度相关原理测量水、热和碳通量。

2.2.7.5 鼎湖山站站区调查点针阔混交林Ⅲ号凋落物观测设施（DHFZQ03DLW）

方法与2.2.2.10相同。

2.2.7.6 鼎湖山站站区调查点针阔混交林Ⅲ号生长节律在线自动观测（DHFZQ03WH_02）

方法与2.2.2.13相同。

2.2.8 鼎湖山站站区调查点针阔混交林Ⅳ号（DHFZQ04）

于2015年建立，位于鼎湖山国家级自然保护区核心区——地质执勤点，经纬度为112°32′36.96″E，23°9′44.64″N。海拔80 m，样地面积1 200 m²，长方形。植被处于演替中期的针阔混交林，乔木层种类少，结构简单，优势种为锥、木荷、马尾松等，盖度约 70%，赤红壤，低山中坡，样地建立后仅作长期观测，管理较好。样地内建立了通量观测塔。通量观测塔高 37 m，野外观测室 2 间约 20 m^2，塔上仪器有三维超声风速仪（CSAT3，Campbell Scientific Ltd，USA）、快速响应红外 CO_2/H_2O 分析仪（Li-7500，Li Cor Inc，USA）；7 层 CO_2廓线观测系统（LI-820，Li Cor Inc，USA）、常规气象仪器（HMP45C 等，VAISALA 等公司的产品）以及数据采集器（CR10XTD、CR23XTD、CR5000）。还有辐射、降水测量仪器，红外测温仪，土壤温度表，土壤湿度仪，土壤热通量板等。监测指标：水汽通量、CO_2 通量、显热通量、潜热通量、动量通量，观测频度为 10Hz/s 和 30 min；辐射、降水量、相对湿度、气温、风向、风速、土壤热通量、土壤含水量、土壤温度，观测频度为 30 min。在附近的疗养院后面设有氮沉降与氮磷耦合实验。

2.2.9 鼎湖山南亚热带常绿阔叶林 20hm² 样地（DHFZQ10）

于 2005 年建立，地理位置为 112° 32′ 20.0394″E，23° 10′ 19.92″N，海拔 12～470 m，面积 20 hm^2，赤红壤。低山中坡，主要用于生物监测，5 年进行 1 次每木大调查。还进行土壤、水文、气象等的监测与实验研究。首次调查统计得知，群落内共有木本植物 210 种，71617 个活的个体，分属 56 科 119 属（叶万辉等，2008）。从乔木区系组成及其特点可以看出其南亚热带的区系成分占绝对优势，并呈现出由亚热带向热带过渡的特色。群落垂直结构复杂，地上成层现象较明显，乔木可分为 3 层，其中重要值最大的锥、荷木、黄杞均是乔木上层的优势种；中层是群落的主要层，由厚壳桂、黄叶树、华润楠等中生、耐阴树种组成；下层成分较复杂，物种多样性高，不同地段物种组成差异较大。样地内物种十分丰富，种-面积曲线拟合显示其物种数量接近于巴拿马巴洛科罗拉多岛（Barro Colorado Island）。稀有种比例极高，有 110 种，占总物种数的 52.38%，其中有 45%的稀有种源于物种本身的特性，有 20%源于区系交汇，人为或自然干扰造成的稀有种占 30%以上。

2.2.10 鼎湖山站辅助观测场流动地表水水质监测长期采样点（DHFFZ10）

样地位于鼎湖山国家级自然保护区核心区——飞水潭，2004 年起采集水样作流动水水质监测，取样地约位于 112°32′30.23″ E，23°10′31.91″ N，飞水潭瀑布长年有水流动，少污染、少干扰，水潭面积约 300 m^2，近长方形，周围植被一边是常绿阔叶林，一边是针阔混交林，海拔 80 m，动物活动影响程度轻微，这是个重点旅游景点，人群较多，禁止游泳和丢弃杂物，影响轻微。每年 1、4、7、10 月采样，直接把采样瓶伸入水里取样，样地编号为 DHFFZ10CLB _ 01。

2.2.11 鼎湖山站辅助观测场静止地表水水质监测长期采样点（DHFFZ11）

样地位于鼎湖山国家级自然保护区核心区——草塘水库，地理位置为 112°32′9.13″ E，23°10′38.34″ N，2004 年起采集水样作静止水水质监测，水库面积约 10 000 m^2，近长方形。周围植被是针阔混交林，样地代码为 DHFFZ11CJB _ 01。2000 年这里被开辟为新的旅游景点，有小游船，但禁止游泳，影响轻微，无动物活动。每年 1、4、7、10 月，用深水取样器取样，水深约 12 m，分 3 层取样，分别为 0.5、5、10 m，以 A、B、C 标记。

2.2.12 鼎湖山站辅助观测场东沟天然径流观测场（DHFFZ12）

样地位于鼎湖山国家级自然保护区旅游区入口约 150 m 的上山公路边，地理位置为 112°32′52.67″ E，23°9′57.01″ N，样地代码为 DHFFZ12CTJ _ 01，鼎湖山水系分东、西两条，该样地为东沟汇总，在东沟集水区范围分布着鼎湖山的所有植被类型（周传艳等，2005）。2000 年 3 月 22 日开始，进行长期径流量监测，流域面积为 613.2 hm^2，样地附近植被类型为河岸林，优势种为水翁、蒲桃，海拔 10 m，有鸟类，影响程度轻微，位于上山公路边，但人为影响轻微，前期用 WGZ-1 自动水位测试仪的记录纸记录每天径流量（m^3），径流深（mm）=0.1×径流量（m^3/hm^2）。2018 年 9 月 29 日起，改用压力式自动水位计观测，通过当日每 5 min 平均水头高度计算当日径流量。

2.2.13　鼎湖山站辅助观测场地下水位观测井（DHFFZ13）

地下水位观测井可进行地下水位观测及地下水水质监测，从 2011 年起增加为 4 个井，水位观测样地编码为 DHFFZ13CDX_01～DHFFZ13CDX_04，每 5 d 人工观测 1 次。

1 号观测井（旧井）于 1999 年建立，位于鼎湖山旅游区办公楼入口人工草皮上，坐标为 112°32′55.20″E，23°9′58.61″N，海拔 20 m，观测井直径 16 cm，地下水受周围针阔叶混交林影响，无动物活动，人类活动影响轻微。2018 年 8 月 29 日起，自动观测与人工观测同步。

2 号观测井（新井）于 2011 年建立，与 1 号井处于同一水平面邻近位置。

3 号观测井（宿舍区）于 2011 年建立，位于鼎湖山保护区住宅区，靠近保护区主要溪流和东沟集水区径流观测场。

4 号观测井（濒危园）于 2011 年建立，位于鼎湖山旅游区濒危植物园附近的针阔混交林边缘。

2.2.14　鼎湖山气象观测场（DHFQX01）

于 1992 年建立，位于鼎湖山国家级自然保护区缓冲区的米塔岭，近圆形，200 m^2，中心点经纬度为 112°32′57.51″E，23°9′50.84″N（图 2-20）。

自动气象观测项目：温度、相对湿度、露点温度、水气压、气压、海平面气压、风向、风速（2 min 平均风、10 min 最大风、10 min 平均风、1h 极大风）、降水，地表温度 0 cm，土壤温度（5、10、15、20、40、60、100 cm）；辐射部分为太阳辐射观测记录，包括各月逐日太阳辐射总量（MJ/m^2），各月逐日太阳辐射极值（W/m^2）及出现时间，每日逐时太阳辐射（W/m^2）和逐时太阳辐射累计值（MJ/m^2）等。

人工观测项目：气象观测日记（云量、太阳面状况、下垫面、天气现象、辐射仪器注册、气象仪器注册）。人工观测气象要素：气压（P，0.1 hPa）、气温（T，0.1 ℃）、湿球温度（0.1 ℃）、相对湿度（U，%）、定时风向风速（F，m/s）、地温（0 cm）、日照时数（S，0.1 h）、蒸发（0.1 mm）、定时降水（R，0.1 mm）等，其中南方站不用观测以下项目：能见度（V，0.1 km）、冻土（A，cm）、雪深（cm）、霜。

水分监测：土壤水分（中子管 2 根）、水面蒸发（自动+人工观测）、雨水水质等。

2.2.14.1　鼎湖山站气象观测场土壤水分观测（DHFQX01CTS）

方法与 2.2.2.3 相同，2005 年 3 月起，在此增加土壤水分观测，设置中子管 2 根，每月测定 3 次。用于与其他各林型测定的数据作对比。中子管露出地面部分 20 cm，1 号管探测深度为 15、35、50、65、80 cm；2 号管探测深度为 15、35、50、65、80、95 cm。

2.2.14.2　鼎湖山站气象观测场水面蒸发量人工观测（DHFQX01CZF）

于 2000 年开始观测，20 cm 的蒸发皿，每天 20：00 人工记录 1 次蒸发量，2004 年 11 月起增加 E 601 型水面蒸发器自动观测（同时进行），但仪器故障率高，数据常出错，基本无效。

2.2.14.3　鼎湖山站气象观测场雨水采集装置（DHFQX01CYS）

2004 年开始，每年 1、4、7、10 月在此采集雨水，当月每场雨或每 2 d 采集 1 L 水样，冷藏保存，最后全部混合，采集 2 瓶 500 mL 水样，测定水温、pH、矿化度、硫酸根、非溶性物质总含量。2013 年开始每月采集水样，每季度寄送到水分分中心进行统一测定，再把数据返回台站。

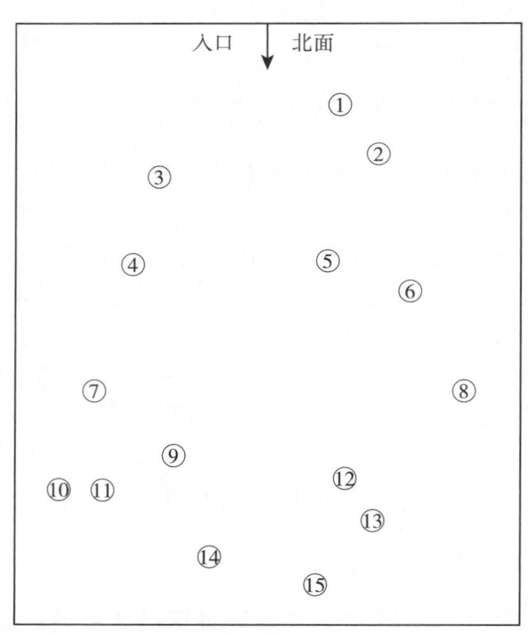

图 2-20 气象观测场（DHFQX01）设施布局示意图

1. 220ACV 配电箱电源防雷设备 2. MAOS-Ⅰ小气候观测塔 3. 百叶箱（人工） 4. MILOS520 自动气象站 5. 温度观测点（人工） 6. 电接风杆（人工） 7. 中子管 1 8. 中子管 2 9. 辐射架 10. MIL520 雨量筒 11. 大气降水（人工） 12. MIL520 深层地温和地表温度 13. E601 表面蒸发器数采支架 14. E601 表面蒸发传感器 15. 日照计架

2.2.15 河南鸡公山林冠模拟氮沉降和降雨实验样地（DHFSY01）

依托于中国科学院华南植物园，在广东英德石门台和河南信阳鸡公山国家级自然保护区分别建成“林冠模拟氮沉降”的野外控制实验样地，通过林冠和林下模拟施氮等实验处理，阐明大气氮沉降增加对森林生态系统结构和功能的影响。该实验平台是世界上第一个尝试从自然森林冠层喷施氮素和水的设施。与以往采用“林下喷施”的方法相比，弥补了森林生态系统以往加氮和加水控制实验忽略森林林冠的吸附、吸收等过程的缺陷，更真实地模拟氮沉降和降雨格局的改变过程，是全球变化研究领域方法学上的创新和重要突破。该平台于 2012 年 12 月建成，经全面调试后于 2013 年 4 月开始全部的实验处理，处理时间集中在每年的 4—10 月。

平台采用完全随机区组设计，样地设置综合考虑了植被、坡向和坡度等因素，包含 4 个区组代表 4 个重复，每个区组随机设置 7 个样方，对应 7 种不同处理（石门台共设置 5 个处理）。其中，林冠施氮（CN25、CN50）、林冠增雨（CW）和林冠施氮＋增雨（CNW）处理样方为半径 17 m 的圆形；对照（CK）和林下施氮（UN25、UN50）样方为边长 30 m 的正方形。每个样方的总面积约为 900 m^2；每个样方被均匀划分为 4 个小样方，并分别编号为Ⅰ、Ⅱ、Ⅲ、Ⅳ，其中Ⅳ号小样方用于生物多样性研究，不安放其他用途的实验仪器，并避免采集其中的植物与土壤样品。为防止处理间的干扰，各样方之间留有 20～30 m 的缓冲带，中间加装深度为 1 m 的聚氯乙烯（PVC）隔离板。样方中分别安置了凋落物收集网，树干径流和穿透降水收集装置，树干液流监测装置，土壤温、湿度监测装置（感应探针）等。于 2012 年 8 月对样方中植被进行了调查并挂牌标记，同时在样方中不同径级的乔木上安装了树木生长环，用于监测植物生长。每个区组中安置了 1 套小型气象站（在样方间的缓冲带上），在样地外 200 m 处安装了 1 套高精度标准气象站，用于记录林内和林外的气象数据。

每个圆形样方中心建有 1 座 35 m 高的三角形铁塔，用于支撑变频调速恒压喷灌设备，该喷灌设备自林冠喷洒处理溶液（氮溶液或水），其中 1 座铁塔用于喷淋的压力调试（同时用于林冠施氮的对照样方）。铁塔高出林冠 5～8 m，塔顶安装 1 套摇臂喷头（喷洒半径统一设置为 17 m），有供水管道与样地外的蓄水池连接，利用变频调速恒压喷灌设备提供的压力，驱动摇臂喷头 360°旋转，以保证喷洒的均匀性、精确性和可达性。塔基处供水管道安装有水量计，可精准控制每次处理的水量。铁塔底部支管上安装有泄压阀，可排空管道以防冬季冻裂。在每座铁塔距地面 18～20 m 处安装 1 个工作平台，可用于林冠层参数监测实验和植物样品采集等。

样地建在河南省信阳鸡公山国家级自然保护区的落叶阔叶混交林内，有 3 个水池、9 座铁塔、6 套林下喷淋设备。坐标为 114° 2′ 59.28″E，31° 48′ 59.76″N，海拔 400～480 m，面积 22 000 m^2，黄棕壤。

2.2.16　广东英德石门台林冠模拟氮沉降实验样地（DHFSY02）

方法与 2.2.15 相同。样地位于广东省英德石门台国家级自然保护区的季风常绿阔叶林内，有 3 个水池、17 座铁塔。坐标为 113° 31′ 0.12″E，24° 25′ 59.88″N，海拔 300 m，面积 16 000 m^2，赤红壤。

2.2.17　鼎湖山站广州华南植物园（DHFSY03）

鼎湖山站依托中国科学院华南植物园，布置了一些监测与实验，地点位于广东省广州市天河区，城市东北部郊区，该区属典型的南亚热带海洋性季风气候。

2.2.17.1　鼎湖山站广州华南植物园小青山通量观测系统平台（DHFSY03 _ TTL）

2018 年，在华南植物园展示区内小青山人工阔叶林原有的一座高 22 m 的铁塔上架设仪器，进行协方差涡度相关通量观测。该区全年有旱、雨季之分，年均气温 21.8 ℃，最冷月为 1 月，平均气温 9.8 ℃，最热月为 7 月，平均气温 32.7 ℃，年均降水量 1 700 mm，年内降雨分配不均，全年太阳辐射强烈，年均太阳辐射量为 4.35×10^5 J/cm^2，7 月的日均日照时数最长，为 7.1 h，3 月最短，为 2.4 h。该地区雨热同季，植被生产力较高（梅婷婷等，2010）。

坐标为 113° 21′ 29.88″，23° 10′ 46.92″N，海拔 41 m，样地为丘陵和低山，坡向东北，坡度 11.7°。土壤为赤红壤，pH 约为 4，表土（0～20 cm）有机质含量 15.2～28.2 g/kg，全氮含量 0.68 g/kg。为木荷人工林，林龄约 35 年，林分高度 12 m，郁闭度约 90%，林下植被稀疏，主要种类有九节、半边旗（*Pteris semipinnata*）等。样地建立后仅作实验观测，管理较好，有其他机构的一些零星观测设施在附近。系统主要观测常规气象因子，三维风速，水汽、CO_2 通量，长短波辐射，土壤温湿度及热通量等。

塔上仪器：三维超声风速仪（CSAT3，Campbell Scientific Ltd，USA）、CO_2/H_2O 分析仪（Li - 7500RS，Li Cor Inc，USA）；常规气象传感器有 HMP155A - L30 空气温湿度传感器、CNR4 - 0369900 - 032 四分量辐射传感器、CS616 - 33L 土壤水分传感器、109 - 33L 土壤温度传感器、HFP01SC - 15 土壤热通量传感器。水汽浓度、CO_2 浓度、CO_2 通量、水汽潜热通量的观测频度为 10 Hz/s 和 30 min；辐射、相对湿度、气温、风向、风速、土壤热通量、土壤水分、土壤温度的观测频度为 30 min。

2.2.17.2　鼎湖山站广州华南植物园降水改变和氮添加控制平台观测设施（DHFSY03 _ SD）

于 2019 年 3 月修建完成，经过 8 个月的稳定适应期后，于 2019 年 12 月开始监测与实验研究。建于华南植物园科研区内小岛，坐标为 113° 21′ 9″E，23° 10′ 0.12″N，海拔 27 m，面积约 1 200 m^2。

实验平台由开顶箱（OTC）群组成。整个平台由 OTC、顶部遮雨系统、渗漏水收集系统、喷水浇灌设施和小气象站等自动观测设备构成。OTC 的长宽都为 3 m，深度 0.8 m。底座墙体由砖和水泥混凝土砌造，水泥浆批荡，底部由防透水砖铺设，保持一定的倾斜度便于收集地下水和径流；底座土层厚度 0.8 m，土壤来自附近的山地，并按自然土层堆填。根据南亚热带主要森林生态系统群落组成，选取优势乡土树种（含乔木和灌木）栽种于OTC内，构建模拟森林生态系统，系统开展生态系统水、土、气、生等生态要素的观测研究。

该实验平台分别设置了降水格局变化和氮添加交互实验（12种处理）和不同干旱强度实验（4种处理），采用随机区组设计的方式，每个处理3个重复，共48个OTC。

降水格局变化和氮添加交互实验的具体方案：

①背景氮沉降+正常降水，CK。

②氮沉降减少+正常降水，LN。

③氮沉降增加1倍+正常降水，MN。

④氮沉降增加1.5倍+正常降水，HN。

⑤背景氮沉降+干季更干，湿季更湿（将干季降水减少50%，湿季增加），DD。

⑥背景氮沉降+干季延长（将4—5月降水减少50%，湿季增加），ED。

⑦氮沉降减少+干季更干，湿季更湿，LNDD。

⑧氮沉降减少+干季延长，LNED。

⑨氮沉降增加1倍+干季更干，湿季更湿，MNDD。

⑩氮沉降增加1倍+干季延长，MNED。

⑪氮沉降增加1.5倍+干季更干，湿季更湿，HNDD。

⑫氮沉降增加1.5倍+干季延长，HNED。

干旱强度的处理方式：

①正常降水，CK。

②75%降水，−W。

③50%降水，−2W。

④25%降水，−3W。

首批选取的树种为：黄檀（*Dalbergia odorifera*）、海南红豆（*Ormosia pinnata*）、醉香含笑（*Michelia macclurei* Dandy）、黧蒴锥（*Castanopsis fissa*）、马尾松和红豆杉（*Taxus wallichiana*），其中黄檀和海南红豆为豆科植物，醉香含笑和黧蒴锥为非豆科植物，马尾松和红豆杉为针叶树种。

2.2.17.3 鼎湖山站广州华南植物园实验温室（DHFSY03 _ WS）

2017年，在华南植物园科研区建成面积为108 m^2 的全封闭玻璃温室，用于植物样品的^{13}C同位素标记实验。室内通过加装空调、补光灯、遮阳网、自动喷灌系统等，达到控温、控光、控水等目的。选取南亚热带森林凋落物质量差异明显的11种优势植物幼苗，利用高丰度的$^{13}CO_2$气体（原子百分比99%）进行连续标记。待植物体^{13}C同位素丰度达到实验要求后，收获温室内的凋落物样品，并将其置于鼎湖山森林区域开展凋落物野外分解实验。借助同位素混合模型，对凋落物分解过程中碳素的不同去向（呼吸消耗的碳、溶解性有机碳和碎屑碳）进行精准的原位分离和量化；同时，依托各控制实验平台（如模拟增温、模拟酸沉降、降水格局改变等），探究环境变化和凋落物质量对凋落物分解产物去向的影响及驱动机制，旨在从控制实验的角度阐明成熟森林土壤有机碳的积累机制。

2.3 主要实验设施介绍

鼎湖山站观测设施包括监测设施和实验设施，分布在不同林型下的实验设施编号见表2-1的第二部分。

2.3.1 酸沉降实验

2008年，分别在季风林（DHFZH01YJ _ SCJ）、马尾松林（DHFFZ01YJ _ SCJ）、针阔混交林Ⅱ

号（DHFFZ02YJ _ SCJ）3 个典型森林内设置 12 个 10 m×10 m 样方，模拟酸雨的 3 个 pH 组和 1 个对照组，共 4 个处理，每个处理 3 个重复，每半个月在林下喷施 pH 分别为 3.0、3.5、4.0 的调配湖水以及对照的天然湖水。研究森林生态系统对不同浓度模拟酸沉降的响应及酸化对土壤有机碳积累过程的影响等（丘清燕等，2013）。

2.3.2　氮沉降试验

2002 年，分别在季风林（DHFZH01YJ _ DCJ）、马尾松林（DHFFZ01YJ _ DCJ）、针阔混交林Ⅳ号（DHFZQ04YJ _ DCJ）3 个典型森林内设置了 12、9、9 个 10 m×20 m 的样方，其中季风林设置对照、低氮、中氮和高氮 4 个处理，每月分别喷施氮 0、50、100 和 150 kg/hm^2，马尾松林和针阔混交林设对照、低氮和中氮 3 个处理，每个处理 3 个重复。样方之间留有≥10 m 的缓冲带。为植被调查和取样方便，样方内又分 8 个小样方（5 m×5 m）编号。进行植被、凋落物、大气降雨、穿透降水、地表径流、土壤渗透水、温室气体、土壤养分等的监测，开展土壤氮素转换、温室气体通量、水文学过程中氮动态、植物生长、土壤动物群落等方面的研究。对照处理喷洒同样多的水但不加任何氮，以减少处理间因加水不同而造成的对森林生物地球化学循环的影响（Lu et al.，2010）。

2.3.3　氮磷耦合实验

2006 年 11 月，分别在季风林（DHFZH01YJ _ DLOH）、松林（DHFFZ01YJ _ DLOH）、针阔Ⅳ号（DHFZQ04YJ _ DLOH）3 种典型森林中建立。每个林型设置 20 个样方。各样方面积 5 m×5 m，样方之间留有 5 m 宽的间隔地带，以防止不同样方处理之间相互干扰。根据本地区的氮沉降情况，并参考国际上同类研究的处理方法，确定本试验氮、磷处理的强度和频度。实验分 4 个处理，分别为对照 C（Control），加氮处理 N（N-addition），加磷处理 P（P-addition）和氮、磷处理 NP（NP-addition），分别按 0 kg/（hm^2 • 年）、氮 150 kg/（hm^2 • 年）、磷 150 kg/（hm^2 • 年）和氮 150 kg/（hm^2 • 年）＋磷 150 kg/（hm^2 • 年）进行人工氮、磷添加处理，每个处理 5 个重复。2007 年 2 月初开始对 3 种林型进行氮、磷处理，此后每 2 个月进行氮、磷处理。方法：将每个样方所需施加的 NH_4NO_3 和/或 NaH_2PO_4 溶解在 5 L 自来水中（全年所增加的水量相当于新增降水 1.2 mm）后，用背式喷雾器人工来回均匀喷洒。对照样方则喷洒同样多的水，以减少处理间因加水不同而造成的对森林生物地球化学循环的影响。研究氮、磷耦合对森林生态系统的影响。

2.3.4　垂直移位增温实验（OTC）

于 2012 年建立森林生态系统垂直移位增温试验平台，研究气温上升对南亚热带主要森林类型结构和功能的影响。选取位于海拔 600 m 的山地常绿阔叶林（DHFZQ02YJ _ OTC）、300 m 的针阔混交林（DHFZQ03YJ _ OTC）和 30 m 的苗圃地（DHFZQ06YJ _ OTC）为研究对象，分别建立 3、6、12 个深 0.8 m、长 3 m、宽 3 m 的 OTC。土壤分别采自山地林、混交林和季风林，按照土壤对应层次（0～20、20～40、40～70 cm）收集和填埋。顶部和底部各有 1 个出水孔收集地表径流和土壤渗透水。OTC 内种植 6 种年龄、基茎和树高一致的各林型共有或优势种。利用海拔梯度下降模拟气温上升是增温方式之一，另在苗圃地增加人为红外增温法模拟气温上升的辅助实验（刘菊秀等，2013）。研究内容：气温改变对模拟森林生态系统植物生长动态的影响、水文过程的影响、土壤碳动态的影响、化学计量学方面影响等。

2.3.5　降水控制实验

降水控制实验设施经历了 3 次变动：2006 年，在 3 个典型森林同时设置去除降水、自然降水和加倍降水 3 种处理（Huang et al.，2011；Deng et al.，2012；Jiang et al.，2013）；2012 年在季风林设置 9 个 10 m×5 m 样方，包括降水量不变但降水次数增加；降水量减少 50%和自然降水（对照），每个样方内再设置保留和去除凋落物处理（Deng et al.，2018）。2018 年在季风林（DHFZH01YJ _ JSKZ）重新建设 12 个 10 m×10 m 样方，棚高 2 m，样方边缘用塑料板隔开（埋深 30 cm），用于隔开外围地表径流及表层土壤水。包括干旱和氮添加双因素完全随机处理实验。主要研究干旱和氮添加如何交互影响土壤生物地球化学过程等。

2.3.6 树干液流

2010 年，分别在季风林（DHFZH01YJ _ SGYL01）、针阔混交林Ⅲ号（DHFZQ03YJ _ SGYL）、客座公寓后混交林（DHFZQ05YJ _ SGYL）建立 3 个树干液流样地，2018 年，在山地林增设 1 个新样地，2019 年，在松林增设 1 个样地。各林型选择 3～5 棵优势树种不同径级（个体较大）的树木，通过热消散探针法研究树木的水分利用效率，周边安置小气象站同步监测环境因子。

2017 年 11 月，又在季风林永久样地（DHFZH01YJ _ SGYL02）附近建立 1 个样地，选择白颜树、肖蒲桃、香楠和云南银柴 4 个树种至少 6 棵长势良好、不同径级（较小个体）的样树，共计 29 棵，布置探针 30 个。监测设备为美国 Dynamax 公司生产的数据采集器和 FLGS - TDP 插针式热耗散植物茎流计。分析各林型优势树种的水分利用特征，以及其在不同径级个体、不同树种和不同功能群植物间的差异。目前，已在鼎湖山站主要森林类型（马尾松林、针阔混交林、季风林、山地林）设立了树干液流实验样地，最终目标是期望通过不同森林类型优势种的水分利用状况，结合相关优势种的生物学指标，探明物种消长的水分生理机制（黄健强等，2020a；黄健强等，2020b）。

2.3.7 林外大气降雨

2010 年，分别在马尾松林（DHFFZ01YJ _ LGJY）、针阔混交林Ⅱ号（DHFFZ02YJ _ LGJY）和季风林（DHFZH01YJ _ LGJY）3 种典型森林类型样地，设立高出林冠约 5 m（总高 30 m）的雨量杆，上面安有常规降水承接筒，用塑料管将水引流至翻斗式雨量计，进行林外大气降水量及其过程的自动观测，同时设置收集装置对降水量进行人工测量。

2.3.8 封闭型径流场

2008 年，分别在马尾松林（DHFFZ01YJ _ JSQ）、针阔混交林Ⅱ号（DHFFZ02YJ _ JSQ）和季风林（DHFZH01YJ _ JSQ）3 种典型森林类型样地中，设置面积约 1 500 m^2 的封闭型功能径流场，通过三角测流堰（20°堰口），结合浮子式自记水位计测量并计算产流量。定量研究不同演替阶段森林生态系统结构、生物量、生产力与水文学过程及养分循环过程的关系。

2.4 主要仪器设备

至 2019 年年底，鼎湖山站拥有 1 万元以上仪器设备 86 台（套），10 万元以上仪器设备 47 台（套），包括水分、土壤、大气、生物监测的野外观测设施和室内分析仪器，这些仪器设备极大地促进了台站监测效率和效果，使连续在线监测得以实现，更准确地反映生态系统对各影响因子的响应。在满足台站监测任务和课题科研需求的基础上，按照国家野外科研观测联网共享政策，鼎湖山站提供数据共享或仪器测试共享的服务，园内外人员可共享使用所有仪器，充分发挥中国科学院仪器设备共享管理平台作用。主要仪器设备见表 2 - 3。

表 2-3　主要仪器设备列表

仪器名称	型号	品牌
便携式光合测量系统	LI-6400XT	LI-COR
地表蒸散观测设备	LI-7500A	LI-COR
多参数水质分析仪	EXO1	YSI
近红外固体品质分析仪	Infratec 1241	FOSS
可调转速重型切割粉碎仪	PULVERISETTE 19	FRITSCH
气象辐射观测设备	MAWS301	Vaisala
全自动化学分析仪	CleverChem 380	DeChem
全自动氧弹热量计	6400	PARR
热扩散植物茎流计	FLGS-TDP	Dynamax
生态系统 CO_2、H_2O 和能量通量原位测定系统	LI-7500DS	LI-COR
生态系统能量平衡观测传感器系统	QML201C	VAISALA
水体碳氮分析仪	VarioTOC	Elementar
碳同位素分析仪	912-0003	LGR
土壤 CO_2、CH_4、N_2O 通量原位观测系统	G2508	picarro
土壤含水量自动观测仪	CR800	Campbell
土壤碳通量自动测量系统	LI8100	LI-COR
土壤温湿盐自动观测系统	A755	Stevens Water、ADCON
微波消解系统	Multiwave PRO	Anton Paar
温室气体分析仪	G2508	picarro
液态水和水汽同位素分析仪	L2140-i	picarro
植被 CO_2、CH_4 同位素通量廓线分析系统	G2201-i	picarro
植被-大气 CO_2/H_2O 浓度廓线观测系统	AP200	Campbell
植被高光谱观测系统	Pika XC2	Resonon
植被-气象要素观测系统	CNR4	Kipp&Zonen B. V.
植物生长节律在线自动观测系统	CR-CC5MPX	Campbell
紫外-可见分光光度计	Lambda 25	Perkin Elmer
自动气象观测系统	CR1000X	Campbell
自动气象站	CR1000	Campbell

第3章

联网长期观测数据

3.1 生物观测数据

鼎湖山站最早从1955年开始植物群落调查，始于中山大学农林植物研究所（中国科学院华南植物园前身），1978年建站后逐步开展本底调查，1999年后开始规范的长期监测。生物监测主要内容：乔木层植物种类组成与生物量，灌木层植物种类组成与生物量，草本层植物种类组成与生物量，乔木层群落特征，灌木层群落特征，草本层群落特征，树种更新状况，乔木、灌木、草本各层叶面积指数，凋落物回收量季节动态，凋落物现存量，乔、灌木植物物候，草本植物物候，群落各层优势植物和凋落物的矿质元素含量与能值，鸟类种类与数量，大型野生动物种类与数量，土壤微生物生物量碳、氮季节动态，层间附（寄）生植物，层间藤本植物，大型土壤动物种类与数量等。其中树种更新状况、凋落物季节动态、凋落物现存量、植物物候是每年监测项目，其余为5年1次的监测项目。特殊情况下也会进行临时观测，例如2018年因受超强台风"山竹"的严重破坏，综合观测场植物受损严重，当年即对该样地进行了临时调查，以便更准确详细监测植物群落的变化情况。监测主要依据《陆地生物群落调查观测与分析》（董鸣等，1997）、《陆地生态系统生物观测规范》（中国生态系统研究网络科学委员会，2007a）、《陆地生态系统生物观测数据质量保证与质量控制》（吴冬秀等，2012）等进行数据采集和质量控制。原始数据在鼎湖山站网站 http://dhf.cern.ac.cn/的资源服务—数据服务—生态系统要素联网长期监测数据—生物要素监测中可查阅元数据和申请获取具体数据。

鼎湖山站长期监测永久样地共6个，分别为季风林、松林、针阔Ⅰ号、针阔Ⅱ号、针阔Ⅲ号和山地林样地（表3-1）。样地调查每5年进行1次，2010年起，统一在年份尾数为0或5的年份进行。

表3-1 生物长期监测样地概况

样地名称	简称	样地代码	坡向/°	坡度/°	海拔/m	面积/m^2	建立时间
鼎湖山站综合观测场季风林	季风林	DHFZH01	50	30	300	10 000	1978
鼎湖山站辅助观测场马尾松林	松林	DHFFZ01	135	25	100	2 000	1990
鼎湖山站站区调查点针阔混交林Ⅰ号	针阔Ⅰ号	DHFZQ01	140	30	240	1 200	1978
鼎湖山站辅助观测场针阔混交林Ⅱ号	针阔Ⅱ号	DHFFZ02	240	40	190	10 000	1999
鼎湖山站站区调查点针阔混交林Ⅲ号	针阔Ⅲ号	DHFZQ03	162	25	310	1 200	2002
鼎湖山站站区调查点山地常绿阔叶林	山地林	DHFZQ02	40	30	580	1 200	1996

3.1.1 森林植物群落乔木层植物种类组成及生物量

3.1.1.1 概述

数据来源于鼎湖山站1999、2004、2010、2015年每5年1次的调查数据，其中只有季风林和针阔Ⅱ号有 1999 年数据。

3.1.1.2 数据采集和处理方法

根据生物观测规范设立各个长期监测样地，将各样地划分为若干个 10 m×10 m 的Ⅱ级样方调查记录。调查样地内胸径（DBH）≥1cm 的所有乔木个体，记录种类、编号、胸径、树高、相对坐标、生长状况等信息。种类鉴定参考顺序：*Flora of China*（Wu et al.，1996）、《中国植物志》（中国科学院中国植物志编辑委员会，2004）及《广东植物志》（中科院华南植物研究所，1987）等资料。根据调查的重要值分析结果，采集优势种类（重要值总和>50%的种类）一定数量的标准木，分别拟合各器官（干、枝、叶、根）的生物量模型公式，计算各个体的生物量，本部分数据计算采用径级标准木生物量模型（温达志等，1997）。

3.1.1.3 数据质量控制和评估

通过历史数据参照、二人校验录入、专业人员核查、研究人员检验等方法控制和评估数据质量。

3.1.1.4 数据价值、使用方法和建议

森林植物群落种类组成和变化数据是植被研究的主要内容，是植被生态学研究工作者了解区域植被结构的主要方式，可为该地区的森林保护和生物多样性保育提供基础信息。本部分数据公开了 1999—2015 年鼎湖山站 6 个主要森林群落的植物种类、株数、平均胸径、平均高度、生物量，建立了方便查询的数据库，可为研究该地区的森林群落空间结构、动态变化，以及不同森林类型的群落特征比较研究提供参考，这也是在本地区开展植被研究的基础文献。本部分数据可应用于气候、生态、多样性保护、林业生产等相关领域。生物量模型样本仅在季风林采集，其他林型也使用此模型，因此其结果的准确度受一定的限制。

数据可在鼎湖山网站（http：//dhf. cern. ac. cn/meta/detail/FA01、http：//dhf. cern. ac. cn/meta/detail/FA02）申请获取。如需了解 1992—2015 年间 7 次调查的鼎湖山站季风常绿阔叶林乔木物种组成、多度、生物量、重要值数据，请查看邹顺等（2019）的数据论文（http：//csdata. org/p/266/），或从 http：//www. sciencedb. cn/dataSet/handle/705 下载数据。

3.1.1.5 数据

具体数据见表 3-2。

表 3-2 1999—2015 年 6 个样地乔木层种类组成与生物量

样地	年份	植物种名	株数	平均胸径/cm	平均高度/m	生物量/（kg/hm²）
季风林	1999	白背算盘子	1	2.0	3.5	0.76
季风林	1999	白花苦灯笼	8	1.5	2.6	3.32
季风林	1999	白楸	18	3.9	4.6	245.91
季风林	1999	白颜树	94	10.7	7.7	8 257.24
季风林	1999	柏拉木	357	1.8	2.9	264.23
季风林	1999	薄叶红厚壳	10	1.4	2.4	4.51
季风林	1999	笔罗子	34	6.3	6.3	1 350.78
季风林	1999	粗叶木	23	1.8	2.9	20.73
季风林	1999	大叶臭花椒	2	11.9	10.6	234.91
季风林	1999	艾胶算盘子	1	1.8	2.5	0.57
季风林	1999	滇粤山胡椒	3	7.7	5.5	147.29

（续）

样地	年份	植物种名	株数	平均胸径/cm	平均高度/m	生物量/（kg/hm²）
季风林	1999	鼎湖钓樟	52	4.0	4.4	460.36
季风林	1999	鼎湖血桐	174	2.9	4.0	1 417.07
季风林	1999	短序润楠	1	21.4	16.0	217.70
季风林	1999	鹅掌柴	29	5.3	5.2	1 046.21
季风林	1999	二色波罗蜜	2	2.1	3.7	1.76
季风林	1999	翻白叶树	5	1.1	2.6	0.80
季风林	1999	枫香树	1	2.2	2.5	1.00
季风林	1999	橄榄	25	7.2	6.1	6 540.23
季风林	1999	狗骨柴	3	1.9	2.1	4.59
季风林	1999	谷木	17	5.3	5.0	380.84
季风林	1999	观光木	1	101.0	25.0	14 674.06
季风林	1999	光叶红豆	140	2.3	3.4	399.23
季风林	1999	光叶山矾	3	9.2	7.5	114.81
季风林	1999	广东金叶子	21	6.5	5.5	2 137.52
季风林	1999	广东山胡椒	1	2.8	4.2	1.97
季风林	1999	禾串树	1	1.5	2.0	0.34
季风林	1999	褐毛秀柱花	3	4.0	5.7	25.68
季风林	1999	褐叶柄果木	50	2.7	3.6	318.57
季风林	1999	黑柃	1	3.3	5.5	3.14
季风林	1999	红枝蒲桃	116	4.7	5.0	2 370.52
季风林	1999	厚壳桂	38	17.3	10.2	13 572.69
季风林	1999	华润楠	14	18.7	13.3	3 398.30
季风林	1999	黄果厚壳桂	225	12.2	10.0	26 074.53
季风林	1999	黄毛榕	17	4.4	4.2	206.46
季风林	1999	黄杞	10	36.9	19.9	13 091.41
季风林	1999	黄叶树	69	4.6	4.8	1 712.03
季风林	1999	假苹婆	2	3.0	4.0	6.70
季风林	1999	假鱼骨木	22	4.7	5.2	356.39
季风林	1999	金叶树	7	3.5	4.4	53.35
季风林	1999	九丁榕	2	3.6	3.3	9.25
季风林	1999	九节	213	2.4	2.8	490.00
季风林	1999	了哥王	1	1.1	3.0	0.13
季风林	1999	亮叶猴耳环	4	3.1	3.8	17.92

（续）

样地	年份	植物种名	株数	平均胸径/cm	平均高度/m	生物量/（kg/hm²）
季风林	1999	岭南山竹子	14	6.5	5.3	450.56
季风林	1999	轮苞血桐	17	6.7	6.1	544.27
季风林	1999	罗伞树	87	2.2	3.2	163.74
季风林	1999	毛果巴豆	3	1.4	2.6	0.96
季风林	1999	毛果算盘子	4	1.5	2.5	1.35
季风林	1999	毛荛	2	5.5	3.8	41.23
季风林	1999	爪哇脚骨脆	3	1.9	2.8	2.64
季风林	1999	木荷	37	32.1	17.7	33 984.24
季风林	1999	球花脚骨脆	1	2.1	3.5	0.88
季风林	1999	肉实树	64	4.9	4.6	903.84
季风林	1999	软荚红豆	4	1.8	2.4	2.72
季风林	1999	三桠苦	9	2.0	3.1	10.56
季风林	1999	沙坝冬青	2	14.0	11.0	175.86
季风林	1999	山杜英	5	7.9	6.6	182.04
季风林	1999	山蒲桃	20	4.4	4.9	296.63
季风林	1999	山油柑	22	8.6	6.6	998.15
季风林	1999	韶子	10	10.2	9.4	1 006.33
季风林	1999	疏花卫矛	2	2.1	3.9	1.75
季风林	1999	水东哥	1	5.0	4.1	10.21
季风林	1999	酸味子	4	2.7	3.8	7.89
季风林	1999	天料木	3	2.4	4.1	4.90
季风林	1999	土沉香	22	2.3	3.0	43.60
季风林	1999	臀果木	17	20.7	13.1	6 708.55
季风林	1999	网脉山龙眼	1	5.4	6.0	11.71
季风林	1999	微毛山矾	1	2.1	3.5	0.88
季风林	1999	乌材	9	3.8	4.8	100.41
季风林	1999	乌榄	3	3.6	4.8	31.86
季风林	1999	乌檀	1	1.5	2.2	0.34
季风林	1999	香楠	174	2.3	3.4	563.26
季风林	1999	肖蒲桃	114	9.8	7.4	13 237.76
季风林	1999	小盘木	15	3.3	3.8	88.22
季风林	1999	锈叶新木姜子	7	2.9	3.5	43.93
季风林	1999	野牡丹	5	2.3	3.3	8.48

（续）

样地	年份	植物种名	株数	平均胸径/cm	平均高度/m	生物量/（kg/hm²）
季风林	1999	鱼尾葵	5	11.4	7.2	322.05
季风林	1999	越南冬青	6	3.2	3.8	32.99
季风林	1999	越南山矾	1	1.5	2.9	0.34
季风林	1999	越南紫金牛	7	6.7	5.7	178.63
季风林	1999	云南银柴	1 072	4.8	4.6	12 806.54
季风林	1999	窄叶半枫荷	79	6.5	6.6	3 644.46
季风林	1999	长刺楤木	3	2.1	2.6	3.82
季风林	1999	长花厚壳树	2	10.1	10.9	91.36
季风林	1999	猪肚木	9	4.4	3.8	112.55
季风林	1999	竹节树	4	1.9	3.0	4.29
季风林	1999	锥	14	75.8	21.2	131 748.77
季风林	1999	子凌蒲桃	3	4.0	3.7	20.00
季风林	2004	白背算盘子	4	1.9	3.1	2.79
季风林	2004	白花苦灯笼	3	2.9	2.9	7.18
季风林	2004	白楸	32	4.7	4.9	568.57
季风林	2004	白颜树	95	12.3	8.8	11 076.64
季风林	2004	柏拉木	353	1.7	2.8	271.11
季风林	2004	薄叶红厚壳	1	1.1	2.3	0.14
季风林	2004	笔罗子	27	7.0	6.2	1 447.36
季风林	2004	粗叶木	14	2.0	3.2	16.70
季风林	2004	大叶臭花椒	3	5.2	4.8	34.34
季风林	2004	滇粤山胡椒	5	5.0	4.8	148.11
季风林	2004	鼎湖钓樟	62	4.0	4.5	606.56
季风林	2004	鼎湖血桐	335	2.9	4.3	1 538.09
季风林	2004	短序润楠	2	11.7	9.1	231.93
季风林	2004	鹅掌柴	38	4.9	5.0	1 705.59
季风林	2004	二色波罗蜜	3	2.1	3.4	3.28
季风林	2004	翻白叶树	2	2.0	3.5	1.54
季风林	2004	橄榄	38	6.4	5.8	6 745.83
季风林	2004	谷木	17	5.1	5.1	255.66
季风林	2004	观光木	1	100.0	26.0	14 279.25
季风林	2004	光叶红豆	126	2.6	3.5	495.19
季风林	2004	光叶山矾	1	9.5	5.0	46.34

（续）

样地	年份	植物种名	株数	平均胸径/cm	平均高度/m	生物量/（kg/hm²）
季风林	2004	广东金叶子	18	7.3	6.5	2 185.03
季风林	2004	广东山胡椒	1	7.5	5.2	25.96
季风林	2004	海红豆	2	1.3	2.4	0.49
季风林	2004	禾串树	7	1.6	2.6	3.36
季风林	2004	褐叶柄果木	110	2.0	3.0	169.78
季风林	2004	红枝蒲桃	112	5.8	5.6	2 849.02
季风林	2004	厚壳桂	46	13.5	8.8	11 384.39
季风林	2004	华润楠	13	21.0	13.4	3 994.06
季风林	2004	黄果厚壳桂	32	2.0	3.0	144.73
季风林	2004	黄毛榕	46	4.0	3.6	472.12
季风林	2004	黄杞	9	36.9	20.7	12 129.55
季风林	2004	黄叶树	69	4.7	4.6	1 831.80
季风林	2004	假苹婆	3	2.5	3.0	7.60
季风林	2004	假鹰爪	2	1.8	2.9	1.28
季风林	2004	假鱼骨木	27	5.2	5.4	529.80
季风林	2004	金叶树	7	4.6	4.6	84.21
季风林	2004	九丁榕	2	5.0	2.3	20.42
季风林	2004	九节	170	2.6	2.8	448.46
季风林	2004	黧蒴锥	1	1.6	3.2	0.41
季风林	2004	亮叶猴耳环	8	2.7	3.9	24.13
季风林	2004	岭南山竹子	16	6.2	5.0	514.63
季风林	2004	轮苞血桐	17	5.0	4.8	316.38
季风林	2004	罗伞树	62	2.3	3.3	110.48
季风林	2004	毛果巴豆	4	2.6	3.9	12.04
季风林	2004	毛果算盘子	5	1.6	2.9	2.49
季风林	2004	毛菍	6	3.3	3.3	49.02
季风林	2004	爪哇脚骨脆	3	1.9	2.2	2.81
季风林	2004	木荷	32	35.5	19.0	35 140.86
季风林	2004	球花脚骨脆	1	2.2	3.0	1.00
季风林	2004	肉实树	62	5.7	5.0	1 209.75
季风林	2004	软荚红豆	2	4.4	4.5	20.49
季风林	2004	沙坝冬青	2	14.5	10.8	192.43
季风林	2004	山杜英	4	10.5	7.5	251.52

（续）

样地	年份	植物种名	株数	平均胸径/cm	平均高度/m	生物量/（kg/hm²）
季风林	2004	山牡荆	1	1.4	2.2	0.28
季风林	2004	山蒲桃	21	4.7	4.6	331.46
季风林	2004	山乌桕	3	1.6	2.8	1.83
季风林	2004	山油柑	15	10.8	7.5	974.40
季风林	2004	韶子	8	12.8	10.6	1 096.76
季风林	2004	疏花卫矛	3	2.3	4.1	3.54
季风林	2004	水东哥	3	4.1	3.6	20.44
季风林	2004	水同木	1	3.0	2.3	2.40
季风林	2004	酸味子	3	2.0	2.9	3.51
季风林	2004	天料木	1	1.7	3.0	0.49
季风林	2004	土沉香	19	3.0	3.3	76.96
季风林	2004	臀果木	21	16.1	10.8	6 094.82
季风林	2004	乌材	7	4.5	5.3	106.93
季风林	2004	乌榄	1	8.8	12.0	38.39
季风林	2004	乌檀	1	1.9	3.0	0.66
季风林	2004	细轴荛花	1	1.1	1.8	0.14
季风林	2004	狭叶山黄麻	1	3.1	3.0	2.63
季风林	2004	显脉杜英	2	1.7	3.2	1.00
季风林	2004	香楠	345	2.2	3.2	750.91
季风林	2004	肖蒲桃	122	9.9	7.2	14 518.09
季风林	2004	小盘木	16	3.9	4.0	129.79
季风林	2004	锈叶新木姜子	11	2.2	2.9	30.28
季风林	2004	鱼尾葵	10	12.3	7.3	894.68
季风林	2004	越南冬青	6	3.7	4.2	49.58
季风林	2004	越南紫金牛	10	6.5	5.4	261.93
季风林	2004	云南银柴	906	5.1	4.8	12 232.64
季风林	2004	窄叶半枫荷	84	7.5	7.3	5 705.04
季风林	2004	长花厚壳树	2	10.3	9.3	82.14
季风林	2004	猪肚木	10	5.3	3.8	185.77
季风林	2004	竹节树	2	3.5	4.2	8.84
季风林	2004	锥	12	78.0	22.2	135 945.51
季风林	2004	子凌蒲桃	5	4.0	3.7	35.20
季风林	2010	白背算盘子	1	2.5	5.5	1.43

（续）

样地	年份	植物种名	株数	平均胸径/cm	平均高度/m	生物量/（kg/hm²）
季风林	2010	白楸	148	4.1	5.2	1 709.38
季风林	2010	白颜树	106	13.6	9.4	16 747.18
季风林	2010	柏拉木	636	1.6	2.9	367.01
季风林	2010	薄叶红厚壳	1	1.1	2.0	0.14
季风林	2010	笔罗子	30	6.9	7.0	1 716.27
季风林	2010	变叶榕	4	1.3	2.9	1.01
季风林	2010	大叶臭花椒	2	4.0	5.2	13.67
季风林	2010	滇粤山胡椒	3	1.9	2.6	2.41
季风林	2010	鼎湖钓樟	49	3.9	5.1	451.04
季风林	2010	鼎湖血桐	920	2.6	4.4	3 575.11
季风林	2010	短序润楠	2	12.2	10.5	249.63
季风林	2010	鹅掌柴	47	4.6	4.6	1 655.34
季风林	2010	二色波罗蜜	3	2.9	5.7	7.85
季风林	2010	翻白叶树	4	2.7	3.5	10.53
季风林	2010	橄榄	55	5.7	5.8	7 176.55
季风林	2010	谷木	20	5.2	5.8	326.45
季风林	2010	观光木	1	105.0	25.0	16 322.89
季风林	2010	光叶红豆	169	2.2	3.7	541.02
季风林	2010	光叶山矾	1	10.9	7.5	47.21
季风林	2010	广东金叶子	17	8.0	6.6	2 865.18
季风林	2010	广东山胡椒	1	9.1	6.0	41.68
季风林	2010	禾串树	15	2.1	2.9	18.25
季风林	2010	褐叶柄果木	213	2.1	3.3	388.99
季风林	2010	红背山麻杆	2	1.9	3.5	1.33
季风林	2010	红枝蒲桃	115	5.8	6.5	2 760.20
季风林	2010	厚壳桂	84	6.9	6.1	7 720.90
季风林	2010	华润楠	14	20.3	14.9	4 352.92
季风林	2010	黄果厚壳桂	85	1.7	2.8	56.38
季风林	2010	黄毛榕	58	5.1	5.5	943.81
季风林	2010	黄杞	8	22.2	16.7	4 367.27
季风林	2010	黄叶树	90	4.3	5.0	2 174.61
季风林	2010	灰毛大青	2	1.5	2.6	0.77
季风林	2010	假苹婆	11	2.2	3.1	18.37

（续）

样地	年份	植物种名	株数	平均胸径/cm	平均高度/m	生物量/（kg/hm²）
季风林	2010	假鱼骨木	36	5.3	6.7	745.08
季风林	2010	金叶树	8	3.8	4.1	69.12
季风林	2010	九丁榕	4	3.9	4.1	26.21
季风林	2010	九节	90	2.4	2.9	238.02
季风林	2010	亮叶猴耳环	7	4.3	5.0	85.55
季风林	2010	岭南山竹子	7	2.4	3.9	19.52
季风林	2010	轮苞血桐	25	4.3	5.0	343.03
季风林	2010	罗浮粗叶木	15	1.5	3.2	5.73
季风林	2010	罗浮柿	1	3.7	5.0	4.34
季风林	2010	罗伞树	83	2.3	3.6	183.07
季风林	2010	毛果巴豆	4	1.8	3.2	2.75
季风林	2010	毛果算盘子	2	1.6	2.9	1.11
季风林	2010	毛菍	8	2.1	3.0	10.26
季风林	2010	爪哇脚骨脆	4	2.0	2.8	3.63
季风林	2010	木荷	26	35.3	21.2	26 853.01
季风林	2010	南山茶	1	1.1	2.1	0.14
季风林	2010	球花脚骨脆	4	1.8	3.2	3.96
季风林	2010	肉实树	67	6.1	5.7	1 572.90
季风林	2010	三桠苦	4	2.2	3.5	6.93
季风林	2010	沙坝冬青	2	15.1	12.5	212.52
季风林	2010	山杜英	4	6.0	6.6	97.25
季风林	2010	山鸡椒	4	2.3	3.3	4.84
季风林	2010	山牡荆	1	1.7	3.0	0.49
季风林	2010	山蒲桃	19	5.2	5.5	400.28
季风林	2010	山乌桕	1	4.3	5.5	6.65
季风林	2010	山油柑	14	11.6	7.5	1 033.41
季风林	2010	韶子	5	17.6	16.3	1 101.12
季风林	2010	疏花卫矛	6	1.7	3.4	3.58
季风林	2010	水东哥	4	5.0	4.7	44.86
季风林	2010	水同木	1	8.4	6.5	34.25
季风林	2010	酸味子	2	1.4	3.3	0.53
季风林	2010	天料木	1	2.5	5.5	1.43
季风林	2010	土沉香	13	2.7	3.4	37.37

（续）

样地	年份	植物种名	株数	平均胸径/cm	平均高度/m	生物量/（kg/hm^2）
季风林	2010	臀果木	32	10.1	8.3	5 377.84
季风林	2010	乌材	11	3.6	4.5	114.52
季风林	2010	乌榄	1	9.3	11.0	43.97
季风林	2010	乌檀	1	1.9	3.5	0.66
季风林	2010	细轴荛花	2	1.2	2.5	0.37
季风林	2010	显脉杜英	3	2.2	4.6	3.13
季风林	2010	腺叶桂樱	1	1.8	2.0	0.57
季风林	2010	香楠	1 144	1.9	3.5	1 542.72
季风林	2010	肖蒲桃	147	8.7	6.8	16 115.70
季风林	2010	小盘木	21	3.9	4.5	170.23
季风林	2010	锈叶新木姜子	21	1.7	2.7	14.58
季风林	2010	鱼尾葵	10	19.4	12.5	2 174.10
季风林	2010	越南冬青	11	3.1	3.9	68.56
季风林	2010	越南紫金牛	11	6.4	6.4	297.03
季风林	2010	云南银柴	633	5.3	5.4	9 288.78
季风林	2010	窄叶半枫荷	92	7.8	7.8	7 092.38
季风林	2010	长花厚壳树	2	10.7	11.5	89.44
季风林	2010	栀子	2	2.1	3.3	1.64
季风林	2010	猪肚木	14	5.1	5.4	263.35
季风林	2010	竹节树	5	3.0	4.3	15.00
季风林	2010	锥	20	43.0	12.9	122 824.31
季风林	2010	子凌蒲桃	8	3.7	4.8	51.16
季风林	2015	白楸	85	7.8	9.1	3 157.38
季风林	2015	白颜树	110	15.0	10.8	22 052.16
季风林	2015	柏拉木	945	1.6	3.1	480.88
季风林	2015	薄叶红厚壳	1	1.2	2.6	0.18
季风林	2015	笔罗子	16	7.8	7.8	894.86
季风林	2015	变叶榕	4	1.7	3.3	2.77
季风林	2015	粗叶木	17	1.5	2.9	6.07
季风林	2015	大叶臭花椒	1	6.8	8.0	20.45
季风林	2015	滇粤山胡椒	1	1.8	2.6	0.57
季风林	2015	鼎湖钓樟	38	3.4	5.5	248.97
季风林	2015	鼎湖血桐	945	3.1	5.2	5 290.71

（续）

样地	年份	植物种名	株数	平均胸径/cm	平均高度/m	生物量/（kg/hm²）
季风林	2015	短序润楠	1	22.6	21.0	251.95
季风林	2015	鹅掌柴	43	5.7	5.9	2 124.08
季风林	2015	二色波罗蜜	3	3.5	5.8	15.35
季风林	2015	翻白叶树	9	2.1	4.8	11.89
季风林	2015	橄榄	57	6.7	7.4	8 129.37
季风林	2015	谷木	17	5.4	6.0	321.35
季风林	2015	观光木	1	110.0	30.0	18 544.35
季风林	2015	光叶红豆	144	2.5	4.3	592.57
季风林	2015	广东金叶子	8	13.4	10.2	2 736.38
季风林	2015	广东山胡椒	1	9.2	9.0	42.82
季风林	2015	禾串树	13	2.8	4.8	51.08
季风林	2015	褐叶柄果木	227	2.2	3.7	361.84
季风林	2015	红枝蒲桃	101	6.6	7.8	3 086.54
季风林	2015	厚壳桂	83	7.5	7.0	7 935.83
季风林	2015	华润楠	15	19.5	17.0	4 771.07
季风林	2015	黄果厚壳桂	88	2.0	3.3	120.04
季风林	2015	黄毛榕	68	5.6	5.9	1 305.04
季风林	2015	黄杞	8	24.8	18.8	5 973.38
季风林	2015	黄叶树	93	4.4	5.5	2 471.70
季风林	2015	假苹婆	14	2.8	4.1	45.18
季风林	2015	假鱼骨木	21	4.4	6.4	300.29
季风林	2015	金叶树	9	4.0	4.4	84.63
季风林	2015	九丁榕	4	4.6	4.0	36.00
季风林	2015	九节	7	3.9	4.2	50.56
季风林	2015	亮叶猴耳环	7	5.2	5.8	121.81
季风林	2015	岭南山竹子	4	1.6	2.2	2.27
季风林	2015	轮苞血桐	23	4.3	5.0	296.71
季风林	2015	轮叶木姜子	1	1.9	3.0	0.66
季风林	2015	罗伞树	83	2.2	3.7	131.86
季风林	2015	毛果巴豆	3	2.2	3.1	3.07
季风林	2015	毛果算盘子	1	2.1	2.3	0.88
季风林	2015	毛菍	2	3.8	5.5	11.97
季风林	2015	爪哇脚骨脆	4	2.0	2.9	4.18

（续）

样地	年份	植物种名	株数	平均胸径/cm	平均高度/m	生物量/（kg/hm²）
季风林	2015	木荷	18	35.3	22.6	18 461.40
季风林	2015	南山茶	1	1.2	2.3	0.18
季风林	2015	球花脚骨脆	4	2.4	3.6	11.34
季风林	2015	肉实树	56	6.9	6.8	1 705.29
季风林	2015	沙坝冬青	2	16.4	13.8	261.50
季风林	2015	山杜英	2	11.0	8.9	185.09
季风林	2015	山牡荆	1	1.7	4.0	0.49
季风林	2015	山蒲桃	15	5.2	5.7	256.38
季风林	2015	山油柑	7	12.7	11.8	595.45
季风林	2015	韶子	3	26.0	21.7	1 146.34
季风林	2015	疏花卫矛	6	2.2	3.8	6.44
季风林	2015	水东哥	3	7.3	7.0	73.73
季风林	2015	酸味子	1	1.3	3.2	0.23
季风林	2015	天料木	1	3.4	6.3	3.41
季风林	2015	土沉香	6	3.1	4.5	25.00
季风林	2015	臀果木	37	8.4	8.6	4 214.67
季风林	2015	乌材	6	2.5	3.4	17.14
季风林	2015	乌檀	1	1.9	1.8	0.66
季风林	2015	显脉杜英	2	2.8	5.5	4.47
季风林	2015	腺叶桂樱	2	2.7	4.3	6.40
季风林	2015	香港大沙叶	1	1.1	1.8	0.14
季风林	2015	香楠	1 318	2.3	4.1	2 738.37
季风林	2015	肖蒲桃	152	8.8	7.8	16 097.38
季风林	2015	小盘木	22	4.2	4.4	213.54
季风林	2015	锈叶新木姜子	16	1.9	2.9	15.23
季风林	2015	鱼尾葵	11	21.2	15.5	3 026.76
季风林	2015	越南冬青	12	3.2	3.8	89.56
季风林	2015	越南紫金牛	13	5.5	5.9	259.39
季风林	2015	云南银柴	497	5.7	6.2	8 364.82
季风林	2015	窄叶半枫荷	91	9.0	9.8	9 787.09
季风林	2015	长花厚壳树	2	11.7	7.8	114.39
季风林	2015	栀子	2	1.2	2.0	0.33
季风林	2015	猪肚木	13	5.9	6.5	303.17

（续）

样地	年份	植物种名	株数	平均胸径/cm	平均高度/m	生物量/（kg/hm²）
季风林	2015	竹节树	7	3.6	5.6	36.24
季风林	2015	锥	19	42.6	14.6	117 970.93
季风林	2015	子凌蒲桃	6	3.1	4.4	29.19
松林	2004	白背叶	5	3.7	4.2	409.71
松林	2004	豺皮樟	12	2.0	3.0	101.77
松林	2004	变叶榕	38	1.7	2.3	201.22
松林	2004	秤星树	3	1.7	1.8	13.57
松林	2004	石斑木	3	1.5	2.1	8.30
松林	2004	粗叶榕	2	1.1	1.8	2.40
松林	2004	滇粤山胡椒	2	1.9	2.5	10.42
松林	2004	鹅掌柴	2	3.2	3.5	78.59
松林	2004	岗松	1	1.1	1.7	1.20
松林	2004	白花灯笼	6	1.7	2.7	59.67
松林	2004	黄牛木	14	3.1	3.2	612.75
松林	2004	九节	5	1.7	1.8	28.03
松林	2004	黧蒴锥	1	5.7	3.9	111.15
松林	2004	龙船花	1	1.0	2.0	0.92
松林	2004	马尾松	75	16.2	6.7	118 379.95
松林	2004	毛冬青	1	1.8	2.1	4.74
松林	2004	毛菍	2	5.1	3.6	170.15
松林	2004	三椏苦	204	2.6	3.2	4 364.64
松林	2004	桃金娘	20	1.5	2.1	68.53
松林	2004	狭叶山黄麻	1	2.6	3.5	13.33
松林	2004	野牡丹	5	2.3	2.1	56.47
松林	2004	野漆	8	3.4	3.6	375.79
松林	2004	银柴	1	2.3	3.2	9.44
松林	2004	栀子	1	1.2	1.5	1.53
松林	2010	白楸	36	3.8	4.7	2 431.56
松林	2010	豺皮樟	16	2.0	3.6	134.51
松林	2010	变叶榕	35	1.9	2.7	228.99
松林	2010	秤星树	5	1.4	2.4	13.70
松林	2010	鹅掌柴	4	2.1	2.6	56.39
松林	2010	红背山麻杆	1	2.0	2.2	6.37

（续）

样地	年份	植物种名	株数	平均胸径/cm	平均高度/m	生物量/（kg/hm²）
松林	2010	黄牛木	17	3.7	4.3	1 063.07
松林	2010	九节	20	1.9	2.2	164.27
松林	2010	马尾松	44	23.0	10.6	121 332.26
松林	2010	毛果算盘子	1	1.5	2.0	2.85
松林	2010	毛菍	3	1.6	2.6	11.36
松林	2010	三桠苦	169	3.4	4.1	8 357.12
松林	2010	毛冬青	9	3.2	4.1	442.33
松林	2010	山乌桕	1	3.9	5.7	41.98
松林	2010	石斑木	6	1.9	3.1	39.25
松林	2010	桃金娘	3	1.2	2.2	4.64
松林	2010	野漆	19	3.2	4.4	804.97
松林	2010	银柴	2	2.1	3.3	15.35
松林	2010	樟	1	2.7	3.8	14.83
松林	2010	栀子	2	1.9	3.5	10.42
松林	2015	白楸	61	4.7	5.1	6 925.45
松林	2015	变叶榕	38	2.1	2.6	343.58
松林	2015	豺皮樟	5	1.9	3.1	30.50
松林	2015	秤星树	5	1.8	2.0	29.20
松林	2015	鹅掌柴	15	2.4	3.0	281.90
松林	2015	红背山麻杆	3	1.4	2.5	7.46
松林	2015	黄牛木	14	4.4	4.5	1 225.90
松林	2015	九节	28	2.2	2.3	295.90
松林	2015	马尾松	45	25.9	11.4	158 075.72
松林	2015	毛菍	14	2.1	2.9	146.29
松林	2015	米碎花	1	1.2	2.3	1.53
松林	2015	三桠苦	29	3.0	3.7	930.25
松林	2015	黄牛木	14	1.6	2.9	77.00
松林	2015	山乌桕	3	2.5	4.0	80.68
松林	2015	石斑木	5	2.0	2.6	34.94
松林	2015	野漆	6	2.7	3.5	169.99
松林	2015	银柴	3	4.8	3.9	230.21
松林	2015	樟	2	4.1	5.4	106.93
松林	2015	栀子	1	1.9	2.1	5.52

（续）

样地	年份	植物种名	株数	平均胸径/cm	平均高度/m	生物量/（kg/hm²）
针阔Ⅰ号	2004	白背算盘子	2	6.1	7.3	36.83
针阔Ⅰ号	2004	薄叶红厚壳	1	1.7	3.0	0.49
针阔Ⅰ号	2004	豺皮樟	1	1.0	2.2	0.11
针阔Ⅰ号	2004	变叶榕	5	2.1	2.9	5.77
针阔Ⅰ号	2004	鼎湖钓樟	4	2.3	3.1	5.60
针阔Ⅰ号	2004	短序润楠	3	5.4	5.5	57.13
针阔Ⅰ号	2004	橄榄	1	17.3	14.0	149.52
针阔Ⅰ号	2004	狗骨柴	3	1.7	2.8	1.67
针阔Ⅰ号	2004	广东金叶子	25	9.3	5.3	2 393.71
针阔Ⅰ号	2004	红枝蒲桃	6	3.3	4.7	43.52
针阔Ⅰ号	2004	厚壳桂	1	3.3	3.2	3.14
针阔Ⅰ号	2004	黄果厚壳桂	70	1.8	2.8	78.48
针阔Ⅰ号	2004	黄牛木	3	3.9	5.2	18.91
针阔Ⅰ号	2004	假鱼骨木	4	11.2	11.8	302.41
针阔Ⅰ号	2004	九节	13	2.3	2.7	33.68
针阔Ⅰ号	2004	黧蒴锥	81	2.9	3.9	671.88
针阔Ⅰ号	2004	岭南山竹子	3	7.1	5.9	155.34
针阔Ⅰ号	2004	龙船花	1	1.2	1.8	0.18
针阔Ⅰ号	2004	罗浮柿	17	4.7	6.1	243.23
针阔Ⅰ号	2004	罗伞树	149	2.1	3.5	199.21
针阔Ⅰ号	2004	马尾松	18	29.5	14.4	10 602.07
针阔Ⅰ号	2004	木荷	63	13.6	10.1	6 981.99
针阔Ⅰ号	2004	破布叶	1	3.9	4.5	5.04
针阔Ⅰ号	2004	绒毛润楠	2	2.1	3.3	1.78
针阔Ⅰ号	2004	山蒲桃	1	2.9	3.5	2.18
针阔Ⅰ号	2004	山石榴	1	6.8	8.0	20.45
针阔Ⅰ号	2004	山油柑	8	5.8	6.4	125.80
针阔Ⅰ号	2004	五月茶	2	2.6	3.1	3.18
针阔Ⅰ号	2004	细轴荛花	1	2.4	2.5	1.20
针阔Ⅰ号	2004	香楠	2	2.5	3.8	2.85
针阔Ⅰ号	2004	肖蒲桃	2	1.8	3.5	1.54
针阔Ⅰ号	2004	锈叶新木姜子	1	3.3	4.5	3.14
针阔Ⅰ号	2004	野漆	1	4.6	12.0	8.00

（续）

样地	年份	植物种名	株数	平均胸径/cm	平均高度/m	生物量/（kg/hm²）
针阔Ⅰ号	2004	银柴	2	4.2	4.3	17.87
针阔Ⅰ号	2004	云南银柴	4	3.3	4.4	14.96
针阔Ⅰ号	2004	锥	50	11.9	7.6	6 992.33
针阔Ⅰ号	2010	白背算盘子	2	6.6	6.8	42.35
针阔Ⅰ号	2010	白楸	1	2.0	3.0	0.76
针阔Ⅰ号	2010	薄叶红厚壳	1	3.5	3.0	3.71
针阔Ⅰ号	2010	豺皮樟	2	4.6	6.3	16.05
针阔Ⅰ号	2010	变叶榕	6	2.7	3.5	12.22
针阔Ⅰ号	2010	鼎湖钓樟	3	2.8	3.6	6.78
针阔Ⅰ号	2010	短序润楠	2	5.6	4.6	46.82
针阔Ⅰ号	2010	凤凰润楠	1	1.3	2.9	0.23
针阔Ⅰ号	2010	橄榄	1	18.1	16.0	167.57
针阔Ⅰ号	2010	狗骨柴	5	3.7	4.1	47.93
针阔Ⅰ号	2010	广东金叶子	13	13.4	8.3	2 235.28
针阔Ⅰ号	2010	红枝蒲桃	5	2.7	4.6	11.55
针阔Ⅰ号	2010	厚壳桂	1	3.5	4.2	3.71
针阔Ⅰ号	2010	黄果厚壳桂	109	2.1	3.1	199.96
针阔Ⅰ号	2010	黄牛木	1	3.4	2.5	3.41
针阔Ⅰ号	2010	假鹰爪	1	1.2	2.1	0.18
针阔Ⅰ号	2010	假鱼骨木	3	12.7	11.9	264.87
针阔Ⅰ号	2010	九节	12	2.3	2.5	17.62
针阔Ⅰ号	2010	了哥王	1	2.3	3.0	1.13
针阔Ⅰ号	2010	黧蒴锥	93	3.9	4.6	1 670.64
针阔Ⅰ号	2010	龙船花	6	1.3	2.0	1.48
针阔Ⅰ号	2010	罗浮柿	12	4.7	5.4	191.28
针阔Ⅰ号	2010	罗伞树	195	2.3	3.3	531.83
针阔Ⅰ号	2010	马尾松	11	34.0	19.1	9 282.81
针阔Ⅰ号	2010	木荷	46	14.1	10.0	5 699.38
针阔Ⅰ号	2010	破布叶	1	5.0	6.0	9.73
针阔Ⅰ号	2010	绒毛润楠	2	2.0	4.2	1.69
针阔Ⅰ号	2010	山蒲桃	2	2.6	3.0	4.68
针阔Ⅰ号	2010	山油柑	7	6.2	5.3	125.36
针阔Ⅰ号	2010	五月茶	2	2.6	3.2	3.31

（续）

样地	年份	植物种名	株数	平均胸径/cm	平均高度/m	生物量/（kg/hm²）
针阔Ⅰ号	2010	香楠	2	3.2	4.0	5.88
针阔Ⅰ号	2010	锈叶新木姜子	1	2.8	5.0	1.97
针阔Ⅰ号	2010	云南银柴	2	6.2	5.9	35.38
针阔Ⅰ号	2010	锥	54	11.1	7.4	7 314.32
针阔Ⅰ号	2015	白背算盘子	1	4.3	6.2	6.65
针阔Ⅰ号	2015	白楸	1	3.5	7.6	3.71
针阔Ⅰ号	2015	豺皮樟	1	3.7	7.0	4.34
针阔Ⅰ号	2015	变叶榕	6	3.3	4.0	23.98
针阔Ⅰ号	2015	鼎湖钓樟	2	3.2	3.3	5.88
针阔Ⅰ号	2015	短序润楠	5	3.9	4.4	59.55
针阔Ⅰ号	2015	凤凰润楠	1	1.5	4.2	0.34
针阔Ⅰ号	2015	橄榄	1	19.0	15.5	189.43
针阔Ⅰ号	2015	狗骨柴	4	2.3	3.0	5.08
针阔Ⅰ号	2015	广东金叶子	7	18.6	11.9	2 021.60
针阔Ⅰ号	2015	红枝蒲桃	7	3.2	5.2	29.34
针阔Ⅰ号	2015	厚壳桂	1	3.3	4.0	3.14
针阔Ⅰ号	2015	黄果厚壳桂	139	2.1	3.2	211.66
针阔Ⅰ号	2015	黄杞	1	1.3	2.2	0.23
针阔Ⅰ号	2015	假鱼骨木	2	13.8	13.2	244.92
针阔Ⅰ号	2015	九节	5	1.9	1.9	4.32
针阔Ⅰ号	2015	了哥王	1	2.5	3.3	1.43
针阔Ⅰ号	2015	黧蒴锥	43	6.8	7.2	1 963.58
针阔Ⅰ号	2015	龙船花	5	1.5	2.3	2.00
针阔Ⅰ号	2015	罗浮柿	8	4.8	5.7	125.52
针阔Ⅰ号	2015	罗伞树	257	2.4	4.1	494.67
针阔Ⅰ号	2015	马尾松	9	36.3	23.4	8 987.08
针阔Ⅰ号	2015	木荷	19	15.8	13.1	3 255.52
针阔Ⅰ号	2015	破布叶	1	5.9	7.0	14.50
针阔Ⅰ号	2015	绒毛润楠	2	2.1	4.4	1.92
针阔Ⅰ号	2015	山蒲桃	1	5.2	5.3	10.69
针阔Ⅰ号	2015	山油柑	5	6.3	8.2	104.37
针阔Ⅰ号	2015	五月茶	2	3.0	3.7	4.98
针阔Ⅰ号	2015	细轴荛花	1	1.2	3.1	0.18

（续）

样地	年份	植物种名	株数	平均胸径/cm	平均高度/m	生物量/（kg/hm²）
针阔Ⅰ号	2015	香楠	2	4.1	5.4	12.07
针阔Ⅰ号	2015	银柴	2	6.7	6.7	45.37
针阔Ⅰ号	2015	猪肚木	1	12.6	7.0	67.63
针阔Ⅰ号	2015	锥	51	13.7	10.0	10 373.64
针阔Ⅱ号	1999	白背算盘子	27	3.0	3.6	116.57
针阔Ⅱ号	1999	白背叶	2	4.3	5.0	13.31
针阔Ⅱ号	1999	白楸	6	2.8	2.7	26.77
针阔Ⅱ号	1999	白颜树	1	5.8	4.0	13.91
针阔Ⅱ号	1999	柏拉木	1	2.4	4.2	1.28
针阔Ⅱ号	1999	豺皮樟	1 003	1.9	3.0	1 204.33
针阔Ⅱ号	1999	变叶榕	209	1.7	2.4	148.89
针阔Ⅱ号	1999	常绿荚蒾	1	1.0	2.3	0.11
针阔Ⅱ号	1999	粗糠柴	2	1.1	1.9	0.29
针阔Ⅱ号	1999	粗叶榕	1	1.1	3.0	0.14
针阔Ⅱ号	1999	鼎湖钓樟	7	3.5	4.2	38.51
针阔Ⅱ号	1999	短序润楠	6	5.8	5.3	135.35
针阔Ⅱ号	1999	鹅掌柴	167	2.8	3.1	699.62
针阔Ⅱ号	1999	二列叶柃	1	3.9	3.5	5.04
针阔Ⅱ号	1999	枫香树	1	4.6	3.5	8.05
针阔Ⅱ号	1999	橄榄	13	6.4	5.9	360.66
针阔Ⅱ号	1999	岗松	10	1.5	2.9	3.37
针阔Ⅱ号	1999	狗骨柴	3	1.6	3.4	1.38
针阔Ⅱ号	1999	构树	1	1.2	1.8	0.18
针阔Ⅱ号	1999	谷木	5	0.0	0.0	1.47
针阔Ⅱ号	1999	广东黄肉楠	2	4.6	3.5	32.40
针阔Ⅱ号	1999	广东金叶子	12	2.8	3.0	45.09
针阔Ⅱ号	1999	红叶藤	1	1.6	20.0	0.41
针阔Ⅱ号	1999	红枝蒲桃	2	2.9	3.8	6.93
针阔Ⅱ号	1999	华润楠	11	7.6	5.8	746.36
针阔Ⅱ号	1999	黄果厚壳桂	29	4.1	4.3	382.80
针阔Ⅱ号	1999	黄牛木	274	2.5	3.1	831.42
针阔Ⅱ号	1999	假苹婆	1	5.4	6.0	11.71
针阔Ⅱ号	1999	假鹰爪	1	1.0	1.5	0.11

（续）

样地	年份	植物种名	株数	平均胸径/cm	平均高度/m	生物量/（kg/hm²）
针阔Ⅱ号	1999	假鱼骨木	4	7.9	5.7	183.80
针阔Ⅱ号	1999	九节	452	1.8	2.3	394.54
针阔Ⅱ号	1999	黧蒴锥	4	12.4	6.5	579.73
针阔Ⅱ号	1999	岭南山竹子	1	2.2	2.3	1.00
针阔Ⅱ号	1999	龙船花	1	1.3	1.9	0.23
针阔Ⅱ号	1999	罗浮柿	187	3.2	3.7	1 272.00
针阔Ⅱ号	1999	罗伞树	197	1.7	2.7	139.39
针阔Ⅱ号	1999	马尾松	154	17.6	9.5	36 614.18
针阔Ⅱ号	1999	毛冬青	35	1.4	2.2	12.30
针阔Ⅱ号	1999	毛果柃	2	2.9	3.6	5.44
针阔Ⅱ号	1999	毛果算盘子	1	1.0	2.3	0.11
针阔Ⅱ号	1999	毛菍	11	2.2	2.7	16.04
针阔Ⅱ号	1999	米碎花	4	1.1	1.8	0.59
针阔Ⅱ号	1999	密花树	5	2.8	3.2	16.15
针阔Ⅱ号	1999	木荷	906	6.4	5.4	32 532.58
针阔Ⅱ号	1999	绒毛润楠	2	6.3	7.0	33.79
针阔Ⅱ号	1999	三桠苦	41	2.0	2.7	50.85
针阔Ⅱ号	1999	山鸡椒	14	1.8	2.6	20.27
针阔Ⅱ号	1999	山蒲桃	3	6.0	5.0	48.98
针阔Ⅱ号	1999	山乌桕	9	5.0	3.6	137.02
针阔Ⅱ号	1999	山血丹	1	1.0	2.4	0.11
针阔Ⅱ号	1999	山油柑	20	5.2	4.9	377.22
针阔Ⅱ号	1999	石斑木	2	0.0	0.0	0.41
针阔Ⅱ号	1999	鼠刺	58	2.7	3.7	167.75
针阔Ⅱ号	1999	桃金娘	144	1.5	2.2	77.76
针阔Ⅱ号	1999	桃叶石楠	3	1.6	3.2	1.52
针阔Ⅱ号	1999	天料木	1	1.6	2.0	0.41
针阔Ⅱ号	1999	土沉香	28	3.2	3.8	157.66
针阔Ⅱ号	1999	臀形果	1	5.1	4.5	10.20
针阔Ⅱ号	1999	香楠	11	2.6	3.5	54.71
针阔Ⅱ号	1999	香叶树	1	1.0	2.5	0.11
针阔Ⅱ号	1999	锈叶新木姜子	20	2.0	2.5	21.10
针阔Ⅱ号	1999	野牡丹	14	2.2	2.6	20.28

（续）

样地	年份	植物种名	株数	平均胸径/cm	平均高度/m	生物量/（kg/hm²）
针阔Ⅱ号	1999	野漆	137	2.2	3.0	223.76
针阔Ⅱ号	1999	银柴	28	4.3	3.6	291.85
针阔Ⅱ号	1999	圆叶豺皮樟	2	1.0	2.4	0.22
针阔Ⅱ号	1999	云南银柴	10	3.8	3.0	110.80
针阔Ⅱ号	1999	栀子	9	1.3	2.2	2.16
针阔Ⅱ号	1999	猪肚木	1	4.1	3.0	5.81
针阔Ⅱ号	1999	锥	629	10.9	6.6	62 777.30
针阔Ⅱ号	1999	紫玉盘	4	1.6	5.3	1.66
针阔Ⅱ号	2004	白背算盘子	14	3.5	4.0	79.73
针阔Ⅱ号	2004	白楸	3	5.1	4.8	41.56
针阔Ⅱ号	2004	白颜树	1	5.8	4.2	13.91
针阔Ⅱ号	2004	豺皮樟	705	2.0	3.3	990.79
针阔Ⅱ号	2004	变叶榕	192	1.8	2.7	181.33
针阔Ⅱ号	2004	粗糠柴	1	1.4	3.5	0.28
针阔Ⅱ号	2004	粗叶榕	1	1.2	2.5	0.18
针阔Ⅱ号	2004	鼎湖钓樟	1	7.9	5.5	29.48
针阔Ⅱ号	2004	短序润楠	6	6.3	5.8	167.29
针阔Ⅱ号	2004	鹅掌柴	150	3.1	3.5	738.58
针阔Ⅱ号	2004	二列叶柃	1	3.9	5.0	5.04
针阔Ⅱ号	2004	枫香树	1	3.6	2.5	4.01
针阔Ⅱ号	2004	橄榄	16	5.9	5.3	396.31
针阔Ⅱ号	2004	岗松	1	1.9	3.0	0.66
针阔Ⅱ号	2004	狗骨柴	3	3.0	4.4	8.28
针阔Ⅱ号	2004	谷木	5	0.0	0.0	2.89
针阔Ⅱ号	2004	广东黄肉楠	1	8.5	8.5	35.26
针阔Ⅱ号	2004	广东金叶子	15	3.1	3.1	66.97
针阔Ⅱ号	2004	红枝蒲桃	2	3.3	4.0	10.05
针阔Ⅱ号	2004	华润楠	10	8.2	6.5	755.97
针阔Ⅱ号	2004	黄果厚壳桂	25	4.4	4.2	390.37
针阔Ⅱ号	2004	黄牛木	221	2.9	3.6	956.92
针阔Ⅱ号	2004	假苹婆	2	4.3	4.5	16.53
针阔Ⅱ号	2004	假鹰爪	1	1.0	2.1	0.11
针阔Ⅱ号	2004	假鱼骨木	5	8.3	7.4	260.97

（续）

样地	年份	植物种名	株数	平均胸径/cm	平均高度/m	生物量/（kg/hm²）
针阔Ⅱ号	2004	九节	418	1.9	2.4	451.75
针阔Ⅱ号	2004	黧蒴锥	8	5.0	5.4	146.17
针阔Ⅱ号	2004	岭南山竹子	1	4.4	4.5	7.10
针阔Ⅱ号	2004	龙船花	2	1.2	2.4	0.37
针阔Ⅱ号	2004	罗浮柿	160	3.7	4.4	1 369.39
针阔Ⅱ号	2004	罗伞树	267	1.8	3.1	200.51
针阔Ⅱ号	2004	马尾松	126	19.9	10.4	35 819.81
针阔Ⅱ号	2004	毛冬青	27	1.4	2.7	8.00
针阔Ⅱ号	2004	毛果柃	1	3.8	4.0	4.68
针阔Ⅱ号	2004	毛菍	7	1.8	2.6	8.72
针阔Ⅱ号	2004	密花树	4	3.8	3.7	24.14
针阔Ⅱ号	2004	木荷	756	7.8	6.3	38 103.32
针阔Ⅱ号	2004	绒毛润楠	3	3.1	4.0	23.80
针阔Ⅱ号	2004	三桠苦	15	3.8	3.6	320.45
针阔Ⅱ号	2004	山鸡椒	20	1.9	2.6	27.28
针阔Ⅱ号	2004	山蒲桃	3	6.4	6.2	54.36
针阔Ⅱ号	2004	山乌桕	4	5.0	5.3	52.96
针阔Ⅱ号	2004	山血丹	1	1.6	3.0	0.41
针阔Ⅱ号	2004	山油柑	19	5.9	5.7	465.02
针阔Ⅱ号	2004	石斑木	1	1.3	3.4	0.23
针阔Ⅱ号	2004	鼠刺	33	3.2	3.4	179.73
针阔Ⅱ号	2004	桃金娘	17	1.5	2.1	7.42
针阔Ⅱ号	2004	桃叶石楠	3	1.8	3.0	2.07
针阔Ⅱ号	2004	天料木	1	1.2	2.6	0.18
针阔Ⅱ号	2004	土沉香	9	4.4	4.3	93.37
针阔Ⅱ号	2004	香楠	17	3.0	3.8	77.90
针阔Ⅱ号	2004	锈叶新木姜子	2	3.6	4.0	13.12
针阔Ⅱ号	2004	野漆	59	2.3	3.4	103.67
针阔Ⅱ号	2004	银柴	31	4.7	4.1	402.18
针阔Ⅱ号	2004	圆叶豺皮樟	3	1.3	2.4	0.75
针阔Ⅱ号	2004	云南银柴	10	4.2	3.9	127.79
针阔Ⅱ号	2004	栀子	10	1.5	2.3	3.40
针阔Ⅱ号	2004	锥	566	13.3	7.5	77 107.35

（续）

样地	年份	植物种名	株数	平均胸径/cm	平均高度/m	生物量/（kg/hm²）
针阔Ⅱ号	2004	紫玉盘	4	1.5	2.0	1.44
针阔Ⅱ号	2010	白背算盘子	1	1.8	4.0	0.57
针阔Ⅱ号	2010	白楸	2	8.0	8.5	61.42
针阔Ⅱ号	2010	豺皮樟	90	2.3	3.5	150.02
针阔Ⅱ号	2010	变叶榕	242	1.9	2.8	212.73
针阔Ⅱ号	2010	粗叶榕	1	1.1	1.8	0.14
针阔Ⅱ号	2010	鼎湖钓樟	3	7.0	7.0	69.63
针阔Ⅱ号	2010	短序润楠	13	10.0	8.5	1 175.83
针阔Ⅱ号	2010	鹅掌柴	120	3.6	4.2	748.13
针阔Ⅱ号	2010	橄榄	18	5.7	6.5	415.32
针阔Ⅱ号	2010	岗柃	1	4.0	7.5	5.41
针阔Ⅱ号	2010	狗骨柴	2	3.1	4.5	5.77
针阔Ⅱ号	2010	谷木	7	1.6	2.9	3.23
针阔Ⅱ号	2010	广东金叶子	18	2.8	2.9	57.69
针阔Ⅱ号	2010	红枝蒲桃	1	5.2	6.0	10.69
针阔Ⅱ号	2010	华润楠	6	8.7	6.6	481.81
针阔Ⅱ号	2010	黄果厚壳桂	44	2.3	3.3	195.42
针阔Ⅱ号	2010	黄牛木	66	3.5	4.4	417.67
针阔Ⅱ号	2010	假苹婆	2	4.3	5.5	16.70
针阔Ⅱ号	2010	假鱼骨木	12	5.8	5.5	429.57
针阔Ⅱ号	2010	九节	361	2.0	2.5	413.71
针阔Ⅱ号	2010	黧蒴锥	15	3.0	4.4	70.27
针阔Ⅱ号	2010	龙船花	1	1.8	2.3	0.57
针阔Ⅱ号	2010	罗浮柿	118	4.7	5.5	1 632.42
针阔Ⅱ号	2010	罗伞树	418	1.9	3.4	482.32
针阔Ⅱ号	2010	马尾松	98	22.7	13.3	34 803.18
针阔Ⅱ号	2010	毛冬青	20	1.4	2.5	6.38
针阔Ⅱ号	2010	毛果巴豆	1	1.6	2.2	0.41
针阔Ⅱ号	2010	毛果算盘子	1	1.5	2.2	0.34
针阔Ⅱ号	2010	毛菍	3	2.0	3.1	2.66
针阔Ⅱ号	2010	密花树	4	4.0	6.2	28.22
针阔Ⅱ号	2010	木荷	555	10.6	9.0	46 627.78
针阔Ⅱ号	2010	绒毛润楠	4	2.7	3.5	19.88

（续）

样地	年份	植物种名	株数	平均胸径/cm	平均高度/m	生物量/（kg/hm²）
针阔Ⅱ号	2010	三桠苦	8	1.7	2.7	4.75
针阔Ⅱ号	2010	山鸡椒	21	3.0	4.6	69.51
针阔Ⅱ号	2010	山蒲桃	4	5.6	6.7	59.22
针阔Ⅱ号	2010	山乌桕	1	2.1	2.1	0.88
针阔Ⅱ号	2010	山油柑	17	6.8	6.3	507.94
针阔Ⅱ号	2010	石斑木	1	1.2	1.6	0.18
针阔Ⅱ号	2010	鼠刺	16	2.6	3.7	35.35
针阔Ⅱ号	2010	土沉香	1	2.0	3.5	0.76
针阔Ⅱ号	2010	臀果木	2	7.1	6.5	45.69
针阔Ⅱ号	2010	显脉杜英	1	1.2	2.5	0.18
针阔Ⅱ号	2010	香楠	24	3.4	4.7	126.50
针阔Ⅱ号	2010	野漆	20	2.9	4.0	64.84
针阔Ⅱ号	2010	银柴	18	5.2	5.3	253.71
针阔Ⅱ号	2010	云南银柴	24	4.5	4.1	245.17
针阔Ⅱ号	2010	栀子	13	1.5	2.4	4.76
针阔Ⅱ号	2010	猪肚木	1	4.5	5.6	7.56
针阔Ⅱ号	2010	竹叶榕	2	1.3	2.4	0.41
针阔Ⅱ号	2010	锥	564	15.5	9.3	103 901.90
针阔Ⅱ号	2015	白背算盘子	1	1.8	3.7	0.57
针阔Ⅱ号	2015	白楸	3	6.5	6.7	86.90
针阔Ⅱ号	2015	豺皮樟	19	2.3	3.6	27.03
针阔Ⅱ号	2015	变叶榕	220	2.0	2.5	183.15
针阔Ⅱ号	2015	鼎湖钓樟	1	8.1	4.0	31.33
针阔Ⅱ号	2015	短序润楠	5	9.4	8.5	371.95
针阔Ⅱ号	2015	鹅掌柴	85	3.6	4.3	519.76
针阔Ⅱ号	2015	二列叶柃	2	2.4	3.1	2.84
针阔Ⅱ号	2015	橄榄	26	4.5	5.9	409.03
针阔Ⅱ号	2015	狗骨柴	4	2.6	3.4	9.02
针阔Ⅱ号	2015	谷木	9	1.9	2.8	6.24
针阔Ⅱ号	2015	广东金叶子	5	3.6	3.7	34.58
针阔Ⅱ号	2015	红背山麻杆	1	1.5	2.2	0.34
针阔Ⅱ号	2015	红枝蒲桃	1	5.4	9.2	11.71
针阔Ⅱ号	2015	华润楠	12	13.6	11.2	1 624.47

（续）

样地	年份	植物种名	株数	平均胸径/cm	平均高度/m	生物量/（kg/hm²）
针阔Ⅱ号	2015	黄果厚壳桂	50	0.6	2.7	170.18
针阔Ⅱ号	2015	黄牛木	20	2.9	3.5	75.91
针阔Ⅱ号	2015	假苹婆	2	4.5	4.8	18.13
针阔Ⅱ号	2015	假鱼骨木	17	5.1	5.9	571.03
针阔Ⅱ号	2015	九节	185	2.1	2.4	233.48
针阔Ⅱ号	2015	黧蒴锥	23	2.3	3.7	72.52
针阔Ⅱ号	2015	龙船花	1	1.8	2.4	0.57
针阔Ⅱ号	2015	罗浮柿	77	5.1	5.4	1 445.22
针阔Ⅱ号	2015	罗伞树	552	2.0	3.3	562.81
针阔Ⅱ号	2015	马尾松	76	24.9	16.1	32 094.50
针阔Ⅱ号	2015	毛冬青	17	1.5	2.5	10.73
针阔Ⅱ号	2015	毛果巴豆	1	1.5	2.8	0.34
针阔Ⅱ号	2015	毛菍	1	5.0	2.6	9.73
针阔Ⅱ号	2015	密花树	1	7.4	7.5	25.13
针阔Ⅱ号	2015	木荷	290	14.3	12.1	38 512.66
针阔Ⅱ号	2015	绒毛润楠	3	1.6	3.3	1.30
针阔Ⅱ号	2015	三桠苦	7	1.7	2.2	4.10
针阔Ⅱ号	2015	山鸡椒	15	3.6	4.9	77.74
针阔Ⅱ号	2015	山蒲桃	5	0.1	2.1	55.46
针阔Ⅱ号	2015	山血丹	2	1.1	2.3	0.29
针阔Ⅱ号	2015	山油柑	12	8.9	9.0	576.41
针阔Ⅱ号	2015	石斑木	1	1.5	2.0	0.34
针阔Ⅱ号	2015	鼠刺	4	3.2	4.3	14.67
针阔Ⅱ号	2015	桃金娘	1	2.2	2.5	1.00
针阔Ⅱ号	2015	臀果木	4	4.6	5.7	52.89
针阔Ⅱ号	2015	显脉杜英	1	2.1	2.3	0.88
针阔Ⅱ号	2015	香楠	36	3.4	4.6	200.81
针阔Ⅱ号	2015	锈叶新木姜子	1	1.6	2.3	0.41
针阔Ⅱ号	2015	野漆	11	4.0	4.9	93.00
针阔Ⅱ号	2015	银柴	45	5.3	4.9	750.61
针阔Ⅱ号	2015	栀子	8	1.3	2.2	1.74
针阔Ⅱ号	2015	猪肚木	1	4.8	7.0	9.09
针阔Ⅱ号	2015	竹叶榕	1	2.1	3.6	0.88

（续）

样地	年份	植物种名	株数	平均胸径/cm	平均高度/m	生物量/（kg/hm²）
针阔Ⅱ号	2015	锥	503	18.3	11.5	127 546.55
针阔Ⅲ号	2004	白背算盘子	4	3.6	4.5	184.72
针阔Ⅲ号	2004	薄叶红厚壳	1	1.1	2.1	1.20
针阔Ⅲ号	2004	变叶榕	1	6.3	6.5	141.61
针阔Ⅲ号	2004	豺皮樟	22	4.9	4.9	2 005.20
针阔Ⅲ号	2004	滇粤山胡椒	124	3.5	4.3	6 702.96
针阔Ⅲ号	2004	鼎湖钓樟	12	3.8	5.2	595.82
针阔Ⅲ号	2004	短序润楠	15	7.8	8.3	4 923.53
针阔Ⅲ号	2004	鹅掌柴	4	12.4	7.8	2 179.46
针阔Ⅲ号	2004	狗骨柴	34	3.9	3.8	2 563.18
针阔Ⅲ号	2004	谷木	6	2.7	4.0	173.90
针阔Ⅲ号	2004	广东金叶子	4	9.2	7.3	2 062.70
针阔Ⅲ号	2004	褐叶柄果木	4	4.5	5.6	300.14
针阔Ⅲ号	2004	黑柃	2	6.6	6.8	422.29
针阔Ⅲ号	2004	红枝蒲桃	22	3.6	4.4	1 424.39
针阔Ⅲ号	2004	厚壳桂	9	3.4	3.6	480.23
针阔Ⅲ号	2004	华润楠	18	8.4	8.5	7 440.09
针阔Ⅲ号	2004	黄果厚壳桂	111	3.5	4.4	7 873.51
针阔Ⅲ号	2004	灰白新木姜子	4	8.0	6.4	1 785.76
针阔Ⅲ号	2004	金叶树	2	2.1	2.8	21.17
针阔Ⅲ号	2004	九节	14	3.1	3.1	476.27
针阔Ⅲ号	2004	岭南山竹子	7	3.8	4.0	669.57
针阔Ⅲ号	2004	罗浮柿	24	5.7	6.2	4 021.12
针阔Ⅲ号	2004	罗伞树	1	4.3	6.0	55.39
针阔Ⅲ号	2004	马尾松	33	25.3	13.8	110 628.36
针阔Ⅲ号	2004	毛菍	1	1.8	2.7	4.74
针阔Ⅲ号	2004	爪哇脚骨脆	2	2.3	4.3	22.82
针阔Ⅲ号	2004	木荷	21	16.4	10.8	48 376.82
针阔Ⅲ号	2004	绒毛润楠	3	7.7	6.8	736.47
针阔Ⅲ号	2004	肉实树	5	4.8	6.0	559.13
针阔Ⅲ号	2004	三花冬青	3	6.1	9.8	431.56
针阔Ⅲ号	2004	山杜英	2	6.3	6.3	450.09
针阔Ⅲ号	2004	山油柑	5	7.5	5.5	1 091.21

（续）

样地	年份	植物种名	株数	平均胸径/cm	平均高度/m	生物量/（kg/hm²）
针阔Ⅲ号	2004	韶子	3	2.6	4.4	81.31
针阔Ⅲ号	2004	桃叶石楠	4	8.5	9.4	1 179.71
针阔Ⅲ号	2004	弯蒴杜鹃	1	7.2	7.0	195.87
针阔Ⅲ号	2004	显脉杜英	5	9.4	8.3	2 922.20
针阔Ⅲ号	2004	香楠	11	5.3	5.3	1 798.46
针阔Ⅲ号	2004	肖蒲桃	2	4.7	6.0	179.25
针阔Ⅲ号	2004	锈叶新木姜子	16	3.5	4.3	866.02
针阔Ⅲ号	2004	银柴	1	2.2	3.8	8.33
针阔Ⅲ号	2004	假鱼骨木	4	7.2	8.5	894.22
针阔Ⅲ号	2004	越南紫金牛	1	4.1	5.5	48.38
针阔Ⅲ号	2004	云南银柴	1	2.6	4.5	13.33
针阔Ⅲ号	2004	竹节树	2	2.9	3.8	49.85
针阔Ⅲ号	2004	锥	25	19.0	11.2	57 080.93
针阔Ⅲ号	2010	白背算盘子	1	1.8	3.8	4.74
针阔Ⅲ号	2010	变叶榕	1	1.2	2.7	1.53
针阔Ⅲ号	2010	豺皮樟	1	5.7	6.0	111.15
针阔Ⅲ号	2010	滇粤山胡椒	53	3.6	4.5	2 728.72
针阔Ⅲ号	2010	鼎湖钓樟	16	2.8	4.0	553.24
针阔Ⅲ号	2010	短序润楠	18	6.2	7.8	3 542.91
针阔Ⅲ号	2010	鹅掌柴	6	7.1	4.7	1 806.70
针阔Ⅲ号	2010	橄榄	4	2.4	3.5	57.74
针阔Ⅲ号	2010	狗骨柴	40	3.9	4.2	3 326.04
针阔Ⅲ号	2010	谷木	10	2.6	3.9	210.66
针阔Ⅲ号	2010	光叶红豆	1	1.6	4.0	3.41
针阔Ⅲ号	2010	广东金叶子	4	10.1	8.7	2 736.79
针阔Ⅲ号	2010	广东润楠	1	2.2	2.5	8.33
针阔Ⅲ号	2010	褐叶柄果木	2	5.5	7.8	212.94
针阔Ⅲ号	2010	黑柃	3	6.3	7.9	542.18
针阔Ⅲ号	2010	红枝蒲桃	16	3.5	5.5	964.75
针阔Ⅲ号	2010	厚壳桂	9	3.2	4.1	331.32
针阔Ⅲ号	2010	华润楠	11	9.9	9.8	7 203.01
针阔Ⅲ号	2010	黄果厚壳桂	94	2.7	3.9	4 688.54
针阔Ⅲ号	2010	灰白新木姜子	3	10.1	9.0	1 805.87

（续）

样地	年份	植物种名	株数	平均胸径/cm	平均高度/m	生物量/（kg/hm²）
针阔Ⅲ号	2010	假鱼骨木	6	6.3	7.7	1 339.31
针阔Ⅲ号	2010	金叶树	4	2.2	3.2	40.89
针阔Ⅲ号	2010	九节	7	2.7	3.0	134.79
针阔Ⅲ号	2010	岭南山竹子	2	1.9	2.9	11.79
针阔Ⅲ号	2010	罗浮柿	18	7.0	7.8	4 457.46
针阔Ⅲ号	2010	罗伞树	4	2.5	4.5	83.25
针阔Ⅲ号	2010	马尾松	20	27.6	17.3	80 150.42
针阔Ⅲ号	2010	毛菍	1	2.0	2.2	6.37
针阔Ⅲ号	2010	爪哇脚骨脆	2	2.4	5.4	25.95
针阔Ⅲ号	2010	密花树	2	1.6	3.2	7.09
针阔Ⅲ号	2010	木荷	19	19.7	13.4	61 983.92
针阔Ⅲ号	2010	绒毛润楠	3	8.2	6.8	720.68
针阔Ⅲ号	2010	肉实树	6	5.4	6.5	839.43
针阔Ⅲ号	2010	三花冬青	2	8.2	9.8	462.07
针阔Ⅲ号	2010	三桠苦	1	1.4	2.6	2.35
针阔Ⅲ号	2010	山杜英	1	2.7	4.0	14.83
针阔Ⅲ号	2010	山蒲桃	2	1.5	2.3	5.32
针阔Ⅲ号	2010	山油柑	1	3.8	6.0	39.00
针阔Ⅲ号	2010	韶子	3	3.5	4.9	176.31
针阔Ⅲ号	2010	桃叶石楠	5	8.2	8.9	1 467.64
针阔Ⅲ号	2010	弯蒴杜鹃	1	7.5	9.5	216.37
针阔Ⅲ号	2010	显脉杜英	3	9.7	8.1	2 497.61
针阔Ⅲ号	2010	香楠	27	2.1	3.7	472.26
针阔Ⅲ号	2010	肖蒲桃	2	5.5	6.4	236.02
针阔Ⅲ号	2010	锈叶新木姜子	13	1.9	3.3	94.72
针阔Ⅲ号	2010	银柴	4	2.7	4.3	69.56
针阔Ⅲ号	2010	越南紫金牛	1	4.8	8.0	75.74
针阔Ⅲ号	2010	竹节树	9	2.2	3.3	174.95
针阔Ⅲ号	2010	锥	26	20.4	12.6	75 678.90
针阔Ⅲ号	2015	白背算盘子	2	2.1	3.9	13.85
针阔Ⅲ号	2015	白楸	1	1.7	2.5	4.04
针阔Ⅲ号	2015	变叶榕	2	2.2	3.0	15.81
针阔Ⅲ号	2015	豺皮樟	1	1.9	2.6	5.52

（续）

样地	年份	植物种名	株数	平均胸径/cm	平均高度/m	生物量/（kg/hm²）
针阔Ⅲ号	2015	滇粤山胡椒	19	3.3	4.0	900.68
针阔Ⅲ号	2015	鼎湖钓樟	11	3.3	4.5	489.75
针阔Ⅲ号	2015	短序润楠	13	5.1	6.7	2 081.87
针阔Ⅲ号	2015	鹅掌柴	6	5.8	4.8	1 402.47
针阔Ⅲ号	2015	二色波罗蜜	1	5.0	5.2	85.08
针阔Ⅲ号	2015	橄榄	5	4.0	5.2	335.71
针阔Ⅲ号	2015	狗骨柴	44	4.1	4.1	3 812.58
针阔Ⅲ号	2015	谷木	13	2.9	4.1	395.20
针阔Ⅲ号	2015	光叶红豆	1	3.3	7.6	26.15
针阔Ⅲ号	2015	广东金叶子	3	7.0	10.2	551.27
针阔Ⅲ号	2015	褐叶柄果木	3	4.7	5.4	288.91
针阔Ⅲ号	2015	黑柃	2	7.3	9.6	501.19
针阔Ⅲ号	2015	红枝蒲桃	16	3.8	5.7	1 155.26
针阔Ⅲ号	2015	厚壳桂	11	3.4	4.0	617.52
针阔Ⅲ号	2015	华润楠	8	5.4	5.4	2 674.68
针阔Ⅲ号	2015	黄果厚壳桂	110	2.4	3.6	3 204.10
针阔Ⅲ号	2015	灰白新木姜子	1	8.2	8.5	269.08
针阔Ⅲ号	2015	假鱼骨木	4	5.7	7.0	1 019.51
针阔Ⅲ号	2015	金叶树	4	2.5	3.3	55.64
针阔Ⅲ号	2015	九节	3	3.6	3.5	101.92
针阔Ⅲ号	2015	轮叶木姜子	1	3.0	3.0	19.97
针阔Ⅲ号	2015	罗浮柿	16	6.6	6.9	3 992.29
针阔Ⅲ号	2015	罗伞树	4	2.5	4.2	47.61
针阔Ⅲ号	2015	马尾松	18	29.1	18.0	84 462.10
针阔Ⅲ号	2015	爪哇脚骨脆	1	3.2	4.5	23.97
针阔Ⅲ号	2015	密花树	3	3.9	5.6	152.66
针阔Ⅲ号	2015	木荷	17	20.7	16.2	61 246.64
针阔Ⅲ号	2015	绒毛润楠	4	4.1	5.1	292.66
针阔Ⅲ号	2015	榕叶冬青	1	7.0	8.5	182.89
针阔Ⅲ号	2015	肉实树	6	6.1	7.0	1 029.08
针阔Ⅲ号	2015	三花冬青	2	6.3	6.6	441.12
针阔Ⅲ号	2015	三桠苦	2	1.4	2.5	4.61
针阔Ⅲ号	2015	山蒲桃	1	2.3	1.9	9.44

（续）

样地	年份	植物种名	株数	平均胸径/cm	平均高度/m	生物量/（kg/hm²）
针阔Ⅲ号	2015	山血丹	1	1.2	2.2	1.53
针阔Ⅲ号	2015	疏花卫矛	1	1.2	2.6	1.53
针阔Ⅲ号	2015	桃叶石楠	6	7.6	7.2	1 556.99
针阔Ⅲ号	2015	臀果木	2	3.1	3.7	49.64
针阔Ⅲ号	2015	弯蒴杜鹃	1	7.7	8.5	230.72
针阔Ⅲ号	2015	显脉杜英	3	3.9	5.1	191.82
针阔Ⅲ号	2015	香楠	38	2.9	4.2	1 205.94
针阔Ⅲ号	2015	肖蒲桃	2	6.1	8.5	293.50
针阔Ⅲ号	2015	锈叶新木姜子	7	2.2	3.2	77.76
针阔Ⅲ号	2015	银柴	1	2.8	3.8	16.43
针阔Ⅲ号	2015	云南银柴	3	3.6	5.5	128.06
针阔Ⅲ号	2015	竹节树	12	3.2	4.0	450.73
针阔Ⅲ号	2015	锥	29	19.7	13.1	85 049.45
山地林	2004	白叶瓜馥木	1	1.7	2.1	4.04
山地林	2004	变叶榕	1	3.9	5.6	41.98
山地林	2004	豺皮樟	4	5.6	6.9	522.25
山地林	2004	粗壮润楠	16	6.0	7.2	3 137.30
山地林	2004	滇粤山胡椒	20	3.9	3.5	4 727.07
山地林	2004	吊钟花	10	3.5	4.8	414.95
山地林	2004	鼎湖钓樟	1	4.1	5.0	48.38
山地林	2004	大叶合欢	6	4.7	3.9	889.39
山地林	2004	短序润楠	60	6.6	6.1	15 158.54
山地林	2004	广东润楠	3	1.3	2.4	6.23
山地林	2004	鹅掌柴	4	3.7	4.1	322.94
山地林	2004	二色波罗蜜	1	2.0	3.2	6.37
山地林	2004	港柯	1	2.5	4.0	11.94
山地林	2004	光叶山矾	14	3.9	4.8	1 771.63
山地林	2004	广东冬青	2	7.9	10.0	515.35
山地林	2004	广东金叶子	5	2.8	3.8	176.89
山地林	2004	广东蒲桃	2	12.3	11.0	1 061.75
山地林	2004	广东润楠	2	1.3	2.2	3.88
山地林	2004	广东山龙眼	2	3.4	5.5	60.12
山地林	2004	黑柃	13	2.3	3.1	279.80

（续）

样地	年份	植物种名	株数	平均胸径/cm	平均高度/m	生物量/（kg/hm²）
山地林	2004	红枝蒲桃	17	9.7	8.5	9 151.16
山地林	2004	厚皮香	1	3.2	2.0	23.97
山地林	2004	黄牛奶树	2	3.0	2.5	50.63
山地林	2004	黄杞	83	15.8	9.6	99 379.57
山地林	2004	黄叶树	1	11.7	8.0	468.83
山地林	2004	凯里杜鹃	36	6.5	5.9	6 140.00
山地林	2004	两广梭罗	1	2.4	2.5	10.64
山地林	2004	亮叶猴耳环	5	1.7	3.5	22.50
山地林	2004	柃叶连蕊茶	35	2.6	4.2	715.61
山地林	2004	罗浮柿	1	12.7	13.0	574.77
山地林	2004	密花树	36	4.3	4.9	2 660.66
山地林	2004	绒毛润楠	1	8.5	11.0	293.83
山地林	2004	榕叶冬青	1	1.6	2.5	3.41
山地林	2004	三花冬青	16	12.7	8.8	11 192.21
山地林	2004	三桠苦	2	1.3	2.1	3.44
山地林	2004	疏花卫矛	15	1.5	2.7	71.16
山地林	2004	鼠刺	1	5.9	5.5	120.81
山地林	2004	酸味子	5	1.5	2.9	15.76
山地林	2004	桃叶石楠	1	6.7	5.0	164.42
山地林	2004	天料木	2	5.5	6.7	292.01
山地林	2004	弯蒴杜鹃	40	3.8	4.7	2 628.36
山地林	2004	网脉山龙眼	1	9.0	13.0	339.92
山地林	2004	细轴荛花	1	1.1	1.8	1.20
山地林	2004	灰白新木姜子	1	1.3	3.2	1.91
山地林	2004	小叶五月茶	1	1.1	3.0	1.20
山地林	2004	鸭公树	12	1.4	2.3	32.69
山地林	2004	硬壳柯	2	1.3	2.0	3.88
山地林	2004	弯蒴杜鹃	45	3.7	4.6	2 769.40
山地林	2010	白花苦灯笼	1	1.3	1.7	1.91
山地林	2010	变叶榕	2	3.8	5.1	76.83
山地林	2010	粗壮润楠	5	7.1	7.4	1 646.90
山地林	2010	滇粤山胡椒	17	4.5	3.7	4 864.88
山地林	2010	吊钟花	10	3.4	4.8	429.76

（续）

样地	年份	植物种名	株数	平均胸径/cm	平均高度/m	生物量/（kg/hm²）
山地林	2010	鼎湖杜鹃	2	3.1	4.5	44.89
山地林	2010	大叶合欢	9	3.0	3.3	307.51
山地林	2010	短序润楠	90	6.2	5.9	21 408.61
山地林	2010	鹅掌柴	3	2.3	3.4	30.62
山地林	2010	二色波罗蜜	2	3.2	3.9	57.82
山地林	2010	凤凰润楠	2	1.6	2.1	7.57
山地林	2010	港柯	2	3.0	3.5	65.38
山地林	2010	光叶山矾	6	4.1	5.7	347.08
山地林	2010	广东冬青	1	2.4	2.5	10.64
山地林	2010	广东蒲桃	2	12.5	13.9	1 105.04
山地林	2010	广东润楠	2	1.9	2.1	11.04
山地林	2010	黑柃	11	2.5	3.4	288.51
山地林	2010	红枝蒲桃	15	7.8	7.2	7 596.87
山地林	2010	黄牛奶树	2	4.2	3.9	158.27
山地林	2010	黄杞	41	18.7	11.2	67 321.97
山地林	2010	黄叶树	3	5.8	4.9	695.51
山地林	2010	灰毛大青	1	2.0	2.5	6.37
山地林	2010	凯里杜鹃	29	6.3	6.1	4 691.00
山地林	2010	两广梭罗	1	3.6	3.6	33.45
山地林	2010	亮叶猴耳环	16	1.6	3.0	72.26
山地林	2010	柃叶连蕊茶	44	2.5	4.0	709.79
山地林	2010	罗浮柿	1	13.7	12.0	694.24
山地林	2010	满山红	1	3.6	5.0	33.45
山地林	2010	毛果巴豆	1	2.9	3.9	18.15
山地林	2010	密花树	33	4.8	5.6	3 197.60
山地林	2010	三花冬青	1	9.5	6.3	386.14
山地林	2010	山鸡椒	1	1.7	2.3	4.04
山地林	2010	疏花卫矛	13	1.6	2.9	48.69
山地林	2010	鼠刺	3	3.3	4.1	161.12
山地林	2010	酸味子	3	1.6	2.8	10.50
山地林	2010	桃叶石楠	1	7.3	7.5	202.57
山地林	2010	天料木	1	8.8	14.0	319.92
山地林	2010	臀果木	1	1.4	2.1	2.35

（续）

样地	年份	植物种名	株数	平均胸径/cm	平均高度/m	生物量/（kg/hm²）
山地林	2010	弯蒴杜鹃	33	4.1	5.0	2 784.07
山地林	2010	网脉山龙眼	2	6.2	7.9	378.74
山地林	2010	细轴荛花	1	1.5	2.5	2.85
山地林	2010	香港红山茶	4	1.9	3.1	27.20
山地林	2010	小叶五月茶	1	1.1	2.3	1.20
山地林	2010	鸭公树	32	2.2	2.7	591.98
山地林	2010	硬壳柯	2	2.8	3.1	32.98
山地林	2015	白花苦灯笼	3	1.3	2.3	6.44
山地林	2015	白楸	1	4.5	7.7	63.03
山地林	2015	变叶榕	2	3.9	4.4	86.28
山地林	2015	粗壮润楠	5	8.0	7.4	2 004.16
山地林	2015	滇粤山胡椒	19	4.7	4.2	5 299.02
山地林	2015	吊钟花	8	3.6	3.9	434.34
山地林	2015	鼎湖杜鹃	2	2.5	3.1	24.52
山地林	2015	大叶合欢	18	3.4	3.9	750.80
山地林	2015	短序润楠	108	6.2	6.5	25 176.34
山地林	2015	鹅掌柴	7	2.9	3.2	180.14
山地林	2015	二色波罗蜜	1	6.4	6.1	147.12
山地林	2015	凤凰润楠	4	2.8	3.8	66.06
山地林	2015	岗柃	2	1.8	3.0	9.56
山地林	2015	港柯	2	4.7	5.5	198.76
山地林	2015	光叶山矾	9	3.6	5.9	490.88
山地林	2015	广东冬青	1	2.9	3.5	18.15
山地林	2015	广东润楠	2	4.3	3.0	113.77
山地林	2015	黑柃	10	3.6	4.8	513.74
山地林	2015	红枝蒲桃	14	7.8	8.6	7 783.39
山地林	2015	华南青皮木	1	2.6	3.0	13.33
山地林	2015	黄牛奶树	2	5.7	4.9	365.16
山地林	2015	黄杞	10	12.3	7.4	7 451.77
山地林	2015	黄叶树	2	9.4	9.0	1 040.19
山地林	2015	凯里杜鹃	32	5.8	6.3	4 805.19
山地林	2015	两广梭罗	2	2.8	3.9	53.72
山地林	2015	亮叶猴耳环	44	1.7	3.0	237.40

（续）

样地	年份	植物种名	株数	平均胸径/cm	平均高度/m	生物量/（kg/hm²）
山地林	2015	柃叶连蕊茶	51	2.6	4.1	982.83
山地林	2015	岭南杜鹃	2	1.4	2.3	4.38
山地林	2015	柳叶杜茎山	2	1.1	2.4	2.45
山地林	2015	轮叶木姜子	1	1.9	2.1	5.52
山地林	2015	罗浮柿	2	8.4	8.4	835.17
山地林	2015	满山红	1	3.6	5.5	33.45
山地林	2015	毛果巴豆	21	1.7	2.9	128.56
山地林	2015	毛菍	2	2.1	2.9	16.18
山地林	2015	密花树	37	4.6	5.6	3 482.82
山地林	2015	绒毛润楠	1	1.1	2.5	1.20
山地林	2015	三花冬青	1	1.6	2.6	3.41
山地林	2015	三桠苦	27	2.0	3.0	270.49
山地林	2015	山杜英	1	2.3	3.1	9.44
山地林	2015	山鸡椒	2	2.5	3.6	40.52
山地林	2015	疏花卫矛	21	1.6	2.7	98.41
山地林	2015	鼠刺	6	2.8	3.1	218.37
山地林	2015	酸味子	1	1.5	2.0	2.85
山地林	2015	天料木	1	1.2	2.1	1.53
山地林	2015	臀果木	1	4.8	4.5	75.74
山地林	2015	弯蒴杜鹃	33	4.6	5.4	3 531.20
山地林	2015	网脉山龙眼	1	9.7	11.0	406.46
山地林	2015	细轴荛花	2	1.8	2.2	13.14
山地林	2015	香港红山茶	3	2.6	4.5	39.81
山地林	2015	小叶五月茶	1	12.0	8.0	499.23
山地林	2015	鸭公树	110	2.6	3.3	2 826.39
山地林	2015	硬壳柯	11	3.2	3.6	402.52
山地林	2015	栀子	2	1.2	2.2	2.73

3.1.2 森林植物群落灌木层种类组成与生物量

3.1.2.1 概述

数据来源于鼎湖山站 1999—2015 年每 5 年 1 次的森林群落灌木层调查数据，包括 6 个样地：季风林、松林、针阔Ⅰ号、针阔Ⅱ号、针阔Ⅲ号、山地林。

3.1.2.2 数据采集和处理方法

在乔木调查样地中，随机选择 25 个（季风林和针阔Ⅱ号）或 10 个（其余 4 个样地）Ⅱ级样方，选择其中一个 5 m×5 m 小样方作为灌木调查样方。调查对象为株高 50 cm 以上乔、灌木个体以及未达乔木起测标准的乔木幼树，记录种类、株数、平均基径、平均高度等。只有季风林计算了生物量，生物量计算方式采用表 3－17 的 2004 年的灌木生物量模型。

3.1.2.3　数据质量控制和评估

通过历史数据比对、二人校验录入、专业负责人核查、专业研究人员检验等方法控制和评估数据质量。

3.1.2.4　数据价值、使用方法和建议

森林植物群落灌木层种类组成和生物量数据是植被生态学研究的主要内容之一，是植被生态学研究人员了解区域植被结构、固碳能力、生物多样性组成的主要方式，可为该地区的森林保护、生物多样性保育提供基础信息。本部分数据公开了 1999—2015 年鼎湖山站 6 个主要森林群落灌木层植物种类组成、多度、生物量，建立了方便查询的数据集，可为研究该地区的森林群落下层空间结构、群落演替研究提供参考。

3.1.2.5　数据

具体数据见表 3－3。

表 3－3　样地灌木组成与生物量

样地	年份	种类	株数	平均基径/cm	平均高度/cm	生物量/ (g/m²)
季风林	1999	白背算盘子	2	0.9	90.0	3.78
季风林	1999	白花苦灯笼	4	0.6	73.3	3.78
季风林	1999	白楸	1	1.4	170.0	3.96
季风林	1999	白颜树	1	1.1	90.0	2.18
季风林	1999	白叶瓜馥木	21	1.8	108.6	157.38
季风林	1999	柏拉木	137	0.8	115.3	297.88
季风林	1999	薄叶红厚壳	40	0.9	80.4	23.98
季风林	1999	笔罗子	8	1.1	112.8	22.05
季风林	1999	草珊瑚	1	0.7	80.0	1.18
季风林	1999	粗叶木	15	0.8	89.8	12.29
季风林	1999	滇粤山胡椒	1	0.6	90.0	0.74
季风林	1999	丁公藤	2	0.9	135.0	4.57
季风林	1999	鼎湖血桐	70	1.0	127.9	76.23
季风林	1999	鹅掌柴	5	1.2	92.0	15.58
季风林	1999	橄榄	1	1.0	70.0	0.89
季风林	1999	狗骨柴	1	0.5	70.0	0.30
季风林	1999	谷木	3	1.1	93.3	6.62
季风林	1999	光叶红豆	10	0.9	97.3	20.09

（续）

样地	年份	种类	株数	平均基径/cm	平均高度/cm	生物量/（g/m²）
季风林	1999	广东金叶子	1	0.6	70.0	0.61
季风林	1999	禾串树	1	1.0	112.0	1.38
季风林	1999	褐叶柄果木	20	0.9	96.9	30.91
季风林	1999	红叶藤	1	0.6	52.0	0.11
季风林	1999	红枝蒲桃	20	0.7	89.6	41.74
季风林	1999	猴耳环	2	0.6	70.0	0.29
季风林	1999	黄果厚壳桂	26	0.9	99.4	80.61
季风林	1999	黄毛榕	2	1.6	147.5	13.56
季风林	1999	黄杞	1	1.4	210.0	10.41
季风林	1999	黄叶树	8	0.8	121.4	16.94
季风林	1999	灰白新木姜子	5	0.7	75.1	6.11
季风林	1999	灰毛大青	2	0.4	66.0	0.81
季风林	1999	假苹婆	1	0.6	115.0	0.30
季风林	1999	九节	50	1.0	89.2	70.06
季风林	1999	岭南山竹子	2	1.6	150.0	11.38
季风林	1999	柳叶杜茎山	10	0.6	78.7	2.70
季风林	1999	轮苞血桐	1	1.0	100.0	2.33
季风林	1999	轮叶木姜子	1	0.5	91.0	0.72
季风林	1999	罗伞树	35	0.9	87.8	49.98
季风林	1999	马甲菝葜	1	0.4	50.0	0.36
季风林	1999	毛果算盘子	1	0.8	67.0	1.19
季风林	1999	密花山矾	1	0.4	45.0	0.20
季风林	1999	木荷	3	0.8	117.5	2.62
季风林	1999	南山茶	1	1.1	55.0	0.59
季风林	1999	蒲桃	1	1.4	160.0	5.69
季风林	1999	球花脚骨脆	3	1.2	115.0	8.89
季风林	1999	肉实树	1	0.4	60.0	0.26
季风林	1999	箬叶竹	31	0.4	81.2	4.31
季风林	1999	三桠苦	2	0.8	80.0	0.84
季风林	1999	疏花卫矛	1	0.4	60.0	0.42
季风林	1999	酸味子	4	0.6	101.3	3.29

（续）

样地	年份	种类	株数	平均基径/cm	平均高度/cm	生物量/（g/m²）
季风林	1999	天料木	2	0.9	100.0	3.40
季风林	1999	土沉香	1	0.7	80.0	0.28
季风林	1999	土茯苓	2	0.5	17.5	0.40
季风林	1999	臀果木	5	0.7	96.1	7.57
季风林	1999	尾叶崖爬藤	1	0.3	100.0	0.47
季风林	1999	乌材	1	0.9	130.0	1.30
季风林	1999	香花鸡血藤	2	0.8	116.0	3.76
季风林	1999	香楠	279	0.7	94.2	353.52
季风林	1999	肖蒲桃	9	1.0	114.5	20.05
季风林	1999	锈叶新木姜子	4	0.7	62.5	4.65
季风林	1999	鱼尾葵	1	1.8	80.0	4.83
季风林	1999	玉叶金花	1	0.6	220.0	2.06
季风林	1999	云南银柴	6	1.1	123.8	18.80
季风林	1999	窄叶半枫荷	2	0.8	110.0	3.43
季风林	1999	杖藤	8	1.1	99.0	12.14
季风林	1999	朱砂根	1	0.6	65.0	0.29
季风林	1999	猪肚木	3	1.2	155.0	10.61
季风林	1999	竹节树	2	1.3	134.0	15.03
季风林	1999	紫玉盘	1	0.6	70.0	0.38
季风林	2004	白花灯笼	1	1.1	50.0	1.68
季风林	2004	白颜树	2	0.9	75.0	2.69
季风林	2004	白叶瓜馥木	12	1.2	85.7	23.72
季风林	2004	柏拉木	99	1.1	110.2	315.79
季风林	2004	薄叶红厚壳	12	0.7	66.9	4.87
季风林	2004	笔罗子	5	1.4	96.0	17.74
季风林	2004	粗毛野桐	1	1.0	70.0	0.93
季风林	2004	粗叶木	12	1.1	86.3	17.69
季风林	2004	滇粤山胡椒	2	1.3	140.0	9.40
季风林	2004	鼎湖血桐	35	1.1	102.5	56.97
季风林	2004	鹅掌柴	1	1.3	170.0	4.74
季风林	2004	橄榄	4	1.0	105.0	5.00
季风林	2004	谷木	5	1.0	100.0	14.57
季风林	2004	光叶红豆	9	1.1	92.1	29.79

（续）

样地	年份	种类	株数	平均基径/cm	平均高度/cm	生物量/（g/m²）
季风林	2004	广东金叶子	1	1.2	80.0	2.39
季风林	2004	禾串树	3	1.1	140.0	7.80
季风林	2004	褐叶柄果木	14	1.2	97.2	40.02
季风林	2004	红背山麻杆	3	1.2	136.7	12.72
季风林	2004	红枝蒲桃	10	0.8	91.1	15.15
季风林	2004	厚壳桂	2	1.7	66.5	7.59
季风林	2004	华润楠	3	0.4	46.8	0.74
季风林	2004	黄果厚壳桂	63	0.9	76.9	93.40
季风林	2004	黄毛榕	2	1.2	112.5	4.38
季风林	2004	黄杞	1	0.3	60.0	0.02
季风林	2004	黄叶树	7	1.0	107.1	19.96
季风林	2004	假苹婆	1	1.5	160.0	8.48
季风林	2004	金叶树	1	2.0	130.0	9.41
季风林	2004	九节	37	1.1	72.9	53.42
季风林	2004	亮叶猴耳环	4	0.5	78.8	3.25
季风林	2004	岭南山竹子	8	0.8	90.3	11.05
季风林	2004	柳叶杜茎山	3	0.8	90.0	3.22
季风林	2004	轮苞血桐	1	0.3	70.0	0.36
季风林	2004	轮叶木姜子	4	0.9	118.3	7.91
季风林	2004	罗伞树	20	0.8	83.1	30.53
季风林	2004	马甲菝葜	1	0.8	250.0	3.47
季风林	2004	毛果算盘子	1	0.8	80.0	1.49
季风林	2004	毛叶脚骨脆	1	0.6	80.0	0.87
季风林	2004	木荷	1	1.1	220.0	3.24
季风林	2004	球花脚骨脆	2	1.5	130.0	12.31
季风林	2004	绒毛润楠	1	2.0	170.0	24.78
季风林	2004	肉实树	1	1.6	180.0	8.42
季风林	2004	山蒲桃	1	1.2	130.0	3.71
季风林	2004	韶子	1	0.7	90.0	1.17
季风林	2004	酸味子	2	0.6	90.0	2.04
季风林	2004	天料木	1	0.4	60.0	0.43
季风林	2004	土沉香	1	1.8	130.0	11.00
季风林	2004	臀果木	7	0.9	118.7	19.59

（续）

样地	年份	种类	株数	平均基径/cm	平均高度/cm	生物量/（g/m²）
季风林	2004	腺叶桂樱	1	0.5	100.0	0.37
季风林	2004	香楠	260	1.0	106.7	463.12
季风林	2004	肖蒲桃	3	1.7	136.7	20.73
季风林	2004	越南冬青	1	2.2	220.0	18.25
季风林	2004	越南紫金牛	1	0.4	80.0	0.34
季风林	2004	云南银柴	5	1.0	71.3	8.11
季风林	2004	窄叶半枫荷	3	0.5	60.0	1.57
季风林	2004	杖藤	4	2.7	237.5	80.31
季风林	2004	紫玉盘	2	1.1	115.0	7.02
季风林	2010	菝葜	1	0.6	80.0	0.95
季风林	2010	白颜树	4	1.0	92.5	9.28
季风林	2010	白叶瓜馥木	17	1.0	138.2	41.16
季风林	2010	柏拉木	177	0.8	99.8	369.86
季风林	2010	薄叶红厚壳	5	0.7	65.0	0.98
季风林	2010	笔罗子	3	1.3	110.0	10.31
季风林	2010	扁担藤	2	1.1	530.0	587.56
季风林	2010	粗叶悬钩子	2	1.3	400.0	15.40
季风林	2010	丁公藤	6	1.0	450.0	35.33
季风林	2010	鼎湖血桐	109	0.8	115.0	113.41
季风林	2010	独行千里	2	0.5	70.0	0.16
季风林	2010	橄榄	3	0.7	85.0	1.68
季风林	2010	谷木	4	1.0	106.3	10.77
季风林	2010	光叶红豆	19	0.9	112.0	40.31
季风林	2010	禾串树	1	0.2	50.0	0.04
季风林	2010	褐叶柄果木	10	0.8	115.7	8.68
季风林	2010	红背山麻杆	3	0.5	70.0	2.02
季风林	2010	红枝蒲桃	3	0.6	57.5	1.30
季风林	2010	厚叶素馨	1	0.8	400.0	4.67
季风林	2010	黄果厚壳桂	73	0.7	71.5	71.36
季风林	2010	黄叶树	10	0.9	101.3	55.50
季风林	2010	假鹰爪	1	0.4	70.0	0.18
季风林	2010	九节	19	1.1	87.5	25.53
季风林	2010	宽药青藤	8	0.4	66.7	4.49

（续）

样地	年份	种类	株数	平均基径/cm	平均高度/cm	生物量/（g/m²）
季风林	2010	亮叶猴耳环	2	0.8	160.0	4.75
季风林	2010	岭南山竹子	7	0.5	62.5	6.05
季风林	2010	柳叶杜茎山	3	0.6	90.0	1.29
季风林	2010	罗浮粗叶木	13	0.7	80.0	6.68
季风林	2010	罗浮买麻藤	1	0.3	200.0	0.10
季风林	2010	罗伞树	12	0.9	100.0	16.72
季风林	2010	毛茶	1	0.8	150.0	2.26
季风林	2010	毛叶脚骨脆	2	0.8	75.0	2.32
季风林	2010	肉实树	1	1.0	70.0	1.47
季风林	2010	箬叶竹	23	0.4	80.0	1.72
季风林	2010	三桠苦	1	0.8	100.0	0.56
季风林	2010	山蒟	2	1.0	200.0	18.69
季风林	2010	山血丹	1	0.7	120.0	0.76
季风林	2010	韶子	1	0.2	50.0	0.17
季风林	2010	石柑子	4	0.2	300.0	0.22
季风林	2010	藤黄檀	4	0.3	400.0	4.44
季风林	2010	土沉香	1	1.5	50.0	1.29
季风林	2010	臀果木	3	0.4	70.0	1.73
季风林	2010	乌材	1	0.4	60.0	0.26
季风林	2010	乌蔹莓	1	0.2	300.0	0.06
季风林	2010	香楠	223	0.7	108.6	401.63
季风林	2010	小盘木	1	1.2	140.0	3.81
季风林	2010	小叶红叶藤	1	0.5	110.0	0.92
季风林	2010	肖蒲桃	7	0.5	78.3	4.54
季风林	2010	锈叶新木姜子	4	0.4	67.5	2.26
季风林	2010	玉叶金花	2	0.4	100.0	1.07
季风林	2010	越南冬青	1	1.0	120.0	2.38
季风林	2010	越南紫金牛	6	0.7	86.7	10.06
季风林	2010	云南银柴	2	1.0	85.0	3.89
季风林	2010	窄叶半枫荷	1	0.6	90.0	0.91
季风林	2010	杖藤	22	3.2	284.5	1018.50
季风林	2010	子凌蒲桃	4	0.8	60.0	3.87
季风林	2010	紫玉盘	3	1.6	146.7	9.66

（续）

样地	年份	种类	株数	平均基径/cm	平均高度/cm	生物量/（g/m^2）
季风林	2015	白颜树	1	1.7	110.0	5.76
季风林	2015	柏拉木	134	0.9	114.8	291.39
季风林	2015	薄叶红厚壳	1	0.3	50.0	0.02
季风林	2015	粗叶木	9	0.7	115.0	8.31
季风林	2015	鼎湖血桐	77	0.6	82.7	55.60
季风林	2015	二色波罗蜜	1	0.4	70.0	0.46
季风林	2015	谷木	2	1.4	145.0	10.39
季风林	2015	光叶红豆	10	0.7	74.0	13.87
季风林	2015	禾串树	1	1.0	120.0	1.47
季风林	2015	褐叶柄果木	4	1.1	125.0	7.18
季风林	2015	红枝蒲桃	7	0.7	83.3	8.69
季风林	2015	厚壳桂	2	0.4	60.0	0.52
季风林	2015	黄果厚壳桂	121	0.7	71.8	105.67
季风林	2015	黄叶树	7	1.1	145.0	25.78
季风林	2015	九节	22	1.2	71.5	30.95
季风林	2015	岭南山竹子	4	0.8	80.0	5.17
季风林	2015	柳叶杜茎山	3	0.3	85.0	0.08
季风林	2015	罗伞树	16	0.9	98.9	53.96
季风林	2015	肉实树	1	1.6	150.0	6.84
季风林	2015	箬叶竹	13	0.5	135.0	1.50
季风林	2015	三花冬青	1	1.1	130.0	2.16
季风林	2015	疏花卫矛	1	0.5	70.0	0.61
季风林	2015	臀果木	2	0.5	70.0	1.16
季风林	2015	香楠	190	0.7	98.1	323.18
季风林	2015	小盘木	1	1.0	150.0	2.91
季风林	2015	小叶五月茶	1	0.4	70.0	0.46
季风林	2015	肖蒲桃	4	0.7	83.3	4.32
季风林	2015	锈叶新木姜子	4	0.6	80.0	3.90
季风林	2015	窄叶半枫荷	2	0.5	50.0	0.88
季风林	2015	猪肚木	1	0.8	150.0	1.02
季风林	2015	子凌蒲桃	1	0.8	80.0	1.12
马尾松林	2004	白花灯笼	19		125.7	
马尾松林	2004	白楸	4		115.0	

（续）

样地	年份	种类	株数	平均基径/cm	平均高度/cm	生物量/（g/m²）
马尾松林	2004	变叶榕	4		155.0	
马尾松林	2004	豺皮樟	5		102.2	
马尾松林	2004	粗叶榕	5		98.8	
马尾松林	2004	岗柃	11		105.0	
马尾松林	2004	黄牛木	1		150.0	
马尾松林	2004	九节	7		82.5	
马尾松林	2004	龙船花	9		122.7	
马尾松林	2004	毛果算盘子	5		100.8	
马尾松林	2004	三椏苦	45		107.9	
马尾松林	2004	山鸡椒	1		150.0	
马尾松林	2004	石斑木	4		96.7	
马尾松林	2004	酸藤子	1		250.0	
马尾松林	2004	桃金娘	22		118.2	
马尾松林	2004	野牡丹	2		115.0	
马尾松林	2004	野漆	2		140.0	
马尾松林	2004	樟	1		150.0	
马尾松林	2004	栀子	1		130.0	
马尾松林	2010	白花灯笼	46	0.6	89.0	
马尾松林	2010	白楸	14	1.0	126.7	
马尾松林	2010	变叶榕	16	0.9	88.6	
马尾松林	2010	豺皮樟	6	0.6	93.8	
马尾松林	2010	潺槁木姜子	2	0.6	117.5	
马尾松林	2010	粗叶榕	12	0.9	105.0	
马尾松林	2010	鹅掌柴	1	1.2	60.0	
马尾松林	2010	梵天花	2	0.4	60.0	
马尾松林	2010	假鹰爪	2	1.0	185.0	
马尾松林	2010	九节	14	0.9	76.4	
马尾松林	2010	龙船花	10	0.5	60.0	
马尾松林	2010	毛冬青	1	0.8	120.0	
马尾松林	2010	毛果算盘子	4	0.5	88.3	
马尾松林	2010	毛菍	4	0.8	103.3	
马尾松林	2010	米碎花	3	1.0	120.0	
马尾松林	2010	三椏苦	37	1.0	94.4	

（续）

样地	年份	种类	株数	平均基径/cm	平均高度/cm	生物量/（g/m²）
马尾松林	2010	石斑木	10	0.6	83.3	
马尾松林	2010	薯莨	1	0.2	70.0	
马尾松林	2010	桃金娘	8	0.7	90.0	
马尾松林	2010	锡叶藤	2	0.7	350.0	
马尾松林	2010	羊角拗	4	2.5	220.0	
马尾松林	2010	野牡丹	3	0.8	85.0	
马尾松林	2010	野漆	10	0.8	123.3	
马尾松林	2010	银柴	1	1.1	130.0	
马尾松林	2010	玉叶金花	6	0.2	70.0	
马尾松林	2010	栀子	5	0.7	75.0	
马尾松林	2015	白花灯笼	27	0.5	80.0	
马尾松林	2015	白楸	8	0.4	76.7	
马尾松林	2015	变叶榕	13	0.7	96.0	
马尾松林	2015	豺皮樟	5	0.3	76.7	
马尾松林	2015	潺槁木姜子	2	0.4	65.0	
马尾松林	2015	秤星树	1	1.0	90.0	
马尾松林	2015	粗叶榕	13	0.7	107.5	
马尾松林	2015	鹅掌柴	1	1.1	70.0	
马尾松林	2015	九节	19	1.2	94.0	
马尾松林	2015	龙船花	14	0.6	56.7	
马尾松林	2015	毛果算盘子	8	0.8	61.7	
马尾松林	2015	毛菍	2	1.0	120.0	
马尾松林	2015	米碎花	3	1.2	130.0	
马尾松林	2015	三桠苦	24	1.0	112.2	
马尾松林	2015	山鸡椒	3	0.5	86.7	
马尾松林	2015	山乌桕	1	0.4	80.0	
马尾松林	2015	桃金娘	3	0.7	100.0	
马尾松林	2015	香楠	1	1.1	160.0	
马尾松林	2015	野牡丹	4	0.6	110.0	
马尾松林	2015	野漆	6	0.8	132.0	
马尾松林	2015	栀子	1	0.6	70.0	
针阔Ⅰ号	2004	薄叶红厚壳	1		70.0	
针阔Ⅰ号	2004	变叶榕	1		80.0	

（续）

样地	年份	种类	株数	平均基径/cm	平均高度/cm	生物量/（g/m²）
针阔Ⅰ号	2004	草珊瑚	1		70.0	
针阔Ⅰ号	2004	豺皮樟	3		58.3	
针阔Ⅰ号	2004	凤凰润楠	1		60.0	
针阔Ⅰ号	2004	红叶藤	22		95.0	
针阔Ⅰ号	2004	红枝蒲桃	2		155.0	
针阔Ⅰ号	2004	黄果厚壳桂	35		104.4	
针阔Ⅰ号	2004	假鹰爪	2		95.0	
针阔Ⅰ号	2004	九节	6		108.0	
针阔Ⅰ号	2004	黧蒴锥	8		102.5	
针阔Ⅰ号	2004	岭南山竹子	2		90.0	
针阔Ⅰ号	2004	柳叶杜茎山	4		70.0	
针阔Ⅰ号	2004	龙船花	11		110.0	
针阔Ⅰ号	2004	罗浮柿	3		93.3	
针阔Ⅰ号	2004	罗伞树	30		95.0	
针阔Ⅰ号	2004	毛冬青	1		80.0	
针阔Ⅰ号	2004	木荷	1		80.0	
针阔Ⅰ号	2004	三椏苦	1		120.0	
针阔Ⅰ号	2004	山血丹	21		65.0	
针阔Ⅰ号	2004	山油柑	1		60.0	
针阔Ⅰ号	2004	土茯苓	3		70.0	
针阔Ⅰ号	2004	小叶买麻藤	1		110.0	
针阔Ⅰ号	2004	锥	4		120.0	
针阔Ⅰ号	2004	紫玉盘	3		140.0	
针阔Ⅰ号	2010	薄叶红厚壳	2	0.5	60.0	
针阔Ⅰ号	2010	红枝蒲桃	1	1.2	130.0	
针阔Ⅰ号	2010	黄果厚壳桂	77	0.8	95.6	
针阔Ⅰ号	2010	灰白新木姜子	1	0.5	60.0	
针阔Ⅰ号	2010	九节	1	0.8	120.0	
针阔Ⅰ号	2010	黧蒴锥	29	0.6	73.3	
针阔Ⅰ号	2010	岭南山竹子	2	0.8	80.0	
针阔Ⅰ号	2010	柳叶杜茎山	10	0.5	150.0	
针阔Ⅰ号	2010	龙船花	6	0.6	86.7	
针阔Ⅰ号	2010	罗伞树	47	0.6	78.9	

（续）

样地	年份	种类	株数	平均基径/cm	平均高度/cm	生物量/（g/m^2）
针阔Ⅰ号	2010	山血丹	17	0.4	63.0	
针阔Ⅰ号	2010	细轴荛花	1	1.1	150.0	
针阔Ⅰ号	2010	锥	7	0.4	55.0	
针阔Ⅰ号	2015	华润楠	1	1.0	100.0	
针阔Ⅰ号	2015	黄果厚壳桂	58	0.9	92.2	
针阔Ⅰ号	2015	九节	1	0.8	50.0	
针阔Ⅰ号	2015	黧蒴锥	35	0.5	70.0	
针阔Ⅰ号	2015	柳叶杜茎山	5	0.7	100.0	
针阔Ⅰ号	2015	龙船花	3	1.1	100.0	
针阔Ⅰ号	2015	罗浮柿	2	0.7	100.0	
针阔Ⅰ号	2015	罗伞树	59	0.8	91.0	
针阔Ⅰ号	2015	木荷	1	0.6	60.0	
针阔Ⅰ号	2015	绒毛润楠	1	1.0	90.0	
针阔Ⅰ号	2015	山血丹	30	0.5	67.1	
针阔Ⅰ号	2015	锥	1	1.3	80.0	
针阔Ⅱ号	2004	白花灯笼	2		67.5	
针阔Ⅱ号	2004	变叶榕	7		94.3	
针阔Ⅱ号	2004	豺皮樟	14		103.6	
针阔Ⅱ号	2004	粗叶榕	5		132.0	
针阔Ⅱ号	2004	鹅掌柴	4		95.0	
针阔Ⅱ号	2004	红叶藤	1		60.0	
针阔Ⅱ号	2004	黄果厚壳桂	1		60.0	
针阔Ⅱ号	2004	黄牛木	6		125.0	
针阔Ⅱ号	2004	假鹰爪	2		95.0	
针阔Ⅱ号	2004	假鱼骨木	2		50.0	
针阔Ⅱ号	2004	九节	16		92.9	
针阔Ⅱ号	2004	黧蒴锥	9		63.4	
针阔Ⅱ号	2004	龙船花	5		110.0	
针阔Ⅱ号	2004	罗浮柿	4		72.5	
针阔Ⅱ号	2004	罗伞树	27		95.6	
针阔Ⅱ号	2004	毛冬青	2		100.0	
针阔Ⅱ号	2004	木荷	1		60.0	
针阔Ⅱ号	2004	三桠苦	4		93.8	

（续）

样地	年份	种类	株数	平均基径/cm	平均高度/cm	生物量/（g/m²）
针阔Ⅱ号	2004	山血丹	5		80.8	
针阔Ⅱ号	2004	桃金娘	6		81.9	
针阔Ⅱ号	2004	桃叶石楠	1		60.0	
针阔Ⅱ号	2004	香楠	2		105.0	
针阔Ⅱ号	2004	野漆	1		70.0	
针阔Ⅱ号	2004	银柴	3		70.0	
针阔Ⅱ号	2004	云南银柴	2		175.0	
针阔Ⅱ号	2004	紫玉盘	3		57.5	
针阔Ⅱ号	2010	变叶榕	20	0.9	115.0	
针阔Ⅱ号	2010	豺皮樟	8	0.4	52.5	
针阔Ⅱ号	2010	粗叶榕	5	0.3	60.0	
针阔Ⅱ号	2010	滇粤山胡椒	1	1.0	130.0	
针阔Ⅱ号	2010	鹅掌柴	3	0.9	90.0	
针阔Ⅱ号	2010	谷木	1	0.4	50.0	
针阔Ⅱ号	2010	黄果厚壳桂	49	1.3	108.8	
针阔Ⅱ号	2010	假鹰爪	1	0.3	70.0	
针阔Ⅱ号	2010	假鱼骨木	3	0.7	130.0	
针阔Ⅱ号	2010	九节	36	1.1	88.8	
针阔Ⅱ号	2010	黧蒴锥	5	0.9	85.0	
针阔Ⅱ号	2010	龙船花	1	0.2	60.0	
针阔Ⅱ号	2010	罗浮粗叶木	1	0.3	55.0	
针阔Ⅱ号	2010	罗浮柿	8	1.2	110.0	
针阔Ⅱ号	2010	罗伞树	42	0.9	95.9	
针阔Ⅱ号	2010	毛冬青	3	1.0	85.0	
针阔Ⅱ号	2010	毛菍	1	0.3	110.0	
针阔Ⅱ号	2010	木荷	3	1.1	80.0	
针阔Ⅱ号	2010	绒毛润楠	1	0.7	70.0	
针阔Ⅱ号	2010	三桠苦	5	0.9	73.3	
针阔Ⅱ号	2010	山血丹	41	0.4	71.1	
针阔Ⅱ号	2010	鼠刺	1	0.2	60.0	
针阔Ⅱ号	2010	薯莨	1	0.5	220.0	
针阔Ⅱ号	2010	土茯苓	1	0.2	55.0	
针阔Ⅱ号	2010	香楠	2	0.4	70.0	

（续）

样地	年份	种类	株数	平均基径/cm	平均高度/cm	生物量/（g/m²）
针阔Ⅱ号	2010	肖菝葜	1	0.2	110.0	
针阔Ⅱ号	2010	锈叶新木姜子	1	1.2	160.0	
针阔Ⅱ号	2010	银柴	4	1.4	96.7	
针阔Ⅱ号	2010	玉叶金花	2	0.2	55.0	
针阔Ⅱ号	2010	锥	14	0.7	94.0	
针阔Ⅱ号	2010	紫玉盘	2	1.4	150.0	
针阔Ⅱ号	2015	变叶榕	21	0.7	72.7	
针阔Ⅱ号	2015	粗叶榕	3	0.8	156.7	
针阔Ⅱ号	2015	鼎湖钓樟	1	1.1	140.0	
针阔Ⅱ号	2015	短序润楠	1	0.3	50.0	
针阔Ⅱ号	2015	鹅掌柴	2	1.3	120.0	
针阔Ⅱ号	2015	谷木	1	0.8	90.0	
针阔Ⅱ号	2015	黄果厚壳桂	26	1.1	71.7	
针阔Ⅱ号	2015	假鹰爪	17	1.2	146.0	
针阔Ⅱ号	2015	九节	27	1.1	64.0	
针阔Ⅱ号	2015	黧蒴锥	13	0.7	100.0	
针阔Ⅱ号	2015	罗浮柿	7	0.8	88.6	
针阔Ⅱ号	2015	罗伞树	69	0.8	71.4	
针阔Ⅱ号	2015	绒毛润楠	3	1.1	85.0	
针阔Ⅱ号	2015	三桠苦	4	0.8	75.0	
针阔Ⅱ号	2015	山鸡椒	1	0.3	60.0	
针阔Ⅱ号	2015	山血丹	43	0.6	67.0	
针阔Ⅱ号	2015	鼠刺	1	0.4	50.0	
针阔Ⅱ号	2015	香楠	8	0.9	100.0	
针阔Ⅱ号	2015	野漆	1	0.3	70.0	
针阔Ⅱ号	2015	银柴	7	1.2	91.7	
针阔Ⅱ号	2015	栀子	1	0.6	70.0	
针阔Ⅱ号	2015	朱砂根	5	0.7	80.0	
针阔Ⅱ号	2015	锥	10	0.8	88.3	
针阔Ⅱ号	2015	紫玉盘	5	1.3	203.3	
针阔Ⅲ号	2010	白花苦灯笼	2	1.0	100.0	
针阔Ⅲ号	2010	白叶瓜馥木	1	1.3	80.0	
针阔Ⅲ号	2010	薄叶红厚壳	5	0.5	65.0	

（续）

样地	年份	种类	株数	平均基径/cm	平均高度/cm	生物量/（g/m²）
针阔Ⅲ号	2010	变叶榕	4	0.8	115.0	
针阔Ⅲ号	2010	草珊瑚	7	0.5	90.0	
针阔Ⅲ号	2010	豺皮樟	1	0.5	120.0	
针阔Ⅲ号	2010	粗叶榕	1	0.4	60.0	
针阔Ⅲ号	2010	滇粤山胡椒	12	0.7	88.3	
针阔Ⅲ号	2010	短序润楠	4	0.8	90.0	
针阔Ⅲ号	2010	鹅掌柴	1	1.1	130.0	
针阔Ⅲ号	2010	狗骨柴	9	0.9	87.5	
针阔Ⅲ号	2010	谷木	3	1.1	120.0	
针阔Ⅲ号	2010	红枝蒲桃	12	0.9	108.0	
针阔Ⅲ号	2010	厚壳桂	5	1.7	140.0	
针阔Ⅲ号	2010	黄果厚壳桂	165	1.0	103.0	
针阔Ⅲ号	2010	灰白新木姜子	3	0.7	110.0	
针阔Ⅲ号	2010	假鱼骨木	1	1.1	180.0	
针阔Ⅲ号	2010	九节	6	1.5	118.0	
针阔Ⅲ号	2010	岭南山竹子	1	0.5	60.0	
针阔Ⅲ号	2010	柳叶杜茎山	27	0.7	113.3	
针阔Ⅲ号	2010	罗浮买麻藤	2	2.4	800.0	
针阔Ⅲ号	2010	罗浮柿	3	1.0	130.0	
针阔Ⅲ号	2010	马甲菝葜	1	0.5	180.0	
针阔Ⅲ号	2010	毛冬青	1	1.5	150.0	
针阔Ⅲ号	2010	毛菍	1	0.7	100.0	
针阔Ⅲ号	2010	密花树	5	0.6	100.0	
针阔Ⅲ号	2010	青江藤	1	0.4	70.0	
针阔Ⅲ号	2010	球花脚骨脆	1	0.7	110.0	
针阔Ⅲ号	2010	三桠苦	2	0.7	60.0	
针阔Ⅲ号	2010	山血丹	38	0.4	75.0	
针阔Ⅲ号	2010	疏花卫矛	2	0.4	100.0	
针阔Ⅲ号	2010	臀果木	1	0.4	60.0	
针阔Ⅲ号	2010	细轴荛花	2	0.4	60.0	
针阔Ⅲ号	2010	小叶红叶藤	1	0.7	200.0	
针阔Ⅲ号	2010	锈叶新木姜子	16	0.7	85.0	
针阔Ⅲ号	2010	玉叶金花	1	1.3	500.0	

（续）

样地	年份	种类	株数	平均基径/cm	平均高度/cm	生物量/（g/m²）
针阔Ⅲ号	2010	浙江润楠	7	0.4	75.0	
针阔Ⅲ号	2010	锥	2	0.3	50.0	
针阔Ⅲ号	2015	白花苦灯笼	4	0.4	100.0	
针阔Ⅲ号	2015	薄叶红厚壳	6	0.4	56.7	
针阔Ⅲ号	2015	变叶榕	6	0.6	80.0	
针阔Ⅲ号	2015	草珊瑚	2	0.6	95.0	
针阔Ⅲ号	2015	粗叶榕	1	0.4	70.0	
针阔Ⅲ号	2015	滇粤山胡椒	8	0.6	95.7	
针阔Ⅲ号	2015	短序润楠	1	0.4	55.0	
针阔Ⅲ号	2015	鹅掌柴	3	1.4	103.3	
针阔Ⅲ号	2015	橄榄	1	1.0	80.0	
针阔Ⅲ号	2015	狗骨柴	8	0.7	67.5	
针阔Ⅲ号	2015	谷木	1	0.5	70.0	
针阔Ⅲ号	2015	广东木姜子	1	0.3	70.0	
针阔Ⅲ号	2015	红枝蒲桃	17	1.0	97.1	
针阔Ⅲ号	2015	厚壳桂	3	1.6	100.0	
针阔Ⅲ号	2015	黄果厚壳桂	156	0.9	98.0	
针阔Ⅲ号	2015	灰白新木姜子	4	1.4	73.3	
针阔Ⅲ号	2015	九节	2	1.0	80.0	
针阔Ⅲ号	2015	柳叶杜茎山	3	0.9	120.0	
针阔Ⅲ号	2015	罗伞树	1	0.4	50.0	
针阔Ⅲ号	2015	毛冬青	2	1.0	130.0	
针阔Ⅲ号	2015	毛茎	3	0.5	75.0	
针阔Ⅲ号	2015	密花树	7	0.5	60.0	
针阔Ⅲ号	2015	木荷	1	0.5	65.0	
针阔Ⅲ号	2015	三花冬青	1	0.4	60.0	
针阔Ⅲ号	2015	三桠苦	5	1.0	111.7	
针阔Ⅲ号	2015	山血丹	65	0.6	75.5	
针阔Ⅲ号	2015	细轴荛花	2	1.0	115.0	
针阔Ⅲ号	2015	香楠	4	0.8	123.3	
针阔Ⅲ号	2015	锈叶新木姜子	13	0.7	78.8	
针阔Ⅲ号	2015	云南银柴	1	0.6	60.0	
针阔Ⅲ号	2015	栀子	1	0.3	50.0	

（续）

样地	年份	种类	株数	平均基径/cm	平均高度/cm	生物量/（g/m²）
针阔Ⅲ号	2015	锥	1	0.3	55.0	
山地林	2004	白花苦灯笼	3		120.0	
山地林	2004	北江荛花	1		110.0	
山地林	2004	茶	3		65.0	
山地林	2004	豺皮樟	3		60.0	
山地林	2004	常绿荚蒾	1		90.0	
山地林	2004	秤星树	1		130.0	
山地林	2004	粗叶木	1		120.0	
山地林	2004	粗叶榕	1		140.0	
山地林	2004	粗壮润楠	4		115.0	
山地林	2004	大叶合欢	5		116.7	
山地林	2004	滇粤山胡椒	1		70.0	
山地林	2004	短序润楠	5		138.9	
山地林	2004	凤凰润楠	4		75.0	
山地林	2004	狗骨柴	1		60.0	
山地林	2004	光叶海桐	2		85.0	
山地林	2004	光叶山矾	2		110.0	
山地林	2004	广东假木荷	1		50.0	
山地林	2004	广东润楠	1		120.0	
山地林	2004	黑柃	1		130.0	
山地林	2004	红枝蒲桃	4		98.3	
山地林	2004	厚叶素馨	1		80.0	
山地林	2004	假苹婆	2		125.0	
山地林	2004	九节	2		65.0	
山地林	2004	了哥王	1		60.0	
山地林	2004	亮叶猴耳环	20		99.3	
山地林	2004	柃叶连蕊茶	11		129.5	
山地林	2004	柳叶杜茎山	6		141.1	
山地林	2004	龙船花	1		90.0	
山地林	2004	马银花	1		70.0	
山地林	2004	毛果巴豆	7		76.7	
山地林	2004	毛棉杜鹃	3		87.5	
山地林	2004	密花树	1		80.0	

（续）

样地	年份	种类	株数	平均基径/cm	平均高度/cm	生物量/（g/m²）
山地林	2004	牛白藤	2		57.5	
山地林	2004	三花冬青	4		72.5	
山地林	2004	三椏苦	4		100.0	
山地林	2004	山杜英	1		80.0	
山地林	2004	疏花卫矛	10		115.0	
山地林	2004	鼠刺	7		105.0	
山地林	2004	酸味子	7		112.0	
山地林	2004	天料木	1		70.0	
山地林	2004	臀果木	1		120.0	
山地林	2004	弯蒴杜鹃	1		70.0	
山地林	2004	微毛山矾	1		140.0	
山地林	2004	细轴荛花	7		108.8	
山地林	2004	腺柄山矾	1		70.0	
山地林	2004	香花鸡血藤	1		200.0	
山地林	2004	小叶五月茶	3		107.5	
山地林	2004	鸭公树	13		104.2	
山地林	2004	野牡丹	1		50.0	
山地林	2004	杖藤	1		70.0	
山地林	2004	栀子	10		99.2	
山地林	2010	白叶瓜馥木	1	2.0	170.0	
山地林	2010	变叶榕	3	0.5	60.0	
山地林	2010	茶	2	0.5	65.0	
山地林	2010	秤星树	1	0.6	60.0	
山地林	2010	粗叶榕	2	0.6	70.0	
山地林	2010	大叶合欢	4	1.1	130.0	
山地林	2010	滇粤山胡椒	2	1.2	95.0	
山地林	2010	鼎湖钓樟	1	0.8	120.0	
山地林	2010	短序润楠	11	0.9	91.7	
山地林	2010	凤凰润楠	3	1.2	110.0	
山地林	2010	光叶海桐	2	0.8	125.0	
山地林	2010	光叶山矾	1	1.5	130.0	
山地林	2010	红枝蒲桃	2	1.0	110.0	
山地林	2010	厚叶素馨	2	0.7	200.0	

（续）

样地	年份	种类	株数	平均基径/cm	平均高度/cm	生物量/（g/m²）
山地林	2010	华马钱	1	0.7	80.0	
山地林	2010	黄杞	3	0.6	60.0	
山地林	2010	灰毛鸡血藤	1	0.2	80.0	
山地林	2010	九节	8	0.9	60.0	
山地林	2010	筐条菝葜	1	0.2	60.0	
山地林	2010	两广梭罗	1	1.0	110.0	
山地林	2010	亮叶猴耳环	17	0.8	105.7	
山地林	2010	柃叶连蕊茶	13	0.5	71.7	
山地林	2010	柳叶杜茎山	6	0.5	92.5	
山地林	2010	罗浮粗叶木	1	1.0	130.0	
山地林	2010	罗浮柿	1	1.6	130.0	
山地林	2010	毛果巴豆	24	0.8	108.6	
山地林	2010	毛果算盘子	2	1.1	105.0	
山地林	2010	毛棉杜鹃	4	0.8	80.0	
山地林	2010	毛叶脚骨脆	1	0.5	50.0	
山地林	2010	绒毛润楠	5	0.8	100.0	
山地林	2010	箬叶竹	6	0.3	70.0	
山地林	2010	三花冬青	14	0.6	80.7	
山地林	2010	三桠苦	6	1.1	100.0	
山地林	2010	疏花卫矛	9	0.9	111.7	
山地林	2010	鼠刺	4	0.8	85.0	
山地林	2010	酸味子	5	0.6	66.7	
山地林	2010	天料木	1	0.7	170.0	
山地林	2010	土茯苓	2	0.4	245.0	
山地林	2010	细轴荛花	3	0.6	100.0	
山地林	2010	小叶红叶藤	1	0.2	50.0	
山地林	2010	鸭公树	34	0.8	104.0	
山地林	2010	玉叶金花	1	0.2	60.0	
山地林	2010	栀子	5	0.9	103.3	
山地林	2010	子凌蒲桃	1	1.0	110.0	
山地林	2015	变叶榕	1	1.0	160.0	
山地林	2015	草珊瑚	3	0.6	70.0	
山地林	2015	茶	3	1.0	80.0	
山地林	2015	豺皮樟	1	0.5	60.0	
山地林	2015	秤星树	1	0.3	80.0	

（续）

样地	年份	种类	株数	平均基径/cm	平均高度/cm	生物量/（g/m^2）
山地林	2015	粗叶榕	3	0.7	80.0	
山地林	2015	大叶合欢	1	1.0	100.0	
山地林	2015	滇粤山胡椒	2	0.7	110.0	
山地林	2015	短序润楠	3	0.8	126.7	
山地林	2015	凤凰润楠	1	0.6	70.0	
山地林	2015	光叶海桐	1	1.0	80.0	
山地林	2015	广东润楠	1	0.6	100.0	
山地林	2015	红枝蒲桃	1	1.7	160.0	
山地林	2015	黄牛奶树	2	0.7	60.0	
山地林	2015	黄杞	5	0.8	80.0	
山地林	2015	九节	4	0.8	80.0	
山地林	2015	亮叶猴耳环	5	0.9	120.0	
山地林	2015	柃叶连蕊茶	16	0.5	66.7	
山地林	2015	柳叶杜茎山	3	1.0	145.0	
山地林	2015	罗浮粗叶木	1	0.6	70.0	
山地林	2015	毛果巴豆	19	0.6	92.1	
山地林	2015	毛果算盘子	1	1.1	150.0	
山地林	2015	毛棉杜鹃	3	1.8	190.0	
山地林	2015	毛叶脚骨脆	1	0.7	60.0	
山地林	2015	绒毛润楠	4	0.7	100.0	
山地林	2015	箬叶竹	4	0.7	180.0	
山地林	2015	三花冬青	3	1.0	138.3	
山地林	2015	三桠苦	5	1.4	128.0	
山地林	2015	沙坝冬青	2	0.7	80.0	
山地林	2015	山杜英	1	0.8	70.0	
山地林	2015	山血丹	3	0.5	95.0	
山地林	2015	疏花卫矛	7	1.3	135.0	
山地林	2015	天料木	2	0.5	60.0	
山地林	2015	臀果木	1	0.3	70.0	
山地林	2015	细轴荛花	9	0.6	95.0	
山地林	2015	小叶五月茶	1	1.5	260.0	
山地林	2015	鸭公树	11	0.9	108.6	
山地林	2015	野牡丹	1	0.4	120.0	
山地林	2015	栀子	6	1.0	78.0	

注：只有季风林计算了生物量，生物量计算方式采用表 3－17 的 2004 年的灌木生物量模型。

3.1.3 群落草本层植物种类组成特征

3.1.3.1 概述

数据来源于鼎湖山站1999—2015年每5年1次的草木层数据，包括6个样地：季风林、松林、针阔Ⅰ号、针阔Ⅱ号、针阔Ⅲ号、山地林。1999年和2004年样方大小为1 m×1 m，2010年和2015年为2 m×2 m。样方数量：季风林和针阔Ⅱ号2010年和2015年为25个，其余均为10个。

3.1.3.2 数据采集和处理方法

调查对象为样方内的草本植物，以及株高50 cm以下的乔、灌木幼苗，调查记录种类、株（丛）数、平均高度、盖度等。

3.1.3.3 数据质量控制和评估

通过历史数据参照、双人录入、专业人员核查、研究人员检验等方式控制数据质量。

3.1.3.4 数据价值、使用方法和建议

森林植物群落草本层种类组成数据是植被生态学研究的主要内容之一，是了解区域植被结构、碳储量、生物多样性的主要方式，可为森林保护、固碳能力调研、生物多样性保育提供基础信息。本部分数据公开了1999—2015年鼎湖山站主要样地草本层种类组成、多度等，可为该地区的森林群落下层空间结构、固碳能力、生物多样性研究提供参考。使用本部分数据和其他森林群落草本层调查数据比较时需要注意样方面积、调查对象等的差异，例如有些调查数据的调查目标仅是林下层的典型草本植物，不包含乔、灌木幼苗。

3.1.3.5 数据

具体数据见表3-4。

表3-4 1999—2015年6个样地草本植物组成

样地	年份	植物名称	出现样方数	株数	平均盖度/%
季风林	1999	薄叶红厚壳	1	1	1.2
季风林	1999	红枝蒲桃	2	3	0.4
季风林	1999	黄果厚壳桂	10	145	14.0
季风林	1999	黄叶树	1	1	1.2
季风林	1999	金毛狗	2	4	8.8
季风林	1999	九节	2	2	0.2
季风林	1999	宽药青藤	1	1	2.1
季风林	1999	罗伞树	3	5	2.1
季风林	1999	马尾杉	1	1	9.0
季风林	1999	毛果算盘子	1	1	0.4
季风林	1999	沙皮蕨	1	1	48.0
季风林	1999	臀果木	1	1	5.6
季风林	1999	乌材	1	1	1.4
季风林	1999	香楠	7	14	0.8
季风林	1999	锈叶新木姜子	1	3	3.0
季风林	1999	云南银柴	5	33	5.5
季风林	1999	杖藤	1	1	21.8

（续）

样地	年份	植物名称	出现样方数	株数	平均盖度/%
季风林	2004	白楸	1	2	0.1
季风林	2004	白叶瓜馥木	1	6	1.0
季风林	2004	柏拉木	2	4	0.8
季风林	2004	薄叶红厚壳	2	4	0.6
季风林	2004	笔罗子	1	1	0.1
季风林	2004	刺头复叶耳蕨	3	15	17.8
季风林	2004	光叶红豆	1	2	15.0
季风林	2004	广东金叶子	1	2	0.1
季风林	2004	厚壳桂	1	3	0.2
季风林	2004	厚叶素馨	1	1	0.5
季风林	2004	华南毛蕨	1	2	2.0
季风林	2004	华润楠	2	2	1.0
季风林	2004	华山姜	4	24	12.8
季风林	2004	黄果厚壳桂	10	48	5.8
季风林	2004	黄叶树	1	2	0.2
季风林	2004	金毛狗	3	16	11.7
季风林	2004	金粟兰	1	1	0.2
季风林	2004	九节	2	5	0.3
季风林	2004	岭南山竹子	1	1	1.0
季风林	2004	轮叶木姜子	1	3	15.0
季风林	2004	罗伞树	1	3	5.0
季风林	2004	蒲桃	1	2	0.1
季风林	2004	日本粗叶木	1	1	3.0
季风林	2004	箬叶竹	1	4	2.0
季风林	2004	沙皮蕨	2	35	35.5
季风林	2004	山蒟	1	1	0.1
季风林	2004	双盖蕨	4	30	15.7
季风林	2004	臀果木	2	2	5.5
季风林	2004	乌蔹莓	1	1	1.0
季风林	2004	香楠	5	15	1.3
季风林	2004	云南银柴	2	13	0.3
季风林	2004	长囊苔草	1	1	5.0
季风林	2004	杖藤	3	6	5.2

（续）

样地	年份	植物名称	出现样方数	株数	平均盖度/%
季风林	2010	菝葜	1	1	0.3
季风林	2010	白花灯笼	1	1	0.1
季风林	2010	白叶瓜馥木	1	1	0.1
季风林	2010	柏拉木	3	4	0.5
季风林	2010	薄叶红厚壳	4	5	0.5
季风林	2010	扁担藤	1	1	0.1
季风林	2010	淡竹叶	3	6	0.5
季风林	2010	滇粤山胡椒	1	1	1.0
季风林	2010	鼎湖耳草	1	3	1.0
季风林	2010	高秆珍珠茅	2	2	0.4
季风林	2010	谷木	2	4	0.2
季风林	2010	光叶红豆	2	3	0.3
季风林	2010	红枝蒲桃	4	9	0.2
季风林	2010	厚壳桂	3	3	0.5
季风林	2010	华润楠	2	2	0.1
季风林	2010	华山姜	7	17	4.0
季风林	2010	黄果厚壳桂	15	42	1.2
季风林	2010	黄叶树	2	2	0.2
季风林	2010	灰毛鸡血藤	1	1	0.1
季风林	2010	剑叶鳞始蕨	1	4	10.0
季风林	2010	金毛狗	4	7	3.3
季风林	2010	九节	1	1	0.5
季风林	2010	宽药青藤	3	3	0.8
季风林	2010	筐条菝葜	1	1	0.2
季风林	2010	岭南山竹子	1	1	0.1
季风林	2010	柳叶杜茎山	1	2	1.0
季风林	2010	罗伞树	6	7	0.4
季风林	2010	蔓九节	2	2	0.7
季风林	2010	牛白藤	1	1	0.2
季风林	2010	箬叶竹	2	4	0.2
季风林	2010	沙皮蕨	14	34	4.4
季风林	2010	山菅	1	1	0.3
季风林	2010	山血丹	1	1	1.0

（续）

样地	年份	植物名称	出现样方数	株数	平均盖度/%
季风林	2010	扇叶铁线蕨	2	2	0.6
季风林	2010	深绿卷柏	1	2	0.3
季风林	2010	天料木	1	2	0.3
季风林	2010	团叶鳞始蕨	1	1	0.5
季风林	2010	臀果木	1	1	0.5
季风林	2010	腺叶桂樱	1	1	1.0
季风林	2010	香楠	9	29	0.7
季风林	2010	肖蒲桃	2	16	3.2
季风林	2010	锈叶新木姜子	3	5	0.6
季风林	2010	隐穗苔草	5	9	1.0
季风林	2010	玉叶金花	1	1	0.1
季风林	2010	越南紫金牛	2	2	0.3
季风林	2010	云南银柴	2	2	0.6
季风林	2010	窄叶半枫荷	1	1	0.2
季风林	2010	杖藤	9	15	0.2
季风林	2010	中华复叶耳蕨	9	19	1.2
季风林	2010	猪肚木	1	2	0.1
季风林	2015	白楸	1	2	0.5
季风林	2015	白颜树	1	1	0.5
季风林	2015	柏拉木	7	13	0.6
季风林	2015	薄叶红厚壳	1	1	1.3
季风林	2015	笔罗子	1	1	2.0
季风林	2015	粗叶悬钩子	1	1	1.0
季风林	2015	淡竹叶	3	3	0.3
季风林	2015	鼎湖血桐	3	7	2.5
季风林	2015	蒌叶	1	6	40.0
季风林	2015	谷木	5	39	0.8
季风林	2015	红枝蒲桃	4	4	1.0
季风林	2015	华润楠	4	6	0.8
季风林	2015	华山姜	6	10	7.9
季风林	2015	黄果厚壳桂	13	29	2.4
季风林	2015	黄叶树	2	2	0.8
季风林	2015	金毛狗	5	9	5.6

（续）

样地	年份	植物名称	出现样方数	株数	平均盖度/%
季风林	2015	九节	1	1	3.0
季风林	2015	宽药青藤	1	1	2.0
季风林	2015	阔鳞鳞毛蕨	1	1	4.0
季风林	2015	柳叶杜茎山	1	1	1.3
季风林	2015	罗浮买麻藤	1	1	0.2
季风林	2015	罗伞树	4	8	0.8
季风林	2015	蔓九节	1	5	3.3
季风林	2015	毛菍	1	1	0.1
季风林	2015	箬叶竹	2	21	16.5
季风林	2015	沙皮蕨	14	56	10.5
季风林	2015	山蒟	2	3	0.4
季风林	2015	石柑子	1	1	0.6
季风林	2015	双盖蕨	2	4	3.5
季风林	2015	团叶鳞始蕨	1	1	0.2
季风林	2015	臀果木	3	3	0.4
季风林	2015	细轴荛花	1	1	0.2
季风林	2015	香楠	16	50	1.1
季风林	2015	肖蒲桃	1	2	1.0
季风林	2015	小叶红叶藤	1	2	1.0
季风林	2015	小叶买麻藤	1	1	0.5
季风林	2015	锈叶新木姜子	2	2	0.6
季风林	2015	银柴	1	1	0.2
季风林	2015	隐穗苔草	3	4	2.1
季风林	2015	鱼尾葵	2	4	0.4
季风林	2015	云南银柴	9	50	1.5
季风林	2015	窄叶半枫荷	1	1	0.2
季风林	2015	杖藤	10	23	0.9
季风林	2015	中华复叶耳蕨	4	7	1.4
松林	2004	菝葜	1	1	1.0
松林	2004	白花灯笼	2	4	2.0
松林	2004	豺皮樟	1	2	4.0
松林	2004	刺头复叶耳蕨	2	3	2.0
松林	2004	淡竹叶	1	2	1.0

（续）

样地	年份	植物名称	出现样方数	株数	平均盖度/%
松林	2004	华南紫萁	1	3	3.0
松林	2004	剑叶鳞始蕨	1	3	3.0
松林	2004	龙船花	3	7	2.7
松林	2004	蔓九节	1	1	2.0
松林	2004	芒萁	6	31	62.5
松林	2004	木荷	1	1	3.0
松林	2004	三桠苦	3	10	8.7
松林	2004	山菅	2	2	26.0
松林	2004	扇叶铁线蕨	1	2	1.0
松林	2004	双盖蕨	1	2	3.0
松林	2004	桃金娘	4	7	2.0
松林	2004	乌毛蕨	1	1	60.0
松林	2004	五节芒	1	2	15.0
松林	2010	白花灯笼	6	9	0.6
松林	2010	白楸	2	2	0.5
松林	2010	变叶榕	2	2	0.1
松林	2010	豺皮樟	2	3	0.1
松林	2010	淡竹叶	8	48	5.2
松林	2010	地桃花	1	1	0.1
松林	2010	梵天花	1	1	0.8
松林	2010	假鹰爪	1	1	0.1
松林	2010	剑叶鳞始蕨	2	5	4.0
松林	2010	九节	2	5	1.2
松林	2010	龙船花	2	4	1.0
松林	2010	露籽草	1	1	1.0
松林	2010	蔓九节	5	18	0.6
松林	2010	芒	2	3	4.8
松林	2010	芒萁	6	27	6.2
松林	2010	毛果算盘子	1	2	1.0
松林	2010	三桠苦	8	22	0.5
松林	2010	山菅	4	5	1.6
松林	2010	山芝麻	1	8	2.3
松林	2010	扇叶铁线蕨	2	3	0.3

（续）

样地	年份	植物名称	出现样方数	株数	平均盖度/%
松林	2010	石斑木	1	3	2.0
松林	2010	酸藤子	1	1	0.1
松林	2010	桃金娘	1	2	0.1
松林	2010	团叶鳞始蕨	1	3	2.3
松林	2010	乌毛蕨	2	2	12.5
松林	2010	羊角拗	1	1	0.1
松林	2010	野牡丹	1	1	0.2
松林	2010	野漆	1	1	0.1
松林	2010	异叶鳞始蕨	3	5	4.0
松林	2010	玉叶金花	3	8	0.9
松林	2015	白花灯笼	4	8	0.8
松林	2015	白楸	1	6	15.0
松林	2015	变叶榕	1	2	0.5
松林	2015	豺皮樟	1	1	2.0
松林	2015	粗叶榕	1	1	1.0
松林	2015	淡竹叶	9	89	20.1
松林	2015	黑桫椤	1	2	2.0
松林	2015	剑叶鳞始蕨	6	25	2.7
松林	2015	龙船花	4	7	1.2
松林	2015	露籽草	2	8	3.5
松林	2015	蔓九节	3	10	1.4
松林	2015	芒	3	3	3.3
松林	2015	芒萁	9	66	21.1
松林	2015	尼泊尔蓼	1	10	6.0
松林	2015	三桠苦	5	15	1.5
松林	2015	山菅	4	4	1.5
松林	2015	扇叶铁线蕨	3	8	1.2
松林	2015	乌毛蕨	2	3	2.0
松林	2015	竹叶草	1	3	1.4
针阔Ⅰ号	2004	豺皮樟	1	1	1.0
针阔Ⅰ号	2004	淡竹叶	4	5	1.8
针阔Ⅰ号	2004	黑莎草	3	3	3.0
针阔Ⅰ号	2004	黄果厚壳桂	2	3	3.0

（续）

样地	年份	植物名称	出现样方数	株数	平均盖度/%
针阔Ⅰ号	2004	假鹰爪	1	1	1.0
针阔Ⅰ号	2004	筐条菝葜	1	1	1.0
针阔Ⅰ号	2004	罗伞树	3	4	1.0
针阔Ⅰ号	2004	芒萁	1	1	4.0
针阔Ⅰ号	2004	木荷	1	1	1.0
针阔Ⅰ号	2004	山血丹	3	3	1.3
针阔Ⅰ号	2004	团叶鳞始蕨	1	1	1.0
针阔Ⅰ号	2010	菝葜	1	1	0.3
针阔Ⅰ号	2010	白叶瓜馥木	1	1	0.2
针阔Ⅰ号	2010	薄叶红厚壳	2	2	0.2
针阔Ⅰ号	2010	草珊瑚	1	1	0.5
针阔Ⅰ号	2010	淡竹叶	2	3	0.2
针阔Ⅰ号	2010	海金沙	1	1	0.2
针阔Ⅰ号	2010	黄果厚壳桂	6	11	0.5
针阔Ⅰ号	2010	九节	1	1	0.3
针阔Ⅰ号	2010	黧蒴锥	3	6	0.4
针阔Ⅰ号	2010	罗伞树	5	14	2.3
针阔Ⅰ号	2010	芒萁	1	1	0.1
针阔Ⅰ号	2010	山血丹	5	9	0.4
针阔Ⅰ号	2010	扇叶铁线蕨	1	1	0.2
针阔Ⅰ号	2010	小叶红叶藤	1	3	0.5
针阔Ⅰ号	2010	锥	1	1	0.1
针阔Ⅰ号	2010	紫玉盘	1	1	0.3
针阔Ⅰ号	2015	淡竹叶	2	3	0.7
针阔Ⅰ号	2015	黑桫椤	1	2	1.0
针阔Ⅰ号	2015	红叶藤	1	1	0.8
针阔Ⅰ号	2015	黄果厚壳桂	2	2	1.0
针阔Ⅰ号	2015	剑叶鳞始蕨	1	3	1.0
针阔Ⅰ号	2015	黧蒴锥	2	6	4.0
针阔Ⅰ号	2015	罗浮买麻藤	1	3	0.5
针阔Ⅰ号	2015	罗伞树	6	47	1.1
针阔Ⅰ号	2015	蔓九节	3	6	2.4
针阔Ⅰ号	2015	山血丹	3	5	1.1

（续）

样地	年份	植物名称	出现样方数	株数	平均盖度/%
针阔Ⅰ号	2015	鼠刺	1	1	0.5
针阔Ⅰ号	2015	团叶鳞始蕨	1	1	0.1
针阔Ⅰ号	2015	银柴	2	5	0.3
针阔Ⅰ号	2015	杖藤	3	5	0.5
针阔Ⅰ号	2015	中华复叶耳蕨	1	1	1.0
针阔Ⅱ号	1999	豺皮樟	3	6	1.3
针阔Ⅱ号	1999	刺头复叶耳蕨	1	1	1.0
针阔Ⅱ号	1999	淡竹叶	5	13	6.8
针阔Ⅱ号	1999	傅氏凤尾蕨	1	5	2.0
针阔Ⅱ号	1999	海金沙	1	2	30.0
针阔Ⅱ号	1999	黑莎草	2	4	20.5
针阔Ⅱ号	1999	黄果厚壳桂	1	2	2.0
针阔Ⅱ号	1999	黄牛木	1	1	2.0
针阔Ⅱ号	1999	九节	1	2	2.0
针阔Ⅱ号	1999	黧蒴锥	1	1	2.0
针阔Ⅱ号	1999	龙船花	1	1	16.0
针阔Ⅱ号	1999	罗伞树	2	2	1.5
针阔Ⅱ号	1999	芒萁	4	5	5.8
针阔Ⅱ号	1999	木荷	1	1	1.0
针阔Ⅱ号	1999	扇叶铁线蕨	2	6	3.5
针阔Ⅱ号	1999	桃金娘	1	1	4.0
针阔Ⅱ号	1999	五节芒	2	2	2.0
针阔Ⅱ号	1999	紫玉盘	1	2	3.0
针阔Ⅱ号	2004	菝葜	1	1	7.0
针阔Ⅱ号	2004	淡竹叶	5	25	15.0
针阔Ⅱ号	2004	海金沙	1	2	0.8
针阔Ⅱ号	2004	黑莎草	4	9	5.3
针阔Ⅱ号	2004	假鹰爪	1	1	1.0
针阔Ⅱ号	2004	剑叶鳞始蕨	3	21	7.5
针阔Ⅱ号	2004	井栏边草	1	1	2.0
针阔Ⅱ号	2004	九节	1	3	0.5
针阔Ⅱ号	2004	龙船花	1	2	1.0
针阔Ⅱ号	2004	罗伞树	2	9	5.5

（续）

样地	年份	植物名称	出现样方数	株数	平均盖度/%
针阔Ⅱ号	2004	芒萁	2	25	22.5
针阔Ⅱ号	2004	毛冬青	1	1	0.5
针阔Ⅱ号	2004	山菅	1	9	15.0
针阔Ⅱ号	2004	山血丹	1	2	1.0
针阔Ⅱ号	2004	扇叶铁线蕨	1	1	0.5
针阔Ⅱ号	2004	鼠刺	1	1	0.5
针阔Ⅱ号	2004	团叶鳞始蕨	2	7	2.0
针阔Ⅱ号	2004	五节芒	1	2	3.0
针阔Ⅱ号	2010	变叶榕	1	1	0.3
针阔Ⅱ号	2010	豺皮樟	5	6	0.2
针阔Ⅱ号	2010	粗叶榕	1	2	2.0
针阔Ⅱ号	2010	淡竹叶	21	83	1.7
针阔Ⅱ号	2010	高秆珍珠茅	1	1	1.0
针阔Ⅱ号	2010	海金沙	1	1	4.0
针阔Ⅱ号	2010	黑莎草	5	5	1.2
针阔Ⅱ号	2010	黄牛木	1	1	1.5
针阔Ⅱ号	2010	假鹰爪	2	2	0.1
针阔Ⅱ号	2010	九节	3	9	0.8
针阔Ⅱ号	2010	筐条菝葜	1	2	0.1
针阔Ⅱ号	2010	黧蒴锥	1	1	0.5
针阔Ⅱ号	2010	罗伞树	8	30	0.8
针阔Ⅱ号	2010	蔓九节	2	3	0.1
针阔Ⅱ号	2010	芒	1	1	0.5
针阔Ⅱ号	2010	芒萁	8	32	9.4
针阔Ⅱ号	2010	三桠苦	1	1	0.1
针阔Ⅱ号	2010	山鸡椒	1	1	0.1
针阔Ⅱ号	2010	山菅	1	3	2.0
针阔Ⅱ号	2010	山血丹	4	10	0.4
针阔Ⅱ号	2010	土茯苓	1	1	0.2
针阔Ⅱ号	2010	团叶鳞始蕨	4	10	1.1
针阔Ⅱ号	2010	异叶鳞始蕨	7	12	1.2
针阔Ⅱ号	2010	中华复叶耳蕨	1	1	3.0
针阔Ⅱ号	2010	锥	3	11	0.1

（续）

样地	年份	植物名称	出现样方数	株数	平均盖度/%
针阔Ⅱ号	2015	变叶榕	2	2	0.5
针阔Ⅱ号	2015	豺皮樟	1	1	0.5
针阔Ⅱ号	2015	粗叶榕	1	1	0.1
针阔Ⅱ号	2015	淡竹叶	20	111	8.1
针阔Ⅱ号	2015	高秆珍珠茅	1	1	3.0
针阔Ⅱ号	2015	海金沙	1	1	1.2
针阔Ⅱ号	2015	黑桫椤	4	6	6.0
针阔Ⅱ号	2015	华润楠	1	1	0.2
针阔Ⅱ号	2015	黄果厚壳桂	1	2	0.5
针阔Ⅱ号	2015	剑叶鳞始蕨	13	37	6.3
针阔Ⅱ号	2015	黧蒴锥	1	2	2.0
针阔Ⅱ号	2015	罗伞树	6	32	1.8
针阔Ⅱ号	2015	蔓九节	3	5	3.9
针阔Ⅱ号	2015	芒	1	1	2.0
针阔Ⅱ号	2015	芒萁	11	44	11.8
针阔Ⅱ号	2015	曲轴海金沙	1	1	3.0
针阔Ⅱ号	2015	山血丹	2	6	2.1
针阔Ⅱ号	2015	团叶鳞始蕨	1	2	1.0
针阔Ⅱ号	2015	玉叶金花	1	1	1.0
针阔Ⅱ号	2015	中华复叶耳蕨	1	1	5.0
针阔Ⅱ号	2015	锥	4	11	0.2
针阔Ⅱ号	2015	紫玉盘	1	1	1.0
针阔Ⅲ号	2010	白花苦灯笼	1	5	3.1
针阔Ⅲ号	2010	白叶瓜馥木	1	2	0.2
针阔Ⅲ号	2010	薄叶红厚壳	5	7	0.5
针阔Ⅲ号	2010	淡竹叶	3	7	0.5
针阔Ⅲ号	2010	滇粤山胡椒	1	2	0.2
针阔Ⅲ号	2010	短序润楠	1	1	0.1
针阔Ⅲ号	2010	高秆珍珠茅	1	2	9.0
针阔Ⅲ号	2010	谷木	1	3	0.1
针阔Ⅲ号	2010	海金沙	3	4	0.7
针阔Ⅲ号	2010	黑桫椤	1	2	0.4
针阔Ⅲ号	2010	红枝蒲桃	4	6	0.5

（续）

样地	年份	植物名称	出现样方数	株数	平均盖度/%
针阔Ⅲ号	2010	黄果厚壳桂	8	38	3.4
针阔Ⅲ号	2010	灰白新木姜子	2	3	0.4
针阔Ⅲ号	2010	假鹰爪	1	1	0.6
针阔Ⅲ号	2010	剑叶鳞始蕨	1	1	0.3
针阔Ⅲ号	2010	金毛狗	1	1	6.3
针阔Ⅲ号	2010	筐条菝葜	1	3	0.6
针阔Ⅲ号	2010	罗浮买麻藤	3	3	0.3
针阔Ⅲ号	2010	蔓九节	1	4	1.0
针阔Ⅲ号	2010	芒萁	9	30	11.0
针阔Ⅲ号	2010	毛菍	1	1	0.3
针阔Ⅲ号	2010	木荷	1	1	0.8
针阔Ⅲ号	2010	三花冬青	1	1	0.3
针阔Ⅲ号	2010	三桠苦	1	1	0.6
针阔Ⅲ号	2010	沙皮蕨	2	7	4.3
针阔Ⅲ号	2010	山菅	1	1	1.0
针阔Ⅲ号	2010	山血丹	6	18	1.0
针阔Ⅲ号	2010	土茯苓	1	1	0.1
针阔Ⅲ号	2010	团叶鳞始蕨	1	3	1.0
针阔Ⅲ号	2010	乌毛蕨	1	3	0.4
针阔Ⅲ号	2010	香楠	2	2	0.2
针阔Ⅲ号	2010	小叶买麻藤	1	2	0.1
针阔Ⅲ号	2010	杖藤	3	5	0.8
针阔Ⅲ号	2010	浙江润楠	1	1	0.2
针阔Ⅲ号	2010	锥	1	1	0.3
针阔Ⅲ号	2015	薄叶红厚壳	1	1	1.0
针阔Ⅲ号	2015	变叶榕	1	1	0.5
针阔Ⅲ号	2015	草珊瑚	2	3	0.6
针阔Ⅲ号	2015	豺皮樟	1	2	1.0
针阔Ⅲ号	2015	淡竹叶	3	9	1.3
针阔Ⅲ号	2015	滇粤山胡椒	3	8	1.4
针阔Ⅲ号	2015	高秆珍珠茅	1	2	1.0
针阔Ⅲ号	2015	谷木	1	1	0.5
针阔Ⅲ号	2015	黑桫椤	1	3	1.2

（续）

样地	年份	植物名称	出现样方数	株数	平均盖度/%
针阔Ⅲ号	2015	黄果厚壳桂	9	23	2.1
针阔Ⅲ号	2015	剑叶鳞始蕨	3	9	1.2
针阔Ⅲ号	2015	金毛狗	1	1	10.0
针阔Ⅲ号	2015	罗浮买麻藤	1	1	0.5
针阔Ⅲ号	2015	芒萁	8	82	44.8
针阔Ⅲ号	2015	沙皮蕨	2	7	28.0
针阔Ⅲ号	2015	山血丹	4	13	0.7
针阔Ⅲ号	2015	扇叶铁线蕨	1	1	1.0
针阔Ⅲ号	2015	薯莨	1	2	0.7
针阔Ⅲ号	2015	杖藤	1	2	0.8
针阔Ⅲ号	2015	朱砂根	2	10	5.0
针阔Ⅲ号	2015	锥	1	1	1.0
山地林	2004	薄叶红厚壳	1	1	0.5
山地林	2004	秤星树	1	1	10.0
山地林	2004	刺头复叶耳蕨	2	7	25.0
山地林	2004	淡竹叶	1	2	15.0
山地林	2004	滇粤山胡椒	1	1	0.5
山地林	2004	鼎湖钓樟	1	1	10.0
山地林	2004	鼎湖耳草	1	4	25.0
山地林	2004	割鸡芒	1	1	2.0
山地林	2004	狗脊	1	1	3.0
山地林	2004	花葶薹草	1	4	40.0
山地林	2004	华山姜	7	22	44.3
山地林	2004	金毛狗	1	5	20.0
山地林	2004	金粟兰	1	1	0.3
山地林	2004	筋藤	1	2	10.0
山地林	2004	筐条菝葜	1	1	10.0
山地林	2004	亮叶猴耳环	1	1	20.0
山地林	2004	柃叶连蕊茶	1	1	2.0
山地林	2004	曲轴海金沙	1	1	15.0
山地林	2004	三花冬青	2	2	5.3
山地林	2004	山乌桕	1	1	0.5
山地林	2004	扇叶铁线蕨	1	1	10.0

（续）

样地	年份	植物名称	出现样方数	株数	平均盖度/%
山地林	2004	少叶黄杞	1	1	0.5
山地林	2004	深绿卷柏	1	1	0.5
山地林	2004	石上莲	1	1	10.0
山地林	2004	土茯苓	1	1	2.0
山地林	2004	香花鸡血藤	1	3	1.0
山地林	2004	小叶买麻藤	2	3	6.0
山地林	2004	鸭公树	2	2	5.5
山地林	2004	玉叶金花	1	3	25.0
山地林	2010	巴郎耳蕨	1	1	6.3
山地林	2010	草珊瑚	1	1	0.5
山地林	2010	秤星树	1	1	1.0
山地林	2010	淡竹叶	7	32	4.6
山地林	2010	鼎湖耳草	1	3	0.4
山地林	2010	短序润楠	3	4	0.2
山地林	2010	高秆珍珠茅	3	9	5.8
山地林	2010	光叶山矾	1	3	2.0
山地林	2010	海金沙	1	1	1.0
山地林	2010	黑莎草	3	9	3.5
山地林	2010	华山姜	9	24	19.2
山地林	2010	黄杞	1	1	1.0
山地林	2010	金毛狗	1	1	9.0
山地林	2010	筐条菝葜	6	11	1.8
山地林	2010	亮叶猴耳环	1	1	1.0
山地林	2010	柃叶连蕊茶	4	5	1.1
山地林	2010	柳叶杜茎山	1	1	0.2
山地林	2010	罗伞树	1	1	0.3
山地林	2010	毛果巴豆	2	2	0.8
山地林	2010	密花树	1	1	0.1
山地林	2010	三花冬青	4	7	0.8
山地林	2010	三桠苦	1	1	1.0
山地林	2010	扇叶铁线蕨	2	3	1.3
山地林	2010	深绿卷柏	2	4	2.5
山地林	2010	石上莲	1	14	10.0

（续）

样地	年份	植物名称	出现样方数	株数	平均盖度/%
山地林	2010	疏花卫矛	1	2	0.2
山地林	2010	天料木	1	1	0.1
山地林	2010	团叶鳞始蕨	1	2	1.0
山地林	2010	网脉山龙眼	3	3	0.5
山地林	2010	乌毛蕨	1	1	1.0
山地林	2010	细轴荛花	6	7	0.3
山地林	2010	鸭公树	2	3	0.4
山地林	2010	兖州卷柏	1	2	1.0
山地林	2010	隐穗苔草	1	1	2.0
山地林	2010	玉叶金花	3	4	0.5
山地林	2010	杖藤	3	3	0.4
山地林	2010	中华复叶耳蕨	3	14	4.8
山地林	2015	薄叶卷柏	1	3	0.8
山地林	2015	草珊瑚	1	1	3.2
山地林	2015	大叶石上莲	1	6	2.5
山地林	2015	淡竹叶	8	55	9.3
山地林	2015	短序润楠	4	9	0.7
山地林	2015	高秆珍珠茅	4	6	2.5
山地林	2015	光叶山矾	1	1	0.8
山地林	2015	黑桫椤	2	5	5.0
山地林	2015	华山姜	9	31	24.0
山地林	2015	假鹰爪	1	1	0.5
山地林	2015	金毛狗	1	3	25.0
山地林	2015	九节	2	3	1.5
山地林	2015	筐条菝葜	2	2	0.6
山地林	2015	阔鳞鳞毛蕨	1	1	1.0
山地林	2015	柃叶连蕊茶	2	8	1.5
山地林	2015	柳叶杜茎山	1	1	1.0
山地林	2015	毛果巴豆	1	1	1.0
山地林	2015	曲轴海金沙	2	4	2.0
山地林	2015	三椏苦	1	1	0.8
山地林	2015	山蒟	2	2	0.5
山地林	2015	扇叶铁线蕨	2	2	0.3

（续）

样地	年份	植物名称	出现样方数	株数	平均盖度/%
山地林	2015	鼠刺	1	1	0.5
山地林	2015	网脉山龙眼	1	3	0.5
山地林	2015	乌毛蕨	1	1	3.0
山地林	2015	心叶毛蕊茶	1	1	1.0
山地林	2015	鸭公树	2	2	1.1
山地林	2015	隐穗苔草	2	2	1.0
山地林	2015	玉叶金花	1	2	1.0
山地林	2015	长囊苔草	1	2	5.0
山地林	2015	栀子	1	2	2.0
山地林	2015	中华复叶耳蕨	3	4	2.3

3.1.4　森林群落树种更新状况

3.1.4.1　概述

数据来源于鼎湖山站 2004—2016 年每年 1 次的调查数据，调查对象分为幼树（面积 5 m×5 m）和幼苗（面积 2 m×2 m），包括 6 个样地：季风林、松林、针阔Ⅰ号、针阔Ⅱ号、针阔Ⅲ号、山地林，其中山地林每 5 年调查 1 次。

3.1.4.2　数据采集和处理方法

野外调查中，幼树和幼苗的调查分别在灌木层与草本层调查样方中进行。幼树的调查目标为株高≥50 cm且未达乔木起测标准的乔、灌木；幼苗的调查目标为株高＜50 cm 的乔灌木幼苗。调查记录种类、株（丛）数、实生苗数量、萌生苗数量、平均高度、基径等。

3.1.4.3　数据质量控制和评估

采用历史数据参照、双人录入、专业人员检查、研究人员检验等方式控制质量。

3.1.4.4　数据价值、使用方法和建议

森林植物群落乔木层更新是以树木为主的生物种群在时间和空间上不断延续、发生和发展的生态学过程，是植物群落动态研究的主要内容之一。本部分数据为 2004—2016 年鼎湖山站主要样地乔木树种更新种类组成、数量等，从灌木、草本调查数据筛选而来，可为森林群落的结构动态、演替等研究提供参考。

3.1.4.5　数据

具体数据见表 3-5。

表 3-5　2004—2016 年 6 个样地乔木树种更新状况

样地	年份	种名	样方数	实生株数	萌生株数
季风林	2004	白楸	1	2	0
季风林	2004	柏拉木	2	4	0
季风林	2004	薄叶红厚壳	2	4	0
季风林	2004	笔罗子	1	0	1

（续）

样地	年份	种名	样方数	实生株数	萌生株数
季风林	2004	光叶红豆	1	2	0
季风林	2004	广东金叶子	1	2	0
季风林	2004	厚壳桂	1	3	0
季风林	2004	华润楠	2	2	0
季风林	2004	黄果厚壳桂	5	48	0
季风林	2004	黄叶树	1	2	0
季风林	2004	九节	2	5	0
季风林	2004	岭南山竹子	1	1	0
季风林	2004	轮叶木姜子	1	1	2
季风林	2004	罗伞树	1	3	0
季风林	2004	蒲桃	1	2	0
季风林	2004	日本粗叶木	1	1	0
季风林	2004	臀果木	2	2	0
季风林	2004	香楠	3	15	0
季风林	2004	云南银柴	2	12	1
季风林	2005	白颜树	1	1	0
季风林	2005	柏拉木	2	2	0
季风林	2005	谷木	4	5	0
季风林	2005	光叶红豆	1	1	0
季风林	2005	红枝蒲桃	1	1	0
季风林	2005	华润楠	1	1	0
季风林	2005	黄果厚壳桂	8	42	0
季风林	2005	九节	2	3	0
季风林	2005	亮叶猴耳环	1	1	0
季风林	2005	轮叶木姜子	1	2	0
季风林	2005	罗伞树	1	1	0
季风林	2005	爪哇脚骨脆	1	0	1
季风林	2005	山油柑	1	1	0
季风林	2005	臀果木	2	3	0
季风林	2005	香楠	6	13	0

（续）

样地	年份	种名	样方数	实生株数	萌生株数
季风林	2005	香皮树	1	1	0
季风林	2005	肖蒲桃	1	1	0
季风林	2005	锥	1	1	0
季风林	2006	柏拉木	7	14	0
季风林	2006	薄叶红厚壳	2	2	0
季风林	2006	笔罗子	1	1	0
季风林	2006	粗叶木	1	1	0
季风林	2006	鼎湖钓樟	1	1	0
季风林	2006	鹅掌柴	2	2	0
季风林	2006	谷木	6	10	0
季风林	2006	光叶红豆	4	4	0
季风林	2006	禾串树	1	1	0
季风林	2006	褐叶柄果木	1	1	0
季风林	2006	红枝蒲桃	2	7	0
季风林	2006	厚壳桂	2	2	0
季风林	2006	华润楠	1	1	0
季风林	2006	黄果厚壳桂	7	22	0
季风林	2006	黄叶树	2	3	0
季风林	2006	假苹婆	1	1	0
季风林	2006	九节	6	8	1
季风林	2006	亮叶猴耳环	1	1	0
季风林	2006	柳叶杜茎山	1	1	0
季风林	2006	罗伞树	4	7	0
季风林	2006	爪哇脚骨脆	1	1	0
季风林	2006	木荷	1	1	0
季风林	2006	臀果木	3	6	0
季风林	2006	香楠	8	49	0
季风林	2006	云南银柴	2	6	0
季风林	2007	白花灯笼	1	1	0
季风林	2007	柏拉木	7	17	0

（续）

样地	年份	种名	样方数	实生株数	萌生株数
季风林	2007	薄叶红厚壳	2	2	0
季风林	2007	变叶榕	1	1	0
季风林	2007	粗叶木	2	2	0
季风林	2007	谷木	1	1	0
季风林	2007	光叶红豆	2	3	0
季风林	2007	褐叶柄果木	1	1	0
季风林	2007	红枝蒲桃	5	5	0
季风林	2007	华杜英	1	1	0
季风林	2007	华润楠	4	5	0
季风林	2007	黄果厚壳桂	8	31	0
季风林	2007	黄叶树	2	2	0
季风林	2007	九丁榕	1	1	0
季风林	2007	九节	5	6	0
季风林	2007	亮叶猴耳环	1	1	0
季风林	2007	罗伞树	2	3	0
季风林	2007	毛菍	1	3	0
季风林	2007	木荷	1	1	0
季风林	2007	肉实树	1	1	0
季风林	2007	三桠苦	1	1	0
季风林	2007	山血丹	1	1	0
季风林	2007	臀果木	2	3	0
季风林	2007	香楠	10	48	0
季风林	2007	越南冬青	1	1	0
季风林	2007	云南银柴	3	3	0
季风林	2007	锥	1	1	0
季风林	2008	白背算盘子	1	1	0
季风林	2008	白花苦灯笼	2	2	0
季风林	2008	白楸	4	9	0
季风林	2008	白颜树	4	5	0
季风林	2008	柏拉木	12	215	0

（续）

样地	年份	种名	样方数	实生株数	萌生株数
季风林	2008	薄叶红厚壳	9	29	0
季风林	2008	笔罗子	3	2	1
季风林	2008	草珊瑚	1	2	0
季风林	2008	粗叶木	12	32	0
季风林	2008	大叶合欢	1	3	0
季风林	2008	鼎湖钓樟	2	2	0
季风林	2008	鼎湖血桐	5	127	0
季风林	2008	鹅掌柴	4	6	0
季风林	2008	橄榄	4	9	0
季风林	2008	狗骨柴	1	1	0
季风林	2008	谷木	8	13	0
季风林	2008	光叶红豆	7	26	2
季风林	2008	光叶山矾	1	0	1
季风林	2008	广东金叶子	2	1	1
季风林	2008	禾串树	1	4	0
季风林	2008	褐叶柄果木	9	27	0
季风林	2008	红枝蒲桃	9	31	0
季风林	2008	厚壳桂	3	3	0
季风林	2008	华润楠	6	15	0
季风林	2008	黄果厚壳桂	12	277	0
季风林	2008	黄毛榕	1	1	0
季风林	2008	黄叶树	8	28	0
季风林	2008	假苹婆	3	3	0
季风林	2008	假鱼骨木	2	5	0
季风林	2008	金叶树	1	1	0
季风林	2008	九节	13	59	0
季风林	2008	黧蒴锥	1	0	1
季风林	2008	岭南山竹子	2	12	0
季风林	2008	柳叶杜茎山	5	14	0
季风林	2008	轮苞血桐	2	4	0

（续）

样地	年份	种名	样方数	实生株数	萌生株数
季风林	2008	轮叶木姜子	5	18	0
季风林	2008	罗伞树	13	24	0
季风林	2008	毛果巴豆	1	1	0
季风林	2008	毛菍	1	1	0
季风林	2008	爪哇脚骨脆	1	1	0
季风林	2008	木荷	1	1	0
季风林	2008	肉实树	6	9	0
季风林	2008	软荚红豆	1	2	0
季风林	2008	三花冬青	1	1	0
季风林	2008	三桠苦	2	3	0
季风林	2008	山杜英	1	1	0
季风林	2008	山鸡椒	1	1	0
季风林	2008	山油柑	1	1	0
季风林	2008	疏花卫矛	2	6	0
季风林	2008	酸味子	3	3	0
季风林	2008	天料木	1	1	0
季风林	2008	土沉香	1	3	0
季风林	2008	臀果木	5	12	0
季风林	2008	乌材	2	3	0
季风林	2008	显脉杜英	2	2	0
季风林	2008	香楠	13	484	0
季风林	2008	肖蒲桃	3	5	0
季风林	2008	小盘木	1	1	0
季风林	2008	越南冬青	3	2	2
季风林	2008	云南银柴	9	21	0
季风林	2008	窄叶半枫荷	6	11	0
季风林	2008	猪肚木	1	1	0
季风林	2009	白花灯笼	1	1	0
季风林	2009	白花苦灯笼	1	1	0
季风林	2009	白楸	6	8	0

（续）

样地	年份	种名	样方数	实生株数	萌生株数
季风林	2009	白颜树	3	4	0
季风林	2009	柏拉木	13	139	14
季风林	2009	薄叶红厚壳	6	13	0
季风林	2009	笔罗子	1	1	0
季风林	2009	粗叶木	10	23	0
季风林	2009	滇粤山胡椒	1	1	0
季风林	2009	鼎湖血桐	4	49	14
季风林	2009	鹅掌柴	3	5	0
季风林	2009	二色波罗蜜	1	1	0
季风林	2009	橄榄	3	4	0
季风林	2009	谷木	4	13	0
季风林	2009	光叶红豆	6	10	2
季风林	2009	禾串树	2	2	0
季风林	2009	褐叶柄果木	5	13	0
季风林	2009	红枝蒲桃	7	18	0
季风林	2009	厚壳桂	4	13	0
季风林	2009	华润楠	10	23	1
季风林	2009	黄果厚壳桂	13	333	2
季风林	2009	黄叶树	6	13	0
季风林	2009	假苹婆	2	2	0
季风林	2009	金叶树	1	1	0
季风林	2009	九节	12	37	2
季风林	2009	黧蒴锥	1	1	0
季风林	2009	岭南山竹子	2	4	0
季风林	2009	柳叶杜茎山	6	8	0
季风林	2009	轮苞血桐	1	4	0
季风林	2009	罗伞树	7	10	0
季风林	2009	毛果算盘子	1	2	0
季风林	2009	毛菍	2	2	0
季风林	2009	木荷	2	2	0

（续）

样地	年份	种名	样方数	实生株数	萌生株数
季风林	2009	肉实树	2	2	0
季风林	2009	三桠苦	2	2	0
季风林	2009	山杜英	1	1	0
季风林	2009	疏花卫矛	1	1	0
季风林	2009	酸味子	1	2	0
季风林	2009	天料木	1	1	0
季风林	2009	土沉香	1	0	1
季风林	2009	臀果木	4	7	0
季风林	2009	乌材	1	1	0
季风林	2009	显脉杜英	1	1	0
季风林	2009	腺柄山矾	1	2	0
季风林	2009	香楠	13	345	0
季风林	2009	肖蒲桃	2	3	0
季风林	2009	锈叶新木姜子	8	20	1
季风林	2009	越南冬青	1	2	0
季风林	2009	云南银柴	7	15	0
季风林	2009	窄叶半枫荷	4	8	2
季风林	2009	子凌蒲桃	2	2	0
季风林	2010	白花灯笼	1	1	0
季风林	2010	白颜树	4	4	0
季风林	2010	柏拉木	21	178	3
季风林	2010	薄叶红厚壳	6	10	0
季风林	2010	笔罗子	3	3	0
季风林	2010	豺皮樟	1	1	0
季风林	2010	滇粤山胡椒	1	1	0
季风林	2010	鼎湖血桐	10	109	0
季风林	2010	橄榄	2	3	0
季风林	2010	谷木	5	8	0
季风林	2010	光叶红豆	10	21	1
季风林	2010	禾串树	1	1	0

（续）

样地	年份	种名	样方数	实生株数	萌生株数
季风林	2010	褐叶柄果木	7	10	0
季风林	2010	红背山麻杆	1	3	0
季风林	2010	红枝蒲桃	6	12	0
季风林	2010	厚壳桂	3	3	0
季风林	2010	华润楠	2	2	0
季风林	2010	黄果厚壳桂	20	115	0
季风林	2010	黄叶树	8	12	0
季风林	2010	九节	12	20	0
季风林	2010	亮叶猴耳环	1	2	0
季风林	2010	岭南山竹子	4	8	0
季风林	2010	柳叶杜茎山	4	5	0
季风林	2010	龙船花	1	1	0
季风林	2010	罗浮粗叶木	8	13	1
季风林	2010	罗伞树	11	19	0
季风林	2010	毛菍	1	1	0
季风林	2010	爪哇脚骨脆	2	2	0
季风林	2010	肉实树	1	1	0
季风林	2010	三桠苦	1	1	0
季风林	2010	山血丹	2	2	0
季风林	2010	韶子	1	1	0
季风林	2010	天料木	1	2	0
季风林	2010	土沉香	1	0	1
季风林	2010	臀果木	3	4	0
季风林	2010	乌材	1	1	0
季风林	2010	腺叶桂樱	1	1	0
季风林	2010	香楠	22	252	0
季风林	2010	肖蒲桃	5	23	0
季风林	2010	小盘木	1	1	0
季风林	2010	锈叶新木姜子	7	9	0
季风林	2010	越南冬青	1	1	0

（续）

样地	年份	种名	样方数	实生株数	萌生株数
季风林	2010	越南紫金牛	4	8	0
季风林	2010	云南银柴	4	4	0
季风林	2010	窄叶半枫荷	2	2	0
季风林	2010	猪肚木	1	2	0
季风林	2010	子凌蒲桃	3	4	0
季风林	2011	白花苦灯笼	1	1	0
季风林	2011	白楸	5	7	0
季风林	2011	白颜树	3	3	0
季风林	2011	柏拉木	12	250	117
季风林	2011	薄叶红厚壳	7	13	0
季风林	2011	笔罗子	4	2	1
季风林	2011	变叶榕	1	1	0
季风林	2011	粗叶木	9	28	1
季风林	2011	鼎湖血桐	5	95	3
季风林	2011	鹅掌柴	4	3	1
季风林	2011	二色波罗蜜	1	1	0
季风林	2011	橄榄	2	6	1
季风林	2011	谷木	7	19	0
季风林	2011	光叶红豆	8	26	1
季风林	2011	禾串树	3	2	1
季风林	2011	褐叶柄果木	5	13	1
季风林	2011	红枝蒲桃	8	26	1
季风林	2011	厚壳桂	5	13	2
季风林	2011	华润楠	8	14	0
季风林	2011	黄果厚壳桂	12	288	3
季风林	2011	黄毛榕	1	3	0
季风林	2011	黄杞	1	1	0
季风林	2011	黄叶树	7	19	4
季风林	2011	假苹婆	2	3	0
季风林	2011	金叶树	1	0	1

（续）

样地	年份	种名	样方数	实生株数	萌生株数
季风林	2011	九节	11	37	3
季风林	2011	岭南山竹子	2	10	0
季风林	2011	柳叶杜茎山	4	9	0
季风林	2011	轮苞血桐	1	7	0
季风林	2011	轮叶木姜子	1	0	3
季风林	2011	罗伞树	12	22	2
季风林	2011	毛果巴豆	1	1	0
季风林	2011	毛果算盘子	1	1	0
季风林	2011	爪哇脚骨脆	1	1	0
季风林	2011	木荷	3	3	0
季风林	2011	肉实树	4	4	0
季风林	2011	三桠苦	1	2	0
季风林	2011	山血丹	3	3	0
季风林	2011	疏花卫矛	1	1	0
季风林	2011	酸味子	3	3	0
季风林	2011	天料木	1	2	0
季风林	2011	土沉香	1	1	0
季风林	2011	臀果木	6	13	0
季风林	2011	乌材	1	0	1
季风林	2011	显脉杜英	3	2	0
季风林	2011	腺柄山矾	1	2	0
季风林	2011	腺叶桂樱	1	1	0
季风林	2011	香楠	13	374	3
季风林	2011	肖蒲桃	6	8	2
季风林	2011	小盘木	1	1	0
季风林	2011	锈叶新木姜子	8	27	0
季风林	2011	越南冬青	1	0	1
季风林	2011	云南银柴	9	25	0
季风林	2011	窄叶半枫荷	3	13	2
季风林	2011	竹节树	2	2	0

（续）

样地	年份	种名	样方数	实生株数	萌生株数
季风林	2011	子凌蒲桃	2	3	0
季风林	2012	白花灯笼	1	1	0
季风林	2012	白花苦灯笼	1	1	0
季风林	2012	白楸	3	18	0
季风林	2012	白颜树	4	5	0
季风林	2012	柏拉木	12	237	7
季风林	2012	薄叶红厚壳	7	14	0
季风林	2012	笔罗子	4	3	1
季风林	2012	变叶榕	1	1	0
季风林	2012	草珊瑚	1	1	0
季风林	2012	粗叶木	10	42	2
季风林	2012	鼎湖钓樟	2	2	3
季风林	2012	鼎湖血桐	5	102	5
季风林	2012	鹅掌柴	5	6	0
季风林	2012	二色波罗蜜	1	1	0
季风林	2012	橄榄	4	12	1
季风林	2012	谷木	8	20	0
季风林	2012	光叶红豆	8	29	1
季风林	2012	广东金叶子	1	1	0
季风林	2012	禾串树	1	1	0
季风林	2012	褐叶柄果木	7	18	0
季风林	2012	红背山麻杆	1	1	0
季风林	2012	红枝蒲桃	11	32	1
季风林	2012	厚壳桂	5	12	0
季风林	2012	华润楠	7	14	0
季风林	2012	黄果厚壳桂	12	316	1
季风林	2012	黄叶树	7	19	2
季风林	2012	九节	10	41	1
季风林	2012	黧蒴锥	1	0	1
季风林	2012	岭南山竹子	3	7	0

（续）

样地	年份	种名	样方数	实生株数	萌生株数
季风林	2012	柳叶杜茎山	6	14	0
季风林	2012	轮苞血桐	1	6	0
季风林	2012	轮叶木姜子	2	1	3
季风林	2012	罗伞树	12	23	4
季风林	2012	毛茎	2	3	0
季风林	2012	爪哇脚骨脆	1	1	0
季风林	2012	木荷	3	3	0
季风林	2012	肉实树	6	14	0
季风林	2012	三桠苦	1	1	0
季风林	2012	山乌桕	2	2	0
季风林	2012	疏花卫矛	2	3	0
季风林	2012	酸味子	2	2	0
季风林	2012	天料木	1	2	0
季风林	2012	土沉香	1	1	0
季风林	2012	臀果木	7	12	0
季风林	2012	乌材	2	2	0
季风林	2012	狭叶山黄麻	1	1	0
季风林	2012	显脉杜英	3	2	1
季风林	2012	腺柄山矾	2	1	0
季风林	2012	香楠	13	487	1
季风林	2012	肖蒲桃	5	9	1
季风林	2012	小盘木	2	2	0
季风林	2012	锈叶新木姜子	8	24	0
季风林	2012	鱼尾葵	3	3	0
季风林	2012	越南冬青	1	0	1
季风林	2012	云南银柴	5	10	0
季风林	2012	窄叶半枫荷	5	12	2
季风林	2012	栀子	1	1	0
季风林	2012	猪肚木	1	0	2
季风林	2012	竹节树	1	1	0

（续）

样地	年份	种名	样方数	实生株数	萌生株数
季风林	2012	子凌蒲桃	1	1	1
季风林	2013	白花苦灯笼	2	2	0
季风林	2013	白楸	3	10	0
季风林	2013	白颜树	4	6	0
季风林	2013	柏拉木	12	215	4
季风林	2013	薄叶红厚壳	8	16	0
季风林	2013	笔罗子	2	2	0
季风林	2013	粗叶木	9	34	0
季风林	2013	鼎湖钓樟	1	1	0
季风林	2013	鼎湖血桐	5	91	1
季风林	2013	鹅掌柴	4	4	0
季风林	2013	二色波罗蜜	1	1	0
季风林	2013	橄榄	4	11	0
季风林	2013	谷木	9	18	1
季风林	2013	光叶红豆	7	25	0
季风林	2013	禾串树	1	1	0
季风林	2013	褐叶柄果木	7	16	1
季风林	2013	红枝蒲桃	10	26	1
季风林	2013	厚壳桂	6	15	0
季风林	2013	华润楠	7	18	0
季风林	2013	黄果厚壳桂	12	310	0
季风林	2013	黄叶树	5	20	0
季风林	2013	假苹婆	2	2	0
季风林	2013	金叶树	1	0	1
季风林	2013	九节	9	28	1
季风林	2013	黧蒴锥	1	1	0
季风林	2013	岭南山竹子	3	11	0
季风林	2013	柳叶杜茎山	6	7	0
季风林	2013	罗伞树	9	21	0
季风林	2013	毛果算盘子	1	1	0

（续）

样地	年份	种名	样方数	实生株数	萌生株数
季风林	2013	毛荛	2	4	0
季风林	2013	爪哇脚骨脆	1	1	0
季风林	2013	木荷	2	1	0
季风林	2013	肉实树	5	8	0
季风林	2013	三桠苦	1	1	0
季风林	2013	山乌桕	1	1	0
季风林	2013	山血丹	2	3	0
季风林	2013	疏花卫矛	2	2	0
季风林	2013	酸味子	3	2	0
季风林	2013	土沉香	1	1	1
季风林	2013	臀果木	6	10	0
季风林	2013	乌材	3	3	0
季风林	2013	显脉杜英	2	2	0
季风林	2013	香楠	13	453	1
季风林	2013	肖蒲桃	4	9	0
季风林	2013	锈叶新木姜子	6	16	0
季风林	2013	鱼尾葵	2	3	0
季风林	2013	越南冬青	1	1	0
季风林	2013	云南银柴	3	3	0
季风林	2013	窄叶半枫荷	5	14	0
季风林	2013	栀子	1	1	0
季风林	2013	竹节树	1	1	0
季风林	2013	子凌蒲桃	1	1	0
季风林	2014	白花苦灯笼	3	3	0
季风林	2014	白楸	2	4	0
季风林	2014	白颜树	3	6	0
季风林	2014	柏拉木	12	302	0
季风林	2014	薄叶红厚壳	7	11	0
季风林	2014	笔罗子	2	2	1
季风林	2014	粗叶木	11	47	0

（续）

样地	年份	种名	样方数	实生株数	萌生株数
季风林	2014	鼎湖血桐	5	128	0
季风林	2014	鹅掌柴	4	3	1
季风林	2014	二色波罗蜜	1	1	0
季风林	2014	橄榄	4	14	0
季风林	2014	谷木	7	14	0
季风林	2014	光叶红豆	8	33	1
季风林	2014	禾串树	3	3	0
季风林	2014	褐叶柄果木	7	15	1
季风林	2014	红枝蒲桃	9	31	0
季风林	2014	厚壳桂	6	14	0
季风林	2014	华润楠	5	8	0
季风林	2014	黄果厚壳桂	11	237	0
季风林	2014	黄毛榕	1	1	0
季风林	2014	黄叶树	5	20	1
季风林	2014	假苹婆	2	2	0
季风林	2014	金叶树	1	1	0
季风林	2014	九节	10	31	2
季风林	2014	黧蒴锥	1	1	0
季风林	2014	岭南山竹子	3	13	0
季风林	2014	柳叶杜茎山	5	11	0
季风林	2014	轮苞血桐	1	5	0
季风林	2014	轮叶木姜子	1	1	0
季风林	2014	罗伞树	12	32	0
季风林	2014	毛果巴豆	1	1	0
季风林	2014	毛果算盘子	2	1	1
季风林	2014	毛菍	2	2	0
季风林	2014	木荷	3	3	0
季风林	2014	肉实树	6	11	1
季风林	2014	软荚红豆	1	1	0
季风林	2014	三桠苦	1	1	0

（续）

样地	年份	种名	样方数	实生株数	萌生株数
季风林	2014	山血丹	1	1	0
季风林	2014	疏花卫矛	2	2	0
季风林	2014	酸味子	2	3	0
季风林	2014	天料木	1	2	0
季风林	2014	土沉香	1	0	1
季风林	2014	臀果木	6	13	0
季风林	2014	乌材	2	3	0
季风林	2014	显脉杜英	1	1	0
季风林	2014	香楠	13	526	0
季风林	2014	肖蒲桃	5	7	0
季风林	2014	小盘木	1	1	0
季风林	2014	锈叶新木姜子	10	28	0
季风林	2014	鱼尾葵	4	5	0
季风林	2014	云南银柴	5	5	0
季风林	2014	窄叶半枫荷	4	20	0
季风林	2014	栀子	1	1	0
季风林	2014	猪肚木	1	1	0
季风林	2014	竹节树	1	1	1
季风林	2015	白楸	1	2	0
季风林	2015	白颜树	2	2	0
季风林	2015	柏拉木	22	139	8
季风林	2015	薄叶红厚壳	2	2	0
季风林	2015	笔罗子	1	1	0
季风林	2015	粗叶木	4	9	0
季风林	2015	鼎湖血桐	11	84	0
季风林	2015	二色波罗蜜	1	1	0
季风林	2015	谷木	6	41	0
季风林	2015	光叶红豆	5	10	0
季风林	2015	禾串树	1	1	0
季风林	2015	褐叶柄果木	4	4	0

（续）

样地	年份	种名	样方数	实生株数	萌生株数
季风林	2015	红枝蒲桃	10	11	0
季风林	2015	厚壳桂	1	2	0
季风林	2015	华润楠	4	6	0
季风林	2015	黄果厚壳桂	21	150	0
季风林	2015	黄叶树	4	9	0
季风林	2015	九节	13	22	1
季风林	2015	岭南山竹子	4	4	0
季风林	2015	柳叶杜茎山	3	4	0
季风林	2015	罗伞树	11	23	1
季风林	2015	毛菍	1	1	0
季风林	2015	肉实树	1	1	0
季风林	2015	三花冬青	1	1	0
季风林	2015	疏花卫矛	1	1	0
季风林	2015	臀果木	5	5	0
季风林	2015	细轴荛花	1	1	0
季风林	2015	香楠	25	240	0
季风林	2015	肖蒲桃	4	6	0
季风林	2015	小盘木	1	1	0
季风林	2015	小叶五月茶	1	1	0
季风林	2015	锈叶新木姜子	5	6	0
季风林	2015	银柴	1	1	0
季风林	2015	鱼尾葵	2	4	0
季风林	2015	云南银柴	9	50	0
季风林	2015	窄叶半枫荷	3	3	0
季风林	2015	猪肚木	1	1	0
季风林	2015	子凌蒲桃	1	1	0
季风林	2016	白颜树	4	5	0
季风林	2016	柏拉木	23	141	13
季风林	2016	薄叶红厚壳	1	1	0
季风林	2016	笔罗子	3	3	0

（续）

样地	年份	种名	样方数	实生株数	萌生株数
季风林	2016	粗叶木	9	17	0
季风林	2016	鼎湖血桐	10	75	17
季风林	2016	鹅掌柴	1	1	0
季风林	2016	二色波罗蜜	1	1	0
季风林	2016	橄榄	1	1	0
季风林	2016	谷木	7	19	0
季风林	2016	光叶红豆	10	21	1
季风林	2016	禾串树	1	1	0
季风林	2016	褐叶柄果木	5	18	0
季风林	2016	红背山麻杆	1	2	0
季风林	2016	红枝蒲桃	10	13	0
季风林	2016	厚壳桂	3	4	0
季风林	2016	华润楠	1	2	0
季风林	2016	黄果厚壳桂	21	132	1
季风林	2016	黄杞	1	1	0
季风林	2016	黄叶树	9	12	1
季风林	2016	假苹婆	1	1	0
季风林	2016	九节	13	30	1
季风林	2016	亮叶猴耳环	1	3	0
季风林	2016	岭南山竹子	6	8	0
季风林	2016	柳叶杜茎山	5	7	0
季风林	2016	罗浮粗叶木	1	1	0
季风林	2016	罗伞树	16	32	1
季风林	2016	南山茶	1	1	0
季风林	2016	绒毛润楠	1	1	0
季风林	2016	肉实树	1	1	0
季风林	2016	疏花卫矛	1	1	0
季风林	2016	水同木	1	1	0
季风林	2016	臀果木	8	8	0
季风林	2016	乌材	1	1	0

（续）

样地	年份	种名	样方数	实生株数	萌生株数
季风林	2016	五月茶	1	1	0
季风林	2016	细轴荛花	3	3	0
季风林	2016	香楠	25	369	0
季风林	2016	肖蒲桃	6	16	0
季风林	2016	锈叶新木姜子	7	13	0
季风林	2016	鱼尾葵	1	4	0
季风林	2016	越南冬青	1	0	1
季风林	2016	越南紫金牛	1	2	0
季风林	2016	云南银柴	9	18	0
季风林	2016	窄叶半枫荷	3	7	0
季风林	2016	猪肚木	2	2	0
季风林	2016	锥	2	2	0
季风林	2016	子凌蒲桃	2	2	0
松林	2004	白花灯笼	2	4	0
松林	2004	豺皮樟	1	1	1
松林	2004	龙船花	3	7	0
松林	2004	木荷	1	1	0
松林	2004	三桠苦	3	10	0
松林	2004	桃金娘	4	7	0
松林	2005	白花灯笼	7	12	0
松林	2005	白楸	4	10	0
松林	2005	豺皮樟	2	3	0
松林	2005	黄牛木	1	1	0
松林	2005	九节	2	4	0
松林	2005	龙船花	2	8	0
松林	2005	毛果算盘子	4	6	0
松林	2005	米碎花	1	1	0
松林	2005	三桠苦	8	22	2
松林	2005	桃金娘	6	7	3
松林	2005	野牡丹	2	5	0

（续）

样地	年份	种名	样方数	实生株数	萌生株数
松林	2005	野漆	3	3	0
松林	2005	栀子	1	4	0
松林	2006	白背叶	2	3	0
松林	2006	白花灯笼	7	18	3
松林	2006	白楸	6	6	1
松林	2006	变叶榕	2	2	1
松林	2006	豺皮樟	4	9	0
松林	2006	粗叶榕	3	4	0
松林	2006	黄牛木	2	2	0
松林	2006	九节	3	4	0
松林	2006	龙船花	2	14	0
松林	2006	毛果算盘子	1	3	0
松林	2006	毛菍	2	2	0
松林	2006	三桠苦	8	25	2
松林	2006	山鸡椒	3	4	0
松林	2006	石斑木	2	9	0
松林	2006	桃金娘	4	5	0
松林	2006	野牡丹	2	3	0
松林	2006	野漆	1	0	1
松林	2006	银柴	1	1	0
松林	2007	白花灯笼	9	23	0
松林	2007	白楸	2	2	0
松林	2007	变叶榕	2	2	0
松林	2007	豺皮樟	3	4	0
松林	2007	粗叶榕	2	2	0
松林	2007	地桃花	1	1	0
松林	2007	黄牛木	4	5	0
松林	2007	九节	4	4	0
松林	2007	了哥王	1	1	0
松林	2007	龙船花	4	4	0

（续）

样地	年份	种名	样方数	实生株数	萌生株数
松林	2007	马缨丹	1	1	0
松林	2007	毛果算盘子	2	4	0
松林	2007	米碎花	1	1	0
松林	2007	三桠苦	9	21	0
松林	2007	山黄麻	1	1	0
松林	2007	山鸡椒	1	1	0
松林	2007	山乌桕	1	1	0
松林	2007	石斑木	1	1	0
松林	2007	桃金娘	5	6	0
松林	2007	野牡丹	3	4	0
松林	2007	野漆	3	3	0
松林	2007	栀子	2	2	0
松林	2008	白花灯笼	6	98	0
松林	2008	白楸	4	14	0
松林	2008	变叶榕	5	13	1
松林	2008	豺皮樟	4	17	0
松林	2008	秤星树	2	2	0
松林	2008	粗叶榕	5	18	0
松林	2008	地桃花	1	1	0
松林	2008	鹅掌柴	2	2	0
松林	2008	黄牛木	3	8	2
松林	2008	九节	5	16	0
松林	2008	龙船花	5	40	0
松林	2008	毛果算盘子	3	8	0
松林	2008	毛菍	1	1	0
松林	2008	米碎花	1	2	0
松林	2008	三桠苦	6	111	0
松林	2008	山鸡椒	2	2	0
松林	2008	山乌桕	1	1	0
松林	2008	石斑木	4	15	1

（续）

样地	年份	种名	样方数	实生株数	萌生株数
松林	2008	桃金娘	5	18	1
松林	2008	野牡丹	3	9	0
松林	2008	野漆	3	4	0
松林	2008	银柴	1	2	0
松林	2008	樟	1	1	0
松林	2008	栀子	4	6	1
松林	2009	白花灯笼	6	81	0
松林	2009	白楸	6	13	0
松林	2009	变叶榕	3	11	0
松林	2009	豺皮樟	4	12	1
松林	2009	粗叶榕	4	10	0
松林	2009	鹅掌柴	1	1	0
松林	2009	红背山麻杆	1	10	0
松林	2009	黄牛木	2	3	1
松林	2009	九节	4	20	0
松林	2009	龙船花	5	32	0
松林	2009	毛果算盘子	3	9	0
松林	2009	毛菍	1	1	0
松林	2009	米碎花	1	1	0
松林	2009	三桠苦	6	54	0
松林	2009	山鸡椒	1	1	0
松林	2009	石斑木	4	7	0
松林	2009	桃金娘	3	10	0
松林	2009	野牡丹	4	7	0
松林	2009	野漆	3	6	0
松林	2009	银柴	1	2	0
松林	2009	樟	2	2	0
松林	2009	栀子	5	9	0
松林	2010	白花灯笼	10	55	0
松林	2010	白楸	7	15	1

（续）

样地	年份	种名	样方数	实生株数	萌生株数
松林	2010	变叶榕	8	18	0
松林	2010	豺皮樟	5	9	0
松林	2010	潺槁木姜子	2	2	0
松林	2010	粗叶榕	6	12	0
松林	2010	鹅掌柴	1	1	0
松林	2010	梵天花	1	3	0
松林	2010	九节	8	19	0
松林	2010	龙船花	6	14	0
松林	2010	毛冬青	1	1	0
松林	2010	毛果算盘子	3	5	1
松林	2010	毛菍	3	4	0
松林	2010	米碎花	2	3	0
松林	2010	三椏苦	10	59	0
松林	2010	石斑木	3	13	0
松林	2010	桃金娘	5	10	0
松林	2010	野牡丹	3	4	0
松林	2010	野漆	6	9	2
松林	2010	银柴	1	1	0
松林	2010	栀子	4	5	0
松林	2011	白花灯笼	6	73	0
松林	2011	白楸	4	11	0
松林	2011	变叶榕	6	26	11
松林	2011	豺皮樟	5	29	18
松林	2011	秤星树	1	0	1
松林	2011	粗叶榕	4	14	0
松林	2011	红背山麻杆	2	14	0
松林	2011	黄牛木	3	6	4
松林	2011	九节	4	15	14
松林	2011	龙船花	5	52	0
松林	2011	毛果算盘子	4	9	0

（续）

样地	年份	种名	样方数	实生株数	萌生株数
松林	2011	毛茎	1	2	0
松林	2011	米碎花	1	1	0
松林	2011	三桠苦	6	43	4
松林	2011	山鸡椒	1	1	0
松林	2011	石斑木	4	11	1
松林	2011	桃金娘	3	17	0
松林	2011	野牡丹	1	14	0
松林	2011	野漆	3	7	0
松林	2011	银柴	1	2	0
松林	2011	云南银柴	1	0	1
松林	2011	樟	2	2	0
松林	2011	栀子	4	14	7
松林	2012	白花灯笼	6	101	0
松林	2012	白楸	3	7	0
松林	2012	变叶榕	6	20	0
松林	2012	豺皮樟	4	15	0
松林	2012	潺槁木姜子	2	2	0
松林	2012	秤星树	1	0	1
松林	2012	粗叶榕	4	5	0
松林	2012	红背山麻杆	1	11	0
松林	2012	黄牛木	3	5	1
松林	2012	九节	5	29	0
松林	2012	龙船花	4	70	0
松林	2012	毛果算盘子	3	8	0
松林	2012	毛茎	2	2	0
松林	2012	三桠苦	6	32	0
松林	2012	山鸡椒	1	1	0
松林	2012	石斑木	3	4	0
松林	2012	桃金娘	3	8	0
松林	2012	土蜜树	1	1	0

（续）

样地	年份	种名	样方数	实生株数	萌生株数
松林	2012	野牡丹	1	6	0
松林	2012	野漆	2	4	1
松林	2012	银柴	1	1	0
松林	2012	樟	1	1	0
松林	2012	栀子	3	4	0
松林	2013	白花灯笼	6	100	0
松林	2013	白楸	3	11	0
松林	2013	变叶榕	5	16	0
松林	2013	豺皮樟	4	8	0
松林	2013	潺槁木姜子	2	3	0
松林	2013	秤星树	1	0	1
松林	2013	粗叶榕	3	6	0
松林	2013	鹅掌柴	4	8	0
松林	2013	红背山麻杆	2	36	0
松林	2013	黄牛木	3	4	0
松林	2013	九节	6	30	0
松林	2013	龙船花	5	45	0
松林	2013	毛果算盘子	3	8	1
松林	2013	毛菍	2	3	0
松林	2013	三桠苦	6	36	0
松林	2013	山鸡椒	3	9	0
松林	2013	山乌桕	3	3	0
松林	2013	石斑木	1	1	0
松林	2013	桃金娘	2	2	0
松林	2013	土蜜树	1	1	0
松林	2013	狭叶山黄麻	1	1	0
松林	2013	野牡丹	2	9	0
松林	2013	野漆	1	4	0
松林	2013	银柴	2	3	0
松林	2013	樟	1	1	0

（续）

样地	年份	种名	样方数	实生株数	萌生株数
松林	2013	栀子	3	6	0
松林	2014	白花灯笼	6	135	0
松林	2014	白楸	6	19	0
松林	2014	变叶榕	6	18	3
松林	2014	豺皮樟	4	15	0
松林	2014	潺槁木姜子	2	3	0
松林	2014	秤星树	1	1	0
松林	2014	粗叶榕	4	9	1
松林	2014	鹅掌柴	3	7	0
松林	2014	红背山麻杆	2	51	0
松林	2014	黄牛木	2	3	1
松林	2014	九节	6	32	0
松林	2014	龙船花	5	42	0
松林	2014	毛果算盘子	3	10	0
松林	2014	毛菍	2	5	0
松林	2014	三桠苦	6	70	1
松林	2014	山鸡椒	5	15	0
松林	2014	山乌桕	3	3	0
松林	2014	石斑木	2	2	0
松林	2014	桃金娘	3	3	0
松林	2014	土蜜树	1	1	0
松林	2014	狭叶山黄麻	1	1	0
松林	2014	野牡丹	3	12	0
松林	2014	野漆	4	6	0
松林	2014	银柴	2	3	0
松林	2014	樟	3	3	0
松林	2014	栀子	3	5	0
松林	2015	白花灯笼	9	35	0
松林	2015	白楸	4	14	0
松林	2015	变叶榕	6	15	0

（续）

样地	年份	种名	样方数	实生株数	萌生株数
松林	2015	豺皮樟	3	6	0
松林	2015	潺槁木姜子	2	2	0
松林	2015	秤星树	1	1	0
松林	2015	粗叶榕	5	14	0
松林	2015	鹅掌柴	1	1	0
松林	2015	九节	5	19	0
松林	2015	龙船花	5	21	0
松林	2015	毛果算盘子	3	8	0
松林	2015	毛荵	1	2	0
松林	2015	米碎花	1	3	0
松林	2015	三椏苦	9	39	0
松林	2015	山鸡椒	3	3	0
松林	2015	山乌桕	1	1	0
松林	2015	桃金娘	3	3	0
松林	2015	香楠	1	1	0
松林	2015	野牡丹	2	4	0
松林	2015	野漆	5	6	0
松林	2015	栀子	1	1	0
松林	2016	白花灯笼	9	58	0
松林	2016	白楸	6	14	0
松林	2016	变叶榕	6	10	2
松林	2016	豺皮樟	5	13	0
松林	2016	潺槁木姜子	2	3	0
松林	2016	秤星树	1	1	0
松林	2016	粗叶榕	7	21	0
松林	2016	鹅掌柴	2	3	0
松林	2016	黄果厚壳桂	1	1	0
松林	2016	九节	6	21	2
松林	2016	龙船花	4	13	0
松林	2016	毛冬青	1	1	0

（续）

样地	年份	种名	样方数	实生株数	萌生株数
松林	2016	毛果算盘子	3	9	0
松林	2016	毛菍	3	12	0
松林	2016	米碎花	2	3	0
松林	2016	三極苦	9	66	0
松林	2016	山鸡椒	3	6	0
松林	2016	山血丹	1	1	0
松林	2016	桃金娘	3	5	0
松林	2016	狭叶山黄麻	1	1	0
松林	2016	香楠	1	2	0
松林	2016	锈叶新木姜子	1	1	0
松林	2016	野牡丹	3	7	0
松林	2016	野漆	5	5	0
松林	2016	樟	1	1	0
松林	2016	栀子	1	2	0
松林	2016	锥	2	4	0
针阔Ⅰ号	2004	豺皮樟	1	1	0
针阔Ⅰ号	2004	黄果厚壳桂	2	3	0
针阔Ⅰ号	2004	假鹰爪	1	1	0
针阔Ⅰ号	2004	罗伞树	3	4	0
针阔Ⅰ号	2004	木荷	1	1	0
针阔Ⅰ号	2004	山血丹	3	3	0
针阔Ⅰ号	2009	白楸	1	1	0
针阔Ⅰ号	2009	薄叶红厚壳	2	3	0
针阔Ⅰ号	2009	变叶榕	1	1	0
针阔Ⅰ号	2009	豺皮樟	1	2	0
针阔Ⅰ号	2009	短序润楠	1	0	1
针阔Ⅰ号	2009	凤凰润楠	1	1	0
针阔Ⅰ号	2009	广东金叶子	1	1	0
针阔Ⅰ号	2009	广东润楠	2	2	0
针阔Ⅰ号	2009	红枝蒲桃	1	1	0

（续）

样地	年份	种名	样方数	实生株数	萌生株数
针阔Ⅰ号	2009	黄果厚壳桂	6	114	3
针阔Ⅰ号	2009	九节	4	9	1
针阔Ⅰ号	2009	黧蒴锥	5	55	16
针阔Ⅰ号	2009	岭南山竹子	2	2	1
针阔Ⅰ号	2009	柳叶杜茎山	1	2	0
针阔Ⅰ号	2009	龙船花	4	9	0
针阔Ⅰ号	2009	罗浮柿	4	5	2
针阔Ⅰ号	2009	罗伞树	6	62	10
针阔Ⅰ号	2009	木荷	1	1	0
针阔Ⅰ号	2009	破布叶	1	1	0
针阔Ⅰ号	2009	绒毛润楠	2	2	0
针阔Ⅰ号	2009	山血丹	5	26	2
针阔Ⅰ号	2009	细轴荛花	1	1	0
针阔Ⅰ号	2009	银柴	1	1	0
针阔Ⅰ号	2009	锥	5	5	8
针阔Ⅰ号	2010	薄叶红厚壳	3	4	0
针阔Ⅰ号	2010	草珊瑚	1	1	0
针阔Ⅰ号	2010	红枝蒲桃	1	1	0
针阔Ⅰ号	2010	黄果厚壳桂	9	66	22
针阔Ⅰ号	2010	灰白新木姜子	1	1	0
针阔Ⅰ号	2010	九节	2	2	0
针阔Ⅰ号	2010	黧蒴锥	4	23	12
针阔Ⅰ号	2010	岭南山竹子	2	2	0
针阔Ⅰ号	2010	柳叶杜茎山	1	2	8
针阔Ⅰ号	2010	龙船花	3	6	0
针阔Ⅰ号	2010	罗伞树	9	58	3
针阔Ⅰ号	2010	山血丹	8	26	0
针阔Ⅰ号	2010	细轴荛花	1	1	0
针阔Ⅰ号	2010	锥	3	8	0
针阔Ⅰ号	2011	白楸	1	1	0

（续）

样地	年份	种名	样方数	实生株数	萌生株数
针阔Ⅰ号	2011	薄叶红厚壳	1	2	0
针阔Ⅰ号	2011	变叶榕	2	2	0
针阔Ⅰ号	2011	豺皮樟	1	1	0
针阔Ⅰ号	2011	短序润楠	1	0	1
针阔Ⅰ号	2011	凤凰润楠	1	2	0
针阔Ⅰ号	2011	广东金叶子	1	1	1
针阔Ⅰ号	2011	广东润楠	1	1	0
针阔Ⅰ号	2011	红枝蒲桃	1	1	0
针阔Ⅰ号	2011	黄果厚壳桂	6	113	10
针阔Ⅰ号	2011	黄牛木	1	1	0
针阔Ⅰ号	2011	黄心树	2	2	0
针阔Ⅰ号	2011	九节	5	8	3
针阔Ⅰ号	2011	黧蒴锥	5	65	19
针阔Ⅰ号	2011	岭南山竹子	2	3	0
针阔Ⅰ号	2011	柳叶杜茎山	1	5	0
针阔Ⅰ号	2011	龙船花	6	12	0
针阔Ⅰ号	2011	罗浮柿	4	9	1
针阔Ⅰ号	2011	罗伞树	6	85	22
针阔Ⅰ号	2011	破布叶	1	1	0
针阔Ⅰ号	2011	绒毛润楠	1	1	0
针阔Ⅰ号	2011	山血丹	5	24	0
针阔Ⅰ号	2011	细轴荛花	1	2	0
针阔Ⅰ号	2011	香楠	1	1	0
针阔Ⅰ号	2011	锈叶新木姜子	1	1	0
针阔Ⅰ号	2011	银柴	1	1	0
针阔Ⅰ号	2011	锥	4	3	7
针阔Ⅰ号	2012	薄叶红厚壳	1	1	0
针阔Ⅰ号	2012	草珊瑚	1	1	0
针阔Ⅰ号	2012	粗叶榕	1	1	0
针阔Ⅰ号	2012	短序润楠	1	0	1

（续）

样地	年份	种名	样方数	实生株数	萌生株数
针阔Ⅰ号	2012	凤凰润楠	1	1	0
针阔Ⅰ号	2012	橄榄	1	1	0
针阔Ⅰ号	2012	广东金叶子	1	1	0
针阔Ⅰ号	2012	红枝蒲桃	1	1	0
针阔Ⅰ号	2012	黄果厚壳桂	6	149	0
针阔Ⅰ号	2012	黄心树	2	2	0
针阔Ⅰ号	2012	九节	5	14	0
针阔Ⅰ号	2012	黧蒴锥	5	57	1
针阔Ⅰ号	2012	岭南山竹子	2	1	1
针阔Ⅰ号	2012	柳叶杜茎山	1	1	0
针阔Ⅰ号	2012	龙船花	5	13	0
针阔Ⅰ号	2012	罗浮柿	3	9	0
针阔Ⅰ号	2012	罗伞树	6	89	1
针阔Ⅰ号	2012	破布叶	1	1	0
针阔Ⅰ号	2012	绒毛润楠	1	1	0
针阔Ⅰ号	2012	山血丹	6	43	0
针阔Ⅰ号	2012	细轴荛花	2	2	0
针阔Ⅰ号	2012	香楠	1	1	0
针阔Ⅰ号	2012	锈叶新木姜子	1	1	0
针阔Ⅰ号	2012	银柴	1	1	0
针阔Ⅰ号	2012	锥	1	1	0
针阔Ⅰ号	2013	薄叶红厚壳	1	1	0
针阔Ⅰ号	2013	变叶榕	1	1	0
针阔Ⅰ号	2013	草珊瑚	1	1	0
针阔Ⅰ号	2013	粗叶榕	1	1	0
针阔Ⅰ号	2013	短序润楠	1	0	1
针阔Ⅰ号	2013	橄榄	1	1	0
针阔Ⅰ号	2013	广东金叶子	1	1	0
针阔Ⅰ号	2013	华润楠	2	2	0
针阔Ⅰ号	2013	黄果厚壳桂	6	133	0

（续）

样地	年份	种名	样方数	实生株数	萌生株数
针阔Ⅰ号	2013	九节	6	11	1
针阔Ⅰ号	2013	黧蒴锥	5	56	8
针阔Ⅰ号	2013	岭南山竹子	1	2	0
针阔Ⅰ号	2013	柳叶杜茎山	1	5	0
针阔Ⅰ号	2013	龙船花	5	8	0
针阔Ⅰ号	2013	罗浮柿	3	7	0
针阔Ⅰ号	2013	罗伞树	6	79	10
针阔Ⅰ号	2013	破布叶	1	1	0
针阔Ⅰ号	2013	绒毛润楠	2	1	1
针阔Ⅰ号	2013	三桠苦	2	4	0
针阔Ⅰ号	2013	山血丹	6	41	0
针阔Ⅰ号	2013	细轴荛花	2	2	0
针阔Ⅰ号	2013	香楠	1	1	0
针阔Ⅰ号	2013	锈叶新木姜子	1	1	0
针阔Ⅰ号	2013	银柴	1	1	0
针阔Ⅰ号	2013	锥	1	2	0
针阔Ⅰ号	2014	薄叶红厚壳	1	1	0
针阔Ⅰ号	2014	变叶榕	1	1	0
针阔Ⅰ号	2014	粗叶榕	1	1	0
针阔Ⅰ号	2014	短序润楠	1	0	1
针阔Ⅰ号	2014	红枝蒲桃	3	3	0
针阔Ⅰ号	2014	华润楠	2	2	0
针阔Ⅰ号	2014	黄果厚壳桂	6	138	18
针阔Ⅰ号	2014	九节	6	11	0
针阔Ⅰ号	2014	黧蒴锥	3	73	27
针阔Ⅰ号	2014	柳叶杜茎山	1	6	1
针阔Ⅰ号	2014	龙船花	5	12	2
针阔Ⅰ号	2014	罗浮柿	4	11	0
针阔Ⅰ号	2014	罗伞树	6	118	19
针阔Ⅰ号	2014	毛菍	1	2	0

（续）

样地	年份	种名	样方数	实生株数	萌生株数
针阔Ⅰ号	2014	破布叶	1	1	0
针阔Ⅰ号	2014	绒毛润楠	2	1	1
针阔Ⅰ号	2014	三桠苦	1	1	0
针阔Ⅰ号	2014	山血丹	6	52	0
针阔Ⅰ号	2014	山油柑	1	1	0
针阔Ⅰ号	2014	细轴荛花	2	4	0
针阔Ⅰ号	2014	香楠	1	2	0
针阔Ⅰ号	2014	银柴	1	1	0
针阔Ⅰ号	2014	锥	1	2	0
针阔Ⅰ号	2015	华润楠	1	1	0
针阔Ⅰ号	2015	黄果厚壳桂	9	56	4
针阔Ⅰ号	2015	九节	1	1	0
针阔Ⅰ号	2015	黧蒴锥	3	30	11
针阔Ⅰ号	2015	柳叶杜茎山	2	5	0
针阔Ⅰ号	2015	龙船花	2	3	0
针阔Ⅰ号	2015	罗浮柿	1	2	0
针阔Ⅰ号	2015	罗伞树	10	106	0
针阔Ⅰ号	2015	木荷	1	1	0
针阔Ⅰ号	2015	绒毛润楠	1	0	1
针阔Ⅰ号	2015	山血丹	9	34	1
针阔Ⅰ号	2015	鼠刺	1	1	0
针阔Ⅰ号	2015	银柴	2	5	0
针阔Ⅰ号	2015	锥	1	1	0
针阔Ⅰ号	2016	白楸	1	1	0
针阔Ⅰ号	2016	短序润楠	1	1	0
针阔Ⅰ号	2016	橄榄	1	1	0
针阔Ⅰ号	2016	狗骨柴	1	1	0
针阔Ⅰ号	2016	谷木	1	1	0
针阔Ⅰ号	2016	华润楠	2	2	0
针阔Ⅰ号	2016	黄果厚壳桂	10	70	8

（续）

样地	年份	种名	样方数	实生株数	萌生株数
针阔Ⅰ号	2016	九节	1	1	0
针阔Ⅰ号	2016	黧蒴锥	3	39	4
针阔Ⅰ号	2016	柳叶杜茎山	2	5	0
针阔Ⅰ号	2016	龙船花	2	3	0
针阔Ⅰ号	2016	罗浮柿	2	3	0
针阔Ⅰ号	2016	罗伞树	10	141	10
针阔Ⅰ号	2016	绒毛润楠	2	0	2
针阔Ⅰ号	2016	山血丹	9	38	0
针阔Ⅰ号	2016	臀果木	1	1	0
针阔Ⅰ号	2016	细轴荛花	1	1	0
针阔Ⅰ号	2016	锥	2	3	0
针阔Ⅱ号	2004	九节	1	3	0
针阔Ⅱ号	2004	龙船花	1	2	0
针阔Ⅱ号	2004	罗伞树	1	9	0
针阔Ⅱ号	2004	毛冬青	1	1	0
针阔Ⅱ号	2004	山血丹	1	2	0
针阔Ⅱ号	2004	鼠刺	1	1	0
针阔Ⅱ号	2005	白花灯笼	2	3	0
针阔Ⅱ号	2005	变叶榕	1	1	1
针阔Ⅱ号	2005	豺皮樟	5	9	2
针阔Ⅱ号	2005	鹅掌柴	1	1	0
针阔Ⅱ号	2005	广东金叶子	1	1	0
针阔Ⅱ号	2005	九节	3	7	1
针阔Ⅱ号	2005	龙船花	1	2	0
针阔Ⅱ号	2005	罗浮柿	1	1	0
针阔Ⅱ号	2005	罗伞树	1	2	1
针阔Ⅱ号	2005	毛冬青	1	1	0
针阔Ⅱ号	2005	木荷	2	2	0
针阔Ⅱ号	2005	三桠苦	3	3	1
针阔Ⅱ号	2005	山血丹	2	3	0

（续）

样地	年份	种名	样方数	实生株数	萌生株数
针阔Ⅱ号	2005	桃金娘	1	1	0
针阔Ⅱ号	2005	锥	1	1	0
针阔Ⅱ号	2006	白花灯笼	1	2	0
针阔Ⅱ号	2006	变叶榕	4	4	1
针阔Ⅱ号	2006	豺皮樟	6	9	0
针阔Ⅱ号	2006	粗叶榕	1	1	0
针阔Ⅱ号	2006	鼎湖钓樟	1	1	0
针阔Ⅱ号	2006	鹅掌柴	2	2	0
针阔Ⅱ号	2006	广东润楠	2	2	0
针阔Ⅱ号	2006	黄果厚壳桂	2	3	0
针阔Ⅱ号	2006	九节	6	7	0
针阔Ⅱ号	2006	黧蒴锥	1	2	0
针阔Ⅱ号	2006	龙船花	2	3	0
针阔Ⅱ号	2006	罗浮柿	4	5	0
针阔Ⅱ号	2006	罗伞树	4	8	0
针阔Ⅱ号	2006	毛冬青	1	1	0
针阔Ⅱ号	2006	木荷	3	4	0
针阔Ⅱ号	2006	三桠苦	1	1	0
针阔Ⅱ号	2006	山鸡椒	1	1	0
针阔Ⅱ号	2006	山血丹	2	3	0
针阔Ⅱ号	2006	香楠	1	1	0
针阔Ⅱ号	2006	银柴	1	1	0
针阔Ⅱ号	2006	长叶冻绿	1	1	0
针阔Ⅱ号	2006	栀子	1	1	0
针阔Ⅱ号	2006	锥	4	5	0
针阔Ⅱ号	2007	白花灯笼	1	1	0
针阔Ⅱ号	2007	变叶榕	6	8	0
针阔Ⅱ号	2007	豺皮樟	7	13	0
针阔Ⅱ号	2007	粗叶榕	2	2	0
针阔Ⅱ号	2007	华润楠	1	0	1

（续）

样地	年份	种名	样方数	实生株数	萌生株数
针阔Ⅱ号	2007	黄果厚壳桂	4	4	0
针阔Ⅱ号	2007	假鱼骨木	1	1	0
针阔Ⅱ号	2007	九节	4	4	0
针阔Ⅱ号	2007	龙船花	1	3	0
针阔Ⅱ号	2007	罗浮柿	3	4	0
针阔Ⅱ号	2007	罗伞树	3	6	0
针阔Ⅱ号	2007	毛冬青	1	1	0
针阔Ⅱ号	2007	木荷	1	1	0
针阔Ⅱ号	2007	三椏苦	2	3	0
针阔Ⅱ号	2007	山蒲桃	1	1	0
针阔Ⅱ号	2007	山血丹	5	8	0
针阔Ⅱ号	2007	山油柑	1	1	0
针阔Ⅱ号	2007	桃金娘	1	2	0
针阔Ⅱ号	2007	香楠	1	1	0
针阔Ⅱ号	2007	银柴	1	2	0
针阔Ⅱ号	2007	锥	5	9	0
针阔Ⅱ号	2008	变叶榕	6	17	1
针阔Ⅱ号	2008	豺皮樟	6	15	4
针阔Ⅱ号	2008	粗叶榕	2	1	1
针阔Ⅱ号	2008	短序润楠	1	3	0
针阔Ⅱ号	2008	鹅掌柴	1	1	0
针阔Ⅱ号	2008	广东金叶子	1	1	0
针阔Ⅱ号	2008	华润楠	1	1	0
针阔Ⅱ号	2008	黄果厚壳桂	2	4	0
针阔Ⅱ号	2008	黄牛木	2	2	0
针阔Ⅱ号	2008	九节	6	27	0
针阔Ⅱ号	2008	黧蒴锥	2	7	0
针阔Ⅱ号	2008	龙船花	3	5	0
针阔Ⅱ号	2008	罗浮柿	4	16	2
针阔Ⅱ号	2008	罗伞树	4	29	0

（续）

样地	年份	种名	样方数	实生株数	萌生株数
针阔Ⅱ号	2008	毛冬青	2	5	0
针阔Ⅱ号	2008	毛菍	1	1	0
针阔Ⅱ号	2008	木荷	2	3	0
针阔Ⅱ号	2008	三桠苦	3	3	0
针阔Ⅱ号	2008	山鸡椒	2	3	0
针阔Ⅱ号	2008	山血丹	2	9	0
针阔Ⅱ号	2008	山油柑	1	1	0
针阔Ⅱ号	2008	桃金娘	3	4	0
针阔Ⅱ号	2008	银柴	1	1	0
针阔Ⅱ号	2008	长叶冻绿	1	1	0
针阔Ⅱ号	2008	栀子	1	1	0
针阔Ⅱ号	2008	锥	5	6	2
针阔Ⅱ号	2009	白花灯笼	1	1	0
针阔Ⅱ号	2009	变叶榕	5	12	10
针阔Ⅱ号	2009	豺皮樟	5	7	6
针阔Ⅱ号	2009	粗叶榕	1	1	0
针阔Ⅱ号	2009	鹅掌柴	1	1	0
针阔Ⅱ号	2009	广东润楠	1	1	0
针阔Ⅱ号	2009	黄果厚壳桂	3	4	1
针阔Ⅱ号	2009	黄牛木	1	1	0
针阔Ⅱ号	2009	九节	6	18	1
针阔Ⅱ号	2009	黧蒴锥	2	6	2
针阔Ⅱ号	2009	龙船花	4	7	0
针阔Ⅱ号	2009	罗浮柿	4	16	1
针阔Ⅱ号	2009	罗伞树	4	28	2
针阔Ⅱ号	2009	毛冬青	1	2	0
针阔Ⅱ号	2009	木荷	1	1	0
针阔Ⅱ号	2009	三桠苦	4	5	0
针阔Ⅱ号	2009	山鸡椒	2	3	0
针阔Ⅱ号	2009	山血丹	3	12	0

（续）

样地	年份	种名	样方数	实生株数	萌生株数
针阔Ⅱ号	2009	桃金娘	2	0	2
针阔Ⅱ号	2009	香楠	1	1	0
针阔Ⅱ号	2009	银柴	1	1	0
针阔Ⅱ号	2009	长叶冻绿	1	1	0
针阔Ⅱ号	2009	栀子	1	1	0
针阔Ⅱ号	2009	锥	5	4	2
针阔Ⅱ号	2010	变叶榕	12	21	0
针阔Ⅱ号	2010	豺皮樟	8	4	9
针阔Ⅱ号	2010	粗叶榕	4	7	0
针阔Ⅱ号	2010	滇粤山胡椒	1	1	0
针阔Ⅱ号	2010	鹅掌柴	3	2	1
针阔Ⅱ号	2010	谷木	1	1	0
针阔Ⅱ号	2010	黄果厚壳桂	4	21	28
针阔Ⅱ号	2010	黄牛木	1	1	0
针阔Ⅱ号	2010	假鱼骨木	3	3	0
针阔Ⅱ号	2010	九节	13	45	0
针阔Ⅱ号	2010	黧蒴锥	2	6	0
针阔Ⅱ号	2010	罗浮柿	6	8	0
针阔Ⅱ号	2010	罗伞树	13	72	0
针阔Ⅱ号	2010	毛冬青	2	3	0
针阔Ⅱ号	2010	毛菍	1	1	0
针阔Ⅱ号	2010	木荷	2	3	0
针阔Ⅱ号	2010	绒毛润楠	1	1	0
针阔Ⅱ号	2010	三桠苦	4	6	0
针阔Ⅱ号	2010	山鸡椒	1	1	0
针阔Ⅱ号	2010	山血丹	10	42	9
针阔Ⅱ号	2010	鼠刺	1	1	0
针阔Ⅱ号	2010	香楠	1	2	0
针阔Ⅱ号	2010	锈叶新木姜子	1	1	0
针阔Ⅱ号	2010	银柴	3	4	0

（续）

样地	年份	种名	样方数	实生株数	萌生株数
针阔Ⅱ号	2010	锥	7	14	11
针阔Ⅱ号	2011	白花灯笼	1	1	0
针阔Ⅱ号	2011	变叶榕	6	17	10
针阔Ⅱ号	2011	豺皮樟	2	0	2
针阔Ⅱ号	2011	粗叶榕	1	1	0
针阔Ⅱ号	2011	黄果厚壳桂	3	4	1
针阔Ⅱ号	2011	九节	6	17	6
针阔Ⅱ号	2011	黧蒴锥	2	10	1
针阔Ⅱ号	2011	龙船花	3	5	0
针阔Ⅱ号	2011	罗浮柿	4	18	2
针阔Ⅱ号	2011	罗伞树	4	27	5
针阔Ⅱ号	2011	毛冬青	3	4	0
针阔Ⅱ号	2011	木荷	1	2	0
针阔Ⅱ号	2011	三桠苦	2	2	0
针阔Ⅱ号	2011	山鸡椒	2	2	0
针阔Ⅱ号	2011	山血丹	4	16	0
针阔Ⅱ号	2011	山油柑	1	1	0
针阔Ⅱ号	2011	桃金娘	2	2	0
针阔Ⅱ号	2011	香楠	2	2	0
针阔Ⅱ号	2011	野漆	1	1	0
针阔Ⅱ号	2011	银柴	1	1	0
针阔Ⅱ号	2011	栀子	1	1	0
针阔Ⅱ号	2011	锥	5	4	7
针阔Ⅱ号	2012	白花灯笼	2	3	0
针阔Ⅱ号	2012	变叶榕	5	15	2
针阔Ⅱ号	2012	豺皮樟	3	2	2
针阔Ⅱ号	2012	粗叶榕	1	1	0
针阔Ⅱ号	2012	短序润楠	1	1	0
针阔Ⅱ号	2012	黄果厚壳桂	2	4	0
针阔Ⅱ号	2012	九节	6	19	1

（续）

样地	年份	种名	样方数	实生株数	萌生株数
针阔Ⅱ号	2012	黧蒴锥	2	12	0
针阔Ⅱ号	2012	龙船花	2	5	0
针阔Ⅱ号	2012	罗浮柿	4	16	1
针阔Ⅱ号	2012	罗伞树	5	29	0
针阔Ⅱ号	2012	毛冬青	2	2	0
针阔Ⅱ号	2012	木荷	1	1	0
针阔Ⅱ号	2012	三桠苦	2	2	0
针阔Ⅱ号	2012	山鸡椒	3	2	0
针阔Ⅱ号	2012	山血丹	5	27	0
针阔Ⅱ号	2012	山油柑	1	1	0
针阔Ⅱ号	2012	香楠	2	2	0
针阔Ⅱ号	2012	野漆	1	1	0
针阔Ⅱ号	2012	银柴	2	2	0
针阔Ⅱ号	2012	栀子	1	1	0
针阔Ⅱ号	2012	锥	4	4	0
针阔Ⅱ号	2013	白花灯笼	1	2	0
针阔Ⅱ号	2013	白楸	2	3	0
针阔Ⅱ号	2013	变叶榕	5	14	1
针阔Ⅱ号	2013	豺皮樟	3	2	3
针阔Ⅱ号	2013	粗叶榕	1	1	0
针阔Ⅱ号	2013	黄果厚壳桂	2	5	0
针阔Ⅱ号	2013	九节	6	15	1
针阔Ⅱ号	2013	黧蒴锥	1	4	0
针阔Ⅱ号	2013	龙船花	1	3	0
针阔Ⅱ号	2013	罗浮柿	4	18	0
针阔Ⅱ号	2013	罗伞树	5	27	0
针阔Ⅱ号	2013	毛冬青	3	3	0
针阔Ⅱ号	2013	三桠苦	2	2	0
针阔Ⅱ号	2013	山鸡椒	3	3	0
针阔Ⅱ号	2013	山血丹	4	21	0

（续）

样地	年份	种名	样方数	实生株数	萌生株数
针阔Ⅱ号	2013	山油柑	1	1	0
针阔Ⅱ号	2013	石斑木	1	1	0
针阔Ⅱ号	2013	香楠	2	3	0
针阔Ⅱ号	2013	野漆	2	2	0
针阔Ⅱ号	2013	银柴	2	2	0
针阔Ⅱ号	2013	栀子	1	1	0
针阔Ⅱ号	2013	锥	3	3	0
针阔Ⅱ号	2014	白花灯笼	2	6	0
针阔Ⅱ号	2014	变叶榕	5	15	5
针阔Ⅱ号	2014	豺皮樟	3	0	3
针阔Ⅱ号	2014	鹅掌柴	1	1	0
针阔Ⅱ号	2014	黄果厚壳桂	3	4	1
针阔Ⅱ号	2014	九节	6	17	1
针阔Ⅱ号	2014	黧蒴锥	1	8	1
针阔Ⅱ号	2014	龙船花	1	4	0
针阔Ⅱ号	2014	罗浮柿	4	20	2
针阔Ⅱ号	2014	罗伞树	5	25	1
针阔Ⅱ号	2014	毛冬青	3	4	1
针阔Ⅱ号	2014	三椏苦	1	1	0
针阔Ⅱ号	2014	山鸡椒	2	2	0
针阔Ⅱ号	2014	山血丹	5	26	0
针阔Ⅱ号	2014	香楠	2	3	0
针阔Ⅱ号	2014	野漆	1	1	0
针阔Ⅱ号	2014	银柴	2	2	0
针阔Ⅱ号	2014	栀子	1	1	0
针阔Ⅱ号	2014	锥	5	4	2
针阔Ⅱ号	2015	变叶榕	11	21	2
针阔Ⅱ号	2015	豺皮樟	1	1	0
针阔Ⅱ号	2015	粗叶榕	4	4	0
针阔Ⅱ号	2015	鼎湖钓樟	1	1	0

（续）

样地	年份	种名	样方数	实生株数	萌生株数
针阔Ⅱ号	2015	短序润楠	1	1	0
针阔Ⅱ号	2015	鹅掌柴	2	2	0
针阔Ⅱ号	2015	谷木	1	1	0
针阔Ⅱ号	2015	华润楠	1	1	0
针阔Ⅱ号	2015	黄果厚壳桂	3	28	0
针阔Ⅱ号	2015	九节	10	27	0
针阔Ⅱ号	2015	黧蒴锥	2	10	5
针阔Ⅱ号	2015	罗浮柿	7	7	0
针阔Ⅱ号	2015	罗伞树	16	100	1
针阔Ⅱ号	2015	绒毛润楠	2	2	1
针阔Ⅱ号	2015	三桠苦	4	4	0
针阔Ⅱ号	2015	山鸡椒	1	1	0
针阔Ⅱ号	2015	山血丹	11	49	0
针阔Ⅱ号	2015	鼠刺	1	1	0
针阔Ⅱ号	2015	香楠	2	8	0
针阔Ⅱ号	2015	野漆	1	0	1
针阔Ⅱ号	2015	银柴	6	7	0
针阔Ⅱ号	2015	栀子	1	1	0
针阔Ⅱ号	2015	朱砂根	2	5	0
针阔Ⅱ号	2015	锥	10	20	1
针阔Ⅱ号	2016	变叶榕	13	14	4
针阔Ⅱ号	2016	粗叶榕	3	3	0
针阔Ⅱ号	2016	鼎湖钓樟	1	1	0
针阔Ⅱ号	2016	鹅掌柴	3	2	1
针阔Ⅱ号	2016	谷木	1	1	0
针阔Ⅱ号	2016	华润楠	3	5	0
针阔Ⅱ号	2016	黄果厚壳桂	6	49	0
针阔Ⅱ号	2016	九节	11	29	1
针阔Ⅱ号	2016	黧蒴锥	2	8	3
针阔Ⅱ号	2016	罗浮柿	5	4	1

（续）

样地	年份	种名	样方数	实生株数	萌生株数
针阔Ⅱ号	2016	罗伞树	16	108	10
针阔Ⅱ号	2016	毛冬青	1	1	0
针阔Ⅱ号	2016	绒毛润楠	2	2	0
针阔Ⅱ号	2016	三桠苦	3	4	0
针阔Ⅱ号	2016	山鸡椒	1	1	0
针阔Ⅱ号	2016	山血丹	14	70	0
针阔Ⅱ号	2016	鼠刺	1	1	0
针阔Ⅱ号	2016	臀果木	1	1	0
针阔Ⅱ号	2016	香楠	2	8	0
针阔Ⅱ号	2016	野漆	1	0	1
针阔Ⅱ号	2016	银柴	7	8	0
针阔Ⅱ号	2016	朱砂根	1	4	0
针阔Ⅱ号	2016	锥	17	43	3
针阔Ⅲ号	2006	薄叶红厚壳	4	11	0
针阔Ⅲ号	2006	变叶榕	1	1	0
针阔Ⅲ号	2006	豺皮樟	3	6	0
针阔Ⅲ号	2006	滇粤山胡椒	5	7	3
针阔Ⅲ号	2006	鼎湖钓樟	1	7	0
针阔Ⅲ号	2006	短序润楠	3	6	0
针阔Ⅲ号	2006	二色波罗蜜	2	2	0
针阔Ⅲ号	2006	狗骨柴	5	6	0
针阔Ⅲ号	2006	谷木	3	8	0
针阔Ⅲ号	2006	红枝蒲桃	4	9	0
针阔Ⅲ号	2006	厚壳桂	2	3	0
针阔Ⅲ号	2006	华润楠	2	2	0
针阔Ⅲ号	2006	黄果厚壳桂	8	49	0
针阔Ⅲ号	2006	灰白新木姜子	1	1	0
针阔Ⅲ号	2006	金叶树	1	1	0
针阔Ⅲ号	2006	岭南山竹子	1	1	0
针阔Ⅲ号	2006	轮叶木姜子	3	8	0

（续）

样地	年份	种名	样方数	实生株数	萌生株数
针阔Ⅲ号	2006	罗浮柿	1	1	0
针阔Ⅲ号	2006	爪哇脚骨脆	1	1	0
针阔Ⅲ号	2006	榕叶冬青	2	2	0
针阔Ⅲ号	2006	山鸡椒	2	3	0
针阔Ⅲ号	2006	山乌桕	1	1	0
针阔Ⅲ号	2006	山血丹	5	18	0
针阔Ⅲ号	2006	薯豆	1	1	0
针阔Ⅲ号	2006	香楠	3	3	0
针阔Ⅲ号	2006	竹节树	3	3	0
针阔Ⅲ号	2006	锥	2	7	0
针阔Ⅲ号	2007	白花苦灯笼	1	1	0
针阔Ⅲ号	2007	薄叶红厚壳	6	7	0
针阔Ⅲ号	2007	变叶榕	1	1	0
针阔Ⅲ号	2007	滇粤山胡椒	7	6	3
针阔Ⅲ号	2007	鼎湖钓樟	1	2	0
针阔Ⅲ号	2007	短序润楠	4	4	0
针阔Ⅲ号	2007	狗骨柴	2	2	0
针阔Ⅲ号	2007	红枝蒲桃	3	3	0
针阔Ⅲ号	2007	厚壳桂	2	2	0
针阔Ⅲ号	2007	华杜英	1	1	0
针阔Ⅲ号	2007	黄果厚壳桂	10	27	0
针阔Ⅲ号	2007	九节	1	2	0
针阔Ⅲ号	2007	轮叶木姜子	2	3	0
针阔Ⅲ号	2007	罗伞树	1	1	0
针阔Ⅲ号	2007	毛冬青	1	1	0
针阔Ⅲ号	2007	爪哇脚骨脆	1	1	0
针阔Ⅲ号	2007	木荷	1	1	0
针阔Ⅲ号	2007	山血丹	6	17	0
针阔Ⅲ号	2007	香楠	2	2	0
针阔Ⅲ号	2007	银柴	1	1	0

（续）

样地	年份	种名	样方数	实生株数	萌生株数
针阔Ⅲ号	2007	竹节树	1	1	0
针阔Ⅲ号	2008	白花苦灯笼	2	2	0
针阔Ⅲ号	2008	薄叶红厚壳	6	19	0
针阔Ⅲ号	2008	变叶榕	5	7	0
针阔Ⅲ号	2008	草珊瑚	1	1	0
针阔Ⅲ号	2008	豺皮樟	4	1	4
针阔Ⅲ号	2008	常绿荚蒾	1	1	0
针阔Ⅲ号	2008	大叶合欢	1	1	0
针阔Ⅲ号	2008	滇粤山胡椒	6	14	12
针阔Ⅲ号	2008	鼎湖钓樟	2	2	0
针阔Ⅲ号	2008	短序润楠	4	7	2
针阔Ⅲ号	2008	鹅掌柴	3	5	1
针阔Ⅲ号	2008	二色波罗蜜	3	3	0
针阔Ⅲ号	2008	橄榄	2	1	1
针阔Ⅲ号	2008	狗骨柴	6	16	0
针阔Ⅲ号	2008	谷木	6	15	0
针阔Ⅲ号	2008	光叶红豆	2	2	0
针阔Ⅲ号	2008	广东金叶子	1	2	0
针阔Ⅲ号	2008	红枝蒲桃	5	17	0
针阔Ⅲ号	2008	厚壳桂	5	11	1
针阔Ⅲ号	2008	华润楠	2	3	2
针阔Ⅲ号	2008	黄果厚壳桂	6	179	0
针阔Ⅲ号	2008	灰白新木姜子	5	19	0
针阔Ⅲ号	2008	假鱼骨木	2	2	0
针阔Ⅲ号	2008	金叶树	2	0	2
针阔Ⅲ号	2008	九节	5	19	0
针阔Ⅲ号	2008	了哥王	3	3	0
针阔Ⅲ号	2008	柳叶杜茎山	3	7	0
针阔Ⅲ号	2008	轮叶木姜子	6	25	0
针阔Ⅲ号	2008	罗浮柿	2	7	0

（续）

样地	年份	种名	样方数	实生株数	萌生株数
针阔Ⅲ号	2008	罗伞树	1	1	0
针阔Ⅲ号	2008	毛冬青	2	2	0
针阔Ⅲ号	2008	毛菍	1	0	1
针阔Ⅲ号	2008	密花树	2	3	0
针阔Ⅲ号	2008	木荷	1	2	0
针阔Ⅲ号	2008	木竹子	1	1	0
针阔Ⅲ号	2008	绒毛润楠	6	9	3
针阔Ⅲ号	2008	肉实树	1	0	1
针阔Ⅲ号	2008	三花冬青	4	7	0
针阔Ⅲ号	2008	三桠苦	1	1	0
针阔Ⅲ号	2008	沙坝冬青	1	1	0
针阔Ⅲ号	2008	山鸡椒	2	2	0
针阔Ⅲ号	2008	山血丹	6	95	0
针阔Ⅲ号	2008	疏花卫矛	2	2	0
针阔Ⅲ号	2008	臀果木	1	2	0
针阔Ⅲ号	2008	乌材	1	1	0
针阔Ⅲ号	2008	显脉杜英	2	2	0
针阔Ⅲ号	2008	香楠	5	13	0
针阔Ⅲ号	2008	栀子	1	1	0
针阔Ⅲ号	2008	竹节树	3	4	0
针阔Ⅲ号	2008	锥	2	2	0
针阔Ⅲ号	2008	子凌蒲桃	1	1	0
针阔Ⅲ号	2009	白花苦灯笼	3	3	0
针阔Ⅲ号	2009	薄叶红厚壳	5	18	0
针阔Ⅲ号	2009	变叶榕	5	10	0
针阔Ⅲ号	2009	豺皮樟	3	1	2
针阔Ⅲ号	2009	粗叶榕	2	2	0
针阔Ⅲ号	2009	大叶合欢	1	1	0
针阔Ⅲ号	2009	滇粤山胡椒	6	6	20
针阔Ⅲ号	2009	鼎湖钓樟	2	3	0

（续）

样地	年份	种名	样方数	实生株数	萌生株数
针阔Ⅲ号	2009	短序润楠	6	5	5
针阔Ⅲ号	2009	鹅掌柴	3	4	1
针阔Ⅲ号	2009	二色波罗蜜	2	2	0
针阔Ⅲ号	2009	橄榄	1	0	2
针阔Ⅲ号	2009	狗骨柴	5	15	2
针阔Ⅲ号	2009	谷木	5	13	0
针阔Ⅲ号	2009	光叶红豆	1	1	0
针阔Ⅲ号	2009	广东金叶子	1	1	0
针阔Ⅲ号	2009	广东润楠	2	0	4
针阔Ⅲ号	2009	褐叶柄果木	1	0	1
针阔Ⅲ号	2009	红枝蒲桃	6	20	0
针阔Ⅲ号	2009	厚壳桂	4	4	2
针阔Ⅲ号	2009	华润楠	1	1	0
针阔Ⅲ号	2009	黄果厚壳桂	6	192	2
针阔Ⅲ号	2009	灰白新木姜子	5	15	0
针阔Ⅲ号	2009	假鱼骨木	1	2	0
针阔Ⅲ号	2009	金叶树	1	0	1
针阔Ⅲ号	2009	九节	5	14	1
针阔Ⅲ号	2009	了哥王	1	3	0
针阔Ⅲ号	2009	柳叶杜茎山	4	8	0
针阔Ⅲ号	2009	罗浮柿	2	5	0
针阔Ⅲ号	2009	毛冬青	1	1	0
针阔Ⅲ号	2009	毛菍	2	1	2
针阔Ⅲ号	2009	爪哇脚骨脆	1	1	0
针阔Ⅲ号	2009	密花树	3	4	0
针阔Ⅲ号	2009	木荷	3	3	0
针阔Ⅲ号	2009	木竹子	1	1	0
针阔Ⅲ号	2009	绒毛润楠	5	6	6
针阔Ⅲ号	2009	肉实树	1	0	1
针阔Ⅲ号	2009	三花冬青	3	6	0

（续）

样地	年份	种名	样方数	实生株数	萌生株数
针阔Ⅲ号	2009	三桠苦	1	2	0
针阔Ⅲ号	2009	沙坝冬青	1	1	0
针阔Ⅲ号	2009	山杜英	1	1	0
针阔Ⅲ号	2009	山乌桕	1	1	0
针阔Ⅲ号	2009	山血丹	6	135	0
针阔Ⅲ号	2009	疏花卫矛	2	2	0
针阔Ⅲ号	2009	酸味子	1	1	0
针阔Ⅲ号	2009	天料木	1	1	0
针阔Ⅲ号	2009	臀果木	2	3	0
针阔Ⅲ号	2009	乌材	1	1	0
针阔Ⅲ号	2009	显脉杜英	1	1	0
针阔Ⅲ号	2009	香楠	4	13	1
针阔Ⅲ号	2009	锈叶新木姜子	6	30	0
针阔Ⅲ号	2009	野漆	1	1	0
针阔Ⅲ号	2009	栀子	1	1	0
针阔Ⅲ号	2009	竹节树	2	2	0
针阔Ⅲ号	2009	锥	3	1	4
针阔Ⅲ号	2009	子凌蒲桃	1	2	0
针阔Ⅲ号	2010	白花苦灯笼	1	7	0
针阔Ⅲ号	2010	薄叶红厚壳	8	13	0
针阔Ⅲ号	2010	变叶榕	4	4	0
针阔Ⅲ号	2010	草珊瑚	2	2	5
针阔Ⅲ号	2010	豺皮樟	1	0	1
针阔Ⅲ号	2010	粗叶榕	1	1	0
针阔Ⅲ号	2010	滇粤山胡椒	7	15	5
针阔Ⅲ号	2010	短序润楠	3	2	3
针阔Ⅲ号	2010	鹅掌柴	1	1	0
针阔Ⅲ号	2010	狗骨柴	5	8	2
针阔Ⅲ号	2010	谷木	3	6	0
针阔Ⅲ号	2010	广东金叶子	1	3	0

（续）

样地	年份	种名	样方数	实生株数	萌生株数
针阔Ⅲ号	2010	红枝蒲桃	6	20	0
针阔Ⅲ号	2010	厚壳桂	5	6	0
针阔Ⅲ号	2010	黄果厚壳桂	10	184	26
针阔Ⅲ号	2010	灰白新木姜子	3	6	0
针阔Ⅲ号	2010	假鱼骨木	1	1	0
针阔Ⅲ号	2010	九节	5	8	0
针阔Ⅲ号	2010	岭南山竹子	1	1	0
针阔Ⅲ号	2010	柳叶杜茎山	4	12	18
针阔Ⅲ号	2010	罗浮柿	2	3	0
针阔Ⅲ号	2010	毛冬青	1	1	0
针阔Ⅲ号	2010	毛荛	2	2	0
针阔Ⅲ号	2010	密花树	3	5	0
针阔Ⅲ号	2010	木荷	1	1	0
针阔Ⅲ号	2010	球花脚骨脆	1	1	0
针阔Ⅲ号	2010	三花冬青	1	1	0
针阔Ⅲ号	2010	三桠苦	2	3	0
针阔Ⅲ号	2010	山血丹	10	58	1
针阔Ⅲ号	2010	疏花卫矛	1	2	0
针阔Ⅲ号	2010	臀果木	1	1	0
针阔Ⅲ号	2010	细轴荛花	1	2	0
针阔Ⅲ号	2010	香楠	3	3	0
针阔Ⅲ号	2010	锈叶新木姜子	6	14	2
针阔Ⅲ号	2010	浙江润楠	3	4	4
针阔Ⅲ号	2010	锥	2	3	0
针阔Ⅲ号	2011	白花苦灯笼	2	3	0
针阔Ⅲ号	2011	薄叶红厚壳	6	15	0
针阔Ⅲ号	2011	变叶榕	3	6	0
针阔Ⅲ号	2011	豺皮樟	1	0	1
针阔Ⅲ号	2011	大叶合欢	1	1	0
针阔Ⅲ号	2011	滇粤山胡椒	6	12	14

（续）

样地	年份	种名	样方数	实生株数	萌生株数
针阔Ⅲ号	2011	鼎湖钓樟	4	4	2
针阔Ⅲ号	2011	短序润楠	5	9	3
针阔Ⅲ号	2011	鹅掌柴	3	5	3
针阔Ⅲ号	2011	二色波罗蜜	3	4	0
针阔Ⅲ号	2011	橄榄	1	0	1
针阔Ⅲ号	2011	狗骨柴	6	14	3
针阔Ⅲ号	2011	谷木	6	99	0
针阔Ⅲ号	2011	光叶红豆	1	1	0
针阔Ⅲ号	2011	光叶山矾	1	1	0
针阔Ⅲ号	2011	广东润楠	2	2	0
针阔Ⅲ号	2011	红枝蒲桃	5	21	0
针阔Ⅲ号	2011	厚壳桂	3	5	1
针阔Ⅲ号	2011	华润楠	4	2	3
针阔Ⅲ号	2011	黄果厚壳桂	8	186	6
针阔Ⅲ号	2011	灰白新木姜子	5	16	0
针阔Ⅲ号	2011	假鱼骨木	1	1	0
针阔Ⅲ号	2011	金叶树	1	0	2
针阔Ⅲ号	2011	九节	5	19	1
针阔Ⅲ号	2011	了哥王	3	3	0
针阔Ⅲ号	2011	岭南山竹子	1	1	0
针阔Ⅲ号	2011	柳叶杜茎山	4	6	0
针阔Ⅲ号	2011	罗浮柿	1	2	0
针阔Ⅲ号	2011	毛冬青	2	2	0
针阔Ⅲ号	2011	毛菍	3	2	1
针阔Ⅲ号	2011	密花树	2	5	0
针阔Ⅲ号	2011	木荷	3	3	0
针阔Ⅲ号	2011	绒毛润楠	6	9	7
针阔Ⅲ号	2011	肉实树	1	2	0
针阔Ⅲ号	2011	三花冬青	3	8	0
针阔Ⅲ号	2011	三桠苦	2	4	0

（续）

样地	年份	种名	样方数	实生株数	萌生株数
针阔Ⅲ号	2011	沙坝冬青	1	1	0
针阔Ⅲ号	2011	山血丹	8	127	0
针阔Ⅲ号	2011	疏花卫矛	3	3	0
针阔Ⅲ号	2011	酸味子	1	1	0
针阔Ⅲ号	2011	桃叶石楠	1	1	2
针阔Ⅲ号	2011	臀果木	3	3	0
针阔Ⅲ号	2011	香楠	5	15	1
针阔Ⅲ号	2011	锈叶新木姜子	5	27	1
针阔Ⅲ号	2011	野漆	1	1	0
针阔Ⅲ号	2011	云南银柴	1	1	0
针阔Ⅲ号	2011	栀子	1	1	0
针阔Ⅲ号	2011	竹节树	1	1	0
针阔Ⅲ号	2011	锥	1	1	0
针阔Ⅲ号	2011	子凌蒲桃	1	1	0
针阔Ⅲ号	2012	白花苦灯笼	3	4	0
针阔Ⅲ号	2012	薄叶红厚壳	4	12	0
针阔Ⅲ号	2012	变叶榕	4	11	0
针阔Ⅲ号	2012	豺皮樟	4	4	1
针阔Ⅲ号	2012	粗叶榕	2	2	0
针阔Ⅲ号	2012	大叶合欢	1	1	0
针阔Ⅲ号	2012	滇粤山胡椒	6	4	11
针阔Ⅲ号	2012	鼎湖钓樟	1	2	0
针阔Ⅲ号	2012	短序润楠	5	10	0
针阔Ⅲ号	2012	鹅掌柴	2	5	0
针阔Ⅲ号	2012	二色波罗蜜	3	5	0
针阔Ⅲ号	2012	橄榄	1	1	0
针阔Ⅲ号	2012	狗骨柴	5	17	1
针阔Ⅲ号	2012	谷木	6	37	0
针阔Ⅲ号	2012	光叶红豆	1	1	0
针阔Ⅲ号	2012	光叶山矾	1	1	0

（续）

样地	年份	种名	样方数	实生株数	萌生株数
针阔Ⅲ号	2012	红枝蒲桃	6	22	0
针阔Ⅲ号	2012	厚壳桂	2	5	0
针阔Ⅲ号	2012	华润楠	3	2	1
针阔Ⅲ号	2012	黄果厚壳桂	7	234	0
针阔Ⅲ号	2012	黄心树	2	1	2
针阔Ⅲ号	2012	灰白新木姜子	3	14	0
针阔Ⅲ号	2012	金叶树	1	2	0
针阔Ⅲ号	2012	九节	5	17	0
针阔Ⅲ号	2012	柳叶杜茎山	4	11	0
针阔Ⅲ号	2012	罗浮柿	2	3	0
针阔Ⅲ号	2012	罗伞树	1	1	0
针阔Ⅲ号	2012	毛菍	2	4	0
针阔Ⅲ号	2012	密花树	1	5	0
针阔Ⅲ号	2012	木荷	1	0	1
针阔Ⅲ号	2012	木竹子	1	1	0
针阔Ⅲ号	2012	绒毛润楠	4	5	1
针阔Ⅲ号	2012	肉实树	1	3	0
针阔Ⅲ号	2012	三花冬青	3	9	0
针阔Ⅲ号	2012	三桠苦	3	8	0
针阔Ⅲ号	2012	山牡荆	1	1	0
针阔Ⅲ号	2012	山血丹	7	146	0
针阔Ⅲ号	2012	疏花卫矛	2	2	0
针阔Ⅲ号	2012	薯豆	1	1	0
针阔Ⅲ号	2012	酸味子	1	1	0
针阔Ⅲ号	2012	臀果木	1	1	0
针阔Ⅲ号	2012	乌材	1	1	0
针阔Ⅲ号	2012	细轴荛花	3	4	0
针阔Ⅲ号	2012	香楠	5	13	0
针阔Ⅲ号	2012	锈叶新木姜子	6	31	0
针阔Ⅲ号	2012	竹节树	1	1	0

（续）

样地	年份	种名	样方数	实生株数	萌生株数
针阔Ⅲ号	2012	锥	1	1	0
针阔Ⅲ号	2013	白花苦灯笼	3	8	0
针阔Ⅲ号	2013	薄叶红厚壳	2	4	0
针阔Ⅲ号	2013	变叶榕	4	10	0
针阔Ⅲ号	2013	草珊瑚	1	3	0
针阔Ⅲ号	2013	粗叶榕	1	1	0
针阔Ⅲ号	2013	大叶合欢	1	1	0
针阔Ⅲ号	2013	滇粤山胡椒	5	6	10
针阔Ⅲ号	2013	鼎湖钓樟	2	3	0
针阔Ⅲ号	2013	短序润楠	5	6	1
针阔Ⅲ号	2013	鹅掌柴	2	7	0
针阔Ⅲ号	2013	二色波罗蜜	5	7	0
针阔Ⅲ号	2013	狗骨柴	5	21	0
针阔Ⅲ号	2013	谷木	5	36	0
针阔Ⅲ号	2013	光叶红豆	1	1	0
针阔Ⅲ号	2013	褐叶柄果木	1	1	0
针阔Ⅲ号	2013	红枝蒲桃	6	27	0
针阔Ⅲ号	2013	厚壳桂	1	1	0
针阔Ⅲ号	2013	华润楠	4	4	2
针阔Ⅲ号	2013	黄果厚壳桂	6	278	2
针阔Ⅲ号	2013	灰白新木姜子	3	12	0
针阔Ⅲ号	2013	金叶树	1	1	0
针阔Ⅲ号	2013	九节	5	12	0
针阔Ⅲ号	2013	柳叶杜茎山	5	7	0
针阔Ⅲ号	2013	罗浮柿	3	4	0
针阔Ⅲ号	2013	罗伞树	1	1	0
针阔Ⅲ号	2013	毛冬青	2	2	0
针阔Ⅲ号	2013	毛菍	3	5	0
针阔Ⅲ号	2013	爪哇脚骨脆	1	2	0
针阔Ⅲ号	2013	密花树	1	5	0

（续）

样地	年份	种名	样方数	实生株数	萌生株数
针阔Ⅲ号	2013	木荷	2	2	0
针阔Ⅲ号	2013	木竹子	1	1	0
针阔Ⅲ号	2013	绒毛润楠	3	3	1
针阔Ⅲ号	2013	肉实树	1	3	0
针阔Ⅲ号	2013	三花冬青	2	2	0
针阔Ⅲ号	2013	三桠苦	3	8	0
针阔Ⅲ号	2013	山牡荆	1	1	0
针阔Ⅲ号	2013	山乌桕	1	1	0
针阔Ⅲ号	2013	山血丹	6	144	0
针阔Ⅲ号	2013	疏花卫矛	2	2	0
针阔Ⅲ号	2013	臀果木	2	2	0
针阔Ⅲ号	2013	乌材	1	1	0
针阔Ⅲ号	2013	细轴荛花	3	3	0
针阔Ⅲ号	2013	香楠	5	9	0
针阔Ⅲ号	2013	锈叶新木姜子	6	30	0
针阔Ⅲ号	2013	野漆	1	1	0
针阔Ⅲ号	2013	云南银柴	1	1	0
针阔Ⅲ号	2013	栀子	1	1	0
针阔Ⅲ号	2013	竹节树	1	1	0
针阔Ⅲ号	2013	子凌蒲桃	1	1	0
针阔Ⅲ号	2014	白背算盘子	1	1	0
针阔Ⅲ号	2014	白花苦灯笼	3	6	0
针阔Ⅲ号	2014	白楸	2	3	0
针阔Ⅲ号	2014	薄叶红厚壳	4	9	0
针阔Ⅲ号	2014	变叶榕	4	8	0
针阔Ⅲ号	2014	草珊瑚	1	2	0
针阔Ⅲ号	2014	豺皮樟	1	0	1
针阔Ⅲ号	2014	粗叶榕	1	1	0
针阔Ⅲ号	2014	大叶合欢	1	1	0
针阔Ⅲ号	2014	滇粤山胡椒	5	9	6

（续）

样地	年份	种名	样方数	实生株数	萌生株数
针阔Ⅲ号	2014	鼎湖钓樟	3	4	0
针阔Ⅲ号	2014	短序润楠	6	10	0
针阔Ⅲ号	2014	鹅掌柴	2	4	0
针阔Ⅲ号	2014	二色波罗蜜	6	10	0
针阔Ⅲ号	2014	橄榄	1	1	0
针阔Ⅲ号	2014	狗骨柴	5	14	0
针阔Ⅲ号	2014	谷木	5	19	0
针阔Ⅲ号	2014	光叶红豆	1	1	0
针阔Ⅲ号	2014	光叶山矾	1	1	0
针阔Ⅲ号	2014	广东木姜子	1	1	0
针阔Ⅲ号	2014	褐叶柄果木	1	1	0
针阔Ⅲ号	2014	红枝蒲桃	6	27	0
针阔Ⅲ号	2014	厚壳桂	4	7	1
针阔Ⅲ号	2014	华润楠	4	4	2
针阔Ⅲ号	2014	黄果厚壳桂	6	280	3
针阔Ⅲ号	2014	灰白新木姜子	2	8	0
针阔Ⅲ号	2014	九节	5	14	0
针阔Ⅲ号	2014	柳叶杜茎山	4	14	0
针阔Ⅲ号	2014	罗浮柿	2	3	0
针阔Ⅲ号	2014	毛冬青	3	3	0
针阔Ⅲ号	2014	毛菍	4	10	1
针阔Ⅲ号	2014	爪哇脚骨脆	1	1	0
针阔Ⅲ号	2014	密花树	1	6	0
针阔Ⅲ号	2014	木荷	2	2	0
针阔Ⅲ号	2014	木竹子	1	1	0
针阔Ⅲ号	2014	绒毛润楠	3	7	0
针阔Ⅲ号	2014	肉实树	1	3	0
针阔Ⅲ号	2014	三花冬青	4	4	0
针阔Ⅲ号	2014	三桠苦	2	7	0
针阔Ⅲ号	2014	山血丹	6	162	0

（续）

样地	年份	种名	样方数	实生株数	萌生株数
针阔Ⅲ号	2014	疏花卫矛	2	2	0
针阔Ⅲ号	2014	臀果木	2	2	0
针阔Ⅲ号	2014	乌材	1	1	0
针阔Ⅲ号	2014	细轴荛花	3	3	0
针阔Ⅲ号	2014	香楠	4	10	0
针阔Ⅲ号	2014	锈叶新木姜子	4	24	0
针阔Ⅲ号	2014	银柴	1	1	0
针阔Ⅲ号	2014	竹节树	1	1	0
针阔Ⅲ号	2014	子凌蒲桃	1	1	0
针阔Ⅲ号	2015	白花苦灯笼	2	4	0
针阔Ⅲ号	2015	薄叶红厚壳	3	7	0
针阔Ⅲ号	2015	变叶榕	5	7	0
针阔Ⅲ号	2015	豺皮樟	1	2	0
针阔Ⅲ号	2015	粗叶榕	1	1	0
针阔Ⅲ号	2015	滇粤山胡椒	8	13	3
针阔Ⅲ号	2015	短序润楠	1	1	0
针阔Ⅲ号	2015	鹅掌柴	3	3	0
针阔Ⅲ号	2015	橄榄	1	1	0
针阔Ⅲ号	2015	狗骨柴	4	8	0
针阔Ⅲ号	2015	谷木	2	2	0
针阔Ⅲ号	2015	广东木姜子	1	1	0
针阔Ⅲ号	2015	红枝蒲桃	7	17	0
针阔Ⅲ号	2015	厚壳桂	2	3	0
针阔Ⅲ号	2015	黄果厚壳桂	10	179	0
针阔Ⅲ号	2015	灰白新木姜子	3	4	0
针阔Ⅲ号	2015	九节	2	2	0
针阔Ⅲ号	2015	柳叶杜茎山	1	3	0
针阔Ⅲ号	2015	罗伞树	1	1	0
针阔Ⅲ号	2015	毛冬青	2	2	0
针阔Ⅲ号	2015	毛菍	2	3	0

（续）

样地	年份	种名	样方数	实生株数	萌生株数
针阔Ⅲ号	2015	密花树	3	7	0
针阔Ⅲ号	2015	木荷	1	1	0
针阔Ⅲ号	2015	三花冬青	1	1	0
针阔Ⅲ号	2015	三桠苦	3	5	0
针阔Ⅲ号	2015	山血丹	10	78	0
针阔Ⅲ号	2015	细轴荛花	2	2	0
针阔Ⅲ号	2015	香楠	3	4	0
针阔Ⅲ号	2015	锈叶新木姜子	4	13	0
针阔Ⅲ号	2015	云南银柴	1	1	0
针阔Ⅲ号	2015	栀子	1	1	0
针阔Ⅲ号	2015	朱砂根	2	10	0
针阔Ⅲ号	2015	锥	2	2	0
针阔Ⅲ号	2016	白花苦灯笼	1	2	0
针阔Ⅲ号	2016	白楸	1	1	0
针阔Ⅲ号	2016	薄叶红厚壳	5	11	0
针阔Ⅲ号	2016	变叶榕	5	8	0
针阔Ⅲ号	2016	粗叶榕	2	2	0
针阔Ⅲ号	2016	滇粤山胡椒	8	13	5
针阔Ⅲ号	2016	短序润楠	1	1	0
针阔Ⅲ号	2016	鹅掌柴	1	1	0
针阔Ⅲ号	2016	二色波罗蜜	2	2	0
针阔Ⅲ号	2016	橄榄	1	1	0
针阔Ⅲ号	2016	狗骨柴	5	11	0
针阔Ⅲ号	2016	谷木	5	8	0
针阔Ⅲ号	2016	广东木姜子	2	2	0
针阔Ⅲ号	2016	红枝蒲桃	8	20	0
针阔Ⅲ号	2016	厚壳桂	2	3	0
针阔Ⅲ号	2016	华润楠	2	1	1
针阔Ⅲ号	2016	黄果厚壳桂	10	157	5
针阔Ⅲ号	2016	灰白新木姜子	4	5	1

（续）

样地	年份	种名	样方数	实生株数	萌生株数
针阔Ⅲ号	2016	九节	7	10	0
针阔Ⅲ号	2016	柳叶杜茎山	3	7	0
针阔Ⅲ号	2016	罗伞树	1	1	0
针阔Ⅲ号	2016	毛冬青	2	2	0
针阔Ⅲ号	2016	毛菍	3	6	0
针阔Ⅲ号	2016	密花树	2	2	0
针阔Ⅲ号	2016	木荷	3	3	0
针阔Ⅲ号	2016	绒毛润楠	1	1	0
针阔Ⅲ号	2016	肉实树	1	1	0
针阔Ⅲ号	2016	三花冬青	2	2	0
针阔Ⅲ号	2016	三桠苦	2	3	0
针阔Ⅲ号	2016	山血丹	10	85	0
针阔Ⅲ号	2016	疏花卫矛	1	1	0
针阔Ⅲ号	2016	桃叶石楠	1	1	0
针阔Ⅲ号	2016	臀果木	1	1	0
针阔Ⅲ号	2016	细轴荛花	5	6	0
针阔Ⅲ号	2016	香楠	3	3	0
针阔Ⅲ号	2016	小叶五月茶	1	1	0
针阔Ⅲ号	2016	锈叶新木姜子	3	14	0
针阔Ⅲ号	2016	云南银柴	1	1	0
针阔Ⅲ号	2016	朱砂根	2	5	0
针阔Ⅲ号	2016	锥	5	5	0
山地林	2004	白花苦灯笼	3	3	0
山地林	2004	薄叶红厚壳	1	1	0
山地林	2004	北江荛花	1	1	0
山地林	2004	臂果木	1	1	0
山地林	2004	茶	3	3	0
山地林	2004	豺皮樟	3	3	0
山地林	2004	常绿荚蒾	1	1	0
山地林	2004	秤星树	2	2	0

（续）

样地	年份	种名	样方数	实生株数	萌生株数
山地林	2004	粗叶木	1	1	0
山地林	2004	粗叶榕	1	1	0
山地林	2004	粗壮润楠	2	4	0
山地林	2004	大叶合欢	3	5	0
山地林	2004	滇粤山胡椒	1	2	0
山地林	2004	鼎湖钓樟	1	1	0
山地林	2004	短序润楠	3	5	0
山地林	2004	凤凰润楠	2	4	0
山地林	2004	狗骨柴	1	1	0
山地林	2004	光叶海桐	1	2	0
山地林	2004	光叶山矾	2	2	0
山地林	2004	广东金叶子	1	1	0
山地林	2004	广东润楠	1	1	0
山地林	2004	黑柃	1	1	0
山地林	2004	红枝蒲桃	2	4	0
山地林	2004	假苹婆	1	2	0
山地林	2004	金粟兰	1	1	0
山地林	2004	九节	2	2	0
山地林	2004	了哥王	1	1	0
山地林	2004	亮叶猴耳环	5	21	0
山地林	2004	柃叶连蕊茶	5	12	0
山地林	2004	柳叶杜茎山	3	6	0
山地林	2004	龙船花	1	1	0
山地林	2004	马银花	1	1	0
山地林	2004	毛果巴豆	3	7	0
山地林	2004	凯里杜鹃	2	3	0
山地林	2004	密花树	1	1	0
山地林	2004	三花冬青	4	6	0
山地林	2004	三桠苦	3	4	0
山地林	2004	山杜英	1	1	0

（续）

样地	年份	种名	样方数	实生株数	萌生株数
山地林	2004	山乌桕	1	1	0
山地林	2004	少叶黄杞	1	1	0
山地林	2004	疏花卫矛	5	10	0
山地林	2004	鼠刺	6	7	0
山地林	2004	酸味子	3	7	0
山地林	2004	天料木	1	1	0
山地林	2004	弯蒴杜鹃	1	1	0
山地林	2004	微毛山矾	1	1	0
山地林	2004	细轴荛花	4	7	0
山地林	2004	腺柄山矾	1	1	0
山地林	2004	小叶五月茶	2	3	0
山地林	2004	鸭公树	7	15	0
山地林	2004	野牡丹	1	1	0
山地林	2004	栀子	6	10	0
山地林	2010	变叶榕	2	3	0
山地林	2010	草珊瑚	1	1	0
山地林	2010	茶	2	2	0
山地林	2010	秤星树	2	2	0
山地林	2010	粗叶榕	1	2	0
山地林	2010	大叶合欢	2	4	0
山地林	2010	滇粤山胡椒	2	2	0
山地林	2010	鼎湖钓樟	1	0	1
山地林	2010	短序润楠	8	15	0
山地林	2010	凤凰润楠	2	3	0
山地林	2010	光叶海桐	2	2	0
山地林	2010	光叶山矾	2	4	0
山地林	2010	红枝蒲桃	2	2	0
山地林	2010	黄杞	2	4	0
山地林	2010	九节	2	8	0
山地林	2010	两广梭罗	1	1	0

（续）

样地	年份	种名	样方数	实生株数	萌生株数
山地林	2010	亮叶猴耳环	7	18	0
山地林	2010	柃叶连蕊茶	7	18	0
山地林	2010	柳叶杜茎山	4	7	0
山地林	2010	罗浮粗叶木	1	1	0
山地林	2010	罗浮柿	1	1	0
山地林	2010	罗伞树	1	1	0
山地林	2010	毛果巴豆	7	26	0
山地林	2010	毛果算盘子	2	2	0
山地林	2010	凯里杜鹃	3	4	0
山地林	2010	爪哇脚骨脆	1	1	0
山地林	2010	密花树	1	1	0
山地林	2010	绒毛润楠	2	5	0
山地林	2010	三花冬青	8	21	0
山地林	2010	三桠苦	5	7	0
山地林	2010	石上莲	1	14	0
山地林	2010	疏花卫矛	7	11	0
山地林	2010	鼠刺	4	4	0
山地林	2010	酸味子	3	5	0
山地林	2010	天料木	1	2	0
山地林	2010	网脉山龙眼	3	3	0
山地林	2010	细轴荛花	7	10	0
山地林	2010	鸭公树	10	37	0
山地林	2010	栀子	3	5	0
山地林	2010	子凌蒲桃	1	1	0
山地林	2015	变叶榕	1	1	0
山地林	2015	豺皮樟	1	1	0
山地林	2015	秤星树	1	1	0
山地林	2015	粗叶榕	1	3	0
山地林	2015	大叶合欢	1	1	0
山地林	2015	滇粤山胡椒	2	1	1

（续）

样地	年份	种名	样方数	实生株数	萌生株数
山地林	2015	短序润楠	5	12	0
山地林	2015	凤凰润楠	1	1	0
山地林	2015	光叶海桐	1	1	0
山地林	2015	光叶山矾	1	1	0
山地林	2015	广东润楠	1	1	0
山地林	2015	红枝蒲桃	1	1	0
山地林	2015	黄牛奶树	1	2	0
山地林	2015	黄杞	4	5	0
山地林	2015	九节	2	7	0
山地林	2015	亮叶猴耳环	2	5	0
山地林	2015	柃叶连蕊茶	6	23	1
山地林	2015	柳叶杜茎山	3	4	0
山地林	2015	罗浮粗叶木	1	1	0
山地林	2015	毛果巴豆	6	20	0
山地林	2015	毛果算盘子	1	1	0
山地林	2015	凯里杜鹃	2	3	0
山地林	2015	爪哇脚骨脆	1	1	0
山地林	2015	绒毛润楠	1	4	0
山地林	2015	三花冬青	3	3	0
山地林	2015	三桠苦	5	6	0
山地林	2015	沙坝冬青	2	2	0
山地林	2015	山杜英	1	1	0
山地林	2015	山血丹	2	3	0
山地林	2015	疏花卫矛	4	7	0
山地林	2015	鼠刺	1	1	0
山地林	2015	天料木	2	2	0
山地林	2015	臀果木	1	1	0
山地林	2015	网脉山龙眼	1	3	0
山地林	2015	细轴荛花	4	9	0
山地林	2015	香港山茶	4	4	0

（续）

样地	年份	种名	样方数	实生株数	萌生株数
山地林	2015	小叶五月茶	1	1	0
山地林	2015	鸭公树	7	13	0
山地林	2015	野牡丹	1	1	0
山地林	2015	栀子	6	8	0

3.1.5 森林植物群落叶面积指数

3.1.5.1 概述

叶面积指数（LAI）是表征森林植被冠层结构的最基本参数之一。数据来源于鼎湖山站 2005—2015 年每 5 年 1 次的观测数据。包括 4 个样地：季风林、松林、针阔Ⅱ号、针阔Ⅲ号。

3.1.5.2 数据采集和处理方法

野外测量以Ⅱ级样方标记的水泥桩作为观测点，每个样地选择 10 个观测点，点间距离 10 m。仪器为美国基因公司的 LAI2000、LAI2200C。季风林生长季节每月观测 1 次，其他样地每个季节观测 1 次。观测时间为早上日出前和下午日落后，尽量选择阴天或天气稳定时观测。每个点分别测定 5 个数据，观测前、后在林外空旷处测定 A 值数据（代表冠层上方），然后马上进入观测点测定 B 值数据（代表冠层下方），每个点由上至下依次测定 A0（1.5 m）、A1 层（50 cm）、A2（0 cm）的 B 值。测定完毕后，使用专用软件下载和计算数据。各层 LAI：乔木层 LAI 为 A0，灌木层 LAI 为 A1～A0，草本层 LAI 为 A2～A1。

3.1.5.3 数据质量控制和评估

受森林生态站野外条件限制，野外观测时尽量减少冠层上方与冠层下方观测的时间差，同时前、后观测空白辐射值，并使用时间最接近的值进行结果处理，以相对减少误差。

3.1.5.4 数据价值、使用方法和建议

LAI 数据可用于研究森林冠层的季节及年际变化，以及遥感数据的校正等。

3.1.5.5 数据

具体数据见表 3-6。

表 3-6 2005—2015 年 4 个样地叶面积指数

样地名称	年份	月份	乔木层	灌木层	草本层
季风林	2005	1	4.234	0.532	0.861
季风林	2005	4	4.171	0.481	1.344
季风林	2005	8	3.770	0.436	1.686
季风林	2005	11	6.084	0.851	1.125
季风林	2010	3	3.658	0.394	0.587
季风林	2010	4	3.625	0.455	0.577
季风林	2010	5	4.814	0.559	0.724
季风林	2010	6	4.241	0.589	0.812

（续）

样地名称	年份	月份	乔木层	灌木层	草本层
季风林	2010	7	4.714	0.604	0.695
季风林	2010	8	5.044	0.763	0.682
季风林	2010	9	3.621	0.890	0.725
季风林	2010	12	4.186	0.801	0.856
季风林	2015	1	2.750	0.417	0.625
季风林	2015	3	4.342	0.241	0.397
季风林	2015	4	5.756	0.574	0.748
季风林	2015	5	5.124	0.784	0.624
季风林	2015	6	4.871	0.777	0.628
季风林	2015	7	4.771	0.778	0.700
季风林	2015	10	5.676	0.919	0.884
松林	2005	1	2.541	0.576	1.669
松林	2005	4	1.909	0.728	1.391
松林	2005	8	2.903	0.849	1.363
松林	2005	11	3.415	0.608	0.886
松林	2010	3	2.326	0.244	0.561
松林	2010	6	2.562	0.651	1.111
松林	2010	9	3.982	1.073	1.064
松林	2010	12	3.136	0.909	1.049
松林	2015	1	1.132	0.294	0.544
松林	2015	3	2.038	0.487	0.594
松林	2015	4	2.828	0.419	0.799
松林	2015	7	2.408	0.515	0.990
松林	2015	10	2.401	0.355	0.884
针阔Ⅱ号	2005	1	2.932	0.488	0.766
针阔Ⅱ号	2005	4	2.840	0.603	1.164
针阔Ⅱ号	2005	8	2.521	0.342	0.891
针阔Ⅱ号	2005	11	4.561	0.497	0.698
针阔Ⅱ号	2010	3	3.084	0.120	0.120
针阔Ⅱ号	2010	6	4.364	0.420	0.522
针阔Ⅱ号	2010	9	3.948	0.549	0.383
针阔Ⅱ号	2010	12	4.127	0.557	0.427
针阔Ⅱ号	2015	1	3.053	0.544	0.297

（续）

样地名称	年份	月份	乔木层	灌木层	草本层
针阔Ⅱ号	2015	3	2.868	0.414	0.368
针阔Ⅱ号	2015	4	3.721	0.302	0.703
针阔Ⅱ号	2015	7	4.146	2.508	3.104
针阔Ⅱ号	2015	10	4.000	0.297	0.358
针阔Ⅲ号	2010	5	2.384	0.477	1.187
针阔Ⅲ号	2010	6	2.587	0.452	1.032
针阔Ⅲ号	2010	7	3.168	0.511	0.764
针阔Ⅲ号	2010	8	2.562	0.449	1.076
针阔Ⅲ号	2010	9	2.345	0.439	1.096
针阔Ⅲ号	2010	12	2.741	0.739	0.788
针阔Ⅲ号	2015	1	1.579	0.696	0.939
针阔Ⅲ号	2015	3	3.018	0.786	0.842
针阔Ⅲ号	2015	4	3.033	1.032	1.022
针阔Ⅲ号	2015	5	2.818	1.110	1.027
针阔Ⅲ号	2015	6	2.482	0.953	1.119
针阔Ⅲ号	2015	7	3.259	0.847	0.980

3.1.6 森林植物群落凋落物月动态

3.1.6.1 概述

凋落物是指生态系统内地上植物产生并归还到地表作为分解者的物质和能量来源，是维持生态系统功能的所有有机质的总称。凋落物是森林生态系统的重要组成部分，它在一定程度上反映了森林生态系统的初级生产力，凋落物作为连接植物群落与土壤间的纽带，在森林生态系统的物质循环、能量流动与信息传递三大功能中发挥着重要作用。数据来源于鼎湖山站 1999—2016 年的年度监测数据，包括 5 个样地：季风林、松林、针阔Ⅱ号、针阔Ⅰ号、针阔Ⅲ号。收集框横截面为 1 m×1 m的正方形，边框及支架采用 PVC 管制作，采用 40 目尼龙纱网收集，网兜深度约 20 cm，下部离地表约 50 cm，在样地内随机布置，其中季风林布置 15 个，其余样地布置 10 个。

3.1.6.2 数据采集和处理方法

各样地每月定期收集好各收集框内的凋落物并带回室内，分为枯枝（直径＜5 cm）、落叶、花、果、树皮、苔藓地衣、杂物 6 个组分，在 65 ℃下烘干至恒重后称重、记录。

3.1.6.3 数据质量控制和评估

野外工作中，合理选点、合理布置，经常检查收集框，防止偏斜、破损。室内称重记录后，及时录入并上传数据，以便专业人员及时检查。

3.1.6.4 数据价值、使用方法和建议

凋落物回收量动态数据反映了凋落物的季节动态，以及群落地表的输入总量，是研究凋落物动态特征的基础数据。本部分数据公开的鼎湖山主要森林类型凋落物回收量的监测数据，结合凋落物现存量、物候等数据，可为该地区的森林物质循环、能量流动等研究提供准确的基础数据，可应用于全球

气候变化情形下的养分循环分析、不同森林类型的结构和功能比较、林业经营管理等相关领域（李跃林等，2020）。

3.1.6.5　数据

具体数据见表 3－7。

表 3－7　1999—2016 年 5 个样地凋落物量月动态

样地名称	年份	月份	枯枝/(g/m²)	落叶/(g/m²)	花、果/(g/m²)	树皮/(g/m²)	苔藓/(g/m²)	杂物/(g/m²)	月凋落/(t/hm²)
季风林	1999	1	3.95	12.15	10.42	0.00	0.00	0.00	0.27
季风林	1999	2	1.53	29.52	8.14	0.00	0.00	0.00	0.39
季风林	1999	3	2.35	33.49	6.32	0.00	0.00	0.00	0.42
季风林	1999	4	7.24	45.53	20.73	0.00	0.00	0.00	0.74
季风林	1999	5	4.17	39.09	12.59	0.00	0.00	0.00	0.56
季风林	1999	6	46.46	57.25	13.63	0.00	0.00	0.00	1.17
季风林	1999	7	4.99	33.29	9.49	0.00	0.00	0.00	0.48
季风林	1999	8	58.58	65.00	15.23	0.00	0.00	0.00	1.39
季风林	1999	9	52.19	47.62	17.08	0.00	0.00	0.00	1.17
季风林	1999	10	12.53	86.05	11.87	0.00	0.00	0.00	1.10
季风林	1999	11	6.81	28.66	9.38	0.00	0.00	0.00	0.45
季风林	1999	12	14.63	20.59	11.76	0.00	0.00	0.00	0.47
季风林	2000	1	1.46	23.74	3.15	0.00	0.00	0.00	0.28
季风林	2000	2	1.41	32.46	3.26	0.00	0.00	0.00	0.37
季风林	2000	3	8.03	41.42	6.36	0.00	0.00	0.00	0.56
季风林	2000	4	4.69	61.64	26.36	0.00	0.00	0.00	0.93
季风林	2000	5	4.34	59.67	23.06	0.00	0.00	0.00	0.87
季风林	2000	6	2.98	32.42	10.48	0.00	0.00	0.00	0.46
季风林	2000	7	13.95	27.67	12.90	0.00	0.00	0.00	0.55
季风林	2000	8	6.43	43.94	11.88	0.00	0.00	0.00	0.62
季风林	2000	9	20.82	35.15	15.84	0.00	0.00	0.00	0.72
季风林	2000	10	10.04	24.83	10.56	0.00	0.00	0.00	0.45
季风林	2000	11	5.10	11.53	14.35	0.00	0.00	0.00	0.31
季风林	2000	12	4.89	12.09	10.12	0.00	0.00	0.00	0.27
季风林	2001	1	8.98	7.13	2.40	0.00	0.00	0.00	0.19
季风林	2001	2	12.25	35.53	9.94	0.00	0.00	0.00	0.58
季风林	2001	3	12.17	46.03	26.30	0.00	0.00	0.00	0.84
季风林	2001	4	7.93	38.29	26.91	0.00	0.00	0.00	0.73
季风林	2001	5	8.91	43.64	28.24	0.00	0.00	0.00	0.81

（续）

样地名称	年份	月份	枯枝/(g/m²)	落叶/(g/m²)	花、果/(g/m²)	树皮/(g/m²)	苔藓/(g/m²)	杂物/(g/m²)	月凋落/(t/hm²)
季风林	2001	6	8.58	37.82	11.35	0.00	0.00	0.00	0.58
季风林	2001	7	72.80	37.65	21.17	0.00	0.00	0.00	1.32
季风林	2001	8	9.42	48.27	8.82	0.00	0.00	0.00	0.67
季风林	2001	9	7.90	43.54	13.98	0.00	0.00	0.00	0.65
季风林	2001	10	1.79	24.09	4.68	0.00	0.00	0.00	0.31
季风林	2001	11	2.55	23.21	6.12	0.00	0.00	0.00	0.32
季风林	2001	12	11.87	19.43	6.07	0.00	0.00	0.00	0.37
季风林	2002	1	0.66	8.21	1.83	0.00	0.00	0.00	0.11
季风林	2002	2	0.88	22.69	3.06	0.00	0.00	0.00	0.27
季风林	2002	3	2.78	45.83	22.25	0.00	0.00	0.00	0.71
季风林	2002	4	3.90	54.59	23.24	0.00	0.00	0.00	0.82
季风林	2002	5	6.15	40.89	22.44	0.00	0.00	0.00	0.69
季风林	2002	6	2.49	34.29	53.21	0.00	0.00	0.00	0.90
季风林	2002	7	6.63	37.29	14.16	0.00	0.00	0.00	0.58
季风林	2002	8	16.45	41.89	21.53	0.00	0.00	0.00	0.80
季风林	2002	9	37.09	38.99	14.26	0.00	0.00	0.00	0.90
季风林	2002	10	2.57	26.01	7.43	0.00	0.00	0.00	0.36
季风林	2002	11	2.93	11.45	7.11	0.00	0.00	0.00	0.21
季风林	2002	12	2.52	7.70	4.30	0.00	0.00	0.00	0.15
季风林	2003	1	0.00	4.73	0.00	0.00	0.00	0.00	0.05
季风林	2003	2	1.17	36.91	9.59	0.05	0.00	0.00	0.48
季风林	2003	3	1.07	37.13	16.74	0.01	0.00	0.00	0.55
季风林	2003	4	10.25	70.51	30.52	0.03	0.00	0.00	1.11
季风林	2003	5	3.33	39.72	31.09	0.00	0.00	0.00	0.74
季风林	2003	6	3.83	32.28	18.37	0.15	0.00	0.00	0.55
季风林	2003	7	46.65	54.37	23.37	1.56	0.00	0.00	1.26
季风林	2003	8	22.17	43.63	18.63	0.58	0.00	0.00	0.85
季风林	2003	9	75.24	65.89	20.30	2.09	0.00	0.00	1.64
季风林	2003	10	6.29	35.01	11.23	0.08	0.00	0.00	0.53
季风林	2003	11	3.16	37.21	6.99	0.05	0.00	0.00	0.47
季风林	2003	12	1.80	7.79	2.50	0.00	0.00	0.00	0.12
季风林	2004	1	2.18	15.43	9.59	0.01	0.00	0.00	0.27

（续）

样地名称	年份	月份	枯枝/(g/m²)	落叶/(g/m²)	花、果/(g/m²)	树皮/(g/m²)	苔藓/(g/m²)	杂物/(g/m²)	月凋落/(t/hm²)
季风林	2004	2	0.59	21.23	8.49	0.00	0.00	0.00	0.30
季风林	2004	3	2.51	40.93	38.51	0.00	0.00	0.00	0.82
季风林	2004	4	2.16	17.16	69.73	0.00	0.00	0.00	0.89
季风林	2004	5	4.27	18.27	30.97	0.00	0.00	0.00	0.54
季风林	2004	6	1.68	21.02	29.10	0.53	0.00	0.00	0.52
季风林	2004	7	11.42	13.50	28.06	0.03	0.00	0.00	0.53
季风林	2004	8	10.64	32.32	37.66	0.18	0.00	0.00	0.81
季风林	2004	9	1.01	19.98	17.06	0.00	0.00	0.00	0.38
季风林	2004	10	4.53	26.38	20.82	0.00	0.00	0.00	0.52
季风林	2004	11	2.69	13.18	13.01	0.25	0.00	0.00	0.29
季风林	2004	12	0.80	5.31	4.34	0.00	0.00	0.00	0.10
季风林	2005	1	1.18	10.13	1.75	0.00	0.00	0.00	0.13
季风林	2005	2	0.77	20.36	3.79	0.01	0.00	0.00	0.25
季风林	2005	3	1.41	20.76	3.54	0.15	0.00	0.00	0.26
季风林	2005	4	2.75	32.42	21.51	0.00	0.00	0.00	0.57
季风林	2005	5	19.09	38.97	24.27	0.02	0.00	0.00	0.82
季风林	2005	6	2.85	42.68	11.80	0.10	0.00	0.00	0.57
季风林	2005	7	2.73	28.33	11.89	0.00	0.00	0.00	0.43
季风林	2005	8	10.75	37.05	10.80	1.77	0.00	0.00	0.60
季风林	2005	9	4.31	41.11	10.13	0.00	0.00	0.00	0.56
季风林	2005	10	7.93	25.59	8.57	0.13	0.00	0.00	0.42
季风林	2005	11	2.47	30.59	3.99	0.00	0.00	0.00	0.37
季风林	2005	12	2.36	9.47	5.63	0.03	0.00	0.00	0.17
季风林	2006	1	0.92	15.85	4.81	0.00	0.00	0.62	0.22
季风林	2006	2	0.75	23.07	8.35	0.02	0.00	1.01	0.33
季风林	2006	3	1.45	23.85	8.73	0.00	0.00	1.93	0.36
季风林	2006	4	2.49	36.55	20.92	0.11	0.00	3.46	0.64
季风林	2006	5	6.17	36.96	13.37	0.00	0.00	3.35	0.60
季风林	2006	6	6.13	39.13	9.75	0.00	0.00	5.25	0.60
季风林	2006	7	3.89	33.63	4.58	0.00	0.00	5.29	0.47
季风林	2006	8	86.30	92.98	7.38	1.43	0.00	9.17	1.97
季风林	2006	9	7.15	46.42	7.91	0.53	0.00	3.29	0.65

（续）

样地名称	年份	月份	枯枝/(g/m²)	落叶/(g/m²)	花、果/(g/m²)	树皮/(g/m²)	苔藓/(g/m²)	杂物/(g/m²)	月凋落/(t/hm²)
季风林	2006	10	5.07	43.83	5.59	0.00	0.00	1.91	0.56
季风林	2006	11	4.33	31.99	13.86	0.16	0.00	1.09	0.51
季风林	2006	12	3.12	8.31	7.51	0.00	0.00	0.51	0.19
季风林	2007	1	2.35	7.56	3.29	0.03	0.00	0.63	0.14
季风林	2007	2	2.33	19.97	5.85	0.02	0.00	0.46	0.29
季风林	2007	3	1.54	23.84	13.49	0.00	0.00	0.42	0.39
季风林	2007	4	7.93	63.42	21.22	0.00	0.00	0.59	0.93
季风林	2007	5	1.36	34.29	9.06	0.00	0.00	0.46	0.45
季风林	2007	6	1.37	28.75	9.51	0.00	0.00	1.07	0.41
季风林	2007	7	3.57	34.76	12.05	0.05	0.00	0.75	0.51
季风林	2007	8	7.60	52.31	12.55	0.78	0.00	0.72	0.74
季风林	2007	9	2.89	42.26	13.66	0.06	0.00	0.59	0.59
季风林	2007	10	2.09	19.61	6.15	0.00	0.00	0.42	0.28
季风林	2007	11	1.11	29.40	6.23	0.00	0.00	0.39	0.37
季风林	2007	12	1.71	16.09	5.39	0.00	0.00	0.30	0.23
季风林	2008	1	1.82	11.42	3.07	0.11	0.00	0.25	0.17
季风林	2008	2	1.87	16.95	3.35	0.00	0.00	0.24	0.22
季风林	2008	3	1.39	44.83	10.63	0.01	0.00	0.31	0.57
季风林	2008	4	5.33	71.22	28.59	0.13	0.00	0.47	1.06
季风林	2008	5	2.91	35.98	9.76	0.02	0.00	0.28	0.49
季风林	2008	6	3.30	24.87	10.91	0.61	0.00	0.87	0.41
季风林	2008	7	4.94	34.29	11.93	0.03	0.00	1.07	0.52
季风林	2008	8	74.61	80.76	16.98	2.95	0.00	1.28	1.77
季风林	2008	9	7.34	43.82	9.19	0.09	0.00	0.37	0.61
季风林	2008	10	62.19	65.82	12.34	1.66	0.00	0.66	1.43
季风林	2008	11	4.32	27.27	4.64	0.13	0.00	0.40	0.37
季风林	2008	12	3.31	10.64	3.13	0.07	0.00	0.21	0.17
季风林	2009	1	1.65	6.95	2.54	0.02	0.00	0.21	0.11
季风林	2009	2	0.91	29.87	4.17	0.00	0.00	0.28	0.35
季风林	2009	3	0.84	19.73	12.81	0.06	0.00	0.28	0.34
季风林	2009	4	2.29	41.49	8.82	0.01	0.00	0.37	0.53
季风林	2009	5	3.57	43.17	3.36	0.06	0.00	0.26	0.50

（续）

样地名称	年份	月份	枯枝/(g/m²)	落叶/(g/m²)	花、果/(g/m²)	树皮/(g/m²)	苔藓/(g/m²)	杂物/(g/m²)	月凋落/(t/hm²)
季风林	2009	6	2.05	33.47	6.45	0.03	0.00	0.31	0.42
季风林	2009	7	14.41	38.49	20.96	0.16	0.00	0.33	0.74
季风林	2009	8	10.78	52.53	16.56	0.03	0.00	1.11	0.81
季风林	2009	9	56.23	52.24	14.09	1.33	0.00	0.31	1.24
季风林	2009	10	1.59	25.27	5.40	0.01	0.00	0.18	0.32
季风林	2009	11	2.38	24.35	6.81	0.03	0.00	0.24	0.34
季风林	2009	12	2.51	7.49	9.79	0.01	0.00	0.13	0.20
季风林	2010	1	0.45	9.19	4.06	0.00	0.00	0.13	0.14
季风林	2010	2	0.67	19.26	9.11	0.05	0.00	0.19	0.29
季风林	2010	3	0.85	42.37	28.51	0.15	0.00	0.18	0.72
季风林	2010	4	1.21	43.41	10.08	0.02	0.00	0.11	0.55
季风林	2010	5	1.06	45.13	6.91	0.00	0.00	0.15	0.53
季风林	2010	6	1.73	32.18	7.92	0.00	0.00	0.13	0.42
季风林	2010	7	1.53	31.14	11.36	0.03	0.00	0.25	0.44
季风林	2010	8	5.29	59.03	15.33	0.02	0.00	0.15	0.80
季风林	2010	9	11.09	35.07	12.02	0.09	0.00	0.10	0.58
季风林	2010	10	4.19	31.19	9.03	0.02	0.00	0.17	0.45
季风林	2010	11	2.11	27.50	3.04	0.02	0.00	0.14	0.33
季风林	2010	12	2.30	22.05	6.60	0.11	0.00	0.11	0.31
季风林	2011	1	3.45	6.74	2.00	0.03	0.00	0.26	0.12
季风林	2011	2	0.57	17.83	3.39	0.15	0.00	0.07	0.22
季风林	2011	3	1.11	21.09	5.53	0.29	0.00	0.14	0.28
季风林	2011	4	1.99	70.24	16.29	0.00	0.00	0.11	0.89
季风林	2011	5	2.85	61.52	11.85	0.00	0.00	1.27	0.77
季风林	2011	6	3.79	41.55	12.25	0.15	0.00	0.12	0.58
季风林	2011	7	1.67	25.71	14.90	0.00	0.00	0.19	0.42
季风林	2011	8	5.38	49.85	20.45	0.77	0.00	0.10	0.77
季风林	2011	9	5.37	43.69	11.05	0.00	0.00	0.14	0.60
季风林	2011	10	40.95	44.53	12.94	4.86	0.00	0.19	1.03
季风林	2011	11	3.55	33.91	16.65	0.00	0.00	0.11	0.54
季风林	2011	12	2.22	9.21	8.14	0.00	0.00	0.08	0.20
季风林	2012	1	1.13	7.70	2.32	0.00	0.00	0.07	0.11

（续）

样地名称	年份	月份	枯枝/(g/m²)	落叶/(g/m²)	花、果/(g/m²)	树皮/(g/m²)	苔藓/(g/m²)	杂物/(g/m²)	月凋落/(t/hm²)
季风林	2012	2	2.11	24.64	3.18	0.00	0.00	0.05	0.30
季风林	2012	3	1.97	58.63	10.86	0.04	0.00	0.10	0.72
季风林	2012	4	7.22	72.85	25.79	0.85	0.00	0.12	1.07
季风林	2012	5	6.04	45.94	18.50	0.20	0.00	0.21	0.71
季风林	2012	6	8.32	39.27	22.97	0.00	0.00	0.35	0.71
季风林	2012	7	156.45	131.12	29.35	5.53	0.00	0.37	3.23
季风林	2012	8	16.03	79.71	26.11	0.31	0.00	0.43	1.23
季风林	2012	9	2.29	44.49	8.43	0.00	0.00	0.17	0.55
季风林	2012	10	1.59	57.23	10.91	0.00	0.00	0.17	0.70
季风林	2012	11	10.00	31.89	5.58	0.00	0.00	0.18	0.48
季风林	2012	12	0.71	8.93	2.50	0.00	0.00	0.18	0.12
季风林	2013	1	0.58	7.27	1.61	0.10	0.00	0.21	0.10
季风林	2013	2	0.61	19.53	4.24	0.00	0.00	0.37	0.25
季风林	2013	3	0.87	51.58	31.77	0.00	0.00	0.32	0.85
季风林	2013	4	4.62	47.87	53.24	0.00	0.00	2.73	1.08
季风林	2013	5	9.09	35.05	9.41	2.29	2.29	1.21	0.59
季风林	2013	6	5.79	45.18	18.95	0.38	0.00	0.78	0.71
季风林	2013	7	5.69	30.51	16.16	0.26	0.00	0.77	0.53
季风林	2013	8	29.03	69.03	24.03	0.05	0.00	0.76	1.23
季风林	2013	9	3.73	47.26	10.81	0.00	0.00	0.57	0.62
季风林	2013	10	18.99	48.29	11.51	0.23	0.00	0.56	0.80
季风林	2013	11	1.67	25.15	3.93	0.03	0.00	0.58	0.31
季风林	2013	12	2.98	5.89	2.89	0.29	0.00	0.39	0.12
季风林	2014	1	1.05	6.08	0.91	0.00	0.00	0.57	0.09
季风林	2014	2	1.14	32.13	2.02	0.00	0.00	0.53	0.36
季风林	2014	3	0.19	37.18	8.39	0.03	0.00	0.41	0.46
季风林	2014	4	2.31	57.26	25.23	0.00	0.00	0.75	0.86
季风林	2014	5	11.21	40.85	19.85	0.00	0.00	0.50	0.72
季风林	2014	6	3.30	64.64	22.45	1.35	0.03	0.81	0.93
季风林	2014	7	6.21	43.51	14.97	0.00	0.00	0.69	0.65
季风林	2014	8	5.05	51.59	15.42	0.00	0.00	0.61	0.73
季风林	2014	9	20.90	57.93	11.19	0.67	0.00	0.67	0.91

（续）

样地名称	年份	月份	枯枝/(g/m²)	落叶/(g/m²)	花、果/(g/m²)	树皮/(g/m²)	苔藓/(g/m²)	杂物/(g/m²)	月凋落/(t/hm²)
季风林	2014	10	5.93	52.39	9.79	0.05	0.00	0.44	0.69
季风林	2014	11	3.37	33.29	7.73	0.05	0.00	0.40	0.45
季风林	2014	12	6.39	12.82	8.68	0.38	0.00	0.41	0.29
季风林	2015	1	1.13	6.95	4.16	0.03	0.00	0.21	0.12
季风林	2015	2	0.45	31.55	2.33	0.03	0.00	0.28	0.35
季风林	2015	3	0.89	36.63	7.86	0.15	0.00	0.23	0.46
季风林	2015	4	2.33	75.67	29.25	0.00	0.00	0.44	1.08
季风林	2015	5	8.16	57.66	20.52	0.00	0.00	0.41	0.87
季风林	2015	6	11.89	61.53	22.83	0.09	0.00	0.53	0.97
季风林	2015	7	24.58	69.20	29.69	0.83	0.00	0.73	1.25
季风林	2015	8	4.22	51.51	20.19	0.00	0.00	0.69	0.77
季风林	2015	9	4.53	47.15	15.25	0.15	0.00	0.47	0.68
季风林	2015	10	17.47	45.52	11.81	0.00	0.00	0.61	0.75
季风林	2015	11	7.13	31.87	17.52	0.02	0.00	0.43	0.57
季风林	2015	12	5.14	16.39	23.50	0.00	0.00	0.41	0.45
季风林	2016	1	4.33	11.99	12.88	0.16	0.00	0.52	0.30
季风林	2016	2	5.13	35.49	10.99	0.41	0.00	0.47	0.53
季风林	2016	3	2.90	52.23	8.02	0.57	0.00	0.45	0.64
季风林	2016	4	36.76	113.41	58.41	0.00	0.00	0.63	2.09
季风林	2016	5	6.19	51.43	21.21	0.15	0.00	1.55	0.81
季风林	2016	6	9.73	44.95	29.90	1.07	0.00	1.26	0.87
季风林	2016	7	8.61	47.69	17.18	0.08	0.00	0.50	0.74
季风林	2016	8	38.57	69.40	26.03	3.97	0.00	1.34	1.39
季风林	2016	9	3.21	48.97	13.83	1.05	0.00	0.62	0.68
季风林	2016	10	7.31	51.81	7.63	1.37	0.00	0.51	0.69
季风林	2016	11	4.38	21.91	15.57	0.00	0.00	0.53	0.42
季风林	2016	12	5.07	13.23	14.25	0.06	0.00	0.35	0.33
松林	2002	1	0.22	31.03	1.25	1.69	1.25	0.00	0.35
松林	2002	2	0.96	14.29	1.80	1.34	1.80	0.00	0.20
松林	2002	3	0.65	29.02	8.93	3.06	8.93	0.00	0.51
松林	2002	4	2.83	41.56	9.02	5.68	9.02	0.00	0.68
松林	2002	5	0.44	22.39	6.56	2.12	6.56	0.00	0.38

（续）

样地名称	年份	月份	枯枝/(g/m²)	落叶/(g/m²)	花、果/(g/m²)	树皮/(g/m²)	苔藓/(g/m²)	杂物/(g/m²)	月凋落/(t/hm²)
松林	2002	6	3.48	30.46	11.97	6.65	11.97	0.00	0.65
松林	2002	7	14.45	51.73	8.39	9.45	8.39	0.00	0.92
松林	2002	8	2.89	60.12	7.62	5.81	7.62	0.00	0.84
松林	2002	9	2.35	57.42	19.70	3.54	19.70	0.00	1.03
松林	2002	10	1.65	40.32	9.25	2.37	9.25	0.00	0.63
松林	2002	11	0.62	22.51	6.88	1.75	6.88	0.00	0.39
松林	2002	12	0.69	33.00	0.00	1.71	0.00	0.00	0.35
松林	2003	1	1.03	21.62	1.25	2.06	1.25	0.00	0.27
松林	2003	2	0.93	25.21	9.02	0.98	9.02	0.00	0.45
松林	2003	3	0.29	14.80	9.49	1.16	9.49	0.00	0.35
松林	2003	4	0.37	19.48	6.80	2.08	6.80	0.00	0.36
松林	2003	5	0.97	30.82	12.42	4.11	12.42	0.00	0.61
松林	2003	6	0.98	32.49	12.98	4.19	12.98	0.00	0.64
松林	2003	7	1.03	41.98	9.63	3.10	9.63	0.00	0.65
松林	2003	8	17.65	135.19	23.73	15.06	23.73	0.00	2.15
松林	2003	9	3.69	54.58	10.35	5.04	10.35	0.00	0.84
松林	2003	10	1.36	37.48	8.15	1.11	8.15	0.00	0.56
松林	2003	11	0.56	42.88	1.87	1.57	1.87	0.00	0.49
松林	2003	12	0.45	26.65	0.67	0.35	0.67	0.00	0.29
松林	2004	1	0.89	27.67	12.19	1.37	0.00	0.00	0.42
松林	2004	2	0.46	7.91	3.45	1.10	0.00	0.00	0.13
松林	2004	3	0.21	8.45	7.16	2.92	0.00	0.00	0.19
松林	2004	4	0.28	13.53	17.41	2.77	0.00	0.00	0.34
松林	2004	5	6.96	11.94	14.60	2.73	0.00	0.00	0.36
松林	2004	6	4.03	28.31	30.94	6.34	0.00	0.00	0.70
松林	2004	7	9.14	34.50	17.14	7.94	0.00	0.00	0.69
松林	2004	8	9.87	43.87	26.21	6.70	0.00	0.00	0.87
松林	2004	9	1.59	31.58	22.54	1.84	0.00	0.00	0.58
松林	2004	10	1.84	21.74	30.77	1.03	0.00	0.00	0.55
松林	2004	11	6.72	54.57	16.83	0.71	0.00	0.00	0.79
松林	2004	12	0.23	26.61	5.41	0.55	0.00	0.00	0.33
松林	2005	1	1.02	18.05	1.25	0.33	0.00	0.00	0.21

（续）

样地名称	年份	月份	枯枝/(g/m²)	落叶/(g/m²)	花、果/(g/m²)	树皮/(g/m²)	苔藓/(g/m²)	杂物/(g/m²)	月凋落/(t/hm²)
松林	2005	2	0.82	50.60	2.06	3.15	0.00	0.00	0.57
松林	2005	3	1.53	17.38	5.59	1.68	0.00	0.00	0.26
松林	2005	4	1.87	21.62	12.04	3.61	0.00	0.00	0.39
松林	2005	5	4.24	21.02	10.63	4.32	0.00	0.00	0.40
松林	2005	6	3.06	26.72	8.77	1.70	0.00	0.00	0.40
松林	2005	7	1.45	27.81	3.64	0.41	0.00	0.00	0.33
松林	2005	8	1.41	63.04	10.84	3.13	0.00	0.00	0.78
松林	2005	9	3.24	48.68	5.58	1.61	0.00	0.00	0.59
松林	2005	10	2.95	50.96	6.06	2.30	0.00	0.00	0.62
松林	2005	11	1.10	69.60	4.40	0.80	0.00	0.00	0.76
松林	2005	12	2.76	46.11	2.44	0.97	0.00	0.00	0.52
松林	2006	1	1.82	31.57	0.90	2.23	0.00	0.07	0.37
松林	2006	2	0.65	26.01	0.76	1.78	0.00	1.07	0.30
松林	2006	3	0.40	14.28	5.52	1.37	0.00	0.82	0.22
松林	2006	4	2.00	38.36	9.71	6.99	0.00	2.80	0.60
松林	2006	5	6.74	21.34	5.86	4.00	0.00	2.89	0.41
松林	2006	6	6.75	33.70	6.05	6.87	0.00	5.18	0.59
松林	2006	7	2.78	40.36	1.69	2.42	0.00	3.34	0.51
松林	2006	8	25.03	102.55	2.97	13.02	0.00	9.40	1.53
松林	2006	9	1.68	40.90	4.56	1.35	0.00	2.30	0.51
松林	2006	10	1.10	63.70	5.12	1.30	0.00	0.58	0.72
松林	2006	11	1.91	60.05	4.85	2.28	0.00	0.77	0.70
松林	2006	12	1.46	21.17	1.25	1.00	0.00	0.46	0.25
松林	2007	1	0.99	21.66	0.38	1.05	0.00	0.88	0.25
松林	2007	2	0.66	37.70	1.18	1.62	0.00	0.41	0.42
松林	2007	3	1.78	13.52	4.33	0.97	0.00	0.35	0.21
松林	2007	4	1.95	31.22	15.44	4.50	0.00	0.37	0.53
松林	2007	5	0.80	15.83	15.54	1.42	0.00	0.43	0.34
松林	2007	6	6.18	34.16	12.01	8.12	0.00	0.77	0.61
松林	2007	7	4.59	67.16	7.26	3.34	0.00	0.88	0.83
松林	2007	8	3.12	92.60	7.62	5.49	0.00	0.50	1.09
松林	2007	9	1.33	32.69	3.73	0.56	0.00	0.47	0.39

（续）

样地名称	年份	月份	枯枝/(g/m²)	落叶/(g/m²)	花、果/(g/m²)	树皮/(g/m²)	苔藓/(g/m²)	杂物/(g/m²)	月凋落/(t/hm²)
松林	2007	10	3.56	49.79	4.57	1.32	0.00	0.42	0.60
松林	2007	11	1.72	30.50	4.91	1.00	0.00	0.36	0.38
松林	2007	12	0.49	36.13	2.30	0.63	0.00	0.33	0.40
松林	2008	1	4.81	59.47	1.80	1.96	0.00	0.31	0.68
松林	2008	2	0.46	16.51	2.26	1.50	0.00	0.30	0.21
松林	2008	3	0.45	15.88	5.48	3.05	0.00	0.34	0.25
松林	2008	4	2.72	36.50	16.34	3.74	0.00	0.30	0.60
松林	2008	5	2.43	12.98	17.89	2.67	0.00	0.29	0.36
松林	2008	6	7.77	29.92	10.03	10.65	0.00	8.98	0.67
松林	2008	7	13.12	46.29	7.80	7.31	0.00	0.94	0.75
松林	2008	8	20.73	92.98	12.45	11.58	0.00	0.79	1.39
松林	2008	9	12.78	66.90	7.39	3.35	0.00	0.42	0.91
松林	2008	10	10.73	83.91	16.36	8.65	0.00	0.44	1.20
松林	2008	11	2.53	31.49	11.79	1.38	0.00	0.30	0.47
松林	2008	12	4.12	30.21	5.34	1.58	0.00	0.20	0.41
松林	2009	1	1.78	28.90	1.86	0.88	0.00	0.23	0.34
松林	2009	2	1.16	65.84	2.29	3.68	0.00	0.37	0.73
松林	2009	3	0.25	15.91	5.81	1.15	0.00	0.19	0.23
松林	2009	4	0.23	9.16	7.73	2.39	0.00	0.19	0.20
松林	2009	5	2.11	22.81	25.26	3.71	0.00	0.41	0.54
松林	2009	6	1.15	15.54	7.91	3.61	0.00	0.25	0.28
松林	2009	7	3.83	60.31	9.80	5.23	0.00	0.36	0.80
松林	2009	8	2.20	56.52	8.50	3.45	0.00	0.32	0.71
松林	2009	9	12.16	131.65	13.88	7.57	0.00	0.42	1.66
松林	2009	10	1.71	33.07	17.33	1.15	0.00	0.25	0.54
松林	2009	11	2.07	55.61	7.44	2.05	0.00	0.30	0.67
松林	2009	12	1.74	22.50	2.35	1.86	0.00	0.06	0.29
松林	2010	1	22.87	20.15	1.34	1.22	0.00	0.21	0.46
松林	2010	2	10.78	63.23	5.21	4.87	0.00	0.27	0.84
松林	2010	3	3.76	22.07	17.40	4.29	0.00	0.19	0.48
松林	2010	4	0.93	19.82	9.45	2.50	0.00	0.21	0.33
松林	2010	5	1.54	19.78	12.71	1.69	0.00	0.18	0.36

（续）

样地名称	年份	月份	枯枝/(g/m²)	落叶/(g/m²)	花、果/(g/m²)	树皮/(g/m²)	苔藓/(g/m²)	杂物/(g/m²)	月凋落/(t/hm²)
松林	2010	6	9.55	40.36	11.60	3.19	0.00	0.34	0.65
松林	2010	7	2.58	48.89	5.90	2.24	0.00	0.24	0.60
松林	2010	8	6.39	60.83	11.52	5.21	0.00	0.27	0.84
松林	2010	9	1.12	46.34	6.58	2.12	0.00	0.22	0.56
松林	2010	10	2.29	51.12	9.52	2.54	0.00	0.12	0.66
松林	2010	11	1.54	25.05	4.33	0.90	0.00	0.16	0.32
松林	2010	12	1.49	55.15	3.80	1.94	0.00	0.11	0.62
松林	2011	1	0.85	35.60	2.39	2.28	0.00	0.15	0.41
松林	2011	2	4.27	41.01	2.23	2.01	0.00	0.16	0.50
松林	2011	3	0.77	14.43	5.90	1.42	0.00	0.10	0.23
松林	2011	4	1.21	35.18	21.54	2.48	0.00	0.14	0.61
松林	2011	5	2.81	38.28	21.62	4.53	0.00	0.22	0.67
松林	2011	6	3.26	40.26	16.25	5.01	0.00	0.18	0.65
松林	2011	7	8.22	61.39	9.59	5.29	0.00	0.22	0.85
松林	2011	8	3.21	77.95	8.79	4.12	0.00	0.18	0.94
松林	2011	9	4.36	61.68	6.63	3.14	0.00	0.16	0.76
松林	2011	10	25.55	78.00	12.09	8.40	0.00	0.29	1.24
松林	2011	11	0.52	24.52	3.63	1.71	0.00	0.05	0.30
松林	2011	12	1.85	26.23	2.53	0.99	0.00	0.10	0.32
松林	2012	1	1.09	54.00	3.70	2.78	0.00	0.05	0.62
松林	2012	2	0.57	36.62	1.64	2.19	0.00	0.34	0.41
松林	2012	3	4.75	40.66	4.29	3.47	0.00	0.10	0.53
松林	2012	4	8.39	86.36	40.90	10.52	0.00	0.10	1.46
松林	2012	5	2.25	26.07	16.70	4.96	0.00	0.11	0.50
松林	2012	6	3.29	33.39	11.84	3.75	0.00	0.24	0.53
松林	2012	7	17.77	47.76	9.81	6.94	0.00	0.12	0.82
松林	2012	8	63.54	148.62	22.94	19.37	0.00	0.36	2.55
松林	2012	9	0.73	31.06	5.33	2.79	0.00	0.13	0.40
松林	2012	10	0.41	51.15	6.52	1.80	0.00	0.16	0.60
松林	2012	11	1.14	70.89	4.06	2.19	0.00	0.14	0.78
松林	2012	12	6.87	40.90	2.37	1.19	0.00	0.14	0.51
松林	2013	1	0.38	19.91	1.55	1.53	0.00	0.13	0.24

（续）

样地名称	年份	月份	枯枝/(g/m²)	落叶/(g/m²)	花、果/(g/m²)	树皮/(g/m²)	苔藓/(g/m²)	杂物/(g/m²)	月凋落/(t/hm²)
松林	2013	2	0.25	51.01	2.64	2.21	0.00	0.19	0.56
松林	2013	3	0.64	51.91	26.92	2.92	0.00	0.11	0.83
松林	2013	4	6.18	31.50	16.45	2.92	0.00	0.27	0.57
松林	2013	5	6.50	54.22	21.60	6.79	0.00	0.47	0.90
松林	2013	6	14.15	67.04	21.01	6.71	0.00	0.53	1.09
松林	2013	7	16.08	64.99	9.52	4.45	0.00	0.81	0.96
松林	2013	8	22.00	117.84	14.59	9.15	0.00	0.92	1.65
松林	2013	9	2.73	37.25	8.70	2.14	0.00	0.20	0.51
松林	2013	10	0.97	57.91	22.64	2.35	0.00	0.12	0.84
松林	2013	11	2.88	63.84	6.08	2.91	0.00	0.38	0.76
松林	2013	12	1.49	34.05	2.52	4.25	0.00	0.40	0.43
松林	2014	1	0.24	22.72	2.27	1.54	0.00	0.33	0.27
松林	2014	2	0.84	35.80	2.33	2.37	0.00	0.54	0.42
松林	2014	3	0.58	15.57	6.38	2.71	0.00	0.23	0.25
松林	2014	4	4.99	58.38	28.21	4.28	0.00	0.45	0.96
松林	2014	5	10.54	55.40	16.50	6.45	0.00	0.69	0.90
松林	2014	6	22.86	86.16	19.84	6.42	0.00	0.82	1.36
松林	2014	7	12.01	80.07	11.71	5.81	0.00	0.88	1.10
松林	2014	8	44.14	106.16	12.23	12.01	0.00	1.04	1.76
松林	2014	9	13.71	104.28	11.84	7.85	0.00	0.65	1.38
松林	2014	10	1.30	41.48	7.65	1.80	0.00	0.12	0.52
松林	2014	11	0.12	34.81	4.00	1.22	0.00	0.27	0.40
松林	2014	12	0.35	42.68	4.97	1.42	0.00	0.25	0.50
松林	2015	1	1.12	28.49	4.51	2.48	0.00	0.21	0.37
松林	2015	2	0.00	20.54	4.61	1.31	0.00	0.21	0.27
松林	2015	3	3.03	45.14	12.62	4.63	0.00	0.36	0.66
松林	2015	4	4.47	40.23	18.05	3.69	0.00	0.33	0.67
松林	2015	5	2.58	49.00	23.36	11.80	0.00	0.43	0.87
松林	2015	6	14.26	78.98	16.73	8.28	0.00	0.56	1.19
松林	2015	7	7.20	65.53	12.35	6.36	0.00	0.56	0.92
松林	2015	8	13.44	67.60	9.85	9.24	0.00	0.66	1.01
松林	2015	9	8.38	64.56	7.84	5.25	0.00	0.40	0.86

（续）

样地名称	年份	月份	枯枝/(g/m²)	落叶/(g/m²)	花、果/(g/m²)	树皮/(g/m²)	苔藓/(g/m²)	杂物/(g/m²)	月凋落/(t/hm²)
松林	2015	10	1.99	61.27	11.03	3.88	0.00	0.43	0.79
松林	2015	11	1.52	45.25	3.50	1.81	0.00	0.37	0.52
松林	2015	12	5.96	49.32	2.56	3.17	0.00	0.45	0.61
松林	2016	1	6.95	51.58	5.03	1.51	0.00	0.47	0.66
松林	2016	2	7.84	54.61	3.77	3.66	0.00	0.45	0.70
松林	2016	3	0.53	11.04	11.50	1.53	0.00	0.17	0.25
松林	2016	4	9.94	34.68	29.09	5.48	0.00	0.42	0.80
松林	2016	5	7.94	37.46	22.02	6.73	0.00	0.57	0.75
松林	2016	6	40.18	71.07	27.02	16.34	0.00	1.60	1.56
松林	2016	7	8.39	76.40	11.05	6.71	0.00	0.66	1.03
松林	2016	8	15.86	105.36	15.28	10.92	0.00	1.00	1.48
松林	2016	9	0.11	46.57	6.91	3.54	0.00	0.30	0.57
松林	2016	10	5.92	64.83	4.89	5.51	0.00	0.30	0.81
松林	2016	11	0.59	27.64	2.57	2.89	0.00	0.36	0.34
松林	2016	12	0.58	27.64	2.57	2.89	0.00	0.36	0.34
针阔Ⅰ号	2002	1	1.50	19.31	2.76	2.08	2.76	0.00	0.28
针阔Ⅰ号	2002	2	0.50	45.28	5.07	1.69	5.07	0.00	0.58
针阔Ⅰ号	2002	3	3.82	51.45	16.50	1.68	16.50	0.00	0.90
针阔Ⅰ号	2002	4	37.91	76.45	24.58	4.52	24.58	0.00	1.68
针阔Ⅰ号	2002	5	26.54	34.06	11.98	1.96	11.98	0.00	0.87
针阔Ⅰ号	2002	6	9.82	41.16	8.86	2.94	8.86	0.00	0.72
针阔Ⅰ号	2002	7	83.04	71.97	19.62	17.10	19.62	0.00	2.11
针阔Ⅰ号	2002	8	26.10	74.96	12.32	8.19	12.32	0.00	1.34
针阔Ⅰ号	2002	9	13.86	68.42	9.25	4.13	9.25	0.00	1.05
针阔Ⅰ号	2002	10	1.90	36.59	4.55	1.06	4.55	0.00	0.49
针阔Ⅰ号	2002	11	1.91	22.80	3.66	2.26	3.66	0.00	0.34
针阔Ⅰ号	2002	12	1.28	20.47	4.43	1.37	4.43	0.00	0.32
针阔Ⅰ号	2003	1	0.92	29.85	11.37	1.42	11.37	0.00	0.55
针阔Ⅰ号	2003	2	1.38	57.19	5.56	1.33	5.56	0.00	0.71
针阔Ⅰ号	2003	3	0.73	39.25	10.44	0.76	10.44	0.00	0.62
针阔Ⅰ号	2003	4	6.59	55.26	17.26	2.56	17.26	0.00	0.99
针阔Ⅰ号	2003	5	14.21	50.35	19.12	2.90	19.12	0.00	1.06

（续）

样地名称	年份	月份	枯枝/(g/m²)	落叶/(g/m²)	花、果/(g/m²)	树皮/(g/m²)	苔藓/(g/m²)	杂物/(g/m²)	月凋落/(t/hm²)
针阔Ⅰ号	2003	6	9.01	56.30	18.97	6.27	18.97	0.00	1.10
针阔Ⅰ号	2003	7	2.87	33.71	4.92	0.53	4.92	0.00	0.47
针阔Ⅰ号	2003	8	121.38	94.95	21.79	18.42	21.79	0.00	2.78
针阔Ⅰ号	2003	9	68.95	76.35	14.55	13.88	14.55	0.00	1.88
针阔Ⅰ号	2003	10	2.29	34.62	4.83	0.79	4.83	0.00	0.47
针阔Ⅰ号	2003	11	1.49	37.17	4.17	0.80	4.17	0.00	0.48
针阔Ⅰ号	2004	1	1.43	19.90	10.74	1.57	0.00	0.00	0.34
针阔Ⅰ号	2004	2	0.33	44.71	5.84	0.50	0.00	0.00	0.51
针阔Ⅰ号	2004	3	9.98	44.34	33.98	1.65	0.00	0.00	0.90
针阔Ⅰ号	2004	4	1.89	16.74	59.54	0.50	0.00	0.00	0.79
针阔Ⅰ号	2004	5	2.19	17.45	23.26	1.01	0.00	0.00	0.44
针阔Ⅰ号	2004	6	10.31	54.44	32.09	2.45	0.00	0.00	0.99
针阔Ⅰ号	2004	7	9.70	31.20	27.01	8.12	0.00	0.00	0.76
针阔Ⅰ号	2004	8	9.34	53.94	22.86	2.28	0.00	0.00	0.88
针阔Ⅰ号	2004	9	3.65	35.81	17.01	0.86	0.00	0.00	0.57
针阔Ⅰ号	2004	10	3.42	32.40	16.46	0.65	0.00	0.00	0.53
针阔Ⅰ号	2004	11	1.62	21.30	18.84	0.55	0.00	0.00	0.42
针阔Ⅰ号	2004	12	1.19	15.27	8.92	0.44	0.00	0.00	0.26
针阔Ⅰ号	2005	1	1.76	23.91	2.00	0.71	0.00	0.00	0.28
针阔Ⅰ号	2005	2	0.69	43.67	2.68	0.22	0.00	0.00	0.47
针阔Ⅰ号	2005	3	0.53	36.11	5.69	0.81	0.00	0.00	0.43
针阔Ⅰ号	2005	4	2.90	37.99	16.96	1.40	0.00	0.00	0.59
针阔Ⅰ号	2005	5	9.14	57.95	16.79	2.21	0.00	0.00	0.86
针阔Ⅰ号	2005	6	10.81	60.11	22.57	2.67	0.00	0.00	0.96
针阔Ⅰ号	2005	7	7.06	41.75	13.15	0.81	0.00	0.00	0.63
针阔Ⅰ号	2005	8	11.23	59.95	8.46	2.51	0.00	0.00	0.82
针阔Ⅰ号	2005	9	7.75	57.91	6.07	1.76	0.00	0.00	0.73
针阔Ⅰ号	2005	10	23.76	40.22	9.51	2.82	0.00	0.00	0.76
针阔Ⅰ号	2005	11	1.99	31.83	8.59	0.61	0.00	0.00	0.43
针阔Ⅰ号	2005	12	5.46	24.80	16.70	1.15	0.00	0.00	0.48
针阔Ⅰ号	2006	1	7.04	22.24	13.05	0.90	0.00	2.25	0.45
针阔Ⅰ号	2006	2	2.19	51.16	5.17	1.17	0.00	1.74	0.61

（续）

样地名称	年份	月份	枯枝/(g/m²)	落叶/(g/m²)	花、果/(g/m²)	树皮/(g/m²)	苔藓/(g/m²)	杂物/(g/m²)	月凋落/(t/hm²)
针阔Ⅰ号	2006	3	2.37	36.32	3.71	1.04	0.00	2.64	0.46
针阔Ⅰ号	2006	4	5.61	75.51	14.85	6.27	0.00	5.00	1.07
针阔Ⅰ号	2006	5	18.69	51.21	11.75	8.07	0.00	5.35	0.95
针阔Ⅰ号	2006	6	21.04	43.06	3.79	5.11	0.00	12.07	0.85
针阔Ⅰ号	2006	7	16.71	49.32	3.59	2.23	0.00	6.92	0.79
针阔Ⅰ号	2006	8	113.82	96.56	3.28	23.02	0.00	15.25	2.52
针阔Ⅰ号	2006	9	4.73	66.09	2.58	0.61	0.00	3.46	0.77
针阔Ⅰ号	2006	10	1.13	45.05	4.89	0.31	0.00	1.08	0.52
针阔Ⅰ号	2006	11	3.81	27.83	13.58	0.59	0.00	0.60	0.46
针阔Ⅰ号	2006	12	1.30	19.84	16.47	0.53	0.00	0.52	0.39
针阔Ⅰ号	2007	1	4.92	12.35	4.49	0.38	0.00	0.46	0.23
针阔Ⅰ号	2007	2	2.00	52.26	3.45	0.38	0.00	0.47	0.59
针阔Ⅰ号	2007	3	2.06	31.61	4.19	0.02	0.00	0.31	0.38
针阔Ⅰ号	2007	4	13.82	108.17	20.58	1.92	0.00	0.60	1.45
针阔Ⅰ号	2007	5	1.93	42.58	12.43	1.15	0.00	0.39	0.58
针阔Ⅰ号	2007	6	12.52	40.29	10.52	3.79	0.00	1.33	0.68
针阔Ⅰ号	2007	7	12.82	55.82	8.55	0.99	0.00	0.73	0.79
针阔Ⅰ号	2007	8	9.80	52.14	5.99	2.58	0.00	0.66	0.71
针阔Ⅰ号	2007	9	3.42	75.04	7.00	0.77	0.00	0.56	0.87
针阔Ⅰ号	2007	10	3.72	24.21	8.98	1.34	0.00	1.00	0.39
针阔Ⅰ号	2007	11	1.79	28.62	11.49	0.72	0.00	0.44	0.43
针阔Ⅰ号	2007	12	1.79	19.35	4.41	0.31	0.00	0.31	0.26
针阔Ⅰ号	2008	1	2.51	36.98	3.29	1.12	0.00	0.31	0.44
针阔Ⅰ号	2008	2	1.56	28.67	1.67	1.00	0.00	0.22	0.33
针阔Ⅰ号	2008	3	1.91	75.77	9.13	0.86	0.00	0.33	0.88
针阔Ⅰ号	2008	4	8.94	97.93	20.48	1.28	0.00	0.43	1.29
针阔Ⅰ号	2008	5	6.76	42.48	21.73	2.10	0.00	0.92	0.74
针阔Ⅰ号	2008	6	5.25	50.55	16.01	2.25	0.00	1.46	0.76
针阔Ⅰ号	2008	7	6.65	35.49	12.00	2.21	0.00	2.26	0.59
针阔Ⅰ号	2008	8	121.80	76.29	16.59	6.27	0.00	1.18	2.22
针阔Ⅰ号	2008	9	11.42	70.43	12.23	1.96	0.00	0.64	0.97
针阔Ⅰ号	2008	10	98.29	65.43	21.46	13.11	0.00	0.88	1.99

（续）

样地名称	年份	月份	枯枝/(g/m²)	落叶/(g/m²)	花、果/(g/m²)	树皮/(g/m²)	苔藓/(g/m²)	杂物/(g/m²)	月凋落/(t/hm²)
针阔Ⅰ号	2008	11	8.97	46.35	18.90	0.67	0.00	0.49	0.75
针阔Ⅰ号	2008	12	3.14	17.20	11.15	0.67	0.00	0.22	0.32
针阔Ⅰ号	2009	1	1.55	16.39	6.99	0.41	0.00	0.17	0.26
针阔Ⅰ号	2009	2	1.82	72.25	5.77	1.72	0.00	0.30	0.82
针阔Ⅰ号	2009	3	1.22	42.76	8.74	0.39	0.00	0.31	0.53
针阔Ⅰ号	2009	4	1.71	85.46	11.01	0.60	0.00	0.18	0.99
针阔Ⅰ号	2009	5	2.55	54.31	6.76	1.50	0.00	0.57	0.66
针阔Ⅰ号	2009	6	4.30	46.11	9.61	1.63	0.00	0.36	0.62
针阔Ⅰ号	2009	7	6.99	55.51	10.31	4.73	0.00	0.39	0.78
针阔Ⅰ号	2009	8	6.56	48.13	6.80	1.85	0.00	0.19	0.64
针阔Ⅰ号	2009	9	42.47	87.53	11.63	7.40	0.00	0.34	1.49
针阔Ⅰ号	2009	10	2.56	35.58	6.77	0.68	0.00	0.26	0.46
针阔Ⅰ号	2009	11	4.53	34.70	14.11	1.74	0.00	0.25	0.55
针阔Ⅰ号	2009	12	0.58	15.00	15.02	1.17	0.00	0.07	0.32
针阔Ⅰ号	2010	1	2.27	23.72	7.58	2.64	0.00	0.17	0.36
针阔Ⅰ号	2010	2	6.43	42.89	13.21	3.46	0.00	0.22	0.66
针阔Ⅰ号	2010	3	3.81	73.82	30.71	1.26	0.00	0.17	1.10
针阔Ⅰ号	2010	4	3.83	65.02	10.73	1.74	0.00	0.09	0.81
针阔Ⅰ号	2010	5	2.20	46.78	8.77	1.15	0.00	0.18	0.59
针阔Ⅰ号	2010	6	4.32	39.41	6.90	1.38	0.00	0.16	0.52
针阔Ⅰ号	2010	7	3.27	49.24	8.82	2.08	0.00	0.36	0.64
针阔Ⅰ号	2010	8	34.90	73.83	9.13	2.44	0.00	0.17	1.20
针阔Ⅰ号	2010	9	2.07	51.23	6.42	0.88	0.00	0.11	0.61
针阔Ⅰ号	2010	10	10.22	49.50	9.58	2.05	0.00	0.15	0.72
针阔Ⅰ号	2010	11	3.91	50.39	6.80	1.23	0.00	0.11	0.62
针阔Ⅰ号	2010	12	3.71	40.51	4.50	1.14	0.00	0.11	0.50
针阔Ⅰ号	2011	1	2.82	17.75	1.88	0.88	0.00	0.05	0.23
针阔Ⅰ号	2011	2	2.12	44.58	1.71	1.07	0.02	0.00	0.50
针阔Ⅰ号	2011	3	3.48	30.81	4.93	0.38	0.00	0.06	0.40
针阔Ⅰ号	2011	4	17.33	97.70	19.14	2.10	0.00	0.13	1.36
针阔Ⅰ号	2011	5	6.65	38.62	24.05	2.67	0.00	0.15	0.72
针阔Ⅰ号	2011	6	8.99	43.11	12.36	3.57	0.00	0.12	0.68

（续）

样地名称	年份	月份	枯枝/(g/m²)	落叶/(g/m²)	花、果/(g/m²)	树皮/(g/m²)	苔藓/(g/m²)	杂物/(g/m²)	月凋落/(t/hm²)
针阔Ⅰ号	2011	7	8.87	54.18	10.26	1.27	0.00	0.25	0.75
针阔Ⅰ号	2011	8	9.17	70.48	7.32	2.42	0.00	0.10	0.89
针阔Ⅰ号	2011	9	10.66	56.10	5.88	0.69	0.00	0.13	0.73
针阔Ⅰ号	2011	10	40.40	53.86	4.88	0.00	0.00	0.07	0.99
针阔Ⅰ号	2011	11	3.38	62.78	17.04	0.50	0.00	0.11	0.84
针阔Ⅰ号	2011	12	5.74	24.99	22.06	1.33	0.00	0.07	0.54
针阔Ⅰ号	2012	1	8.47	24.53	7.60	0.48	0.00	0.09	0.41
针阔Ⅰ号	2012	2	1.83	73.34	6.16	0.51	0.00	0.07	0.82
针阔Ⅰ号	2012	3	1.73	80.29	7.49	1.19	0.00	0.07	0.91
针阔Ⅰ号	2012	4	7.16	96.82	28.79	1.84	0.00	0.14	1.35
针阔Ⅰ号	2012	5	12.11	63.78	23.87	5.25	0.00	0.17	1.05
针阔Ⅰ号	2012	6	5.36	65.27	23.04	1.34	0.00	0.33	0.95
针阔Ⅰ号	2012	7	136.45	120.90	26.70	27.84	0.00	0.32	3.12
针阔Ⅰ号	2012	8	10.48	72.74	16.22	2.12	0.00	0.42	1.02
针阔Ⅰ号	2012	9	2.74	69.10	7.42	1.05	0.00	0.22	0.81
针阔Ⅰ号	2012	10	5.24	60.71	7.74	1.24	0.00	0.26	0.75
针阔Ⅰ号	2012	11	2.41	46.90	7.26	1.48	0.00	0.00	0.58
针阔Ⅰ号	2012	12	7.60	30.48	13.75	1.27	0.00	0.23	0.53
针阔Ⅰ号	2013	1	1.80	25.19	3.91	0.97	0.00	0.15	0.32
针阔Ⅰ号	2013	2	0.41	31.87	4.51	0.13	0.00	0.14	0.37
针阔Ⅰ号	2013	3	1.17	98.73	42.99	0.41	0.00	0.24	1.44
针阔Ⅰ号	2013	4	2.96	46.19	30.95	0.97	0.00	1.34	0.82
针阔Ⅰ号	2013	5	6.62	42.70	25.62	1.15	0.00	0.84	0.77
针阔Ⅰ号	2013	6	10.45	54.03	28.21	36.91	0.00	1.12	1.31
针阔Ⅰ号	2013	7	24.53	68.85	18.15	2.90	0.00	0.77	1.15
针阔Ⅰ号	2013	8	47.22	102.41	20.17	4.88	0.00	1.21	1.76
针阔Ⅰ号	2013	9	10.26	68.67	8.71	0.19	0.00	0.44	0.88
针阔Ⅰ号	2013	10	6.35	43.29	8.03	0.95	0.00	0.98	0.60
针阔Ⅰ号	2013	11	8.67	33.61	5.13	4.13	0.00	0.65	0.52
针阔Ⅰ号	2013	12	1.78	18.02	3.15	1.53	0.00	0.41	0.25
针阔Ⅰ号	2014	1	0.78	23.65	1.45	0.72	0.00	0.51	0.27
针阔Ⅰ号	2014	2	0.33	38.98	5.63	1.09	0.00	0.58	0.47

（续）

样地名称	年份	月份	枯枝/(g/m²)	落叶/(g/m²)	花、果/(g/m²)	树皮/(g/m²)	苔藓/(g/m²)	杂物/(g/m²)	月凋落/(t/hm²)
针阔Ⅰ号	2014	3	1.35	45.59	14.86	0.14	0.00	0.40	0.62
针阔Ⅰ号	2014	4	8.76	56.83	27.89	0.79	0.00	0.56	0.95
针阔Ⅰ号	2014	5	36.04	49.42	24.91	8.32	0.00	0.77	1.19
针阔Ⅰ号	2014	6	7.70	119.42	29.33	0.91	0.00	1.00	1.58
针阔Ⅰ号	2014	7	13.09	70.28	18.19	3.05	0.00	0.59	1.05
针阔Ⅰ号	2014	8	5.65	112.09	15.24	2.49	0.00	1.20	1.37
针阔Ⅰ号	2014	9	39.14	90.55	13.75	5.06	0.00	0.86	1.49
针阔Ⅰ号	2014	10	7.16	43.55	8.28	0.15	0.00	0.36	0.60
针阔Ⅰ号	2014	11	3.16	31.88	4.91	0.25	0.00	0.95	0.41
针阔Ⅰ号	2014	12	3.40	23.75	5.04	1.12	0.00	0.27	0.34
针阔Ⅰ号	2015	1	1.92	20.68	2.31	0.24	0.00	0.40	0.26
针阔Ⅰ号	2015	2	5.55	74.83	7.31	0.90	0.00	0.34	0.89
针阔Ⅰ号	2015	3	12.24	45.40	16.77	1.39	0.00	0.30	0.76
针阔Ⅰ号	2015	4	5.18	94.68	32.33	0.67	0.00	0.34	1.33
针阔Ⅰ号	2015	5	9.80	44.00	29.88	2.74	0.00	0.46	0.87
针阔Ⅰ号	2015	6	16.51	65.02	16.25	2.97	0.00	0.58	1.01
针阔Ⅰ号	2015	7	6.31	87.50	10.06	1.91	0.00	0.69	1.06
针阔Ⅰ号	2015	8	6.49	76.04	13.11	2.73	0.00	0.65	0.99
针阔Ⅰ号	2015	9	3.95	59.60	7.82	1.07	0.00	0.00	0.72
针阔Ⅰ号	2015	10	25.21	64.56	13.54	2.03	0.00	0.58	1.06
针阔Ⅰ号	2015	11	2.59	32.68	11.27	1.04	0.00	0.53	0.48
针阔Ⅰ号	2015	12	5.69	21.44	28.69	1.89	0.00	0.38	0.58
针阔Ⅰ号	2016	1	8.16	31.40	10.93	1.15	0.00	0.41	0.52
针阔Ⅰ号	2016	2	5.62	54.92	5.23	2.03	0.00	0.52	0.68
针阔Ⅰ号	2016	3	0.96	54.01	16.83	0.98	0.00	0.51	0.73
针阔Ⅰ号	2016	4	9.25	164.83	56.30	1.21	0.00	0.56	2.32
针阔Ⅰ号	2016	5	6.37	58.01	43.84	2.14	0.00	0.63	1.11
针阔Ⅰ号	2016	6	36.48	63.72	29.70	5.38	0.00	0.84	1.36
针阔Ⅰ号	2016	7	7.34	70.58	16.90	1.21	0.00	0.82	0.97
针阔Ⅰ号	2016	8	27.43	106.73	16.40	4.68	0.00	1.18	1.56
针阔Ⅰ号	2016	9	3.01	69.47	9.93	0.56	0.00	0.48	0.83
针阔Ⅰ号	2016	10	6.45	43.73	21.15	1.01	0.00	0.46	0.73

（续）

样地名称	年份	月份	枯枝/(g/m²)	落叶/(g/m²)	花、果/(g/m²)	树皮/(g/m²)	苔藓/(g/m²)	杂物/(g/m²)	月凋落/(t/hm²)
针阔Ⅰ号	2016	11	1.38	25.58	12.79	0.49	0.00	0.47	0.41
针阔Ⅰ号	2016	12	6.29	19.43	18.81	0.91	0.00	0.44	0.46
针阔Ⅱ号	2002	1	4.07	12.74	2.49	0.86	2.49	0.00	0.23
针阔Ⅱ号	2002	2	0.62	10.38	1.94	0.36	1.94	0.00	0.15
针阔Ⅱ号	2002	3	2.28	56.59	8.75	0.92	8.75	0.00	0.77
针阔Ⅱ号	2002	4	12.18	33.88	16.13	1.16	16.13	0.00	0.79
针阔Ⅱ号	2002	5	5.60	49.63	7.72	0.64	7.72	0.00	0.71
针阔Ⅱ号	2002	6	8.39	29.54	4.07	0.98	4.07	0.00	0.47
针阔Ⅱ号	2002	7	28.62	17.31	5.29	1.03	5.29	0.00	0.58
针阔Ⅱ号	2002	8	29.15	23.63	7.61	1.20	7.61	0.00	0.69
针阔Ⅱ号	2002	9	6.93	77.91	10.75	0.55	10.75	0.00	1.07
针阔Ⅱ号	2002	10	5.87	28.91	6.30	0.33	6.30	0.00	0.48
针阔Ⅱ号	2002	11	3.16	24.57	26.75	0.83	26.75	0.00	0.82
针阔Ⅱ号	2002	12	4.62	10.12	25.98	0.38	25.98	0.00	0.67
针阔Ⅱ号	2003	1	1.06	17.79	4.19	0.38	4.19	0.00	0.28
针阔Ⅱ号	2003	2	0.43	43.82	1.87	0.49	1.87	0.00	0.48
针阔Ⅱ号	2003	3	8.22	114.32	17.06	0.82	17.06	0.00	1.57
针阔Ⅱ号	2003	4	9.52	71.19	15.91	0.60	15.91	0.00	1.13
针阔Ⅱ号	2003	5	20.08	40.78	14.94	1.57	14.94	0.00	0.92
针阔Ⅱ号	2003	6	3.75	29.64	7.46	0.19	7.46	0.00	0.49
针阔Ⅱ号	2003	7	59.50	24.76	9.02	1.53	9.02	0.00	1.04
针阔Ⅱ号	2003	8	15.08	32.86	13.41	8.80	13.41	0.00	0.84
针阔Ⅱ号	2003	9	18.27	52.39	9.29	1.69	9.29	0.00	0.91
针阔Ⅱ号	2003	10	4.47	45.98	9.01	0.10	9.01	0.00	0.69
针阔Ⅱ号	2003	11	2.75	47.35	4.52	0.53	4.52	0.00	0.60
针阔Ⅱ号	2003	12	4.08	10.29	19.64	0.22	19.64	0.00	0.54
针阔Ⅱ号	2004	1	5.68	26.58	22.97	0.29	0.00	0.00	0.56
针阔Ⅱ号	2004	2	1.36	13.43	3.58	0.31	0.00	0.00	0.19
针阔Ⅱ号	2004	3	1.04	69.66	8.63	0.63	0.00	0.00	0.80
针阔Ⅱ号	2004	4	5.51	42.35	29.96	1.33	0.00	0.00	0.79
针阔Ⅱ号	2004	5	5.39	29.86	14.24	0.64	0.00	0.00	0.50
针阔Ⅱ号	2004	6	11.22	52.66	19.22	0.71	0.00	0.00	0.84

（续）

样地名称	年份	月份	枯枝/(g/m²)	落叶/(g/m²)	花、果/(g/m²)	树皮/(g/m²)	苔藓/(g/m²)	杂物/(g/m²)	月凋落/(t/hm²)
针阔Ⅱ号	2004	7	36.92	20.29	11.05	4.76	0.00	0.00	0.73
针阔Ⅱ号	2004	8	12.32	56.07	17.36	1.29	0.00	0.00	0.87
针阔Ⅱ号	2004	9	1.21	52.27	9.91	0.22	0.00	0.00	0.64
针阔Ⅱ号	2004	10	2.53	59.21	7.53	0.03	0.00	0.00	0.69
针阔Ⅱ号	2004	11	2.51	42.04	6.80	0.09	0.00	0.00	0.51
针阔Ⅱ号	2004	12	2.79	19.29	5.90	0.05	0.00	0.00	0.28
针阔Ⅱ号	2005	1	2.51	15.34	6.00	0.15	0.00	0.00	0.24
针阔Ⅱ号	2005	2	1.39	20.22	1.77	4.62	0.00	0.00	0.28
针阔Ⅱ号	2005	3	1.63	41.91	2.94	0.41	0.00	0.00	0.47
针阔Ⅱ号	2005	4	12.48	44.73	37.84	1.70	0.00	0.00	0.97
针阔Ⅱ号	2005	5	12.99	40.43	9.57	2.93	0.00	0.00	0.66
针阔Ⅱ号	2005	6	8.30	51.54	7.32	2.34	0.00	0.00	0.70
针阔Ⅱ号	2005	7	13.61	16.60	5.97	10.00	0.00	0.00	0.46
针阔Ⅱ号	2005	8	16.73	29.35	5.56	0.28	0.00	0.00	0.52
针阔Ⅱ号	2005	9	6.20	75.84	4.82	0.14	0.00	0.00	0.87
针阔Ⅱ号	2005	10	1.17	23.22	2.74	0.32	0.00	0.00	0.27
针阔Ⅱ号	2005	11	1.47	35.77	1.55	0.13	0.00	0.00	0.39
针阔Ⅱ号	2005	12	0.80	12.45	1.13	0.00	0.00	0.00	0.14
针阔Ⅱ号	2006	1	1.25	11.33	0.74	0.08	0.00	0.00	0.13
针阔Ⅱ号	2006	2	0.83	19.35	0.34	0.73	0.00	0.49	0.22
针阔Ⅱ号	2006	3	0.44	37.53	0.40	0.79	0.00	1.00	0.40
针阔Ⅱ号	2006	4	12.78	63.33	10.45	1.79	0.00	3.53	0.92
针阔Ⅱ号	2006	5	12.35	38.02	3.00	0.88	0.00	2.36	0.57
针阔Ⅱ号	2006	6	42.22	36.38	1.80	15.11	0.00	3.29	0.99
针阔Ⅱ号	2006	7	50.25	43.09	0.99	1.10	0.00	4.06	0.99
针阔Ⅱ号	2006	8	22.91	45.47	3.52	0.59	0.00	2.17	0.75
针阔Ⅱ号	2006	9	29.87	90.63	7.89	0.08	0.00	1.10	1.30
针阔Ⅱ号	2006	10	25.12	70.59	8.02	0.13	0.00	1.00	1.05
针阔Ⅱ号	2006	11	14.36	28.96	6.18	4.95	0.00	0.31	0.55
针阔Ⅱ号	2006	12	23.40	17.59	54.85	0.63	0.00	1.19	0.98
针阔Ⅱ号	2007	1	5.55	9.03	24.66	0.16	0.00	0.40	0.40
针阔Ⅱ号	2007	2	2.70	19.53	7.27	0.43	0.00	0.33	0.30

(续)

样地名称	年份	月份	枯枝/(g/m²)	落叶/(g/m²)	花、果/(g/m²)	树皮/(g/m²)	苔藓/(g/m²)	杂物/(g/m²)	月凋落/(t/hm²)
针阔Ⅱ号	2007	3	7.92	47.63	6.46	0.48	0.00	0.39	0.63
针阔Ⅱ号	2007	4	15.76	156.60	27.17	0.46	0.00	0.46	2.00
针阔Ⅱ号	2007	5	27.57	49.26	7.55	0.64	0.00	0.45	0.85
针阔Ⅱ号	2007	6	52.84	22.89	6.69	0.81	0.00	0.98	0.84
针阔Ⅱ号	2007	7	34.26	26.34	2.66	0.47	0.00	0.85	0.65
针阔Ⅱ号	2007	8	9.36	43.63	3.53	0.06	0.00	0.48	0.57
针阔Ⅱ号	2007	9	24.77	36.05	6.38	0.22	0.00	0.59	0.68
针阔Ⅱ号	2007	10	3.12	34.96	5.85	0.68	0.00	0.61	0.45
针阔Ⅱ号	2007	11	0.68	29.61	1.91	0.06	0.00	0.50	0.33
针阔Ⅱ号	2007	12	2.29	26.64	33.26	0.00	0.00	0.45	0.63
针阔Ⅱ号	2008	1	4.87	22.20	33.23	0.13	0.00	0.23	0.61
针阔Ⅱ号	2008	2	2.09	11.62	3.92	0.69	0.00	0.23	0.19
针阔Ⅱ号	2008	3	1.55	75.34	2.65	0.57	0.00	0.26	0.80
针阔Ⅱ号	2008	4	19.84	147.20	30.55	0.57	0.00	0.44	1.99
针阔Ⅱ号	2008	5	1.63	22.94	5.07	0.21	0.00	0.41	0.30
针阔Ⅱ号	2008	6	36.47	34.57	6.16	0.77	0.00	0.58	0.79
针阔Ⅱ号	2008	7	30.84	29.03	5.02	0.60	0.00	0.80	0.66
针阔Ⅱ号	2008	8	43.81	70.39	6.93	0.72	0.00	0.65	1.23
针阔Ⅱ号	2008	9	15.81	25.53	8.05	0.23	0.00	0.32	0.50
针阔Ⅱ号	2008	10	11.70	37.61	8.73	0.22	0.00	0.38	0.59
针阔Ⅱ号	2008	11	4.84	39.77	9.43	0.07	0.00	0.38	0.54
针阔Ⅱ号	2008	12	5.49	13.85	32.89	0.03	0.00	0.21	0.52
针阔Ⅱ号	2009	1	7.39	12.31	19.27	0.09	0.00	0.20	0.39
针阔Ⅱ号	2009	2	17.25	30.69	9.38	1.10	0.00	0.23	0.59
针阔Ⅱ号	2009	3	3.78	56.73	3.40	0.39	0.00	0.30	0.65
针阔Ⅱ号	2009	4	2.97	119.33	21.11	0.12	0.00	0.26	1.44
针阔Ⅱ号	2009	5	3.34	116.53	8.53	0.05	0.00	0.53	1.29
针阔Ⅱ号	2009	6	10.18	39.81	8.71	0.69	0.00	0.23	0.60
针阔Ⅱ号	2009	7	12.10	31.35	4.30	0.66	0.00	0.23	0.49
针阔Ⅱ号	2009	8	45.10	34.34	8.12	1.03	0.00	0.21	0.89
针阔Ⅱ号	2009	9	95.65	62.30	9.64	0.11	0.00	0.24	1.68
针阔Ⅱ号	2009	10	4.13	31.10	6.83	0.06	0.00	0.21	0.42

（续）

样地名称	年份	月份	枯枝/（g/m²）	落叶/（g/m²）	花、果/（g/m²）	树皮/（g/m²）	苔藓/（g/m²）	杂物/（g/m²）	月凋落/（t/hm²）
针阔Ⅱ号	2009	11	9.00	43.03	9.13	0.16	0.00	0.19	0.62
针阔Ⅱ号	2009	12	2.38	7.66	14.88	0.34	0.00	0.14	0.25
针阔Ⅱ号	2010	1	8.96	5.99	95.56	0.05	0.00	0.26	1.11
针阔Ⅱ号	2010	2	43.09	40.93	19.90	0.50	0.00	0.25	1.05
针阔Ⅱ号	2010	3	44.34	57.96	22.03	0.84	0.00	0.19	1.25
针阔Ⅱ号	2010	4	2.60	75.00	8.13	0.00	0.00	0.09	0.86
针阔Ⅱ号	2010	5	7.97	47.43	4.91	0.43	0.00	0.08	0.61
针阔Ⅱ号	2010	6	20.52	36.57	5.16	0.14	0.00	0.28	0.63
针阔Ⅱ号	2010	7	17.04	32.49	5.26	0.05	0.00	0.50	0.55
针阔Ⅱ号	2010	8	33.93	40.64	7.29	0.22	0.00	0.14	0.82
针阔Ⅱ号	2010	9	8.24	67.62	9.03	0.09	0.00	0.07	0.85
针阔Ⅱ号	2010	10	10.85	30.16	5.72	0.57	0.00	0.07	0.47
针阔Ⅱ号	2010	11	2.82	93.16	6.83	0.21	0.00	0.09	1.03
针阔Ⅱ号	2010	12	5.01	43.04	14.03	0.22	0.00	0.13	0.62
针阔Ⅱ号	2011	1	4.69	15.75	6.27	0.35	0.00	0.05	0.27
针阔Ⅱ号	2011	2	2.01	48.50	1.95	0.44	0.00	0.07	0.53
针阔Ⅱ号	2011	3	0.62	15.93	1.15	0.05	0.00	0.10	0.18
针阔Ⅱ号	2011	4	24.92	126.21	18.94	2.75	0.00	0.10	1.73
针阔Ⅱ号	2011	5	14.77	44.43	15.07	0.97	0.00	0.13	0.75
针阔Ⅱ号	2011	6	20.29	33.71	6.93	0.81	0.00	0.12	0.62
针阔Ⅱ号	2011	7	26.95	20.58	5.62	0.58	0.00	0.27	0.54
针阔Ⅱ号	2011	8	8.76	111.52	10.08	0.18	0.00	0.11	1.31
针阔Ⅱ号	2011	9	15.83	67.61	5.28	0.12	0.00	0.00	0.89
针阔Ⅱ号	2011	10	7.49	36.48	2.62	0.07	0.00	0.00	0.47
针阔Ⅱ号	2011	11	1.43	50.09	3.47	0.15	0.00	0.02	0.55
针阔Ⅱ号	2011	12	1.47	19.46	3.36	0.11	0.00	0.00	0.24
针阔Ⅱ号	2012	1	3.75	18.27	3.61	0.00	0.00	0.08	0.26
针阔Ⅱ号	2012	2	2.70	39.23	1.83	0.17	0.00	0.07	0.44
针阔Ⅱ号	2012	3	3.31	53.66	6.60	0.31	0.00	0.11	0.64
针阔Ⅱ号	2012	4	18.61	152.69	50.43	0.76	0.00	0.14	2.23
针阔Ⅱ号	2012	5	51.60	40.06	16.11	1.19	0.00	0.15	1.09
针阔Ⅱ号	2012	6	12.20	57.54	11.60	0.22	0.00	0.37	0.82

（续）

样地名称	年份	月份	枯枝/(g/m²)	落叶/(g/m²)	花、果/(g/m²)	树皮/(g/m²)	苔藓/(g/m²)	杂物/(g/m²)	月凋落/(t/hm²)
针阔Ⅱ号	2012	7	22.31	47.68	18.34	0.80	0.00	0.26	0.89
针阔Ⅱ号	2012	8	16.69	40.56	8.33	0.60	0.00	0.18	0.66
针阔Ⅱ号	2012	9	12.51	104.83	7.64	0.28	0.00	0.14	1.25
针阔Ⅱ号	2012	10	3.69	61.40	4.22	0.12	0.00	0.10	0.70
针阔Ⅱ号	2012	11	10.92	40.29	4.78	0.16	0.00	0.18	0.56
针阔Ⅱ号	2012	12	6.51	12.06	12.77	0.61	0.00	0.07	0.32
针阔Ⅱ号	2013	1	2.67	9.33	6.45	0.27	0.00	0.10	0.19
针阔Ⅱ号	2013	2	2.32	30.63	3.98	0.38	0.00	0.17	0.37
针阔Ⅱ号	2013	3	4.24	96.84	23.71	0.06	0.00	0.25	1.25
针阔Ⅱ号	2013	4	8.99	75.63	112.08	0.68	0.00	1.21	1.99
针阔Ⅱ号	2013	5	24.74	31.88	11.19	1.33	0.00	0.33	0.69
针阔Ⅱ号	2013	6	63.08	56.27	11.99	3.53	0.00	0.30	1.35
针阔Ⅱ号	2013	7	36.99	22.17	6.13	0.54	0.00	0.43	0.66
针阔Ⅱ号	2013	8	68.42	56.99	7.05	2.72	0.00	0.49	1.36
针阔Ⅱ号	2013	9	5.54	40.23	5.80	0.51	0.00	0.24	0.52
针阔Ⅱ号	2013	10	20.93	54.03	6.58	1.12	0.00	0.56	0.83
针阔Ⅱ号	2013	11	1.48	33.83	3.09	0.13	0.00	0.32	0.39
针阔Ⅱ号	2013	12	2.62	10.74	1.52	0.46	0.00	0.36	0.16
针阔Ⅱ号	2014	1	1.15	9.49	1.08	0.39	0.00	0.18	0.12
针阔Ⅱ号	2014	2	0.28	32.03	0.88	0.07	0.00	0.31	0.34
针阔Ⅱ号	2014	3	1.50	22.90	2.65	0.00	0.00	0.20	0.27
针阔Ⅱ号	2014	4	32.45	131.20	41.07	0.47	0.00	0.84	2.06
针阔Ⅱ号	2014	5	5.49	29.34	6.73	0.05	0.00	0.32	0.42
针阔Ⅱ号	2014	6	92.95	95.10	19.60	1.90	0.00	0.72	2.10
针阔Ⅱ号	2014	7	7.91	48.14	6.30	0.67	0.00	0.38	0.63
针阔Ⅱ号	2014	8	16.50	102.80	8.43	0.49	0.00	0.89	1.29
针阔Ⅱ号	2014	9	20.69	75.45	6.24	0.40	0.00	0.29	1.03
针阔Ⅱ号	2014	10	0.79	46.75	3.43	0.00	0.00	0.23	0.51
针阔Ⅱ号	2014	11	8.79	41.85	3.27	0.14	0.00	0.38	0.54
针阔Ⅱ号	2014	12	5.26	11.56	8.94	0.38	0.00	0.30	0.26
针阔Ⅱ号	2015	1	1.62	11.63	8.55	0.40	0.00	0.26	0.22
针阔Ⅱ号	2015	2	1.64	36.15	1.57	0.07	0.00	0.13	0.40

（续）

样地名称	年份	月份	枯枝/(g/m²)	落叶/(g/m²)	花、果/(g/m²)	树皮/(g/m²)	苔藓/(g/m²)	杂物/(g/m²)	月凋落/(t/hm²)
针阔Ⅱ号	2015	3	3.61	58.41	14.02	0.21	0.00	0.18	0.76
针阔Ⅱ号	2015	4	19.02	135.28	40.48	0.47	0.00	0.37	1.96
针阔Ⅱ号	2015	5	22.43	37.70	8.00	0.54	0.00	0.35	0.69
针阔Ⅱ号	2015	6	49.10	27.27	10.53	17.24	0.00	0.65	1.05
针阔Ⅱ号	2015	7	10.37	54.08	5.14	0.09	0.00	0.39	0.70
针阔Ⅱ号	2015	8	36.55	79.15	10.12	0.83	0.00	0.53	1.27
针阔Ⅱ号	2015	9	7.48	36.71	5.11	0.39	0.00	0.27	0.50
针阔Ⅱ号	2015	10	2.74	59.72	5.66	0.29	0.00	0.20	0.69
针阔Ⅱ号	2015	11	3.69	38.66	5.59	2.16	0.00	0.35	0.50
针阔Ⅱ号	2015	12	2.80	15.65	20.82	0.42	0.00	0.14	0.40
针阔Ⅱ号	2016	1	7.48	11.22	17.88	0.59	0.00	0.15	0.37
针阔Ⅱ号	2016	2	6.91	39.82	9.63	0.21	0.00	0.57	0.57
针阔Ⅱ号	2016	3	2.22	66.18	4.69	0.00	0.00	0.19	0.73
针阔Ⅱ号	2016	4	50.45	237.28	66.73	0.65	0.00	0.48	3.56
针阔Ⅱ号	2016	5	14.14	36.03	14.26	1.59	0.00	0.67	0.67
针阔Ⅱ号	2016	6	112.95	49.54	16.01	1.30	0.00	0.71	1.81
针阔Ⅱ号	2016	7	3.73	42.98	9.53	0.63	0.00	0.32	0.57
针阔Ⅱ号	2016	8	19.49	54.58	9.21	4.98	0.00	0.48	0.89
针阔Ⅱ号	2016	9	1.41	75.52	8.91	0.22	0.00	0.66	0.87
针阔Ⅱ号	2016	10	1.96	59.49	5.18	0.00	0.00	0.21	0.67
针阔Ⅱ号	2016	11	3.82	18.66	4.59	0.41	0.00	0.40	0.28
针阔Ⅱ号	2016	12	0.31	19.44	7.28	0.20	0.00	0.25	0.27
针阔Ⅲ号	2006	1	3.62	28.19	9.09	0.13	0.00	1.50	0.43
针阔Ⅲ号	2006	2	2.93	42.13	2.03	0.92	0.00	1.28	0.49
针阔Ⅲ号	2006	3	1.50	77.36	2.47	0.10	0.00	2.40	0.84
针阔Ⅲ号	2006	4	24.01	99.65	7.82	0.49	0.00	6.88	1.39
针阔Ⅲ号	2006	5	37.04	29.43	3.73	2.19	0.00	2.78	0.75
针阔Ⅲ号	2006	6	57.23	29.73	0.79	1.58	0.00	3.07	0.92
针阔Ⅲ号	2006	7	16.80	23.95	1.05	1.35	0.00	3.41	0.47
针阔Ⅲ号	2006	8	243.50	87.84	4.74	11.79	0.06	12.00	3.60
针阔Ⅲ号	2006	9	4.69	60.33	3.47	0.12	0.00	2.25	0.71
针阔Ⅲ号	2006	10	1.80	46.09	2.20	0.06	0.00	0.91	0.51

（续）

样地名称	年份	月份	枯枝/(g/m²)	落叶/(g/m²)	花、果/(g/m²)	树皮/(g/m²)	苔藓/(g/m²)	杂物/(g/m²)	月凋落/(t/hm²)
针阔Ⅲ号	2006	11	1.82	33.72	2.76	0.18	0.00	0.49	0.39
针阔Ⅲ号	2006	12	1.67	23.68	5.73	0.62	0.00	0.50	0.32
针阔Ⅲ号	2007	1	1.50	16.29	1.58	0.53	0.00	0.38	0.20
针阔Ⅲ号	2007	2	14.69	37.48	1.12	0.22	0.00	0.39	0.54
针阔Ⅲ号	2007	3	0.69	75.63	7.73	0.31	0.00	0.53	0.85
针阔Ⅲ号	2007	4	9.48	115.17	17.17	0.84	0.00	0.50	1.43
针阔Ⅲ号	2007	5	3.86	29.83	6.67	0.37	0.00	0.44	0.41
针阔Ⅲ号	2007	6	13.75	23.44	9.41	2.30	0.00	0.54	0.49
针阔Ⅲ号	2007	7	11.29	23.79	4.27	0.90	0.00	0.72	0.41
针阔Ⅲ号	2007	8	8.61	35.47	3.01	0.84	0.00	0.68	0.49
针阔Ⅲ号	2007	9	3.12	62.10	3.46	0.63	0.00	0.46	0.70
针阔Ⅲ号	2007	10	13.11	59.93	4.56	0.31	0.00	0.69	0.79
针阔Ⅲ号	2007	11	1.30	28.62	2.56	1.02	0.00	0.44	0.34
针阔Ⅲ号	2007	12	2.26	36.82	15.11	0.12	0.00	0.30	0.55
针阔Ⅲ号	2008	1	2.48	44.84	10.16	0.56	0.00	0.26	0.58
针阔Ⅲ号	2008	2	1.35	12.43	1.61	0.49	0.00	0.18	0.16
针阔Ⅲ号	2008	3	3.34	131.93	2.97	0.08	0.00	0.25	1.39
针阔Ⅲ号	2008	4	12.07	129.11	14.41	0.46	0.00	0.38	1.56
针阔Ⅲ号	2008	5	5.39	31.41	9.43	1.15	0.00	0.44	0.48
针阔Ⅲ号	2008	6	54.75	23.29	6.64	2.65	0.00	1.35	0.89
针阔Ⅲ号	2008	7	8.33	24.37	6.37	2.00	0.00	2.22	0.43
针阔Ⅲ号	2008	8	62.55	59.78	9.24	6.15	0.00	0.97	1.39
针阔Ⅲ号	2008	9	19.33	39.51	7.34	1.09	0.00	0.51	0.68
针阔Ⅲ号	2008	10	290.26	83.78	14.46	11.06	0.00	0.87	4.00
针阔Ⅲ号	2008	11	2.98	49.27	5.62	0.57	0.00	0.45	0.59
针阔Ⅲ号	2008	12	1.00	20.82	2.83	0.16	0.00	0.23	0.25
针阔Ⅲ号	2009	1	6.31	26.04	3.06	0.10	0.00	0.18	0.36
针阔Ⅲ号	2009	2	3.78	62.69	2.61	0.43	0.00	0.20	0.70
针阔Ⅲ号	2009	3	3.42	80.23	9.16	0.11	0.00	0.23	0.93
针阔Ⅲ号	2009	4	4.59	56.85	7.36	0.53	0.00	0.47	0.70
针阔Ⅲ号	2009	5	5.20	36.24	4.97	0.60	0.00	0.24	0.47
针阔Ⅲ号	2009	6	6.04	26.53	3.18	1.85	0.00	0.25	0.38

（续）

样地名称	年份	月份	枯枝/(g/m²)	落叶/(g/m²)	花、果/(g/m²)	树皮/(g/m²)	苔藓/(g/m²)	杂物/(g/m²)	月凋落/(t/hm²)
针阔Ⅲ号	2009	7	11.11	29.12	5.72	1.03	0.00	0.26	0.47
针阔Ⅲ号	2009	8	19.90	54.46	5.75	1.19	0.00	0.26	0.82
针阔Ⅲ号	2009	9	54.98	109.32	8.24	2.20	0.00	0.25	1.75
针阔Ⅲ号	2009	10	3.27	35.18	3.07	0.06	0.00	0.14	0.42
针阔Ⅲ号	2009	11	8.18	58.42	10.16	0.54	0.00	0.22	0.78
针阔Ⅲ号	2009	12	0.97	21.64	1.41	0.05	0.00	0.04	0.24
针阔Ⅲ号	2010	1	2.10	13.34	2.07	0.02	0.00	0.07	0.18
针阔Ⅲ号	2010	2	13.13	75.17	5.80	1.34	0.00	0.11	0.96
针阔Ⅲ号	2010	3	7.38	79.12	14.43	0.67	0.00	0.14	1.02
针阔Ⅲ号	2010	4	28.34	163.80	8.68	0.36	0.00	0.12	2.01
针阔Ⅲ号	2010	5	8.43	41.60	4.54	0.35	0.00	0.07	0.55
针阔Ⅲ号	2010	6	5.28	22.94	5.11	0.33	0.00	0.15	0.34
针阔Ⅲ号	2010	7	15.74	23.97	6.32	2.71	0.00	0.21	0.49
针阔Ⅲ号	2010	8	5.70	37.97	6.99	0.77	0.00	0.18	0.52
针阔Ⅲ号	2010	9	3.96	49.23	7.46	0.40	0.00	0.11	0.61
针阔Ⅲ号	2010	10	10.07	31.84	3.17	0.13	0.00	0.09	0.45
针阔Ⅲ号	2010	11	2.28	51.18	3.90	0.30	0.00	0.07	0.58
针阔Ⅲ号	2010	12	3.12	35.75	17.13	0.24	0.00	0.07	0.56
针阔Ⅲ号	2011	1	2.35	28.16	2.61	0.73	0.00	0.05	0.34
针阔Ⅲ号	2011	2	1.91	78.80	1.44	0.48	0.00	0.09	0.83
针阔Ⅲ号	2011	3	1.07	49.74	3.49	0.06	0.00	0.07	0.54
针阔Ⅲ号	2011	4	14.61	134.35	15.37	0.20	0.00	0.14	1.65
针阔Ⅲ号	2011	5	11.50	37.70	10.01	0.36	0.00	0.07	0.60
针阔Ⅲ号	2011	6	8.43	28.88	9.88	0.59	0.00	0.07	0.48
针阔Ⅲ号	2011	7	24.73	25.50	6.85	0.64	0.00	0.13	0.58
针阔Ⅲ号	2011	8	5.25	30.93	4.92	0.73	0.00	0.11	0.42
针阔Ⅲ号	2011	9	5.50	41.92	6.22	0.29	0.00	0.13	0.54
针阔Ⅲ号	2011	10	34.38	48.23	8.57	1.61	0.00	0.11	0.93
针阔Ⅲ号	2011	11	3.75	32.31	3.09	0.05	0.00	0.07	0.39
针阔Ⅲ号	2011	12	4.08	24.24	18.25	0.29	0.00	0.00	0.47
针阔Ⅲ号	2012	1	2.47	24.11	11.03	0.17	0.00	0.05	0.38
针阔Ⅲ号	2012	2	3.94	57.86	2.72	1.13	0.00	0.09	0.66

（续）

样地名称	年份	月份	枯枝/(g/m²)	落叶/(g/m²)	花、果/(g/m²)	树皮/(g/m²)	苔藓/(g/m²)	杂物/(g/m²)	月凋落/(t/hm²)
针阔Ⅲ号	2012	3	7.76	125.62	3.84	1.13	0.00	0.12	1.38
针阔Ⅲ号	2012	4	4.99	141.13	24.74	0.46	0.00	0.08	1.71
针阔Ⅲ号	2012	5	20.05	40.88	16.46	1.11	0.00	0.11	0.79
针阔Ⅲ号	2012	6	5.91	29.32	19.99	0.83	0.00	0.39	0.56
针阔Ⅲ号	2012	7	11.48	30.45	14.01	2.01	0.00	0.25	0.58
针阔Ⅲ号	2012	8	155.16	106.30	19.35	12.40	0.00	0.31	2.94
针阔Ⅲ号	2012	9	2.78	63.11	11.68	0.53	0.00	0.22	0.78
针阔Ⅲ号	2012	10	0.90	73.08	2.95	0.08	0.00	0.17	0.77
针阔Ⅲ号	2012	11	2.45	57.16	4.30	1.57	0.00	0.15	0.66
针阔Ⅲ号	2012	12	0.44	32.63	2.32	0.08	0.00	0.24	0.36
针阔Ⅲ号	2013	1	0.64	17.09	1.10	0.48	0.00	0.11	0.19
针阔Ⅲ号	2013	2	1.50	46.27	1.78	0.03	0.00	0.11	0.50
针阔Ⅲ号	2013	3	2.34	86.83	17.71	0.35	0.00	0.16	1.07
针阔Ⅲ号	2013	4	3.40	55.88	40.92	0.74	0.00	0.54	1.01
针阔Ⅲ号	2013	5	9.65	22.62	7.21	0.38	0.00	0.25	0.40
针阔Ⅲ号	2013	6	20.88	29.95	12.41	5.90	0.00	0.43	0.70
针阔Ⅲ号	2013	7	20.60	30.43	6.55	2.02	0.00	0.34	0.60
针阔Ⅲ号	2013	8	61.93	75.46	9.62	5.70	0.00	0.58	1.53
针阔Ⅲ号	2013	9	2.85	50.92	7.42	0.32	0.00	0.53	0.62
针阔Ⅲ号	2013	10	7.56	59.11	5.79	1.09	0.00	0.63	0.74
针阔Ⅲ号	2013	11	3.47	48.62	4.17	0.94	0.00	0.55	0.58
针阔Ⅲ号	2013	12	3.12	18.61	2.46	1.95	0.00	0.39	0.27
针阔Ⅲ号	2014	1	2.21	19.90	0.76	0.26	0.00	0.18	0.23
针阔Ⅲ号	2014	2	0.97	43.63	1.06	0.37	0.00	0.41	0.46
针阔Ⅲ号	2014	3	0.17	53.46	5.49	0.23	0.00	0.25	0.60
针阔Ⅲ号	2014	4	6.96	101.89	20.89	1.21	0.00	0.50	1.31
针阔Ⅲ号	2014	5	12.11	34.13	7.55	0.43	0.00	0.44	0.55
针阔Ⅲ号	2014	6	91.64	58.02	20.83	5.23	0.00	0.94	1.77
针阔Ⅲ号	2014	7	5.84	39.24	6.41	1.19	0.00	0.49	0.53
针阔Ⅲ号	2014	8	19.51	44.08	5.27	0.11	0.00	0.26	0.69
针阔Ⅲ号	2014	9	33.85	59.39	10.28	2.23	0.00	0.48	1.06
针阔Ⅲ号	2014	10	0.31	32.41	3.28	0.00	0.00	0.23	0.36

（续）

样地名称	年份	月份	枯枝/(g/m²)	落叶/(g/m²)	花、果/(g/m²)	树皮/(g/m²)	苔藓/(g/m²)	杂物/(g/m²)	月凋落/(t/hm²)
针阔Ⅲ号	2014	11	0.78	52.78	3.72	0.30	0.00	0.40	0.58
针阔Ⅲ号	2014	12	2.85	28.37	16.64	0.31	0.00	0.28	0.48
针阔Ⅲ号	2015	1	4.50	21.59	4.29	1.59	0.00	0.32	0.32
针阔Ⅲ号	2015	2	0.17	57.35	1.27	0.41	0.00	0.16	0.59
针阔Ⅲ号	2015	3	2.18	98.73	7.55	0.06	0.00	0.20	1.09
针阔Ⅲ号	2015	4	1.66	98.89	14.16	0.79	0.00	0.31	1.16
针阔Ⅲ号	2015	5	12.60	25.76	16.21	1.82	0.00	0.36	0.57
针阔Ⅲ号	2015	6	34.42	28.48	11.60	3.60	0.00	0.70	0.79
针阔Ⅲ号	2015	7	4.12	44.75	4.61	0.27	0.00	0.33	0.54
针阔Ⅲ号	2015	8	5.89	56.01	5.74	0.75	0.00	0.26	0.69
针阔Ⅲ号	2015	9	12.05	42.74	4.29	0.67	0.00	0.49	0.60
针阔Ⅲ号	2015	10	14.96	54.85	6.01	0.41	0.00	0.49	0.77
针阔Ⅲ号	2015	11	9.93	39.08	2.29	0.22	0.00	0.25	0.52
针阔Ⅲ号	2015	12	2.19	23.75	3.10	0.63	0.00	0.49	0.30
针阔Ⅲ号	2016	1	2.43	21.31	1.25	0.04	0.00	0.22	0.25
针阔Ⅲ号	2016	2	5.08	53.60	1.56	0.41	0.00	0.53	0.61
针阔Ⅲ号	2016	3	0.85	74.12	3.99	0.03	0.00	0.22	0.79
针阔Ⅲ号	2016	4	8.50	158.02	31.13	0.56	0.00	0.21	1.98
针阔Ⅲ号	2016	5	14.67	28.70	19.30	0.71	0.00	2.43	0.66
针阔Ⅲ号	2016	6	17.00	35.95	39.47	1.92	0.00	0.73	0.95
针阔Ⅲ号	2016	7	6.23	33.22	8.23	0.39	0.00	0.43	0.49
针阔Ⅲ号	2016	8	23.12	45.62	7.23	2.05	0.00	0.85	0.79
针阔Ⅲ号	2016	9	2.08	62.60	8.93	0.04	0.00	0.61	
针阔Ⅲ号	2016	10	4.21	62.83	4.10	0.00	0.00	0.45	0.72
针阔Ⅲ号	2016	11	6.65	29.13	4.42	0.12	0.00	6.57	0.47
针阔Ⅲ号	2016	12	4.18	34.26	5.65	0.40	0.00	0.31	0.45

3.1.7 森林植物群落凋落物现存量

3.1.7.1 概述

凋落物现存量是指森林生态系统地表保存的凋落物干重，是凋落物输入与分解后的净累积量，是长期累积的生态系统中所有代谢产物的总和，是凋落物实际留存状态的真实反映。数据来源于鼎湖山站 2005—2016 年间的监测数据，包括 5 个样地：季风林、松林、针阔Ⅰ号、针阔Ⅱ号、针阔Ⅲ号。

3.1.7.2　数据采集和处理方法

每年在植物生长盛期（现存量最少时期）进行现存量调查。在样地的每个凋落物框邻近地方选择相对完整地块，围取 1 m×1 m 样方，按枝、叶、花、果、树皮、苔藓地衣和杂物分别收集，使用百分之一电子天平称重、记录，除采集的凋落物样品外其余全部放回原处。每个样地按以上 6 个组分分别采集 3 个样品，带回室内，在 65 ℃下烘干至恒重后称重、记录，测定含水率，根据含水率将鲜重换算为干重。

3.1.7.3　数据质量控制和评估

野外收集选择样点时应该尽量避开人为活动和环境干扰的地方；边界内的凋落物收集要完整，尤其是半分解仍可见基本形状的叶片，同时要注意去除黏附的泥土、石块。

3.1.7.4　数据价值、使用方法和建议

凋落物现存量是研究凋落物动态的基础数据之一。本部分数据公开了 2005—2016 年鼎湖山站 5 个主要样地凋落物现存量的数据，结合凋落物回收量、物候等数据，可为该地区的森林养分循环等研究提供基础数据。

3.1.7.5　数据

具体数据见表 3－8。

表 3－8　2005—2016 年 5 个样地凋落物现存量

样地	年份	枯枝/(g/m²)	落叶/(g/m²)	花、果/(g/m²)	树皮/(g/m²)	苔藓地衣/(g/m²)	杂物/(g/m²)	总量/(t/hm²)
季风林	2005	83.47	183.87	0.00	0.00	0.00	0.00	2.67
季风林	2006	125.80	165.72	9.48	0.97	0.07	0.00	3.02
季风林	2007	79.20	138.01	5.56	0.00	0.00	0.00	2.23
季风林	2008	130.97	174.18	0.53	32.22	0.00	0.03	3.38
季风林	2009	77.45	80.76	6.49	8.40	0.18	6.42	1.80
季风林	2010	86.56	160.69	2.75	6.86	0.00	0.00	2.57
季风林	2011	140.12	277.37	7.27	11.77	0.00	0.41	4.37
季风林	2012	147.03	146.08	6.17	28.95	0.00	0.00	3.28
季风林	2013	145.43	264.39	1.37	10.83	0.20	0.00	4.22
季风林	2014	121.25	316.40	0.99	4.52	0.00	0.00	4.43
季风林	2015	97.50	302.48	0.48	1.18	0.00	0.00	4.02
季风林	2016	91.12	364.85	0.49	4.26	0.00	0.00	4.61
松林	2005	92.99	315.06	0.00	0.00	0.00	0.00	4.08
松林	2006	113.63	465.86	2.29	3.16	0.00	0.00	5.85
松林	2007	118.34	637.64	6.45	0.00	0.00	0.00	7.62
松林	2008	122.09	316.22	1.82	37.38	0.00	0.00	4.78
松林	2009	62.79	222.10	6.40	12.87	0.00	22.00	3.26
松林	2010	124.40	288.62	7.07	13.33	0.00	0.00	4.33
松林	2011	223.33	524.19	2.72	44.71	0.00	0.00	7.95
松林	2012	211.49	488.19	4.94	39.90	0.00	0.00	7.45

（续）

样地	年份	枯枝/(g/m²)	落叶/(g/m²)	花、果/(g/m²)	树皮/(g/m²)	苔藓地衣/(g/m²)	杂物/(g/m²)	总量/(t/hm²)
松林	2013	178.70	1 005.68	2.83	81.52	0.00	0.00	12.69
松林	2014	151.39	706.77	1.76	38.44	0.00	0.00	8.98
松林	2015	144.10	781.20	0.96	46.09	0.00	0.00	9.72
松林	2016	161.83	1 435.32	0.14	79.89	0.00	0.00	16.77
针阔Ⅰ号	2009	68.82	128.69	6.76	19.46	0.00	16.43	2.40
针阔Ⅰ号	2010	148.46	290.20	13.18	17.79	0.00	0.00	4.70
针阔Ⅰ号	2011	197.86	373.18	5.16	27.78	0.00	0.00	6.04
针阔Ⅰ号	2012	129.72	264.36	8.27	24.03	0.00	0.00	4.26
针阔Ⅰ号	2013	177.56	396.73	2.05	26.86	0.00	0.00	6.03
针阔Ⅰ号	2014	208.97	509.58	1.66	10.73	0.00	0.00	7.31
针阔Ⅰ号	2015	154.38	559.98	1.34	21.07	0.00	0.00	7.37
针阔Ⅰ号	2016	160.42	609.88	6.19	29.78	0.00	0.00	8.06
针阔Ⅱ号	2005	102.35	242.42	0.00	0.00	0.00	0.00	3.45
针阔Ⅱ号	2006	69.00	197.60	14.14	0.42	0.00	0.05	2.81
针阔Ⅱ号	2007	87.85	235.23	5.20	0.66	0.00	0.05	3.29
针阔Ⅱ号	2008	172.44	305.26	34.10	22.09	0.00	0.00	5.34
针阔Ⅱ号	2009	72.79	153.73	6.92	4.64	0.00	12.40	2.50
针阔Ⅱ号	2010	143.41	396.09	11.57	10.69	0.00	0.00	5.62
针阔Ⅱ号	2011	207.74	650.70	4.70	11.73	0.00	0.00	8.75
针阔Ⅱ号	2012	215.27	377.41	15.19	11.10	0.00	0.00	6.19
针阔Ⅱ号	2013	208.94	440.84	2.46	13.31	0.00	0.00	6.66
针阔Ⅱ号	2014	330.47	619.10	1.38	24.34	0.00	0.00	9.75
针阔Ⅱ号	2015	192.04	687.01	0.00	11.97	0.00	0.00	8.91
针阔Ⅱ号	2016	237.81	544.30	3.87	11.31	0.00	0.00	7.97
针阔Ⅲ号	2006	245.70	221.47	7.30	1.39	0.00	0.00	4.76
针阔Ⅲ号	2007	165.60	326.04	10.47	0.00	0.00	0.00	5.02
针阔Ⅲ号	2008	255.37	330.89	0.60	9.26	0.00	0.00	5.96
针阔Ⅲ号	2009	105.21	135.84	10.14	23.75	0.00	11.20	2.86
针阔Ⅲ号	2010	135.92	263.64	5.65	6.26	0.00	0.00	4.11
针阔Ⅲ号	2011	280.03	284.18	6.77	19.29	0.00	8.19	5.98
针阔Ⅲ号	2012	203.43	259.98	13.54	26.25	0.00	0.00	5.03
针阔Ⅲ号	2013	153.29	246.74	0.69	7.89	0.00	0.23	4.09

（续）

样地	年份	枯枝/(g/m²)	落叶/(g/m²)	花、果/(g/m²)	树皮/(g/m²)	苔藓地衣/(g/m²)	杂物/(g/m²)	总量/(t/hm²)
针阔Ⅲ号	2014	294.34	467.84	10.08	20.02	0.00	0.00	7.92
针阔Ⅲ号	2015	197.20	372.33	2.44	6.13	0.00	0.00	5.78
针阔Ⅲ号	2016	217.32	516.17	0.97	24.74	0.00	0.00	7.59

3.1.8 森林植物群落优势植物物候观测

3.1.8.1 概述

植物物候是植物受气候和其他环境因子的影响而出现的以年为周期的自然现象，是植物为长期适应环境的季节性变化而形成的生长发育节律。物候观测主要在站区的地带性植物群落中进行，以人工观测为主。数据来源于鼎湖山站 2004—2016 年的人工观测数据。观测在季风林进行，观测对象为样地的优势种类，包含了 9 种木本植物和 2 种草本植物。

3.1.8.2 数据采集和处理方法

在季风林内，选择地势平坦、视野开阔地段对优势植物进行观测。乔、灌木植物每个种类选择 3～5株，草本植物每个种类选择 3～5 丛，挂牌标记进行定点观测。

3.1.8.3 数据质量控制和评估

参照《陆地生态系统生物观测规范》（中国生态系统研究网络科学委员会，2007a），在地点、目标、方法、时间等方面按规范观测；观测人员长期固定，并对其进行技术指导，减少主观偏差；专业负责人及时审核数据，发现疑问及时与观测员沟通；记录数据与历史数据、凋落物记录、灾害记录等数据进行比较审定。

3.1.8.4 数据价值、使用方法和建议

本部分数据为南亚热带地区地带性森林植物群落优势树种的人工物候观测数据，可为区域或物种尺度的物候研究提供基础数据；结合温度、降水等环境因子数据，可以分析植物对环境变化的响应及反馈机制。

3.1.8.5 数据

具体数据见表 3 - 9、表 3 - 10。

表 3 - 9　2004—2016 年季风林优势木本植物物候期

植物种名	年份	出芽期(月-日)	展叶期(月-日)	首花期(月-日)	盛花期(月-日)	结果期(月-日)	落叶期(月-日)
柏拉木	2004	02 - 10	03 - 10	05 - 10	05 - 20	06 - 05	02 - 18
柏拉木	2005	03 - 20	04 - 30	05 - 25	06 - 30	07 - 05	09 - 20
柏拉木	2006	04 - 10	04 - 25	05 - 20	06 - 10	06 - 30	11 - 20
柏拉木	2007	02 - 20	03 - 25	05 - 10	06 - 01	06 - 30	10 - 20
柏拉木	2008	03 - 10	03 - 30	04 - 30	05 - 20	06 - 20	10 - 10
柏拉木	2009	03 - 20	04 - 20	05 - 20	05 - 30	07 - 30	09 - 30
柏拉木	2010	01 - 20	02 - 10	04 - 30	05 - 10	08 - 30	10 - 10
柏拉木	2011	01 - 20	02 - 10	04 - 30	05 - 10	08 - 30	10 - 10

（续）

植物种名	年份	出芽期（月-日）	展叶期（月-日）	首花期（月-日）	盛花期（月-日）	结果期（月-日）	落叶期（月-日）
柏拉木	2012	03-25	04-06	04-27	05-23	07-07	10-10
柏拉木	2013	04-05	04-25	04-30	05-15	09-10	10-10
柏拉木	2014	03-25	04-05	05-25	05-30	06-05	10-10
柏拉木	2015	03-05	04-05	05-25	06-05	07-05	10-10
柏拉木	2016	03-15	04-05	05-25	06-05	07-05	10-10
红枝蒲桃	2004	07-10	08-20	08-05	08-10	10-05	02-20
红枝蒲桃	2005	07-20	08-05	09-05	09-30	10-05	10-15
红枝蒲桃	2006	09-05	10-10	09-10	09-20	10-30	10-10
红枝蒲桃	2007	07-25	08-10	09-01	09-20	10-10	10-20
红枝蒲桃	2008	04-20	05-10	09-15	10-10	10-30	09-20
红枝蒲桃	2009	07-20	08-20	09-20	09-30	11-30	11-10
红枝蒲桃	2010	02-10	02-28	07-20	07-30	11-10	01-30
红枝蒲桃	2011	02-10	03-30	06-20	07-30	11-10	01-30
红枝蒲桃	2012	03-28	06-30	07-11	08-05	09-10	01-30
厚壳桂	2004	03-05	03-20	05-10	05-20	06-20	04-10
厚壳桂	2005	03-20	04-05	03-30	04-30	05-25	03-25
厚壳桂	2006	03-30	05-10	04-20	06-20	06-30	03-20
厚壳桂	2007	03-10	03-30	04-10	05-05	06-01	03-05
厚壳桂	2008	03-10	03-30	04-20	04-30	06-10	08-20
厚壳桂	2009	01-30	02-20	03-30	04-30	12-20	04-20
厚壳桂	2010	02-10	02-28	02-28	03-10	10-30	08-20
厚壳桂	2011	03-15	04-05	04-25	05-05	10-30	08-20
厚壳桂	2012	03-25	04-05	04-26	05-05	05-25	08-20
厚壳桂	2013	03-10	03-22	03-15	03-20	04-20	08-20
厚壳桂	2014	02-15	03-25	03-15	04-05	04-25	08-20
厚壳桂	2015	02-05	03-15	03-25	04-15	05-05	08-20
厚壳桂	2016	02-25	03-15	04-05	05-15	05-15	08-20
九节	2004	02-20	03-10	04-10	04-20	05-05	01-20
九节	2005	04-05	04-20	05-15	06-10	06-30	05-10
九节	2006	04-15	05-05	04-20	06-20	06-30	04-05
木荷	2004	02-05	03-01	04-20	05-05	06-05	01-20
木荷	2005	02-10	03-01	04-05	05-10	07-20	03-01

（续）

植物种名	年份	出芽期（月-日）	展叶期（月-日）	首花期（月-日）	盛花期（月-日）	结果期（月-日）	落叶期（月-日）
木荷	2006	02-20	03-15	04-15	05-10	06-30	02-20
木荷	2007	02-01	03-05	04-05	04-25	06-25	02-25
木荷	2008	01-15	02-20	03-15	04-30	06-10	02-15
木荷	2009	02-20	03-20	04-30	05-10	09-20	02-20
木荷	2010	01-20	02-10	03-30	04-10	09-20	02-20
木荷	2011	02-20	03-05	04-05	05-10	10-20	02-15
木荷	2012	02-06	02-26	05-05	05-10	05-27	02-08
木荷	2013	01-25	02-25	04-20	04-25	05-20	01-30
木荷	2014	01-05	01-25	04-15	05-15	05-15	01-05
木荷	2015	01-05	02-15	04-15	04-25	05-15	01-05
木荷	2016	01-05	02-15	05-05	05-25	05-25	01-05
香楠	2004	03-20	04-05	02-28	03-05	05-20	01-15
香楠	2005	05-15	05-30	03-15	04-20	06-25	06-05
香楠	2006	03-25	06-05	04-05	05-10	06-20	05-05
香楠	2007	03-15	04-05	03-25	04-10	05-20	05-15
香楠	2008	05-10	05-30	03-10	04-20	04-30	05-20
香楠	2009	05-10	05-30	03-20	04-20	09-10	06-30
香楠	2010	01-20	02-28	03-20	03-30	08-30	04-10
香楠	2011	03-05	03-25	03-30	04-10	08-30	04-10
香楠	2012	03-07	03-10	03-26	04-05	04-26	04-10
香楠	2013	03-05	03-10	03-10	03-20	04-25	04-10
香楠	2014	03-05	03-25	03-15	03-25	05-05	04-10
香楠	2015	02-25	03-15	03-15	03-25	05-15	02-25
香楠	2016	02-05	02-25	03-25	05-05	05-25	02-25
肖蒲桃	2004	02-10	03-05	04-05	04-20	05-30	04-20
肖蒲桃	2005	03-05	03-25	08-30	09-25	10-25	04-05
肖蒲桃	2006	05-25	06-15	07-25	08-15	09-05	04-05
肖蒲桃	2007	03-15	04-15	07-15	08-10	09-01	04-10
肖蒲桃	2008	04-20	04-30	08-20	09-30	10-20	06-20
肖蒲桃	2009	01-30	02-10	05-30	06-20	11-10	05-10
肖蒲桃	2010	02-10	02-28	08-10	08-20	03-10	01-30
肖蒲桃	2011	03-05	03-15	07-30	08-10	11-20	05-05

（续）

植物种名	年份	出芽期（月-日）	展叶期（月-日）	首花期（月-日）	盛花期（月-日）	结果期（月-日）	落叶期（月-日）
肖蒲桃	2012	03-10	04-03	07-30	08-10	09-20	05-30
肖蒲桃	2013	03-05	03-30	08-20	08-25	10-30	05-30
肖蒲桃	2014	02-25	03-15	08-15	08-25	09-25	05-30
肖蒲桃	2015	02-15	03-05	08-15	08-25	09-05	05-30
肖蒲桃	2016	02-25	03-15	08-25	09-15	09-25	05-15
云南银柴	2004	02-20	04-10	02-18	02-25	04-02	05-20
云南银柴	2005	05-10	05-25	02-15	03-20	06-05	05-10
云南银柴	2006	05-10	05-30	02-05	03-10	06-10	06-10
云南银柴	2007	05-08	05-20	01-25	02-10	05-15	06-10
云南银柴	2008	04-10	04-30	02-01	03-10	05-30	06-20
云南银柴	2009	03-20	04-10	01-10	01-30	05-30	04-30
云南银柴	2010	02-28	03-30	01-30	02-10	06-10	03-10
云南银柴	2011	02-10	03-30	02-10	02-28	06-05	06-10
云南银柴	2012	05-03	05-16	03-10	04-07	04-28	05-27
云南银柴	2013	05-05	05-15	03-05	03-15	04-25	06-05
云南银柴	2014	07-15	07-25	02-15	03-25	04-15	06-05
云南银柴	2015	03-15	03-25	03-05	03-20	04-05	06-05
云南银柴	2016	03-15	03-25	02-25	04-15	04-25	07-05
锥	2004	02-20	03-10	02-28	03-10	08-10	12-20
锥	2005	02-25	03-15	03-20	04-20	07-30	09-15
锥	2006	02-26	03-10	03-15	04-20	06-25	04-10
锥	2007	02-20	03-10	03-05	03-25	07-25	04-20
锥	2008	02-20	03-10	03-20	04-10	07-30	04-20
锥	2009	01-20	02-20	03-20	03-30	10-20	04-30
锥	2010	01-20	02-28	02-25	03-10	11-10	04-10
锥	2011	03-05	03-10	03-20	04-05	11-10	04-05
锥	2012	03-06	03-10	03-20	04-12	05-30	04-20
锥	2013	02-15	02-25	03-05	03-13	05-05	04-10
锥	2014	02-25	03-25	03-25	04-15	05-05	04-05
锥	2015	02-15	03-15	03-10	04-20	05-05	03-15
锥	2016	01-25	03-05	03-25	04-15	05-05	04-05

表 3-10　2004—2016 年季风林优势草本植物物候期

植物种名	年份	萌动期/（月-日）	开花期/（月-日）	果实成熟期/（月-日）	种子散布期/（月-日）	黄枯期/（月-日）
华山姜	2004	03-10	05-10	07-05	11-20	01-20
华山姜	2005	03-25	05-05	06-20	12-05	12-30
华山姜	2006	04-10	04-30	06-10	11-05	11-30
华山姜	2007	03-15	03-30	05-10	11-01	12-05
华山姜	2008	04-10	05-20	06-10	11-10	12-10
华山姜	2009	02-10	04-30	06-20	07-20	10-10
华山姜	2010	02-10	04-30	07-20	08-30	01-10
华山姜	2011	04-05	05-10	07-20	08-30	01-10
华山姜	2012	04-08	05-08	05-20	08-30	01-10
华山姜	2013	03-15	04-27	06-01	09-10	12-18
华山姜	2014	02-15	04-25	06-05	07-15	11-15
华山姜	2015	02-05	04-15	05-15	08-15	01-05
华山姜	2016	03-05	04-15	05-05	08-15	01-05
沙皮蕨	2004	04-10		07-10	11-10	07-10
沙皮蕨	2005	06-05		06-25	11-20	01-10
沙皮蕨	2006	05-05		06-20	10-20	12-30
沙皮蕨	2007	04-05		06-10	10-20	01-10
沙皮蕨	2008	04-20		05-10	10-20	12-20
沙皮蕨	2009	04-10		08-10	08-30	10-20
沙皮蕨	2013	03-28		06-01	07-20	12-30
沙皮蕨	2014	03-15		04-15	06-05	11-15
沙皮蕨	2015	03-05		05-05	07-25	01-15
沙皮蕨	2016	03-05		05-25	09-05	01-05

3.1.9　森林植物群落优势植物和凋落物的大量元素与能值

3.1.9.1　概述

碳是构成植物主体结构的主要组分，氮、磷、钾、硫、钙、镁是植物体内的主要大量元素，它们在植物中的含量是反映植物正常生长及群落元素问题的一个重要参数。凋落物的元素含量是决定凋落物质量的一个重要因素，对凋落物分解进程和速率有显著影响。能值是植物对太阳能利用转化效率的直接反映。数据来源于鼎湖山站 1999—2015 年每 5 年 1 次的采样和分析数据。包括 3 个样地：季风林、松林、针阔Ⅱ号。

3.1.9.2　数据采集和处理方法

根据群落调查分析结果，在植物生长高峰期（7—8 月）对样地的优势植物进行采样，破坏性采样在长期监测样地附近进行。乔木种类选择 5 株成年个体，分树干、树枝、树皮、树叶、粗根（直径>

0.3cm）、细根（直径≤0.3cm）6 个部位采样（2015 年以前无粗、细根之分，统一按树根采样）。灌木种类选择不少于 5 株个体，分枝干、树叶、根 3 个部位采样；草本选择不少于 5 株（丛）个体，分地上部分和地下部分采样。分别采集 5 个平行样品，每个样品鲜重 300～500g。凋落物则分枯枝、落叶采样，样品量为 100～150g。样品采集后，带回室内烘干、研磨、分析。分析方法：全碳使用重铬酸钾-硫酸氧化法测定；全氮、全磷使用酸溶-流动注射仪分析法测定；全钾、全钙、全镁使用酸溶-电感耦合等离子体（ICP）测定法测定；全硫使用测硫仪分析法测定；热值使用氧弹法测定；灰分使用干灰化法测定。

3.1.9.3 数据质量控制和评估

样品采集时注意样品的代表性（包括采集地点、样株、取样位置等）、时间的适宜性。样品分析时，通过标样法、盲样法、平行检查法等方法，确保分析结果的准确性、可靠性。

3.1.9.4 数据价值、使用方法和建议

本部分数据为鼎湖山站 1999—2015 年优势植物和凋落物大量元素含量及热值数据，是研究物质循环和能量流动的基础数据。

3.1.9.5 数据

具体数据见表 3-11。

表 3-11 1999—2015 年 3 个样地优势植物和凋落物大量元素含量与能值

样地	年份	种类	部位	全碳/(g/kg)	全氮/(g/kg)	全磷/(g/kg)	全钾/(g/kg)	全硫/(g/kg)	全钙/(g/kg)	全镁/(g/kg)	热值/(MJ/kg)	灰分/%
季风林	1999	白颜树	树干		7.53	0.15	4.75		2.04	0.15	18.94	19.82
季风林	1999	白颜树	树根		12.52	0.38	6.66		2.55	0.36	17.74	18.71
季风林	1999	白颜树	树皮		17.51	0.22	10.01		9.50	0.30		
季风林	1999	白颜树	树叶		33.78	0.41	10.74		14.35	1.23	19.70	20.78
季风林	1999	白颜树	树枝		14.30	0.18	6.85		6.65	0.46	19.00	19.75
季风林	1999	白叶瓜馥木	树干		5.58	0.23	4.80		6.22	0.89		
季风林	1999	白叶瓜馥木	树根		7.40	0.45	4.66		3.94	1.34		
季风林	1999	白叶瓜馥木	树叶		14.71	0.41	8.19		9.40	1.49		
季风林	1999	柏拉木	树干		4.21	0.18	9.68		3.49	1.40	18.89	19.77
季风林	1999	柏拉木	树根		7.35	0.29	5.85		2.44	0.94	17.03	17.87
季风林	1999	柏拉木	树叶		22.00	0.35	11.19		18.76	0.34	19.33	20.39
季风林	1999	鼎湖钓樟	树干		1.88	0.06	1.80		1.51	0.06		
季风林	1999	鼎湖钓樟	树根		5.33	0.23	3.17		3.79	0.31		
季风林	1999	鼎湖钓樟	树皮		9.88	0.26	2.72		8.44	0.48		
季风林	1999	鼎湖钓樟	树叶		17.35	0.68	8.47		9.55	1.18		
季风林	1999	鼎湖钓樟	树枝		6.54	0.54	5.85		3.53	0.31		
季风林	1999	鼎湖血桐	树干		1.94	0.25	4.20		10.03	0.68		
季风林	1999	鼎湖血桐	树根		3.49	0.34	3.57		11.59	0.66		
季风林	1999	鼎湖血桐	树叶		18.99	0.80	10.66		19.95	1.59		
季风林	1999	鼎湖血桐	树枝		2.87	0.35	4.38		14.49	0.71		

（续）

样地	年份	种类	部位	全碳/(g/kg)	全氮/(g/kg)	全磷/(g/kg)	全钾/(g/kg)	全硫/(g/kg)	全钙/(g/kg)	全镁/(g/kg)	热值/(MJ/kg)	灰分/%
季风林	1999	红枝蒲桃	树干		3.21	0.20	3.62		2.59	0.39		
季风林	1999	红枝蒲桃	树根		5.04	0.14	3.16		4.84	0.47		
季风林	1999	红枝蒲桃	树皮		6.31	0.11	6.48		19.69	1.03		
季风林	1999	红枝蒲桃	树叶		12.61	0.53	12.36		13.30	1.54		
季风林	1999	红枝蒲桃	树枝		5.76	0.30	4.22		6.27	0.64		
季风林	1999	厚壳桂	树干		4.55	0.17	2.99		2.39	0.14	19.59	20.67
季风林	1999	厚壳桂	树根		6.78	0.15	3.53		6.23	0.28	18.77	19.65
季风林	1999	厚壳桂	树皮		10.13	0.19	4.81		12.07	0.29		
季风林	1999	厚壳桂	树叶		18.71	0.64	7.69		10.50	0.91	21.90	22.92
季风林	1999	厚壳桂	树枝		6.89	0.18	4.98		5.73	0.24	19.36	20.42
季风林	1999	华润楠	树干		2.31	0.14	2.91		2.19	0.13	19.20	20.34
季风林	1999	华润楠	树根		4.67	0.12	5.96		5.14	0.56	19.08	20.13
季风林	1999	华润楠	树皮		6.17	0.31	5.07		8.38	0.26		
季风林	1999	华润楠	树叶		14.68	0.58	8.37		6.92	0.94	21.57	22.57
季风林	1999	华润楠	树枝		7.65	0.32	6.67		4.24	0.28	19.38	20.45
季风林	1999	华山姜	树根		10.80	0.35	15.03		5.23	1.32		
季风林	1999	华山姜	树叶		17.58	0.44	16.23		7.29	1.52		
季风林	1999	黄果厚壳桂	树干		6.25	0.33	4.30		4.16	0.63	19.99	21.17
季风林	1999	黄果厚壳桂	树根		7.85	0.23	4.84		4.66	0.37	18.02	19.01
季风林	1999	黄果厚壳桂	树皮		12.01	0.23	6.61		12.03	0.47		
季风林	1999	黄果厚壳桂	树叶		21.23	0.60	9.65		6.78	1.19	22.16	23.19
季风林	1999	黄果厚壳桂	树枝		10.02	0.30	6.39		5.46	0.30	20.33	21.45
季风林	1999	黄杞	树干		3.00	0.21	2.43		3.08	0.21		
季风林	1999	黄杞	树根		7.15	0.25	4.55		8.00	1.01		
季风林	1999	黄杞	树皮		6.50	0.15	4.58		6.08	0.59		
季风林	1999	黄杞	树叶		22.01	0.86	9.50		12.86	1.15		
季风林	1999	黄杞	树枝		10.17	0.99	6.88		8.21	0.68		
季风林	1999	黄叶树	树干		6.04	0.33	3.12		3.12	0.10		
季风林	1999	黄叶树	树根		7.00	0.27	5.02		2.06	0.23		
季风林	1999	黄叶树	树皮		8.88	0.13	3.04		4.39	0.47		
季风林	1999	黄叶树	树叶		25.35	0.43	10.15		8.51	1.00		
季风林	1999	黄叶树	树枝		6.98	0.31	4.39		7.00	0.27		

（续）

样地	年份	种类	部位	全碳/(g/kg)	全氮/(g/kg)	全磷/(g/kg)	全钾/(g/kg)	全硫/(g/kg)	全钙/(g/kg)	全镁/(g/kg)	热值/(MJ/kg)	灰分/%
季风林	1999	剑叶耳草	树根		3.78	0.33	8.77		4.52	1.23		
季风林	1999	剑叶耳草	树叶		14.01	0.37	10.16		15.85	0.41		
季风林	1999	金粟兰	树根		6.53	0.53	7.67		3.93	1.05		
季风林	1999	金粟兰	树叶		12.23	0.30	11.89		15.50	0.24		
季风林	1999	九节	树干		7.50	0.64	10.39		7.48	0.94	18.98	19.86
季风林	1999	九节	树根		6.65	0.30	5.71		5.71	1.03	17.91	18.21
季风林	1999	九节	树叶		14.59		13.00		11.92	0.89	19.32	20.38
季风林	1999	罗伞树	树干		6.78	0.55	11.64		11.73	1.07	19.88	20.97
季风林	1999	罗伞树	树根		6.58	0.54	6.77		6.87	0.89	18.00	18.57
季风林	1999	罗伞树	树叶		9.46	0.33	13.22		13.93	1.10	21.21	22.19
季风林	1999	木荷	树干		1.29	0.08	2.11		4.21	0.11	18.89	19.93
季风林	1999	木荷	树根		4.06	0.37	3.42		9.99	1.10	16.60	17.58
季风林	1999	木荷	树皮		3.55	0.35	4.71		14.15	0.64		
季风林	1999	木荷	树叶		15.84	0.61	10.56		14.06	1.43	20.29	21.23
季风林	1999	木荷	树枝		5.18	0.39	5.32		19.00	0.85	18.56	19.58
季风林	1999	沙皮蕨	树根		17.28	0.29	6.56		6.09	0.95	17.52	18.94
季风林	1999	沙皮蕨	树叶		14.71	0.37	11.13		8.53	1.09	16.66	18.20
季风林	1999	香楠	树干		2.98	0.32	2.48		2.37	0.51		
季风林	1999	香楠	树根		8.44	0.37	4.83		4.82	1.22	17.88	18.27
季风林	1999	香楠	树皮		10.73	0.36	9.15		21.42	1.40		
季风林	1999	香楠	树叶		18.53	0.59	12.61		12.60	0.92	20.02	21.12
季风林	1999	香楠	树枝		5.71	0.18	5.43		4.27	1.33	18.93	19.81
季风林	1999	肖蒲桃	树干		4.74	0.23	2.78		3.26	0.29		
季风林	1999	肖蒲桃	树根		9.17	0.31	4.57		3.70	0.45		
季风林	1999	肖蒲桃	树皮		6.91	0.46	4.94		9.99	0.90		
季风林	1999	肖蒲桃	树叶		17.67	1.02	13.72		10.05	1.56		
季风林	1999	肖蒲桃	树枝		9.20	0.52	4.41		6.62	0.42		
季风林	1999	云南银柴	树干		3.29	0.28	4.82		6.06	0.62	18.28	18.99
季风林	1999	云南银柴	树根		5.12	0.25	4.16		4.57	0.55	14.93	15.62
季风林	1999	云南银柴	树皮		6.80	0.33	6.73		32.72	0.26		
季风林	1999	云南银柴	树叶		17.32	0.61	7.60		18.18	1.12	19.45	20.51
季风林	1999	云南银柴	树枝		5.35	0.33	4.38		9.10	0.97	18.89	19.93

（续）

样地	年份	种类	部位	全碳/(g/kg)	全氮/(g/kg)	全磷/(g/kg)	全钾/(g/kg)	全硫/(g/kg)	全钙/(g/kg)	全镁/(g/kg)	热值/(MJ/kg)	灰分/%
季风林	1999	杖藤	树干		2.46	0.15	8.42		1.53	0.17		
季风林	1999	杖藤	树根		8.28	0.71	8.54		2.20	0.83		
季风林	1999	杖藤	树叶		10.96	0.44	12.11		5.14	0.81		
季风林	1999	锥	树干		2.87	0.13	2.37		8.15	0.12	19.18	20.31
季风林	1999	锥	树根		4.99	0.21	2.84		17.04	0.79	18.49	19.51
季风林	1999	锥	树皮		7.10	0.18	2.49		23.06	0.33		
季风林	1999	锥	树叶		13.96	1.04	9.29		7.42	1.22	19.85	20.77
季风林	1999	锥	树枝		4.53	0.48	5.33		12.89	0.45	19.59	20.67
季风林	2005	柏拉木	树根	442.32	6.49	0.32	3.38	1.50	0.80	0.69	17.67	7.97
季风林	2005	柏拉木	树叶	406.39	19.64	0.89	10.38	3.21	7.46	2.53	17.20	5.83
季风林	2005	柏拉木	树枝	445.23	5.36	0.34	3.96	2.39	1.38	0.72	18.51	1.16
季风林	2005	凋落物	树叶	481.91	19.05	0.70	1.69	2.41	6.14	0.64	20.81	3.80
季风林	2005	凋落物	树枝	471.44	14.38	0.42	0.77	1.58	7.13	0.36	19.70	2.91
季风林	2005	红枝蒲桃	树干	448.58	1.92	0.28	0.81	1.19	1.10	0.40	18.99	0.74
季风林	2005	红枝蒲桃	树根	451.51	4.23	0.29	1.21	1.42	3.70	0.76	18.94	2.25
季风林	2005	红枝蒲桃	树皮	429.51	4.08	0.34	1.78	2.23	15.72	1.20	17.84	6.68
季风林	2005	红枝蒲桃	树叶	460.34	13.34	0.66	7.74	3.50	3.57	1.43	19.76	3.92
季风林	2005	红枝蒲桃	树枝	447.04	4.61	0.40	2.03	1.96	4.20	0.50	18.99	2.41
季风林	2005	厚壳桂	树干	484.03	3.48	0.18	0.85	0.91	0.80	0.12	19.45	0.48
季风林	2005	厚壳桂	树根	495.98	13.17	0.32	1.82	1.50	2.23	0.30	20.31	1.80
季风林	2005	厚壳桂	树皮	493.42	12.47	0.28	2.63	1.66	5.53	0.30	19.83	1.48
季风林	2005	厚壳桂	树叶	532.25	20.39	0.74	5.19	3.08	2.96	0.67	21.53	2.38
季风林	2005	厚壳桂	树枝	501.13	10.70	0.34	2.06	1.45	2.65	0.25	20.71	1.22
季风林	2005	华山姜	树根	408.72	8.82	1.07	15.53	1.60	2.28	1.93	16.79	11.94
季风林	2005	华山姜	树叶	438.89	14.59	0.97	15.67	2.46	3.93	1.31	18.66	6.12
季风林	2005	黄果厚壳桂	树根	466.54	9.54	0.38	2.61	1.35	1.71	0.27	19.37	1.74
季风林	2005	黄果厚壳桂	树叶	510.76	22.29	0.86	7.27	3.55	4.16	1.00	21.73	4.14
季风林	2005	黄果厚壳桂	树枝	478.95	11.18	0.41	2.94	1.48	4.02	0.28	19.28	1.29
季风林	2005	九节	树根	452.57	5.29	0.47	3.75	1.70	3.77	1.16	18.46	5.79
季风林	2005	九节	树叶	436.68	19.57	0.81	15.11	1.81	10.18	3.52	17.89	8.37
季风林	2005	九节	树枝	452.21	6.92	0.47	7.76	1.69	5.73	0.79	18.34	4.84
季风林	2005	木荷	树干	471.46	0.84	0.21	0.57	0.93	2.06	0.12	19.13	0.99

（续）

样地	年份	种类	部位	全碳/(g/kg)	全氮/(g/kg)	全磷/(g/kg)	全钾/(g/kg)	全硫/(g/kg)	全钙/(g/kg)	全镁/(g/kg)	热值/(MJ/kg)	灰分/%
季风林	2005	木荷	树根	483.40	4.50	0.36	2.13	1.46	3.11	0.71	19.40	2.17
季风林	2005	木荷	树皮	489.50	3.62	0.29	1.87	1.33	4.97	0.45	20.80	3.49
季风林	2005	木荷	树叶	470.20	15.45	0.62	4.85	2.23	6.35	1.56	18.90	3.00
季风林	2005	木荷	树枝	455.89	5.11	0.37	2.10	1.42	10.00	0.70	18.82	2.01
季风林	2005	沙皮蕨	树根	410.13	18.90	0.76	4.16	2.36	2.59	1.02	17.49	16.63
季风林	2005	沙皮蕨	树叶	428.11	20.38	0.75	13.34	4.74	4.82	2.46	17.78	12.52
季风林	2005	香楠	树干	487.80	2.52	0.20	0.78	1.05	0.66	0.34	19.35	1.53
季风林	2005	香楠	树根	479.95	9.73	0.34	2.58	0.91	2.99	0.79	19.25	3.34
季风林	2005	香楠	树皮	446.20	18.89	0.42	6.34	1.13	7.73	1.44	18.88	5.13
季风林	2005	香楠	树叶	443.06	23.52	0.73	10.82	2.50	6.72	3.37	19.65	7.36
季风林	2005	香楠	树枝	467.63	7.51	0.34	2.41	2.73	2.09	0.73	19.46	2.34
季风林	2005	云南银柴	树干	457.28	1.69	0.30	1.73	1.03	3.62	0.46	18.65	3.75
季风林	2005	云南银柴	树根	438.96	4.90	0.41	1.81	1.71	2.47	0.49	17.77	4.37
季风林	2005	云南银柴	树皮	311.89	7.13	0.64	2.90	2.97	14.18	0.40	12.86	4.51
季风林	2005	云南银柴	树叶	343.45	17.60	1.08	4.67	3.76	9.15	1.36	14.93	5.71
季风林	2005	云南银柴	树枝	426.38	5.23	0.49	2.25	2.48	6.00	0.69	17.62	5.01
季风林	2005	锥	树干	484.01	3.14	0.19	1.20	0.50	1.83	0.15	19.23	1.74
季风林	2005	锥	树根	447.60	7.91	0.40	1.47	1.18	3.60	0.51	18.73	2.38
季风林	2005	锥	树皮	473.72	9.59	0.43	1.88	1.28	5.12	0.33	20.44	3.35
季风林	2005	锥	树叶	454.57	19.53	0.63	5.05	2.00	2.65	1.10	19.48	2.34
季风林	2005	锥	树枝	466.98	9.18	0.30	2.07	1.07	4.52	0.42	19.98	2.48
季风林	2010	柏拉木	树根	439.16	9.25	0.28	2.51	2.60	0.60	0.68	16.73	2.84
季风林	2010	柏拉木	树叶	404.13	22.53	0.72	11.04	3.02	6.97	2.60	15.93	5.78
季风林	2010	柏拉木	树枝	449.15	6.26	0.31	3.03	1.77	1.50	0.75	16.06	1.69
季风林	2010	凋落物	树叶	509.58	18.12	0.72	2.66	2.58	4.70	0.90	18.06	5.89
季风林	2010	凋落物	树枝	479.16	13.00	0.50	1.12	2.67	9.33	0.59	17.17	5.73
季风林	2010	光叶红豆	树干	451.69	3.68	0.30	1.00	0.70	4.64	0.55	17.51	0.77
季风林	2010	光叶红豆	树根	462.36	12.36	0.42	0.95	0.65	2.10	0.41	18.49	2.12
季风林	2010	光叶红豆	树皮	474.23	16.63	0.35	1.62	0.77	11.03	0.88	19.03	2.81
季风林	2010	光叶红豆	树叶	505.48	27.10	1.02	2.86	1.65	4.30	0.96	20.50	1.95
季风林	2010	光叶红豆	树枝	499.71	12.17	0.41	1.41	1.03	7.26	0.76	19.06	1.70
季风林	2010	红枝蒲桃	树干	442.36	2.41	0.21	0.41	0.25	2.84	0.52	14.58	0.60

（续）

样地	年份	种类	部位	全碳/(g/kg)	全氮/(g/kg)	全磷/(g/kg)	全钾/(g/kg)	全硫/(g/kg)	全钙/(g/kg)	全镁/(g/kg)	热值/(MJ/kg)	灰分/%
季风林	2010	红枝蒲桃	树根	424.86	6.37	0.33	1.27	1.32	8.05	1.29	14.27	2.93
季风林	2010	红枝蒲桃	树皮	393.60	4.64	0.27	1.48	2.22	29.18	1.99	16.01	7.87
季风林	2010	红枝蒲桃	树叶	459.58	15.33	0.71	12.03	2.93	7.69	2.17	17.89	4.49
季风林	2010	红枝蒲桃	树枝	425.87	6.19	0.41	1.93	1.27	8.31	0.68	16.66	2.49
季风林	2010	厚壳桂	树干	479.84	4.47	0.32	1.08	0.32	1.69	0.17	17.52	0.66
季风林	2010	厚壳桂	树根	474.33	12.48	0.46	2.87	1.62	5.03	0.77	17.25	3.08
季风林	2010	厚壳桂	树皮	462.94	12.27	0.37	2.55	1.38	7.37	0.44	18.34	2.88
季风林	2010	厚壳桂	树叶	522.57	23.41	1.50	10.53	2.88	5.71	1.10	19.63	3.50
季风林	2010	厚壳桂	树枝	476.61	12.39	0.96	6.98	1.62	3.77	0.59	16.15	2.45
季风林	2010	华山姜	树根	388.64	11.45	1.35	21.89	2.23	1.58	3.61	14.00	11.96
季风林	2010	华山姜	树叶	457.35	17.56	1.11	22.29	2.97	4.69	2.04	16.61	7.86
季风林	2010	黄果厚壳桂	树根	463.79	10.43	0.25	2.61	1.43	1.34	0.38	17.38	2.38
季风林	2010	黄果厚壳桂	树叶	484.80	24.99	0.80	6.54	3.75	3.36	0.92	19.40	3.82
季风林	2010	黄果厚壳桂	树枝	449.33	12.55	0.25	2.41	1.45	2.98	0.25	17.96	1.92
季风林	2010	木荷	树干	445.66	1.53	0.15	0.55	0.38	2.87	0.26	15.15	0.95
季风林	2010	木荷	树根	447.61	6.97	0.46	1.70	1.67	6.46	1.57	17.63	3.03
季风林	2010	木荷	树皮	471.51	3.65	0.28	1.13	1.40	8.53	0.93	18.10	2.60
季风林	2010	木荷	树叶	458.13	17.61	0.69	4.98	2.02	11.03	2.62	17.28	4.67
季风林	2010	木荷	树枝	433.27	5.33	0.32	2.00	1.25	14.48	1.10	16.01	4.59
季风林	2010	沙皮蕨	树根	417.33	18.96	0.96	4.66	2.37	0.82	1.36	15.82	7.14
季风林	2010	沙皮蕨	树叶	450.21	22.75	1.03	22.73	5.83	1.92	3.66	15.72	7.33
季风林	2010	香楠	树干	460.40	3.46	0.25	0.52	0.20	1.12	0.30	16.34	0.71
季风林	2010	香楠	树根	441.58	15.49	0.38	1.72	0.92	3.28	0.83	16.22	3.16
季风林	2010	香楠	树皮	423.28	20.74	0.41	4.28	1.40	13.25	2.01	16.03	6.21
季风林	2010	香楠	树叶	471.67	25.94	0.75	12.18	2.75	10.26	4.48	17.95	6.27
季风林	2010	香楠	树枝	451.95	11.03	0.29	2.02	0.83	3.65	1.23	16.27	2.14
季风林	2010	肖蒲桃	树干	473.36	4.32	0.29	0.94	1.35	3.26	0.41	12.65	1.14
季风林	2010	肖蒲桃	树根	480.03	9.66	0.32	1.55	2.30	4.69	0.85	17.43	1.86
季风林	2010	肖蒲桃	树皮	472.19	11.83	0.41	3.05	3.48	8.72	1.71	17.61	2.80
季风林	2010	肖蒲桃	树叶	490.50	22.97	1.16	10.73	4.10	7.91	1.23	19.96	4.19
季风林	2010	肖蒲桃	树枝	456.91	11.31	0.60	1.90	1.85	4.61	0.59	15.82	1.61
季风林	2010	云南银柴	树干	436.24	3.03	0.25	1.07	0.22	3.02	0.41	16.42	1.82

（续）

样地	年份	种类	部位	全碳/(g/kg)	全氮/(g/kg)	全磷/(g/kg)	全钾/(g/kg)	全硫/(g/kg)	全钙/(g/kg)	全镁/(g/kg)	热值/(MJ/kg)	灰分/%
季风林	2010	云南银柴	树根	427.36	6.82	0.33	2.18	1.37	2.99	0.93	15.43	4.47
季风林	2010	云南银柴	树皮	315.47	7.60	0.56	3.38	3.42	22.50	0.59	10.99	17.53
季风林	2010	云南银柴	树叶	351.65	23.70	1.16	5.96	6.05	15.82	2.61	13.07	14.12
季风林	2010	云南银柴	树枝	409.91	8.47	0.56	2.64	2.92	6.11	0.64	14.81	5.37
季风林	2010	锥	树干	455.71	5.05	0.27	0.85	0.63	3.06	0.22	15.66	1.20
季风林	2010	锥	树根	465.48	10.18	0.34	1.92	1.22	3.96	0.71	16.74	3.08
季风林	2010	锥	树皮	460.59	10.12	0.34	1.99	0.95	9.92	0.49	17.58	3.50
季风林	2010	锥	树叶	466.86	18.51	0.80	5.81	2.07	4.65	1.40	17.17	2.96
季风林	2010	锥	树枝	499.59	7.71	0.41	2.62	1.08	6.59	0.58	15.13	2.36
季风林	2015	白颜树	粗根	458.76	17.73	0.32	4.30	0.14	4.74	0.40	17.09	4.08
季风林	2015	白颜树	树干	479.78	8.23	0.21	2.79	0.05	1.11	0.14	18.03	1.58
季风林	2015	白颜树	树皮	379.67	28.91	0.34	10.35	0.19	11.50	0.34	16.71	12.56
季风林	2015	白颜树	细根	447.64	24.69	0.45	5.41	0.24	3.96	0.76	18.06	5.45
季风林	2015	白颜树	树叶	448.90	38.19	0.97	8.31	0.21	10.40	0.88	17.93	10.58
季风林	2015	白颜树	树枝	467.87	19.35	0.39	4.52	0.17	5.61	0.41	16.59	4.87
季风林	2015	柏拉木	树根	448.39	6.81	0.20	2.39	0.16	0.86	0.82	17.95	2.87
季风林	2015	柏拉木	树叶	435.78	20.85	0.68	11.29	0.19	10.06	3.04	17.06	7.01
季风林	2015	柏拉木	树枝	475.33	6.52	0.24	3.01	0.10	1.34	0.74	18.10	1.62
季风林	2015	凋落物	树叶	360.30	16.67	0.45	2.24	0.16	8.60	0.79	17.28	15.01
季风林	2015	凋落物	树枝	397.69	11.32	0.25	0.73	0.11	9.54	0.41	18.83	4.11
季风林	2015	红枝蒲桃	粗根	448.59	5.51	0.12	1.03	0.09	4.99	0.91	18.39	2.83
季风林	2015	红枝蒲桃	树干	457.55	3.11	0.07	0.59	0.04	1.60	0.46	18.69	0.88
季风林	2015	红枝蒲桃	树皮	405.35	5.11	0.18	1.82	0.21	35.02	1.73	16.35	10.81
季风林	2015	红枝蒲桃	细根	437.14	6.46	0.16	1.54	0.12	6.67	1.16	18.01	4.09
季风林	2015	红枝蒲桃	树叶	491.82	14.02	0.50	8.24	0.25	8.26	2.21	19.02	4.91
季风林	2015	红枝蒲桃	树枝	443.51	5.25	0.19	1.09	0.09	6.60	0.59	18.30	2.57
季风林	2015	厚壳桂	粗根	497.33	11.45	0.16	1.40	0.10	2.95	0.34	19.19	2.11
季风林	2015	厚壳桂	树干	503.96	4.19	0.11	1.17	0.03	0.88	0.13	19.61	0.86
季风林	2015	厚壳桂	树皮	498.24	11.13	0.19	2.19	0.12	7.15	0.44	19.57	3.36
季风林	2015	厚壳桂	细根	499.86	17.56	0.45	3.81	0.25	2.32	0.83	19.71	3.63
季风林	2015	厚壳桂	树叶	548.65	21.68	0.88	6.17	0.24	3.98	0.72	21.71	3.48
季风林	2015	厚壳桂	树枝	493.85	10.51	0.37	3.31	0.12	2.85	0.42	19.02	2.10

（续）

样地	年份	种类	部位	全碳/(g/kg)	全氮/(g/kg)	全磷/(g/kg)	全钾/(g/kg)	全硫/(g/kg)	全钙/(g/kg)	全镁/(g/kg)	热值/(MJ/kg)	灰分/%
季风林	2015	华山姜	树根	372.62	12.36	0.89	15.77	0.16	2.98	2.49	16.63	9.31
季风林	2015	华山姜	树叶	467.06	14.83	0.72	13.46	0.21	4.67	1.69	18.59	5.88
季风林	2015	黄果厚壳桂	树根	482.76	9.80	0.22	2.45	0.10	2.35	0.37	18.61	2.91
季风林	2015	黄果厚壳桂	树叶	539.13	24.14	0.78	7.52	0.29	4.90	1.14	21.56	4.19
季风林	2015	黄果厚壳桂	树枝	481.40	13.19	0.23	1.85	0.10	3.99	0.24	18.54	2.16
季风林	2015	九节	树根	456.43	5.68	0.38	3.88	0.14	3.72	1.07	18.08	4.23
季风林	2015	九节	树叶	466.10	16.39	0.58	16.48	0.25	12.86	3.90	18.16	8.43
季风林	2015	九节	树枝	451.70	6.68	0.36	8.06	0.12	7.04	0.98	18.02	4.72
季风林	2015	木荷	粗根	452.77	5.70	0.13	4.64	0.22	10.23	1.71	18.19	6.31
季风林	2015	木荷	树干	460.80	3.60	0.07	0.78	0.05	4.31	0.22	19.07	1.59
季风林	2015	木荷	树皮	445.87	3.87	0.09	2.35	0.17	36.73	1.46	17.45	10.51
季风林	2015	木荷	细根	462.06	7.04	0.19	5.54	0.29	6.85	2.14	18.36	6.18
季风林	2015	木荷	树叶	475.22	15.09	0.44	7.67	0.19	14.13	1.50	19.28	6.17
季风林	2015	木荷	树枝	432.65	5.34	0.18	2.69	0.14	29.27	0.85	17.66	8.23
季风林	2015	沙皮蕨	树根	364.30	15.87	0.51	3.16	0.18	3.91	1.22	16.33	9.63
季风林	2015	沙皮蕨	树叶	379.92	18.91	0.54	12.74	0.55	7.20	2.73	17.61	7.04
季风林	2015	香楠	粗根	468.73	9.98	0.18	1.77	0.06	3.33	0.77	18.58	2.59
季风林	2015	香楠	树干	482.74	4.26	0.09	0.61	0.04	0.71	0.31	19.20	0.56
季风林	2015	香楠	树皮	451.07	19.55	0.34	5.93	0.05	11.10	2.01	18.26	5.18
季风林	2015	香楠	细根	461.31	14.13	0.23	2.53	0.07	2.08	0.99	18.85	3.09
季风林	2015	香楠	树叶	481.77	22.70	0.48	12.24	0.31	11.55	4.29	20.04	6.71
季风林	2015	香楠	树枝	470.72	7.96	0.18	2.15	0.08	2.53	0.92	18.77	1.64
季风林	2015	肖蒲桃	粗根	490.37	7.15	0.16	1.83	0.15	3.23	0.60	18.18	3.12
季风林	2015	肖蒲桃	树干	470.30	3.84	0.11	0.74	0.10	1.60	0.22	18.89	0.95
季风林	2015	肖蒲桃	树皮	467.04	10.58	0.22	2.83	0.31	8.56	1.51	18.35	3.87
季风林	2015	肖蒲桃	细根	483.67	8.44	0.17	1.86	0.15	2.65	0.62	18.94	3.26
季风林	2015	肖蒲桃	树叶	503.42	21.60	0.82	8.93	0.35	6.07	1.17	20.39	4.35
季风林	2015	肖蒲桃	树枝	479.89	7.45	0.26	2.26	0.12	3.41	0.39	18.71	2.02
季风林	2015	云南银柴	粗根	474.91	5.00	0.20	1.98	0.09	4.48	0.77	17.39	3.98
季风林	2015	云南银柴	树干	477.66	3.01	0.12	1.65	0.05	4.89	0.48	18.58	2.41
季风林	2015	云南银柴	树皮	322.17	7.79	0.47	4.02	0.49	28.20	0.67	12.06	20.09
季风林	2015	云南银柴	细根	466.43	6.62	0.22	2.27	0.13	3.99	0.83	17.87	5.20

（续）

样地	年份	种类	部位	全碳/(g/kg)	全氮/(g/kg)	全磷/(g/kg)	全钾/(g/kg)	全硫/(g/kg)	全钙/(g/kg)	全镁/(g/kg)	热值/(MJ/kg)	灰分/%
季风林	2015	云南银柴	树叶	362.40	19.93	0.87	5.59	0.71	17.46	2.76	14.94	15.81
季风林	2015	云南银柴	树枝	452.43	6.59	0.28	1.67	0.31	7.18	0.86	17.24	5.59
季风林	2015	锥	粗根	468.86	7.63	0.23	2.17	0.06	5.14	0.48	18.46	2.92
季风林	2015	锥	树干	471.71	5.48	0.21	1.16	0.05	7.24	0.18	18.05	2.30
季风林	2015	锥	树皮	493.08	9.61	0.20	1.48	0.09	12.65	0.39	19.47	4.08
季风林	2015	锥	细根	464.33	9.24	0.31	2.85	0.10	5.07	0.65	18.27	4.26
季风林	2015	锥	树叶	497.31	15.23	0.60	4.72	0.16	5.78	1.26	19.46	3.04
季风林	2015	锥	树枝	468.75	8.34	0.37	2.04	0.08	6.21	0.37	18.59	2.46
松林	2005	白花灯笼	树根	397.74	17.07	0.50	2.68	1.83	6.36	0.75	19.11	2.85
松林	2005	白花灯笼	树叶	414.83	42.16	1.56	10.34	3.41	9.15	2.53	20.14	5.61
松林	2005	白花灯笼	树枝	424.70	9.80	0.35	2.75	1.85	4.89	0.65	19.35	1.06
松林	2005	凋落物	树叶	439.26	14.16	0.44	2.09	3.53	6.87	0.99	20.68	3.00
松林	2005	凋落物	树枝	459.28	6.02	0.27	0.53	1.78	4.24	0.19	20.69	2.12
松林	2005	松	树干	497.93	0.45	0.36	0.45	1.88	1.10	0.13	20.19	0.94
松林	2005	松	树根	492.03	4.49	0.48	1.65	3.43	1.58	0.21	20.66	0.72
松林	2005	松	树皮	487.04	2.69	0.45	1.11	2.58	4.22	0.24	20.80	0.68
松林	2005	松	树叶	488.53	14.78	0.87	4.95	2.60	2.30	0.60	21.33	1.33
松林	2005	松	树枝	484.73	3.70	0.55	1.63	2.80	4.46	0.31	19.96	1.32
松林	2005	芒萁	树根	424.01	5.97	0.24	2.79	2.17	0.53	0.34	19.13	2.15
松林	2005	芒萁	树叶	436.36	12.86	0.39	4.78	2.38	1.13	0.76	19.94	2.32
松林	2005	三桠苦	树根	430.49	9.95	0.62	4.66	3.99	1.61	0.78	19.03	2.28
松林	2005	三桠苦	树叶	411.74	29.82	1.21	10.96	2.71	6.54	2.12	19.69	5.94
松林	2005	三桠苦	树枝	446.91	8.83	0.62	5.02	2.83	2.55	0.54	18.75	2.50
松林	2005	桃金娘	树根	421.85	5.76	0.42	1.98	1.59	4.71	0.29	19.20	2.01
松林	2005	桃金娘	树叶	431.26	13.39	0.74	7.40	2.07	6.03	1.33	20.48	3.13
松林	2005	桃金娘	树枝	436.84	4.29	0.37	2.13	2.22	3.15	0.22	19.38	2.44
松林	2010	白花灯笼	树根	419.01	19.57	0.66	2.36	1.47	6.88	0.75	16.19	3.84
松林	2010	白花灯笼	树叶	430.90	42.62	1.66	9.93	3.55	5.78	2.31	17.07	5.26
松林	2010	白花灯笼	树枝	431.38	14.78	0.61	2.54	1.40	7.43	0.77	15.02	3.35
松林	2010	凋落物	树叶	508.86	15.94	0.48	0.60	1.98	7.51	0.63	16.69	4.84
松林	2010	凋落物	树枝	466.01	10.33	0.37	0.41	1.63	7.77	0.38	16.57	3.48
松林	2010	松	树干	487.09	2.86	0.30	0.82	1.35	2.20	0.26	17.51	0.89

（续）

样地	年份	种类	部位	全碳/(g/kg)	全氮/(g/kg)	全磷/(g/kg)	全钾/(g/kg)	全硫/(g/kg)	全钙/(g/kg)	全镁/(g/kg)	热值/(MJ/kg)	灰分/%
松林	2010	松	树根	471.25	6.85	0.42	3.08	1.82	3.30	0.56	16.93	2.18
松林	2010	松	树皮	468.98	3.45	0.29	1.24	1.28	5.62	0.43	17.35	1.76
松林	2010	松	树叶	479.69	14.30	1.10	7.41	1.92	6.39	1.01	17.67	3.22
松林	2010	松	树枝	471.29	5.17	0.48	1.91	1.00	7.09	0.47	17.83	2.47
松林	2010	芒萁	树根	440.35	6.34	0.34	2.23	1.10	0.82	0.28	14.85	2.56
松林	2010	芒萁	树叶	447.84	14.37	0.75	5.75	2.03	1.07	1.02	16.66	4.23
松林	2010	三桠苦	树根	437.62	14.03	0.52	6.23	1.37	4.04	1.14	17.23	4.60
松林	2010	三桠苦	树叶	432.15	26.86	1.16	5.49	2.55	10.48	1.94	16.83	6.02
松林	2010	三桠苦	树枝	438.65	12.60	0.63	3.46	1.53	5.32	1.06	15.07	2.37
松林	2010	桃金娘	树根	424.90	7.92	0.41	1.85	1.33	6.13	0.50	15.40	2.69
松林	2010	桃金娘	树叶	465.30	12.39	0.67	5.38	2.90	8.79	1.79	17.94	3.77
松林	2010	桃金娘	树枝	438.46	5.23	0.35	1.74	1.22	5.25	0.43	15.90	1.81
松林	2015	白花灯笼	树根	451.92	20.07	0.57	2.55	0.11	7.38	0.94	18.20	3.29
松林	2015	白花灯笼	树叶	498.09	53.26	1.50	7.67	0.39	7.49	3.33	20.33	5.02
松林	2015	白花灯笼	树枝	485.88	14.70	0.50	2.95	0.09	6.07	0.86	18.64	2.98
松林	2015	凋落物	树叶	483.34	12.27	0.31	0.64	0.12	8.08	0.65	20.05	5.41
松林	2015	凋落物	树枝	486.68	6.60	0.15	0.19	0.08	7.55	0.24	19.63	2.99
松林	2015	松	粗根	459.02	5.81	0.19	1.41	0.10	2.34	0.31	20.46	3.24
松林	2015	松	树干	531.00	3.90	0.14	0.84	0.05	2.65	0.28	19.19	1.27
松林	2015	松	树皮	554.03	3.17	0.04	0.19	0.02	3.29	0.17	20.80	1.18
松林	2015	松	细根	534.39	7.51	0.28	1.89	0.14	2.52	0.45	20.02	3.30
松林	2015	松	树叶	518.37	14.44	0.79	4.25	0.14	3.93	0.67	21.31	2.67
松林	2015	松	树枝	526.12	4.57	0.29	1.16	0.04	5.52	0.40	19.95	2.27
松林	2015	芒萁	树根	471.82	5.82	0.18	2.49	0.07	0.52	0.24	18.22	4.24
松林	2015	芒萁	树叶	478.15	10.92	0.41	5.89	0.13	0.64	0.69	19.75	3.72
松林	2015	三桠苦	树根	448.82	11.21	0.59	4.18	0.09	1.84	1.26	18.76	3.43
松林	2015	三桠苦	树叶	477.55	35.13	1.52	7.93	0.28	11.08	2.76	19.50	7.00
松林	2015	三桠苦	树枝	446.01	11.07	0.77	4.32	0.10	3.76	1.46	18.77	2.93
松林	2015	桃金娘	树根	452.81	6.24	0.22	1.56	0.09	4.12	0.31	18.69	2.09
松林	2015	桃金娘	树叶	490.83	12.75	0.51	5.46	0.21	7.97	1.27	20.51	4.37
松林	2015	桃金娘	树枝	455.22	4.56	0.22	1.71	0.05	3.19	0.23	18.84	1.99
针阔Ⅱ号	2005	淡竹叶	树根	424.14	21.17	0.68	9.06	4.44	0.65	0.73	17.15	1.65

（续）

样地	年份	种类	部位	全碳/(g/kg)	全氮/(g/kg)	全磷/(g/kg)	全钾/(g/kg)	全硫/(g/kg)	全钙/(g/kg)	全镁/(g/kg)	热值/(MJ/kg)	灰分/%
针阔Ⅱ号	2005	淡竹叶	树叶	467.42	24.48	1.05	16.81	5.22	1.27	1.52	18.71	5.85
针阔Ⅱ号	2005	凋落物	树叶	504.54	14.14	0.38	2.15	3.40	3.35	0.83	20.72	2.40
针阔Ⅱ号	2005	凋落物	树枝	497.15	10.51	0.29	0.62	2.44	4.80	0.37	20.33	3.39
针阔Ⅱ号	2005	黑莎草	树根	465.18	9.10	0.29	3.86	2.28	0.84	0.36	18.67	7.71
针阔Ⅱ号	2005	黑莎草	树叶	454.50	9.79	0.28	5.78	2.21	1.83	0.53	18.56	5.31
针阔Ⅱ号	2005	九节	树根	488.37	6.96	0.28	2.16	1.82	2.93	1.40	19.19	5.17
针阔Ⅱ号	2005	九节	树叶	484.88	19.65	0.64	11.92	2.43	8.54	2.60	19.77	8.61
针阔Ⅱ号	2005	九节	树枝	478.62	7.54	0.28	3.54	1.80	3.29	0.77	19.12	15.33
针阔Ⅱ号	2005	罗伞树	树根	476.28	8.09	0.33	3.00	2.01	1.61	0.34	19.72	2.37
针阔Ⅱ号	2005	罗伞树	树叶	467.32	22.39	0.70	12.36	2.13	8.61	3.53	19.61	5.52
针阔Ⅱ号	2005	罗伞树	树枝	458.62	7.25	0.27	2.86	1.87	6.52	0.36	18.85	1.59
针阔Ⅱ号	2005	松	树干	503.70	0.59	0.16	0.38	0.88	0.80	0.12	20.11	0.83
针阔Ⅱ号	2005	松	树根	509.05	4.67	0.23	1.21	1.23	1.32	0.19	21.02	0.63
针阔Ⅱ号	2005	松	树皮	522.61	2.37	0.18	0.84	1.18	1.74	0.17	20.91	0.67
针阔Ⅱ号	2005	松	树叶	539.56	15.62	0.66	3.57	2.38	1.89	0.50	21.98	1.24
针阔Ⅱ号	2005	松	树枝	507.57	4.51	0.37	2.10	1.52	2.68	0.34	20.76	1.32
针阔Ⅱ号	2005	木荷	树干	486.64	0.92	0.16	0.74	1.85	2.05	0.11	18.66	0.91
针阔Ⅱ号	2005	木荷	树根	489.12	4.93	0.22	1.93	1.69	3.17	0.89	19.71	2.19
针阔Ⅱ号	2005	木荷	树皮	478.30	5.74	0.28	3.53	2.58	6.59	0.61	19.45	3.73
针阔Ⅱ号	2005	木荷	树叶	482.56	18.59	0.57	6.23	2.30	4.59	1.36	20.46	3.00
针阔Ⅱ号	2005	木荷	树枝	444.67	5.43	0.28	2.43	2.72	7.56	0.54	18.92	2.09
针阔Ⅱ号	2005	锥	树干	434.92	3.65	0.15	0.75	1.31	2.47	0.15	18.79	2.04
针阔Ⅱ号	2005	锥	树根	457.18	8.99	0.27	1.89	1.90	5.17	0.32	18.63	2.45
针阔Ⅱ号	2005	锥	树皮	423.22	10.18	0.31	2.39	1.79	8.03	0.34	20.28	3.31
针阔Ⅱ号	2005	锥	树叶	394.47	19.82	0.69	6.07	2.45	3.09	1.13	20.23	2.31
针阔Ⅱ号	2005	锥	树枝	434.38	9.84	0.31	2.28	1.35	8.87	0.68	19.32	3.12
针阔Ⅱ号	2010	淡竹叶	树根	327.57	18.32	0.94	15.19	3.88	2.79	1.22	10.96	32.00
针阔Ⅱ号	2010	淡竹叶	树叶	398.87	26.95	1.62	29.01	5.75	3.31	1.91	15.30	10.97
针阔Ⅱ号	2010	凋落物	树叶	449.74	16.52	0.56	1.83	2.13	10.06	1.19	16.40	5.67
针阔Ⅱ号	2010	凋落物	树枝	428.99	10.94	0.32	0.21	1.97	17.21	0.57	16.33	3.07
针阔Ⅱ号	2010	九节	树根	426.90	7.16	0.55	6.32	2.40	7.44	2.62	15.33	5.58
针阔Ⅱ号	2010	九节	树叶	423.71	17.47	0.91	20.64	3.22	13.89	4.07	15.22	8.64

（续）

样地	年份	种类	部位	全碳/(g/kg)	全氮/(g/kg)	全磷/(g/kg)	全钾/(g/kg)	全硫/(g/kg)	全钙/(g/kg)	全镁/(g/kg)	热值/(MJ/kg)	灰分/%
针阔Ⅱ号	2010	九节	树枝	437.79	8.35	0.46	9.64	2.32	9.27	1.60	16.18	4.05
针阔Ⅱ号	2010	罗伞树	树根	422.87	9.62	0.70	4.88	2.18	6.26	1.46	15.04	4.14
针阔Ⅱ号	2010	罗伞树	树叶	436.44	19.32	0.96	19.29	1.70	17.35	5.22	15.74	8.06
针阔Ⅱ号	2010	罗伞树	树枝	416.45	6.55	0.50	5.72	1.70	11.55	1.49	14.22	4.36
针阔Ⅱ号	2010	松	树干	464.93	1.95	0.31	0.62	0.83	1.42	0.14	16.50	0.75
针阔Ⅱ号	2010	松	树根	495.04	6.49	0.32	1.42	1.50	2.46	0.36	16.51	2.21
针阔Ⅱ号	2010	松	树皮	485.52	2.74	0.24	0.34	0.37	3.19	0.24	18.03	1.11
针阔Ⅱ号	2010	松	树叶	483.03	14.41	1.07	6.29	1.98	2.68	0.72	18.12	2.46
针阔Ⅱ号	2010	松	树枝	479.02	4.47	0.39	1.36	1.22	4.48	0.34	17.88	2.20
针阔Ⅱ号	2010	木荷	树干	455.89	1.80	0.24	1.10	0.85	3.05	0.15	16.34	1.21
针阔Ⅱ号	2010	木荷	树根	438.60	5.81	0.36	3.62	2.25	2.41	1.71	16.10	3.78
针阔Ⅱ号	2010	木荷	树皮	409.55	6.95	0.49	5.05	2.15	16.70	1.27	16.47	5.77
针阔Ⅱ号	2010	木荷	树叶	454.04	18.37	0.77	10.48	2.70	8.64	2.33	18.25	5.06
针阔Ⅱ号	2010	木荷	树枝	438.91	5.32	0.37	3.28	1.95	19.47	1.02	17.27	5.14
针阔Ⅱ号	2010	锥	树干	451.90	4.75	0.42	1.87	1.23	2.23	0.13	16.71	0.80
针阔Ⅱ号	2010	锥	树根	432.42	7.49	0.40	3.12	1.87	2.89	0.68	16.57	3.30
针阔Ⅱ号	2010	锥	树皮	442.81	9.79	0.43	2.72	1.55	5.55	0.41	17.99	3.65
针阔Ⅱ号	2010	锥	树叶	445.74	20.16	0.83	7.40	2.55	2.98	0.88	18.49	3.04
针阔Ⅱ号	2010	锥	树枝	429.44	10.10	0.45	3.61	2.32	13.81	0.76	16.14	3.34
针阔Ⅱ号	2015	淡竹叶	树根	429.07	22.49	0.98	10.00	0.30	0.57	0.83	16.71	8.61
针阔Ⅱ号	2015	淡竹叶	树叶	444.56	25.10	1.27	21.45	0.53	1.46	1.65	17.18	10.40
针阔Ⅱ号	2015	凋落物	树叶	485.07	17.00	0.37	1.01	0.16	4.59	0.87	19.58	4.77
针阔Ⅱ号	2015	凋落物	树枝	487.51	10.56	0.19	0.59	0.11	9.10	0.62	19.00	3.41
针阔Ⅱ号	2015	九节	树根	479.45	6.27	0.22	2.78	0.23	3.19	1.21	18.52	3.80
针阔Ⅱ号	2015	九节	树叶	477.78	18.36	0.63	12.72	0.28	10.43	3.07	18.80	7.40
针阔Ⅱ号	2015	九节	树枝	485.47	8.54	0.30	7.07	0.21	6.40	0.83	18.13	4.33
针阔Ⅱ号	2015	罗伞树	树根	476.23	8.07	0.29	2.29	0.10	1.81	0.56	18.87	3.21
针阔Ⅱ号	2015	罗伞树	树叶	473.81	19.91	0.73	13.02	0.15	13.28	4.26	19.23	7.60
针阔Ⅱ号	2015	罗伞树	树枝	447.21	7.66	0.28	2.78	0.08	11.30	0.64	17.72	4.55
针阔Ⅱ号	2015	松	粗根	522.98	5.93	0.18	1.44	0.08	2.10	0.35	19.72	3.09

（续）

样地	年份	种类	部位	全碳/(g/kg)	全氮/(g/kg)	全磷/(g/kg)	全钾/(g/kg)	全硫/(g/kg)	全钙/(g/kg)	全镁/(g/kg)	热值/(MJ/kg)	灰分/%
针阔Ⅱ号	2015	松	树干	496.16	3.78	0.15	0.87	0.03	1.57	0.27	18.93	0.81
针阔Ⅱ号	2015	松	树皮	517.35	3.49	0.05	0.46	0.02	2.72	0.16	20.77	1.03
针阔Ⅱ号	2015	松	细根	523.72	7.02	0.25	1.60	0.11	2.05	0.39	19.95	2.66
针阔Ⅱ号	2015	松	树叶	472.56	13.86	0.74	3.70	0.11	3.02	0.65	21.31	2.09
针阔Ⅱ号	2015	松	树枝	480.13	5.70	0.31	1.18	0.04	5.41	0.43	20.03	2.08
针阔Ⅱ号	2015	木荷	粗根	437.89	5.76	0.20	1.70	0.16	3.49	1.13	18.87	4.05
针阔Ⅱ号	2015	木荷	树干	478.81	2.78	0.08	0.85	0.05	2.53	0.17	18.75	1.21
针阔Ⅱ号	2015	木荷	树皮	446.67	4.62	0.21	3.54	0.15	16.74	0.89	18.93	5.65
针阔Ⅱ号	2015	木荷	细根	445.41	7.39	0.24	2.72	0.18	2.51	1.38	18.51	4.62
针阔Ⅱ号	2015	木荷	树叶	471.31	16.39	0.55	8.60	0.17	5.45	1.45	19.61	4.43
针阔Ⅱ号	2015	木荷	树枝	457.66	5.94	0.30	2.83	0.14	7.92	0.51	18.89	3.40
针阔Ⅱ号	2015	锥	粗根	431.22	8.70	0.18	1.26	0.08	4.75	0.34	18.00	2.61
针阔Ⅱ号	2015	锥	树干	454.74	5.26	0.15	0.93	0.05	3.48	0.12	18.32	1.35
针阔Ⅱ号	2015	锥	树皮	455.08	8.80	0.20	2.09	0.07	14.97	0.40	18.67	4.80
针阔Ⅱ号	2015	锥	细根	448.66	10.09	0.30	1.94	0.12	4.70	0.59	18.47	4.32
针阔Ⅱ号	2015	锥	树叶	460.58	18.66	0.58	5.23	0.16	3.14	1.13	19.59	2.87
针阔Ⅱ号	2015	锥	树枝	454.29	11.00	0.26	2.05	0.13	7.61	0.60	18.86	3.01

注：空白项为缺测项。

3.1.10 森林植物群落鸟类种类与数量

3.1.10.1 概述

鸟类是生态系统的重要组成部分，担负着种子及营养物的输送，参与系统内能量流动和无机物质循环，维持生态系统的稳定性。数据来源于鼎湖山站2004—2015年每5年1次的调查数据，由于缺乏专业人员等原因，2010年未进行观测。仅在季风林进行观测。

3.1.10.2 数据采集和处理方法

采用样线法观测，样线长度约500 m，每个季度观测1次，每次3 d，每天早上和傍晚各观测1次。采用相机、望远镜、录音机等工具，通过拍照、录音等方式，鉴别、记录样线两侧50 m范围内鸟类的种类、数量。

3.1.10.3 数据质量控制和评估

在鸟类最活跃时段观测，并保持样线的长期稳定，以及较少的人为干扰。

3.1.10.4 数据价值、使用方法和建议

鸟类观测数据可用于研究森林生态系统平衡中的种子传播、病虫害控制等。

3.1.10.5 数据

具体数据见表3-12。

表 3-12　2004 年和 2015 年综合观测场鸟类种类与数量

年份	种类	数量	年份	种类	数量
2004	暗绿绣眼鸟	10	2015	赤红山椒鸟	69
2004	白额燕鸥	1	2015	大拟啄木鸟	11
2004	白鹇	14	2015	大山雀	23
2004	斑头拟啄木鸟	1	2015	大嘴乌鸦	1
2004	苍眉蝗莺	21	2015	海南蓝仙鹟	1
2004	叉尾太阳鸟	3	2015	褐顶雀鹛	3
2004	大拟啄木鸟	1	2015	褐柳莺	1
2004	大山雀	9	2015	黑短脚鹎	23
2004	大嘴乌鸦	2	2015	黑喉噪鹛	9
2004	黑眉拟啄木鸟	1	2015	黑眉拟啄木鸟	15
2004	红嘴蓝鹊	2	2015	红耳鹎	17
2004	黄颊山雀	4	2015	红头穗鹛	6
2004	黄嘴栗啄木鸟	1	2015	红头长尾山雀	18
2004	灰喉山椒鸟	50	2015	红胸啄花鸟	4
2004	灰眶雀鹛	54	2015	红嘴相思鸟	27
2004	灰树鹊	1	2015	黄颊山雀	18
2004	灰胸竹鸡	6	2015	灰背鸫	5
2004	领鸺留鸟	1	2015	灰眶雀鹛	254
2004	绿翅短脚鹎	6	2015	灰树鹊	33
2004	栗背短脚鹎	29	2015	家燕	2
2004	棕颈钩嘴鹛	1	2015	栗背短脚鹎	107
2015	暗绿绣眼鸟	101	2015	绿翅短脚鹎	34
2015	白冠燕尾	1	2015	绿翅金鸠	2
2015	白喉短翅鸫	14	2015	鹊鸲	3
2015	白头鹎	2	2015	长尾缝叶莺	2
2015	白鹇	15	2015	紫啸鸫	1
2015	叉尾太阳鸟	6	2015	棕颈钩嘴鹛	19

3.1.11　森林植物群落土壤微生物生物量碳季节动态

3.1.11.1　概述

土壤微生物是调控生物地球化学循环过程和维持生态系统功能的关键驱动者。土壤微生物生物量碳可以表征微生物群落种群大小，为土壤微生物的研究提供一个整体上总量的认识。数据来源于鼎湖山站 2005—2015 年每 5 年 1 次的调查数据。采样样地包括季风林、松林、针阔Ⅱ号。监测年份每个季度采样分析 1 次。

3.1.11.2　数据采集和处理方法

采样时，选择 3 个样地的 5 个Ⅱ级样方，每个样方按 S 形布置 3～5 个采样点，采集 0～20 cm 土壤，混合成一个样品，共采集样品 5 个。室内分析采用氯仿熏蒸提取-总有机碳（TOC）法。

3.1.11.3　数据质量控制和评估

由于土壤微生物的空间异质性较大，采样时需要多点混合采样；同时受环境影响较大，应该避免在雨后（2～3 d）或长时间干旱（>30 d）后采样，采后样品应及时冷冻保存，并尽量在 7 d 内分析，以保证分析结果的代表性。

3.1.11.4 数据价值、使用方法和建议

本部分数据可用于微生物总量的研究，以及凋落物分解等的环境作用分析。

3.1.11.5 数据

具体数据见表 3-13。

表 3-13 2005—2015 年 3 个样地土壤微生物生物量碳含量季节动态

样地名称	年份	月份	土壤平均含水量/%	微生物生物量碳/（mg/kg）
季风林	2005	1	21.89	453.48
季风林	2005	5	40.06	1 928.55
季风林	2005	8	39.65	1 348.19
季风林	2005	10	24.84	2 134.89
季风林	2010	2	30.35	287.70
季风林	2010	6	37.40	367.49
季风林	2010	9	34.33	348.01
季风林	2010	12	28.70	348.00
季风林	2015	1	27.90	376.67
季风林	2015	4	26.33	364.83
季风林	2015	7	40.42	93.00
季风林	2015	10	22.98	329.83
松林	2005	1	8.05	87.22
松林	2005	5	22.85	610.82
松林	2005	8	22.49	608.23
松林	2005	10	8.02	1 421.13
松林	2010	2	17.68	186.50
松林	2010	9	18.67	160.25
松林	2010	12	15.64	74.44
松林	2015	1	16.23	131.00
松林	2015	4	13.55	66.00
松林	2015	7	19.73	82.50
松林	2015	10	11.37	91.67
针阔Ⅱ号	2005	1	15.25	125.20
针阔Ⅱ号	2005	5	33.74	1 069.49
针阔Ⅱ号	2005	8	39.12	1 042.60
针阔Ⅱ号	2005	10	16.67	2 148.83
针阔Ⅱ号	2010	2	24.81	351.07

（续）

样地名称	年份	月份	土壤平均含水量/%	微生物生物量碳/（mg/kg）
针阔Ⅱ号	2010	6	27.72	236.54
针阔Ⅱ号	2010	9	26.23	378.71
针阔Ⅱ号	2010	12	24.14	83.34
针阔Ⅱ号	2015	1	20.60	262.50
针阔Ⅱ号	2015	4	20.43	297.17
针阔Ⅱ号	2015	7	30.65	100.50
针阔Ⅱ号	2015	10	21.93	260.50

3.1.12　森林植物群落藤本植物种类组成

3.1.12.1　概述

藤本植物是热带、亚热带森林生态系统的重要组成成分，在种类、数量和生物量方面都占有一定比重。数据来源于鼎湖山站 2004—2015 年每 5 年 1 次的调查数据，包括 6 个样地：季风林、松林、针阔Ⅰ号、针阔Ⅱ号、针阔Ⅲ号、山地林。

3.1.12.2　数据采集和处理方法

藤本植物调查与乔木植物样方调查同步进行，记录种类、数量、长度、基径，调查目标包括木质、草质藤本，也包括攀缓灌木及攀缓草本。

3.1.12.3　数据质量控制和评估

对于落地生根的藤本植物尽量挂牌标记，长度的估测尽量找到首尾。

3.1.12.4　数据价值、使用方法和建议

由于热带、亚热带藤本植物相对丰富，野外分布复杂，相互干扰，难以测定，尤其是长度的估测是一个难点；同时生物量的估算也需要建立相对准确的生物量模型进行估算。

3.1.12.5　数据

具体数据见表 3-14。

表 3-14　2004—2015 年 6 个样地藤本植物种类与数量

样地	年份	植物种名	株数	平均基径/cm	平均粗度/cm	平均长度/m
季风林	2004	白叶瓜馥木	17	1.8	0.7	3.3
季风林	2004	扁担藤	3	0.8	0.3	3.0
季风林	2004	丁公藤	3	1.5	1.1	4.7
季风林	2004	独行千里	1	0.4	0.2	4.0
季风林	2004	厚叶素馨	3	1.0	0.2	4.0
季风林	2004	宽药青藤	15	1.3	0.7	6.2
季风林	2004	山蒟	4	0.3	0.2	6.0
季风林	2004	薯茛	5	0.9	0.5	4.3
季风林	2004	土茯苓	1	0.8	0.2	3.0

（续）

样地	年份	植物种名	株数	平均基径/cm	平均粗度/cm	平均长度/m
季风林	2004	乌蔹莓	2	0.6	0.1	3.0
季风林	2004	锡叶藤	1	0.5	0.2	4.0
季风林	2004	杖藤	138	3.6	1.9	4.0
季风林	2004	紫玉盘	3	1.5	0.4	4.3
季风林	2010	白花酸藤果	2	6.5	4.5	9.0
季风林	2010	白叶瓜馥木	11	2.9	1.6	6.2
季风林	2010	扁担藤	7	2.0	1.9	10.8
季风林	2010	丁公藤	11	2.9	1.9	8.4
季风林	2010	独行千里	3	1.4	0.4	4.2
季风林	2010	厚叶素馨	1	4.0	1.5	8.0
季风林	2010	宽药青藤	1	1.0	0.5	8.0
季风林	2010	蔓九节	3	1.5	0.6	8.3
季风林	2010	山蒟	4	1.2	0.3	3.7
季风林	2010	石柑子	10	0.9	0.2	3.0
季风林	2010	藤黄檀	1	3.0	1.2	5.0
季风林	2010	乌蔹莓	2	1.0	0.3	3.8
季风林	2010	锡叶藤	4	3.0	1.3	7.3
季风林	2010	香花鸡血藤	1	3.0	1.2	6.0
季风林	2010	肖菝葜	1	2.0	1.2	10.0
季风林	2010	玉叶金花	2	2.0	0.7	5.5
季风林	2010	杖藤	45	3.8	2.2	6.4
季风林	2015	白花油麻藤	2	6.5	5.0	25.0
季风林	2015	白叶瓜馥木	113	1.6	0.9	3.4
季风林	2015	百足藤	7	0.2	0.2	3.7
季风林	2015	扁担藤	64	2.7	1.7	9.7
季风林	2015	刺果藤	3	2.1	1.5	7.0
季风林	2015	丁公藤	163	2.1	1.3	8.2
季风林	2015	独行千里	24	0.8	0.3	3.1
季风林	2015	福建胡颓子	1	2.5	1.6	6.0
季风林	2015	广东蛇葡萄	13	0.6	0.3	4.4
季风林	2015	厚叶素馨	54	2.0	1.2	8.4
季风林	2015	华南胡椒	1	0.8	0.4	5.0
季风林	2015	假鹰爪	4	1.4	0.9	4.0

（续）

样地	年份	植物种名	株数	平均基径/cm	平均粗度/cm	平均长度/m
季风林	2015	宽药青藤	95	1.1	0.5	4.7
季风林	2015	筐条菝葜	1	0.7	0.2	6.0
季风林	2015	帘子藤	1	0.5	0.3	15.0
季风林	2015	罗浮买麻藤	7	1.8	1.2	5.7
季风林	2015	马甲菝葜	2	0.5	0.2	2.6
季风林	2015	蔓九节	21	0.3	0.2	3.3
季风林	2015	楠藤	2	1.0	0.5	4.8
季风林	2015	牛白藤	2	1.4	0.5	4.5
季风林	2015	牛尾菜	2	0.6	0.3	5.0
季风林	2015	山蒟	64	0.5	0.2	3.5
季风林	2015	狮子尾	6	1.5	0.9	5.0
季风林	2015	石柑子	131	0.4	0.2	4.1
季风林	2015	薯莨	14	1.3	0.8	8.5
季风林	2015	藤槐	97	2.4	1.4	9.3
季风林	2015	乌蔹莓	9	0.6	0.2	8.6
季风林	2015	锡叶藤	14	1.7	1.0	6.2
季风林	2015	香花鸡血藤	11	0.9	0.5	4.5
季风林	2015	小叶买麻藤	4	1.1	0.7	6.7
季风林	2015	玉叶金花	8	2.2	1.5	13.9
季风林	2015	杖藤	435	2.6	1.3	5.2
季风林	2015	紫玉盘	8	2.0	1.2	3.9
松林	2004	菝葜	1	0.3	0.1	3.5
松林	2004	酸藤子	1	1.1	0.3	2.0
松林	2015	菝葜	7	0.6	0.1	1.2
松林	2015	海金沙	1	0.1	0.1	1.5
松林	2015	厚叶素馨	1	1.0	0.3	3.5
松林	2015	假鹰爪	30	1.1	0.5	2.1
松林	2015	马甲菝葜	1	0.5	0.2	1.5
松林	2015	蔓九节	82	0.5	0.2	3.1
松林	2015	薯莨	8	0.9	0.5	10.2
松林	2015	酸藤子	27	0.8	0.3	2.5
松林	2015	土茯苓	2	0.3	0.1	1.7
松林	2015	锡叶藤	15	1.2	0.5	5.4

（续）

样地	年份	植物种名	株数	平均基径/cm	平均粗度/cm	平均长度/m
松林	2015	羊角拗	4	2.3	1.3	1.8
松林	2015	玉叶金花	103	0.5	0.1	1.8
针阔Ⅰ号	2015	白叶瓜馥木	2	0.9	0.5	3.3
针阔Ⅰ号	2015	扁担藤	6	2.8	1.6	18.5
针阔Ⅰ号	2015	厚叶素馨	2	1.7	0.9	3.5
针阔Ⅰ号	2015	寄生藤	1	1.5	0.7	6.0
针阔Ⅰ号	2015	假鹰爪	14	1.9	0.7	4.1
针阔Ⅰ号	2015	罗浮买麻藤	7	1.8	1.1	7.8
针阔Ⅰ号	2015	马甲菝葜	1	0.6	0.3	2.5
针阔Ⅰ号	2015	蔓九节	3	0.5	0.2	3.9
针阔Ⅰ号	2015	土茯苓	2	0.4	0.0	1.0
针阔Ⅰ号	2015	锡叶藤	2	0.3	0.1	1.9
针阔Ⅰ号	2015	小叶红叶藤	76	0.9	0.3	3.4
针阔Ⅰ号	2015	夜花藤	3	1.6	1.1	6.0
针阔Ⅰ号	2015	杖藤	7	0.8	0.2	1.4
针阔Ⅰ号	2015	紫玉盘	16	1.6	0.7	3.5
针阔Ⅱ号	2004	红叶藤	1	1.3	0.3	2.0
针阔Ⅱ号	2015	白叶瓜馥木	2	0.5	0.0	0.5
针阔Ⅱ号	2015	寄生藤	1	1.0	0.4	4.0
针阔Ⅱ号	2015	假鹰爪	3	1.6	0.8	3.3
针阔Ⅱ号	2015	筐条菝葜	1	0.4	0.0	0.2
针阔Ⅱ号	2015	马甲菝葜	1	1.5	0.8	4.5
针阔Ⅱ号	2015	薯莨	3	0.8	0.5	4.4
针阔Ⅱ号	2015	玉叶金花	2	0.3	0.1	1.0
针阔Ⅱ号	2015	杖藤	2	1.7	0.6	2.3
针阔Ⅱ号	2015	紫玉盘	4	1.5	0.5	2.9
针阔Ⅲ号	2015	白叶瓜馥木	31	1.9	1.3	5.2
针阔Ⅲ号	2015	粗叶悬钩子	7	1.0	0.6	1.8
针阔Ⅲ号	2015	丁公藤	8	2.0	1.1	11.9
针阔Ⅲ号	2015	独子藤	1	1.0	0.7	2.5
针阔Ⅲ号	2015	广东蛇葡萄	1	1.2	0.5	18.0
针阔Ⅲ号	2015	厚叶素馨	4	1.2	0.8	9.4
针阔Ⅲ号	2015	筋藤	1	0.7	0.3	7.0

（续）

样地	年份	植物种名	株数	平均基径/cm	平均粗度/cm	平均长度/m
针阔Ⅲ号	2015	罗浮买麻藤	27	1.6	1.1	11.0
针阔Ⅲ号	2015	马甲菝葜	7	0.5	0.2	3.6
针阔Ⅲ号	2015	蔓九节	12	0.4	0.2	5.9
针阔Ⅲ号	2015	曲轴海金沙	6	0.2	0.1	2.1
针阔Ⅲ号	2015	三叶崖爬藤	4	0.3	0.2	3.1
针阔Ⅲ号	2015	山蒟	6	1.2	0.8	3.8
针阔Ⅲ号	2015	石柑子	1	0.5	0.1	1.3
针阔Ⅲ号	2015	薯莨	12	1.3	0.8	6.8
针阔Ⅲ号	2015	藤黄檀	2	1.4	1.1	11.5
针阔Ⅲ号	2015	天香藤	1	2.2	1.3	3.2
针阔Ⅲ号	2015	乌蔹莓	2	1.1	0.5	5.0
针阔Ⅲ号	2015	锡叶藤	2	1.8	1.3	5.0
针阔Ⅲ号	2015	小叶买麻藤	4	0.4	0.3	3.3
针阔Ⅲ号	2015	夜花藤	1	0.3	0.2	3.0
针阔Ⅲ号	2015	杖藤	36	1.9	1.0	3.1
山地林	2015	白花悬钩子	2	0.4	0.3	1.8
山地林	2015	白叶瓜馥木	3	2.1	1.3	3.5
山地林	2015	扁担藤	1	3.0	2.0	15.0
山地林	2015	粗叶悬钩子	27	1.2	0.6	2.4
山地林	2015	丁公藤	6	2.6	1.4	10.3
山地林	2015	多花瓜馥木	2	2.8	1.6	7.5
山地林	2015	福建胡颓子	2	1.5	0.9	4.5
山地林	2015	海金沙	1	0.2	0.2	7.0
山地林	2015	厚叶素馨	25	1.8	1.3	7.0
山地林	2015	假鹰爪	1	0.6	0.0	1.0
山地林	2015	筐条菝葜	22	0.6	0.2	3.2
山地林	2015	罗浮买麻藤	8	1.2	0.7	5.0
山地林	2015	马甲菝葜	3	0.8	0.3	5.0
山地林	2015	青江藤	1	0.7	0.4	1.0
山地林	2015	清香藤	1	0.4	0.2	3.0
山地林	2015	山蒟	35	0.5	0.2	2.7
山地林	2015	薯莨	1	1.2	0.6	4.0
山地林	2015	天香藤	1	3.0	2.0	13.0

（续）

样地	年份	植物种名	株数	平均基径/cm	平均粗度/cm	平均长度/m
山地林	2015	香花鸡血藤	20	2.4	1.7	9.1
山地林	2015	小叶买麻藤	4	0.8	0.5	4.5
山地林	2015	羊角拗	2	2.5	1.8	10.0
山地林	2015	野木瓜	1	1.5	0.6	4.0
山地林	2015	夜花藤	1	0.6	0.3	2.0
山地林	2015	玉叶金花	12	0.6	0.2	2.7
山地林	2015	杖藤	23	2.8	1.7	4.1

3.1.13 样地植物及动物种类名录

根据中国科学院生态系统研究网络统一规定，按 *Flora of China*（Wu et al.，1996）、《中国植物志》（中国科学院中国植物志编辑委员会，2004）及地方植物志书的参考顺序，编录历年样地记录的植物种类，便于参考，并用于校对历史数据（由于历史原因，出现不少的同物异名或同名异物情况）。其中表 3-15 为植物名录，355 种。表 3-16 为鸟类名录，55 种。

表 3-15 样地植物名录

中文名	拉丁学名	常用名或曾用名	科名
山油柑	*Acronychia pedunculata*（L.）Miq.	降真香	芸香科
海红豆	*Adenanthera microsperma* Teijsm. et Binn.	红豆、孔雀豆	豆科
扇叶铁线蕨	*Adiantum flabellulatum* L.		铁线蕨科
香楠	*Aidia canthioides*（Champ. ex Benth.）Masam.	光叶山黄皮	茜草科
天香藤	*Albizia corniculata*（Lour.）Druce		豆科
红背山麻杆	*Alchornea trewioides*（Benth.）Muell. Arg.	红背叶	大戟科
华山姜	*Alpinia oblongifolia* Hayata	山姜	姜科
黑桫椤	*Alsophila podophylla* Hook.		桫椤科
筋藤	*Alyxia levinei* Merr.	鼎湖念珠藤	夹竹桃科
广东蛇葡萄	*Amplelopsis cantoniensis*（Hook. Et Arn.）Planch.	粤蛇葡萄	葡萄科
五月茶	*Antidesma bunius*（L.）Spreng.	污槽树	大戟科
酸味子	*Antidesma japonicum* Sieb. et Zucc.	日本五月茶	大戟科
小叶五月茶	*Antidesma montanum* var. *microphyllum*（Hemsl.）Hoffm.		大戟科
银柴	*Aporosa dioica*（Roxb.）Müll. Arg.	大沙叶	大戟科
云南银柴	*Aporosa yunnanensis*（Pax et Hoffm.）Metc.	云南大沙叶	大戟科
土沉香	*Aquilaria sinensis*（Lour.）Spreng.	白木香	瑞香科
多羽复叶耳蕨	*Arachniodes amoena*（Ching）Ching	美丽复叶耳蕨	鳞毛蕨科
刺头复叶耳蕨	*Arachniodes aristata*（G. Forst.）Tindale		鳞毛蕨科

（续）

中文名	拉丁学名	常用名或曾用名	科名
中华复叶耳蕨	*Arachniodes chinensis* (Rosenst.) Ching		鳞毛蕨科
黄毛楤木	*Aralia decaisneana* Hance	台湾毛楤木	五加科
长刺楤木	*Aralia spinifolia* Merr.	刺叶楤木	五加科
猴耳环	*Archidendron clypearia* (Jack) Nielsen		豆科
亮叶猴耳环	*Archidendron lucidum* (Benth.) Nielsen		豆科
大叶合欢	*Archidendron turgidum* (Merr.) Nielsen	鼎湖合欢	豆科
朱砂根	*Ardisia crenata* Sims	大罗伞	紫金牛科
走马胎	*Ardisia gigantifolia* Stapf		紫金牛科
郎伞树	*Ardisia hanceana* Mez	美丽紫金牛	紫金牛科
山血丹	*Ardisia lindleyana* D. Dietr.	斑叶朱砂根	紫金牛科
罗伞树	*Ardisia quinquegona* Bl.		紫金牛科
越南紫金牛	*Ardisia waitakii* C. M. Hu		紫金牛科
荩草	*Arthraxon hispidus* (Thunb.) Makino		禾本科
二色波罗蜜	*Artocarpus styracifolius* Pierre	小叶胭脂	桑科
岗松	*Baeckea frutescens* L.		桃金娘科
柏拉木	*Blastus cochinchinensis* Lour.		野牡丹科
乌毛蕨	*Blechnum orientale* Linn.		乌毛蕨科
藤槐	*Bowringia callicarpa* Champ. ex Benth.		豆科
黑面神	*Breynia fruticosa* (L.) Hook. f.	鬼画符	大戟科
禾串树	*Bridelia balansae* Tutch.	大叶土密树	大戟科
土蜜树	*Bridelia tomentosa* Bl.		大戟科
赤唇石豆兰	*Bulbophyllum affine* Lindl.		兰科
刺果藤	*Byttneria grandifolia* DC.		梧桐科
杖藤	*Calamus rhabdocladus* Burret	华南省藤、杖枝省藤	棕榈科
灰毛鸡血藤	*Callerya cinerea* (Benth.) Schot		豆科
香花鸡血藤	*Callerya dielsiana* (Harms) P. K. L ex Z. Wei et Pedley	山鸡血藤	豆科
网络鸡血藤	*Callerya reticulata* (Benth.) Schot	昆明鸡血藤	豆科
薄叶红厚壳	*Calophyllum membranaceum* Gardn. et Champ.	横经席	藤黄科
心叶毛蕊茶	*Camellia cordifolia* (Metc.) Nakai		山茶科
柃叶连蕊茶	*Camellia euryoides* Lindl.	柃叶山茶	山茶科
香港山茶	*Camellia hongkongensis* Seem.	香港红山茶	山茶科
南山茶	*Camellia semiserrata* Chi	红花油茶、广宁油茶	山茶科
茶	*Camellia sinensis* (L.) O. Kuntze	野茶	山茶科

（续）

中文名	拉丁学名	常用名或曾用名	科名
橄榄	*Canarium album*（Lour.）Rauesch.	白榄	橄榄科
乌榄	*Canarium pimela* K. D. Koenig	黑榄	橄榄科
猪肚木	*Canthium horridum* Bl.	猪肚簕	茜草科
独行千里	*Capparis acutifolia* Sweet	尖叶槌果藤	山柑科
竹节树	*Carallia brachiata*（Lour.）Merr.	鹅肾木	红树科
隐穗薹草	*Carex cryptostachys* Brongn	茅叶苔草	莎草科
长囊薹草	*Carex harlandii* Boott	香港苔草	莎草科
花葶薹草	*Carex scaposa* C. B. Clarke	大叶苔草	莎草科
鱼尾葵	*Caryota maxima* Blume ex Mart.	假桄榔	棕榈科
球花脚骨脆	*Casearia glomerata* Roxb.	嘉赐树	大风子科
爪哇脚骨脆	*Casearia velutina* Blume	毛叶嘉赐树	大风子科
锥	*Castanopsis chinensis*（Spreng.）Hance	锥栗、桂林锥	壳斗科
黧蒴锥	*Castanopsis fissa*（Champ. ex Benth.）Rehd. et Wils.	黧蒴	壳斗科
山石榴	*Catunaregam spinosa*（Thunb.）Tirveng	牛头簕	茜草科
乌蔹莓	*Cayratia japonica*（Thunb.）Gagnep.	五爪龙	葡萄科
青江藤	*Celastrus hindsii* Benth.		卫矛科
独子藤	*Celastrus monospermus* Roxb.		卫矛科
假淡竹叶	*Centotheca lappacea*（L.）Desv.	酸模芒	禾本科
毛轴碎米蕨	*Cheilosoria chusana*（Hook.）Ching et Shing		中国蕨科
金粟兰	*Chloranthus spicatus*（Thunb.）Makino		金粟兰科
金叶树	*Chrysophyllum lanceolatum* var. *stellatocarpon* P. Royen		山榄科
金毛狗蕨	*Cibotium barometz*（L.）J. Sm.	金毛狗	蚌壳蕨科
樟	*Cinnamomum camphora*（L.）Presl.	樟树、香樟	樟科
灰毛大青	*Clerodendrum canescens* Wall. ex Walp.	粘毛赪桐	马鞭草科
白花灯笼	*Clerodendrum fortunatum* L.	鬼灯笼	马鞭草科
广东金叶子	*Craibiodendron scleranthum* var. *kwangtungense*（S. Y. Hu）Judd	红皮紫陵、广东假木荷	杜鹃花科
黄牛木	*Cratoxylum cochinchinense*（Lour.）Bl.		藤黄科
毛果巴豆	*Croton lachnocarpus* Benth.	小叶双眼龙	大戟科
厚壳桂	*Cryptocarya chinensis*（Hance）Hemsl.		樟科
黄果厚壳桂	*Cryptocarya concinna* Hance	生虫树	樟科
华南毛蕨	*Cyclosorus parasiticus*（L.）Farwell		金星蕨科
弓果黍	*Cyrtococcum patens*（L.）A. Camus		禾本科
藤黄檀	*Dalbergia hancei* Benth.	藤檀	豆科

（续）

中文名	拉丁学名	常用名或曾用名	科名
寄生藤	*Dendrotrophe varians* (Blume) Miq.		檀香科
假鹰爪	*Desmos chinensis* Lour.	酒饼叶	番荔枝科
山菅	*Dianella ensifolia* (L.) DC.	山菅兰	百合科
芒萁	*Dicranopteris pedata* (Houtt.) Nakaike	狼萁	里白科
薯莨	*Dioscorea cirrhosa* Lour.		薯蓣科
薯蓣	*Dioscorea polystachya* Turcz.		薯蓣科
乌材	*Diospyros eriantha* Champ. ex Benth.		柿科
罗浮柿	*Diospyros morrisiana* Hance		柿科
双盖蕨	*Diplazium donianum* (Mett.) Tard.	大羽双盖蕨	蹄盖蕨科
狗骨柴	*Diplospora dubia* (Lindl.) Masam.		茜草科
眼树石韦	*Dischidia chinensis* Champ. ex Benth.	瓜子金	萝藦科
抱树莲	*Drymoglossum piloselloides* (L.) Presl		水龙骨科
长花厚壳树	*Ehretia longiflora* Champ. ex Benth.		紫草科
福建胡颓子	*Elaeagnus oldhamii* Maxim.		胡颓子科
华杜英	*Elaeocarpus chinensis* (Gardn. et Champ.) Hook. f. ex Benth.	中华杜英	杜英科
显脉杜英	*Elaeocarpus dubius* A. DC.	拟杜英	杜英科
薯豆	*Elaeocarpus japonicus* Sieb. et Zucc.	日本杜英	杜英科
山杜英	*Elaeocarpus sylvestris* (Lour.) Poir.	羊屎树	杜英科
酸藤子	*Embelia laeta* (L.) Mez	酸果藤	紫金牛科
白花酸藤果	*Embelia ribes* Burm. f.	白花酸藤子	紫金牛科
少叶黄杞	*Engelhardtia fenzelii* Merr.	白皮黄杞	胡桃科
黄杞	*Engelhardtia roxburghiana* Wall.		胡桃科
吊钟花	*Enkianthus quinqueflorus* Lour.	铃儿花	杜鹃花科
鹧鸪草	*Eriachne pallescens* R. Br.		禾本科
丁公藤	*Erycibe obtusifolia* Benth.		旋花科
格木	*Erythrophleum fordii* Oliv.		豆科
桉	*Eucalyptus robusta* Sm.	桉树	桃金娘科
疏花卫矛	*Euonymus laxiflorus* Champ. ex Benth.		卫矛科
米碎花	*Eurya chinensis* R. Br.		山茶科
二列叶柃	*Eurya distichophylla* Hemsl.		山茶科
岗柃	*Eurya groffii* Merr.		山茶科
黑柃	*Eurya macartneyi* Champ.		山茶科
细齿叶柃	*Eurya nitida* Korth.	细齿柃	山茶科

（续）

中文名	拉丁学名	常用名或曾用名	科名
褐毛秀柱花	*Eustigma balansae* Oliv.	毛秀柱花	金缕梅科
黄毛榕	*Ficus esquiroliana* Lévl.		桑科
水同木	*Ficus fistulosa* Reinw. ex Bl.		桑科
粗叶榕	*Ficus hirta* Vahl	五指毛桃、掌叶榕	桑科
榕树	*Ficus microcarpa* L. f.	小叶榕	桑科
九丁榕	*Ficus nervosa* Heyne ex Roth.	凸脉榕	桑科
琴叶榕	*Ficus pandurata* Hance		桑科
竹叶榕	*Ficus stenophylla* Hemsl.		桑科
变叶榕	*Ficus variolosa* Lindl. ex Benth.		桑科
白肉榕	*Ficus vasculosa* Wall. ex Miq.	黄果榕	桑科
白叶瓜馥木	*Fissistigma glaucescens*（Hance）Merr.	白背瓜馥木	番荔枝科
黑风藤	*Fissistigma polyanthum*（Hook. f. et Thoms.）Merr.	多花瓜馥木	番荔枝科
黑莎草	*Gahnia tristis* Nees		莎草科
木竹子	*Garcinia multiflora* Champ. ex Benth.	多花山竹子	藤黄科
岭南山竹子	*Garcinia oblongifolia* Champ. ex Benth.	黄牙果	藤黄科
栀子	*Gardenia jasminoides* Ellis	黄栀子	茜草科
白颜树	*Gironniera subaequalis* Planch.		榆科
毛果算盘子	*Glochidion eriocarpum* Champ. ex Benth.		大戟科
艾胶算盘子	*Glochidion lanceolarium*（Roxb.）Voigt.	泡果算盘子	大戟科
白背算盘子	*Glochidion wrightii* Benth.		大戟科
罗浮买麻藤	*Gnetum luofuense* C. Y. Cheng		买麻藤科
小叶买麻藤	*Gnetum parvifolium*（Warb.）W. C. Cheng		买麻藤科
剑叶耳草	*Hedyotis caudatifolia* Merr. et Metc.		茜草科
鼎湖耳草	*Hedyotis effusa* Hance		茜草科
牛白藤	*Hedyotis hedyotidea*（DC.）Merr.		茜草科
广东山龙眼	*Helicia kwangtungensis* W. T. Wang	大叶山龙眼	山龙眼科
网脉山龙眼	*Helicia reticulata* W. T. Wang		山龙眼科
山芝麻	*Helicteres angustifolia* L.		梧桐科
肖菝葜	*Heterosmilax japonica* Kunth		菝葜科
天料木	*Homalium cochinchinense*（Lour.）Druce	越南天料木	大风子科
割鸡芒	*Hypolytrum nemorum*（Vahl.）Spreng.		莎草科
夜花藤	*Hypserpa nitida* Miers		防己
秤星树	*Ilex asprella*（Hook. et Arn.）Champ. ex Benth.	梅叶冬青	冬青科

（续）

中文名	拉丁学名	常用名或曾用名	科名
大埔秤星树	*Ilex asprella* var. *tapuensis* S. Y. Hu		冬青科
沙坝冬青	*Ilex chapaensis* Merr.		冬青科
越南冬青	*Ilex cochinchinensis* (Lour.) Loes.		冬青科
榕叶冬青	*Ilex ficoidea* Hemsl.		冬青科
广东冬青	*Ilex kwangtungensis* Merr.		冬青科
谷木叶冬青	*Ilex memecylifolia* Champ. ex Benth.		冬青科
毛冬青	*Ilex pubescens* Hook. et Arn.		冬青科
三花冬青	*Ilex triflora* Bl.		冬青科
宽药青藤	*Illigera celebica* Miq.	大青藤	莲叶桐科
箬叶竹	*Indocalamus longiauritus* Hand. -Mazz.		禾本科
鼠刺	*Itea chinensis* Hook. et Arn.	老鼠刺	虎耳草科
龙船花	*Ixora chinensis* Lam.		茜草科
清香藤	*Jasminum lanceolaria* Roxb.		木樨科
厚叶素馨	*Jasminum pentaneurum* Hand. -Mazz.	樟叶茉莉	木樨科
马缨丹	*Lantana camara* L.	五色梅	马鞭草科
斜基粗叶木	*Lasianthus attenuatus* Jack	斜茎粗叶木	茜草科
粗叶木	*Lasianthus chinensis* (Champ.) Benth.		茜草科
广东粗叶木	*Lasianthus curtisii* King et Gamble		茜草科
罗浮粗叶木	*Lasianthus fordii* Hance		茜草科
日本粗叶木	*Lasianthus japonicus* Miq.	污毛粗叶木	茜草科
腺叶桂樱	*Laurocerasus phaeosticta* (Hance) Schneid.	腺叶野樱	蔷薇科
大叶桂樱	*Laurocerasus zippeliana* (Miq.) Yu et Lu	大叶野樱	蔷薇科
鼎湖钓樟	*Lindera chunii* Merr.	陈氏钩樟	樟科
广东山胡椒	*Lindera kwangtungensis* (Liou) Allen		樟科
滇粤山胡椒	*Lindera metcalfiana* Allen	山钓樟	樟科
剑叶鳞始蕨	*Lindsaea ensifolia* Sw.		陵齿蕨科
异叶鳞始蕨	*Lindsaea heterophylla* Dry.	异叶双唇蕨	陵齿蕨科
团叶鳞始蕨	*Lindsaea orbiculata* (Lam.) Mett. ex Kuhn	团叶鳞始蕨	陵齿蕨科
硬壳柯	*Lithocarpus hancei* (Benth.) Rehd.	硬斗柯	壳斗科
港柯	*Lithocarpus harlandii* (Hance ex Walp.) Rehd.	岭南柯	壳斗科
山鸡椒	*Litsea cubeba* (Lour.) Pers.	山苍子、木姜子	樟科
黄丹木姜子	*Litsea elongata* (Wall. ex Nees) Benth. et Hook f.		樟科
潺槁木姜子	*Litsea glutinosa* (Lour.) C. B. Rob.	胶樟	樟科

（续）

中文名	拉丁学名	常用名或曾用名	科名
广东木姜子	*Litsea kwangtungensis* Hung T. Chang		樟科
假柿木姜子	*Litsea monopetala*（Roxb.）Pers.	柿叶木姜子	樟科
豺皮樟	*Litsea rotundifolia* var. *oblongifolia*（Nees）Allen	豺皮樟	樟科
轮叶木姜子	*Litsea verticillata* Hance		樟科
淡竹叶	*Lophatherum gracile* Brongn.	山鸡米	禾本科
曲轴海金沙	*Lygodium flexuosum*（L.）Sw.	柳叶海金沙	海金沙科
海金沙	*Lygodium japonicum*（Thunb.）Sw.	铁线藤	海金沙科
轮苞血桐	*Macaranga andamanica* Kurz	卵苞血桐、大苞血桐	大戟科
鼎湖血桐	*Macaranga sampsonii* Hance		大戟科
短序润楠	*Machilus breviflora*（Benth.）Hemsl.	短序桢楠	樟科
浙江润楠	*Machilus chekiangensis* S. K. Lee		樟科
华润楠	*Machilus chinensis*（Champ. ex Benth.）Hemsl.		樟科
黄心树	*Machilus gamblei* King ex Hook. f.		樟科
广东润楠	*Machilus kwangtungensis* Yang		樟科
凤凰润楠	*Machilus phoenicis* Dunn	硬叶楠	樟科
粗壮润楠	*Machilus robusta* W. W. Sm.	两广楠	樟科
绒毛润楠	*Machilus velutina* Champ. ex Benth.	绒楠	樟科
柳叶杜茎山	*Maesa salicifolia* Walker	柳叶通心花	紫金牛科
白背叶	*Mallotus apelta*（Lour.）Müll. Arg.	白背桐	大戟科
白楸	*Mallotus paniculatus*（Lam.）Müll. Arg.	黄背桐	大戟科
红叶野桐	*Mallotus paxii* Pamp.		大戟科
地菍	*Melastoma dodecandrum* Lour.	地稔	野牡丹科
野牡丹	*Melastoma malabathricum* Linn.		野牡丹科
毛菍	*Melastoma sanguineum* Sims	毛稔	野牡丹科
三桠苦	*Melicope pteleifolia*（Champ. ex Benth.）T. G. Hartley	三叉苦	芸香科
香皮树	*Meliosma fordii* Hemsl.	罗浮泡花树	清风藤科
笔罗子	*Meliosma rigida* Sieb. et Zucc.		清风藤科
山橙	*Melodinus suaveolens*（Hance）Champ. ex Benth.		夹竹桃科
谷木	*Memecylon ligustrifolium* Champ. ex Benth.		野牡丹科
黑叶谷木	*Memecylon nigrescens* Hook. et Arn.		野牡丹科
观光木	*Michelia odora*（Chun）Noot. et B. L. Chen	香花木	木兰科
破布叶	*Microcos paniculata* L.	布渣叶	椴树科
小盘木	*Microdesmis caseariifolia* Planch ex Hook. f.		大戟科

（续）

中文名	拉丁学名	常用名或曾用名	科名
五节芒	*Miscanthus floridulus* (lab.) Warb. ex K. Schum. et Laut.		禾本科
芒	*Miscanthus sinensis* Anderss.		禾本科
褐叶柄果木	*Mischocarpus pentapetalus* (Roxb.) Radlk.		无患子科
鸡眼藤	*Morinda parvifolia* Bartl. ex DC.		茜草科
羊角藤	*Morinda umbellata* L. subsp. obovata Y. Z. Ruan		茜草科
白花油麻藤	*Mucuna birdwoodiana* Tutch.	禾雀花	豆科
楠藤	*Mussaenda erosa* Champ. ex Benth.	厚叶白纸扇	茜草科
玉叶金花	*Mussaenda pubescens* Ait. f.	野白纸扇	茜草科
密花树	*Myrsine seguinii* H. Lév.		紫金牛科
乌檀	*Nauclea officinalis* (Pierre ex Pitard) Merr. et Chun	胆木	茜草科
江南星蕨	*Neolepisorus fortunei* (T. Moore) Li Wang		水龙骨科
锈叶新木姜子	*Neolitsea cambodiana* Lec.	柬埔新木姜	樟科
鸭公树	*Neolitsea chuii* Merr.	大新木姜	樟科
灰白新木姜子	*Neolitsea pallens* (D. Don) Momiyama et Hara	小新木姜、美丽新木姜子	樟科
韶子	*Nephelium chryseum* Bl.		无患子科
宽叶沿阶草	*Ophiopogon platyphyllus* Merr. et Chun		百合科
竹叶草	*Oplismenus compositus* (L.) Beauv.		禾本科
大叶石上莲	*Oreocharis benthamii* Clarke		苦苣苔科
石上莲	*Oreocharis benthamii* Clarke var. *reticulata* Dunn		苦苣苔科
光叶红豆	*Ormosia glaberrima* Y. C. Wu	乌心红豆	豆科
软荚红豆	*Ormosia semicastrata* Hance		豆科
苍叶红豆	*Ormosia semicastrata f. pallida* How		豆科
华南紫萁	*Osmunda vachellii* Hook.		紫萁科
露籽草	*Ottochloa nodosa* (Kunth) Dandy		禾本科
露兜草	*Pandanus austrosinensis* T. L. Wu		露兜树科
香港大沙叶	*Pavetta hongkongensis* Bremek.		茜草科
马尾杉	*Phlegmariurus phlegmaria* (L.) Holub	细穗石松	石杉科
垂穗石松	*Palhinhaea cernua* (L.) Vasc. et Franco	灯笼草	石松科
桃叶石楠	*Photinia prunifolia* (Hook. et Arn.) Lindl.	石斑木	蔷薇科
柊叶	*Phrynium rheedei* Suresh et Nicolson		竹芋科
松	*Pinus massoniana* Lamb.		松科
华南胡椒	*Piper austrosinense* Tseng		胡椒科
山蒟	*Piper hancei* Maxim.	山蒌	胡椒科

（续）

中文名	拉丁学名	常用名或曾用名	科名
风藤	*Piper kadsura*（Choisy）Ohwi		胡椒科
光叶海桐	*Pittosporum glabratum* Lindl.		海桐花科
尼泊尔蓼	*Polygonum nepalense* Meisn.		蓼科
巴郎耳蕨	*Polystichum balansae* Christ		鳞毛蕨科
石柑子	*Pothos chinensis*（Raf.）Merr.	石蒲藤	天南星科
百足藤	*Pothos repens*（Lour.）Druce	蜈蚣藤	天南星科
帘子藤	*Pottsia laxiflora*（Bl.）Kuntze		夹竹桃科
溪边假毛蕨	*Pseudocyclosorus ciliatus*（Wall. ex Benth.）Ching		金星蕨科
九节	*Psychotria asiatica* L.		茜草科
蔓九节	*Psychotria serpens* L.	穿根藤	茜草科
假鱼骨木	*Psydrax dicocca* Gaertn.	鱼骨木	茜草科
傅氏凤尾蕨	*Pteris fauriei* Hieron.		凤尾蕨科
井栏边草	*Pteris multifida* Poir.		凤尾蕨科
翻白叶树	*Pterospermum heterophyllum* Hance	半枫荷	梧桐科
窄叶半枫荷	*Pterospermum lanceifolium* Roxb.	翅子树	梧桐科
臀果木	*Pygeum topengii* Merr.	臀形果	蔷薇科
两广梭罗	*Reevesia thyrsoidea* Lindl.		梧桐科
长叶冻绿	*Rhamnus crenata* Sieb. et Zucc.	黄药	鼠李科
狮子尾	*Rhaphiodophora hongkongensis* Schott		天南星科
石斑木	*Rhaphiolepis indica*（L.）Lindl.	车轮梅、春花	蔷薇科
弯蒴杜鹃	*Rhododendron henryi* Hance	罗浮杜鹃	杜鹃花科
南岭杜鹃	*Rhododendron levinei* Merr.	北江杜鹃	杜鹃花科
岭南杜鹃	*Rhododendron mariae* Hance	紫花杜鹃	杜鹃花科
满山红	*Rhododendron mariesii* Hemsl. et Wils.	卵叶杜鹃	杜鹃花科
凯里杜鹃	*Rhododendron westlandii* Hemsl.	六角杜鹃	杜鹃花科
马银花	*Rhododendron ovatum*（Lindl.）Planch. ex Maxim.		杜鹃花科
猴头杜鹃	*Rhododendron simiarum* Hance	南华杜鹃	杜鹃花科
杜鹃	*Rhododendron simsii* Planch.	映山红	杜鹃花科
鼎湖杜鹃	*Rhododendron tingwuense* P. C. Tam		杜鹃花科
桃金娘	*Rhodomyrtus tomentosa*（Ait.）Hassk.	岗棯	桃金娘科
小叶红叶藤	*Rourea microphylla*（Hook. et Arn.）Planch.	红叶藤	牛栓藤科
红叶藤	*Rourea minor*（Gaertn.）Leenh.	大叶红叶藤	牛栓藤科
粗叶悬钩子	*Rubus alceifolius* Poir.		蔷薇科

（续）

中文名	拉丁学名	常用名或曾用名	科名
白花悬钩子	*Rubus leucanthus* Hance		蔷薇科
雀梅藤	*Sageretia thea*（Osbeck.）M. C. Johnst		鼠李科
草珊瑚	*Sarcandra glabra*（Thunb.）Nakai		金粟兰科
肉实树	*Sarcosperma laurinum*（Benth.）Hook f.	水石梓	山榄科
水东哥	*Saurauia tristyla* DC.	水冬哥	猕猴桃科
鹅掌柴	*Schefflera heptaphylla*（L.）Frodin	鸭脚木	五加科
木荷	*Schima superba* Gardn. et Champ.	荷木、荷树	山茶科
华南青皮木	*Schoepfia chinensis* Gardn. & Champ.		铁青树科
高秆珍珠茅	*Scleria terrestris*（L.）Fass		莎草科
薄叶卷柏	*Selaginella delicatula*（Desv. ex Poir.）Alston		卷柏科
深绿卷柏	*Selaginella doederleinii* Hieron		卷柏科
兖州卷柏	*Selaginella involvens*（Sw.）Spring		卷柏科
菝葜	*Smilax china* L.		菝葜科
筐条菝葜	*Smilax corbularia* Kunth	粉叶菝葜	菝葜科
土茯苓	*Smilax glabra* Roxb.	光叶菝葜	菝葜科
马甲菝葜	*Smilax lanceifolia* Roxb.	剑叶菝葜	菝葜科
暗色菝葜	*Smilax lanceifolia* var. *opaca* A. DC.		菝葜科
牛尾菜	*Smilax riparia* A. DC.		菝葜科
野木瓜	*Stauntonia chinensis* DC.		木通科
假苹婆	*Sterculia lanceolata* Cav.		梧桐科
羊角拗	*Strophanthus divaricatus*（Lour.）Hook. et Arn.		夹竹桃科
华马钱	*Strychnos cathayensis* Merr.	三脉马钱	马钱科
腺柄山矾	*Symplocos adenopus* Hance		山矾科
越南山矾	*Symplocos cochinchinensis*（Lour.）S. Moore		山矾科
黄牛奶树	*Symplocos cochinchinensis* var. *laurina*（Retz.）Noot.		山矾科
光叶山矾	*Symplocos lancifolia* Sieb. et Zucc.		山矾科
微毛山矾	*Symplocos wikstroemiifolia* Hayata		山矾科
肖蒲桃	*Syzygium acuminatissimum*（Bl.）DC.		桃金娘科
子凌蒲桃	*Syzygium championii*（Benth.）Merr. et Perry	紫凌蒲桃	桃金娘科
蒲桃	*Syzygium jambos*（L.）Alston		桃金娘科
广东蒲桃	*Syzygium kwangtungense*（Merr.）Merr. et Perry		桃金娘科
山蒲桃	*Syzygium levinei*（Merr.）Merr. et Perry	白车	桃金娘科
红枝蒲桃	*Syzygium rehderianum* Merr. et Perry	红车	桃金娘科

（续）

中文名	拉丁学名	常用名或曾用名	科名
白花苦灯笼	*Tarenna mollissima*（Hook. et Arn.）Rob.	密毛乌口树	茜草科
沙皮蕨	*Tectaria harlandii*（Hook.）C. M. Kuo	下延沙皮蕨	叉蕨科
厚皮香	*Ternstroemia gymnanthera*（Wight et Arn.）Bedd.		山茶科
锡叶藤	*Tetracera sarmentosa*（L.）Vahl.	涩叶藤	五桠果科
尾叶崖爬藤	*Tetrastigma caudatum* Merr. et Chun		葡萄科
三叶崖爬藤	*Tetrastigma hemsleyanum* Diels et Gilg.		葡萄科
扁担藤	*Tetrastigma planicaule*（Hook. f.）Gagnep.	扁藤	葡萄科
粽叶芦	*Thysanolaena latifolia*（Roxb.）Honda		禾本科
野漆	*Toxicodendron succedaneum*（L.）Kuntze	木蜡树	漆树科
狭叶山黄麻	*Trema angustifolia*（Planch.）Bl.		榆科
光叶山黄麻	*Trema cannabina* Lour.		榆科
异色山黄麻	*Trema orientalis*（L.）Bl.	山黄麻	榆科
山黄麻	*Trema tomentosa*（Roxb.）H. Hara		榆科
山乌桕	*Triadica cochinchinensis* Lour.	红乌桕	大戟科
乌桕	*Triadica sebifera*（L.）Small		大戟科
地桃花	*Urena lobata* L.	肖梵天花	锦葵科
梵天花	*Urena procumbens* L.	狗脚迹	锦葵科
紫玉盘	*Uvaria macrophylla* Roxb.		番荔枝科
常绿荚蒾	*Viburnum sempervirens* K. Koch	坚荚树	忍冬科
山牡荆	*Vitex quinata*（Lour.）Will.		马鞭草科
了哥王	*Wikstroemia indica*（L.）C. A. Mey		瑞香科
北江荛花	*Wikstroemia monnula* Hance		瑞香科
细轴荛花	*Wikstroemia nutans* Champ. ex Benth.		瑞香科
狗脊	*Woodwardia japonica*（L. f.）Sm.		乌毛蕨科
黄叶树	*Xanthophyllum hainanense* Hu		远志科
大叶臭花椒	*Zanthoxylum myriacanthum* Wall. ex Hook. f.	大叶臭椒	芸香科

表 3－16 鸟类名录

中文名	拉丁名	中文名	拉丁名
凤头鹰	*Accipiter trivirgatus*	苍眉蝗莺	*Locustella fasciolata*
红头长尾山雀	*Aegithalos concinnus*	白鹇	*Lophura nycthemera*
叉尾太阳鸟	*Aethopyga christinae*	斑头拟啄木鸟	*Megalaima lineata*

（续）

中文名	拉丁名	中文名	拉丁名
普通翠鸟	*Alcedo atthis*	黑眉拟啄木鸟	*Megalaima oorti*
褐顶雀鹛	*Alcippe brunnea*	大拟啄木鸟	*Megalaima virens*
灰眶雀鹛	*Alcippe morrisonia*	白脊鸟令鸟	*Motacilla alba*
红喉鹨	*Anthus cervinus*	紫啸鸫	*Myiophonus caeruleus*
灰胸竹鸡	*Bambusicola thoracica*	长尾缝叶莺	*Orthotomus sutorius*
黄嘴栗啄木鸟	*Blythipicus pyrrhotis*	大山雀	*Parus major*
白喉短翅鸫	*Brachypteryx leucophrys*	黄颊山雀	*Parus spilonotus*
八声杜鹃	*Cacomantis merulinus*	赤红山椒鸟	*Pericrocotus flammeus*
绿翅金鸠	*Chalcophaps indica*	灰喉山椒鸟	*Pericrocotus soraris*
鹊鸲	*Copsychus saularis*	褐柳莺	*Phylloscopus fuscatus*
大嘴乌鸦	*Corvus macrorhynchos*	黄眉柳莺	*Phylloscopus inornatus*
海南蓝仙鹟	*Cyornis hainanus*	棕颈钩嘴鹛	*Pomatorhinus ruficollis*
灰树鹊	*Dendrocitta formosae*	黄腹鹪莺	*Prinia flaviventris*
红胸啄花鸟	*Dicaeum ignipectus*	褐头鹪莺	*Prinia inornata*
白冠燕尾	*Enicurus leschenaulti*	红耳鹎	*Pycnonotus jocosus*
画眉	*Garrulax canorus*	白头鹎	*Pycnonotus sinensis*
黑喉噪鹛	*Garrulax chinensis*	灰林即鸟	*Saxicola ferrea*
领鸺留鸟	*Glaucidium brodiei*	蛇雕	*Spilornis cheela*
粟背短脚鹎	*Hemixos castanonotus*	红头穗鹛	*Stachyris ruficeps*
金腰燕	*Hirundo daurica*	白额燕鸥	*Sterma albifrons*
家燕	*Hirundo rustica*	灰背鸫	*Turdus hortulorum*
黑短脚鹎	*Hypsipetes leucocephalus*	红嘴蓝鹊	*Urocissa erythroryncha*
绿翅短脚鹎	*Hypsipetes mcclellandii*	白腹凤鹛	*Yuhina zantholeuca*
棕背伯劳	*Lanius schach*	暗绿绣眼鸟	*Zosterops japonicus*
红嘴相思鸟	*Leiothrix lutea*		

3.1.14 生物量模型及其适用种

生物量模型用于估算乔木层和灌木层的生物量，不同的方法有一定的差异，附表列出鼎湖山站几套使用过的模型，供数据分析使用时参考，本数据集乔木层生物量计算使用 1997 年模型（温达志等，

1997)，灌木层生物量计算使用2004年模型（表3-17)。

表3-17 生物量模型

年份	种名	部位	模型	模型编号	模型适用种
1997		树根	$W=0.028\ 38D^{2.653\ 48}$	DHF97-T-01r	$D\leqslant 5$cm
		树干	$W=0.055\ 49D^{2.877\ 76}$	DHF97-T-01s	
		树叶	$W=0.015\ 51D^{2.326\ 93}$	DHF97-T-01l	
		树枝	$W=0.011\ 24D^{3.162\ 37}$	DHF97-T-01b	
		树根	$W=0.049\ 77D^{2.195\ 17}$	DHF97-T-02r	5cm$<D\leqslant$10cm
		树干	$W=0.117\ 01D^{2.369\ 33}$	DHF97-T-02s	
		树叶	$W=0.041\ 69D^{1.900\ 82}$	DHF97-T-02l	
		树枝	$W=0.016\ 21D^{2.938\ 59}$	DHF97-T-02b	
		树根	$W=0.035\ 38D^{2.956\ 7}$	DHF97-T-03r	10cm$<D\leqslant$20cm
		树干	$W=0.107\ 69D^{2.348\ 91}$	DHF97-T-03s	
		树叶	$W=0.003\ 72D^{2.651\ 13}$	DHF97-T-03l	
		树枝	$W=0.003\ 85D^{3.150\ 93}$	DHF97-T-03b	
		树根	$W=0.011\ 28D^{2.678\ 50}$	DHF97-T-04r	$D<20$cm
		树干	$W=0.354\ 10D^{2.651\ 46}$	DHF97-T-04	
		树叶	$W=0.077\ 09D^{1.553\ 99}$	DHF97-T-04l	
		树枝	$W=0.005\ 83D^{2.943\ 83}$	DHF97-T-04b	
1999	柏拉木	树根	$W=0.109\ 8\ (D^2\times H)^{0.943\ 6}$	DHF99-S-01r	柏拉木，光叶红豆，白背算盘子，红背山麻杆，亮叶猴耳环，白花灯笼，马甲菝葜，毛果算盘子，白花苦灯笼，草珊瑚，丁公藤，宽药青藤，土茯苓，尾叶崖爬藤，香花鸡血藤，玉叶金花
		树干	$W=0.358\ 3\ (D^2\times H)^{0.851\ 4}$	DHF99-S-01s	
		树叶	$W=0.040\ 0\ (D^2\times H)^{0.790\ 6}$	DHF99-S-01l	
		树枝	$W=0.169\ 0\ (D^2\times H)^{0.851\ 0}$	DHF99-S-01b	
	黄果厚壳桂	树根	$W=0.105\ 8\ (D^2\times H)^{0.975\ 9}$	DHF-99-T-01r	黄果厚壳桂，红枝蒲桃，谷木，越南冬青，山蒲桃，肉实树，滇粤山胡椒，白颜树，竹节树，灰毛新木姜子，木竹子，蒲桃，肖蒲桃
		树干	$W=0.345\ 9\ (D^2\times H)^{0.867\ 9}$	DHF-99-T-01s	
		树叶	$W=0.018\ 7\ (D^2\times H)^{0.866\ 9}$	DHF-99-T-01l	
		树枝	$W=0.290\ 2\ (D^2\times H)^{0.693\ 7}$	DHF-99-T-01b	
	厚壳桂	树根	$W=0.114\ 5\ \mathrm{D}^2\times H^{0.963\ 9}$	DHF-99-T-02r	厚壳桂，广东金叶子，岭南山竹子，越南山矾，臀果木，二色波罗蜜，窄叶半枫荷
		树干	$W=0.338\ 3\ (D^2\times H)^{0.871\ 4}$	DHF-99-T-02s	
		树叶	$W=0.030\ 0\ (D^2\times H)^{0.798\ 3}$	DHF-99-T-02l	
		树枝	$W=0.069\ 0\ (D^2\times H)^{0.910\ 5}$	DHF-99-T-02b	

（续）

年份	种名	部位	模型	模型编号	模型适用种
1999	锥	树根	$W=0.1309\ (D^2\times H)^{0.7556}$	DHF-99-T-03r	锥，黄杞，橄榄，乌榄
		树干	$W=0.0899\ (D^2\times H)^{0.8545}$	DHF-99-T-03s	
		树叶	$W=0.0799\ (D^2\times H)^{0.5505}$	DHF-99-T-03l	
		树枝	$W=0.1096\ (D^2\times H)^{0.70011}$	DHF-99-T-03b	
	木荷	树根	$W=0.1337\ (D^2\times H)^{0.7614}$	DHF-99-T-04r	木荷，华润楠，短序润楠，九丁榕
		树干	$W=0.1052\ (D^2\times H)^{0.8255}$	DHF-99-T-04S	
		树叶	$W=0.0836\ (D^2\times H)^{0.5455}$	DHF-99-T-04l	
		树枝	$W=0.1102\ (D^2\times H)^{0.68}$	DHF-99-T-04b	
	云南银柴	树根	$W=0.1014\ (D^2\times H)^{0.9259}$	DHF-99-T-05r	云南银柴，鼎湖钓樟，土沉香，黄叶树，小盘木，轮叶木姜子，锈叶新木姜子，禾串树，金叶树，山油柑
		树干	$W=0.3679\ (D^2\times H)^{0.8297}$	DHF-99-T-05s	
		树叶	$W=0.0217\ (D^2\times H)^{0.8139}$	DHF-99-T-05l	
		树枝	$W=0.2999\ (D^2\times H)^{0.6636}$	DHF-99-T-05b	
2004	香楠	树根	$W_r=1.1384\ (D^2\times H)^{0.5859}$	DHF-04-S-01r	香楠，岭南山竹子，锈叶新木姜子，肖蒲桃，酸味子，小叶五月茶，鹅掌柴，球花脚骨脆，笔罗子，华杜英，天料木，球花脚骨脆，鼎湖钓樟
		树叶	$W_l=1.5154\ (D^2\times H)^{0.4196}$	DHF-04-S-01l	
		枝干	$W_b=0.2294\ (D^2\times H)^{0.10005}$	DHF-04-S-01b	
	柏拉木	树根	$W_r=1.8635\ (D^2\times H)^{0.4652}$	DHF-04-S-02r	柏拉木，光叶红豆，臀果木，白背算盘子，红背山麻杆，亮叶猴耳环，白花灯笼，马甲菝葜，毛果算盘子，白花苦灯笼，草珊瑚，丁公藤，宽药青藤，土茯苓，尾叶崖爬藤，香花鸡血藤，玉叶金花
		树叶	$W_l=0.5032\ (D^2\times H)^{0.6435}$	DHF-04-S-02l	
		枝干	$W_b=0.4836\ (D^2\times H)^{0.9150}$	DHF-04-S-02b	
	黄果厚壳桂	树根	$W_r=0.4834\ (D^2\times H)^{0.7706}$	DHF-04-S-03r	黄果厚壳桂，红枝蒲桃，谷木，越南冬青，云南银柴，山蒲桃，广东金叶子，华润楠，肉实树，滇粤山胡椒，白颜树，竹节树，美丽新木姜子，木竹子，蒲桃
		树叶	$W_l=0.2816\ (D^2\times H)^{0.8354}$	DHF-04-S-03l	
		枝干	$W_b=0.1747\ (D^2\times H)^{1.0358}$	DHF-04-S-03b	
	九节	树根	$W_r=0.3590\ (D^2\times H)^{0.6401}$	DHF-04-S-04r	九节，杖藤，粗叶木，褐叶柄果木，橄榄，紫玉盘，禾串树，腺叶桂樱，山油柑，鼎湖血桐，山血丹，白叶瓜馥木，广东粗叶木，朱砂根，木荷，黄毛榕，狗骨柴，郎伞木
		树叶	$W_l=0.0126\ (D^2\times H)^{1.2764}$	DHF-04-S-04l	

（续）

年份	种名	部位	模型	模型编号	模型适用种
2004		枝干	$W_b=0.2629(D^2\times H)^{0.9367}$	DHF-04-S-04b	
	罗伞树	树根	$W_r=0.0003(D^2\times H)^{2.0805}$	DHF-04-S-05r	罗伞树，薄叶红厚壳，黄叶树，柳叶杜茎山，土沉香，假苹婆，黄杞，红叶藤，猴耳环，三桠苦，箬叶竹，猪肚木
		树叶	$W_l=0.0555(D^2\times H)^{1.1328}$	DHF-04-S-05l	
		枝干	$W_b=0.0076(D^2\times H)^{1.6068}$	DHF-04-S-05b	
	锥	树根	$W_r=0.0154(D^2\times H)^{0.9499}$	DHF-04-T-01r	锥，黄杞，橄榄，乌榄，观光木
		树干	$W_s=0.0323(D^2\times H)^{0.9396}$	DHF-04-T-01S	
		树叶	$W_l=0.0556(D^2\times H)^{0.6158}$	DHF-04-T-01l	
		树枝	$W_b=0.0106(D^2\times H)^{1.0064}$	DHF-04-T-01b	
	木荷	树根	$W_r=0.0197(D^2\times H)^{0.8975}$	DHF-04-T-02r	木荷，华润楠，短序润楠，九丁榕，翻白叶树，窄叶半枫荷，厚壳桂
		树干	$W_s=0.0683(D^2\times H)^{0.8504}$	DHF-04-T-02s	
		树叶	$W_l=0.0374(D^2\times H)^{0.5944}$	DHF-04-T-02l	
		树枝	$W_b=0.0227(D^2\times H)^{0.8516}$	DHF-04-T-02b	
	云南银柴	树根	$W_r=0.0242(D^2\times H)^{0.8432}$	DHF-04-T-03r	云南银柴，鼎湖钓樟，土沉香，黄叶树，小盘木，轮叶木姜子，锈叶新木姜子，禾串树，金叶树，黄果厚壳桂，山油柑
		树干	$W_s=0.0446(D^2\times H)^{0.9081}$	DHF-04-T-03s	
		树叶	$W_l=0.0170(D^2\times H)^{0.6893}$	DHF-04-T-03l	
		树枝	$W_b=0.0348(D^2\times H)^{0.7673}$	DHF-04-T-03b	
	香楠	树根	$W_r=0.0650(D^2\times H)^{0.6913}$	DHF-04-T-04r	香楠，鹅掌柴，肉实树，鱼骨木，猪肚木，笔罗子，球花脚骨脆，山牡荆，长花厚壳树，滇粤山胡椒，竹节树
		树干	$W_s=0.0816(D^2\times H)^{0.8437}$	DHF-04-T-04s	
		树叶	$W_l=0.0285(D^2\times H)^{0.6967}$	DHF-04-T-04l	
		树枝	$W_b=0.0098(D^2\times H)^{1.0979}$	DHF-04-T-04b	
	红枝蒲桃	树根	$W_r=0.0214(D^2\times H)^{0.8389}$	DHF-04-T-05r	红枝蒲桃，白颜树，谷木，山蒲桃，沙坝冬青，越南冬青，山杜英，狗骨柴，乌材
		树干	$W_s=0.0476(D^2\times H)^{0.9144}$	DHF-04-T-05s	
		树叶	$W_l=0.2444(D^2\times H)^{0.3229}$	DHF-04-T-05l	
		树枝	$W_b=0.0056(D^2\times H)^{1.1274}$	DHF-04-T-05b	
	肖蒲桃	树根	$W_r=0.3350(D^2\times H)^{0.4598}$	DHF-04-T-06r	肖蒲桃，广东金叶子，岭南山竹子，越南山矾，臀果木，二色波罗蜜

（续）

年份	种名	部位	模型	模型编号	模型适用种
2004	肖蒲桃	树干	$W_s=0.016\,3\ (D^2\times H)^{1.055\,7}$	DHF-04-T-06s	
		树叶	$W_l=0.215\,6\ (D^2\times H)^{0.359\,5}$	DHF-04-T-06l	
		树枝	$W_b=0.390\,8\ (D^2\times H)^{0.372\,5}$	DHF-04-T-06b	
	光叶红豆	树根	$W_r=0.001\,3\ (D^2\times H)^{1.448\,3}$	DHF-04-T-07r	光叶红豆，罗伞树，褐叶柄果木，亮叶猴耳环，鱼尾葵，韶子，海红豆，软荚红豆，长刺楤木，大叶臭花椒
		树干	$W_s=0.009\,9\ (D^2\times H)^{1.255\,6}$	DHF-04-T-07s	
		树叶	$W_l=0.000\,6\ (D^2\times H)^{1.507\,6}$	DHF-04-T-07l	
		树枝	$W_b=0.000\,2\ (D^2\times H)^{1.668\,3}$	DHF-04-T-07b	
	九节	树根	$W_r=0.017\,7\ (D^2\times H)^{0.866\,3}$	DHF-04-T-08r	九节，鼎湖血桐，白楸，黄毛榕，水东哥，水同木，白花苦灯笼，轮苞血桐，粗叶木，薄叶红厚壳，三桠苦
		树干	$W_s=0.077\,4\ (D^2\times H)^{0.789\,9}$	DHF-04-T-08s	
		树叶	$W_l=0.064\,9\ (D^2\times H)^{0.332\,8}$	DHF-04-T-08l	
		树枝	$W_b=0.047\,4\ (D^2\times H)^{0.631\,8}$	DHF-04-T-08b	
	柏拉木	树根	$W_r=0.033\,4\ (D^2\times H)^{0.504\,8}$	DHF-04-T-09r	柏拉木，毛果算盘子，毛菍，酸味子，疏花卫矛，细轴荛花，白背算盘子，了哥王，毛果巴豆，褐毛秀柱花，艾胶算盘子，野牡丹
		树干	$W_s=0.072\,3\ (D^2\times H)^{0.759\,9}$	DHF-04-T-09s	
		树叶	$W_l=0.003\,5\ (D^2\times H)^{0.925\,5}$	DHF-04-T-09l	
		树枝	$W_b=0.005\,8\ (D^2\times H)^{0.990\,6}$	DHF-04-T-09b	

注：T 为乔木，S 为灌木；W 为乔木生物量（kg），D 为胸径（cm），H 为树高（m），r 为树根，s 为树干，l 为树叶，b 为树枝。

3.2 土壤联网长期观测数据

3.2.1 概述

按照 CERN 的规划，鼎湖山站自 1998 年开始，规范观测场样地建设并开始采样调查，除了季节动态监测，采样时间都为每年的 7 月。2004 年 CERN 调整监测指标体系，为避免破坏长期观测场，在观测场周边选择相同林型和地形，设置 6 个 30 m^2 的破坏性采样地用于土壤采样，表层土壤采样深度统一为 0～20 cm，剖面土壤为 0～10、10～20、20～40、40～60、60～100 cm，采样时间调整为当年 10 月，并对监测指标进行调整，森林站监测频率更改为 5 年/次。新版监测体系从 2005 年正式执行，2004 年及其他年选做，具体内容见表 3-18。

表 3-18 土壤要素监测内容

项目分类	土壤层次/cm	项目
表土速效养分	NO_3^--N、NH_4^+-N、速效磷、速效钾、碱解氮	2005 年开始，每年进行
	NO_3^--N、NH_4^+-N、速效磷、速效钾、pH	每 5 年 1 次季节动态
表土养分和 pH	有机质、全氮、pH、缓效钾、碱解氮	每 5 年 1 次
表土速效微量元素	有效硼、有效钼、有效锰、有效锌、有效铜、有效铁、有效硫	每 5 年 1 次
表土阳离子交换量和交换性阳离子	交换性钙、镁、钾、钠、铝、氢（酸性土加测）	每 5 年 1 次

（续）

项目分类	土壤层次/cm	项目
表土容重	容重	每5年1次
剖面土壤养分全量	有机质、全氮、全磷、全钾	每5年1次
剖面土壤微量元素和重金属	硼、钼、锰、锌、铜、铁、硒、钴、镉、铅、铬、镍、汞、砷	每5年1次
剖面土壤矿质全量	土壤矿质全量	每10年1次
剖面土壤机械组成	机械组成	每10年1次
剖面土壤容重	容重	每10年1次

注：表土深度为0～20 cm，剖面为0～10、10～20、20～40、40～60、60～100 cm。

鼎湖山站土壤常规监测任务包括代表不同演替阶段的3个林型，结合台站研究的需要，鼎湖山站共进行马尾松林（DHFFZ01）、针阔Ⅱ号（DHFFZ02）、季风林（DHFZH01）、针阔Ⅰ号（DHFZQ01）、针阔Ⅲ号（DHFZQ03）、山地林（DHFZQ02）6个林的采样分析。2004年后，把针阔Ⅰ号调整为站区调查点，针阔Ⅱ号更改为辅助观测场。同时，为了数据的延续性和课题研究的需要，鼎湖山站除完成CERN监测体系的要求外，坚持每年对表层土壤进行采样及增加一些不定期的剖面土壤调查，全部按照CERN监测指标进行分析。实验分析方法按照1996年出版的《土壤理化分析与剖面描述》和2001年出版的《农田、森林生态系统野外试验站指标体系的监测方法》进行，数据每年汇交土壤分中心。

3.2.2 样品采集和处理方法

2004年以前，每年7月采样。表层土壤：在样地内选择20个5 m×5 m小样方，每个小样方随机或按S形用采土钻采集0～20 cm土壤，6～8个点混合成1个样品。土壤剖面调查1个，按发生层次划分。2004年开始，改为每年10月在6个破坏性采样地采样，表层土壤为0～20 cm，土壤剖面设置3个重复，分别按0～10、10～20、20～40、40～60、60～100 cm的固定层次采样。

每5年1次的土壤调查中，表层土壤需动态监测，每季度采集1次样品，当年样品重复数为24个，土壤剖面重复数3个。其他自行补充观测的年份，不做动态监测和剖面调查，只在6个破坏性采样地各采集1个样品，表层土壤重复数为6个。其他由台站科研项目补充的数据，重复数基本为1个。

土壤样品采集后，挑除粗根、石块，在阴凉处风干，过10目筛备用待测，再以多点采样法取约30 g样品，挑除全部细根和凋落物，过60目筛备用。

实验分析方法优先选择国家标准方法或行业标准方法，由于仪器更新等原因，实验分析方法会有所不同。

3.2.3 数据质量控制和评估

数据质量控制主要从采样、实验分析、仪器标定、历史数据对比4个方面进行。

采样：在破坏性采样地内，按S形采样，选择微小地形无较大变化、无隆起、无下陷的地点采样，减少地形间的差异。每年坚持由同一负责人采样，减少人为误差。时间上都选择在10月的晴天进行，减少时间、天气造成的差异。

实验分析：通过重复测定、加标回收法检查数据的可靠性。2004年前，每个林型采集的样品数量为20个，主要通过抽样重复测定验证检查异常值。2004年开始，每次实验都插入标样，检查标样回收率以检验实验过程，并抽样重复测定检查异常值。数据异常值根据分析方法规定的允许误差值进行判断。

仪器标定：每年对实验分析涉及的仪器进行标定，包括分析仪器和称量天平等。

历史数据对比：每年所有的实验数据整合归入数据库，检验数据是否在历史数据范围内，查找数据异常值产生原因。

3.2.4　数据价值、使用方法和建议

鼎湖山站数据自 1998—2018 年，基本无中断，本次出版的数据表均包含数据平均值和标准差。实验分析由固定人员操作，除因仪器更新换代改变分析方法外，分析方法和标准基本无大变化，数据可信度较高。同时，固定样方内的多点采样，可以减少空间异质性对土壤性状变化监测造成的取样误差和结果的不确定性，基本可以反映出鼎湖山森林生态系统土壤的长期变化规律。

鼎湖山气候属于南亚热带季风湿润型气候，植物群落结构复杂。监测样地包括演替初期的松林、中期的针阔混交林和后期的季风林 3 个植被类型，通过对土壤各成分元素多年的动态监测，可以了解植被生长的生境因素，为研究南亚热带森林生态系统的演替规律提供土壤方面的数据支持。

3.2.5　土壤观测要素数据

3.2.5.1　土壤交换量

2004 年之前，CERN 监测体系对土壤交换量没有要求，现有数据为台站的课题研究数据补充所得，因此，数据在林型和年份上并不完整和连贯。2005 年开始，按照 CERN 监测体系进行观测。

（1）样品分析方法

具体方法见表 3 - 19。

表 3 - 19　交换量实验分析方法

项目	年份	方法名称
盐基总量	1998、2001、2005	乙酸铵交换-中和滴定法
	2006—2018	加和法
阳离子交换量	1998、2001	乙酸铵交换法
	2005—2018	乙二胺四乙酸（EDTA）铵盐交换-盐酸滴定法
酸、氢、铝	1998—2018	氯化钾交换-中和滴定法
钾、钠、钙、镁	1998、1999、2001	乙酸铵交换-原子吸收光谱法
	2005—2009、2011—2013	EDTA 铵盐交换-原子吸收光谱法
	2010、2014—2018	EDTA 铵盐交换-电感耦合等离子体发射光谱（ICP - OES）法

（2）数据

具体数据见表 3 - 20。

表 3-20　1998—2018 年 6 个林土壤交换量数据

林型	年份	深度/cm	重复数	交换性盐基总量/(mmol/kg)	交换性酸总量/(mmol/kg)	交换性钙离子/(mmol/kg)	交换性镁离子/(mmol/kg)	交换性钾离子/(mmol/kg)	交换性钠离子/(mmol/kg)	交换性铝离子/(mmol/kg)	交换性氢/(mmol/kg)	阳离子交换量/(mmol/kg)
松林	1998	0～5	1	21.73±0.0	76.90±0.0	11.75±0.0	0.87±0.0	1.75±0.0	7.36±0.0			88.87±0.0
松林	1998	10～15	1	16.73±0.0	68.70±0.0	6.17±0.0	0.38±0.0	1.37±0.0	8.81±0.0			65.57±0.0
松林	1998	20～30	1	18.86±0.0	62.30±0.0	7.15±0.0	0.38±0.0	1.13±0.0	10.19±0.0			72.75±0.0
松林	1998	50～60	1	16.23±0.0	58.20±0.0	6.40±0.0	0.49±0.0	2.18±0.0	7.12±0.0			76.48±0.0
松林	1999	0～20	6			5.24±0.4	1.08±0.2					
松林	2001	2～4	1	19.03±0.0		11.34±0.0	2.18±0.0	2.01±0.0	3.50±0.0			144.43±0.0
松林	2001	4～45	1	13.55±0.0		3.87±0.0	1.39±0.0	2.85±0.0	5.45±0.0			62.38±0.0
松林	2001	45～55	1	10.98±0.0		4.16±0.0	1.92±0.0	1.87±0.0	3.03±0.0			81.35±0.0
松林	2005	0～20	24	8.82±1.3	50.10±4.4	5.18±1.1	0.48±0.1	1.12±0.3	2.04±0.2	9.30±8.0	40.80±7.2	77.82±11.4
松林	2006	0～20	6	8.02±0.3	47.11±3.0	4.57±0.2	0.43±0.0	1.04±0.1	1.98±0.0	40.39±2.6	6.72±0.9	85.55±24.0
松林	2007	0～20	6		65.50±7.1					54.21±7.0	11.29±1.1	94.87±13.0
松林	2008	0～20	24	14.02±5.5	57.31±5.4	9.79±4.6	1.20±0.6	1.69±0.6	1.34±0.3	47.57±5.0	9.73±1.5	82.75±9.3
松林	2009	0～20	6	6.47±0.9	59.20±5.1	2.54±0.3	0.34±0.0	1.04±0.3	2.54±0.3	46.49±4.8	12.71±1.4	73.60±26.5
松林	2010	0～20	24	6.91±0.9	56.34±10.8	3.17±0.7	1.31±0.1	0.79±0.2	1.64±0.1	46.79±8.7	9.56±3.0	86.46±14.6
松林	2011	0～20	6	7.07±0.9	68.08±12.6	3.66±0.9	1.34±0.3	0.79±0.0	1.29±0.2	56.39±11.3	11.68±2.8	82.96±9.2
松林	2012	0～20	6	11.64±1.0	63.55±5.1	5.79±0.4	1.15±0.1	3.60±0.4	1.11±0.2	51.41±4.2	12.15±2.3	78.01±6.8
松林	2013	0～20	6	13.78±2.1	71.00±8.8	6.41±0.7	1.71±0.3	4.40±1.6	1.25±0.1	63.33±5.3	7.67±3.7	75.07±12.0
松林	2014	0～20	6	8.18±1.8	59.83±5.2	1.54±0.3	1.31±0.2	4.60±1.3	0.73±0.1	47.61±6.3	12.22±3.1	83.17±9.2
松林	2015	0～10	3		79.74±9.8					66.42±6.8	13.32±3.1	
松林	2015	0～20	24	10.49±2.1	64.75±6.6	5.17±1.4	1.36±0.2	3.30±0.7	0.66±0.2	47.54±8.0	17.21±6.9	88.89±6.5
松林	2015	10～20	3		57.77±3.1					49.90±0.6	7.87±2.5	
松林	2015	20～40	3		58.06±6.4					51.32±4.5	6.73±2.0	

（续）

林型	年份	深度/cm	重复数	交换性盐基总量/(mmol/kg)	交换性酸总量/(mmol/kg)	交换性钙离子/(mmol/kg)	交换性镁离子/(mmol/kg)	交换性钾离子/(mmol/kg)	交换性钠离子/(mmol/kg)	交换性铝离子/(mmol/kg)	交换性氢/(mmol/kg)	阳离子交换量/(mmol/kg)
松林	2015	40～60	3		63.34±5.6					56.44±7.7	6.90±3.0	
松林	2015	60～100	3		65.65±11.8					58.29±12.3	7.36±2.0	
松林	2016	0～20	6		56.80±3.8		1.20±0.1	5.51±1.5	1.59±0.5	35.37±3.2	21.43±2.9	97.46±7.1
松林	2017	0～20	6	7.94±2.4	59.89±6.2	2.98±1.5	0.84±0.4	3.10±0.7	1.02±0.1	49.50±4.7	10.39±2.2	79.78±30.1
松林	2018	0～20	6	9.94±1.3	71.38±11.0	3.46±0.5	1.64±0.2	3.71±0.7	1.14±0.1	45.73±13.2	25.65±5.7	102.05±12.1
针阔Ⅰ号	1998	0～5	1	16.95±0.0	81.10±0.0	9.37±0.0	1.38±0.0	2.50±0.0	3.70±0.0			164.46±0.0
针阔Ⅰ号	1998	10～20	1	11.84±0.0	99.99±0.0	4.54±0.0	0.48±0.0	1.84±0.0	5.18±0.0			78.98±0.0
针阔Ⅰ号	1998	30～40	1	12.68±0.0	65.40±0.0	4.42±0.0	0.37±0.0	1.42±0.0	6.47±0.0			76.70±0.0
针阔Ⅰ号	1998	70～80	1	14.67±0.0	64.90±0.0	5.03±0.0	0.41±0.0	2.36±0.0	6.61±0.0			81.72±0.0
针阔Ⅰ号	1999	0～20	6			4.36±0.5	1.22±0.1					
针阔Ⅰ号	2015	0～10	3		97.34±7.3					75.94±7.8	21.40±4.5	
针阔Ⅰ号	2015	0～20	6	7.79±1.3	99.95±7.4	3.29±1.2	1.69±0.4	2.09±0.4	0.72±0.1	82.13±3.4	17.82±5.4	145.08±24.5
针阔Ⅰ号	2015	10～20	3		77.77±4.7					64.71±5.4	13.07±1.5	
针阔Ⅰ号	2015	20～40	3		68.05±4.2					58.39±2.5	9.67±1.7	
针阔Ⅰ号	2015	40～60	3		63.79±2.3					54.66±4.0	9.13±2.0	
针阔Ⅰ号	2015	60～100	3		62.15±3.6					53.51±4.9	8.64±2.7	
针阔Ⅰ号	2018	0～20	6	7.50±1.5	79.30±8.8	1.25±0.9	1.14±0.3	4.40±0.8	0.70±0.3	60.23±4.7	19.07±6.7	106.01±20.0
针阔Ⅱ号	2001	1～5	1	9.62±0.0		4.48±0.0	1.76±0.0	1.72±0.0	1.66±0.0			156.32±0.0
针阔Ⅱ号	2001	16～32	1	3.72±0.0		1.47±0.0	0.55±0.0	0.87±0.0	0.83±0.0			124.50±0.0

（续）

林型	年份	深度/cm	重复数	交换性盐基总量/(mmol/kg)	交换性酸总量/(mmol/kg)	交换性钙离子/(mmol/kg)	交换性镁离子/(mmol/kg)	交换性钾离子/(mmol/kg)	交换性钠离子/(mmol/kg)	交换性铝离子/(mmol/kg)	交换性氢/(mmol/kg)	阳离子交换量/(mmol/kg)
针阔Ⅱ号	2001	5～16	1	6.73±0.0		2.81±0.0	0.84±0.0	1.07±0.0	2.01±0.0			186.00±0.0
针阔Ⅱ号	2001	54～70	1	7.18±0.0		2.23±0.0	0.50±0.0	3.60±0.0	0.85±0.0			118.65±0.0
针阔Ⅱ号	2005	0～20	24	7.02±0.9	83.05±6.7	2.72±0.8	0.60±0.1	1.64±0.4	2.06±0.2	33.13±18.4	49.92±19.1	121.51±10.3
针阔Ⅱ号	2006	0～20	6	8.37±0.4	85.20±5.8	4.47±0.1	0.58±0.0	1.28±0.1	2.03±0.2	71.51±5.4	13.69±2.4	123.71±12.3
针阔Ⅱ号	2007	0～20	6		92.76±8.4					76.43±6.3	16.33±2.7	130.94±6.7
针阔Ⅱ号	2008	0～20	24	15.73±6.5	101.94±25.4	10.00±4.9	1.64±1.0	2.47±1.1	1.62±0.3	86.61±27.3	15.33±7.4	136.22±29.0
针阔Ⅱ号	2009	0～20	6	5.88±0.3	93.77±7.0	2.52±0.3	0.36±0.0	0.92±0.1	2.07±0.1	80.39±7.1	13.38±1.5	101.61±5.7
针阔Ⅱ号	2010	0～20	24	6.21±0.9	94.88±21.9	1.97±0.7	1.46±0.1	1.07±0.2	1.71±0.2	78.95±22.6	15.93±5.2	153.99±21.6
针阔Ⅱ号	2011	0～20	6	6.71±0.4	131.72±42.8	2.33±0.3	1.67±0.3	1.41±0.3	1.30±0.2	112.70±44.5	19.02±3.4	146.41±25.5
针阔Ⅱ号	2012	0～20	6	11.53±0.3	113.90±34.0	5.48±0.3	1.46±0.1	3.62±0.4	0.96±0.1	95.31±33.7	18.59±8.8	145.55±32.9
针阔Ⅱ号	2013	0～20	6	16.30±1.0	114.59±33.7	6.97±1.3	1.89±0.1	6.03±0.8	1.42±0.2	102.01±35.5	12.58±3.2	125.55±27.8
针阔Ⅱ号	2014	0～20	6	8.15±1.3	111.70±28.2	1.82±0.7	1.35±0.2	4.10±1.0	0.88±0.1	95.52±26.5	16.17±4.3	151.99±25.1
针阔Ⅱ号	2015	0～10	3		117.03±34.8					99.84±31.4	17.19±3.4	
针阔Ⅱ号	2015	0～20	24	10.21±2.8	110.76±23.8	3.87±2.3	1.51±0.4	4.10±0.9	0.73±0.1	89.71±23.9	21.05±8.1	155.27±21.4
针阔Ⅱ号	2015	10～20	3		95.32±24.9					85.84±23.8	9.48±2.3	
针阔Ⅱ号	2015	20～40	3		93.11±32.6					84.80±31.4	8.31±1.3	
针阔Ⅱ号	2015	40～60	3		93.84±37.2					84.48±39.2	9.37±2.4	
针阔Ⅱ号	2015	60～100	3		86.90±43.3					78.92±43.4	7.98±2.0	
针阔Ⅱ号	2016	0～20	6		109.72±26.9		1.17±0.2	5.77±1.7	2.43±0.8	85.12±28.9	24.60±4.6	170.01±26.2

（续）

林型	年份	深度/cm	重复数	交换性盐基总量/（mmol/kg）	交换性酸总量/（mmol/kg）	交换性钙离子/（mmol/kg）	交换性镁离子/（mmol/kg）	交换性钾离子/（mmol/kg）	交换性钠离子/（mmol/kg）	交换性铝离子/（mmol/kg）	交换性氢/（mmol/kg）	阳离子交换量/（mmol/kg）
针阔Ⅱ号	2017	0～20	6	9.09±1.8	102.19±26.0	3.32±0.4	1.02±0.4	3.60±1.4	1.16±0.0	88.76±25.5	13.42±2.4	149.81±26.6
针阔Ⅱ号	2018	0～20	6	6.99±0.9	114.92±26.5	0.89±0.6	1.07±0.2	4.39±0.4	0.63±0.1	87.02±17.5	27.90±11.7	158.82±34.7
针阔Ⅲ号	2008	0～20	12	13.09±7.3	86.25±8.4	7.18±4.7	1.63±1.3	2.15±1.2	2.12±0.5	71.76±9.1	14.48±2.2	140.28±24.6
针阔Ⅲ号	2013	0～20	6	12.77±0.6	99.71±3.2	5.35±0.6	1.50±0.2	4.69±0.6	1.23±0.2	86.81±6.2	12.90±3.3	121.24±9.1
针阔Ⅲ号	2014	0～20	6	7.22±0.9	89.64±7.1	1.75±0.4	1.11±0.2	3.54±0.3	0.83±0.1	71.66±10.5	17.97±4.0	129.99±10.6
针阔Ⅲ号	2015	0～10	3		100.10±0.5					77.39±3.0	22.71±3.0	
针阔Ⅲ号	2015	0～20	24	10.53±2.1	92.82±6.9	3.86±1.8	1.46±0.2	4.45±1.0	0.76±0.1	73.34±5.6	19.48±5.5	137.72±13.3
针阔Ⅲ号	2015	10～20	3		70.36±5.5					56.72±5.6	13.64±1.2	
针阔Ⅲ号	2015	20～40	3		59.25±4.0					46.29±4.0	12.96±2.3	
针阔Ⅲ号	2015	40～60	3		54.17±3.6					40.40±6.6	13.77±3.3	
针阔Ⅲ号	2015	60～100	3		49.41±2.5					39.40±3.2	10.01±0.8	
针阔Ⅲ号	2016	0～20	6		80.01±2.7		0.94±0.1	4.23±0.7	1.68±0.6	53.49±6.0	26.52±7.4	135.39±11.3
针阔Ⅲ号	2017	0～20	6	7.17±0.8	81.71±2.7	2.09±0.6	0.68±0.2	3.37±0.8	1.03±0.0	69.61±2.4	12.10±1.6	128.16±9.2
针阔Ⅲ号	2018	0～20	6	8.36±1.8	94.05±5.4	1.29±1.2	1.17±0.4	5.14±1.0	0.76±0.3	64.00±7.7	30.05±10.1	129.89±17.8
季风林	1998	0～10	1	17.28±0.0	78.70±0.0	9.74±0.0	1.72±0.0	3.24±0.0	3.08±0.0			232.13±0.0
季风林	1998	20～30	1	15.89±0.0	80.70±0.0	7.41±0.0	0.66±0.0	1.69±0.0	6.13±0.0			163.71±0.0
季风林	1998	40～50	1	20.41±0.0	83.20±0.0	8.71±0.0	0.50±0.0	1.67±0.0	9.53±0.0			162.71±0.0
季风林	1998	70～80	1	24.40±0.0	81.60±0.0	10.62±0.0	0.48±0.0	1.32±0.0	11.97±0.0			167.36±0.0
季风林	1999	0～20	6			3.92±0.5	1.47±0.1					

（续）

林型	年份	深度/cm	重复数	交换性盐基总量/(mmol/kg)	交换性酸总量/(mmol/kg)	交换性钙离子/(mmol/kg)	交换性镁离子/(mmol/kg)	交换性钾离子/(mmol/kg)	交换性钠离子/(mmol/kg)	交换性铝离子/(mmol/kg)	交换性氢/(mmol/kg)	阳离子交换量/(mmol/kg)
季风林	2001	0～10	1	10.74±0.0		5.13±0.0	2.24±0.0	2.21±0.0	1.16±0.0			163.97±0.0
季风林	2001	10～37	1	5.72±0.0		2.06±0.0	0.99±0.0	1.58±0.0	1.09±0.0			114.94±0.0
季风林	2001	37～75	1	4.93±0.0		1.62±0.0	0.80±0.0	1.78±0.0	0.72±0.0			91.65±0.0
季风林	2001	75～85	1	7.10±0.0		1.63±0.0	0.78±0.0	3.62±0.0	1.08±0.0			80.91±0.0
季风林	2005	0～20	24	7.96±1.2	106.96±10.4	3.24±1.1	0.76±0.2	1.96±0.4	2.00±0.2	39.90±15.8	67.06±14.7	143.89±18.3
季风林	2006	0～20	6	9.36±0.5	95.68±9.5	4.82±0.3	0.70±0.0	1.72±0.2	2.12±0.1	80.51±8.9	15.18±1.2	131.10±18.2
季风林	2007	0～20	6		109.25±8.9					92.35±8.3	16.90±1.2	159.59±16.2
季风林	2008	0～20	24	17.46±7.0	108.98±10.3	10.81±5.2	1.79±1.0	3.32±1.5	1.55±0.3	92.78±9.7	16.20±3.7	149.44±15.0
季风林	2009	0～20	6	6.48±0.3	98.20±9.6	2.99±0.1	0.44±0.0	1.08±0.1	1.97±0.2	83.92±8.3	14.28±1.5	133.54±16.4
季风林	2010	0～20	24	6.69±0.9	101.83±11.9	1.94±0.6	1.60±0.2	1.43±0.3	1.72±0.1	84.61±11.5	17.21±4.9	146.75±22.4
季风林	2011	0～20	6	7.02±0.5	126.65±12.9	2.52±0.4	1.55±0.2	1.52±0.3	1.43±0.2	106.83±8.4	19.82±6.9	140.33±14.5
季风林	2012	0～20	6	12.10±0.8	110.30±12.3	5.68±0.6	1.29±0.1	4.06±0.2	1.07±0.1	82.41±17.9	27.89±10.6	136.20±21.5
季风林	2013	0～20	6	14.16±1.5	114.16±9.2	6.31±0.8	1.98±0.3	4.62±0.6	1.26±0.1	96.15±11.3	18.02±4.4	122.43±8.7
季风林	2014	0～20	6	8.11±0.8	107.91±9.9	1.53±0.2	1.34±0.2	4.31±0.7	0.93±0.1	92.96±8.8	14.96±1.5	138.41±12.6
季风林	2015	0～10	3		110.24±11.0					88.09±10.2	22.15±3.8	
季风林	2015	0～20	24	10.35±3.3	109.20±10.3	3.85±2.0	1.75±0.3	3.99±1.4	0.76±0.1	87.93±7.6	21.28±7.4	150.40±14.3
季风林	2015	10～20	3		90.90±8.5					75.64±5.8	15.26±3.0	
季风林	2015	20～40	3		73.70±13.6					61.28±11.5	12.42±3.5	
季风林	2015	40～60	3		69.27±11.4					55.35±8.4	13.92±3.0	

（续）

林型	年份	深度/cm	重复数	交换性盐基总量/(mmol/kg)	交换性酸总量/(mmol/kg)	交换性钙离子/(mmol/kg)	交换性镁离子/(mmol/kg)	交换性钾离子/(mmol/kg)	交换性钠离子/(mmol/kg)	交换性铝离子/(mmol/kg)	交换性氢/(mmol/kg)	阳离子交换量/(mmol/kg)
季风林	2015	60～100	3		57.34±10.8					47.40±9.9	9.94±1.0	
季风林	2016	0～20	6		103.37±11.8		1.09±0.1	4.93±0.5	1.37±0.2	76.87±12.3	26.50±3.2	153.65±12.5
季风林	2017	0～20	6	9.44±1.2	96.42±10.5	2.68±1.6	1.16±0.2	4.42±1.1	1.18±0.1	84.13±9.2	12.28±1.8	129.83±13.0
季风林	2018	0～20	6	7.86±1.1	113.87±11.9	0.70±0.2	1.23±0.1	5.21±0.8	0.72±0.1	87.01±7.5	26.86±5.3	139.41±27.1
山地林	2013	0～10	3	9.21±0.3	74.16±15.1	3.39±0.3	1.03±0.0	3.64±0.1	1.16±0.1	61.08±13.8	13.08±3.3	109.60±26.4
山地林	2013	0～20	3	9.98±0.9	55.96±9.8	3.37±0.4	1.13±0.1	4.30±0.4	1.18±0.1	44.07±10.5	11.89±4.5	91.23±17.4
山地林	2013	10～20	3	10.75±0.7	45.48±4.3	3.33±0.2	1.21±0.1	4.97±0.6	1.24±0.1	35.68±1.5	9.80±3.5	75.90±2.4
山地林	2013	20～40	3	10.94±1.6	42.44±3.2	3.02±0.0	1.32±0.3	5.40±1.2	1.20±0.1	36.22±4.2	6.23±1.0	69.54±2.8
山地林	2013	40～60	3	9.78±1.0	38.52±5.8	3.00±0.2	1.12±0.2	4.54±0.8	1.12±0.0	31.76±9.0	6.76±5.0	58.84±6.6
山地林	2013	60～100	3	10.48±0.7	30.07±5.3	2.88±0.3	1.22±0.1	5.25±0.8	1.13±0.0	27.41±3.9	2.66±2.1	48.52±6.8
山地林	2015	0～10	3		64.99±17.4					54.98±13.8	10.01±4.0	
山地林	2015	0～20	6	9.43±1.1	57.57±4.9	3.28±0.9	1.06±0.2	4.25±0.2	0.84±0.2	46.65±5.8	10.92±1.7	95.59±11.2
山地林	2015	10～20	3		39.78±3.7					35.27±2.8	4.51±1.4	
山地林	2015	20～40	3		37.88±5.1					33.47±4.6	4.40±0.5	
山地林	2015	40～60	3		32.58±5.6					29.97±5.6	2.61±0.7	
山地林	2015	60～100	3		31.15±4.8					28.87±4.2	2.28±0.6	

3.2.5.2 土壤养分

土壤养分是 CERN 监测体系的基本要求，本部分数据来源于 1998—2018 年监测的数据，包括了任务年份和非任务年份的数据，数据延续性保持完好。

（1）样品分析方法

具体分析方法见表 3-21。

表 3-21 土壤养分实验分析方法

项目	年份	方法名称
有机质	1998—2018	重铬酸钾氧化-外加热法
全氮	1998—2018	半微量开氏法
全磷	1998—2014	氢氟酸-高氯酸消煮-钼锑抗比色法
	2015—2018	硫酸-高氯酸酸溶-钼锑抗比色法
全钾	1998—2005	氢氟酸-高氯酸-硝酸酸溶-原子吸收光谱法
	2010	氢氟酸-盐酸-硝酸酸溶-原子吸收光谱法
	2015	氢氟酸-高氯酸-硝酸酸溶-ICP-OES 法
速效钾	2008、2016、2018	乙酸铵浸提-ICP-OES 法
	1999—2017（2008、2016 除外）	乙酸铵浸提-原子吸收光谱法
缓效钾	2004—2015	硝酸煮沸浸提-原子吸收光谱法
	2016—2018	硝酸煮沸浸提-ICP-OES 法
碱解氮	2004—2018	碱扩散法
pH	1998—2018	水土比为 2.5∶1 电位法
有效磷	1999—2018	盐酸-氟化铵浸提-钼锑抗比色法

（2）数据

具体数据见表 3-22。

表3-22 1998—2018年6个林土壤养分数据

林型	年	深度/cm	重复数	土壤有机质/(g/kg)	全氮/(g/kg)	全磷/(g/kg)	全钾/(g/kg)	碱解氮/(mg/kg)	有效磷/(mg/kg)	速效钾/(mg/kg)	缓效钾/(mg/kg)	pH
松林	1998	0~5	1	25.50±0.0	1.04±0.0	0.24±0.0	16.10±0.0					4.06±0.0
松林	1998	10~15	1	8.23±0.0	0.33±0.0	0.23±0.0	20.15±0.0					4.28±0.0
松林	1998	20~30	1	4.06±0.0	0.48±0.0	0.27±0.0	22.29±0.0					4.18±0.0
松林	1998	50~60	1	4.91±0.0	0.36±0.0	0.36±0.0	25.76±0.0					4.66±0.0
松林	1999	0~20	6	13.99±1.3					1.93±0.2	39.83±9.2		4.34±0.1
松林	2000	0~20	6	21.60±11.6					2.34±0.2	25.56±2.7		4.07±0.1
松林	2001	0~20	6	15.90±4.4					2.25±0.3	21.38±3.5		4.01±0.1
松林	2001	2~4	1	62.34±0.0	1.20±0.0	0.22±0.0	11.31±0.0		4.30±0.0	49.71±0.0		3.65±0.0
松林	2001	4~45	1	9.22±0.0	0.21±0.0	0.16±0.0	15.33±0.0		1.20±0.0	28.06±0.0		4.18±0.0
松林	2001	45~55	1	7.20±0.0	0.23±0.0	0.21±0.0	24.05±0.0		1.08±0.0	26.95±0.0		4.31±0.0
松林	2002	0~20	6	19.80±0.8					0.50±0.1	48.14±2.6		4.02±0.2
松林	2003	0~20	6	19.33±1.3					1.52±0.1	39.25±1.9		4.02±0.0
松林	2004	0~20	6	13.19±2.7				43.62±8.4	1.22±0.2	22.77±3.3	81.47±9.5	4.30±0.4
松林	2005	0~10	3	25.63±5.1	0.44±0.1	0.19±0.0	13.77±2.2					
松林	2005	0~20	24					58.93±8.1	1.42±0.6	27.93±5.5	53.88±29.2	4.01±0.2
松林	2005	10~20	3	10.83±0.9	0.23±0.0	0.17±0.0	14.89±2.8					
松林	2005	20~40	3	8.93±0.7	0.20±0.0	0.21±0.0	19.19±2.5					
松林	2005	40~60	3	7.81±0.5	0.18±0.0	0.24±0.0	25.96±5.3					
松林	2005	60~80	3	7.21±0.6	0.17±0.0	0.28±0.0	29.22±5.5					
松林	2006	0~20	6	15.45±3.4				49.53±12.5	1.59±0.3	23.37±4.9	65.20±8.7	3.79±0.1
松林	2007	0~20	6	24.51±4.3				87.86±8.0	1.51±0.3	31.80±4.5		4.08±0.1
松林	2008	0~20	24	20.86±4.1	0.85±0.2			82.09±11.3	1.64±0.4	27.88±6.6	48.92±12.7	3.85±0.2

（续）

林型	年	深度/cm	重复数	土壤有机质/(g/kg)	全氮/(g/kg)	全磷/(g/kg)	全钾/(g/kg)	碱解氮/(mg/kg)	有效磷/(mg/kg)	速效钾/(mg/kg)	缓效钾/(mg/kg)	pH
松林	2009	0～20	6	17.74±1.6	0.84±0.1			76.01±9.0	0.85±0.1	27.06±9.3	61.05±20.5	3.97±0.0
松林	2010	0～10	3	27.68±6.9	0.82±0.2	0.16±0.0	17.63±2.4		1.22±0.4	24.94±2.7		4.09±0.1
松林	2010	0～20	24	19.71±3.8	0.79±0.1			90.85±21.6	1.18±0.5	27.88±6.7	80.60±14.0	4.05±0.1
松林	2010	10～20	3	14.22±3.4	0.45±0.2	0.17±0.1	20.79±5.5		0.69±0.2	22.68±8.0		4.20±0.1
松林	2010	20～40	3	7.62±0.8	0.39±0.1	0.19±0.1	24.02±3.2		0.54±0.1	25.21±4.8		4.31±0.1
松林	2010	40～60	3	7.27±1.3	0.32±0.1	0.20±0.0	28.64±2.1		0.73±0.3	29.92±6.8		4.37±0.1
松林	2010	60～80	3	5.79±0.8	0.27±0.0	0.25±0.0	29.75±4.0		1.02±0.3	26.68±6.8		4.41±0.1
松林	2011	0～20	6	17.85±3.6	0.94±0.2			47.22±8.1	0.54±0.1	28.85±1.8	127.42±17.8	4.00±0.1
松林	2012	0～20	6	23.23±2.6	0.79±0.2			77.82±5.6	1.42±0.2	23.51±4.5	80.01±15.1	3.43±0.0
松林	2013	0～20	6	19.57±3.5	0.88±0.2	0.19±0.0		90.78±9.6	1.50±0.4	41.52±7.5	64.76±10.9	3.85±0.0
松林	2014	0～20	6	16.98±2.3	0.81±0.1	0.17±0.0		80.21±3.7	3.38±0.7	39.86±2.9	111.02±35.8	3.96±0.0
松林	2015	0～10	3	25.48±3.0	0.95±0.1	0.19±0.0	13.55±4.5	112.73±14.2	1.85±0.3	44.66±6.7		3.90±0.1
松林	2015	0～20	24	18.80±3.7	0.91±0.2	0.17±0.0		89.80±23.4	2.70±0.2	46.27±10.7	84.91±35.8	3.91±0.1
松林	2015	10～20	3	10.29±0.9	0.52±0.1	0.19±0.0	12.86±2.1	70.72±5.6	0.98±0.2	58.89±17.7		4.09±0.0
松林	2015	20～40	3	10.01±1.2	0.50±0.0	0.22±0.0	18.32±6.1	58.73±6.4	0.67±0.2	54.40±15.6		4.05±0.0
松林	2015	40～60	3	7.85±2.4	0.49±0.1	0.24±0.0	22.65±6.7	42.87±11.2	0.62±0.1	55.47±9.6		4.05±0.1
松林	2015	60～100	3	6.22±0.3	0.50±0.1	0.29±0.0	23.86±8.4	31.83±17.1	0.73±0.0	54.96±8.9		4.03±0.0
松林	2016	0～20	6	18.99±2.0	0.81±0.1	0.15±0.0		44.16±5.2	2.84±0.3	30.39±7.9	133.16±7.7	3.94±0.1
松林	2017	0～20	6	23.06±4.9	1.01±0.1	0.16±0.0		88.08±12.3	2.05±0.4	27.00±2.8	56.61±3.9	4.19±0.1
松林	2018	0～20	6	26.20±5.0	0.90±0.2	0.18±0.0		103.23±20.5	2.18±0.7	41.77±9.3	91.29±15.3	4.35±0.2

（续）

林型	年	深度/cm	重复数	土壤有机质/(g/kg)	全氮/(g/kg)	全磷/(g/kg)	全钾/(g/kg)	碱解氮/(mg/kg)	有效磷/(mg/kg)	速效钾/(mg/kg)	缓效钾/(mg/kg)	pH
针阔Ⅰ号	1998	0～5	1	49.56±0.0	1.81±0.0	0.56±0.0	17.23±0.0					3.83±0.0
针阔Ⅰ号	1998	10～20	1	9.70±0.0	0.71±0.0	0.62±0.0	26.73±0.0					4.06±0.0
针阔Ⅰ号	1998	30～40	1	15.47±0.0	0.69±0.0	0.42±0.0	20.85±0.0					4.09±0.0
针阔Ⅰ号	1998	70～80	1	7.51±0.0	0.63±0.0	0.42±0.0	23.82±0.0					4.21±0.0
针阔Ⅰ号	1999	0～20	6	19.26±3.3					2.46±0.2	35.85±6.5		4.07±0.1
针阔Ⅰ号	2000	0～20	6	24.82±4.6					1.32±0.3	38.57±3.8		3.58±0.1
针阔Ⅰ号	2001	0～20	6	19.94±6.9					1.39±0.5	29.80±8.4		3.97±0.5
针阔Ⅰ号	2002	0～20	6	22.98±1.6					0.75±0.1	55.64±5.8		3.82±0.2
针阔Ⅰ号	2003	0～20	6	21.75±1.3					1.41±0.1	37.44±1.4		3.92±0.0
针阔Ⅰ号	2015	0～10	3	55.99±15.9	1.79±0.5	0.24±0.0	35.76±10.1	155.36±21.0	3.96±0.9	64.82±9.1		3.65±0.1
针阔Ⅰ号	2015	0～20	6	45.97±14.1	1.58±0.4	0.24±0.0		108.82±19.9	3.20±0.4	62.37±6.0	87.10±16.4	3.71±0.1
针阔Ⅰ号	2015	10～20	3	19.82±0.7	0.85±0.1	0.21±0.0	14.06±0.4	88.48±8.1	1.99±0.2	56.59±3.6		3.86±0.0
针阔Ⅰ号	2015	20～40	3	20.84±14.5	0.66±0.0	0.22±0.0	21.29±4.5	58.73±2.3	1.72±0.3	65.11±11.8		3.93±0.0
针阔Ⅰ号	2015	40～60	3	18.61±15.9	0.51±0.0	0.22±0.0	27.81±6.9	47.98±3.4	1.44±0.3	59.09±5.9		3.88±0.0
针阔Ⅰ号	2015	60～100	3	15.27±13.3	0.43±0.1	0.28±0.1	22.75±0.3	46.28±6.1	1.15±0.2	59.54±3.6		3.86±0.0
针阔Ⅰ号	2018	0～20	6	32.70±12.4	1.27±0.3	0.21±0.0		115.50±16.6	2.45±1.0	42.79±12.2	118.48±13.1	4.24±0.1
针阔Ⅱ号	2001	1～5	1	57.22±0.0	1.10±0.0	0.27±0.0	20.16±0.0		2.68±0.0	69.09±0.0		3.68±0.0
针阔Ⅱ号	2001	16～32	1	10.09±0.0	0.26±0.0	0.29±0.0	12.73±0.0		1.09±0.0	21.79±0.0		3.96±0.0
针阔Ⅱ号	2001	5～16	1	43.13±0.0	0.82±0.0	0.31±0.0	11.39±0.0		1.47±0.0	28.18±0.0		3.94±0.0
针阔Ⅱ号	2001	54～70	1	7.13±0.0	0.18±0.0	0.27±0.0	12.43±0.0		1.09±0.0	15.56±0.0		4.21±0.0

（续）

林型	年	深度/cm	重复数	土壤有机质/(g/kg)	全氮/(g/kg)	全磷/(g/kg)	全钾/(g/kg)	碱解氮/(mg/kg)	有效磷/(mg/kg)	速效钾/(mg/kg)	缓效钾/(mg/kg)	pH
针阔Ⅱ号	2004	0～20	6	29.43±10.9				69.21±7.8	1.27±0.4	30.81±4.6	111.34±11.4	3.83±0.1
针阔Ⅱ号	2005	0～10	3	49.15±5.5	0.84±0.1	0.34±0.0	20.38±3.0					
针阔Ⅱ号	2005	0～20	24					108.27±19.1	1.74±1.1	44.20±19.0	85.55±27.0	3.70±0.1
针阔Ⅱ号	2005	10～20	3	21.59±2.1	0.46±0.1	0.29±0.0	23.59±4.6					
针阔Ⅱ号	2005	20～40	3	13.92±1.2	0.32±0.0	0.30±0.0	24.77±3.0					
针阔Ⅱ号	2005	40～60	3	10.35±0.5	0.24±0.0	0.31±0.0	27.98±3.7					
针阔Ⅱ号	2006	0～20	6	35.13±5.0				104.09±22.8	1.55±0.4	34.34±1.9	91.58±6.9	3.62±0.1
针阔Ⅱ号	2007	0～20	6	39.12±5.2				115.88±11.2	1.37±0.4	42.03±4.7		3.87±0.1
针阔Ⅱ号	2008	0～20	24	33.68±4.5	1.39±0.4			135.46±24.4	1.34±0.4	41.02±11.4	59.30±22.0	3.78±0.1
针阔Ⅱ号	2009	0～20	6	26.45±1.8	1.29±0.1			102.11±12.8	0.63±0.0	34.55±6.9	63.81±20.8	3.83±0.0
针阔Ⅱ号	2010	0～10	3	50.01±12.2	1.53±0.4	0.26±0.0	23.95±9.3		1.28±0.7	39.98±1.8		4.30±0.5
针阔Ⅱ号	2010	0～20	24	33.77±6.1	1.31±0.3			115.26±22.6	1.27±0.8	39.16±7.1	101.27±33.0	3.89±0.1
针阔Ⅱ号	2010	10～20	3	20.94±3.8	0.77±0.1	0.23±0.0	24.91±10.1		0.54±0.1	26.97±3.6		4.16±0.1
针阔Ⅱ号	2010	20～40	3	11.85±0.8	0.51±0.1	0.25±0.0	26.89±8.6		0.37±0.1	27.01±1.0		4.31±0.0
针阔Ⅱ号	2010	40～60	3	9.48±1.2	0.41±0.1	0.23±0.1	27.65±9.4		0.49±0.1	26.90±3.1		4.35±0.0
针阔Ⅱ号	2010	60～80	3	9.34±0.9	0.39±0.1	0.22±0.0	28.72±7.8		0.60±0.4	29.73±3.6		4.40±0.0
针阔Ⅱ号	2011	0～20	6	31.57±5.0	1.35±0.2			89.13±14.7	0.32±0.1	47.88±5.3	178.94±45.6	3.88±0.1
针阔Ⅱ号	2012	0～20	6	40.58±5.2	1.41±0.1			132.79±9.5	1.17±0.2	41.47±10.4	100.58±25.5	3.28±0.1
针阔Ⅱ号	2013	0～20	6	29.20±2.4	1.16±0.1	0.26±0.0		110.82±6.2	1.25±0.3	52.30±4.7	79.74±38.5	3.77±0.0
针阔Ⅱ号	2014	0～20	6	35.79±3.1	1.44±0.1	0.23±0.0		128.37±7.8	2.55±0.4	43.68±7.0	113.23±32.7	3.80±0.0

（续）

林型	年	深度/cm	重复数	土壤有机质/(g/kg)	全氮/(g/kg)	全磷/(g/kg)	全钾/(g/kg)	碱解氮/(mg/kg)	有效磷/(mg/kg)	速效钾/(mg/kg)	缓效钾/(mg/kg)	pH
针阔Ⅱ号	2015	0～10	3	36.44±10.2	1.48±0.3	0.31±0.1	22.24±9.4	137.10±32.7	1.42±0.3	43.17±8.2		3.83±0.0
针阔Ⅱ号	2015	0～20	24	33.05±5.2	1.45±0.2	0.25±0.0		127.11±19.9	1.80±0.5	50.98±14.0	97.08±37.0	3.77±0.0
针阔Ⅱ号	2015	10～20	3	20.79±0.6	0.94±0.0	0.32±0.1	21.17±11.3	94.00±3.1	1.00±0.3	29.52±1.6		3.93±0.0
针阔Ⅱ号	2015	20～40	3	13.91±3.5	0.73±0.2	0.30±0.1	20.77±7.9	73.06±15.6	0.93±0.3	24.85±1.9		3.93±0.0
针阔Ⅱ号	2015	40～60	3	11.15±4.4	0.65±0.1	0.30±0.1	25.09±10.2	60.27±16.2	0.83±0.3	24.81±3.5		3.94±0.1
针阔Ⅱ号	2015	60～100	3	8.37±3.2	0.57±0.1	0.30±0.1	26.78±9.7	53.26±10.7	0.90±0.5	25.42±1.4		3.95±0.1
针阔Ⅱ号	2016	0～20	6	36.14±9.7	1.52±0.3	0.24±0.0		129.44±33.9	1.70±0.2	45.34±6.4	180.21±53.8	3.87±0.1
针阔Ⅱ号	2017	0～20	6	31.20±6.7	1.37±0.1	0.23±0.0		113.13±10.0	1.24±0.3	33.70±1.6	79.19±26.6	4.14±0.0
针阔Ⅱ号	2018	0～20	6	39.63±8.6	1.48±0.3	0.25±0.0		132.63±21.3	1.51±0.4	51.61±10.5	116.64±31.0	4.27±0.1
针阔Ⅲ号	2008	0～20	12	39.03±7.2	1.52±0.2			169.27±36.1	1.30±0.5	42.52±10.2	65.36±21.3	3.90±0.1
针阔Ⅲ号	2013	0～20	6	32.71±2.7	1.34±0.1	0.18±0.0		130.29±7.5	0.93±0.2	50.76±6.4	106.09±7.6	3.94±0.1
针阔Ⅲ号	2014	0～20	6	33.90±3.9	1.46±0.1	0.16±0.0		131.02±12.4	2.09±0.5	41.06±6.0	148.66±10.4	3.98±0.0
针阔Ⅲ号	2015	0～10	3	37.67±1.6	1.55±0.2	0.18±0.0	29.07±5.7	157.73±8.9	0.79±0.1	61.52±6.8		3.86±0.1
针阔Ⅲ号	2015	0～20	24	32.23±4.3	1.48±0.2	0.17±0.0		142.46±23.8	1.55±0.4	56.00±15.6	129.38±31.9	3.91±0.0
针阔Ⅲ号	2015	10～20	3	21.10±3.9	0.98±0.1	0.16±0.0	17.52±2.5	103.97±5.5	0.39±0.2	55.74±7.6		3.99±0.0
针阔Ⅲ号	2015	20～40	3	10.66±1.3	0.59±0.1	0.15±0.0	19.58±1.0	71.52±2.2	0.15±0.0	48.55±2.7		4.00±0.1
针阔Ⅲ号	2015	40～60	3	6.93±0.8	0.43±0.0	0.26±0.2	21.88±4.8	54.47±12.3	0.13±0.1	40.62±6.2		4.05±0.1
针阔Ⅲ号	2015	60～100	3	5.61±0.7	0.40±0.0	0.13±0.0	26.60±2.3	51.63±6.4	0.26±0.0	41.94±7.4		4.08±0.0
针阔Ⅲ号	2016	0～20	6	31.18±3.3	1.38±0.1	0.13±0.0		134.38±25.3	1.71±0.1	40.52±3.2	155.91±12.3	4.00±0.0
针阔Ⅲ号	2017	0～20	6	28.01±5.7	1.31±0.1	0.14±0.0		130.18±12.6	0.88±0.1	34.02±8.2	108.34±13.2	4.28±0.0

（续）

林型	年	深度/cm	重复数	土壤有机质/(g/kg)	全氮/(g/kg)	全磷/(g/kg)	全钾/(g/kg)	碱解氮/(mg/kg)	有效磷/(mg/kg)	速效钾/(mg/kg)	缓效钾/(mg/kg)	pH
针阔Ⅲ号	2018	0～20	6	33.14±4.2	1.37±0.1	0.15±0.0		143.05±17.9	1.53±0.2	45.81±5.2	140.60±7.1	4.39±0.0
季风林	1998	0～10	1	65.00±0.0	2.63±0.0	0.55±0.0	22.45±0.0					3.98±0.0
季风林	1998	20～30	1	25.88±0.0	1.22±0.0	0.46±0.0	24.51±0.0					4.00±0.0
季风林	1998	40～50	1	10.90±0.0	0.98±0.0	0.38±0.0	25.38±0.0					4.10±0.0
季风林	1998	70～80	1	10.26±0.0	1.05±0.0	0.44±0.0	26.58±0.0					4.18±0.0
季风林	1999	0～20	6	33.61±8.0					2.45±0.3	61.45±12.9		4.24±0.1
季风林	2000	0～20	6	40.28±5.5					1.29±0.1	51.62±18.0		3.97±0.1
季风林	2001	0～10	1	50.62±0.0	1.42±0.0	0.30±0.0	25.87±0.0		3.80±0.0	124.96±0.0		3.87±0.0
季风林	2001	0～20	6	37.51±3.5					1.31±0.1	57.09±8.7		3.80±0.1
季风林	2001	10～37	1	28.28±0.0	0.76±0.0	0.22±0.0	28.62±0.0		1.70±0.0	66.71±0.0		4.06±0.0
季风林	2001	37～75	1	15.62±0.0	0.49±0.0	0.20±0.0	30.95±0.0		1.58±0.0	26.69±0.0		4.04±0.0
季风林	2001	75～85	1	10.21±0.0	0.40±0.0	0.20±0.0	32.37±0.0		1.57±0.0	43.46±0.0		4.17±0.0
季风林	2002	0～20	6	41.63±2.1					1.13±0.3	90.52±3.1		3.75±0.1
季风林	2003	0～20	6	40.17±2.1					1.29±0.1	71.61±5.3		3.80±0.0
季风林	2004	0～20	6	33.70±7.9				86.54±9.1	1.45±0.3	52.80±8.8	114.41±3.6	3.75±0.1
季风林	2005	0～10	3	54.14±6.2	1.02±0.1	0.28±0.0	31.44±4.6					
季风林	2005	0～20	24					136.02±17.1	2.35±1.4	57.25±11.0	99.75±15.2	3.68±0.1
季风林	2005	10～20	3	20.49±7.0	0.42±0.1	0.22±0.0	37.79±4.2					
季风林	2005	20～40	3	17.60±6.8	0.38±0.1	0.21±0.0	39.01±2.4					
季风林	2005	40～60	3	8.94±0.7	0.22±0.0	0.16±0.0	47.07±11.3					

(续)

林型	年	深度/cm	重复数	土壤有机质/(g/kg)	全氮/(g/kg)	全磷/(g/kg)	全钾/(g/kg)	碱解氮/(mg/kg)	有效磷/(mg/kg)	速效钾/(mg/kg)	缓效钾/(mg/kg)	pH
季风林	2005	60～80	3	8.88±0.5	0.21±0.0	0.19±0.0	49.92±11.6					
季风林	2006	0～20	6	32.96±6.3				125.08±17.1	1.41±0.3	42.50±9.4	116.65±10.5	3.51±0.1
季风林	2007	0～20	6	40.09±5.2				133.46±16.4	1.36±0.3	60.38±7.0		3.85±0.0
季风林	2008	0～20	24	37.59±6.9	1.50±0.2			149.97±15.4	1.79±0.8	65.92±15.6	70.69±23.3	3.71±0.1
季风林	2009	0～20	6	32.34±3.9	2.09±0.2			124.21±15.7	0.66±0.1	51.95±7.2	91.47±18.7	3.79±0.1
季风林	2010	0～10	3	49.47±3.5	1.82±0.2	0.26±0.0	32.96±0.8		1.97±0.8	65.36±5.3		3.84±0.1
季风林	2010	0～20	24	36.16±8.1	1.55±0.3			134.47±25.3	1.70±0.8	52.68±9.7	125.98±25.0	3.88±0.1
季风林	2010	10～20	3	25.04±0.9	0.95±0.1	0.21±0.0	34.64±0.9		0.94±0.2	45.19±3.9		3.95±0.1
季风林	2010	20～40	3	13.34±3.4	0.47±0.2	0.17±0.0	36.86±1.6		0.60±0.2	34.68±3.7		4.10±0.1
季风林	2010	40～60	3	8.96±0.6	0.35±0.1	0.16±0.0	36.13±0.8		0.61±0.1	31.86±2.9		4.18±0.1
季风林	2010	60～80	3	7.79±0.7	0.31±0.0	0.16±0.0	37.17±3.4		0.69±0.1	30.11±3.1		4.22±0.0
季风林	2011	0～20	6	34.51±6.8	1.59±0.3			106.17±16.0	0.49±0.1	50.66±6.9	256.66±50.9	3.82±0.1
季风林	2012	0～20	6	44.94±8.7	1.98±0.1			166.48±23.9	1.36±0.2	48.50±8.3	123.55±51.4	3.11±0.1
季风林	2013	0～20	6	32.65±3.5	1.43±0.1	0.25±0.0		135.03±15.0	1.52±0.4	56.45±5.4	111.86±13.8	3.77±0.0
季风林	2014	0～20	6	35.32±2.8	1.58±0.1	0.21±0.0		148.71±4.9	2.46±0.7	47.59±4.2	149.98±34.5	3.75±0.1
季风林	2015	0～10	3	38.44±2.6	1.67±0.1	0.35±0.1	30.52±2.2	149.32±4.3	1.50±0.2	46.27±3.0		3.69±0.1
季风林	2015	0～20	24	36.52±5.5	1.75±0.2	0.24±0.0		154.18±22.1	2.21±0.4	61.39±14.7	144.84±41.7	3.73±0.1
季风林	2015	10～20	3	18.77±2.4	0.97±0.1	0.26±0.1	25.60±7.9	101.48±9.0	0.90±0.1	29.29±1.5		3.78±0.0
季风林	2015	20～40	3	12.55±2.3	0.80±0.1	0.30±0.0	35.61±4.5	70.69±11.4	0.80±0.0	27.72±1.9		3.82±0.1
季风林	2015	40～60	3	11.88±2.2	0.77±0.1	0.24±0.0	34.65±3.5	72.12±14.8	0.80±0.1	27.46±3.6		3.86±0.0

（续）

林型	年	深度/cm	重复数	土壤有机质/(g/kg)	全氮/(g/kg)	全磷/(g/kg)	全钾/(g/kg)	碱解氮/(mg/kg)	有效磷/(mg/kg)	速效钾/(mg/kg)	缓效钾/(mg/kg)	pH
季风林	2015	60～100	3	9.50±1.1	0.68±0.1	0.20±0.0	36.44±0.9	65.01±14.8	0.86±0.2	26.93±0.8		3.93±0.1
季风林	2016	0～20	6	33.20±5.5	1.58±0.2	0.22±0.0		127.25±20.8	2.04±0.3	47.86±5.0	240.79±60.8	3.84±0.0
季风林	2017	0～20	6	31.95±4.3	1.56±0.2	0.22±0.0		133.84±15.2	1.36±0.2	49.67±5.7	95.19±13.4	4.08±0.1
季风林	2018	0～20	6	45.26±8.9	1.81±0.3	0.26±0.0		165.73±15.2	2.37±0.6	53.22±5.7	153.98±19.3	4.16±0.0
山地林	2013	0～10	3	33.56±11.1	1.27±0.4	0.28±0.0		137.51±19.5	0.99±0.1	48.79±5.5		3.99±0.0
山地林	2013	0～20	3	25.65±7.0	0.91±0.2	0.27±0.0		111.06±17.3	0.85±0.4	42.82±7.9		4.04±0.1
山地林	2013	10～20	3	17.74±1.4	0.68±0.1	0.28±0.0		89.42±1.9	1.05±0.5	43.72±2.1		4.10±0.0
山地林	2013	20～40	3	11.10±1.7	0.51±0.1	0.29±0.0		64.22±10.5	0.79±0.6	33.69±3.8		4.12±0.0
山地林	2013	40～60	3	8.28±1.9	0.38±0.1	0.31±0.0		51.12±3.1	1.08±0.5	35.63±3.3		4.10±0.2
山地林	2013	60～100	3	5.06±0.9	0.28±0.0	0.31±0.0		33.55±3.7	0.31±0.0	33.29±5.6		4.35±0.1
山地林	2015	0～10	3	52.12±7.2	1.41±0.6	0.32±0.0	15.45±5.4	148.49±36.3	1.94±0.3	50.62±4.2		3.91±0.1
山地林	2015	0～20	6	27.81±3.7	1.18±0.1	0.34±0.0		117.42±9.5	2.16±0.2	62.66±5.3	29.78±9.1	4.04±0.0
山地林	2015	10～20	3	53.36±4.8	0.76±0.1	0.31±0.0	9.93±2.6	98.52±9.6	1.40±0.4	43.20±5.0		4.04±0.0
山地林	2015	20～40	3	44.99±6.4	0.52±0.1	0.30±0.1	19.91±8.6	79.91±18.0	0.86±0.3	37.87±7.1		4.07±0.0
山地林	2015	40～60	3	45.46±4.4	0.47±0.2	0.36±0.0	13.04±1.0	62.05±12.6	0.67±0.2	45.45±8.8		4.15±0.1
山地林	2015	60～100	3	42.21±2.5	0.50±0.2	0.35±0.0	12.73±1.1	55.32±6.8	0.73±0.1	54.45±16.9		4.24±0.1

3.2.5.3　土壤矿质全量

土壤矿质全量按要求是每 10 年调查 1 次，1998 年调查 1 次后，2004 年 CERN 调整监测体系，在 2005 年重新进行了 1 次调查，并在 2015 年再次调查。

（1）样品分析方法

具体方法见表 3－23。

表 3－23　土壤矿质全量实验分析方法

项目	年份	方法名称
Al_2O_3、CaO、Fe_2O_3、K_2O、MgO、MnO、Na_2O	1998	碳酸钠碱熔-盐酸提取-原子吸收光谱法
Al_2O_3、CaO、Fe_2O_3、K_2O、MgO、MnO、Na_2O、TiO_2	2005	偏硼酸锂熔样- ICP－OES 法
Al_2O_3、CaO、Fe_2O_3、K_2O、MgO、MnO、Na_2O、TiO_2	2013，2015	氢氟酸-盐酸-硝酸酸溶- ICP－OES 法
P_2O_5	1998	碳酸钠碱熔-盐酸提取-钼锑抗比色法
	2005	氢氟酸-高氯酸消煮-钼锑抗比色法
	2015	氢氟酸-高氯酸-硝酸酸溶-钼锑抗比色法
S	2005	硝酸镁氧化-硫酸钡比浊法
	2015	氢氟酸-盐酸-硝酸酸溶- ICP－OES 法
SiO_2	1998	碳酸钠碱熔-盐酸提取-质量法
	2005	偏硼酸锂熔样- ICP－OES 法
TiO_2	1998	碳酸钠碱熔-盐酸提取-变色酸比色法

（2）数据

具体数据见表 3－24。

表 3-24　1998—2015 年 6 个林土壤矿质全量数据

林型	年份	深度/cm	重复数	硅（SiO_2）/%	铁（Fe_2O_3）/%	锰（MnO）/%	钛（TiO_2）/%	铝（Al_2O_3）/%	钙（CaO）/%	镁（MgO）/%	钾（K_2O）/%	钠（Na_2O）/%	磷（P_2O_5）/%	硫（S）/(g/kg)
松林	1998	0～5	1	44.96±0.0	9.10±0.0	0.02±0.0	0.42±0.0		0.22±0.0	1.19±0.0			0.15±0.0	
松林	1998	10～15	1	44.08±0.0	10.07±0.0	0.02±0.0	0.49±0.0		0.17±0.0	1.22±0.0			0.08±0.0	
松林	1998	20～30	1	44.45±0.0	9.18±0.0	0.02±0.0	0.29±0.0		0.19±0.0	1.22±0.0			0.07±0.0	
松林	1998	50～60	1	43.81±0.0	8.87±0.0	0.02±0.0	0.25±0.0		0.19±0.0	1.15±0.0			0.08±0.0	
松林	2005	0～10	3	44.51±10.4	3.84±0.4		0.85±0.0	11.09±1.4	0.32±0.2	0.41±0.0	2.13±0.1	0.46±0.2	0.04±0.0	0.17±0.0
松林	2005	10～20	3	36.95±14.1	4.38±0.2		0.84±0.1	12.75±1.4	0.12±0.1	0.44±0.1	2.36±0.5	0.34±0.1	0.04±0.0	0.17±0.1
松林	2005	20～40	3	38.82±14.1	4.68±0.8	0.01±0.0	0.90±0.0	14.04±1.9	0.11±0.0	0.56±0.1	2.84±0.2	0.39±0.1	0.05±0.0	0.15±0.0
松林	2005	40～60	3	41.57±8.7	4.47±0.6	0.01±0.0	0.92±0.0	16.76±1.7	0.11±0.0	0.60±0.1	3.36±0.6	0.43±0.2	0.05±0.0	0.14±0.0
松林	2005	60～80	3	42.04±12.0	5.61±0.4	0.01±0.0	0.96±0.1	17.85±1.1	0.11±0.0	0.67±0.1	3.78±0.7	0.42±0.2	0.06±0.0	0.12±0.0
松林	2015	0～10	3		3.29±0.3		0.72±0.0	6.48±1.6	0.03±0.0	0.25±0.1	1.63±0.5	0.06±0.0	0.04±0.0	0.21±0.0
松林	2015	10～20	3		3.74±0.1		0.72±0.1	5.94±2.2	0.03±0.0	0.19±0.1	1.55±0.3	0.06±0.0	0.04±0.0	0.15±0.0
松林	2015	20～40	3		3.94±0.3		0.85±0.1	8.60±1.1	0.06±0.0	0.35±0.1	2.21±0.7	0.08±0.0	0.05±0.0	0.17±0.1
松林	2015	40～60	3		4.50±0.5		0.85±0.1	11.76±2.4	0.05±0.0	0.47±0.1	2.73±0.8	0.09±0.0	0.06±0.0	0.21±0.1
松林	2015	60～100	3		4.73±0.3	0.01±0.0	0.85±0.1	11.97±3.2	0.04±0.0	0.46±0.1	2.87±1.0	0.09±0.0	0.07±0.0	0.15±0.1
针阔Ⅰ号	1998	0～5	1	46.23±0.0	8.50±0.0	0.02±0.0	0.65±0.0		0.21±0.0	1.15±0.0			0.19±0.0	
针阔Ⅰ号	1998	10～20	1	43.72±0.0	9.70±0.0	0.03±0.0	0.73±0.0		0.23±0.0	1.16±0.0			0.11±0.0	
针阔Ⅰ号	1998	30～40	1	44.04±0.0	10.31±0.0	0.03±0.0	0.68±0.0		0.21±0.0	1.19±0.0			0.11±0.0	
针阔Ⅰ号	1998	70～80	1	42.94±0.0	10.31±0.0	0.03±0.0	0.60±0.0		0.25±0.0	1.18±0.0			0.12±0.0	
针阔Ⅰ号	2015	0～10	3		4.03±0.3	0.01±0.0	0.97±0.1	18.11±2.7	0.04±0.0	0.73±0.1	4.31±1.2	0.13±0.0	0.05±0.0	0.35±0.1
针阔Ⅰ号	2015	10～20	3		4.73±0.3	0.01±0.0	0.63±0.0	3.64±1.1	0.02±0.0	0.10±0.1	1.69±0.0	0.07±0.0	0.05±0.0	0.32±0.1
针阔Ⅰ号	2015	20～40	3		5.25±0.3	0.01±0.0	0.67±0.1	9.73±2.1	0.03±0.0	0.40±0.1	2.57±0.5	0.08±0.0	0.05±0.0	0.17±0.0
针阔Ⅰ号	2015	40～60	3		5.54±0.3	0.01±0.0	0.79±0.1	12.86±3.8	0.04±0.0	0.52±0.1	3.35±0.8	0.11±0.0	0.05±0.0	0.17±0.1

（续）

林型	年份	深度/cm	重复数	硅（SiO_2）/%	铁（Fe_2O_3）/%	锰（MnO）/%	钛（TiO_2）/%	铝（Al_2O_3）/%	钙（CaO）/%	镁（MgO）/%	钾（K_2O）/%	钠（Na_2O）/%	磷（P_2O_5）/%	硫（S）/（g/kg）
针阔Ⅰ号	2015	60～100	3		5.72±0.1	0.01±0.0	0.63±0.0	9.94±0.2	0.03±0.0	0.40±0.0	2.74±0.0	0.08±0.0	0.06±0.0	0.18±0.0
针阔Ⅱ号	2005	0～10	3	37.81±11.9	3.38±0.1	0.01±0.0	0.84±0.1	14.26±0.7	0.15±0.1	0.49±0.1	2.75±0.4	0.40±0.2	0.08±0.0	0.32±0.1
针阔Ⅱ号	2005	10～20	3	42.32±11.5	3.73±0.0		0.84±0.0	15.41±0.9	0.06±0.1	0.47±0.0	2.83±0.4	0.17±0.2	0.07±0.0	0.20±0.0
针阔Ⅱ号	2005	20～40	3	40.96±4.9	4.07±0.2	0.01±0.0	0.84±0.1	16.63±0.7	0.06±0.1	0.48±0.1	3.36±1.0	0.21±0.2	0.07±0.0	0.20±0.1
针阔Ⅱ号	2005	40～60	3	43.27±8.3	4.52±0.4	0.01±0.0	0.84±0.1	17.74±0.4	0.07±0.0	0.53±0.1	3.19±0.4	0.21±0.2	0.07±0.0	0.19±0.0
针阔Ⅱ号	2015	0～10	3		4.15±0.2	0.01±0.0	0.74±0.1	14.99±1.4	0.07±0.0	0.48±0.1	2.68±1.1	0.11±0.0	0.07±0.0	0.29±0.1
针阔Ⅱ号	2015	10～20	3		3.96±0.6	0.01±0.0	0.78±0.1	11.38±4.4	0.04±0.0	0.42±0.2	2.55±1.4	0.10±0.0	0.07±0.0	0.22±0.0
针阔Ⅱ号	2015	20～40	3		4.10±0.4	0.01±0.0	0.79±0.2	11.62±5.5	0.06±0.1	0.35±0.2	2.50±0.9	0.10±0.0	0.07±0.0	0.18±0.0
针阔Ⅱ号	2015	40～60	3		4.67±0.2	0.01±0.0	0.79±0.1	16.39±0.5	0.07±0.0	0.53±0.1	3.02±1.2	0.11±0.0	0.07±0.0	0.24±0.0
针阔Ⅱ号	2015	60～100	3		5.13±0.4	0.01±0.0	0.74±0.1	17.16±1.9	0.07±0.1	0.56±0.1	3.23±1.2	0.11±0.0	0.07±0.0	0.26±0.1
针阔Ⅲ号	2015	0～10	3		4.41±0.3		1.05±0.1	13.77±0.6	0.02±0.0	0.58±0.0	3.50±0.7	0.11±0.0	0.04±0.0	0.30±0.1
针阔Ⅲ号	2015	10～20	3		4.45±0.4		0.76±0.1	9.88±2.7	0.02±0.0	0.37±0.1	2.11±0.3	0.08±0.0	0.04±0.0	0.25±0.1
针阔Ⅲ号	2015	20～40	3		4.82±0.0		0.90±0.1	8.73±4.8	0.02±0.0	0.31±0.2	2.36±0.1	0.09±0.0	0.03±0.0	0.25±0.0
针阔Ⅲ号	2015	40～60	3		4.96±0.1		0.78±0.1	12.50±2.8	0.02±0.0	0.49±0.1	2.64±0.6	0.09±0.0	0.06±0.0	0.25±0.0
针阔Ⅲ号	2015	60～100	3		4.86±0.1		1.06±0.1	13.06±0.3	0.02±0.0	0.53±0.0	3.20±0.3	0.11±0.0	0.03±0.0	0.37±0.1
季风林	1998	0～10	1	40.94±0.0	11.61±0.0	0.02±0.0	0.63±0.0		0.30±0.0	1.13±0.0			0.18±0.0	
季风林	1998	20～30	1	39.80±0.0	11.41±0.0	0.02±0.0	0.76±0.0			0.44±0.0			0.09±0.0	
季风林	1998	40～50	1	38.23±0.0	11.91±0.0	0.02±0.0	0.72±0.0		0.30±0.0	1.15±0.0			0.08±0.0	
季风林	1998	70～80	1	30.22±0.0	10.38±0.0	0.02±0.0	0.61±0.0		0.24±0.0	1.00±0.0			0.06±0.0	
季风林	2005	0～10	3	42.97±2.4	4.96±0.2		0.90±0.1	15.28±2.7	0.05±0.0	0.55±0.0	3.35±0.1	0.10±0.0	0.06±0.0	0.42±0.0
季风林	2005	10～20	3	42.46±3.7	5.17±0.1		0.95±0.0	15.90±1.4	0.02±0.0	0.60±0.0	3.74±0.2	0.10±0.0	0.05±0.0	0.23±0.0
季风林	2005	20～40	3	44.08±4.8	5.35±0.2		0.96±0.0	16.65±1.1	0.03±0.0	0.61±0.0	4.11±0.3	0.11±0.0	0.05±0.0	0.22±0.0

（续）

林型	年份	深度/cm	重复数	硅（SiO_2）/%	铁（Fe_2O_3）/%	锰（MnO）/%	钛（TiO_2）/%	铝（Al_2O_3）/%	钙（CaO）/%	镁（MgO）/%	钾（K_2O）/%	钠（Na_2O）/%	磷（P_2O_5）/%	硫（S）/(g/kg)
季风林	2005	40～60	3	37.43±5.7	5.61±0.5		0.92±0.0	17.59±0.8	0.04±0.0	0.65±0.0	4.47±0.4	0.10±0.0	0.04±0.0	0.18±0.0
季风林	2005	60～80	3	37.60±3.5	5.97±0.7		0.86±0.1	16.76±2.1	0.05±0.0	0.66±0.1	4.50±0.3	0.10±0.0	0.04±0.0	0.18±0.0
季风林	2015	0～10	3		4.75±0.9		0.91±0.1	14.99±1.4	0.07±0.0	0.63±0.1	3.68±0.3	0.12±0.0	0.08±0.0	0.34±0.0
季风林	2015	10～20	3		4.99±0.8		0.83±0.3	10.36±6.4	0.06±0.1	0.42±0.3	3.08±1.0	0.10±0.0	0.06±0.0	0.21±0.1
季风林	2015	20～40	3		5.76±0.6		1.07±0.1	17.59±4.4	0.07±0.0	0.70±0.2	4.29±0.5	0.15±0.0	0.07±0.0	0.27±0.0
季风林	2015	40～60	3		5.59±0.4		0.95±0.1	14.56±2.9	0.11±0.0	0.61±0.1	4.18±0.4	0.13±0.0	0.05±0.0	0.28±0.0
季风林	2015	60～100	3		5.95±0.3	0.01±0.0	0.92±0.1	17.37±2.9	0.05±0.0	0.74±0.1	4.39±0.1	0.14±0.0	0.05±0.0	0.26±0.0
山地林	2013	0～10	3		4.37±0.5			7.19±0.5	0.05±0.0	0.26±0.0	1.15±0.1	0.07±0.0		
山地林	2013	0～20	3		4.68±0.4			7.86±0.5	0.05±0.0	0.29±0.0	1.24±0.1	0.07±0.0		
山地林	2013	10～20	3		4.73±0.6			7.81±0.9	0.04±0.0	0.29±0.0	1.28±0.2	0.06±0.0		
山地林	2013	20～40	3		5.30±0.8			8.74±1.2	0.04±0.0	0.32±0.0	1.43±0.1	0.06±0.0		
山地林	2013	40～60	3		5.84±0.2			9.74±0.7	0.03±0.0	0.37±0.0	1.73±0.3	0.05±0.0		
山地林	2013	60～100	3		6.03±0.3			9.73±0.4	0.03±0.0	0.37±0.0	1.75±0.1	0.05±0.0		
山地林	2015	0～10	3		4.22±1.0		0.56±0.1	9.06±3.8	0.03±0.0	0.39±0.2	1.86±0.7	0.04±0.0	0.07±0.0	0.43±0.0
山地林	2015	10～20	3		3.60±0.4		0.55±0.1	5.06±2.4	0.03±0.0	0.15±0.1	1.20±0.3	0.04±0.0	0.07±0.0	0.36±0.2
山地林	2015	20～40	3		6.10±1.3	0.01±0.0	0.73±0.1	10.94±3.6	0.05±0.0	0.44±0.2	2.40±1.0	0.08±0.0	0.07±0.0	0.31±0.2
山地林	2015	40～60	3		5.81±0.5		0.53±0.0	7.30±0.8	0.03±0.0	0.30±0.0	1.57±0.1	0.03±0.0	0.08±0.0	0.39±0.0
山地林	2015	60～100	3		5.51±1.1		0.49±0.0	6.87±0.9	0.04±0.0	0.31±0.0	1.53±0.1	0.03±0.0	0.08±0.0	0.36±0.0

3.2.5.4　土壤微量元素和重金属元素

（1）样品分析方法

具体方法见表 3－25。

表 3－25　土壤微量元素和重金属元素实验分析方法

项目	年份	方法名称
铬、钴、镍、铅、铁、锌、铜	1998	氢氟酸-高氯酸-硝酸消煮-原子吸收光谱法
镉、钴、铬、铜、镁、钼、镍、铅、硒、锌	2005	氢氟酸-盐酸-硝酸酸溶- ICP－MS 法
砷	2005	硝酸-硫酸消煮-双道原子荧光法
汞	2005	硫酸-五氧化二矾消煮-冷原子吸收法
砷、镉、钴、铬、铜、汞、锰、钼、镍、铅、硒、锌	2013、2015	氢氟酸-盐酸-硝酸酸溶-电感耦合等离子体质谱（ICP－MS）法
铁	2005、2013、2015	氢氟酸-盐酸-硝酸酸溶- ICP－OES 法
硼	2005	碳酸钠碱熔- ICP－OES 法
硼	2015	氢氟酸-盐酸-硝酸酸溶- ICP－OES 法

（2）数据

具体数据见表 3－26。

表 3-26　1998—2015 年 6 个林土壤微量元素和重金属元素

林型	年份	深度/cm	重复数	硼/(mg/kg)	钼/(mg/kg)	锰/(mg/kg)	锌/(mg/kg)	铜/(mg/kg)	铁/(mg/kg)	硒/(mg/kg)	钴/(mg/kg)	镉/(mg/kg)	铅/(mg/kg)	铬/(mg/kg)	镍/(mg/kg)	汞/(mg/kg)	砷/(mg/kg)
松林	1998	0～5	1				63.79±0.0	0.79±0.0	18 633.88±0.0		6.78±0.0		20.80±0.0	57.56±0.0	10.29±0.0		
松林	1998	10～15	1				55.74±0.0	0.87±0.0	22 701.03±0.0		8.84±0.0		29.23±0.0	79.40±0.0	12.14±0.0		
松林	1998	20～30	1				39.42±0.0	0.48±0.0	24 164.15±0.0		13.95±0.0		35.55±0.0	88.34±0.0	14.60±0.0		
松林	1998	50～60	1				65.43±0.0	1.07±0.0	29 072.37±0.0		13.74±0.0		42.96±0.0	102.97±0.0	17.21±0.0		
松林	2005	0～10	3	183.36±12.9	0.99±0.1	35.86±3.3	217.91±128.9	13.39±5.4	26 048.08±835.3			0.16±0.1	27.68±5.5	64.59±8.0	8.43±2.2	0.04±0.0	6.36±2.1
松林	2005	10～20	3	188.76±11.8	1.11±0.1	37.52±8.4	180.08±111.7	9.29±1.7	27 822.82±2 027.0			0.15±0.1	25.98±3.6	70.72±6.5	8.59±1.4	0.09±0.1	6.95±0.6
松林	2005	20～40	3	191.39±15.0	1.23±0.1	56.71±14.1	211.25±87.2	10.05±1.7	30 570.44±1 523.3			0.23±0.1	24.58±4.5	77.07±4.9	10.06±2.0	0.08±0.1	7.75±0.6
松林	2005	40～60	3	197.49±24.1	1.41±0.1	87.05±16.4	279.83±110.7	11.87±1.8	32 867.30±1 213.4			0.20±0.1	21.40±7.5	85.56±6.4	11.55±1.5	0.07±0.1	8.00±0.3
松林	2005	60～80	3	203.47±22.8	1.51±0.1	108.99±13.0	287.35±89.2	13.09±0.9	33 417.48±1 321.3			0.22±0.0	21.27±6.6	88.95±6.3	12.95±0.8	0.11±0.1	8.57±1.3
松林	2015	0～10	3	117.53±16.8	1.70±0.7	24.72±5.2	19.09±4.4	4.51±1.2	23 012.03±1 894.9	0.27±0.0	1.26±0.1	0.04±0.0	36.05±9.1	60.27±8.8	9.35±0.3	0.01±0.0	9.84±0.3
松林	2015	10～20	3	151.58±41.0	2.11±0.2	26.91±4.6	19.07±4.4	3.91±1.5	26 208.96±994.1	0.23±0.0	1.43±0.1	0.02±0.0	34.71±10.4	70.34±11.2	10.42±0.7	0.01±0.0	11.76±0.9
松林	2015	20～40	3	140.30±34.1	1.35±0.1	27.51±4.7	20.92±3.5	3.98±1.0	27 604.50±1 903.3	0.28±0.1	1.52±0.2	0.03±0.0	37.21±11.5	75.79±13.1	10.87±0.7	0.01±0.0	12.19±1.4
松林	2015	40～60	3	150.39±13.5	1.81±0.5	37.96±11.1	24.90±5.3	4.64±0.9	31 475.53±3 486.8	0.43±0.2	1.74±0.3	0.02±0.0	38.41±11.5	80.03±13.2	12.37±1.7	0.02±0.0	13.34±2.0

（续）

林型	年份	深度/cm	重复数	硼/(mg/kg)	钼/(mg/kg)	锰/(mg/kg)	锌/(mg/kg)	铜/(mg/kg)	铁/(mg/kg)	硒/(mg/kg)	钴/(mg/kg)	镉/(mg/kg)	铅/(mg/kg)	铬/(mg/kg)	镍/(mg/kg)	汞/(mg/kg)	砷/(mg/kg)
松林	2015	60～100	3	152.07±32.5	2.10±0.2	40.66±6.7	28.78±8.3	6.04±1.3	33 092.27±2 272.3	0.42±0.2	2.00±0.4	0.02±0.0	51.67±30.7	84.13±15.3	14.30±2.6	0.01±0.0	13.97±1.2
针阔Ⅰ号	1998	0～5	1				53.74±0.0	0.97±0.0	22 484.04±0.0		8.43±0.0		12.27±0.0	63.63±0.0	8.77±0.0		
针阔Ⅰ号	1998	10～20	1				76.74±0.0	2.61±0.0	35 989.33±0.0		12.46±0.0		14.59±0.0	103.22±0.0	16.52±0.0		
针阔Ⅰ号	1998	30～40	1				47.24±0.0	0.86±0.0	24 651.03±0.0		9.01±0.0		11.34±0.0	76.58±0.0	12.54±0.0		
针阔Ⅰ号	1998	70～80	1				61.96±0.0	1.46±0.0	30 390.07±0.0		13.33±0.0		9.96±0.0	92.21±0.0	15.49±0.0		
针阔Ⅰ号	2015	0～10	3	122.46±8.9	1.20±1.0	44.50±9.6	16.57±3.1	9.28±1.9	28 207.43±2 387.1	0.38±0.0	1.83±0.4	0.06±0.0	28.23±6.6	67.65±9.4	24.51±7.6	0.01±0.0	30.86±5.1
针阔Ⅰ号	2015	10～20	3	120.74±11.7	1.14±1.2	57.15±17.9	14.63±1.5	7.92±3.0	33 115.58±2 202.9	0.41±0.1	2.14±0.9	0.04±0.0	15.84±2.1	71.16±3.3	9.10±0.9	0.02±0.0	32.90±5.1
针阔Ⅰ号	2015	20～40	3	123.97±13.7	1.62±0.8	72.95±11.8	20.20±5.1	9.74±2.4	36 761.19±2 124.8	0.48±0.1	2.14±0.5	0.03±0.0	18.55±4.6	75.16±6.9	9.33±1.1	0.02±0.0	36.83±5.2
针阔Ⅰ号	2015	40～60	3	125.31±7.9	2.30±0.4	84.78±25.2	18.46±2.4	15.30±7.8	38 753.68±1 886.8	0.56±0.1	2.55±0.8	0.02±0.0	15.86±1.4	80.33±6.1	12.13±1.2	0.01±0.0	41.31±4.1
针阔Ⅰ号	2015	60～100	3	97.54±14.1	2.20±0.3	89.00±66.6	19.61±1.6	15.16±1.1	40 067.49±954.7	0.96±0.4	2.27±2.0	0.02±0.0	16.68±2.9	68.11±10.6	9.57±4.2	0.01±0.0	46.47±8.9
针阔Ⅱ号	2005	0～10	3	136.75±34.1	1.29±0.0	35.86±3.9	29.23±3.6	9.64±0.6	25 377.48±729.2			0.70±0.1	20.12±1.7	57.33±7.2	5.59±0.1	0.23±0.0	32.23±9.7
针阔Ⅱ号	2005	10～20	3	125.20±26.9	1.41±0.0	37.00±5.3	29.71±0.5	8.59±1.5	27 051.05±1 907.6			0.77±0.2	13.29±1.9	61.95±8.7	5.34±0.4	0.19±0.0	29.49±6.4
针阔Ⅱ号	2005	20～40	3	118.59±22.8	1.53±0.0	55.93±12.0	46.95±12.3	9.19±0.9	28 052.36±1 130.3			0.80±0.2	11.60±1.7	61.78±10.8	6.50±0.3	0.20±0.1	28.10±9.4

（续）

林型	年份	深度/cm	重复数	硼/(mg/kg)	钼/(mg/kg)	锰/(mg/kg)	锌/(mg/kg)	铜/(mg/kg)	铁/(mg/kg)	硒/(mg/kg)	钴/(mg/kg)	镉/(mg/kg)	铅/(mg/kg)	铬/(mg/kg)	镍/(mg/kg)	汞/(mg/kg)	砷/(mg/kg)
针阔Ⅱ号	2005	40～60	3	111.88±25.0	1.65±0.1	86.84±9.8	74.04±20.6	10.21±2.1	31 936.96±524.2			0.82±0.2	10.07±1.2	67.14±11.5	7.10±0.5	0.61±0.7	31.86±6.5
针阔Ⅱ号	2015	0～10	3	101.60±55.3	1.28±0.5	40.14±7.5	23.60±7.6	6.63±1.3	29 084.29±1 258.4	0.46±0.0	1.83±0.2	0.03±0.0	31.78±6.7	55.49±27.8	8.82±1.3	0.02±0.0	41.82±17.0
针阔Ⅱ号	2015	10～20	3	98.62±42.9	2.20±0.8	40.46±10.9	21.30±4.5	4.47±1.1	27 719.94±3 960.4	0.53±0.1	1.90±0.3	0.03±0.0	25.12±3.4	60.26±26.3	26.75±29.4	0.01±0.0	44.77±21.6
针阔Ⅱ号	2015	20～40	3	117.94±40.6	2.05±0.2	53.86±16.1	30.98±13.7	4.67±1.3	28 694.50±2 540.4	0.47±0.1	1.98±0.2	0.03±0.0	23.50±1.9	63.63±31.5	8.92±1.7	0.01±0.0	44.89±20.0
针阔Ⅱ号	2015	40～60	3	108.82±41.7	2.36±0.8	66.20±24.0	28.57±11.7	4.89±1.6	32 663.34±1 135.6	0.50±0.0	2.19±0.1	0.02±0.0	25.28±0.9	64.49±21.7	10.20±0.7	0.01±0.0	48.74±17.2
针阔Ⅱ号	2015	60～100	3	98.47±45.3	3.06±1.6	93.47±36.6	34.36±19.8	6.46±2.7	35 881.00±2 462.2	0.55±0.0	2.79±0.4	0.02±0.0	22.77±3.7	73.48±17.7	15.97±7.2	0.02±0.0	58.21±17.1
针阔Ⅲ号	2015	0～10	3	175.07±16.3	1.02±0.4	30.48±18.4	20.50±1.8	4.75±0.4	30 862.96±2 205.3	0.71±0.2	1.36±0.1	0.04±0.0	27.94±2.5	77.46±7.3	9.43±0.7	0.02±0.0	26.49±2.9
针阔Ⅲ号	2015	10～20	3	182.96±27.8	1.83±0.8	20.87±0.5	18.90±0.4	3.23±0.3	31 169.80±2 468.9	0.57±0.0	1.44±0.1	0.02±0.0	25.52±3.2	89.35±10.2	9.78±0.6	0.02±0.0	28.53±3.0
针阔Ⅲ号	2015	20～40	3	184.37±16.1	1.72±1.3	20.38±0.3	19.59±1.7	3.02±0.6	33 749.58±318.9	0.62±0.1	1.49±0.1	0.02±0.0	22.04±6.3	88.65±3.7	10.70±0.6	0.02±0.0	29.88±2.9
针阔Ⅲ号	2015	40～60	3	189.33±28.8	2.44±0.4	21.63±1.4	22.84±0.3	3.44±0.5	34 717.24±996.0	0.64±0.2	1.55±0.1	0.02±0.0	21.47±4.8	100.25±5.3	11.06±0.6	0.02±0.0	33.08±3.7
针阔Ⅲ号	2015	60～100	3	173.74±14.6	2.17±0.8	21.52±1.1	25.16±0.9	3.67±0.8	34 032.74±431.4	0.48±0.0	1.56±0.1	0.01±0.0	20.09±5.6	94.91±7.7	10.83±0.5	0.02±0.0	31.71±1.4
季风林	1998	0～10	1				89.77±0.0	1.81±0.0	33 466.14±0.0		12.50±0.0		14.43±0.0	98.98±0.0	15.58±0.0		
季风林	1998	20～30	1				69.41±0.0	1.53±0.0	39 803.26±0.0		14.88±0.0		7.63±0.0	117.49±0.0	17.74±0.0		
季风林	1998	40～50	1				86.06±0.0	2.52±0.0	43 635.65±0.0		17.24±0.0		5.48±0.0	124.71±0.0	20.13±0.0		

（续）

林型	年份	深度/cm	重复数	硼/(mg/kg)	钼/(mg/kg)	锰/(mg/kg)	锌/(mg/kg)	铜/(mg/kg)	铁/(mg/kg)	硒/(mg/kg)	钴/(mg/kg)	镉/(mg/kg)	铅/(mg/kg)	铬/(mg/kg)	镍/(mg/kg)	汞/(mg/kg)	砷/(mg/kg)
季风林	1998	70～80	1				86.67±0.0	3.56±0.0	43 824.95±0.0		17.19±0.0		5.81±0.0	126.80±0.0	21.05±0.0		
季风林	2005	0～10	3	155.83±6.6	1.28±0.0	31.36±1.0	44.04±8.2	9.53±1.5	29 669.27±897.8			0.58±0.1	16.97±0.8	79.11±4.4	7.43±0.6	0.40±0.0	28.44±9.3
季风林	2005	10～20	3	153.59±3.4	1.43±0.1	33.15±5.3	46.93±12.2	9.28±2.9	32 920.57±1 819.3			0.58±0.1	9.80±3.6	88.57±5.9	7.83±0.4	0.48±0.1	32.12±8.8
季风林	2005	20～40	3	148.94±5.0	1.43±0.1	37.57±10.6	48.53±14.2	7.78±0.9	33 577.23±2 409.2			0.62±0.0	7.26±3.4	90.01±3.7	7.97±0.6	0.34±0.0	25.79±5.7
季风林	2005	40～60	3	144.10±12.2	1.55±0.1	31.40±3.6	78.76±29.3	8.09±2.1	35 989.53±2 709.1			0.59±0.0	4.76±2.4	93.58±2.0	9.39±0.7	0.30±0.0	27.11±4.1
季风林	2005	60～80	3	141.04±8.5	1.53±0.1	32.55±2.7	74.50±17.1	8.39±0.7	37 800.45±6 700.4			0.64±0.0	4.25±1.0	92.00±1.8	9.55±1.8	0.24±0.0	28.02±1.2
季风林	2015	0～10	3	135.70±1.5	1.03±0.1	28.54±5.6	20.47±3.6	6.86±1.2	33 271.48±5 967.8	0.69±0.0	1.85±0.1	0.05±0.0	24.94±1.6	81.54±8.3	10.57±0.9	0.04±0.0	45.80±3.9
季风林	2015	10～20	3	145.58±23.0	1.12±0.6	27.99±8.9	18.26±7.1	5.28±2.5	34 898.56±5 946.9	0.61±0.3	1.70±0.4	0.03±0.0	17.19±5.7	91.03±8.4	9.50±2.4	0.02±0.0	42.12±16.2
季风林	2015	20～40	3	158.30±25.2	1.73±0.4	33.32±5.1	23.74±4.0	6.15±1.9	40 296.90±4 445.3	0.67±0.2	2.21±0.3	0.03±0.0	20.55±3.4	97.85±4.0	12.34±1.7	0.03±0.0	55.06±8.9
季风林	2015	40～60	3	132.45±9.8	1.58±0.2	36.67±7.5	25.10±6.1	7.26±3.0	39 142.18±2 857.9	0.62±0.1	2.16±0.1	0.03±0.0	19.63±3.4	98.19±10.8	13.03±1.8	0.02±0.0	54.97±6.5
季风林	2015	60～100	3	131.15±5.3	1.74±0.5	43.33±10.1	25.10±5.3	7.88±3.5	41 669.60±1 856.8	0.62±0.1	2.28±0.1	0.02±0.0	17.84±0.4	95.87±2.8	12.29±0.6	0.03±0.0	58.01±7.1

（续）

林型	年份	深度/cm	重复数	硼/(mg/kg)	钼/(mg/kg)	锰/(mg/kg)	锌/(mg/kg)	铜/(mg/kg)	铁/(mg/kg)	硒/(mg/kg)	钴/(mg/kg)	镉/(mg/kg)	铅/(mg/kg)	铬/(mg/kg)	镍/(mg/kg)	汞/(mg/kg)	砷/(mg/kg)
山地林	2013	0～10	3			27.32±2.1	32.63±8.1	18.77±3.9	30 581.68±3 287.2								
山地林	2013	0～20	3			28.90±1.2	43.04±19.0	19.42±2.8	32 719.47±2 745.9								
山地林	2013	10～20	3			27.78±2.6	30.18±10.4	18.00±2.6	33 099.58±4 289.2								
山地林	2013	20～40	3			28.89±2.9	31.59±2.6	19.52±4.3	37 064.01±5 778.9								
山地林	2013	40～60	3			30.48±2.3	28.90±3.5	21.60±4.7	40 856.50±1 152.2								
山地林	2013	60～100	3			31.54±2.3	32.43±4.1	24.16±1.9	42 148.45±1 963.0								
山地林	2015	0～10	3	52.56±49.8	2.36±1.7	29.15±3.6	22.79±5.8	11.84±5.4	29 550.03±6 936.6	0.64±0.3	0.76±0.5	0.06±0.0	242.13±178.6	46.27±6.5	5.86±3.8	0.02±0.0	35.75±22.5
山地林	2015	10～20	3	55.83±60.6	3.53±1.3	26.80±7.9	20.12±11.6	9.37±3.0	25 167.04±2 780.5	0.54±0.2	0.73±0.6	0.06±0.0	190.42±147.2	48.29±14.9	5.84±4.5	0.02±0.0	31.63±18.9
山地林	2015	20～40	3	61.18±26.7	3.57±2.3	60.46±47.2	19.21±5.2	20.26±5.3	42 731.17±9 299.5	1.01±0.5	1.18±1.0	0.07±0.0	264.39±249.9	68.58±17.1	8.29±6.4	0.04±0.0	66.17±22.5
山地林	2015	40～60	3	32.38±6.9	3.88±3.8	30.23±1.8	17.67±2.1	18.29±5.3	40 641.14±3 452.5	0.85±0.3	0.51±0.0	0.05±0.0	465.14±155.6	55.46±4.5	4.31±0.7	0.03±0.0	56.41±28.0
山地林	2015	60～100	3	27.93±6.1	5.48±3.2	29.84±2.5	19.54±2.4	18.28±5.9	38 587.83±7 452.1	0.84±0.2	0.51±0.0	0.07±0.0	455.10±51.9	51.43±5.9	4.17±0.3	0.03±0.0	61.43±15.1

3.2.5.5 土壤硝态氮和铵态氮的动态变化

按照 CERN 监测体系，铵态氮属于长期监测项目，从 1999 年开始监测，数据保持延续性。硝态氮是从 2002 年开始进入监测体系，和铵态氮同时监测。

（1）样品分析方法

具体分析方法见表 3－27。

表 3－27　土壤硝态氮和铵态氮的动态变化实验分析方法

项目	年份	方法名称
铵态氮	1999—2018	氯化钾浸提-靛酚蓝比色法
硝态氮	2002—2009	镀铜镉还原-重氮化偶合比色法
	2010—2018	氯化钾浸提-紫外分光光度法

（2）数据

具体数据见表 3－28。

表 3－28　1999—2018 年 6 个株土壤硝态氮和铵态氮的动态变化数据

林型	年份	深度/cm	重复数	硝态氮/（mg/kg）	铵态氮/（mg/kg）
松林	1999	0～20	6		7.33±1.1
松林	2000	0～20	6		23.54±4.9
松林	2001	0～20	6		13.56±2.4
松林	2002	0～20	6	3.70±0.4	9.64±2.8
松林	2003	0～20	6	3.96±0.4	6.11±0.5
松林	2004	0～20	6	6.13±0.2	5.96±1.3
松林	2005	0～20	24	2.24±1.7	9.43±4.7
松林	2006	0～20	6	0.85±0.3	5.51±1.0
松林	2007	0～20	6	0.49±0.2	5.79±0.6
松林	2008	0～20	24	1.79±1.5	14.62±3.2
松林	2009	0～20	6	1.45±0.5	5.40±0.6
松林	2010	0～20	24	1.14±0.8	6.98±2.7
松林	2011	0～20	6	5.20±1.6	7.50±0.6
松林	2012	0～20	6	2.06±1.8	2.46±1.0
松林	2013	0～20	6	3.62±0.8	3.61±0.7
松林	2014	0～20	6	1.23±0.4	3.75±1.0
松林	2015	0～10	3	1.24±0.7	2.20±0.7
松林	2015	0～20	24	2.22±0.9	2.96±1.7
松林	2015	10～20	3	1.05±0.3	3.48±0.2
松林	2015	20～40	3	1.45±0.5	2.79±0.8
松林	2015	40～60	3	1.42±0.5	2.57±0.2

（续）

林型	年份	深度/cm	重复数	硝态氮/（mg/kg）	铵态氮/（mg/kg）
松林	2015	60～100	3	1.72±0.6	2.72±0.5
松林	2016	0～20	6	1.28±0.4	2.12±0.3
松林	2017	0～20	6	2.45±1.3	0.94±0.3
松林	2018	0～20	6	3.58±1.5	7.47±2.5
针阔Ⅰ号	1999	0～20	6		6.17±0.5
针阔Ⅰ号	2000	0～20	6		17.58±5.6
针阔Ⅰ号	2001	0～20	6		9.99±1.1
针阔Ⅰ号	2002	0～20	6	4.00±0.3	4.59±1.1
针阔Ⅰ号	2003	0～20	6	4.80±0.3	4.90±0.3
针阔Ⅰ号	2015	0～10	3	2.55±0.9	3.54±1.3
针阔Ⅰ号	2015	0～20	6	2.55±1.1	0.99±0.3
针阔Ⅰ号	2015	10～20	3	2.00±1.3	2.90±1.3
针阔Ⅰ号	2015	20～40	3	1.55±0.6	2.97±0.2
针阔Ⅰ号	2015	40～60	3	1.13±1.2	2.93±0.6
针阔Ⅰ号	2015	60～100	3	1.79±0.6	3.92±0.2
针阔Ⅰ号	2018	0～20	6	5.97±3.3	7.11±1.9
针阔Ⅱ号	2004	0～20	6	6.97±0.7	5.80±0.8
针阔Ⅱ号	2005	0～20	24	5.07±2.6	11.18±5.2
针阔Ⅱ号	2006	0～20	6	4.87±2.3	6.59±0.6
针阔Ⅱ号	2007	0～20	6	3.29±0.8	6.17±1.0
针阔Ⅱ号	2008	0～20	24	4.63±1.4	22.80±10.1
针阔Ⅱ号	2009	0～20	6	2.62±1.5	5.83±0.5
针阔Ⅱ号	2010	0～20	24	3.44±1.1	8.48±2.9
针阔Ⅱ号	2011	0～20	6	8.98±1.3	6.98±0.7
针阔Ⅱ号	2012	0～20	6	5.29±1.9	6.98±2.9

（续）

林型	年份	深度/cm	重复数	硝态氮/（mg/kg）	铵态氮/（mg/kg）
针阔Ⅱ号	2013	0～20	6	6.34±0.8	4.82±0.7
针阔Ⅱ号	2014	0～20	6	4.91±1.3	3.97±0.6
针阔Ⅱ号	2015	0～10	3	4.52±1.5	3.22±1.5
针阔Ⅱ号	2015	0～20	24	6.34±1.9	4.08±1.7
针阔Ⅱ号	2015	10～20	3	3.36±1.2	4.50±1.8
针阔Ⅱ号	2015	20～40	3	2.60±1.7	4.02±1.7
针阔Ⅱ号	2015	40～60	3	2.39±0.5	4.57±1.6
针阔Ⅱ号	2015	60～100	3	3.39±1.2	5.05±1.1
针阔Ⅱ号	2016	0～20	6	2.83±1.0	5.36±1.7
针阔Ⅱ号	2017	0～20	6	5.52±1.2	2.05±0.4
针阔Ⅱ号	2018	0～20	6	5.72±2.5	8.57±1.5
针阔Ⅲ号	2008	0～20	12	1.66±1.0	28.23±10.3
针阔Ⅲ号	2013	0～20	6	3.02±1.3	5.94±1.2
针阔Ⅲ号	2014	0～20	6	2.20±1.0	4.19±0.6
针阔Ⅲ号	2015	0～10	3	1.23±0.2	3.87±1.5
针阔Ⅲ号	2015	0～20	24	3.42±1.5	4.34±1.4
针阔Ⅲ号	2015	10～20	3	2.07±0.9	5.74±0.7
针阔Ⅲ号	2015	20～40	3	2.32±0.6	5.91±1.4
针阔Ⅲ号	2015	40～60	3	2.40±0.5	4.66±0.3
针阔Ⅲ号	2015	60～100	3	2.76±0.8	5.07±1.6
针阔Ⅲ号	2016	0～20	6	1.19±0.6	4.60±0.6
针阔Ⅲ号	2017	0～20	6	3.17±1.0	3.69±1.5
针阔Ⅲ号	2018	0～20	6	2.88±0.8	8.54±1.7
季风林	1999	0～20	6		15.59±3.6
季风林	2000	0～20	6		13.18±1.9

（续）

林型	年份	深度/cm	重复数	硝态氮/（mg/kg）	铵态氮/（mg/kg）
季风林	2001	0～20	6		9.93±1.3
季风林	2002	0～20	6	3.62±0.3	10.16±2.2
季风林	2003	0～20	6	5.79±0.8	5.08±0.2
季风林	2004	0～20	6	7.03±1.5	4.97±0.4
季风林	2005	0～20	24	7.48±4.7	10.72±5.6
季风林	2006	0～20	6	8.69±2.9	5.59±0.4
季风林	2007	0～20	6	2.28±1.1	5.27±0.7
季风林	2008	0～20	24	6.39±1.8	17.74±2.8
季风林	2009	0～20	6	2.96±1.0	10.13±4.4
季风林	2010	0～20	24	3.36±1.2	10.47±4.6
季风林	2011	0～20	6	11.13±2.3	7.19±1.1
季风林	2012	0～20	6	6.83±2.1	6.88±2.1
季风林	2013	0～20	6	4.34±0.4	4.51±1.0
季风林	2014	0～20	6	2.94±1.4	3.61±0.6
季风林	2015	0～10	3	6.27±1.3	3.87±1.9
季风林	2015	0～20	24	6.58±1.9	3.57±1.2
季风林	2015	10～20	3	4.19±1.2	4.12±0.7
季风林	2015	20～40	3	4.28±1.4	3.78±0.4
季风林	2015	40～60	3	4.05±1.7	3.89±0.3
季风林	2015	60～100	3	3.90±1.2	5.11±0.6
季风林	2016	0～20	6	2.09±0.6	4.26±1.2
季风林	2017	0～20	6	5.61±0.8	1.66±0.5
季风林	2018	0～20	6	10.86±2.1	6.31±1.0
山地林	2013	0～10	3	0.81±0.5	4.81±1.1
山地林	2013	0～20	3	2.76±0.9	4.80±1.4

（续）

林型	年份	深度/cm	重复数	硝态氮/（mg/kg）	铵态氮/（mg/kg）
山地林	2013	10～20	3	3.25±0.4	5.20±0.5
山地林	2013	20～40	3	4.15±0.8	3.54±0.7
山地林	2013	40～60	3	4.08±0.4	3.34±1.0
山地林	2013	60～100	3	3.98±0.4	3.36±0.9
山地林	2015	0～10	3	1.04±0.3	4.16±1.3
山地林	2015	0～20	6	1.49±0.3	4.43±0.8
山地林	2015	10～20	3	0.61±0.3	4.36±1.5
山地林	2015	20～40	3	1.70±0.5	4.72±1.8
山地林	2015	40～60	3	2.09±0.2	6.59±2.9
山地林	2015	60～100	3	2.15±0.1	5.56±1.7

3.2.5.6　土壤速效微量元素

（1）样品分析方法

具体方法见表 3 - 29。

表 3 - 29　土壤速效微量元素实验分析方法

项目	年份	方法名称
钼	1999	草酸-草酸铵浸提-硫氰酸钾比色法
	2005、2006	草酸-草酸铵浸提-原子吸收光谱法
锰	1999—2015	对苯二酚-乙酸铵浸提-原子吸收光谱法
	2016—2018	对苯二酚-乙酸铵浸提- ICP - OES 法
硼	1999—2018	沸水浸提-甲亚胺- H 比色法
硫	2005—2018	磷酸盐浸提-硫酸钡比浊法
铜、铁、锌	1999—2015	盐酸浸提-原子吸收光谱法
	2016—2018	盐酸浸提- ICP - OES 法
易还原锰	1999—2003、2007、2011—2015	对苯二酚-乙酸铵浸提-原子吸收光谱法
	2016—2018	对苯二酚-乙酸铵浸提- ICP - OES 法
有效锰	2006、2008—2010、2014	盐酸浸提-原子吸收光谱法

（2）数据

具体数据见表 3 - 30。

表 3-30 1999—2018 年 6 个株土壤速效微量元素数据

林型	年份	深度/cm	重复数	有效铁/(mg/kg)	有效铜/(mg/kg)	有效钼/(mg/kg)	有效硼/(mg/kg)	有效锰/(mg/kg)	有效锌/(mg/kg)	有效硫/(mg/kg)
松林	1999	0～20	6	31.08±2.5	0.51±0.0	0.24±0.0	0.42±0.1	0.30±0.0	1.42±0.2	
松林	2000	0～20	6	29.40±8.5	0.60±0.1		0.38±0.1	0.10±0.0	1.26±0.7	
松林	2001	0～20	6	35.80±12.0	0.89±0.1		0.22±0.1	0.31±0.1	0.74±0.1	
松林	2002	0～20	6	42.97±3.6	0.45±0.0		0.41±0.1	0.19±0.0	1.20±0.1	
松林	2003	0～20	6	43.12±3.5	0.60±0.1		0.53±0.1	0.24±0.1	1.46±0.2	
松林	2005	0～20	24	62.41±20.1	0.38±0.1	1.53±0.2	0.34±0.2			50.80±11.4
松林	2006	0～20	6		0.65±0.1	0.93±0.1	0.35±0.1	0.81±0.3		50.23±18.4
松林	2007	0～20	6		0.62±0.1		0.42±0.1	1.79±0.9		46.60±6.5
松林	2008	0～20	24		1.60±0.7		0.94±0.4	2.33±1.3		43.49±6.8
松林	2009	0～20	6		0.64±0.1		0.78±0.2	1.79±0.6		32.01±6.3
松林	2010	0～20	24	76.50±24.1	0.96±0.4		0.45±0.2	2.63±1.3	2.32±1.3	34.34±5.1
松林	2011	0～20	6	56.46±11.8	0.56±0.1		0.41±0.1	2.08±0.6	1.94±0.4	27.33±4.7
松林	2012	0～20	6	75.20±23.8	0.73±0.2		0.72±0.1	2.23±0.7		21.20±3.0
松林	2013	0～20	6	100.14±21.4	0.80±0.3		0.53±0.2	2.43±1.2	1.87±0.6	20.44±2.9
松林	2014	0～20	6	57.54±18.1	0.57±0.1		0.34±0.1	1.34±0.9	1.20±0.2	23.44±9.3
松林	2015	0～20	24	95.29±27.5	0.93±0.3		0.39±0.3	2.23±1.0	1.11±0.3	17.73±5.9
松林	2016	0～20	6	65.66±17.3	0.62±0.1		0.60±0.2	1.57±0.5	1.00±0.2	19.20±5.5
松林	2017	0～20	6	88.75±15.9	0.82±0.2		0.55±0.3	1.73±0.4	1.64±0.5	13.99±4.0
松林	2018	0～20	6	86.07±19.7	0.89±0.3		0.62±0.1	1.45±0.8	1.67±0.3	8.10±6.8
针阔Ⅰ号	1999	0～20	6	98.14±20.0	0.64±0.1	0.33±0.0	0.86±0.1	1.01±0.3	1.12±0.2	
针阔Ⅰ号	2000	0～20	6	104.30±21.0	0.70±0.1		0.54±0.2	1.18±1.2	1.19±0.5	
针阔Ⅰ号	2001	0～20	6	83.37±24.4	0.81±0.1		0.35±0.1	0.97±0.3	0.70±0.1	
针阔Ⅰ号	2002	0～20	6	132.83±27.2	0.67±0.1		0.55±0.0	1.29±0.4	1.43±0.1	
针阔Ⅰ号	2003	0～20	6	94.53±11.5	0.75±0.1		0.66±0.1	0.96±0.4	1.36±0.1	
针阔Ⅰ号	2015	0～20	6	96.15±17.9	1.25±0.1		1.38±0.7	4.09±1.1	2.32±0.8	15.19±4.7
针阔Ⅰ号	2018	0～20	6	193.73±39.8	1.16±0.5		0.84±0.3	1.22±1.3	1.91±1.4	7.28±4.5
针阔Ⅱ号	2005	0～20	24	157.16±29.4	0.49±0.1	2.12±0.2	0.80±0.4			67.46±11.5
针阔Ⅱ号	2006	0～20	6		0.85±0.1	1.23±0.1	0.84±0.4	1.62±1.1		42.57±10.0
针阔Ⅱ号	2007	0～20	6		0.67±0.1		0.75±0.2	1.34±0.6		47.13±3.9
针阔Ⅱ号	2008	0～20	24		1.69±0.8		1.02±0.4	2.89±1.7		53.78±11.4
针阔Ⅱ号	2009	0～20	6		1.08±0.2		0.69±0.1	2.40±1.3		48.32±2.5
针阔Ⅱ号	2010	0～20	24	180.38±41.8	1.10±0.4		0.62±0.3	2.89±1.2	2.77±0.8	45.42±7.6
针阔Ⅱ号	2011	0～20	6	174.23±38.2	0.73±0.2		0.47±0.1	3.10±1.7	2.75±0.8	27.70±3.4

（续）

林型	年份	深度/cm	重复数	有效铁/(mg/kg)	有效铜/(mg/kg)	有效钼/(mg/kg)	有效硼/(mg/kg)	有效锰/(mg/kg)	有效锌/(mg/kg)	有效硫/(mg/kg)
针阔Ⅱ号	2012	0～20	6	150.75±42.4	1.16±0.1		0.82±0.2	5.13±2.4		27.77±3.9
针阔Ⅱ号	2013	0～20	6	183.83±26.3	1.11±0.4		0.46±0.1	2.89±1.4	1.90±0.4	28.21±3.6
针阔Ⅱ号	2014	0～20	6	175.32±25.5	1.04±0.2		0.57±0.1	2.21±1.3	2.11±0.4	23.61±3.3
针阔Ⅱ号	2015	0～20	24	213.56±41.4	1.33±0.4		0.47±0.3	3.05±1.5	1.73±0.4	25.38±6.4
针阔Ⅱ号	2016	0～20	6	184.24±46.6	1.11±0.3		0.72±0.2	2.26±0.8	1.70±0.6	25.89±3.8
针阔Ⅱ号	2017	0～20	6	179.94±24.4	1.35±0.2		0.49±0.1	3.54±0.9	1.89±0.8	26.09±5.3
针阔Ⅱ号	2018	0～20	6	177.52±36.7	1.25±0.5		0.71±0.2	1.89±1.4	1.89±1.0	18.69±9.6
针阔Ⅲ号	2008	0～20	12		1.19±0.2		1.25±0.3	1.32±0.5		40.30±7.3
针阔Ⅲ号	2013	0～20	6	168.99±31.6	0.53±0.1		0.52±0.1	0.99±1.0	2.06±0.2	23.55±2.6
针阔Ⅲ号	2014	0～20	6	149.82±17.1	0.58±0.1		0.41±0.1	1.58±1.7	1.83±0.2	23.24±3.3
针阔Ⅲ号	2015	0～20	24	187.76±29.6	0.79±0.2		0.41±0.2	1.17±1.5	1.40±0.4	19.59±5.0
针阔Ⅲ号	2016	0～20	6	136.76±11.7	0.60±0.0		0.54±0.1	0.35±0.1	1.11±0.1	22.26±2.7
针阔Ⅲ号	2017	0～20	6	162.86±21.2	0.78±0.1		0.51±0.1	1.64±2.6	1.53±0.4	25.81±9.6
针阔Ⅲ号	2018	0～20	6	167.50±22.1	0.75±0.1		0.51±0.1	0.89±1.0	1.38±0.2	11.32±6.7
季风林	1999	0～20	6	138.83±18.1	0.71±0.0	0.53±0.0	0.98±0.2	1.55±0.3	1.94±0.2	
季风林	2000	0～20	6	128.92±12.4	0.76±0.1		0.90±0.3	0.74±0.2	0.99±0.3	
季风林	2001	0～20	6	126.24±17.8	0.94±0.1		0.42±0.1	1.90±0.9	0.74±0.1	
季风林	2002	0～20	6	167.61±22.3	0.77±0.1		0.45±0.0	1.16±0.4	2.05±0.2	
季风林	2003	0～20	6	160.05±19.4	0.85±0.0		0.66±0.1	1.44±0.4	2.28±0.2	
季风林	2005	0～20	24	203.90±51.7	0.72±0.1	2.02±0.4	0.87±0.3			69.91±10.8
季风林	2006	0～20	6		1.23±0.1	1.29±0.1	0.70±0.2	1.05±0.2		62.70±19.0
季风林	2007	0～20	6		0.91±0.1		0.82±0.3	0.92±0.1		49.92±4.9
季风林	2008	0～20	24		1.98±0.8		1.18±0.3	1.63±0.4		54.41±13.2
季风林	2009	0～20	6		1.48±0.3		1.00±0.2	1.41±0.3		46.64±6.6
季风林	2010	0～20	24	221.21±40.9	1.34±0.4		0.65±0.2	1.83±1.3	2.29±0.7	45.79±11.6
季风林	2011	0～20	6	212.46±27.5	1.01±0.3		0.57±0.1	1.42±0.2	2.25±0.4	34.31±8.7
季风林	2012	0～20	6	217.45±51.3	1.41±0.3		0.95±0.2	1.17±0.4		27.95±3.9
季风林	2013	0～20	6	257.40±40.8	1.23±0.3		0.50±0.1	0.79±0.2	1.74±0.1	29.40±6.1
季风林	2014	0～20	6	213.83±30.9	0.94±0.1		0.56±0.1	0.61±0.2	2.06±0.6	31.04±4.2
季风林	2015	0～20	24	272.04±62.3	1.76±0.4		0.55±0.2	1.22±0.3	1.65±0.4	26.54±6.2
季风林	2016	0～20	6	191.18±25.5	1.01±0.2		0.65±0.2	0.58±0.1	1.36±0.4	31.06±5.1
季风林	2017	0～20	6	203.67±25.8	1.26±0.2		0.40±0.1	2.80±1.9	1.30±0.3	30.51±6.9

（续）

林型	年份	深度/cm	重复数	有效铁/(mg/kg)	有效铜/(mg/kg)	有效钼/(mg/kg)	有效硼/(mg/kg)	有效锰/(mg/kg)	有效锌/(mg/kg)	有效硫/(mg/kg)
季风林	2018	0～20	6	270.21±82.5	1.62±0.5		0.67±0.2	1.37±1.5	1.49±0.5	22.90±10.5
山地林	2013	0～10	3	120.16±22.5	0.88±0.3			0.38±0.1	2.21±0.3	
山地林	2013	0～20	3	104.90±21.2	0.69±0.2			0.41±0.1	1.56±0.5	
山地林	2013	10～20	3	80.53±0.9	0.48±0.1			0.23±0.0	0.89±0.1	
山地林	2013	20～40	3	70.28±10.5	0.36±0.0			0.40±0.2	0.60±0.2	
山地林	2013	40～60	3	48.20±19.5	0.27±0.0			0.56±0.2	0.44±0.1	
山地林	2013	60～100	3	24.49±7.8	0.24±0.0			0.56±0.2	0.29±0.0	
山地林	2015	0～20	6	93.83±8.0	0.97±0.1		1.08±0.5	0.26±0.1	1.97±0.5	26.49±3.0

3.3 水分联网长期观测数据

自1999年以来，鼎湖山站根据CERN初期制定的监测手册，严格规范样地和设备布置对相关水文指标进行观测，2002年起，采集的数据相对完整规范。工作人员参考《陆地生态系统水环境观测规范》（中国生态系统研究网络科学委员会，2007b）和“中国生态系统研究网络（CERN）长期观测质量管理规范”丛书中《陆地生态系统水环境观测质量保证与质量控制》（袁国富等，2012），对数据质量进行控制，数据准确性、一致性、可用性高。用户可在鼎湖山网站的资源服务—数据服务—生态系统要素联网长期监测数据—水分要素监测中查阅元数据和申请获取具体数据。水分长期观测数据涵盖季风林（DHFZH01）、松林（DHFFZ01）、针阔Ⅰ号（DHFZQ01）、针阔Ⅱ号（DHFFZ02）、气象场（DHFQX01）、DHFFZ10－13等9个监测样地，样地具体描述参见第2章。

3.3.1 土壤含水量

3.3.1.1 土壤体积含水量

（1）概述

土壤水分是森林生态系统物质和能量循环的关键载体，对森林生态系统水文过程与水量平衡、养分循环、森林生产力形成及生态服务功能的发挥等具有重要作用（刘佩伶等，2019）。土壤体积含水量实际观测时间从1999年1月开始，由于开始数据断续不连贯，因此本数据集选用2002年2月至2016年6月的数据出版。林型包括季风林、松林、针阔Ⅰ号、针阔Ⅱ号。单位为%，小数位数为1，数据产品频率为月。

（2）数据采集和处理方法

野外读取中子仪读数R，通过公式计算出体积含水量$V_{WC}=10\times[a+b\times(R/Rw)]$，其中$R$为中子仪读数、$Rw$为标准读数（884），$a$、$b$为线性回归系数，鼎湖山站标定结果为$a=-1.2683$，$b=12.272$。其中季风林样地布置7根中子管，数据采集频率为每5 d1次；松林、针阔Ⅰ号、针阔Ⅱ号1次/月，各3根中子管。观测层次为土壤下15、30、45、60、75、90 cm（部分只能达到75 cm）。在土壤体积含水量（中子仪法）表的基础上，将每个样地各层次观测值取月平均，作为本部分数据的结果数据，同时标明重复数及标准差。

2014年4月和2017年4月，鼎湖山站陆续安装了两批次的时域反射仪（TDR），全面取代人工测定的中子仪。在5个样地安装了7套系统，每套系统10个传感器，安装在2个土壤剖面里，安装深度为 5、10、20、30、50 cm 共 5 层（个别剖面只能达到 40 cm 或 45 cm）。仪器每 30 min 自动采集 1 次土壤温度、土壤湿度、电导率、介电常数，数据实时自动上传至水分分中心的服务器，台站人员也可以通过互联网登录服务器，查看仪器运行情况和下载数据。

（3）数据质量控制和评估

参照《陆地生态系统水环境观测质量保证与质量控制》第三篇 10.2.3，用阈值法、过程趋势法检验数据准确性，用比对法（有条件的补充校正实验结果）、统计法检验数据合理性（袁国富等，2012）。将多年数据进行比对，删除异常值或标注说明。缺少的数据以空格表示，数据缺少的原因是土层较薄导致中子管入土深度不够或仪器维修。将烘干法和中子仪法测出的土壤含水量数据进行对比，发现数据差异大或存在不合理数值时，及时分析、纠正测量方法中存在的问题。

（4）数据使用方法和建议

土壤含水量体现陆地生态系统的水分状况，反映森林生态系统的土壤理化性状、植被、林内小气候等一系列森林生态因子。一个地区的土壤含水量数据是森林生态水文学研究者快速了解该区域森林生态系统水文特征的重要参考资料。为研究南亚热带森林土壤水分含量特征及变化规律的科研人员提供基础文献，也为相关的森林生态系统土壤水专著的撰写提供素材（刘佩伶等，2019）。

本部分数据可应用于气候、生态、农业生产、水资源管理等相关领域，也可在不同的典型区域、典型陆地生态系统之间开展多台站数据联网分析，结合数据中心长期定位观测到的生物、土壤等相关数据，全方位分析不同生态因子的长时间变化规律以及相互之间的耦合机制，为研究不同典型区域的森林生态系统结构与功能的演替变化提供重要资料。使用本部分数据时需要注意由于台站仪器故障，土壤采样的深度不够等原因导致数据的缺失问题。

数据论文《2002—2016 年鼎湖山典型森林生态系统土壤含水量数据集》于 2019 年 12 月 24 日发布在《中国科学数据》（DOI：10.11922/sciencedb.667），用户可引用论文和直接下载数据（http://www.sciencedb.cn/dataSet/handle/667），也可在鼎湖山网站（http://dhf.cern.ac.cn/meta/detail/FC012002）直接下载数据。

气象观测场的土壤含水量从 2011 年开始测定，本数据集未收录，原始数据可从网上申请获取 http://dhf.cern.ac.cn/meta/detail/FC012009。

（5）数据

具体数据见表 3-31。

表 3-31　2002—2016 年 4 个样地的森林土壤体积含水量月均值及标准差（中子仪法）

单位：%

林型	年份	月份	土壤深度					
			15 cm	30 cm	45 cm	60 cm	75 cm	90 cm
松林	2002	2	5.7±5.6	8.6±5.7	10.3±6.5	9.2±7.1	5.9±5.0	8.1±0.7
松林	2002	3	9.1±6.3	10.9±4.9	11.7±5.8	10.3±6.9	6.7±5.3	8.3±0.5
松林	2002	4	8.6±5.8	11.3±5.4	12.7±6.0	11.1±6.6	7.3±4.4	8.8±1.2
松林	2002	5	12.7±1.4	15.8±1.0	16.8±1.6	14.6±0.9	13.9±2.3	12.3±4.5
松林	2002	6	18.5±5.8	18.7±5.0	17.3±5.6	14.4±5.7	9.4±3.9	8.7±0.2
松林	2002	7	17.4±6.1	18.5±6.0	19.5±7.4	18.5±7.4	12.0±4.3	12.3±1.2
松林	2002	9	18.1±5.8	19.2±6.1	19.8±8.0	19.5±8.4	14.7±4.5	13.9±7.0
松林	2002	10	22.0±6.0	21.6±6.7	22.5±8.7	21.0±9.0	14.4±4.9	13.6±5.9

（续）

林型	年份	月份	土壤深度					
			15 cm	30 cm	45 cm	60 cm	75 cm	90 cm
松林	2002	11	14.1±5.6	15.1±5.4	16.3±7.0	15.4±8.5	11.4±5.4	14.7±3.7
松林	2002	12	15.6±7.2	17.1±6.7	18.0±8.0	18.2±8.7	12.6±4.9	12.1±5.7
松林	2003	1	14.5±6.2	16.6±6.4	18.0±7.5	17.5±8.6	12.5±5.3	11.6±6.2
松林	2003	3	16.8±6.1	17.3±5.4	17.2±7.0	15.6±6.6	11.1±3.2	9.9±4.1
松林	2003	4	13.1±6.2	15.1±4.7	16.7±6.8	16.8±8.1	12.6±5.2	15.1±2.7
松林	2003	5	11.2±5.3	13.5±4.6	14.0±6.1	11.9±7.0	9.8±4.9	12.4±2.3
松林	2003	6	19.2±6.3	19.7±6.6	21.3±8.3	19.7±8.2	16.7±1.7	17.3±4.9
松林	2003	7	8.3±5.3	11.0±5.2	13.1±6.2	13.1±7.2	9.9±5.0	12.9±3.4
松林	2003	8	19.3±6.3	19.7±6.2	20.4±7.9	19.6±8.2	13.7±4.8	17.3±3.7
松林	2003	9	17.0±5.6	19.0±5.8	19.5±8.3	18.6±8.0	13.1±4.8	16.9±5.1
松林	2003	10	6.7±5.1	9.6±4.8	11.8±5.8	11.4±6.4	8.3±5.0	10.9±2.6
松林	2003	11	7.2±5.2	9.2±4.2	11.1±5.5	10.2±6.4	6.6±4.0	8.6±0.6
松林	2003	12	5.3±4.8	8.1±5.5	9.7±6.1	8.8±7.0	7.3±2.3	7.7±0.7
松林	2004	1	8.4±5.0	7.1±5.1	9.0±6.2	7.7±7.0	9.3±4.2	6.3±0.4
松林	2004	2	13.2±6.2	15.7±6.4	15.3±7.2	14.2±7.1	9.5±4.6	10.2±0.3
松林	2004	3	6.8±5.2	10.0±4.9	11.7±5.5	11.1±6.9	8.1±5.2	9.4±0.4
松林	2004	4	16.7±5.6	18.0±5.3	19.2±7.7	18.7±8.5	13.7±4.2	16.3±4.2
松林	2004	5	21.1±6.3	21.1±6.4	21.7±8.3	21.1±8.6	14.1±5.0	17.6±6.2
松林	2004	6	8.6±4.5	11.8±5.3	13.5±5.7	13.6±7.3	10.5±5.1	13.3±3.5
松林	2004	8	12.9±4.8	13.9±4.6	15.3±6.9	15.1±6.9	10.8±4.3	14.3±4.2
松林	2004	9	9.3±4.8	11.7±5.5	14.0±6.6	13.4±7.1	10.3±4.9	13.6±3.4
松林	2004	10	9.5±3.3	7.7±5.8	10.5±6.4	9.2±6.5	6.5±3.9	9.8±0.0
松林	2004	11	4.3±5.1	6.9±4.6	8.8±6.3	8.4±7.1	9.8±4.2	6.8±0.1
松林	2004	12	4.2±3.7	5.5±2.4	7.6±5.9	7.8±6.2	5.6±4.5	7.7±1.8
松林	2005	1	5.2±3.4	6.1±4.0	7.8±6.5	7.2±6.7	4.0±3.6	4.9±0.2
松林	2005	2	3.9±4.7	6.2±5.2	8.2±6.5	6.5±6.8	3.7±3.8	4.8±1.4
松林	2005	3	7.7±3.4	8.6±2.5	9.6±5.2	9.6±4.6	6.2±2.6	7.5±0.3
松林	2005	4	18.7±6.4	19.9±6.9	19.6±7.9	18.5±7.2	10.6±5.1	9.3±2.5
松林	2005	5	18.3±5.7	18.2±5.6	18.9±7.6	18.6±7.7	13.6±5.5	15.6±3.9
松林	2005	6	19.6±5.6	18.8±5.8	19.4±7.3	19.6±6.7	14.7±5.7	15.8±4.0
松林	2005	7	10.0±5.4	12.6±4.9	14.4±7.0	14.2±6.8	10.4±5.0	13.8±4.4
松林	2005	8	14.9±1.9	14.0±3.1	17.6±7.7	16.0±6.9	12.0±3.8	14.7±5.1

（续）

林型	年份	月份	土壤深度					
			15 cm	30 cm	45 cm	60 cm	75 cm	90 cm
松林	2005	9	18.8±3.6	17.0±5.0	16.7±5.9	16.2±2.9	14.9±2.9	14.9±6.2
松林	2005	10	10.8±3.3	8.9±4.7	10.7±6.2	10.3±6.2	7.2±4.3	9.8±0.8
松林	2005	11	6.8±4.8	8.1±4.7	10.0±5.4	10.9±5.9	7.9±2.6	10.4±0.9
松林	2005	12	5.1±2.9	6.4±5.1	8.1±5.9	7.7±7.0	4.4±4.2	6.1±0.6
松林	2006	1	8.4±5.0	6.2±4.9	6.0±2.6	9.3±6.6	6.1±2.8	7.3±0.8
松林	2006	2	10.8±2.6	6.2±5.5	7.7±7.1	6.7±6.4	4.3±3.1	5.1±0.2
松林	2006	3	12.9±1.5	15.0±4.5	18.0±4.3	17.9±3.4	13.6±2.0	13.1±2.0
松林	2006	4	10.9±0.9	12.6±4.2	16.3±2.7	14.9±3.3	12.5±2.0	12.9±3.4
松林	2006	5	16.2±3.6	17.1±5.9	18.6±7.2	17.0±7.2	12.8±4.6	15.3±5.2
松林	2006	6	19.5±3.3	19.6±5.5	20.0±7.3	18.8±7.2	14.3±4.9	16.1±5.9
松林	2006	7	16.7±5.5	17.7±6.1	19.0±7.5	18.4±8.1	13.2±4.3	15.1±3.1
松林	2006	8	19.5±5.3	19.6±5.7	21.0±6.9	19.0±7.5	16.2±4.3	17.0±3.3
松林	2006	9	16.9±5.8	17.5±6.4	19.2±8.1	18.2±8.6	13.1±4.2	15.4±4.4
松林	2006	10	12.7±3.6	14.3±6.1	13.6±7.2	13.9±5.9	12.2±2.2	15.2±2.9
松林	2006	11	15.8±6.7	16.9±5.7	17.6±4.7	15.8±5.8	10.3±2.0	8.5±0.1
松林	2006	12	13.0±7.0	14.5±6.5	15.5±7.2	14.2±6.7	10.1±4.1	10.4±0.2
松林	2007	1	11.3±3.6	12.3±2.5	13.4±4.1	13.2±4.6	10.3±3.0	10.8±0.2
松林	2007	2	17.1±1.4	14.3±1.3	14.6±3.8	14.5±4.6	12.0±4.3	11.9±0.0
松林	2007	3	15.7±7.6	15.5±6.8	14.9±7.4	12.8±7.2	9.0±5.0	9.8±0.2
松林	2007	4	17.4±7.4	17.4±7.0	16.8±7.7	14.0±7.2	10.1±5.5	11.3±0.2
松林	2007	5	13.0±7.0	14.7±6.3	16.4±6.6	15.8±7.8	12.4±4.9	13.6±2.6
松林	2007	6	17.7±4.8	16.9±5.5	17.9±6.6	16.8±7.3	13.9±4.7	15.4±2.6
松林	2007	8	20.2±6.8	19.8±8.3	20.4±7.3	21.0±9.9	16.1±3.9	16.1±4.0
松林	2007	9	14.9±6.9	16.9±7.2	19.1±8.2	18.5±8.6	14.2±6.1	15.2±4.4
松林	2007	10	6.3±5.3	11.2±5.8	14.6±4.6	13.4±7.0	11.7±5.9	12.4±1.4
松林	2007	11	4.1±4.2	9.0±5.3	12.1±5.4	12.8±6.0	12.5±6.0	13.4±0.8
松林	2007	12	10.4±1.6	6.1±5.3	11.1±4.5	9.4±6.7	7.7±4.2	7.7±1.1
松林	2008	1	12.2±0.9	6.8±4.7	13.1±5.0	10.9±6.8	7.5±2.2	9.3±1.7
松林	2008	2	16.2±6.6	16.7±6.8	18.2±5.1	17.0±8.2	15.1±8.2	13.2±0.5
松林	2008	3	17.3±8.3	18.8±6.6	19.2±5.4	19.0±7.6	18.1±7.7	14.2±0.4
松林	2008	4	17.8±6.6	20.8±5.2	20.7±7.7	19.7±8.6	15.0±5.9	16.7±4.9
松林	2008	6	22.7±6.4	27.9±8.2	22.0±5.2	26.2±4.0	24.3±0.7	24.0±1.1

（续）

林型	年份	月份	土壤深度					
			15 cm	30 cm	45 cm	60 cm	75 cm	90 cm
松林	2008	7	21.7±4.3	26.7±7.7	21.9±2.6	24.8±6.5	24.9±2.1	25.1±1.7
松林	2008	8	16.1±5.6	16.1±8.0	17.1±6.6	21.9±3.0	15.7±6.2	20.4±4.8
松林	2008	9	14.0±4.9	15.2±7.0	16.1±6.6	20.1±4.8	16.8±5.4	20.7±3.4
松林	2008	10	13.6±4.6	14.8±5.4	17.2±3.8	19.3±4.2	17.3±4.1	20.9±0.2
松林	2008	11	12.1±10.9	13.7±6.8	15.7±8.1	15.7±9.0	13.0±2.7	12.1±0.3
松林	2009	1	10.4±9.5	11.9±6.6	12.3±6.2	14.9±7.4	10.9±1.8	10.4±0.5
松林	2009	2	8.5±6.2	8.1±6.3	10.7±6.7	10.0±7.4	8.6±4.4	7.0±0.8
松林	2009	3	7.4±7.0	10.9±5.8	11.2±6.2	12.0±7.3	14.1±9.7	8.7±0.2
松林	2009	4	18.6±1.5	16.3±2.9	16.6±2.9	15.7±3.9	14.2±3.4	14.0±4.1
松林	2009	5	22.6±1.6	18.9±3.2	19.0±3.8	17.7±4.5	16.0±4.9	15.9±4.3
松林	2009	6	23.5±3.7	18.6±3.5	20.3±1.4	21.9±1.3	19.7±1.3	18.3±0.4
松林	2009	7	25.0±1.5	22.5±1.3	21.5±1.4	21.0±0.4	19.8±0.2	20.1±0.7
松林	2009	8	20.4±8.0	17.6±6.3	19.0±6.5	18.7±8.6	13.8±5.0	16.1±2.8
松林	2009	9	14.4±5.1	12.3±5.6	11.7±5.0	10.7±4.5	9.4±3.4	9.1±3.7
松林	2009	10	12.2±3.0	9.9±3.7	9.3±3.7	8.1±2.7	8.0±2.1	7.4±3.5
松林	2009	11	17.3±8.6	17.5±6.1	19.1±8.0	17.8±8.7	12.9±6.1	14.4±4.7
松林	2009	12	14.2±3.9	14.5±5.1	18.0±7.3	17.9±8.3	14.5±6.3	14.8±1.8
松林	2010	1	16.4±2.3	16.7±4.1	14.2±3.0	11.1±3.4	10.9±1.9	5.9±5.1
松林	2010	2	19.7±1.6	19.1±3.9	16.1±3.8	12.8±3.6	11.1±1.8	6.1±5.5
松林	2010	3	15.5±8.9	14.3±6.9	15.0±6.5	13.2±8.6	11.0±5.6	7.8±6.8
松林	2010	4	17.2±1.5	16.7±1.9	16.2±3.8	13.5±4.1	11.9±4.1	8.9±7.7
松林	2010	5	17.0±1.7	15.5±1.9	13.6±2.0	13.6±3.1	11.1±2.7	7.4±6.4
松林	2010	6	17.1±1.4	11.7±2.0	9.9±2.1	8.7±1.7	9.8±4.8	5.7±5.2
松林	2010	7	9.8±5.9	10.9±3.5	11.3±4.5	11.3±7.2	8.6±4.7	6.5±5.7
松林	2010	8	10.3±2.2	9.9±3.2	9.5±2.3	9.5±5.0	7.3±4.5	5.8±5.0
松林	2010	9	15.6±1.5	11.0±1.6	8.1±1.5	8.2±3.1	6.1±1.9	4.3±3.8
松林	2010	10	12.2±3.0	9.9±3.7	9.3±3.7	8.1±2.7	8.0±2.1	5.0±5.0
松林	2010	11	21.3±3.0	23.5±2.4	21.9±3.3	19.3±4.5	18.1±2.5	13.1±11.4
松林	2010	12	26.9±12.8	27.7±8.6	29.1±9.8	26.7±11.5	20.4±7.9	14.8±12.8
松林	2011	1	18.6±8.7	18.2±6.8	16.1±7.2	14.8±7.1	12.6±6.3	9.6±8.6
松林	2011	2	22.2±3.3	19.5±2.1	17.1±4.6	15.0±3.4	12.8±3.4	8.8±7.6
松林	2011	3	22.1±12.8	24.0±8.2	24.2±7.9	21.0±10.6	16.1±6.7	11.3±9.8

（续）

林型	年份	月份	土壤深度					
			15 cm	30 cm	45 cm	60 cm	75 cm	90 cm
松林	2011	4	32.6±9.6	31.4±9.0	31.7±10.6	31.4±11.5	23.8±7.2	17.3±15.2
松林	2011	5	32.6±9.6	31.4±9.0	31.7±10.6	29.5±9.9	23.8±7.2	17.3±15.2
松林	2011	6	31.3±8.5	30.5±7.9	31.1±10.4	29.9±11.3	23.1±6.5	17.3±15.5
松林	2011	7	29.9±10.2	28.8±7.7	27.7±7.6	24.9±9.9	21.5±8.2	15.9±14.0
松林	2011	8	25.7±10.0	24.7±8.1	26.2±9.9	26.1±11.2	20.4±7.6	15.1±13.2
松林	2011	9	17.6±10.7	18.1±7.4	19.8±7.5	19.1±9.4	15.9±6.3	11.8±10.2
松林	2011	10	32.7±9.9	31.6±8.4	32.6±10.3	29.4±9.1	24.0±6.2	18.1±16.1
松林	2011	11	25.5±9.6	26.2±8.3	27.8±10.3	26.8±10.5	20.4±6.4	15.0±13.2
松林	2011	12	12.6±9.5	16.0±7.4	19.4±8.3	18.8±9.4	14.7±6.7	14.0±5.9
松林	2012	1	25.6±11.8	27.3±8.4	24.6±7.5	20.2±10.1	14.0±6.5	12.8±5.5
松林	2012	2	21.9±11.7	22.7±9.8	23.2±9.4	21.6±9.8	15.8±6.3	11.0±9.5
松林	2012	3	31.8±9.5	30.5±8.1	31.8±10.2	29.9±11.1	23.0±6.2	14.9±12.9
松林	2012	4	31.3±9.3	31.7±8.7	32.5±10.4	30.9±11.7	24.2±6.3	17.5±15.7
松林	2012	5	29.4±5.3	29.9±7.9	31.6±10.2	29.9±11.2	23.5±6.9	16.9±15.0
松林	2012	6	31.3±10.2	29.8±8.5	30.1±9.3	27.9±10.1	22.1±6.4	16.2±14.3
松林	2012	7	29.3±9.2	26.4±7.5	27.5±8.3	26.4±10.0	21.1±6.3	15.9±12.6
松林	2012	9	28.9±11.7	27.4±10.7	29.0±11.1	28.0±11.8	22.6±7.8	17.3±15.1
松林	2012	10	14.1±10.0	17.5±7.6	20.1±7.6	19.5±8.9	15.2±6.2	12.0±10.4
松林	2012	11	21.8±9.8	23.2±8.2	25.1±9.4	23.2±10.7	18.0±6.3	13.9±12.0
松林	2012	12	28.6±10.0	28.2±8.6	29.9±10.5	28.6±11.5	22.7±7.1	21.3±8.2
松林	2013	1	22.2±11.0	23.5±8.8	24.9±10.6	24.0±10.6	18.8±6.2	19.2±4.8
松林	2013	2	21.2±11.6	22.2±8.7	22.8±9.3	21.5±9.9	16.7±5.7	17.4±4.3
松林	2013	3	15.2±10.1	18.4±7.8	21.4±8.6	20.1±10.3	15.9±6.2	14.8±6.2
松林	2013	4	31.2±9.9	30.6±9.2	32.3±11.0	31.0±11.5	23.3±6.4	22.3±9.2
松林	2013	5	34.2±10.0	31.7±8.6	31.9±10.6	30.8±11.4	24.0±6.7	21.0±8.0
松林	2013	6	36.4±10.7	33.9±9.0	34.1±11.3	32.7±12.1	24.6±6.7	23.5±9.3
松林	2013	7	34.3±10.3	31.8±10.1	29.6±11.6	27.1±13.5	21.6±8.4	19.4±8.0
松林	2013	8	38.8±10.1	35.9±8.9	35.0±11.4	33.2±12.8	25.0±7.6	23.8±9.3
松林	2013	9	29.4±12.0	27.7±7.4	28.4±9.9	27.9±11.3	21.2±7.1	21.4±10.9
松林	2013	10	17.8±10.6	19.9±8.5	22.0±9.5	21.9±11.1	16.4±7.2	15.3±6.5
松林	2013	11	33.0±10.2	31.9±8.4	32.8±10.9	31.0±11.4	23.4±6.9	20.0±5.8
松林	2013	12	35.7±10.3	34.0±9.8	34.6±12.1	33.5±12.5	25.1±6.6	23.5±8.5

（续）

林型	年份	月份	土壤深度					
			15 cm	30 cm	45 cm	60 cm	75 cm	90 cm
松林	2014	1	21.8±10.0	23.5±8.7	25.6±10.0	24.7±10.9	19.5±6.8	18.9±7.3
松林	2014	2	25.8±7.1	26.5±6.1	27.5±8.9	26.5±8.6	22.2±3.6	20.7±5.0
松林	2014	3	30.8±8.2	28.8±8.9	27.4±10.2	23.4±9.6	17.2±5.4	15.9±6.0
松林	2014	4	28.2±7.6	27.0±8.9	26.3±11.1	23.5±7.0	19.7±4.8	16.7±5.9
松林	2014	5	36.6±12.5	32.7±6.8	30.4±11.4	30.8±6.0	25.9±3.5	20.2±6.2
松林	2014	6	38.9±13.5	33.6±7.0	31.3±12.1	33.8±6.1	28.7±4.9	21.0±6.1
松林	2014	7	43.7±11.5	37.6±11.8	35.2±13.9	36.4±8.7	34.1±4.0	28.1±6.0
松林	2014	8	42.0±10.7	37.7±11.5	36.5±13.4	35.7±7.5	33.4±3.9	29.2±4.5
松林	2014	9	26.2±12.1	24.6±8.2	24.9±10.6	24.6±11.9	23.2±10.0	17.9±7.4
松林	2014	10	22.8±8.9	23.0±7.5	22.4±1.6	23.7±7.8	22.6±6.0	16.2±6.7
松林	2014	11	28.1±5.6	27.1±4.2	27.7±1.4	28.3±5.5	23.9±1.7	20.3±1.4
松林	2014	12	19.4±10.7	19.6±8.2	19.2±8.5	19.4±9.9	14.1±6.2	14.3±6.7
松林	2015	1	33.8±11.3	29.1±8.0	29.0±9.4	24.9±6.8	16.8±4.2	15.4±5.3
松林	2015	2	34.4±6.9	31.3±6.7	29.5±5.9	26.1±5.2	19.2±4.0	17.1±3.8
松林	2015	3	28.1±9.8	24.0±6.0	22.8±8.0	20.2±9.4	14.5±6.2	14.9±7.4
松林	2015	4	33.6±9.5	30.7±3.6	24.9±6.5	22.8±9.3	17.3±5.7	16.1±4.5
松林	2015	5	39.5±12.6	34.3±7.1	32.2±11.9	35.0±6.3	29.2±4.5	24.5±4.4
松林	2015	6	34.8±9.9	32.2±7.3	31.9±11.9	31.7±11.8	23.0±6.3	23.4±10.0
松林	2015	7	32.9±7.0	30.7±6.6	30.8±9.3	30.1±10.1	21.9±5.0	21.6±9.3
松林	2015	8	34.7±7.9	33.1±7.3	29.5±9.3	27.3±8.1	24.2±5.3	22.7±7.6
松林	2015	9	34.5±5.4	31.7±7.5	33.6±4.2	30.9±3.2	29.5±1.9	22.7±4.6
松林	2015	10	30.7±10.4	28.7±10.4	28.3±11.6	28.1±11.7	21.6±7.1	21.5±9.4
松林	2015	11	34.9±6.0	28.9±6.6	27.4±10.3	29.9±12.2	23.0±8.4	21.6±7.0
松林	2015	12	36.5±5.9	31.7±4.6	30.2±10.1	31.7±10.4	25.3±8.7	25.3±5.0
松林	2016	1	38.1±6.2	33.2±6.8	31.9±10.7	32.4±8.3	27.1±7.0	26.2±5.6
松林	2016	2	43.4±5.6	38.0±5.6	36.7±5.9	37.2±6.7	33.6±2.1	30.9±2.0
松林	2016	3	38.3±4.3	33.1±3.1	29.6±2.5	27.9±6.3	22.5±5.6	25.7±6.5
松林	2016	4	42.7±6.7	37.0±5.5	34.3±5.5	34.8±8.7	31.2±9.7	28.0±4.8
松林	2016	5	43.2±9.4	37.9±7.0	34.5±7.1	34.5±6.2	31.7±9.3	28.9±4.6
松林	2016	6	36.8±8.2	32.8±8.1	29.9±8.6	29.4±11.0	22.9±7.2	24.3±10.1
针阔Ⅰ号	2002	2	7.4±1.6	12.2±0.4	13.3±3.3	10.2±2.6	10.2±0.6	
针阔Ⅰ号	2002	3	10.3±1.9	14.5±2.1	15.4±1.6	12.0±0.8	11.1±0.7	

（续）

林型	年份	月份	土壤深度					
			15 cm	30 cm	45 cm	60 cm	75 cm	90 cm
针阔Ⅰ号	2002	4	9.5±2.7	13.4±0.2	14.0±2.1	11.8±1.8	11.3±0.8	11.1±3.1
针阔Ⅰ号	2002	5	13.8±6.2	14.4±4.0	13.9±5.3	11.5±5.4	8.1±4.1	8.7±1.4
针阔Ⅰ号	2002	6	16.9±2.4	19.3±2.5	19.8±0.9	17.3±2.2	16.0±2.7	14.7±3.9
针阔Ⅰ号	2002	7	18.5±1.2	19.5±1.9	19.3±1.4	16.5±1.8	15.8±2.4	15.1±4.6
针阔Ⅰ号	2002	9	24.8±2.2	24.9±0.9	24.0±2.1	20.8±1.7	20.2±1.3	19.5±3.7
针阔Ⅰ号	2002	10	25.1±2.2	25.1±1.4	23.2±1.6	21.0±1.9	20.3±1.4	17.8±0.1
针阔Ⅰ号	2002	11	15.5±3.1	16.6±1.5	17.3±2.5	15.4±2.2	15.5±0.7	15.8±2.4
针阔Ⅰ号	2003	1	17.4±2.9	17.9±1.0	18.0±3.9	16.0±1.9	15.9±0.3	18.9±3.8
针阔Ⅰ号	2003	3	20.4±4.9	19.9±2.9	19.7±4.1	17.0±3.5	16.0±2.6	17.1±4.0
针阔Ⅰ号	2003	4	22.5±1.4	20.1±0.7	19.3±3.1	18.0±0.8	17.2±0.7	19.5±5.5
针阔Ⅰ号	2003	5	17.2±2.3	16.3±1.2	16.0±3.7	15.0±0.8	15.4±0.7	17.2±5.0
针阔Ⅰ号	2003	6	23.0±1.3	22.1±0.9	20.7±3.1	18.8±0.6	19.0±1.1	21.3±6.3
针阔Ⅰ号	2003	7	14.4±2.2	15.4±1.1	14.6±3.6	14.2±1.0	14.8±1.1	16.5±3.2
针阔Ⅰ号	2003	8	24.3±3.0	23.1±0.1	21.2±4.4	19.6±0.6	19.2±2.2	21.2±4.1
针阔Ⅰ号	2003	9	27.1±2.4	25.2±0.5	22.5±3.8	21.5±1.5	21.0±3.4	22.9±6.5
针阔Ⅰ号	2003	10	12.2±2.1	14.0±1.6	13.5±3.1	12.1±1.1	12.9±1.1	15.6±2.7
针阔Ⅰ号	2003	11	11.1±2.0	12.6±0.1	12.4±3.4	11.2±1.4	11.7±0.2	14.9±4.4
针阔Ⅰ号	2003	12	9.6±2.3	11.9±1.1	11.7±3.1	9.7±1.3	9.7±1.5	13.1±6.4
针阔Ⅰ号	2004	1	7.5±1.3	11.3±0.8	10.3±2.8	8.6±0.5	9.0±2.8	10.8±4.8
针阔Ⅰ号	2004	2	13.1±3.6	14.6±2.0	14.6±4.5	13.0±2.7	13.1±1.7	13.0±4.9
针阔Ⅰ号	2004	3	10.2±2.0	13.1±0.3	12.6±3.8	11.1±1.4	11.6±1.9	12.4±4.7
针阔Ⅰ号	2004	4	22.9±2.8	21.9±0.9	20.9±2.9	19.3±1.2	18.5±2.1	20.7±6.0
针阔Ⅰ号	2004	5	26.2±3.3	24.8±0.3	21.7±2.4	20.6±1.5	19.8±2.5	22.4±6.0
针阔Ⅰ号	2004	6	17.6±1.9	17.1±1.4	17.0±2.7	15.5±1.0	15.7±1.7	17.5±3.8
针阔Ⅰ号	2004	8	23.1±3.3	20.7±0.5	20.1±1.3	17.7±0.9	17.6±1.6	19.7±5.5
针阔Ⅰ号	2004	9	17.8±1.9	17.1±0.8	16.5±2.0	15.2±1.8	15.5±1.3	17.4±3.4
针阔Ⅰ号	2004	10	10.9±2.2	13.0±0.2	12.8±3.0	10.5±1.7	11.4±0.9	14.2±4.7
针阔Ⅰ号	2004	11	9.8±3.3	11.9±0.8	11.7±2.5	9.2±0.9	9.4±1.7	9.0±1.6
针阔Ⅰ号	2004	12	5.5±5.8	10.3±1.1	10.8±2.2	7.6±0.6	7.8±2.5	10.6±5.7
针阔Ⅰ号	2005	1	8.4±3.5	11.0±1.3	9.9±2.5	7.6±0.5	7.4±2.6	9.0±4.4
针阔Ⅰ号	2005	2	9.1±3.2	9.2±2.6	10.7±2.3	7.3±0.6	7.7±2.8	10.4±4.4
针阔Ⅰ号	2005	3	12.1±2.2	10.4±1.8	11.9±1.9	8.6±1.1	8.9±3.0	11.1±3.0

（续）

林型	年份	月份	土壤深度					
			15 cm	30 cm	45 cm	60 cm	75 cm	90 cm
针阔Ⅰ号	2005	4	22.9±2.5	21.3±1.2	19.4±1.0	16.5±4.0	14.1±5.1	12.2±5.2
针阔Ⅰ号	2005	5	23.5±2.8	21.8±0.2	21.7±2.1	18.6±1.3	18.2±3.0	20.4±5.7
针阔Ⅰ号	2005	6	24.8±2.8	23.3±0.8	22.5±1.7	20.0±0.7	19.1±3.4	21.1±5.3
针阔Ⅰ号	2005	7	17.6±2.0	18.6±2.1	16.7±2.2	15.7±0.1	15.9±1.3	17.6±2.8
针阔Ⅰ号	2005	8	23.6±1.2	22.4±0.5	19.8±1.5	17.7±0.3	17.1±1.5	18.8±2.6
针阔Ⅰ号	2005	9	21.4±2.6	20.4±1.3	19.1±2.1	16.5±0.8	16.4±1.5	18.0±4.1
针阔Ⅰ号	2005	10	14.2±0.8	15.8±0.3	16.7±0.8	17.7±0.2	17.9±0.4	17.7±0.4
针阔Ⅰ号	2005	11	10.5±2.2	13.1±1.0	12.1±2.3	10.3±0.5	10.5±2.3	13.3±3.4
针阔Ⅰ号	2005	12	12.4±1.7	13.7±1.5	14.6±1.4	15.7±2.0	15.1±1.2	16.6±1.0
针阔Ⅰ号	2006	1	8.1±3.3	11.6±1.2	10.9±2.5	7.8±0.4	8.0±2.6	10.5±4.9
针阔Ⅰ号	2006	2	6.1±2.0	8.7±0.8	9.6±2.2	7.2±0.9	8.3±1.9	
针阔Ⅰ号	2006	3	21.1±4.6	21.1±4.8	18.7±5.4	18.4±5.7	16.1±1.3	14.7±1.3
针阔Ⅰ号	2006	4	18.2±1.1	18.4±1.1	17.1±1.1	15.4±1.4	14.0±2.9	16.2±7.5
针阔Ⅰ号	2006	5	19.8±2.2	20.3±1.8	18.4±2.3	16.5±0.6	16.6±2.4	18.8±3.6
针阔Ⅰ号	2006	6	22.0±0.7	22.2±1.9	22.2±2.9	20.2±1.7	19.0±0.8	19.7±3.3
针阔Ⅰ号	2006	7	25.2±3.4	23.6±1.6	21.2±1.3	18.5±0.8	18.6±2.7	20.1±5.4
针阔Ⅰ号	2006	8	27.3±3.3	25.3±1.1	22.3±1.7	19.7±0.8	20.4±0.8	21.2±5.3
针阔Ⅰ号	2006	9	24.4±1.5	22.2±0.9	22.0±1.7	19.7±2.0	20.4±2.3	19.7±5.6
针阔Ⅰ号	2006	10	16.0±1.2	16.3±2.1	15.1±2.2	13.2±1.2	13.5±1.7	14.5±2.7
针阔Ⅰ号	2006	11	17.4±1.8	19.0±3.4	15.8±1.1	13.7±1.5	12.1±3.2	12.6±2.9
针阔Ⅰ号	2006	12	16.7±4.0	18.0±2.4	18.0±5.9	18.3±3.0	17.3±2.4	18.3±1.3
针阔Ⅰ号	2007	1	10.3±2.3	13.1±0.7	11.9±2.3	10.9±1.0	10.4±1.8	11.4±3.0
针阔Ⅰ号	2007	2	16.4±2.2	16.5±2.6	14.0±1.5	15.0±3.0	15.4±3.6	
针阔Ⅰ号	2007	3	19.8±1.2	17.3±2.2	16.0±1.3	13.2±0.3	12.2±2.3	13.9±3.6
针阔Ⅰ号	2007	4	22.2±1.3	19.1±1.4	18.4±0.9	16.4±2.0	13.9±1.9	14.9±1.4
针阔Ⅰ号	2007	5	18.8±2.6	18.7±0.9	17.7±2.4	15.8±0.5	16.0±1.4	17.9±4.8
针阔Ⅰ号	2007	6	21.5±1.6	21.1±1.1	19.6±1.8	17.8±1.0	17.2±1.1	19.2±3.5
针阔Ⅰ号	2007	8	25.8±3.1	24.5±2.8	23.9±2.1	20.7±1.1	19.1±2.8	21.3±5.2
针阔Ⅰ号	2007	9	21.2±4.3	20.6±0.5	19.4±1.7	17.3±0.4	18.0±1.3	17.4±1.6
针阔Ⅰ号	2007	10	17.2±3.2	18.1±0.5	18.7±1.3	15.9±1.3	18.5±0.7	16.7±1.2
针阔Ⅰ号	2007	11	14.9±3.7	15.5±0.8	18.7±0.7	15.6±1.3	18.6±0.6	17.4±0.9
针阔Ⅰ号	2007	12	9.1±3.2	13.9±1.9	13.4±2.3	11.5±2.3	9.5±1.2	11.7±5.4

（续）

林型	年份	月份	土壤深度					
			15 cm	30 cm	45 cm	60 cm	75 cm	90 cm
针阔Ⅰ号	2008	1	10.8±3.3	14.5±2.5	15.9±3.0	13.0±0.4	11.2±0.8	13.3±6.6
针阔Ⅰ号	2008	2	19.8±3.3	19.1±1.1	18.8±0.3	16.5±3.1	15.2±3.1	14.8±6.5
针阔Ⅰ号	2008	3	22.7±2.6	21.1±1.3	20.6±0.4	18.5±2.8	18.0±5.0	17.0±5.0
针阔Ⅰ号	2008	4	23.7±3.1	23.2±1.1	22.1±1.5	20.5±2.0	18.9±3.0	19.6±7.0
针阔Ⅰ号	2008	6	25.2±2.5	25.1±0.6	23.4±0.3	22.6±1.4	20.9±2.4	20.4±6.4
针阔Ⅰ号	2008	7	35.2±6.4	28.6±5.0	34.9±9.3	22.5±1.7	21.7±3.7	21.9±5.9
针阔Ⅰ号	2008	8	26.9±4.3	17.8±3.6	18.6±2.8	20.7±3.3	17.6±1.4	20.4±1.4
针阔Ⅰ号	2008	9	24.2±3.7	17.2±3.4	17.7±3.0	19.1±3.2	17.1±2.4	19.0±0.9
针阔Ⅰ号	2008	10	22.1±3.5	17.3±5.3	19.2±3.4	19.8±5.8	17.8±3.4	20.1±0.1
针阔Ⅰ号	2008	11	17.4±3.1	17.5±1.6	16.9±1.6	13.4±2.1	13.9±1.4	16.4±4.4
针阔Ⅰ号	2009	1	13.4±1.0	13.9±3.8	12.8±2.7	12.7±3.5	12.5±1.8	8.1±7.0
针阔Ⅰ号	2009	2	7.6±0.5	11.2±2.0	15.6±3.9	9.0±1.6	10.4±1.1	9.0±8.5
针阔Ⅰ号	2009	3	12.1±0.7	13.6±3.2	16.4±5.0	13.9±2.7	12.2±1.2	10.0±9.2
针阔Ⅰ号	2009	4	18.6±5.1	21.3±0.9	20.7±1.5	18.9±1.4	17.8±2.4	11.2±9.9
针阔Ⅰ号	2009	5	25.2±0.6	22.8±1.0	21.6±1.6	20.4±1.6	19.4±2.4	13.2±11.5
针阔Ⅰ号	2009	6	31.6±2.8	24.2±1.6	22.2±0.9	23.1±0.7	21.3±1.3	13.1±11.3
针阔Ⅰ号	2009	7	27.4±2.2	24.2±1.4	22.1±0.6	20.7±1.8	21.0±0.8	13.9±12.1
针阔Ⅰ号	2009	8	25.6±1.3	22.3±2.4	22.0±3.2	18.3±7.1	16.5±4.6	9.5±9.7
针阔Ⅰ号	2009	9	20.5±3.4	20.3±1.3	19.6±0.1	16.9±0.9	16.7±1.8	11.4±10.3
针阔Ⅰ号	2009	10	17.8±2.7	16.2±2.9	16.6±2.5	14.9±3.3	13.2±1.5	8.6±7.6
针阔Ⅰ号	2009	11	24.2±1.5	20.8±1.1	20.3±5.1	18.1±6.9	15.3±6.4	10.1±9.4
针阔Ⅰ号	2009	12	21.6±1.3	18.8±1.2	19.9±1.6	18.6±1.6	15.8±6.1	10.0±9.8
针阔Ⅰ号	2010	1	18.2±2.6	20.8±1.7	18.7±0.6	15.0±1.1	14.9±1.8	9.0±8.7
针阔Ⅰ号	2010	2	21.2±1.4	21.8±2.0	19.3±0.4	16.5±1.0	14.9±2.8	7.5±6.9
针阔Ⅰ号	2010	3	22.5±1.0	21.3±1.0	21.0±1.0	18.7±0.5	16.9±2.1	7.5±6.5
针阔Ⅰ号	2010	4	20.6±1.0	19.6±1.1	20.6±2.7	18.4±1.2	14.9±2.1	8.4±7.3
针阔Ⅰ号	2010	5	20.0±4.6	22.0±3.3	22.7±1.0	18.3±2.1	18.3±2.7	12.0±10.8
针阔Ⅰ号	2010	6	18.6±2.8	17.4±2.6	16.4±1.4	13.8±1.1	13.7±0.4	9.4±8.2
针阔Ⅰ号	2010	7	18.2±0.8	16.2±2.8	14.8±3.1	12.5±1.3	11.9±0.9	11.6±10.3
针阔Ⅰ号	2010	8	17.5±0.5	15.5±2.3	12.6±1.9	11.3±1.0	10.2±1.1	7.0±6.1
针阔Ⅰ号	2010	9	21.7±2.5	18.0±1.3	13.2±1.9	10.5±0.3	8.5±0.9	5.9±5.2
针阔Ⅰ号	2010	11	22.9±2.7	29.7±0.5	30.6±3.8	27.4±1.6	27.9±2.5	20.4±18.2

（续）

林型	年份	月份	土壤深度					
			15 cm	30 cm	45 cm	60 cm	75 cm	90 cm
针阔Ⅰ号	2010	12	25.6±1.1	27.2±0.4	27.3±2.6	24.8±2.0	25.0±1.0	18.2±16.0
针阔Ⅰ号	2011	1	22.8±2.4	23.3±5.2	18.6±4.7	16.0±3.5	12.9±3.8	7.2±6.7
针阔Ⅰ号	2011	2	27.5±1.3	25.4±1.6	20.9±1.2	19.1±2.3	16.7±1.5	9.0±7.9
针阔Ⅰ号	2011	3	30.1±1.5	27.6±1.8	23.3±0.6	22.0±2.6	18.6±1.2	10.7±9.3
针阔Ⅰ号	2011	4	17.4±2.1	23.1±1.7	18.2±5.2	19.6±0.6	22.9±6.3	14.0±12.9
针阔Ⅰ号	2011	5	37.1±3.4	39.1±3.9	36.7±5.7	32.1±2.3	31.2±4.3	20.1±18.8
针阔Ⅰ号	2011	6	34.7±1.5	37.1±4.8	35.6±4.3	30.7±2.8	29.9±5.2	21.2±19.3
针阔Ⅰ号	2011	7	41.5±5.9	40.7±5.1	37.2±4.0	33.5±2.6	32.2±5.2	22.2±20.8
针阔Ⅰ号	2011	8	30.0±4.0	31.1±4.4	29.3±4.5	25.2±3.0	25.3±3.2	17.3±15.7
针阔Ⅰ号	2011	9	20.6±1.3	23.7±1.9	24.3±4.4	20.2±1.7	20.0±1.9	14.7±13.2
针阔Ⅰ号	2011	10	39.3±4.7	39.9±4.6	36.5±4.4	32.5±3.5	31.0±6.3	20.7±19.2
针阔Ⅰ号	2011	11	27.2±2.2	29.7±3.0	28.1±4.4	24.1±2.9	23.8±3.5	16.2±14.5
针阔Ⅰ号	2011	12	18.5±2.5	22.1±1.9	24.5±2.9	21.8±1.7	19.6±2.1	11.9±10.3
针阔Ⅰ号	2012	1	26.1±3.9	31.1±7.6	28.1±4.6	22.8±5.8	21.2±3.2	14.9±13.6
针阔Ⅰ号	2012	2	24.3±1.5	27.3±2.6	27.5±3.6	23.3±2.1	22.7±3.8	15.3±14.0
针阔Ⅰ号	2012	3	35.4±2.4	37.6±3.2	35.5±3.8	30.1±2.0	30.2±5.6	19.6±18.7
针阔Ⅰ号	2012	4	35.3±1.2	38.3±5.1	35.1±3.9	30.8±2.5	30.0±4.9	20.8±18.7
针阔Ⅰ号	2012	5	35.5±0.3	38.1±6.1	35.3±3.2	29.5±2.5	29.7±3.4	19.7±17.7
针阔Ⅰ号	2012	6	40.5±1.6	41.1±4.5	36.9±4.0	31.9±2.7	32.4±5.4	21.8±19.6
针阔Ⅰ号	2012	7	23.5±9.4	33.1±3.7	31.3±3.2	28.8±2.5	24.9±4.7	16.2±14.1
针阔Ⅰ号	2012	8	38.1±8.2	37.6±6.1	33.1±2.3	29.6±3.0	28.4±4.5	20.1±18.1
针阔Ⅰ号	2012	9	25.4±7.5	34.5±4.6	35.1±1.8	31.4±1.9	30.7±2.5	21.8±19.6
针阔Ⅰ号	2012	10	17.7±2.3	25.5±2.5	25.1±4.1	21.7±1.1	22.2±2.7	15.4±14.0
针阔Ⅰ号	2012	11	21.7±2.1	28.3±2.7	27.2±3.1	24.4±1.9	24.0±4.6	16.0±14.4
针阔Ⅰ号	2012	12	27.2±4.2	33.2±1.7	33.0±3.8	28.0±1.9	28.4±4.0	20.1±18.2
针阔Ⅰ号	2013	1	21.4±3.7	29.2±2.4	28.5±3.1	25.6±1.3	25.1±3.3	17.3±15.7
针阔Ⅰ号	2013	2	21.2±2.4	27.5±2.9	26.5±3.9	23.6±1.5	23.5±3.7	16.7±14.8
针阔Ⅰ号	2013	3	14.7±3.0	25.7±2.1	25.6±4.1	21.7±2.1	22.1±2.8	15.7±14.2
针阔Ⅰ号	2013	4	33.2±4.6	38.0±3.5	34.5±4.3	31.0±2.4	30.6±4.6	21.4±19.3
针阔Ⅰ号	2013	5	37.4±4.5	41.4±3.7	37.0±3.6	32.6±3.2	31.8±5.8	21.6±19.4
针阔Ⅰ号	2013	6	40.7±4.5	40.9±4.1	36.1±4.4	32.3±2.3	32.3±3.9	22.4±20.1
针阔Ⅰ号	2013	7	33.5±3.9	35.3±5.4	31.1±2.1	27.8±3.2	27.3±4.6	18.4±16.8

（续）

林型	年份	月份	土壤深度					
			15 cm	30 cm	45 cm	60 cm	75 cm	90 cm
针阔Ⅰ号	2013	8	41.4±3.7	40.6±3.3	37.4±3.7	34.7±4.9	34.3±7.9	24.0±22.8
针阔Ⅰ号	2013	9	38.0±4.1	38.2±4.9	35.4±4.7	32.0±6.1	31.4±7.2	21.9±21.1
针阔Ⅰ号	2013	10	20.7±1.1	27.0±2.0	25.9±3.9	24.5±4.2	24.5±5.3	17.6±16.3
针阔Ⅰ号	2013	11	30.2±3.6	36.7±3.6	34.7±4.0	30.1±2.2	29.3±4.0	20.9±19.1
针阔Ⅰ号	2013	12	36.3±3.0	39.5±2.6	36.2±3.3	31.6±2.4	31.4±4.0	22.2±20.2
针阔Ⅰ号	2014	1	22.8±4.0	30.1±2.0	26.9±3.7	25.1±1.8	24.8±3.5	17.1±15.2
针阔Ⅰ号	2014	2	23.6±1.7	28.2±3.4	26.2±4.4	22.9±2.1	22.5±2.5	16.7±14.8
针阔Ⅰ号	2014	3	34.4±2.8	35.9±6.0	32.0±4.6	25.8±6.1	26.1±5.0	16.6±14.9
针阔Ⅰ号	2014	4	33.0±3.9	32.0±2.1	31.9±4.5	27.7±2.6	24.9±3.7	17.7±15.8
针阔Ⅰ号	2014	5	26.0±0.7	23.5±3.2	23.1±7.4	23.8±7.5	24.3±4.3	19.4±16.8
针阔Ⅰ号	2014	6	23.8±1.2	20.6±4.6	21.2±4.9	21.5±0.8	20.9±2.6	16.5±14.6
针阔Ⅰ号	2014	7	36.6±6.1	37.5±4.6	33.5±3.8	30.4±1.9	29.5±4.3	20.6±18.4
针阔Ⅰ号	2014	8	38.6±6.1	39.2±5.3	35.1±4.2	31.9±3.5	30.7±5.5	21.2±18.8
针阔Ⅰ号	2014	9	26.2±4.0	29.1±3.1	27.4±4.3	23.5±1.5	24.6±3.1	16.7±14.9
针阔Ⅰ号	2014	10	25.6±2.7	25.9±1.9	23.1±3.3	20.1±0.6	21.8±1.0	15.2±13.8
针阔Ⅰ号	2014	11	25.2±5.9	33.4±3.5	29.4±5.5	23.3±4.0	22.3±2.5	15.3±13.6
针阔Ⅰ号	2014	12	20.1±2.3	28.3±0.8	25.0±4.1	21.0±1.7	20.2±2.4	14.9±13.6
针阔Ⅰ号	2015	1	28.4±4.0	35.6±4.5	32.5±5.3	25.3±5.4	23.1±5.4	14.3±13.1
针阔Ⅰ号	2015	2	32.5±3.0	33.4±3.6	29.5±6.8	24.3±5.8	23.6±4.7	13.6±12.1
针阔Ⅰ号	2015	3	28.1±7.5	32.9±6.5	29.2±7.1	23.7±4.1	21.3±4.9	14.4±13.2
针阔Ⅰ号	2015	4	19.7±3.7	26.7±3.3	25.3±5.1	20.9±2.8	20.3±4.3	14.5±13.3
针阔Ⅰ号	2015	5	27.0±4.0	27.3±6.5	25.9±6.6	25.0±4.2	26.2±1.7	20.8±18.1
针阔Ⅰ号	2015	6	38.4±4.8	40.1±3.3	35.3±4.5	31.9±2.8	30.1±4.7	21.3±19.2
针阔Ⅰ号	2015	7	37.6±2.7	34.8±2.7	32.8±1.2	27.3±9.0	31.6±3.3	21.0±18.4
针阔Ⅰ号	2015	8	34.7±5.6	35.1±2.9	30.7±2.8	27.1±1.6	25.8±3.9	18.3±16.4
针阔Ⅰ号	2015	9	34.4±3.9	34.1±3.0	30.8±3.2	26.8±0.9	24.9±1.8	18.5±16.3
针阔Ⅰ号	2015	10	30.4±6.5	35.0±3.1	32.1±3.3	24.3±7.1	24.3±6.9	19.7±17.6
针阔Ⅰ号	2015	11	28.2±7.3	32.0±1.9	29.0±1.0	22.6±6.3	22.9±5.0	17.6±15.7
针阔Ⅰ号	2015	12	31.9±4.4	33.9±1.5	31.0±0.6	24.3±6.1	24.9±4.8	19.1±16.8
针阔Ⅰ号	2016	1	34.2±8.3	36.2±1.6	32.0±0.9	27.5±5.8	25.4±6.7	17.0±14.9
针阔Ⅰ号	2016	2	40.3±6.9	41.3±1.0	37.2±4.8	31.9±0.6	28.6±2.6	20.1±17.7
针阔Ⅰ号	2016	3	37.8±5.1	40.3±2.5	37.8±5.5	32.1±3.3	31.6±1.6	21.6±19.1

（续）

林型	年份	月份	土壤深度					
			15 cm	30 cm	45 cm	60 cm	75 cm	90 cm
针阔Ⅰ号	2016	4	40.9±5.7	38.6±3.7	38.8±5.8	30.3±5.7	28.9±1.2	20.6±17.9
针阔Ⅰ号	2016	5	40.8±4.4	40.2±2.8	39.5±7.5	35.0±5.1	30.2±5.9	20.5±18.2
针阔Ⅰ号	2016	6	42.8±2.8	38.1±3.1	38.1±3.5	29.7±3.9	27.8±3.8	19.7±17.5
针阔Ⅱ号	2011	1	19.8±8.0	21.6±5.7	16.5±1.2	14.9±2.3	16.1±2.9	
针阔Ⅱ号	2011	2	28.3±2.3	24.4±5.5	22.0±2.8	18.0±0.9	16.4±1.0	
针阔Ⅱ号	2011	3	24.7±3.3	23.7±4.6	20.4±3.4	17.4±2.0	16.9±1.0	
针阔Ⅱ号	2011	4	19.4±6.6	22.1±5.7	18.3±1.3	16.0±2.3	18.2±1.7	
针阔Ⅱ号	2011	5	35.4±10.4	33.2±9.3	26.1±1.1	23.0±3.5	24.4±2.1	
针阔Ⅱ号	2011	6	33.2±10.6	32.2±8.4	25.6±1.7	22.9±2.9	25.8±2.5	
针阔Ⅱ号	2011	7	34.7±10.3	32.0±8.6	23.3±1.7	19.6±1.8	21.4±2.0	
针阔Ⅱ号	2011	8	29.9±9.3	29.5±7.5	23.5±0.9	20.0±2.2	22.0±2.2	
针阔Ⅱ号	2011	9	22.3±7.1	22.9±4.9	18.6±1.4	16.2±3.6	18.0±1.8	
针阔Ⅱ号	2011	10	34.5±10.7	32.9±9.5	26.6±1.6	23.2±2.9	25.8±2.9	9.7±16.9
针阔Ⅱ号	2011	11	30.5±10.9	29.4±7.9	23.1±1.2	19.9±1.2	23.0±0.2	8.2±14.2
针阔Ⅱ号	2011	12	19.5±8.0	21.3±6.2	17.0±0.8	13.1±3.0	17.8±2.5	7.2±12.5
针阔Ⅱ号	2012	1	30.1±13.3	26.5±11.1	18.3±2.3	15.0±2.6	17.3±2.7	7.2±12.4
针阔Ⅱ号	2012	2	25.1±5.4	31.0±7.6	27.3±5.5	22.8±5.8	20.3±4.7	8.9±15.4
针阔Ⅱ号	2012	3	33.9±8.9	32.8±9.4	25.6±2.3	22.1±3.1	24.4±1.7	9.7±16.7
针阔Ⅱ号	2012	4	33.5±12.7	32.2±9.1	25.5±2.2	21.9±2.6	24.3±2.2	9.2±16.0
针阔Ⅱ号	2012	5	34.3±11.7	32.2±8.7	25.1±1.8	21.1±3.3	24.0±3.4	9.2±16.0
针阔Ⅱ号	2012	6	33.2±10.7	30.7±7.8	23.0±1.3	19.3±2.7	22.0±2.4	8.7±15.0
针阔Ⅱ号	2012	7	30.1±10.3	29.3±7.3	23.6±0.6	20.9±2.7	22.8±2.7	8.8±15.2
针阔Ⅱ号	2012	8	35.9±12.6	32.8±8.7	27.1±2.1	22.6±1.8	25.1±4.0	9.9±17.1
针阔Ⅱ号	2012	9	31.9±10.6	31.8±8.5	24.7±2.0	22.3±1.4	24.5±1.7	9.7±16.7
针阔Ⅱ号	2012	10	20.1±7.6	21.8±5.5	18.0±1.4	16.1±2.9	18.0±2.7	7.3±12.6
针阔Ⅱ号	2012	11	24.7±9.0	26.1±6.6	21.9±1.4	18.6±3.1	20.9±2.7	8.2±14.3
针阔Ⅱ号	2012	12	32.0±11.9	30.4±7.6	24.3±1.2	19.6±1.1	23.7±2.5	8.9±15.5
针阔Ⅱ号	2013	1	26.5±8.6	26.3±5.8	21.0±0.7	19.2±2.6	20.3±1.9	8.6±14.8
针阔Ⅱ号	2013	2	25.3±9.3	24.8±4.6	19.9±1.0	18.3±2.6	20.0±2.0	7.6±13.2
针阔Ⅱ号	2013	3	21.8±8.0	23.9±6.0	19.1±1.0	17.2±3.2	19.1±2.1	7.4±12.8
针阔Ⅱ号	2013	4	33.6±11.0	33.7±9.1	27.7±3.6	22.2±2.4	25.0±2.4	9.8±16.9
针阔Ⅱ号	2013	5	37.0±10.8	34.0±8.9	26.3±2.2	22.2±2.8	25.0±1.7	9.7±16.8

（续）

林型	年份	月份	土壤深度					
			15 cm	30 cm	45 cm	60 cm	75 cm	90 cm
针阔Ⅱ号	2013	6	37.8±13.5	35.6±9.6	28.3±3.6	24.3±2.6	25.6±2.6	9.9±17.1
针阔Ⅱ号	2013	7	33.0±10.2	28.8±8.0	22.3±1.9	18.8±3.0	21.2±3.1	8.5±14.8
针阔Ⅱ号	2013	8	38.7±11.8	36.4±10.4	29.2±2.7	23.9±2.5	25.8±2.5	9.9±17.1
针阔Ⅱ号	2013	9	27.8±9.3	29.8±6.8	23.8±1.4	20.0±3.0	22.2±1.9	8.6±15.0
针阔Ⅱ号	2013	10	22.7±7.7	23.8±5.8	20.0±1.1	17.3±2.7	19.5±2.2	7.9±13.7
针阔Ⅱ号	2013	11	35.7±11.4	34.7±9.4	27.4±2.0	23.1±2.5	25.5±2.7	9.4±16.3
针阔Ⅱ号	2013	12	38.3±13.0	35.9±10.9	28.5±2.9	24.7±3.7	26.2±2.3	10.1±17.4
针阔Ⅱ号	2014	1	24.9±8.3	27.0±6.8	21.7±0.9	18.7±2.9	21.1±2.8	8.7±15.0
针阔Ⅱ号	2014	2	28.1±10.9	25.1±8.0	19.5±0.7	17.0±2.6	19.2±2.3	7.7±13.3
针阔Ⅱ号	2014	3	34.8±11.6	34.1±10.3	26.7±2.2	23.1±3.5	24.7±2.0	9.5±16.4
针阔Ⅱ号	2014	4	32.3±7.8	31.0±10.0	29.2±6.5	23.7±1.3	23.5±0.4	9.5±16.4
针阔Ⅱ号	2014	5	36.3±11.7	33.3±8.6	26.8±1.7	22.5±2.7	24.6±2.0	9.4±16.3
针阔Ⅱ号	2014	6	29.8±9.6	30.7±7.5	25.7±2.5	21.0±1.5	24.0±1.8	8.3±14.5
针阔Ⅱ号	2014	7	36.3±11.7	33.4±8.4	26.4±2.5	21.2±4.3	23.8±4.7	8.8±15.3
针阔Ⅱ号	2014	8	36.7±11.2	32.7±7.5	24.4±1.9	20.3±4.6	21.6±4.0	8.1±14.1
针阔Ⅱ号	2014	9	26.9±8.8	25.9±6.3	18.2±6.7	18.6±2.7	20.9±2.5	8.2±14.3
针阔Ⅱ号	2014	10	19.7±7.6	21.7±5.3	18.0±0.7	16.3±2.5	18.7±2.1	7.3±12.6
针阔Ⅱ号	2014	11	31.2±10.5	30.7±8.4	23.0±0.6	17.3±3.7	17.4±2.8	7.7±13.3
针阔Ⅱ号	2014	12	22.6±8.5	24.1±4.6	18.9±0.9	15.8±3.1	17.4±2.0	7.1±12.3
针阔Ⅱ号	2015	1	32.3±10.8	32.6±8.9	28.0±5.9	18.9±5.6	18.8±4.6	8.6±14.9
针阔Ⅱ号	2015	2	34.1±9.2	33.7±7.6	26.8±4.9	22.8±4.3	20.1±3.8	24.1±2.7
针阔Ⅱ号	2015	3	34.8±12.1	34.3±9.5	26.5±1.9	19.8±3.9	19.3±3.7	7.6±13.2
针阔Ⅱ号	2015	4	27.8±8.8	26.1±6.1	20.1±1.7	17.0±1.9	19.8±1.4	7.1±12.3
针阔Ⅱ号	2015	5	40.6±9.3	37.8±4.9	29.7±3.0	26.9±3.4	30.8±3.4	11.0±19.0
针阔Ⅱ号	2015	6	35.6±12.1	32.3±8.7	24.9±1.6	22.4±2.3	25.6±2.3	9.5±16.4
针阔Ⅱ号	2015	7	28.6±9.4	29.1±6.4	24.3±1.7	20.7±2.7	22.7±2.5	8.8±15.2
针阔Ⅱ号	2015	8	32.2±10.8	28.6±6.7	22.3±4.1	20.3±4.0	21.9±3.2	8.2±14.3
针阔Ⅱ号	2015	9	29.7±10.5	30.0±8.8	24.7±2.2	20.9±1.9	22.8±1.8	8.5±14.8
针阔Ⅱ号	2015	10	31.2±10.9	31.0±8.2	25.5±2.5	21.4±2.8	22.8±2.2	8.7±15.0
针阔Ⅱ号	2015	11	31.8±10.3	26.7±5.7	19.9±1.4	17.4±2.5	19.7±2.8	7.7±13.4
针阔Ⅱ号	2015	12	35.1±11.7	33.4±8.3	26.2±1.6	22.2±3.0	24.1±2.3	9.8±17.0
针阔Ⅱ号	2016	1	35.0±11.9	32.3±7.2	24.1±0.2	23.3±3.1	26.8±1.5	9.8±17.1

（续）

林型	年份	月份	土壤深度					
			15 cm	30 cm	45 cm	60 cm	75 cm	90 cm
针阔Ⅱ号	2016	2	30.0±10.6	30.0±7.7	24.3±1.4	20.4±2.2	23.7±2.8	9.3±16.1
针阔Ⅱ号	2016	3	35.1±12.3	33.0±8.8	25.9±2.3	22.5±2.4	24.8±3.4	9.8±17.1
针阔Ⅱ号	2016	4	39.4±12.7	36.4±10.2	27.8±1.5	24.9±2.8	26.5±3.3	10.4±18.0
针阔Ⅱ号	2016	5	34.5±11.2	32.3±9.4	25.6±0.7	22.1±2.4	24.6±1.6	9.4±16.3
针阔Ⅱ号	2016	6	28.7±11.7	32.8±7.9	25.6±0.5	23.2±3.1	25.1±2.4	9.7±16.7
季风林	2002	2	19.0±4.7	17.7±3.6	12.9±3.5	12.6±3.9	11.9±3.1	10.1±2.7
季风林	2002	3	27.3±4.6	23.5±3.8	17.2±4.0	15.8±4.1	13.4±3.4	11.2±2.7
季风林	2002	4	22.9±6.4	20.2±4.2	15.3±3.9	14.7±3.7	13.1±3.5	11.7±3.2
季风林	2002	5	24.7±6.1	21.2±4.4	15.5±4.0	14.4±4.1	13.0±3.6	11.5±2.8
季风林	2002	6	25.9±5.9	21.9±4.5	16.0±4.0	15.2±4.7	14.2±4.6	13.0±4.6
季风林	2002	7	29.7±5.1	24.6±3.5	18.8±3.7	18.4±3.7	17.5±4.1	16.6±5.6
季风林	2002	8	30.4±5.7	25.5±3.4	20.1±4.2	20.1±3.8	19.8±4.5	18.8±6.8
季风林	2002	9	28.5±6.2	24.3±3.8	19.3±4.2	19.2±3.9	18.7±4.1	17.8±6.8
季风林	2002	10	28.2±5.1	24.7±3.0	19.6±3.8	19.3±3.5	19.1±3.9	18.2±6.7
季风林	2002	11	26.8±4.5	23.3±2.9	18.4±3.7	18.1±3.3	18.0±3.5	17.2±6.2
季风林	2002	12	30.0±4.0	25.4±2.2	19.7±4.0	19.7±3.4	19.0±3.6	17.9±6.7
季风林	2003	1	28.6±3.9	24.6±2.6	19.1±3.9	18.9±3.4	18.4±3.8	17.3±6.4
季风林	2003	2	24.0±3.0	21.5±2.3	16.7±3.1	16.9±2.8	16.7±3.4	15.9±6.1
季风林	2003	3	32.2±2.8	27.0±1.9	20.2±3.7	19.3±4.1	17.9±4.1	15.5±5.9
季风林	2003	4	31.6±4.1	25.8±2.9	19.9±4.2	19.6±3.5	19.3±3.9	18.2±6.7
季风林	2003	5	27.0±5.4	22.5±2.9	17.2±2.9	17.2±3.0	17.0±3.2	16.4±5.6
季风林	2003	6	30.7±6.0	25.4±3.7	19.3±4.3	19.0±3.9	18.6±4.3	18.3±6.7
季风林	2003	7	24.3±4.6	21.3±2.7	16.7±3.1	16.5±3.1	16.4±3.7	15.9±5.8
季风林	2003	8	29.6±5.4	25.0±3.7	18.9±4.1	18.7±4.2	18.2±4.5	17.4±6.5
季风林	2003	9	30.1±4.6	25.2±3.1	19.9±3.9	19.6±3.6	19.2±4.1	18.4±6.4
季风林	2003	10	19.7±4.0	18.6±2.8	14.7±3.0	14.9±3.2	14.2±3.0	14.7±4.7
季风林	2003	11	18.2±3.8	17.6±2.8	12.8±2.3	12.8±3.2	12.1±2.5	12.2±4.0
季风林	2003	12	15.8±2.8	16.1±2.3	11.5±2.7	12.3±2.9	11.1±2.3	11.5±4.0
季风林	2004	1	23.6±4.0	21.4±3.6	14.3±3.2	12.7±3.8	10.8±2.4	9.7±3.2
季风林	2004	2	25.0±4.1	22.1±2.8	16.7±3.2	15.6±3.8	13.6±2.5	13.2±3.8
季风林	2004	3	23.2±5.4	20.4±3.4	15.4±3.4	14.8±3.4	13.1±2.2	13.1±3.7
季风林	2004	4	29.3±3.2	25.7±2.6	19.5±3.7	19.3±3.5	18.8±3.9	18.8±6.1

（续）

林型	年份	月份	土壤深度					
			15 cm	30 cm	45 cm	60 cm	75 cm	90 cm
季风林	2004	5	29.8±4.2	25.1±3.1	19.7±3.7	19.7±3.7	18.5±4.0	18.5±6.4
季风林	2004	6	26.8±4.6	23.0±2.9	18.2±3.4	18.3±4.0	17.0±3.9	17.1±5.5
季风林	2004	7	30.2±5.1	24.8±3.8	19.3±3.5	18.7±3.2	17.5±2.6	18.0±5.6
季风林	2004	8	29.5±3.9	24.8±3.2	19.4±3.4	19.5±3.4	18.8±4.1	18.5±5.7
季风林	2004	9	25.9±6.9	22.1±3.9	17.6±3.8	17.7±3.4	16.7±4.3	17.1±5.5
季风林	2004	10	15.8±2.6	15.2±3.0	12.9±2.7	12.5±2.6	12.1±3.6	12.9±4.2
季风林	2004	11	13.8±2.0	14.0±2.6	10.9±2.6	11.0±2.9	10.2±2.5	10.4±3.2
季风林	2004	12	12.7±2.8	12.9±2.3	9.3±2.8	9.6±2.9	8.7±2.2	8.6±2.8
季风林	2005	1	12.9±2.0	13.0±2.1	9.6±2.3	9.5±2.9	8.4±2.1	8.2±2.3
季风林	2005	2	15.9±2.2	14.6±2.3	10.6±2.2	10.0±2.6	8.9±2.2	8.5±2.5
季风林	2005	3	26.4±4.5	21.9±4.6	15.5±4.0	13.4±3.8	10.7±2.9	9.5±2.8
季风林	2005	4	28.8±2.6	24.8±3.0	19.3±4.4	17.8±4.5	15.3±4.7	14.7±5.5
季风林	2005	5	31.4±1.8	26.8±2.3	21.2±4.1	20.7±3.8	19.7±4.5	19.0±6.0
季风林	2005	6	31.1±2.2	26.7±2.6	22.2±3.3	21.2±3.5	19.5±4.7	19.2±5.8
季风林	2005	7	27.7±3.4	23.6±3.2	19.1±4.2	17.9±4.0	16.4±4.6	17.4±5.5
季风林	2005	8	29.4±3.1	24.8±2.6	20.3±3.4	19.1±3.7	17.8±4.8	17.9±6.1
季风林	2005	9	31.8±3.2	26.4±2.9	21.9±3.0	21.9±2.8	20.9±3.1	21.5±4.8
季风林	2005	10	22.4±3.9	21.3±3.2	16.1±4.2	15.1±4.3	16.5±4.4	17.2±4.6
季风林	2005	11	14.9±2.7	14.7±2.9	10.4±2.5	11.4±2.6	10.9±2.3	11.7±3.4
季风林	2005	12	13.7±2.3	13.1±2.2	9.9±2.1	10.5±2.5	10.4±2.1	10.8±2.8
季风林	2006	1	15.0±2.0	13.3±1.8	11.3±2.6	11.3±2.2	11.3±2.1	12.0±2.8
季风林	2006	2	18.1±5.7	16.0±4.4	11.5±3.3	10.6±2.7	9.8±2.8	9.6±2.4
季风林	2006	3	26.8±3.7	22.7±3.8	16.5±3.9	14.9±4.1	13.7±3.4	13.4±5.3
季风林	2006	4	29.2±2.4	24.6±2.8	21.2±3.4	19.5±3.3	18.5±3.7	18.7±5.7
季风林	2006	5	29.5±3.1	24.1±2.9	19.5±3.6	19.9±3.5	19.2±4.5	18.8±6.2
季风林	2006	6	32.0±3.5	26.0±2.7	21.3±4.0	21.4±4.0	20.6±5.5	19.3±6.0
季风林	2006	7	29.2±4.6	23.3±2.9	18.7±4.1	19.2±3.2	17.9±4.3	18.4±6.0
季风林	2006	8	29.9±3.0	23.8±2.7	19.6±4.0	19.1±3.5	19.1±4.5	19.5±5.4
季风林	2006	9	28.8±3.4	23.0±2.7	18.8±4.1	18.7±3.3	17.8±4.5	17.9±6.3
季风林	2006	10	18.9±3.8	17.4±2.8	15.4±3.4	15.9±2.9	14.7±3.2	15.4±5.1
季风林	2006	11	22.1±7.0	20.4±3.7	16.9±3.8	16.2±3.5	15.6±3.4	16.0±4.6
季风林	2006	12	26.1±2.9	22.0±3.0	17.6±3.7	16.8±3.6	15.6±3.2	15.8±5.5

（续）

林型	年份	月份	土壤深度					
			15 cm	30 cm	45 cm	60 cm	75 cm	90 cm
季风林	2007	1	24.7±4.1	21.2±3.0	16.7±3.2	16.5±3.0	15.2±2.9	14.9±4.4
季风林	2007	2	27.9±4.1	23.0±3.0	17.6±3.2	17.2±2.8	16.2±3.4	15.9±4.3
季风林	2007	3	27.1±5.8	25.9±3.7	20.5±4.6	18.7±3.2	17.3±3.4	16.4±5.0
季风林	2007	4	31.4±2.3	26.0±1.9	20.7±3.3	19.9±2.9	18.5±3.6	18.4±5.5
季风林	2007	5	28.8±3.7	24.4±2.7	19.6±3.9	18.7±4.2	17.6±5.2	18.4±6.3
季风林	2007	6	30.8±2.7	26.9±2.7	23.5±5.2	22.6±4.2	22.3±3.8	22.8±3.8
季风林	2007	7	26.3±1.7	23.3±1.3	21.7±4.2	19.4±5.0	19.1±4.0	19.9±3.1
季风林	2007	8	31.1±3.0	25.9±2.5	20.9±3.2	20.4±3.2	18.8±3.8	18.4±6.5
季风林	2007	9	31.2±3.8	27.2±2.5	21.2±3.3	20.8±3.5	19.5±3.9	18.6±6.4
季风林	2007	10	24.9±4.4	22.9±2.8	18.4±2.8	18.6±2.6	17.6±3.4	17.3±5.1
季风林	2007	11	18.2±4.7	19.5±2.7	15.9±3.2	15.2±3.7	14.8±3.7	13.9±4.7
季风林	2007	12	16.1±3.6	19.5±2.9	14.7±3.6	14.2±3.5	13.1±2.6	12.1±3.9
季风林	2008	1	16.6±6.6	19.3±4.9	14.7±3.6	13.4±4.4	12.5±3.2	11.6±3.7
季风林	2008	2	28.9±2.8	25.6±4.3	19.0±4.1	18.2±4.3	16.7±4.1	15.8±5.1
季风林	2008	3	27.7±4.4	24.9±2.9	21.3±3.6	19.7±3.5	18.3±3.5	16.7±4.4
季风林	2008	4	32.6±1.7	28.6±3.6	22.6±4.2	22.4±3.7	20.5±4.1	19.0±5.8
季风林	2008	5	34.5±4.6	30.1±3.3	23.5±4.2	23.9±3.7	22.2±4.3	20.1±6.3
季风林	2008	6	38.1±3.3	32.3±3.4	24.8±2.6	23.5±2.6	23.0±3.1	21.8±6.3
季风林	2008	7	32.9±5.8	27.6±5.5	26.6±6.6	23.9±4.6	23.6±4.7	27.4±5.8
季风林	2008	8	28.5±3.3	24.7±2.8	20.8±4.0	20.2±3.4	19.6±2.6	19.4±3.6
季风林	2008	9	29.0±3.0	24.7±2.3	21.7±2.6	21.5±2.5	19.5±3.3	18.5±4.9
季风林	2008	10	27.4±3.9	23.8±2.5	20.3±4.1	20.2±4.0	18.8±4.8	18.6±5.1
季风林	2008	11	27.5±2.3	23.4±2.3	20.6±2.8	21.0±2.1	20.2±1.7	18.9±4.7
季风林	2008	12	24.1±1.0	21.2±0.8	20.5±1.0	20.4±0.8	20.4±0.9	19.4±1.9
季风林	2009	1	23.6±2.6	20.4±2.4	17.0±3.5	16.1±3.7	14.8±3.8	9.0±8.5
季风林	2009	2	23.5±4.7	20.6±2.6	18.5±3.3	17.6±2.7	17.4±2.4	9.1±8.2
季风林	2009	3	31.6±3.2	25.8±3.3	20.5±3.3	19.5±3.6	18.3±4.1	9.2±8.9
季风林	2009	4	35.8±1.8	26.4±3.7	21.8±3.1	20.6±2.4	19.6±3.3	10.8±10.1
季风林	2009	5	30.0±5.5	24.4±3.5	21.8±3.2	20.0±3.5	18.8±4.0	10.5±9.8
季风林	2009	6	31.6±4.7	23.3±3.4	21.7±3.7	20.4±4.0	18.9±3.9	10.8±9.9
季风林	2009	7	33.7±4.0	27.2±3.3	24.8±2.2	23.4±2.2	22.2±3.0	12.4±11.3
季风林	2009	8	28.9±3.2	23.4±4.3	20.6±3.1	18.5±4.3	17.1±4.9	10.1±9.8

（续）

林型	年份	月份	土壤深度					
			15 cm	30 cm	45 cm	60 cm	75 cm	90 cm
季风林	2009	9	26.3±5.2	22.5±3.0	18.6±3.0	17.1±3.4	15.8±3.9	8.9±8.7
季风林	2009	10	20.4±2.6	17.6±3.0	15.1±3.0	13.7±3.3	12.4±3.2	7.2±6.9
季风林	2009	11	24.8±4.0	20.3±3.9	16.5±3.2	14.2±3.7	12.7±3.3	7.2±6.7
季风林	2009	12	24.5±4.1	21.1±3.2	17.8±2.8	16.9±3.1	15.5±3.1	8.0±7.5
季风林	2010	1	34.1±3.4	24.1±1.7	21.2±2.0	20.2±2.2	18.5±2.3	10.3±9.4
季风林	2010	2	32.0±4.4	25.6±2.7	20.2±3.2	19.8±3.2	18.5±3.2	10.2±9.9
季风林	2010	3	27.7±2.9	23.6±2.4	19.6±2.4	18.9±2.4	17.5±3.0	9.4±8.9
季风林	2010	4	33.0±2.7	24.0±2.3	20.6±1.9	19.2±2.4	17.0±3.0	8.9±8.2
季风林	2010	5	32.2±3.5	24.9±2.5	20.4±2.3	18.7±2.6	17.5±2.6	9.4±8.8
季风林	2010	6	31.5±2.8	23.6±1.6	20.3±1.9	17.3±2.5	15.4±2.3	8.1±7.5
季风林	2010	7	22.7±4.2	19.3±2.8	16.2±2.8	14.7±2.5	13.1±2.3	7.2±6.7
季风林	2010	8	28.4±2.6	23.0±1.5	17.5±2.6	13.8±2.1	10.9±1.4	6.0±5.3
季风林	2010	9	25.0±7.3	20.5±3.9	15.5±3.8	12.6±2.9	11.5±2.4	5.9±5.6
季风林	2010	11	36.1±5.0	35.3±3.6	30.6±3.6	30.1±4.0	29.8±5.0	16.9±16.1
季风林	2010	12	35.4±3.4	33.4±3.4	29.6±3.7	27.5±3.7	26.7±3.4	14.5±13.2
季风林	2011	1	30.7±4.9	26.3±4.3	22.9±2.3	21.9±3.5	20.4±3.0	11.2±10.0
季风林	2011	2	32.1±5.9	28.2±6.1	23.8±3.7	21.4±4.1	19.8±3.7	10.4±9.8
季风林	2011	3	37.0±6.8	33.0±6.1	26.3±4.4	24.8±5.6	22.8±5.5	13.1±12.5
季风林	2011	4	35.7±7.3	33.2±5.3	26.1±4.3	25.9±5.0	24.0±5.3	14.0±13.2
季风林	2011	5	43.1±6.4	38.5±3.9	30.2±4.7	29.8±5.5	28.4±5.7	16.1±15.9
季风林	2011	6	43.7±7.6	38.1±4.9	29.9±4.7	30.0±5.1	28.5±5.5	17.3±15.9
季风林	2011	7	45.6±6.2	39.1±3.9	31.0±4.1	30.5±5.1	29.1±5.8	16.5±15.8
季风林	2011	8	39.4±7.5	34.7±4.6	28.4±4.3	28.3±5.2	27.0±5.5	15.6±14.8
季风林	2011	9	35.3±8.7	32.1±6.0	25.5±3.9	24.6±5.4	23.9±4.7	13.6±13.0
季风林	2011	10	42.3±6.9	37.5±4.0	29.7±4.5	29.9±4.5	29.6±6.2	16.2±16.0
季风林	2011	11	39.1±7.3	35.0±4.8	27.9±4.1	28.3±4.9	27.0±5.1	15.5±14.7
季风林	2011	12	29.8±5.4	30.0±3.8	24.3±3.7	25.0±4.3	24.2±4.6	13.9±13.1
季风林	2012	1	39.5±9.1	34.8±6.9	26.4±4.5	26.1±6.2	24.5±4.8	13.8±13.2
季风林	2012	2	41.9±7.1	37.3±4.7	28.8±4.1	28.3±5.6	26.8±5.1	15.3±14.8
季风林	2012	3	44.8±6.3	39.4±3.8	30.6±4.1	30.6±5.0	29.0±5.4	15.4±15.4
季风林	2012	4	46.3±6.1	40.2±3.2	31.3±4.3	31.2±4.6	29.5±5.7	16.9±16.0
季风林	2012	5	46.0±6.3	39.7±3.5	30.6±4.4	30.6±4.8	29.5±5.5	16.6±15.9

（续）

林型	年份	月份	土壤深度					
			15 cm	30 cm	45 cm	60 cm	75 cm	90 cm
季风林	2012	6	45.3±5.8	39.5±3.6	30.5±4.4	30.6±4.5	29.1±5.4	16.7±16.0
季风林	2012	7	45.3±6.4	39.2±3.8	31.0±4.5	31.4±4.8	30.1±5.0	16.6±15.9
季风林	2012	8	46.4±7.8	39.9±4.7	31.0±5.0	30.5±4.5	29.8±5.9	16.9±16.2
季风林	2012	9	44.6±7.2	39.7±4.6	31.2±4.4	31.0±4.6	30.1±5.5	17.7±16.7
季风林	2012	10	33.1±9.2	32.2±6.2	25.7±4.5	25.8±5.2	24.8±4.2	14.5±13.5
季风林	2012	11	39.6±7.7	36.1±5.2	28.7±4.7	28.9±5.2	27.7±4.9	16.5±15.7
季风林	2012	12	43.6±5.4	38.6±3.7	30.4±4.6	30.9±4.9	29.4±6.0	16.4±15.7
季风林	2013	1	38.0±6.1	35.1±4.1	28.0±4.7	28.8±4.6	27.3±5.2	15.2±14.4
季风林	2013	2	38.1±7.2	33.6±5.5	27.1±3.7	26.5±3.9	25.3±4.0	14.4±13.3
季风林	2013	3	38.9±9.2	35.1±5.6	27.6±4.7	28.0±5.0	26.8±4.7	15.2±14.5
季风林	2013	4	47.8±5.7	41.3±3.3	32.4±4.9	32.6±4.5	31.0±6.2	17.5±16.7
季风林	2013	5	51.5±6.9	42.1±3.5	31.2±6.9	31.0±9.1	28.5±7.9	15.5±15.8
季风林	2013	6	49.4±6.7	41.8±3.6	32.9±4.9	32.4±5.2	30.5±6.3	17.1±16.2
季风林	2013	7	47.7±7.4	40.8±4.2	31.8±5.1	31.4±5.4	30.1±6.7	16.8±15.9
季风林	2013	8	48.2±7.8	41.5±3.7	32.5±5.2	32.7±5.2	32.4±7.5	17.7±16.6
季风林	2013	9	44.9±7.2	38.2±4.8	30.7±4.8	30.5±5.3	29.4±5.7	16.6±15.7
季风林	2013	10	33.2±8.1	32.1±5.0	25.6±4.7	26.7±5.4	25.5±5.0	14.8±13.7
季风林	2013	11	39.0±8.2	35.9±5.9	28.1±5.8	28.9±5.4	27.4±5.8	15.7±14.8
季风林	2013	12	43.0±7.3	38.6±4.7	30.5±5.0	30.4±5.5	29.7±6.8	16.7±16.0
季风林	2014	1	35.1±4.5	34.5±3.8	28.1±4.3	28.2±4.8	27.4±4.8	15.6±14.8
季风林	2014	2	36.0±5.7	32.9±4.8	26.6±4.2	26.6±4.8	25.7±4.6	14.9±13.9
季风林	2014	3	45.1±5.3	38.8±4.3	30.4±4.8	30.9±5.9	29.3±6.4	16.9±15.9
季风林	2014	4	44.9±5.8	38.7±3.5	31.5±4.6	31.6±4.8	30.0±6.5	17.5±16.6
季风林	2014	5	49.0±4.9	42.1±3.2	33.3±5.2	32.6±5.2	31.1±6.3	17.8±17.1
季风林	2014	6	45.9±4.9	39.6±3.8	30.5±5.0	30.6±4.5	28.8±6.2	16.6±15.7
季风林	2014	7	47.1±6.1	39.7±4.3	31.0±5.4	30.2±4.1	28.7±5.6	16.4±15.5
季风林	2014	8	47.1±5.7	39.5±4.1	31.2±4.2	31.3±5.0	29.6±6.0	17.0±15.8
季风林	2014	9	41.6±6.8	35.5±4.6	29.2±4.3	29.0±5.2	27.6±4.9	16.0±15.0
季风林	2014	10	29.3±5.4	29.3±4.1	23.6±4.7	24.0±4.7	23.9±4.9	13.8±13.0
季风林	2014	11	36.1±7.4	33.1±5.3	25.4±4.5	25.0±5.6	23.1±4.8	12.7±12.2

（续）

林型	年份	月份	土壤深度					
			15 cm	30 cm	45 cm	60 cm	75 cm	90 cm
季风林	2014	12	35.2±7.6	33.6±5.8	26.4±4.5	25.6±5.9	23.6±4.7	12.9±12.1
季风林	2015	1	36.5±6.0	33.7±4.8	26.9±4.6	25.7±5.3	23.9±4.6	13.6±12.7
季风林	2015	2	33.4±6.2	33.2±5.6	26.6±4.6	26.1±4.9	24.5±4.7	13.5±12.6
季风林	2015	3	44.0±5.2	40.0±4.0	31.1±4.7	29.9±5.3	27.2±5.6	16.5±14.4
季风林	2015	4	40.3±5.5	35.2±4.4	29.0±4.5	28.1±4.5	25.9±4.8	14.6±13.5
季风林	2015	5	46.8±6.5	41.4±3.5	32.9±4.9	32.7±4.9	30.7±6.0	17.1±16.3
季风林	2015	6	42.4±5.8	37.5±3.8	30.4±4.3	28.8±4.3	27.6±5.5	15.5±14.7
季风林	2015	7	46.6±5.8	39.9±4.2	32.1±4.7	31.8±5.1	29.9±6.0	17.1±16.1
季风林	2015	8	45.3±6.3	37.9±5.4	29.9±4.4	29.4±4.6	27.7±4.6	15.9±14.8
季风林	2015	9	43.2±7.2	37.8±4.1	29.8±4.4	29.7±4.8	28.6±5.4	16.5±15.5
季风林	2015	10	43.0±7.1	37.3±4.8	30.6±5.1	30.5±5.1	28.7±6.6	16.8±16.0
季风林	2015	11	38.6±6.9	33.8±4.1	27.6±3.9	27.1±5.0	25.8±4.3	15.4±14.3
季风林	2015	12	47.5±6.2	41.1±4.1	32.7±4.7	31.7±4.8	30.5±6.1	16.7±15.8
季风林	2016	1	47.3±5.8	40.0±4.1	32.6±5.2	32.1±4.7	30.5±6.1	17.7±17.0
季风林	2016	2	44.7±4.7	39.4±5.7	32.2±5.1	31.5±4.3	29.7±5.2	16.7±15.7
季风林	2016	3	46.1±6.0	40.2±3.3	32.6±5.3	32.0±5.1	30.2±6.0	16.8±16.0
季风林	2016	4	48.8±5.6	42.3±3.8	34.7±4.9	33.6±5.3	32.2±7.1	16.3±15.4
季风林	2016	5	45.0±6.1	38.8±3.3	32.1±4.9	31.3±4.3	29.8±5.9	17.2±16.2
季风林	2016	6	49.5±5.7	41.7±3.4	33.9±4.4	33.1±5.1	31.6±6.5	17.7±16.8

注：表中数据为平均值±标准差；季风林重复数均为 7（90 cm 土层观测重复数为 4 或 5），松林、针阔林重复数为 3。

3.3.1.2　土壤质量含水量

（1）概述

土壤质量含水量一般用烘干法测定，烘干法的实质是通过对所采土样在烘干前后分别称其重量来获得土样中的含水量（袁国富等，2019）。自 1999 年起，在季风林（DHFZH01CHG）、松林（DHFFZ01CHG）、针阔Ⅰ号（DHFZQ01CHG）和针阔Ⅱ号（DHFFZ02CHG，2011 年开始）4 个样地采土样，通过称取鲜土和烘干土的重量，计算出土壤含水率。2007 年开始在相应中子管附近采样，2016 年不再使用中子仪监测土壤水分，故改为在 TDR 附近采样。小数位数为 2，单位 g/g。

（2）数据采集和处理方法

每月中旬分别在 4 个样地用土钻取样，采样层次为 0～15、15～30、30～45 cm，每个层次重复 3 次，采好的土样放入已知重量的铝盒并称取鲜重，在烘箱 105 ℃条件下烘干至恒重后称铝盒和土壤干重并计算土壤质量含水量，计算公式：干土质量含水量（g/g）＝（湿土质量－干土质量）/（干土质量），结果数据为 3 次重复的平均值。

数据按样地分层计算土壤质量含水量的月平均和标准差，2006 年以前，没有记录采样时对应的中子管号，2007—2010 年增加记录对应的中子管号，且 3 个层次各采样 3 个；2011 年后改为在对应 3 个管附近采样，每层次每个管附近只采集 1 个样品。

松林：2007—2010 年在 1 号管旁采样 3 次，2011—2016 年改为在 1、2、3 号管旁各采样 1 次。

季风林：2007—2010 年在 6 号管旁采样 3 次，2011—2016 年改为在 1、5、6 号管旁各采样 1 次。

针阔Ⅰ号：2007—2010 年在 1 号管旁采样 3 次，2011—2016 年改为在 1、2、3 号管旁各采样 1 次。

针阔Ⅱ号：2011—2016 年在 1、2、3 号管旁各采样 1 次。

（3）数据质量控制和评估

①数据获取过程的质量控制。人工取样过程中，要求选取相同观测点位保证数据来源一致性，采集土壤样品尽快称量土壤鲜重以免水分蒸发，烘干时间保证在 24 h 以上。所有观测数据需要填写详细记录表，包括采样时间、样地信息和植被情况等。

②规范原始数据记录的质控措施。原始数据记录是保证各种数据问题的溯源查询依据，要求做到数据真实、记录规范、书写清晰、数据及辅助信息完整等。如记录或观测有误，需将原有数据轻画横线标记，在旁边更正。

③数据质量评估。烘干法测土壤含水量是经典方法，数据结果稳定可靠。1999 年和 2001 年的数据采样层次（0～15、0～30、0～50 cm）与 2002 年后的不一致，2000 年数据缺失，因此只出版 2002 年 3 月至 2016 年 12 月的数据。

（4）数据使用方法和建议

土壤质量含水量是土壤中水分的重量与相应固相物质重量的比值，但由于观测过程中需要对土壤进行破坏性取样，不适合长期观测，因此烘干法观测数据常作为其他方法如中子法、γ-射线法等测量土壤体积含水量的校准数据。

原始数据获取方式：http：//dhf. cern. ac. cn/meta/detail/FC02。

（5）数据

具体数据见表 3 - 32。

表 3 - 32　2002—2016 年 4 个样地的森林土壤质量含水量月均值及标准差（烘干法）

单位：g/g

林型	年份	月份	土壤层次		
			0～15 cm	15～30 cm	30～45 cm
松林	2002	3	0.33±0.02	0.29±0.02	0.27±0.03
松林	2002	4	0.09±0.01	0.10±0.01	0.12±0.00
松林	2002	5	0.16±0.04	0.16±0.04	0.15±0.05
松林	2002	6	0.15±0.02	0.14±0.01	0.14±0.01
松林	2002	7	0.21±0.01	0.20±0.02	0.18±0.03
松林	2002	8	0.22±0.02	0.19±0.02	0.20±0.01
松林	2002	9	0.24±0.06	0.16±0.02	0.25±0.11
松林	2002	10	0.20±0.03	0.17±0.01	0.16±0.02
松林	2002	11	0.14±0.02	0.12±0.01	0.12±0.01
松林	2002	12	0.20±0.02	0.17±0.03	0.16±0.01

（续）

林型	年份	月份	土壤层次		
			0～15 cm	15～30 cm	30～45 cm
松林	2003	1	0.36±0.02	0.39±0.11	0.30±0.02
松林	2003	2	0.15±0.01	0.14±0.01	0.12±0.01
松林	2003	3	0.17±0.01	0.14±0.05	0.17±0.02
松林	2003	4	0.15±0.01	0.24±0.16	0.14±0.02
松林	2003	5	0.13±0.00	0.11±0.01	0.11±0.01
松林	2003	6	0.27±0.07	0.15±0.03	0.16±0.08
松林	2003	7	0.18±0.01	0.17±0.03	0.16±0.03
松林	2003	8	0.18±0.01	0.18±0.01	0.18±0.02
松林	2003	9	0.22±0.02	0.18±0.02	0.20±0.01
松林	2003	10	0.13±0.01	0.13±0.02	0.13±0.03
松林	2003	11	0.17±0.03	0.16±0.04	0.15±0.03
松林	2003	12	0.10±0.01	0.10±0.01	0.10±0.01
松林	2004	1	0.09±0.01	0.09±0.00	0.09±0.00
松林	2004	2	0.19±0.02	0.16±0.01	0.16±0.01
松林	2004	3	0.22±0.04	0.19±0.02	0.18±0.04
松林	2004	4	0.20±0.01	0.19±0.01	0.18±0.01
松林	2004	5	0.26±0.01	0.23±0.01	0.24±0.01
松林	2004	6	0.21±0.01	0.19±0.01	0.19±0.01
松林	2004	7	0.20±0.03	0.37±0.29	0.20±0.02
松林	2004	8	0.16±0.01	0.14±0.01	0.16±0.01
松林	2004	9	0.13±0.01	0.13±0.00	0.13±0.01
松林	2004	10	0.12±0.01	0.13±0.01	0.13±0.01
松林	2004	11	0.18±0.03	0.15±0.03	0.18±0.02
松林	2004	12	0.10±0.01	0.13±0.02	0.14±0.01
松林	2005	1	0.10±0.02	0.23±0.12	0.11±0.03
松林	2005	2	0.11±0.01	0.13±0.03	0.11±0.03
松林	2005	3	0.19±0.02	0.17±0.02	0.18±0.02
松林	2005	4	0.23±0.05	0.20±0.01	0.22±0.01
松林	2005	5	0.21±0.01	0.20±0.02	0.19±0.02
松林	2005	6	0.42±0.13	0.30±0.02	0.34±0.06
松林	2005	7	0.19±0.02	0.16±0.01	0.16±0.02
松林	2005	8	0.29±0.09	0.32±0.21	0.29±0.06

（续）

林型	年份	月份	土壤层次		
			0～15 cm	15～30 cm	30～45 cm
松林	2005	9	0.20±0.02	0.17±0.01	0.16±0.01
松林	2005	10	0.23±0.04	0.27±0.12	0.38±0.16
松林	2005	11	0.13±0.02	0.29±0.27	0.13±0.01
松林	2005	12	0.16±0.08	0.13±0.01	0.14±0.02
松林	2006	1	0.15±0.11	0.17±0.03	0.17±0.02
松林	2006	2	0.20±0.03	0.20±0.02	0.21±0.04
松林	2006	3	0.18±0.01	0.16±0.03	0.16±0.03
松林	2006	4	0.32±0.14	0.25±0.05	0.25±0.03
松林	2006	5	0.22±0.02	0.22±0.02	0.22±0.02
松林	2006	6	0.54±0.20	0.39±0.06	0.35±0.09
松林	2006	7	0.27±0.01	0.27±0.04	0.20±0.12
松林	2006	8	0.30±0.11	0.38±0.22	0.24±0.08
松林	2006	9	0.21±0.03	0.26±0.02	0.19±0.03
松林	2006	10	0.17±0.01	0.24±0.04	0.30±0.06
松林	2006	11	0.21±0.02	0.18±0.05	0.11±0.05
松林	2006	12	0.18±0.06	0.26±0.14	0.21±0.07
松林	2007	1	0.17±0.01	0.16±0.02	0.16±0.01
松林	2007	2	0.32±0.04	0.31±0.04	0.25±0.04
松林	2007	3	0.25±0.01	0.23±0.03	0.25±0.01
松林	2007	4	0.40±0.16	0.31±0.08	0.50±0.04
松林	2007	5	0.23±0.02	0.23±0.04	0.23±0.01
松林	2007	6	0.34±0.15	0.25±0.04	0.20±0.09
松林	2007	7	0.17±0.03	0.16±0.04	0.16±0.02
松林	2007	8	0.18±0.04	0.17±0.05	0.17±0.03
松林	2007	9	0.17±0.02	0.18±0.07	0.16±0.04
松林	2007	10	0.21±0.05	0.16±0.03	0.16±0.05
松林	2007	11	0.20±0.02	0.12±0.05	0.12±0.01
松林	2007	12	0.12±0.01	0.26±0.20	0.10±0.00
松林	2008	1	0.13±0.02	0.25±0.17	0.15±0.11
松林	2008	2	0.17±0.02	0.17±0.02	0.16±0.02
松林	2008	3	0.44±0.01	0.33±0.22	0.31±0.02
松林	2008	4	0.20±0.04	0.19±0.03	0.20±0.02

（续）

林型	年份	月份	土壤层次		
			0～15 cm	15～30 cm	30～45 cm
松林	2008	5	0.26±0.05	0.29±0.17	0.32±0.02
松林	2008	6	0.29±0.01	0.28±0.02	0.30±0.04
松林	2008	7	0.36±0.02	0.39±0.18	0.33±0.04
松林	2008	8	0.17±0.08	0.18±0.02	0.20±0.02
松林	2008	9	0.21±0.09	0.20±0.04	0.16±0.02
松林	2008	10	0.39±0.05	0.28±0.02	0.27±0.03
松林	2008	11	0.38±0.08	0.22±0.08	0.38±0.10
松林	2008	12	0.13±0.01	0.12±0.04	0.25±0.20
松林	2009	1	0.16±0.07	0.17±0.01	0.23±0.07
松林	2009	2	0.12±0.02	0.11±0.04	0.12±0.01
松林	2009	3	0.32±0.18	0.16±0.02	0.24±0.09
松林	2009	4	0.25±0.04	0.19±0.04	0.23±0.03
松林	2009	5	0.27±0.17	0.19±0.14	0.25±0.10
松林	2009	6	0.25±0.01	0.24±0.02	0.24±0.01
松林	2009	7	0.30±0.06	0.34±0.14	0.36±0.05
松林	2009	8	0.27±0.01	0.20±0.01	0.23±0.02
松林	2009	9	0.61±0.13	0.60±0.11	0.36±0.02
松林	2009	10	0.20±0.05	0.17±0.04	0.20±0.02
松林	2009	11	0.39±0.19	0.36±0.06	0.50±0.09
松林	2009	12	0.39±0.16	0.31±0.02	0.54±0.03
松林	2010	1	0.31±0.06	0.24±0.01	0.23±0.05
松林	2010	2	0.43±0.11	0.33±0.04	0.28±0.06
松林	2010	3	0.26±0.10	0.28±0.06	0.41±0.12
松林	2010	4	0.27±0.07	0.32±0.02	0.37±0.10
松林	2010	5	0.28±0.06	0.23±0.03	0.23±0.03
松林	2010	6	0.23±0.15	0.31±0.05	0.33±0.03
松林	2010	7	0.24±0.05	0.14±0.06	0.20±0.04
松林	2010	8	0.32±0.07	0.29±0.07	0.26±0.09
松林	2010	9	0.33±0.03	0.23±0.05	0.23±0.02
松林	2010	10	0.26±0.12	0.20±0.04	0.19±0.02
松林	2010	11	0.12±0.01	0.11±0.02	0.10±0.01
松林	2010	12	0.17±0.03	0.19±0.13	0.24±0.11

（续）

林型	年份	月份	土壤层次		
			0～15 cm	15～30 cm	30～45 cm
松林	2011	1	0.07±0.00	0.07±0.02	0.11±0.04
松林	2011	2	0.13±0.01	0.12±0.04	0.11±0.04
松林	2011	3	0.21±0.02	0.19±0.06	0.32±0.15
松林	2011	4	0.15±0.03	0.16±0.03	0.14±0.04
松林	2011	5	0.36±0.19	0.19±0.05	0.18±0.02
松林	2011	6	0.24±0.05	0.20±0.02	0.19±0.02
松林	2011	7	0.23±0.03	0.22±0.00	0.21±0.01
松林	2011	8	0.18±0.01	0.15±0.01	0.15±0.01
松林	2011	9	0.12±0.01	0.14±0.01	0.14±0.01
松林	2011	10	0.25±0.03	0.19±0.02	0.19±0.03
松林	2011	11	0.28±0.06	0.19±0.02	0.18±0.02
松林	2011	12	0.10±0.04	0.12±0.02	0.10±0.01
松林	2012	1	0.35±0.15	0.18±0.05	0.18±0.05
松林	2012	2	0.14±0.01	0.13±0.04	0.13±0.02
松林	2012	3	0.25±0.03	0.21±0.03	0.19±0.01
松林	2012	4	0.22±0.02	0.21±0.03	0.17±0.01
松林	2012	5	0.19±0.04	0.20±0.03	0.18±0.02
松林	2012	6	0.17±0.03	0.14±0.02	0.14±0.01
松林	2012	7	0.18±0.04	0.15±0.01	0.14±0.00
松林	2012	8	0.25±0.09	0.18±0.03	0.20±0.12
松林	2012	9	0.29±0.04	0.19±0.04	0.17±0.03
松林	2012	10	0.10±0.02	0.14±0.02	0.11±0.01
松林	2012	11	0.12±0.01	0.11±0.00	0.10±0.01
松林	2012	12	0.16±0.04	0.14±0.02	0.13±0.02
松林	2013	1	0.19±0.04	0.17±0.03	0.14±0.01
松林	2013	2	0.18±0.04	0.20±0.01	0.19±0.06
松林	2013	3	0.17±0.01	0.16±0.01	0.17±0.02
松林	2013	4	0.36±0.09	0.23±0.06	0.21±0.01
松林	2013	5	0.30±0.07	0.22±0.04	0.18±0.01
松林	2013	6	0.28±0.02	0.23±0.01	0.20±0.01
松林	2013	7	0.32±0.01	0.26±0.10	0.16±0.08
松林	2013	8	0.27±0.06	0.26±0.02	0.36±0.22

（续）

林型	年份	月份	土壤层次		
			0～15 cm	15～30 cm	30～45 cm
松林	2013	9	0.27±0.03	0.19±0.06	0.17±0.05
松林	2013	10	0.10±0.03	0.11±0.02	0.10±0.03
松林	2013	11	0.28±0.04	0.22±0.07	0.21±0.04
松林	2013	12	0.31±0.07	0.21±0.03	0.18±0.02
松林	2014	1	0.15±0.02	0.13±0.02	0.11±0.01
松林	2014	2	0.30±0.08	0.21±0.00	0.21±0.06
松林	2014	3	0.24±0.03	0.20±0.01	0.18±0.01
松林	2014	4	0.24±0.04	0.22±0.03	0.26±0.08
松林	2014	5	0.43±0.15	0.32±0.18	0.21±0.05
松林	2014	6	0.34±0.24	0.27±0.17	0.36±0.17
松林	2014	7	0.23±0.02	0.21±0.01	0.19±0.02
松林	2014	8	0.17±0.01	0.18±0.01	0.18±0.01
松林	2014	9	0.26±0.10	0.14±0.01	0.15±0.03
松林	2014	10	0.09±0.01	0.10±0.00	0.11±0.02
松林	2014	11	0.17±0.01	0.17±0.02	0.15±0.02
松林	2014	12	0.13±0.01	0.15±0.01	0.15±0.01
松林	2015	1	0.24±0.08	0.17±0.02	0.17±0.00
松林	2015	2	0.27±0.08	0.22±0.02	0.21±0.02
松林	2015	3	0.27±0.07	0.17±0.04	0.16±0.04
松林	2015	4	0.15±0.02	0.12±0.02	0.11±0.02
松林	2015	5	0.19±0.02	0.17±0.03	0.15±0.01
松林	2015	6	0.23±0.02	0.18±0.01	0.17±0.00
松林	2015	7	0.21±0.09	0.21±0.03	0.16±0.04
松林	2015	8	0.25±0.02	0.25±0.04	0.21±0.02
松林	2015	9	0.20±0.05	0.26±0.03	0.21±0.03
松林	2015	10	0.22±0.03	0.21±0.01	0.20±0.05
松林	2015	11	0.14±0.01	0.13±0.01	0.11±0.01
松林	2015	12	0.30±0.08	0.16±0.00	0.13±0.03
松林	2016	1	0.27±0.02	0.24±0.04	0.24±0.03
松林	2016	2	0.39±0.09	0.29±0.05	0.27±0.02
松林	2016	3	0.20±0.02	0.18±0.01	0.16±0.02
松林	2016	4	0.33±0.09	0.31±0.15	0.23±0.03

（续）

林型	年份	月份	土壤层次		
			0～15 cm	15～30 cm	30～45 cm
松林	2016	5	0.41±0.19	0.31±0.06	0.42±0.29
松林	2016	6	0.28±0.02	0.22±0.08	0.25±0.04
松林	2016	7	0.38±0.08	0.31±0.03	0.25±0.02
松林	2016	8	0.25±0.01	0.23±0.01	0.26±0.04
松林	2016	9	0.31±0.08	0.31±0.14	0.18±0.04
松林	2016	10	0.14±0.03	0.12±0.02	0.12±0.02
松林	2016	11	0.23±0.10	0.15±0.03	0.13±0.02
松林	2016	12	0.29±0.12	0.16±0.02	0.18±0.02
针阔Ⅰ号	2002	3	0.19±0.02	0.17±0.01	0.16±0.01
针阔Ⅰ号	2002	4	0.16±0.01	0.14±0.01	0.00±0.00
针阔Ⅰ号	2002	5	0.17±0.02	0.16±0.02	0.16±0.02
针阔Ⅰ号	2002	6	0.21±0.02	0.19±0.02	0.20±0.00
针阔Ⅰ号	2002	7	0.28±0.01	0.23±0.01	0.23±0.02
针阔Ⅰ号	2002	8	0.22±0.05	0.21±0.01	0.23±0.04
针阔Ⅰ号	2002	9	0.28±0.03	0.22±0.02	0.22±0.02
针阔Ⅰ号	2002	10	0.27±0.05	0.22±0.01	0.22±0.01
针阔Ⅰ号	2002	11	0.26±0.05	0.22±0.03	0.20±0.00
针阔Ⅰ号	2002	12	0.26±0.01	0.21±0.02	0.21±0.04
针阔Ⅰ号	2003	1	0.28±0.08	0.22±0.02	0.20±0.02
针阔Ⅰ号	2003	2	0.18±0.02	0.16±0.01	0.14±0.01
针阔Ⅰ号	2003	3	0.26±0.07	0.26±0.01	0.24±0.03
针阔Ⅰ号	2003	4	0.25±0.02	0.22±0.01	0.21±0.01
针阔Ⅰ号	2003	5	0.24±0.01	0.19±0.01	0.20±0.01
针阔Ⅰ号	2003	6	0.43±0.05	0.21±0.05	0.25±0.02
针阔Ⅰ号	2003	7	0.21±0.02	0.19±0.01	0.20±0.05
针阔Ⅰ号	2003	8	0.24±0.02	0.23±0.01	0.20±0.02
针阔Ⅰ号	2003	9	0.30±0.01	0.24±0.02	0.23±0.02
针阔Ⅰ号	2003	10	0.19±0.01	0.19±0.01	0.17±0.01
针阔Ⅰ号	2003	11	0.23±0.04	0.18±0.02	0.18±0.01
针阔Ⅰ号	2003	12	0.16±0.02	0.15±0.01	0.17±0.02
针阔Ⅰ号	2004	1	0.13±0.01	0.12±0.01	0.12±0.01
针阔Ⅰ号	2004	2	0.27±0.08	0.22±0.02	0.22±0.03

（续）

林型	年份	月份	土壤层次		
			0～15 cm	15～30 cm	30～45 cm
针阔Ⅰ号	2004	3	0.32±0.04	0.26±0.03	0.23±0.01
针阔Ⅰ号	2004	4	0.24±0.02	0.23±0.02	0.21±0.01
针阔Ⅰ号	2004	5	0.29±0.14	0.32±0.01	0.29±0.01
针阔Ⅰ号	2004	6	0.31±0.02	0.24±0.05	0.20±0.01
针阔Ⅰ号	2004	7	0.32±0.02	0.25±0.02	0.25±0.01
针阔Ⅰ号	2004	8	0.32±0.03	0.25±0.02	0.21±0.01
针阔Ⅰ号	2004	9	0.25±0.01	0.22±0.02	0.22±0.02
针阔Ⅰ号	2004	10	0.17±0.01	0.17±0.01	0.17±0.01
针阔Ⅰ号	2004	11	0.20±0.04	0.20±0.04	0.18±0.03
针阔Ⅰ号	2004	12	0.15±0.03	0.17±0.01	0.29±0.18
针阔Ⅰ号	2005	1	0.22±0.12	0.15±0.01	0.15±0.01
针阔Ⅰ号	2005	2	0.23±0.04	0.24±0.10	0.23±0.09
针阔Ⅰ号	2005	3	0.23±0.02	0.19±0.01	0.18±0.01
针阔Ⅰ号	2005	4	0.33±0.02	0.27±0.01	0.28±0.06
针阔Ⅰ号	2005	5	0.30±0.09	0.24±0.02	0.24±0.02
针阔Ⅰ号	2005	6	0.35±0.13	0.26±0.04	0.34±0.09
针阔Ⅰ号	2005	7	0.27±0.02	0.24±0.01	0.21±0.01
针阔Ⅰ号	2005	8	0.42±0.13	0.41±0.07	0.38±0.12
针阔Ⅰ号	2005	9	0.32±0.05	0.29±0.19	0.37±0.15
针阔Ⅰ号	2005	10	0.33±0.16	0.39±0.08	0.27±0.05
针阔Ⅰ号	2005	11	0.21±0.04	0.20±0.01	0.18±0.03
针阔Ⅰ号	2005	12	0.21±0.06	0.27±0.08	0.22±0.05
针阔Ⅰ号	2006	1	0.24±0.12	0.33±0.10	0.26±0.06
针阔Ⅰ号	2006	2	0.18±0.04	0.17±0.01	0.16±0.01
针阔Ⅰ号	2006	3	0.31±0.04	0.25±0.02	0.23±0.02
针阔Ⅰ号	2006	4	0.39±0.14	0.33±0.09	0.28±0.11
针阔Ⅰ号	2006	5	0.28±0.00	0.26±0.02	0.24±0.00
针阔Ⅰ号	2006	6	0.39±0.07	0.75±0.16	0.53±0.24
针阔Ⅰ号	2006	7	0.32±0.01	0.27±0.02	0.23±0.01
针阔Ⅰ号	2006	8	0.24±0.12	0.29±0.06	0.24±0.06
针阔Ⅰ号	2006	9	0.29±0.02	0.24±0.02	0.24±0.03
针阔Ⅰ号	2006	10	0.37±0.09	0.23±0.05	0.27±0.11

（续）

林型	年份	月份	土壤层次		
			0～15 cm	15～30 cm	30～45 cm
针阔Ⅰ号	2006	11	0.19±0.03	0.16±0.01	0.17±0.01
针阔Ⅰ号	2006	12	0.15±0.02	0.16±0.06	0.18±0.06
针阔Ⅰ号	2007	1	0.28±0.02	0.24±0.02	0.21±0.01
针阔Ⅰ号	2007	2	0.35±0.09	0.29±0.05	0.29±0.01
针阔Ⅰ号	2007	3	0.32±0.03	0.28±0.05	0.25±0.01
针阔Ⅰ号	2007	4	0.34±0.09	0.42±0.05	0.39±0.08
针阔Ⅰ号	2007	5	0.28±0.01	0.23±0.03	0.23±0.00
针阔Ⅰ号	2007	6	0.26±0.19	0.24±0.04	0.23±0.11
针阔Ⅰ号	2007	7	0.15±0.05	0.15±0.02	0.22±0.12
针阔Ⅰ号	2007	8	0.34±0.01	0.27±0.05	0.25±0.01
针阔Ⅰ号	2007	9	0.21±0.05	0.19±0.03	0.20±0.02
针阔Ⅰ号	2007	10	0.32±0.04	0.24±0.01	0.24±0.03
针阔Ⅰ号	2007	11	0.29±0.05	0.23±0.14	0.24±0.02
针阔Ⅰ号	2007	12	0.21±0.02	0.18±0.04	0.19±0.01
针阔Ⅰ号	2008	1	0.30±0.12	0.19±0.02	0.21±0.04
针阔Ⅰ号	2008	2	0.30±0.02	0.26±0.02	0.25±0.03
针阔Ⅰ号	2008	3	0.36±0.07	0.32±0.12	0.41±0.12
针阔Ⅰ号	2008	4	0.30±0.01	0.27±0.03	0.27±0.01
针阔Ⅰ号	2008	5	0.35±0.17	0.35±0.05	0.34±0.06
针阔Ⅰ号	2008	6	0.40±0.07	0.32±0.02	0.31±0.03
针阔Ⅰ号	2008	7	0.36±0.11	0.32±0.10	0.29±0.12
针阔Ⅰ号	2008	8	0.44±0.07	0.31±0.03	0.39±0.16
针阔Ⅰ号	2008	9	0.25±0.07	0.30±0.12	0.41±0.16
针阔Ⅰ号	2008	10	0.43±0.04	0.38±0.06	0.32±0.02
针阔Ⅰ号	2008	11	0.26±0.11	0.31±0.12	0.36±0.10
针阔Ⅰ号	2008	12	0.17±0.01	0.14±0.03	0.15±0.00
针阔Ⅰ号	2009	1	0.15±0.03	0.12±0.05	0.17±0.02
针阔Ⅰ号	2009	2	0.24±0.01	0.21±0.03	0.23±0.02
针阔Ⅰ号	2009	3	0.32±0.06	0.27±0.17	0.35±0.17
针阔Ⅰ号	2009	4	0.34±0.04	0.28±0.05	0.26±0.02
针阔Ⅰ号	2009	5	0.32±0.20	0.24±0.07	0.28±0.10
针阔Ⅰ号	2009	6	0.38±0.08	0.28±0.03	0.27±0.01

（续）

林型	年份	月份	土壤层次		
			0～15 cm	15～30 cm	30～45 cm
针阔Ⅰ号	2009	7	0.37±0.18	0.35±0.02	0.37±0.11
针阔Ⅰ号	2009	8	0.37±0.05	0.30±0.03	0.25±0.02
针阔Ⅰ号	2009	9	0.50±0.13	0.47±0.08	0.37±0.04
针阔Ⅰ号	2009	10	0.29±0.05	0.25±0.04	0.24±0.03
针阔Ⅰ号	2009	11	0.40±0.06	0.42±0.14	0.41±0.06
针阔Ⅰ号	2009	12	0.26±0.09	0.40±0.19	0.31±0.14
针阔Ⅰ号	2010	1	0.27±0.02	0.25±0.03	0.28±0.03
针阔Ⅰ号	2010	2	0.29±0.09	0.34±0.11	0.41±0.09
针阔Ⅰ号	2010	3	0.28±0.12	0.26±0.02	0.25±0.01
针阔Ⅰ号	2010	4	0.40±0.15	0.33±0.06	0.33±0.03
针阔Ⅰ号	2010	5	0.38±0.05	0.30±0.04	0.28±0.02
针阔Ⅰ号	2010	6	0.40±0.07	0.27±0.04	0.33±0.03
针阔Ⅰ号	2010	7	0.37±0.05	0.30±0.03	0.30±0.02
针阔Ⅰ号	2010	8	0.35±0.01	0.27±0.04	0.34±0.12
针阔Ⅰ号	2010	9	0.39±0.03	0.30±0.04	0.28±0.02
针阔Ⅰ号	2010	10	0.41±0.04	0.47±0.28	0.47±0.06
针阔Ⅰ号	2010	11	0.25±0.02	0.21±0.02	0.21±0.02
针阔Ⅰ号	2010	12	0.27±0.02	0.22±0.05	0.25±0.03
针阔Ⅰ号	2011	5	0.27±0.10	0.24±0.02	0.23±0.03
针阔Ⅰ号	2011	6	0.28±0.07	0.25±0.03	0.22±0.03
针阔Ⅰ号	2011	7	0.34±0.05	0.27±0.02	0.24±0.01
针阔Ⅰ号	2011	8	0.28±0.04	0.19±0.01	0.25±0.05
针阔Ⅰ号	2011	9	0.17±0.02	0.15±0.01	0.17±0.03
针阔Ⅰ号	2011	10	0.28±0.02	0.23±0.02	0.24±0.06
针阔Ⅰ号	2011	11	0.22±0.04	0.19±0.02	0.17±0.01
针阔Ⅰ号	2011	12	0.23±0.02	0.19±0.03	0.17±0.02
针阔Ⅰ号	2012	1	0.28±0.05	0.19±0.02	0.18±0.04
针阔Ⅰ号	2012	2	0.17±0.04	0.15±0.03	0.15±0.01
针阔Ⅰ号	2012	3	0.26±0.05	0.23±0.03	0.23±0.02
针阔Ⅰ号	2012	4	0.25±0.02	0.23±0.03	0.20±0.00
针阔Ⅰ号	2012	5	0.26±0.07	0.21±0.04	0.19±0.01
针阔Ⅰ号	2012	6	0.36±0.05	0.26±0.01	0.23±0.02

（续）

林型	年份	月份	土壤层次		
			0～15 cm	15～30 cm	30～45 cm
针阔Ⅰ号	2012	7	0.43±0.21	0.27±0.09	0.21±0.02
针阔Ⅰ号	2012	8	0.29±0.06	0.23±0.04	0.20±0.01
针阔Ⅰ号	2012	9	0.25±0.02	0.20±0.02	0.18±0.02
针阔Ⅰ号	2012	10	0.17±0.05	0.14±0.04	0.14±0.04
针阔Ⅰ号	2012	11	0.17±0.02	0.16±0.00	0.15±0.01
针阔Ⅰ号	2012	12	0.18±0.01	0.19±0.01	0.18±0.01
针阔Ⅰ号	2013	1	0.28±0.03	0.31±0.15	0.22±0.03
针阔Ⅰ号	2013	2	0.37±0.23	0.29±0.05	0.27±0.01
针阔Ⅰ号	2013	3	0.17±0.03	0.15±0.02	0.15±0.02
针阔Ⅰ号	2013	4	0.21±0.05	0.20±0.06	0.19±0.04
针阔Ⅰ号	2013	5	0.27±0.04	0.23±0.02	0.18±0.03
针阔Ⅰ号	2013	6	0.27±0.05	0.27±0.08	0.28±0.12
针阔Ⅰ号	2013	7	0.28±0.03	0.25±0.03	0.25±0.04
针阔Ⅰ号	2013	8	0.30±0.06	0.25±0.05	0.25±0.03
针阔Ⅰ号	2013	9	0.33±0.02	0.24±0.01	0.24±0.02
针阔Ⅰ号	2013	10	0.31±0.15	0.15±0.02	0.16±0.03
针阔Ⅰ号	2013	11	0.34±0.03	0.31±0.06	0.26±0.13
针阔Ⅰ号	2013	12	0.25±0.03	0.22±0.04	0.22±0.03
针阔Ⅰ号	2014	1	0.27±0.07	0.25±0.04	0.22±0.03
针阔Ⅰ号	2014	2	0.31±0.07	0.28±0.05	0.27±0.04
针阔Ⅰ号	2014	3	0.27±0.03	0.23±0.03	0.20±0.01
针阔Ⅰ号	2014	4	0.39±0.24	0.43±0.26	0.34±0.10
针阔Ⅰ号	2014	5	0.38±0.14	0.27±0.03	0.23±0.02
针阔Ⅰ号	2014	6	0.27±0.04	0.23±0.05	0.20±0.02
针阔Ⅰ号	2014	7	0.32±0.04	0.25±0.02	0.23±0.01
针阔Ⅰ号	2014	8	0.34±0.12	0.25±0.05	0.23±0.02
针阔Ⅰ号	2014	9	0.25±0.04	0.20±0.02	0.20±0.02
针阔Ⅰ号	2014	10	0.28±0.06	0.24±0.04	0.27±0.02
针阔Ⅰ号	2014	11	0.20±0.05	0.18±0.02	0.16±0.02
针阔Ⅰ号	2014	12	0.12±0.05	0.11±0.02	0.11±0.02
针阔Ⅰ号	2015	1	0.19±0.02	0.18±0.05	0.18±0.03
针阔Ⅰ号	2015	2	0.31±0.15	0.24±0.09	0.25±0.04

（续）

林型	年份	月份	土壤层次		
			0～15 cm	15～30 cm	30～45 cm
针阔Ⅰ号	2015	3	0.38±0.17	0.48±0.23	0.29±0.13
针阔Ⅰ号	2015	4	0.14±0.03	0.15±0.01	0.14±0.03
针阔Ⅰ号	2015	5	0.35±0.08	0.28±0.02	0.25±0.02
针阔Ⅰ号	2015	6	0.26±0.02	0.29±0.11	0.25±0.03
针阔Ⅰ号	2015	7	0.21±0.02	0.23±0.00	0.24±0.06
针阔Ⅰ号	2015	8	0.33±0.03	0.25±0.02	0.22±0.01
针阔Ⅰ号	2015	9	0.32±0.06	0.28±0.06	0.22±0.05
针阔Ⅰ号	2015	10	0.19±0.04	0.18±0.04	0.19±0.02
针阔Ⅰ号	2015	11	0.33±0.06	0.21±0.03	0.20±0.04
针阔Ⅰ号	2015	12	0.35±0.09	0.27±0.06	0.23±0.08
针阔Ⅰ号	2016	1	0.37±0.10	0.32±0.02	0.30±0.01
针阔Ⅰ号	2016	2	0.41±0.03	0.28±0.14	0.25±0.04
针阔Ⅰ号	2016	3	0.35±0.06	0.27±0.03	0.23±0.03
针阔Ⅰ号	2016	4	0.40±0.03	0.40±0.10	0.34±0.07
针阔Ⅰ号	2016	5	0.32±0.07	0.31±0.05	0.20±0.02
针阔Ⅰ号	2016	6	0.28±0.05	0.22±0.03	0.18±0.01
针阔Ⅰ号	2016	7	0.37±0.06	0.28±0.03	0.28±0.04
针阔Ⅰ号	2016	8	0.32±0.04	0.26±0.04	0.24±0.03
针阔Ⅰ号	2016	9	0.24±0.03	0.22±0.02	0.17±0.03
针阔Ⅰ号	2016	10	0.20±0.04	0.15±0.03	0.15±0.02
针阔Ⅰ号	2016	11	0.19±0.03	0.21±0.03	0.18±0.02
针阔Ⅰ号	2016	12	0.36±0.02	0.30±0.02	0.27±0.02
针阔Ⅱ号	2011	1	0.22±0.02	0.18±0.02	0.17±0.01
针阔Ⅱ号	2011	2	0.28±0.03	0.25±0.05	0.23±0.04
针阔Ⅱ号	2011	3	0.42±0.07	0.26±0.02	0.27±0.02
针阔Ⅱ号	2011	4	0.23±0.04	0.21±0.02	0.23±0.01
针阔Ⅱ号	2011	5	0.31±0.01	0.33±0.06	0.26±0.01
针阔Ⅱ号	2011	6	0.37±0.09	0.51±0.23	0.41±0.07
针阔Ⅱ号	2011	7	0.31±0.04	0.24±0.02	0.23±0.02
针阔Ⅱ号	2011	8	0.23±0.04	0.21±0.01	0.20±0.02
针阔Ⅱ号	2011	9	0.22±0.03	0.16±0.05	0.19±0.01
针阔Ⅱ号	2011	10	0.43±0.06	0.35±0.09	0.28±0.02

（续）

林型	年份	月份	土壤层次		
			0～15 cm	15～30 cm	30～45 cm
针阔Ⅱ号	2011	11	0.25±0.01	0.22±0.01	0.21±0.01
针阔Ⅱ号	2011	12	0.19±0.00	0.18±0.02	0.18±0.01
针阔Ⅱ号	2012	1	0.24±0.01	0.21±0.03	0.22±0.01
针阔Ⅱ号	2012	2	0.25±0.02	0.21±0.02	0.18±0.01
针阔Ⅱ号	2012	3	0.30±0.01	0.27±0.04	0.23±0.04
针阔Ⅱ号	2012	4	0.25±0.07	0.31±0.06	0.40±0.11
针阔Ⅱ号	2012	5	0.31±0.01	0.27±0.03	0.23±0.03
针阔Ⅱ号	2012	6	0.33±0.02	0.28±0.03	0.24±0.02
针阔Ⅱ号	2012	7	0.26±0.02	0.20±0.01	0.18±0.01
针阔Ⅱ号	2012	8	0.26±0.02	0.22±0.01	0.19±0.05
针阔Ⅱ号	2012	9	0.25±0.02	0.20±0.01	0.19±0.02
针阔Ⅱ号	2012	10	0.17±0.01	0.16±0.00	0.15±0.01
针阔Ⅱ号	2012	11	0.32±0.06	0.28±0.05	0.31±0.05
针阔Ⅱ号	2012	12	0.27±0.03	0.25±0.03	0.24±0.01
针阔Ⅱ号	2013	1	0.29±0.03	0.28±0.02	0.26±0.01
针阔Ⅱ号	2013	2	0.31±0.10	0.42±0.07	0.27±0.02
针阔Ⅱ号	2013	3	0.20±0.02	0.17±0.01	0.17±0.01
针阔Ⅱ号	2013	4	0.33±0.00	0.28±0.01	0.28±0.02
针阔Ⅱ号	2013	5	0.35±0.10	0.42±0.08	0.47±0.09
针阔Ⅱ号	2013	6	0.53±0.09	0.40±0.05	0.37±0.01
针阔Ⅱ号	2013	7	0.34±0.07	0.27±0.06	0.26±0.02
针阔Ⅱ号	2013	8	0.35±0.01	0.29±0.04	0.27±0.02
针阔Ⅱ号	2013	9	0.23±0.01	0.27±0.14	0.18±0.02
针阔Ⅱ号	2013	10	0.20±0.02	0.19±0.02	0.16±0.01
针阔Ⅱ号	2013	11	0.30±0.01	0.26±0.02	0.23±0.01
针阔Ⅱ号	2013	12	0.31±0.03	0.33±0.04	0.33±0.03
针阔Ⅱ号	2014	1	0.38±0.27	0.21±0.03	0.21±0.10
针阔Ⅱ号	2014	2	0.34±0.04	0.30±0.01	0.28±0.03
针阔Ⅱ号	2014	3	0.29±0.02	0.31±0.08	0.25±0.02
针阔Ⅱ号	2014	4	0.27±0.10	0.30±0.07	0.24±0.01
针阔Ⅱ号	2014	5	0.34±0.03	0.33±0.03	0.24±0.03
针阔Ⅱ号	2014	6	0.38±0.11	0.25±0.04	0.26±0.07

（续）

林型	年份	月份	土壤层次		
			0～15 cm	15～30 cm	30～45 cm
针阔Ⅱ号	2014	7	0.31±0.04	0.31±0.07	0.26±0.04
针阔Ⅱ号	2014	8	0.30±0.03	0.24±0.03	0.22±0.04
针阔Ⅱ号	2014	9	0.28±0.02	0.25±0.01	0.23±0.01
针阔Ⅱ号	2014	10	0.21±0.04	0.19±0.03	0.18±0.02
针阔Ⅱ号	2014	11	0.24±0.02	0.22±0.01	0.15±0.03
针阔Ⅱ号	2014	12	0.22±0.04	0.23±0.01	0.18±0.02
针阔Ⅱ号	2015	1	0.26±0.03	0.24±0.03	0.22±0.01
针阔Ⅱ号	2015	2	0.33±0.17	0.20±0.03	0.19±0.05
针阔Ⅱ号	2015	3	0.31±0.02	0.26±0.02	0.24±0.01
针阔Ⅱ号	2015	4	0.22±0.03	0.19±0.03	0.19±0.02
针阔Ⅱ号	2015	5	0.30±0.02	0.26±0.02	0.21±0.03
针阔Ⅱ号	2015	6	0.31±0.02	0.24±0.03	0.20±0.01
针阔Ⅱ号	2015	7	0.23±0.00	0.21±0.01	0.20±0.01
针阔Ⅱ号	2015	8	0.32±0.01	0.27±0.03	0.26±0.05
针阔Ⅱ号	2015	9	0.25±0.04	0.21±0.02	0.19±0.03
针阔Ⅱ号	2015	10	0.28±0.02	0.22±0.02	0.25±0.06
针阔Ⅱ号	2015	11	0.34±0.02	0.26±0.02	0.22±0.02
针阔Ⅱ号	2015	12	0.30±0.05	0.24±0.02	0.20±0.02
针阔Ⅱ号	2016	1	0.44±0.13	0.37±0.04	0.27±0.03
针阔Ⅱ号	2016	2	0.22±0.02	0.17±0.02	0.13±0.01
针阔Ⅱ号	2016	3	0.28±0.05	0.28±0.01	0.24±0.02
针阔Ⅱ号	2016	4	0.34±0.05	0.38±0.14	0.35±0.06
针阔Ⅱ号	2016	5	0.22±0.03	0.19±0.02	0.18±0.01
针阔Ⅱ号	2016	6	0.28±0.02	0.22±0.08	0.25±0.04
针阔Ⅱ号	2016	7	0.48±0.09	0.35±0.06	0.34±0.04
针阔Ⅱ号	2016	8	0.47±0.07	0.37±0.04	0.36±0.04
针阔Ⅱ号	2016	9	0.30±0.03	0.26±0.02	0.21±0.06
针阔Ⅱ号	2016	10	0.34±0.02	0.28±0.02	0.28±0.01
针阔Ⅱ号	2016	11	0.33±0.02	0.27±0.02	0.29±0.05
针阔Ⅱ号	2016	12	0.43±0.05	0.39±0.01	0.38±0.02
季风林	2002	3	0.15±0.03	0.14±0.03	0.11±0.01
季风林	2002	4	0.23±0.03	0.20±0.02	0.21±0.01

（续）

林型	年份	月份	土壤层次		
			0～15 cm	15～30 cm	30～45 cm
季风林	2002	5	0.29±0.01	0.26±0.00	0.25±0.02
季风林	2002	6	0.32±0.01	0.27±0.02	0.26±0.01
季风林	2002	7	0.36±0.04	0.27±0.06	0.30±0.02
季风林	2002	8	0.32±0.05	0.22±0.02	0.19±0.03
季风林	2002	9	0.35±0.01	0.27±0.03	0.24±0.01
季风林	2002	10	0.38±0.03	0.32±0.02	0.29±0.01
季风林	2002	11	0.34±0.03	0.29±0.02	0.26±0.04
季风林	2002	12	0.35±0.06	0.27±0.02	0.23±0.03
季风林	2003	1	0.19±0.02	0.17±0.02	0.17±0.02
季风林	2003	2	0.29±0.04	0.25±0.04	0.28±0.05
季风林	2003	3	0.41±0.06	0.30±0.08	0.32±0.01
季风林	2003	4	0.33±0.01	0.33±0.09	0.35±0.13
季风林	2003	5	0.27±0.04	0.25±0.03	0.24±0.08
季风林	2003	6	0.32±0.05	0.25±0.04	0.21±0.00
季风林	2003	7	0.28±0.03	0.23±0.02	0.23±0.02
季风林	2003	8	0.42±0.06	0.36±0.04	0.32±0.01
季风林	2003	9	0.39±0.02	0.33±0.03	0.29±0.01
季风林	2003	10	0.28±0.02	0.25±0.02	0.26±0.01
季风林	2003	11	0.35±0.06	0.28±0.03	0.26±0.02
季风林	2003	12	0.20±0.02	0.20±0.01	0.19±0.02
季风林	2004	1	0.25±0.02	0.23±0.01	0.22±0.03
季风林	2004	2	0.30±0.05	0.27±0.04	0.26±0.04
季风林	2004	3	0.37±0.02	0.30±0.06	0.27±0.02
季风林	2004	4	0.34±0.02	0.30±0.02	0.27±0.01
季风林	2004	5	0.40±0.03	0.48±0.18	0.32±0.02
季风林	2004	6	0.37±0.03	0.32±0.05	0.28±0.03
季风林	2004	7	0.41±0.03	0.33±0.01	0.30±0.02
季风林	2004	8	0.36±0.06	0.29±0.00	0.23±0.06
季风林	2004	9	0.29±0.02	0.26±0.01	0.25±0.01
季风林	2004	10	0.25±0.02	0.24±0.01	0.23±0.00
季风林	2004	11	0.26±0.01	0.23±0.03	0.23±0.02
季风林	2004	12	0.23±0.01	0.24±0.02	0.24±0.02

（续）

林型	年份	月份	土壤层次		
			0～15 cm	15～30 cm	30～45 cm
季风林	2005	1	0.21±0.03	0.20±0.02	0.18±0.05
季风林	2005	2	0.41±0.19	0.36±0.10	0.31±0.09
季风林	2005	3	0.27±0.02	0.27±0.02	0.25±0.02
季风林	2005	4	0.34±0.05	0.31±0.02	0.32±0.00
季风林	2005	5	0.39±0.02	0.34±0.05	0.28±0.02
季风林	2005	6	0.55±0.12	0.39±0.13	0.32±0.06
季风林	2005	7	0.35±0.03	0.33±0.01	0.32±0.01
季风林	2005	8	0.50±0.09	0.50±0.11	0.47±0.08
季风林	2005	9	0.38±0.01	0.36±0.01	0.28±0.02
季风林	2005	10	0.35±0.08	0.36±0.01	0.27±0.10
季风林	2005	11	0.31±0.02	0.25±0.02	0.23±0.02
季风林	2005	12	0.38±0.10	0.25±0.07	0.28±0.07
季风林	2006	1	0.49±0.24	0.20±0.05	0.27±0.09
季风林	2006	2	0.26±0.01	0.24±0.03	0.22±0.03
季风林	2006	3	0.38±0.04	0.31±0.02	0.27±0.01
季风林	2006	4	0.41±0.16	0.42±0.09	0.25±0.03
季风林	2006	5	0.42±0.05	0.38±0.07	0.32±0.03
季风林	2006	6	0.70±0.17	0.60±0.17	0.49±0.24
季风林	2006	7	0.33±0.02	0.31±0.02	0.31±0.03
季风林	2006	8	0.38±0.10	0.34±0.07	0.35±0.12
季风林	2006	9	0.45±0.13	0.38±0.04	0.37±0.06
季风林	2006	10	0.45±0.18	0.37±0.15	0.34±0.11
季风林	2006	11	0.24±0.02	0.21±0.02	0.22±0.01
季风林	2006	12	0.28±0.04	0.19±0.05	0.20±0.06
季风林	2007	1	0.38±0.04	0.31±0.03	0.30±0.03
季风林	2007	2	0.51±0.04	0.32±0.05	0.38±0.06
季风林	2007	3	0.45±0.04	0.35±0.01	0.32±0.01
季风林	2007	4	0.52±0.09	0.33±0.09	0.36±0.09
季风林	2007	5	0.36±0.04	0.31±0.04	0.28±0.02
季风林	2007	6	0.40±0.16	0.35±0.18	0.27±0.13
季风林	2007	7	0.19±0.08	0.23±0.03	0.28±0.07
季风林	2007	8	0.38±0.07	0.35±0.07	0.27±0.01

（续）

林型	年份	月份	土壤层次		
			0～15 cm	15～30 cm	30～45 cm
季风林	2007	9	0.30±0.10	0.20±0.05	0.24±0.06
季风林	2007	10	0.37±0.05	0.29±0.04	0.29±0.01
季风林	2007	11	0.37±0.03	0.22±0.06	0.39±0.10
季风林	2007	12	0.25±0.03	0.23±0.05	0.24±0.01
季风林	2008	1	0.28±0.09	0.17±0.09	0.28±0.08
季风林	2008	2	0.43±0.05	0.39±0.01	0.38±0.01
季风林	2008	3	0.44±0.07	0.37±0.07	0.35±0.05
季风林	2008	4	0.44±0.04	0.39±0.09	0.35±0.04
季风林	2008	5	0.57±0.06	0.40±0.03	0.45±0.14
季风林	2008	6	0.63±0.04	0.55±0.08	0.46±0.07
季风林	2008	7	0.62±0.14	0.67±0.04	0.38±0.07
季风林	2008	8	0.47±0.05	0.39±0.02	0.35±0.04
季风林	2008	9	0.39±0.13	0.32±0.03	0.32±0.08
季风林	2008	10	0.43±0.05	0.39±0.03	0.35±0.06
季风林	2008	11	0.33±0.09	0.34±0.12	0.21±0.08
季风林	2008	12	0.32±0.02	0.30±0.03	0.29±0.03
季风林	2009	1	0.25±0.08	0.36±0.16	0.32±0.05
季风林	2009	2	0.34±0.01	0.28±0.02	0.27±0.01
季风林	2009	3	0.42±0.02	0.28±0.08	0.35±0.03
季风林	2009	4	0.39±0.02	0.35±0.04	0.32±0.03
季风林	2009	5	0.38±0.07	0.39±0.11	0.35±0.07
季风林	2009	6	0.47±0.02	0.43±0.10	0.35±0.03
季风林	2009	7	0.56±0.10	0.41±0.01	0.47±0.16
季风林	2009	8	0.45±0.12	0.46±0.16	0.35±0.02
季风林	2009	9	0.55±0.18	0.52±0.08	0.54±0.01
季风林	2009	10	0.37±0.03	0.29±0.02	0.28±0.02
季风林	2009	11	0.43±0.15	0.37±0.07	0.28±0.12
季风林	2009	12	0.40±0.22	0.36±0.17	0.28±0.12
季风林	2010	1	0.38±0.04	0.31±0.05	0.29±0.02
季风林	2010	2	0.45±0.08	0.43±0.12	0.33±0.05
季风林	2010	3	0.39±0.04	0.34±0.02	0.35±0.04
季风林	2010	4	0.51±0.15	0.39±0.08	0.38±0.16

（续）

林型	年份	月份	土壤层次		
			0～15 cm	15～30 cm	30～45 cm
季风林	2010	5	0.53±0.03	0.41±0.05	0.35±0.01
季风林	2010	6	0.56±0.14	0.45±0.11	0.37±0.02
季风林	2010	7	0.34±0.03	0.30±0.05	0.28±0.01
季风林	2010	8	0.35±0.07	0.42±0.03	0.28±0.09
季风林	2010	9	0.42±0.05	0.38±0.05	0.32±0.02
季风林	2010	10	0.37±0.04	0.33±0.07	0.38±0.04
季风林	2010	11	0.27±0.01	0.24±0.01	0.24±0.02
季风林	2010	12	0.24±0.17	0.26±0.05	0.25±0.09
季风林	2011	1	0.25±0.15	0.24±0.12	0.23±0.11
季风林	2011	2	0.33±0.05	0.28±0.03	0.25±0.02
季风林	2011	3	0.39±0.09	0.34±0.10	0.27±0.09
季风林	2011	4	0.26±0.03	0.25±0.02	0.24±0.01
季风林	2011	5	0.30±0.04	0.30±0.04	0.34±0.02
季风林	2011	6	0.36±0.04	0.38±0.04	0.43±0.04
季风林	2011	7	0.38±0.09	0.31±0.02	0.31±0.01
季风林	2011	8	0.31±0.03	0.28±0.04	0.26±0.03
季风林	2011	9	0.22±0.07	0.22±0.02	0.21±0.03
季风林	2011	10	0.30±0.06	0.24±0.06	0.25±0.02
季风林	2011	11	0.32±0.06	0.25±0.04	0.23±0.07
季风林	2011	12	0.16±0.02	0.17±0.03	0.17±0.05
季风林	2012	1	0.34±0.04	0.27±0.03	0.23±0.01
季风林	2012	2	0.27±0.02	0.28±0.01	0.27±0.00
季风林	2012	3	0.35±0.02	0.33±0.02	0.31±0.04
季风林	2012	4	0.29±0.00	0.27±0.02	0.25±0.02
季风林	2012	5	0.37±0.04	0.28±0.02	0.26±0.01
季风林	2012	6	0.33±0.04	0.29±0.01	0.28±0.01
季风林	2012	7	0.37±0.18	0.31±0.06	0.24±0.01
季风林	2012	8	0.34±0.06	0.26±0.05	0.21±0.03
季风林	2012	9	0.32±0.06	0.27±0.04	0.26±0.02
季风林	2012	10	0.28±0.02	0.22±0.02	0.22±0.01
季风林	2012	11	0.23±0.03	0.26±0.06	0.24±0.03
季风林	2012	12	0.42±0.08	0.35±0.09	0.31±0.01
季风林	2013	1	0.20±0.06	0.24±0.04	0.21±0.03
季风林	2013	2	0.27±0.19	0.25±0.13	0.22±0.01
季风林	2013	3	0.30±0.02	0.26±0.02	0.26±0.02
季风林	2013	4	0.36±0.03	0.30±0.01	0.26±0.05
季风林	2013	5	0.38±0.19	0.28±0.08	0.13±0.03

（续）

林型	年份	月份	土壤层次		
			0～15 cm	15～30 cm	30～45 cm
季风林	2013	6	0.44±0.15	0.39±0.07	0.34±0.02
季风林	2013	7	0.36±0.05	0.30±0.02	0.26±0.03
季风林	2013	8	0.43±0.06	0.35±0.04	0.37±0.03
季风林	2013	9	0.42±0.10	0.28±0.04	0.28±0.04
季风林	2013	10	0.33±0.03	0.28±0.01	0.26±0.02
季风林	2013	11	0.45±0.03	0.34±0.04	0.30±0.04
季风林	2013	12	0.32±0.15	0.30±0.04	0.28±0.01
季风林	2014	1	0.35±0.03	0.24±0.10	0.44±0.21
季风林	2014	2	0.36±0.04	0.32±0.02	0.28±0.02
季风林	2014	3	0.36±0.05	0.30±0.04	0.26±0.07
季风林	2014	4	0.44±0.10	0.36±0.16	0.37±0.14
季风林	2014	5	0.31±0.01	0.31±0.03	0.31±0.02
季风林	2014	6	0.40±0.04	0.30±0.01	0.27±0.02
季风林	2014	7	0.32±0.08	0.25±0.11	0.28±0.04
季风林	2014	8	0.35±0.05	0.29±0.04	0.28±0.03
季风林	2014	9	0.32±0.03	0.26±0.03	0.22±0.03
季风林	2014	10	0.20±0.02	0.20±0.02	0.20±0.02
季风林	2014	11	0.34±0.02	0.33±0.02	0.33±0.03
季风林	2014	12	0.22±0.01	0.19±0.04	0.20±0.06
季风林	2015	1	0.30±0.04	0.25±0.03	0.23±0.02
季风林	2015	2	0.29±0.07	0.28±0.04	0.24±0.04
季风林	2015	3	0.45±0.09	0.37±0.04	0.32±0.03
季风林	2015	4	0.28±0.01	0.21±0.03	0.22±0.02
季风林	2015	5	0.45±0.06	0.37±0.03	0.30±0.03
季风林	2015	6	0.32±0.03	0.28±0.04	0.25±0.00
季风林	2015	7	0.25±0.02	0.23±0.01	0.22±0.02
季风林	2015	8	0.29±0.03	0.28±0.05	0.23±0.04
季风林	2015	9	0.28±0.04	0.27±0.02	0.24±0.02
季风林	2015	10	0.28±0.03	0.28±0.04	0.24±0.06
季风林	2015	11	0.33±0.05	0.32±0.04	0.28±0.03
季风林	2015	12	0.41±0.05	0.32±0.05	0.29±0.06
季风林	2016	1	0.42±0.05	0.36±0.02	0.35±0.05
季风林	2016	2	0.31±0.04	0.29±0.03	0.27±0.02
季风林	2016	3	0.38±0.03	0.30±0.02	0.28±0.02
季风林	2016	4	0.37±0.12	0.32±0.11	0.35±0.15
季风林	2016	5	0.39±0.03	0.35±0.02	0.30±0.01
季风林	2016	6	0.46±0.03	0.35±0.01	0.47±0.20

（续）

林型	年份	月份	土壤层次		
			0～15 cm	15～30 cm	30～45 cm
季风林	2016	7	0.43±0.08	0.46±0.13	0.32±0.02
季风林	2016	8	0.51±0.10	0.57±0.02	0.46±0.02
季风林	2016	9	0.39±0.01	0.34±0.02	0.31±0.01
季风林	2016	10	0.24±0.02	0.25±0.02	0.18±0.02
季风林	2016	11	0.26±0.03	0.24±0.03	0.23±0.01
季风林	2016	12	0.33±0.11	0.29±0.03	0.27±0.05

注：表中数据为平均值±标准差。

其中松林、针阔Ⅰ号和季风林 2005—2015 年 0～90 cm 土壤剖面储水量的年际动态如图 3-1 所示（刘佩伶等，2021a）。

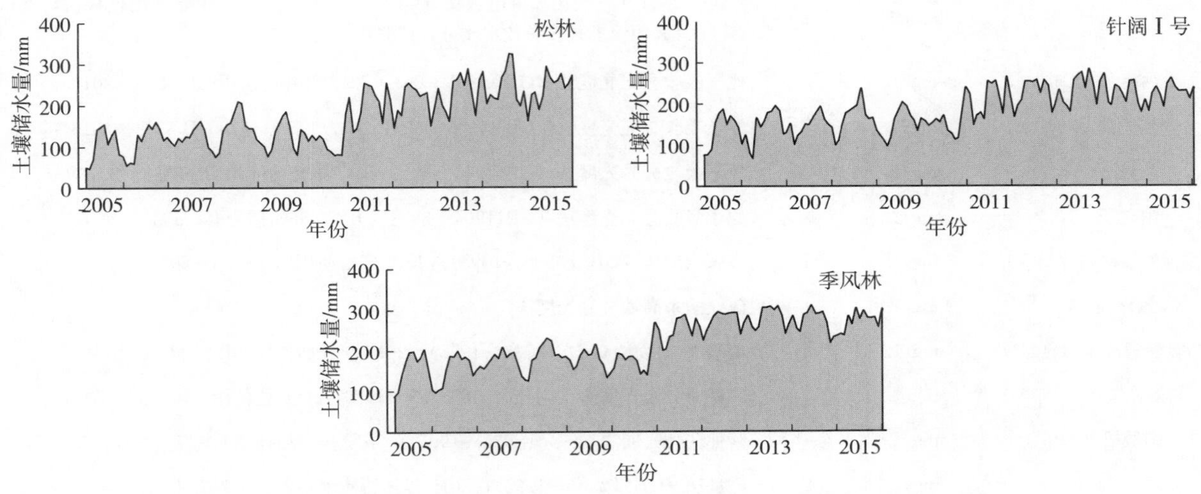

图 3-1　2005—2015 年不同林型 0～90 cm 土壤剖面储水量的年际动态

年尺度上，不同林型土壤储水量的年均值大小关系为季风林（216.0 mm）＞针阔Ⅰ号（182.1 mm）＞松林（169.4 mm），其中季风林土壤储水量波动范围在 149.8～279.2 mm，针阔Ⅰ号、松林土壤储水量分别在 129.3～236.4 mm 和 99.5～246.4 mm 波动。波幅的上限（年均最高值）、下限（年均最低值）均为季风林最高。

3.3.2　地表水、地下水水质

（1）概述

地表水、地下水水质对人类生活和生产活动有重要影响。本台站从 2000 年开始测定地表水、地下水水质，不同年份采样地点、监测指标、测定方法均有所不同，2004 年后基本固定。本数据集使用的是质控后的月平均数据。

（2）数据采样和处理方法

数据分析方法、计量单位、小数位数见表 3-33，与 2000—2011 年方法一致，2011 年 11 月起用便携式多参数水质分析仪测定水温、pH、溶解氧、电导率等。

2000 年 8 月至 2003 年，每月在季风林地表径流观测场（DHFZH01CRJ）内多点取水混合测水质，无雨的月份缺失，2000 年 8 月、9 月有 2 条数据差别大；1999—2003 年每月取季风林中的两个十字架型雨水收集器下收集桶的水样混合后测定穿透水（DHFZH01CCJ）水质。

1999—2003 年每月在季风林多棵树干径流收集桶中取水混合后测定树干径流（DHFZH01CSJ）水质，测定的指标不多，数据差距较大。

2004 年启用新的监测指标，每年干、湿两季取样：2004—2016 年，于飞水潭瀑布下（DHFFZ11CLB）直接把采样瓶伸入水里取样测定流动地表水水质；于草塘水库里（DHFFZ10CJB）以深水取样器取样测定静止地表水水质，水深约 12 m，分别在水深为 0.5、5、10 m 处采样，以 A、B、C 标记。地下水水质于 2004—2010 年在 1 号旧井采样，2011—2016 年于 2 号新井采样，测定方法为用抽水机提前 3 d 每天在下午抽干 1 次，第四天在抽水机出水口接一胶管取样。

表 3-33 水质分析方法、计量单位、小数位数表

指标名称	单位	小数位数	数据分析方法
水温	℃	1	2011 年 11 月起用便携式多参数水质分析仪
pH	无量纲	2	2000—2014 年，使用玻璃电极法（GB 6920—86）；2015 年起使用电极法，2011 年 11 月起用便携式多参数水质分析仪测定
钙离子（Ca^{2+}）	mg/L	3	原子吸收分光光度法（GB 11905—89）；2017 年开始使用 GB 8538—2016
镁离子（Mg^{2+}）	mg/L	3	原子吸收分光光度法（GB 11905—89）；2017 年开始使用 GB 8538—2016
钾离子（K^{+}）	mg/L	3	原子吸收分光光度法（GB11904—89）；2017 年开始使用 GB 8538—2016
钠离子（Na^{+}）	mg/L	3	原子吸收分光光度法（GB11904—89）；2017 年开始使用 GB 8538—2016
重碳酸根离子（HCO_3^-）	mg/L	4	酸碱滴定法（GB/T8538—1995）；2017 开始使用 GB 8538—2016
氯化物（Cl^-）	mg/L	4	硫氰酸汞高铁分光光度法
硫酸根离子（SO_4^{2-}）	mg/L	4	硫酸钡浊度法（GB/T8538—1995）；2017 年开始使用 GB 8538—2016
磷酸根离子（PO_4^{3-}）	mg/L	4	磷钼蓝分光光度法（GB/T8538—1995）；2017 年开始使用 GB 8538—2016
硝酸根（NO_3^-）	mg/L	4	紫外分光光度法（GB/T8538—1995）；2017 年开始使用 GB/T 32737—2016
矿化度	mg/L	2	质量法（GB/T8538—1995）；2017 年开始使用 GB/T 32737—2016
化学需氧量（COD）	mg/L	4	酸性高锰酸钾滴定法（GB/T8538—1995）；2017 年开始使用 GB/T 32737—2016
水中溶解氧（DO）	mg/L	2	2011 年前，使用碘量法（GB 7489—87），2011 年 11 月后，使用便携式多参数水质分析仪
总氮（N）	mg/L	4	碱性过硫酸钾消解-紫外分光光度法（HJ 636—2012）
总磷（P）	mg/L	4	钼酸铵分光光度法（GB 11893—89）
电导率	μS/cm	1	2011 年 11 月起，使用便携式多参数水质分析仪开始测定

（3）数据质量控制和评估

①按照“中国生态系统研究网络（CERN）长期观测质量管理规范”丛书《陆地生态系统水环境观测质量保证与质量控制》（袁国富等，2012）的相关规定执行，样品采集和运输过程增加采样空白和运输空白，实验室分析测定时插入国家标准样品进行质控。

②采用八大离子加和法、阴阳离子平衡法、电导率校核、pH 校核等方法分析数据正确性。

（4）数据使用方法和建议

季风林地表水、树干径流、穿透水水质数据异质性较大，监测没有持续进行，仅供参考。2004 年后更新为较为规范的静止地表水、流动地表水、地下水的水质测定。

数据获取方式：http：//dhf. cern. ac. cn/meta/detail/FC03。

（5）数据

具体数据见表3-34、表3-35。

表3-34 1999—2003年季风林地表水、树干径流、穿透水水质

水样类型	采样日期（年-月）	pH	Ca^{2+}/(mg/L)	Mg^{2+}/(mg/L)	K^{+}/(mg/L)	总氮/(mg/L)	总磷/(mg/L)
地表水	2000-08		1.295	0.463	0.658	5.865 0	0.111 4
地表水	2000-09		2.461	0.695	2.508	2.348 8	0.105 4
地表水	2000-10		2.915	0.913	1.843	3.722 5	0.140 3
地表水	2000-11		1.708	0.920	1.488	3.535 0	0.133 1
地表水	2001-01		2.063	0.983	1.670	5.275 0	0.140 3
地表水	2001-02		1.960	0.953	2.328	4.355 0	0.118 6
地表水	2001-03		1.838	0.883	1.575	3.195 0	0.118 6
地表水	2001-04		0.580	0.203	0.918	4.910 0	0.147 5
地表水	2001-05		1.515	0.763	1.178	4.877 5	0.121 1
地表水	2001-06		1.185	0.818	0.745	5.490 0	0.088 8
地表水	2001-07		1.218	0.688	0.903	5.180 0	0.111 0
地表水	2001-08		0.593	0.515	1.270	2.372 5	0.103 6
地表水	2001-09	4.21	4.145	1.298	4.468	4.680 0	0.097 0
地表水	2001-12	4.25	0.790	0.640	0.500		0.059 0
地表水	2002-01	4.21	1.135	0.880	1.423	9.422 1	0.134 2
地表水	2002-03	4.02	1.218	0.698	1.188	4.100 4	0.093 2
地表水	2002-04	4.21	2.253	1.270	3.448	4.934 9	0.078 9
地表水	2002-05	4.11	2.410	0.815	3.123	10.525 4	0.108 1
地表水	2002-06	4.44	1.185	0.818	0.745	5.489 5	0.088 8
地表水	2002-07	4.08	1.218	0.688	0.903	5.180 7	0.111 0
地表水	2002-08	4.12	2.123	0.873	1.245	22.767 1	0.123 8
地表水	2002-09	4.07	1.943	0.913	4.000	18.944 8	0.097 7
地表水	2002-10	4.15	1.370	0.848	1.003	18.717 2	0.118 6
地表水	2002-11	4.18	1.188	0.743	1.305	10.280 2	0.134 2
地表水	2003-01	4.12	0.927	0.776	3.562	12.525 1	0.087 5
地表水	2003-02	4.21	1.355	0.652	1.385	10.257 0	0.063 5
地表水	2003-03	4.11	0.818	0.740	1.400	9.392 1	0.102 5
地表水	2003-04	4.16	2.166	0.842	0.953	8.125 5	0.088 9
地表水	2003-05	4.47	1.110	0.613	2.120	11.010 1	0.121 5
地表水	2003-06	4.8	0.648	0.680	1.560	8.272 0	0.084 6
地表水	2003-07	5.18	0.952	0.921	0.855	8.125 5	0.102 4
地表水	2003-08	5.22	1.775	0.852	0.763	5.123 7	0.065 5
地表水	2003-09	5.1	1.552	1.045	1.055	21.654 9	0.095 5

（续）

水样类型	采样日期（年-月）	pH	Ca^{2+}/(mg/L)	Mg^{2+}/(mg/L)	K^{+}/(mg/L)	总氮/(mg/L)	总磷/(mg/L)
地表水	2003-10	4.15	0.877	0.765	1.350	9.654 7	0.110 7
地表水	2003-11	4.07	0.443	0.505	0.965	7.292 6	0.092 6
树干径流	1999-01	3.92	12.210	1.454	7.540	5.300 6	0.309 4
树干径流	1999-02	4.28	2.970	0.604	4.108	5.448 0	0.234 6
树干径流	1999-03	4.48	1.922	0.366	3.476	3.168 0	0.230 2
树干径流	1999-04	4.46	1.408	0.320	2.730	3.222 0	0.119 8
树干径流	1999-05	5.22	2.678	0.666	9.476	2.778 0	0.172 0
树干径流	1999-06	5.52	2.720	0.578	11.328	2.152 0	0.076 0
树干径流	1999-07	6.00	0.646	0.222	2.410	1.534 0	0.099 8
树干径流	1999-08	6.10	1.380	0.378	5.644	1.184 0	0.150 5
树干径流	1999-09	5.58	0.044	0.098	2.814	2.028 0	0.182 0
树干径流	1999-10	4.94	2.528	0.520	9.228	3.244 0	0.179 6
树干径流	1999-11	4.84	1.232	0.352	6.570	2.798 0	0.209 4
树干径流	1999-12	4.38	3.372	0.822	14.320	3.544 0	0.123 8
树干径流	2000-01	4.28	0.882	0.222	5.450	5.098 0	0.257 0
树干径流	2000-02	4.50	3.186	0.652	12.004	4.660 0	0.178 0
树干径流	2000-03	4.78	1.104	0.192	9.786	4.546 0	0.146 8
树干径流	2000-08	3.70	3.882	0.634	9.819	4.865 0	0.137 6
树干径流	2000-09	4.10	15.030	2.287	26.792	15.547 0	0.196 5
树干径流	2000-10	4.40	5.773	1.033	11.370	9.012 5	0.165 8
树干径流	2000-11	4.00	3.549	0.811	14.289	8.476 0	0.192 5
树干径流	2000-12	4.60	2.316	0.267	4.428	2.020 5	0.637 1
树干径流	2001-01	5.40	0.872	0.207	14.805	5.279 5	0.211 9
树干径流	2001-02	6.60	1.528	0.379	8.881	5.812 0	0.164 1
树干径流	2001-03	6.50	8.251	1.548	14.114	8.899 0	0.176 2

（续）

水样类型	采样日期（年-月）	pH	Ca^{2+}/（mg/L）	Mg^{2+}/（mg/L）	K^{+}/（mg/L）	总氮/（mg/L）	总磷/（mg/L）
树干径流	2001-04	5.80	5.580	0.530	4.758	5.697 5	0.147 7
树干径流	2001-05	4.80	3.964	0.641	7.705	4.371 5	0.205 1
树干径流	2001-06	4.10	1.303	0.343	8.225	2.166 5	0.454 9
树干径流	2001-07	4.60	0.795	0.196	6.705	2.883 0	0.718 8
树干径流	2001-08	4.00	2.977	0.724	9.138	4.257 0	0.462 8
树干径流	2001-09	4.58	15.030	2.287	26.792	15.542 0	0.197 0
树干径流	2001-12	4.60	4.358	0.829	17.139	88.431 2	1.030 3
树干径流	2002-01	5.40	11.372	1.577	25.280	72.122 7	1.209 8
树干径流	2002-03	6.60	3.924	0.615	11.906	6.850 6	0.460 8
树干径流	2002-04	6.50	6.791	1.264	28.080	37.933 5	1.644 2
树干径流	2002-05	5.80	5.435	0.948	27.908	34.750 4	3.731 5
树干径流	2002-06	4.80	1.303	0.343	8.225	2.708 1	0.454 9
树干径流	2002-07	4.10	2.372	0.590	12.230	14.374 8	0.878 1
树干径流	2002-08	4.60	0.308	0.087	8.633	4.508 5	0.336 7
树干径流	2002-09	4.10	1.249	0.284	8.126	7.891 4	0.592 9
树干径流	2002-10	4.40	0.384	0.119	6.116	4.623 5	0.236 6
树干径流	2002-11	4.00	5.373	1.024	14.171	17.590 2	0.134 2
树干径流	2003-01	4.52	13.469	1.563	20.215	65.332 2	1.265 5
树干径流	2003-02	4.85	8.763	0.675	11.630	20.654 9	0.569 9
树干径流	2003-03	4.80	6.765	1.160	13.443	7.351 0	0.387 5
树干径流	2003-04	5.18	3.783	0.824	5.786	11.515 3	0.725 4
树干径流	2003-05	5.16	4.859	0.878	12.496	21.833 1	1.021 9
树干径流	2003-06	4.80	3.169	0.528	12.568	47.277 7	1.832 2
树干径流	2003-07	5.10	1.788	0.935	9.163	35.876 5	1.076 5
树干径流	2003-08	6.04	5.785	0.463	3.853	11.322 0	0.373 5

（续）

水样类型	采样日期（年-月）	pH	Ca^{2+}/(mg/L)	Mg^{2+}/(mg/L)	K^{+}/(mg/L)	总氮/(mg/L)	总磷/(mg/L)
树干径流	2003－09	4.90	1.071	0.297	10.569	5.851 3	0.632 5
树干径流	2003－10	5.15	1.895	1.035	13.729	3.987 7	0.325 0
树干径流	2003－11	5.00	7.519	1.429	12.468	17.722 3	0.065 5
穿透水	1999－01	5.45	1.922	0.451	4.664	1.066 0	0.094 0
穿透水	1999－02	5.30	1.372	0.224	3.772	1.137 0	0.086 0
穿透水	1999－03	5.10	1.861	0.234	1.398	0.986 0	0.082 0
穿透水	1999－04	6.40	0.838	0.570	1.268	1.001 0	0.078 0
穿透水	1999－05	6.75	0.866	0.169	0.732	0.629 0	0.070 0
穿透水	1999－06	6.30	0.687	0.135	0.636	0.815 0	0.054 0
穿透水	1999－07	6.80	0.379	0.162	1.114	0.747 0	0.051 0
穿透水	1999－08	5.54	0.407	0.373	0.941	0.318 0	0.015 0
穿透水	1999－09	5.01	0.755	0.367	1.152	0.799 0	0.051 0
穿透水	1999－10	5.55	1.093	0.264	2.014	0.927 0	0.070 0
穿透水	1999－11	4.98	1.407	0.781	1.558	0.952 0	0.097 0
穿透水	1999－12	4.86	1.537	0.249	2.304	0.939 0	0.108 0
穿透水	2000－01	5.75	1.140	0.370	2.212	1.534 0	0.109 0
穿透水	2000－02	6.21	1.247	0.578	2.542	1.483 0	0.133 0
穿透水	2000－03	5.10	0.732	0.232	1.313	0.696 0	0.082 0
穿透水	2000－04	6.64	0.699	0.149	1.362	0.509 0	0.051 0
穿透水	2000－05	6.28	1.065	0.244	1.155	0.887 0	0.082 0
穿透水	2000－06	6.66	0.745	0.251	1.181	0.368 0	0.047 0
穿透水	2000－08	5.45	2.520	0.608	4.698	1.747 5	0.109 0
穿透水	2000－09	5.30	4.553	1.028	7.728	4.857 5	0.183 6
穿透水	2000－10	5.10	1.393	0.448	3.928	0.047 5	0.111 4
穿透水	2000－11	6.40	3.158	0.768	4.688	1.447 5	0.109 0

（续）

水样类型	采样日期（年-月）	pH	Ca^{2+}/(mg/L)	Mg^{2+}/(mg/L)	K^{+}/(mg/L)	总氮/(mg/L)	总磷/(mg/L)
穿透水	2000－12	6.75	0.505	0.090	1.105	1.115 0	0.140 3
穿透水	2001－01	6.30	0.648	0.145	1.920	1.217 5	0.123 5
穿透水	2001－02	6.80	9.488	4.000	23.913	3.667 5	0.121 1
穿透水	2001－03	5.54	10.053	2.333	18.700	4.855 0	0.140 3
穿透水	2001－04	5.01	6.930	0.815	3.678	4.725 0	0.121 1
穿透水	2001－05	5.55	3.855	1.055	6.053	6.110 0	0.157 2
穿透水	2001－06	4.98	1.140	0.548	2.478	0.000 0	0.103 6
穿透水	2001－07	4.86	0.800	0.428	3.075	0.000 0	0.125 8
穿透水	2001－08	5.75	1.830	0.805	8.208	0.000 0	0.281 2
穿透水	2001－09	6.05	4.553	1.028	7.728	1.028 0	0.184 0
穿透水	2001－12	6.75	4.485	1.233	7.603	50.758 4	0.096 0
穿透水	2002－01	6.30	7.510	1.610	9.698		0.104 6
穿透水	2002－03	5.54	3.033	0.938	6.680	4.698 9	0.084 6
穿透水	2002－04	5.01	5.005	1.280	9.243	8.208 2	0.198 6
穿透水	2002－05	5.55	0.583	0.233	1.348	1.501 8	0.134 2
穿透水	2002－06	4.98	1.140	0.548	2.478	5.489 5	0.103 6
穿透水	2002－07	4.86	0.800	0.428	3.075	5.180 7	0.125 8
穿透水	2002－08	5.75	1.830	0.805	8.208	2.373 0	0.281 2
穿透水	2002－09	5.30	1.900	0.628	4.893	10.954 5	0.186 5
穿透水	2002－10	5.10	0.995	0.313	1.075	4.636 6	0.191 7
穿透水	2002－11	6.40	2.790	0.778	4.108	7.114 7	0.113 4
穿透水	2003－01	6.06	8.655	1.545	7.322	30.321 5	0.178 6
穿透水	2003－02	5.13	5.425	1.126	3.875	10.532 1	0.114 8
穿透水	2003－03	5.01	4.013	0.730	6.448	8.134 9	0.104 9
穿透水	2003－04	5.28	1.185	0.866	2.866	5.875 5	0.117 4
穿透水	2003－05	5.63	2.845	1.213	17.075	12.703 8	0.159 9
穿透水	2003－06	5.10	1.785	0.690	4.625	47.487 4	0.218 8
穿透水	2003－07	5.53	1.945	1.359	11.875	15.487 7	0.149 9
穿透水	2003－08	5.55	3.125	0.864	3.555	6.987 7	0.102 5
穿透水	2003－09	5.50	2.465	0.785	1.257	3.854 1	0.113 2
穿透水	2003－10	5.08	5.876	0.686	5.267	7.987 5	0.129 9
穿透水	2003－11	5.70	9.270	1.673	9.443	16.949 9	0.104 1

表 3-35　2004—2016 年地表水、地下水水质

样地代码	年份	月份	水温/℃	pH	Ca^{2+}/(mg/L)	Mg^{2+}/(mg/L)	K^+/(mg/L)	Na^+/(mg/L)	HCO_3^-/(mg/L)	Cl^-/(mg/L)	SO_4^{2-}/(mg/L)	PO_4^{3-}/(mg/L)	NO^{3-}/(mg/L)	矿化度/(mg/L)	COD/(mg/L)	DO/(mg/L)	总氮(mg/L)	总磷/(mg/L)	电导率/(μS/cm)
DHFFZ10CJB	2004	7		4.26	1.300	0.375	0.034		16.183 2	0.088 1	17.364 2	0.085 7	3.860 5	7.83	1.259 8	7.84	6.430 0	0.026 0	
DHFFZ10CJB	2005	1	14.6	4.12	0.282	0.101	0.377	0.416	2.551 3	0.087 1	8.570 4	0.041 4	1.258 8	52.00	2.710 3	9.81	2.390 3	0.067 9	
DHFFZ10CJB	2005	7	27.2	4.04	0.827	0.419	0.463	0.580	13.935 2	0.121 9	59.242 4	0.132 7	1.414 0	54.67	3.141 7	6.78	3.057 4	0.110 9	
DHFFZ10CJB	2006	1	17.9	4.34	1.551	0.313	0.359	0.726	16.643 5	0.259 0	65.236 4	0.022 5	0.326 4	68.33	2.829 2	5.29	5.517 6	0.032 1	
DHFFZ10CJB	2006	7	25.8	4.00	2.539	0.401	0.473	0.908	5.939 7	0.417 1	85.703 7	0.010 9	1.713 3	20.67	2.059 4	7.34	7.769 7	0.034 1	
DHFFZ10CJB	2007	1		5.08	1.204	0.223	0.267	0.327	6.560 9	0.104 1	26.860 1	0.031 5	0.624 4	21.83	2.426 4	7.33	2.503 6	0.020 9	
DHFFZ10CJB	2007	7		4.06	1.750	0.271	0.297	0.526	6.446 2	0.373 7	75.703 7	0.007 5	1.045 3	63.83	2.237 6	8.22	6.254 6	0.040 6	
DHFFZ10CJB	2008	7		5.67	1.134	0.225	0.180	0.600	6.946 2	0.109 1	67.990 5	0.003 2	1.150 0	14.33	2.364 8	6.72	1.117 4	0.063 6	
DHFFZ10CJB	2009	1		4.62	1.448	0.282	0.607	0.887	7.607 8	0.186 2	7.245 4	0.071 7	0.967 3	60.00	0.741 1	6.81	8.703 8	0.039 5	
DHFFZ10CJB	2009	7		4.29	0.998	0.382	0.231	0.652	6.907 6	0.153 0	9.722 2	0.014 8	0.419 2	30.00	1.851 8	6.49	0.697 2	0.016 1	
DHFFZ10CJB	2010	2		4.53	1.659	0.534	0.462	0.859	7.306 4	0.247 3	78.370 4	0.032 0	4.875 9	40.00	1.834 4	7.90	1.306 3	0.119 4	
DHFFZ10CJB	2010	8		4.50	1.469	0.455	0.475	0.992	10.074 5	0.200 2	74.080 0	0.003 5	0.221 2	43.17	2.298 0	5.80	1.489 3	0.060 9	
DHFFZ10CJB	2011	2	14.7	4.68	0.675	0.301	0.442	0.830	17.428 2	0.091 9	40.874 1	0.067 8	1.165 1	24.17	2.625 6	8.96	0.778 8	0.113 3	42.0
DHFFZ10CJB	2011	8	21.0	4.66	0.868	0.310	0.493	0.813	22.210 4	0.194 6	38.613 8	0.101 1	1.118 7	15.67	1.097 1	7.82	0.667 7	0.124 6	42.0
DHFFZ10CJB	2012	2	14.9	4.50	1.480	0.681	0.533	0.867	9.475 3	0.185 7	67.266 7	0.008 0	3.013 3	70.67	1.579 8	5.84	0.476 7	0.072 1	41.8
DHFFZ10CJB	2012	8	26.1	4.50	0.404	0.518	0.413	0.809	12.333 9	0.196 1	44.453 3	0.008 9	5.764 6	24.83	2.211 5	5.01	1.672 4	0.028 4	54.2
DHFFZ10CJB	2013	2	16.7	4.40	0.594	0.515	0.272	0.788	9.827 9	0.180 1	47.966 7	0.010 3	1.324 6	66.67	1.070 4	7.30	1.369 0	0.045 4	44.3
DHFFZ10CJB	2013	8	25.9	4.08	0.162	0.731	1.078	0.355	15.259 8	0.323 5	44.026 7	0.010 7	2.650 8	39.50	3.237 3	7.72	2.619 4	0.035 0	63.5
DHFFZ10CJB	2014	2	12.7	4.48	0.421	0.377	0.306	0.690	11.343 3	0.614 3	29.084 7	0.011 3	1.663 7	67.50	0.721 1	7.90	1.767 3	0.027 5	45.5
DHFFZ10CJB	2014	7	28.2	4.40	0.151	0.378	1.102	0.868	12.329 3	0.472 7	107.457 0	0.014 0	2.182 0	82.33	0.409 7	3.34	2.242 2	0.067 9	64.2
DHFFZ10CJB	2015	2	14.1	4.51	1.799	0.578	0.370	0.817	11.436 7	0.454 3	41.688 9	0.001 1	1.284 6	41.33	1.114 1	8.97	1.389 3	0.020 3	39.3
DHFFZ10CJB	2015	8	25.9	7.01	0.282	0.415	0.253	0.675	13.805 7	0.473 4	36.200 0	0.011 1	5.952 6	45.50	0.675 5	4.15	2.055 0	0.015 9	45.1

（续）

样地代码	年份	月份	水温/℃	pH	Ca^{2+}/(mg/L)	Mg^{2+}/(mg/L)	K^{+}/(mg/L)	Na^{+}/(mg/L)	HCO_3^{-}/(mg/L)	Cl^{-}/(mg/L)	SO_4^{2-}/(mg/L)	PO_4^{3-}/(mg/L)	NO_3^{-}/(mg/L)	矿化度/(mg/L)	COD/(mg/L)	DO/(mg/L)	总氮/(mg/L)	总磷/(mg/L)	电导率/(μS/cm)
DHFFZ10CJB	2016	2	12.7	4.40	1.720	0.392	0.439	0.560	12.541 3	0.372 7	31.700 0	0.014 2	1.631 2	32.00	1.459 5	7.90	1.755 8	0.042 8	38.3
DHFFZ10CJB	2016	8	27.1	5.20	1.689	0.364	0.749	0.569	10.631 7	0.426 6	36.430 3	0.009 4	1.913 5	27.17	1.968 9	7.64	2.046 1	0.040 8	53.0
DHFFZ11CLB	2004	7		4.17	1.605	0.395			8.107 0	0.093 2	16.963 0	0.081 8	4.496 0	7.30	1.727 3	8.10	6.959 1	0.021 4	
DHFFZ11CLB	2005	1	14.9	4.75	0.449	0.115	0.394	0.610	1.602 9	0.143 7	8.311 1	0.024 1	3.251 0	54.00	1.879 3	11.72	0.910 0	0.288 5	
DHFFZ11CLB	2005	7	27.6	5.17	0.814	0.436	0.453	0.542	10.093 6	0.116 9	59.272 7	0.187 3	1.663 7	10.00	2.903 8	7.99	1.535 5	0.123 1	
DHFFZ11CLB	2006	1	14.5	4.12	2.546	0.356	0.369	0.791	24.416 4	0.275 1	57.145 5	0.004 3	0.430 6	49.00	2.994 9	5.43	3.576 4	0.034 1	
DHFFZ11CLB	2006	7	28.0	3.92	2.898	0.438	0.389	0.955	5.179 2	0.412 2	85.333 3	0.010 0	1.460 6	45.00	1.904 8	7.37	3.481 8	0.028 0	
DHFFZ11CLB	2007	1		4.93	2.013	0.263	0.379	0.411	9.262 4	0.140 8	20.838 4	0.034 5	0.834 6	49.00	3.059 1	8.36	1.067 3	0.028 3	
DHFFZ11CLB	2007	7		4.37	2.903	0.334	0.493	0.660	5.950 4	0.295 5	80.222 2	0.034 9	1.450 5	63.00	1.655 2	6.30	4.732 2	0.043 7	
DHFFZ11CLB	2008	1		5.01	2.736	0.342	0.567	1.138	7.277 0	0.211 7	74.657 1	0.003 2	0.805 2	234.00	5.000 0	6.48	0.954 2	0.063 0	
DHFFZ11CLB	2008	7		5.56	2.283	0.298	0.406	0.932	5.953 9	0.159 9	72.657 1	0.003 2	1.492 9	51.00	5.155 6	7.76	0.822 9	0.063 0	
DHFFZ11CLB	2009	1		5.04	3.762	0.441	1.168	1.391	8.979 7	0.311 2	7.500 0	0.080 0	2.828 6	91.00	0.846 5	6.86	10.113 5	0.039 2	
DHFFZ11CLB	2009	7		4.29	1.741	0.443	0.283	0.778	7.141 4	0.164 4	10.333 3	0.016 9	0.529 1	35.00	0.823 8	8.28	1.012 0	0.015 3	
DHFFZ11CLB	2010	2		4.73	2.389	0.587	0.618	1.039	9.416 3	0.245 6	76.888 9	0.014 2	2.828 6	30.00	1.820 8	7.93	1.379 2	0.039 2	
DHFFZ11CLB	2010	8		6.26	2.186	0.532	0.522	1.194	8.097 9	0.275 7	73.280 0	0.016 9	0.293 0	30.00	4.208 1	7.52	1.925 0	0.058 5	
DHFFZ11CLB	2011	2	13.8	5.54	1.086	0.302	0.345	1.006	17.009 1	0.062 5	31.133 3	0.080 0	2.828 6	8.00	3.250 9	9.91	1.454 2	0.039 2	40.0
DHFFZ11CLB	2011	8	18.2	4.53	1.380	0.392	0.578	1.050	17.896 5	0.229 3	59.857 1	0.016 9	1.661 7	20.00	1.183 8	7.75	1.131 3	0.039 2	49.0
DHFFZ11CLB	2012	2	15.4	4.56	1.547	0.654	0.546	1.024	9.260 9	0.244 3	63.600 0	0.016 0	4.380 0	8.00	0.875 3	5.32	0.964 6	0.095 8	44.0
DHFFZ11CLB	2012	8	26.3	4.14	0.550	0.588	0.486	1.044	13.323 1	0.223 0	40.520 0	0.016 9	7.997 0	42.00	1.758 3	6.58	1.131 3	0.039 2	58.0
DHFFZ11CLB	2013	2	16.7	3.76	1.102	0.677	0.472	1.244	9.838 3	0.304 0	45.700 0	0.011 9	2.176 6	8.00	1.052 6	7.34	1.194 0	0.047 7	49.0

（续）

样地代码	年份	月份	水温/℃	pH	Ca^{2+}/(mg/L)	Mg^{2+}/(mg/L)	K^+/(mg/L)	Na^+/(mg/L)	HCO_3^-/(mg/L)	Cl^-/(mg/L)	SO_4^{2-}/(mg/L)	PO_4^{3-}/(mg/L)	NO_3^-/(mg/L)	矿化度/(mg/L)	COD/(mg/L)	DO/(mg/L)	总氮(mg/L)	总磷/(mg/L)	电导率/(μS/cm)
DHFFZ11CLB	2013	8	25.9	4.04	0.208	0.892	0.414	0.429	13.128 7	0.216 0	42.460 0	0.008 4	3.223 8	147.00	2.826 3	8.40	3.154 3	0.048 1	66.0
DHFFZ11CLB	2014	2	11.3	5.01	0.599	0.552	0.321	0.925	10.799 0	0.606 0	29.418 0	0.014 0	2.278 0	90.00	0.117 0	8.98	2.273 8	0.035 2	54.0
DHFFZ11CLB	2014	7	26.1	4.12	0.217	0.443	0.403	0.917	11.464 0	0.246 0	103.457 0	0.016 0	2.828 0	147.00	0.715 4	5.08	2.834 7	0.079 0	59.0
DHFFZ11CLB	2015	2	13.5	5.14	3.566	0.727	0.507	1.185	11.652 5	0.596 1	43.022 2	0.024 0	1.864 8	45.00	1.858 4	8.83	1.871 4	0.033 2	45.0
DHFFZ11CLB	2015	8	26.6	6.97	0.342	0.479	0.301	0.779	10.590 4	0.491 6	36.033 3	0.010 7	9.176 9	41.00	0.594 3	6.98	1.263 6	0.018 5	53.1
DHFFZ11CLB	2016	2	11.9	4.30	2.129	0.451	0.330	0.619	13.315 4	0.382 3	37.366 7	0.011 3	2.116 2	30.00	0.614 5	9.09	1.965 6	0.038 2	39.7
DHFFZ11CLB	2016	8	26.7	4.20	2.261	0.459	0.334	0.631	10.838 1	0.377 1	42.036 4	0.010 2	2.503 6	33.00	1.248 9	8.25	1.932 5	0.042 1	53.0
DHFFZ13CDX_01	2004	7		6.39	46.700	4.255	6.045		22.625 0	0.139 7	47.888 9	0.093 5	2.632 0	28.40	2.007 0	6.13	8.769 1	0.031 5	
DHFFZ13CDX_01	2005	1	13.5	6.11	4.350	0.623	2.755	1.757	22.761 4	0.097 7	27.977 8	0.024 1	2.950 0	256.00	2.929 0	5.74	9.246 4	0.388 5	
DHFFZ13CDX_01	2005	7	26.5	5.78	20.495	1.055	3.140	2.379	37.662 7	0.143 1	80.727 3	0.199 4	1.097 9	374.00	3.863 2	6.35	5.299 1	0.134 6	
DHFFZ13CDX_01	2006	1	17.5	5.66	36.090	2.086	4.513	3.541	122.328 8	0.548 2	64.963 6	0.009 0	0.449 0	203.00	3.024 0	5.03	7.558 2	0.034 1	
DHFFZ13CDX_01	2006	7	24.2	5.53	37.800	3.407	6.124	4.060	62.397 6	0.502 3	100.000 0	0.015 6	0.243 4	146.00	1.953 5	5.97	10.192 7	0.034 1	
DHFFZ13CDX_01	2007	1		6.32	39.410	1.922	3.452	2.244	115.779 8	0.320 1	34.373 7	0.040 6	0.105 3	203.00	4.637 7	6.22	3.183 6	0.025 7	
DHFFZ13CDX_01	2007	7		5.74	43.040	1.928	6.984	3.470	107.106 8	0.391 0	95.777 8	0.009 2	0.554 3	192.00	1.953 5	7.57	9.154 4	0.040 9	
DHFFZ13CDX_01	2008	1		7.17	14.415	0.935	3.485	2.355	57.554 5	0.334 3	89.800 0	0.003 2	0.414 8	105.00	6.709 7	4.02	1.054 3	0.063 0	
DHFFZ13CDX_01	2008	7		6.70	20.590	0.830	4.490	2.550	6.615 5	0.337 1	95.514 3	0.003 2	0.484 3	141.00	3.492 2	5.81	0.468 8	0.070 6	
DHFFZ13CDX_01	2009	1		6.93	197.350	9.365	23.810	21.660	9.491 1	0.917 2	24.166 7	0.180 0	0.642 9	203.00	1.672 9	6.75	9.278 1	0.044 3	
DHFFZ13CDX_01	2009	7		6.46	33.610	2.760	4.070	3.610	13.645 2	0.229 8	45.793 7	0.011 8	0.130 3	173.00	0.578 5	5.06	0.120 4	0.017 9	
DHFFZ13CDX_01	2010	2		6.41	48.670	4.780	3.820	4.370	173.733 2	0.345 9	98.444 4	0.009 4	0.642 9	170.00	3.305 8	5.51	0.148 1	0.044 3	
DHFFZ13CDX_01	2010	8		4.58	36.690	2.915	5.395	4.140	141.808 4	0.210 2	184.700 0	0.011 8	0.121 9	89.00	5.814 0	3.28	0.435 0	0.055 0	

（续）

样地代码	年份	月份	水温/℃	pH	Ca^{2+}/(mg/L)	Mg^{2+}/(mg/L)	K^{+}/(mg/L)	Na^{+}/(mg/L)	HCO_3^{-}/(mg/L)	Cl^{-}/(mg/L)	SO_4^{2-}/(mg/L)	PO_4^{3-}/(mg/L)	NO^{3-}/(mg/L)	矿化度/(mg/L)	COD/(mg/L)	DO/(mg/L)	总氮(mg/L)	总磷/(mg/L)	电导率/(μS/cm)
DHFFZ13CDX_02	2011	2	13.8	7.29	4.325	1.460	0.905	2.115	56.943 5	0.212 4	33.022 2	0.180 0	0.642 9	72.00	2.279 1	9.18	2.443 8	0.044 3	92.0
DHFFZ13CDX_02	2011	8	18.0	6.37	3.795	0.800	0.680	1.555	44.519 5	0.424 8	54.619 0	0.011 8	2.020 6	68.00	0.964 4	7.64	1.787 5	0.044 3	84.0
DHFFZ13CDX_02	2012	2	14.8	6.26	5.055	0.790	0.500	1.865	32.413 2	0.316 0	60.933 3	0.010 0	3.551 4	69.00	1.312 4	4.76	0.641 7	0.085 3	68.0
DHFFZ13CDX_02	2012	8	25.3	6.07	10.870	2.093	1.312	3.229	59.953 8	0.483 9	47.120 0	0.011 8	2.693 9	100.00	1.816 6	5.51	1.787 5	0.044 3	107.0
DHFFZ13CDX_02	2013	2	22.8	6.15	8.845	2.117	0.901	2.567	55.082 1	0.832 3	51.300 0	0.027 4	1.186 0	69.00	3.787 1	7.24	1.224 0	0.154 2	106.0
DHFFZ13CDX_02	2013	8	26.2	6.59	12.270	2.696	4.944	1.443	77.059 9	0.816 6	50.060 0	0.032 6	0.776 2	41.00	2.238 9	6.60	1.068 6	0.177 8	149.0
DHFFZ13CDX_02	2014	2	21.4	6.13	6.676	1.672	10.640	2.875	48.597 0	1.563 0	34.509 0	0.019 0	1.778 0	218.00	0.468 7	7.16	1.798 1	0.109 3	133.0
DHFFZ13CDX_02	2014	7	27.2	5.87	23.650	1.401	7.476	2.491	77.624 0	1.107 0	116.314 0	0.018 0	1.328 0	41.00	0.875 5	6.02	1.329 7	0.102 9	165.0
DHFFZ13CDX_02	2015	2	20.6	6.23	16.500	1.829	1.223	3.275	55.437 5	0.691 8	53.022 2	0.121 1	1.837 0	110.00	4.927 4	5.89	1.907 1	0.080 6	117.0
DHFFZ13CDX_02	2015	8	25.2	3.94	27.760	1.788	1.240	3.222	54.995 8	0.693 2	38.533 3	0.017 6	1.246 2	103.00	0.339 5	3.94	2.382 8	0.039 7	111.1
DHFFZ13CDX_02	2016	2	16.4	7.73	31.763	1.152	0.895	2.155	74.318 7	0.528 1	35.366 7	0.009 6	1.152 3	96.00	0.453 1	7.32	2.018 5	0.038 2	115.0
DHFFZ13CDX_02	2016	8	25.7	6.40	19.551	1.584	1.452	2.465	56.668 0	0.642 7	40.763 6	0.011 9	1.287 4	94.00	0.714 5	7.26	1.945 7	0.050 0	94.0

注：碳酸根离子含量未检出，在此省略，个别未检出的空白，缺失月份是因为当月无雨。样地代码 DHFFZ110CJB、DHFFZ11CLB、DHFFZ13CDX _01、DHFFZ13CDX _02 分别表示静止地表水、流动地表水、地下水（旧井）、地下水（新井）。

3.3.3 雨水水质

（1）概述

雨水水质数据是研究雨水径流污染、雨水径流水质状况和降雨径流污染控制措施的基础（陈炬锋等，2007）。鼎湖山站从 2000 年开始观测雨水水质，前期原始数据观测频率不规范，自 2013 年起观测频率为 1 次/月，数据缺失的月份为当月无雨，按实际测定频率记录。

（2）数据采集和处理方法

在鼎湖山站气象观测场雨水采集装置采样（DHFQX01CYS），2000 年只测 pH，2004 年只采样 1 次，2005 年采样 2 次，2006—2012 年为 4 次/年，2013 年起每月采集大气降水，采集频率为每场雨或连续降雨时，每 2 d 收集雨水 1 瓶 1 000 mL，现场测定水温后保存于冰箱，月末把当月所有样品混匀后采集 500 mL 2 瓶，每季度寄往北京水分中心，委托其测定 pH、矿化度、硫酸根、非溶性物质总含量、电导率、氧化还原电位、钙离子浓度，最后返回数据给台站（表 3 - 36）。

表 3 - 36　雨水水质数据获取方法、计量单位、小数位数表

指标名称	单位	小数位数	数据获取方法
水温	℃	1	2011 年起，使用便携式多参数水质分析仪
pH	无量纲	2	便携式多参数水质分析仪
矿化度	mg/L	2	重量法
硫酸根离子（SO_4^{2-}）	mg/L	4	分光光度计
非溶性物质总含量	mg/L	2	质量法
电导率	μS/cm	1	便携式多参数水质分析仪
氧化还原电位	mV	2	便携式多参数水质分析仪
钙离子浓度	μL/L	2	便携式多参数水质分析仪

（3）数据质量控制和评估

样品采集和运输过程增加采样空白和运输空白，实验室分析测定时插入国家标准样品进行质控。

（4）数据使用方法和建议

本部分数据提供了鼎湖山站长期雨水水质数据，对于鼎湖山地区酸沉降、生态系统服务功能研究的开展等有重要意义。

数据获取方式：http：//dhf. cern. ac. cn/meta/detail/FC08。

（5）数据

具体数据见表 3 - 37。

表 3 - 37　2004—2016 年气象场雨水水质

年份	月份	水温/℃	pH	矿化度/（mg/L）	硫酸根/（mg/L）	非溶性物质总含量/（mg/L）	电导率/（μS/cm）
2004	7		4.89	23.50	17.055 6	4.00	
2005	4	25.6	3.95	59.50	73.090 9	51.50	
2005	7	27.1	5.10	8.00	57.454 5	22.00	
2006	1		5.08	122.00	91.145 5	16.00	
2006	4		4.55	25.50	45.818 2	11.00	

（续）

年份	月份	水温/℃	pH	矿化度/（mg/L）	硫酸根/（mg/L）	非溶性物质总含量/（mg/L）	电导率/（μS/cm）
2006	7		5.66	78.00	85.333 3	32.00	
2006	10		4.76	87.00	51.654 3	5.00	
2007	1		5.12	111.00	55.234 6	32.00	
2007	4		5.24	26.50	29.818 2	11.50	
2007	7		6.10	57.00	90.222 2	17.00	
2007	10		5.58	64.00	40.049 4	15.00	
2008	1		6.61	168.00	109.514 3	17.00	
2008	4		6.64	50.00	57.800 0	94.00	
2008	7		5.56	15.00	85.800 0	23.00	
2008	10		5.83	114.00	61.628 6	12.00	
2009	1		4.80	74.00	14.027 8	10.00	
2009	4		4.43	32.00	25.230 2	6.00	
2009	7		5.82	42.00	16.920 6	10.00	
2009	10		4.95	170.00	45.363 6	10.00	
2010	1		3.92	110.00	88.222 2	100.00	
2010	4		4.37	3.00	75.880 0	37.00	
2010	7		5.08	29.00	73.280 0	33.00	
2010	10						
2011	3		4.75	120.00	64.133 3	17.00	
2011	4		4.79	33.00	67.360 0	14.00	
2011	7		4.87	46.00	54.698 4	7.00	
2011	10		5.47	32.00	17.680 0	7.00	31.0
2012	1		4.81	25.00	74.933 3	9.00	41.0
2012	4	22.8	5.16	12.00	37.320 0	19.00	43.0
2012	7	27.6	5.22	31.00	35.520 0	78.00	24.0
2012	10	20.9	6.19	45.00	45.980 0	50.00	31.0
2013	1	14.4	9.22	62.70	12.460 0	249.80	96.6
2013	2	20.4	9.33	64.40	26.720 0	36.80	99.0
2013	3	20.0	6.80	55.69	16.480 0	18.21	85.6
2013	4	23.1	6.84	41.37	8.292 0	32.80	63.5

（续）

年份	月份	水温/℃	pH	矿化度/（mg/L）	硫酸根/（mg/L）	非溶性物质总含量/（mg/L）	电导率/（μS/cm）
2013	5	25.6	7.05	30.91	6.874 0	18.21	47.5
2013	6	26.8	6.39	14.00	3.240 0	18.21	21.8
2013	7	28.8	6.65	17.21	2.226 0	55.80	26.4
2013	8	27.2	6.99	25.09	5.863 0	59.00	38.5
2013	9	27.6	6.29	10.63	1.743 0	65.80	16.4
2013	11	20.3	6.19	8.09	2.148 0	18.21	12.7
2013	12	12.3					
2014	2	3.9	6.02	43.54	11.470 0	12.90	68.6
2014	3	13.4	5.78	53.28	14.730 0	9.52	84.1
2014	4	23.2	5.97	36.23	9.358 0	14.90	57.2
2014	5	24.4	6.23	22.97	4.043 0	33.90	36.4
2014	6	27.2	6.07	16.90	3.233 0	9.52	27.0
2014	7	28.2	5.16	4.02	0.693 6	9.52	6.3
2014	8	28.0	6.01	18.40	3.055 0	33.47	28.7
2014	9	25.9	6.29	25.96	3.782 0	9.52	40.2
2014	11	21.7	5.87	49.58	10.050 0	9.52	76.5
2014	12	13.3	5.83	29.54	7.572 0	9.52	45.6
2015	1	11.8	6.60	10.84	2.462 0	74.00	16.8
2015	3	17.7	6.13	44.68	10.900 0	173.60	68.0
2015	4	15.1	6.71	74.68	14.400 0	250.00	115.4
2015	5	26.9	6.54	114.30	22.310 0	274.00	175.3
2015	6	28.1	6.49	70.85	9.743 0	383.56	109.8
2015	7	28.6	6.37	17.44	2.920 0	168.00	33.1
2015	8	26.6	6.54	31.15	4.149 0	166.00	48.1
2015	9	26.4	6.92	21.27	4.043 0	67.56	33.1
2015	10	24.6	6.67	14.86	2.051 0	190.00	23.3
2015	11	17.7	5.96	20.51	3.134 0	60.00	31.9
2015	12	13.2	6.49	35.73	7.709 0	521.56	55.2
2016	1	12.4	6.12	14.78	2.482 0	264.00	23.4
2016	2	6.9	6.17	14.83	1.982 0	450.67	23.5

（续）

年份	月份	水温/℃	pH	矿化度/(mg/L)	硫酸根/(mg/L)	非溶性物质总含量/(mg/L)	电导率/(μS/cm)
2016	3	17.7	6.54	22.36	4.238 0	266.67	35.4
2016	4	22.3	5.53	24.23	3.884 0	44.00	38.0
2016	5	24.7	5.63	13.20	2.356 0	24.00	20.8
2016	6	27.5	5.76	13.39	2.022 0	498.67	21.1
2016	7	29.4	6.63	25.22	3.891 0	398.20	39.4
2016	8	27.4	6.65	22.11	3.277 0	62.00	34.7
2016	9	26.6	6.59	23.96	4.813 0	72.20	37.5
2016	10	24.4	6.55	26.32	5.334 0	128.00	41.2
2016	11	17.7	6.64	12.26	2.599 0	142.00	19.3

注：2012 年 4 月起记录水温，温度为当月每次现场测定值的平均值，2015 年新增测定氧化还原电位（mV）、钙离子（μL/L），如需此数据，可在 http：//dhf. cern. ac. cn/meta/detail/FC08 申请获取。

3.3.4　土壤水分常数

（1）概述

土壤水分常数是表征土壤持水性能和蓄水潜能的重要参数（Liu et al.，2020），目前只有 2006 年 5 月采样测定的数据，2019 年 7 月再次采样测定。监测指标包括：土壤完全持水量（%）、土壤田间持水量（%）、土壤凋萎含水量（%）、土壤孔隙度（%）、容重（g/cm^3）、土壤水分特征曲线。土壤类型为水化赤红壤或赤红壤。

（2）数据采集和处理方法

在鼎湖山的松林（DHFFZ01B00）、针阔Ⅱ号（DHFFZ02B00）和季风林（DHFZH01B00）3 个破坏性样地内取 3 个剖面分 5 层（0～10、10～20、20～40、40～60、60～80 cm）平行测定。样品寄送到中国科学院水利部水土保持研究所测定。

土壤完全持水量为土壤完全饱和时的体积含水量，采用环刀法测定；土壤田间持水量是指土壤中毛管悬着水达到最大时的土壤含水量，是土壤不受地下水影响所能保持水量的最大值，采用室内环刀法测定；土壤凋萎含水量是指植物开始永久凋萎时的土壤水分含量，是土壤中植物能利用的水分下限，由测定的土壤水分特征曲线求算；土壤孔隙度是土壤孔隙容积占土体容积的百分比，采用环刀法测定；容重是指田间自然垒结状态下单位容积土体（包括土粒和孔隙）的质量或重量（g/cm^3 或 t/m^3）与同容积水重量比值；土壤水分特征曲线方程是非饱和状态下，土壤水分含量与土壤基质势之间的关系曲线，反映了非饱和状态下土壤水的数量和能量之间的关系，采用离心法测定。为了便于换算和分析，常将土壤水分特征曲线概括为经验公式。其中 Gardner 和 Visser 提出的幂函数方程具有待定参数较少的优点，在实际应用中比较方便：$\theta=aS^{-b}$。式中：S 为土壤吸力；θ 为土壤质量含水率；a 和 b 为参数。

（3）数据使用方法和建议

本部分数据为水文过程研究、植物水分利用效率以及水文模型的应用提供基础数据支撑。

数据获取方式：http：//dhf. cern. ac. cn/meta/detail/FC06。

（4）数据

具体数据见表 3－38。

表 3－38　2006 年 3 个林土壤水分常数

样地	取样层次/cm	土壤质地	土壤完全持水量/%	土壤田间持水量/%	土壤凋萎含水量/%	土壤孔隙度/%	容重/(g/cm³)	水分特征曲线方程
松林	0～10	重石质、重壤土	45.18	26.10	11.55	39.60	1.52	$\theta(S)=17.947\times S(\theta)^{-0.162\,8}$，$R^2=0.995$
松林	10～20	重石质、重壤土	38.46	25.80	7.68	38.50	1.67	$\theta(S)=13.126\times S(\theta)^{-0.198}$，$R^2=0.988$
松林	20～40	轻石质、重壤土	39.25		9.94		1.55	$\theta(S)=15.576\times S(\theta)^{-0.1657}$，$R^2=0.989\,2$
松林	40～60	轻石质、重壤土	39.66		12.86		1.57	$\theta(S)=18.355\times S(\theta)^{-0.1315}$，$R^2=0.987$
松林	60～80	轻石质、重壤土	39.76		12.46		1.26	$\theta(S)=18.196\times S(\theta)^{-0.1397}$，$R^2=0.989$
针阔Ⅱ号	0～10	中石质、重壤土	53.67	25.30	13.19	42.30	1.15	$\theta(S)=22.918\times S(\theta)^{-0.2039}$，$R^2=0.993$
针阔Ⅱ号	10～20	中石质、重壤土	49.61	26.50	12.90	39.20	1.32	$\theta(S)=21.353\times S(\theta)^{-0.186\,2}$，$R^2=0.985$
针阔Ⅱ号	20～40	重石质、重壤土	47.68		14.35		1.18	$\theta(S)=22.003\times S(\theta)^{-0.157\,9}$，$R^2=0.983$
针阔Ⅱ号	40～60	重石质、重壤土	44.49		14.78		1.40	$\theta(S)=22.113\times S(\theta)^{-0.148\,9}$，$R^2=0.986$
针阔Ⅱ号	60～80	重石质、重壤土	35.28		14.37			$\theta(S)=21.362\times S(\theta)^{-0.146\,3}$，$R^2=0.967$
季风林	0～10	重壤土	59.48	34.60	13.87	56.30	0.94	$\theta(S)=22.081\times S(\theta)^{-0.171\,7}$，$R^2=0.992$
季风林	10～20	轻黏土	50.18	32.80	15.04	53.80	1.28	$\theta(S)=23.283\times S(\theta)^{-0.161\,3}$，$R^2=0.998\,6$
季风林	20～40	轻石质、轻黏土	49.58		15.53		1.27	$\theta(S)=22.807\times S(\theta)^{-0.142}$，$R^2=0.987$
季风林	40～60	轻石质、轻黏土	44.72		13.99		1.56	$\theta(S)=20.608\times S(\theta)^{-0.143}$，$R^2=0.987$
季风林	60～80	重石质、重壤土	40.25		12.62		1.29	$\theta(S)=19.08\times S(\theta)^{-0.152\,5}$，$R^2=0.989$

注：R^2 为决定系数。

3.3.5　蒸发量

（1）概述

蒸发量是指在一定时段内，水分经蒸发而逸散到大气中的量，通常用消耗掉水层厚度的毫米数来表示（周国逸，1997）。2000 年开始，通过 E601 型水面蒸发器进行人工观测，期间虽有增加自动观测，但仪器经常损坏，数据不连续。蒸发量数据单位为 mm；小数位数为 1。数据产品频率为月合计。

（2）数据采集和处理方法

用直径为 20 cm 的雨量杯装 10 mm 高度的水，倒在直径同为 20 cm 的蒸发皿内，每天 20：00，把剩余的水倒出雨量杯测量余量，记录高度后，再装 10 mm 水倒回蒸发皿，作为第二天的起测点，并及时把器皿清理干净。蒸发量＝降水量＋10－余量，单位均为 mm。

（3）数据质量控制和评估

对比逐日水面蒸发量与逐日降水量，对突出偏大、偏小确属不合理的水面蒸发量，参照有关因素予以改正。

与气象场水气压力差、风速的日平均值对照。水气压力差与风速愈大，则水面蒸发量愈大。质控后的日蒸发量数据累加形成月数据。

（4）数据使用方法和建议

水面蒸发是水文循环的一个重要环节，是研究陆面蒸发的基本参数，为水资源评价、水文模型和地气能量交换过程研究提供重要的参考资料。人工观测时统一器皿、统一规范，适合联网观测对比。

日数据获取方式：http：//dhf. cern. ac. cn/meta/detail/FC07。

（5）数据

具体数据见表 3－39。

表 3－39　2000—2016 年气象场人工水面蒸发量

单位：mm

年份	月份												年合计
	1	2	3	4	5	6	7	8	9	10	11	12	
2000	31.5	34.0	42.5	46.3	56.9	73.3	71.0	71.0	73.7	70.2	49.8	41.4	661.6
2001	24.9	35.6	46.4	25.1	59.2	46.9	67.5	58.4	74.0	70.1	60.7	29.2	598.0
2002	33.5	36.0	47.4	89.7	118.1	117.1	104.0	111.3	81.3	86.9	74.4	39.2	938.9
2003	52.5	35.7	42.9	67.8	103.5	88.0	173.0	127.9	100.8	112.1	76.4	80.7	1 061.3
2004	45.1	49.0	48.8	75.0	95.6	117.7	105.9	102.2	110.9	117.7	76.6	66.5	1 011.0
2005	42.4	23.2	42.2	55.0	83.1	89.4	143.1	133.8	125.7	155.0	119.6	94.2	1 106.7
2006	66.3	51.7	47.0	66.5	79.3	96.3	128.7	133.6	119.5	112.6	90.3	90.2	1 082.0
2007	70.4	55.4	43.3	68.2	128.0	127.1	182.5	136.4	121.4	140.0	109.8	63.8	1 246.3
2008	60.6	46.9	69.6	56.4	74.8	74.3	140.7	151.8	148.0	112.7	99.2	89.1	1 124.1
2009	83.4	77.7	43.4	72.9	98.2	103.8	143.7	154.3	142.7	138.2	91.9	57.1	1 207.3
2010	35.6	37.8	72.3	32.5	68.4	65.9	155.8	143.4	95.6	125.1	119.5	79.2	1 030.9
2011	66.7	63.8	71.5	130.6	107.3	118.9	145.1	184.0	141.2	106.5	100.9	101.4	1 337.8
2012	35.8	44.4	58.5	71.1	117.4	109.8	147.0	158.3	145.5	151.1	64.3	53.6	1 156.8
2013	61.7	48.9	60.5	54.0	81.7	112.2	94.9	96.2	115.8	138.6	79.9	72.4	1 016.8
2014	80.7	41.8	50.4	53.8	66.7	116.1	140.5	129.8	122.4	134.9	74.4	75.1	1 086.7
2015	69.4	50.9	40.5	115.9	69.0	135.6	128.6	137.5	112.6	108.1	67.4	39.8	1 075.3
2016	29.6	58.6	46.6	51.3	87.7	97.2	141.4	99.3	128.4	118.0	54.4	80.3	992.8

3.3.6 地下水位

（1）概述

一般称存在于地下并在地层间隙内呈饱和状态的水为地下水，地下水位通常指地下水面相对于基准面的高程（周国逸，1997）。1号旧井地下水位从1999年4月12日起测，2011年起增加3个井（2号新井、3号宿舍区、4号濒危园）；从2018年9月开始，地下水位的旧井采用CERN统一的压力式传感器自动观测，10 min测定1次换算为每天1个数据。

地下井附近代表的植被为针阔叶混交林，地下水位观测井代码为DHFFZ13CDX。地下水埋深单位为m，小数位数2。

（2）数据采集和处理方法

人工观测，用钢卷尺直接测量地面到地下水面的距离。1999年开始观测时，没有定时观测，数据缺失较多；2002年3月开始固定每5 d 1次。

本部分数据为根据质控后的数据按4个观测点分别计算的月平均值，同时标明样本数及标准差。

（3）数据质量控制和评估

多年数据比对，查看原始数据修正异常值。通过统计发现1号井的观测数据自2007年起突然变少，原因不明；3号井的地下水位在2013年10月至2017年12月期间固定在0.15 m，2018年又有变化。

（4）数据使用方法和建议

地下水位反映了地下水的运动状态，地下水位长期联网观测是了解某一区域地下水动态和水文循环过程以及水资源状况的必要手段。

日数据获取方式：http：//dhf. cern. ac. cn/meta/detail/FC04。

（5）数据

具体数据见表3-40。

表3-40 1999—2016年4个井地下水位月平均数据集

日期（年-月）	井号	地下水埋深/m	样本数	标准差	日期（年-月）	井号	地下水埋深/m	样本数	标准差
1999-04	1	2.47	11	0.15	2000-06	1	2.32	8	0.15
1999-05	1	2.28	7	0.17	2000-07	1	2.10	7	0.30
1999-06	1	2.33	7	0.22	2000-08	1	2.13	4	0.09
1999-07	1	2.18	10	0.22	2000-09	1	2.28	5	0.05
1999-08	1	2.08	9	0.21	2000-10	1	2.40	1	
1999-09	1	2.21	8	0.16	2001-03	1	2.20	2	0.05
1999-10	1	2.49	7	0.15	2001-04	1	2.07	3	0.10
1999-11	1	2.65	8	0.07	2001-05	1	1.93	3	0.10
1999-12	1	2.79	8	0.03	2001-06	1	1.85	2	0.24
2000-01	1	2.75	7	0.15	2001-07	1	1.60	3	0.21
2000-02	1	2.06	8	0.07	2001-08	1	2.10	3	0.30
2000-03	1	2.22	8	0.27	2001-09	1	2.12	3	0.09
2000-04	1	2.27	7	0.11	2001-10	1	2.19	3	0.07
2000-05	1	2.25	8	0.19	2001-11	1	2.44	3	0.04

（续）

日期（年-月）	井号	地下水埋深/m	样本数	标准差	日期（年-月）	井号	地下水埋深/m	样本数	标准差
2001-12	1	2.31	3	0.14	2005-02	1	2.31	6	0.06
2002-01	1	2.36	3	0.10	2005-03	1	2.33	6	0.12
2002-02	1	2.36	3	0.06	2005-04	1	1.79	6	0.26
2002-03	1	2.23	4	0.23	2005-05	1	1.27	6	0.35
2002-04	1	2.43	6	0.07	2005-06	1	1.05	6	0.20
2002-05	1	2.44	6	0.06	2005-07	1	1.68	6	0.42
2002-06	1	2.23	6	0.22	2005-08	1	1.88	6	0.18
2002-07	1	1.90	6	0.44	2005-09	1	2.03	6	0.35
2002-08	1	1.78	6	0.30	2005-10	1	2.74	6	0.40
2002-09	1	1.87	6	0.23	2005-11	1	3.33	6	0.09
2002-10	1	1.97	6	0.08	2005-12	1	3.58	6	0.03
2002-11	1	2.10	6	0.16	2006-01	1	2.86	6	0.39
2002-12	1	2.12	6	0.17	2006-02	1	2.42	5	0.13
2003-01	1	2.24	6	0.27	2006-03	1	2.34	6	0.08
2003-02	1	2.03	6	0.44	2006-04	1	2.22	6	0.15
2003-03	1	2.26	6	0.21	2006-05	1	1.71	6	0.34
2003-04	1	2.12	6	0.15	2006-06	1	1.70	6	0.21
2003-05	1	2.33	6	0.10	2006-07	1	2.12	6	0.24
2003-06	1	1.86	5	0.48	2006-08	1	1.76	6	0.19
2003-07	1	2.22	6	0.13	2006-09	1	2.22	6	0.15
2003-08	1	1.76	6	0.41	2006-10	1	2.39	6	0.08
2003-09	1	1.73	6	0.24	2006-11	1	2.48	6	0.06
2003-10	1	2.16	6	0.08	2006-12	1	2.41	6	0.11
2003-11	1	2.35	6	0.04	2007-01	1	2.16	6	0.32
2003-12	1	2.47	6	0.07	2007-02	1	2.16	6	0.16
2004-01	1	2.57	6	0.05	2007-03	1	2.33	6	0.04
2004-02	1	2.30	6	0.22	2007-04	1	1.91	6	0.64
2004-03	1	2.44	6	0.28	2007-05	1	1.19	5	0.11
2004-04	1	1.89	6	0.27	2007-06	1	1.02	6	0.04
2004-05	1	1.76	6	0.63	2007-07	1	1.08	6	0.22
2004-06	1	2.02	6	0.14	2007-08	1	1.12	6	0.14
2004-07	1	1.54	6	0.32	2007-09	1	1.76	6	0.06
2004-08	1	2.13	6	0.22	2007-10	1	1.88	6	0.12
2004-09	1	2.20	6	0.20	2007-11	1	2.17	6	0.07
2004-10	1	2.33	6	0.17	2007-12	1	2.35	6	0.03
2004-11	1	2.21	6	0.04	2008-01	1	2.32	6	0.08
2004-12	1	2.43	6	0.09	2008-02	1	2.20	6	0.05
2005-01	1	2.55	6	0.18	2008-03	1	2.16	6	0.11

（续）

日期（年-月）	井号	地下水埋深/m	样本数	标准差	日期（年-月）	井号	地下水埋深/m	样本数	标准差
2008-04	1	1.58	6	0.13	2011-06	1	1.72	6	0.35
2008-05	1	1.58	5	0.05	2011-07	1	1.77	6	0.18
2008-06	1	1.40	6	0.07	2011-08	1	2.06	6	0.17
2008-07	1	1.45	6	0.09	2011-09	1	1.97	6	0.43
2008-08	1	1.60	6	0.03	2011-10	1	1.63	5	0.23
2008-09	1	1.68	6	0.07	2011-11	1	1.97	5	0.34
2008-10	1	1.67	6	0.02	2011-12	1	2.23	6	0.06
2008-11	1	1.81	6	0.13	2012-01	1	1.99	6	0.23
2008-12	1	2.23	6	0.23	2012-02	1	1.90	6	0.23
2009-01	1	2.38	6	0.03	2012-03	1	1.79	6	0.16
2009-02	1	2.31	5	0.04	2012-04	1	1.51	6	0.11
2009-03	1	2.00	6	0.13	2012-05	1	1.39	6	0.14
2009-04	1	1.85	6	0.15	2012-06	1	1.70	6	0.30
2009-05	1	1.75	6	0.13	2012-07	1	1.74	6	0.22
2009-06	1	1.48	6	0.03	2012-08	1	1.82	6	0.12
2009-07	1	1.47	6	0.04	2012-09	1	1.67	6	0.23
2009-08	1	1.51	6	0.06	2012-10	1	2.06	6	0.17
2009-09	1	1.61	6	0.02	2012-11	1	1.85	6	0.14
2009-10	1	1.73	6	0.05	2012-12	1	1.87	6	0.11
2009-11	1	1.78	6	0.02	2013-01	1	2.01	6	0.04
2009-12	1	1.79	6	0.06	2013-02	1	1.96	6	0.08
2010-01	1	1.81	6	0.06	2013-03	1	1.91	6	0.39
2010-02	1	1.81	5	0.07	2013-04	1	1.34	6	0.23
2010-03	1	1.73	6	0.04	2013-05	1	1.39	6	0.08
2010-04	1	1.67	6	0.05	2013-06	1	1.45	6	0.15
2010-05	1	1.60	6	0.08	2013-07	1	1.47	6	0.19
2010-06	1	1.54	6	0.09	2013-08	1	1.34	6	0.24
2010-07	1	1.75	6	0.06	2013-09	1	1.68	6	0.32
2010-08	1	1.65	6	0.07	2013-10	1	2.13	6	0.05
2010-09	1	1.63	6	0.03	2013-11	1	1.96	6	0.26
2010-10	1	1.76	6	0.05	2013-12	1	1.76	6	0.32
2010-11	1	1.97	6	0.06	2014-01	1	1.92	6	0.21
2010-12	1	1.61	6	0.23	2014-02	1	1.95	6	0.12
2011-01	1	2.12	6	0.40	2014-03	1	1.86	6	0.36
2011-02	1	2.33	6	0.17	2014-04	1	1.53	6	0.25
2011-03	1	1.87	6	0.30	2014-05	1	1.31	6	0.20
2011-04	1	2.27	6	0.08	2014-06	1	1.55	6	0.16
2011-05	1	1.81	6	0.30	2014-07	1	1.85	6	0.23

（续）

日期（年-月）	井号	地下水埋深/m	样本数	标准差	日期（年-月）	井号	地下水埋深/m	样本数	标准差
2014-08	1	1.53	6	0.16	2011-10	2	1.50	5	0.34
2014-09	1	1.91	6	0.25	2011-11	2	1.77	5	0.47
2014-10	1	2.13	6	0.10	2011-12	2	2.05	6	0.14
2014-11	1	2.16	6	0.09	2012-01	2	1.65	6	0.33
2014-12	1	2.17	6	0.07	2012-02	2	1.49	6	0.22
2015-01	1	1.88	6	0.25	2012-03	2	1.32	6	0.22
2015-02	1	1.85	6	0.15	2012-04	2	1.19	6	0.16
2015-03	1	1.86	6	0.09	2012-05	2	1.07	6	0.23
2015-04	1	2.03	6	0.12	2012-06	2	1.56	6	0.34
2015-05	1	1.47	6	0.10	2012-07	2	1.44	6	0.25
2015-06	1	1.72	6	0.20	2012-08	2	1.36	6	0.13
2015-07	1	1.53	6	0.23	2012-09	2	1.43	6	0.22
2015-08	1	1.47	6	0.10	2012-10	2	1.81	6	0.22
2015-09	1	1.99	6	0.08	2012-11	2	1.58	6	0.24
2015-10	1	1.65	6	0.41	2012-12	2	1.69	6	0.06
2015-11	1	1.89	6	0.21	2013-01	2	1.70	6	0.17
2015-12	1	1.80	6	0.10	2013-02	2	1.78	6	0.08
2016-01	1	1.65	6	0.14	2013-03	2	1.77	6	0.46
2016-02	1	1.73	6	0.16	2013-04	2	0.99	6	0.20
2016-03	1	1.59	6	0.21	2013-05	2	0.92	6	0.27
2016-04	1	1.42	6	0.11	2013-06	2	1.00	6	0.28
2016-05	1	1.67	6	0.19	2013-07	2	0.99	6	0.26
2016-06	1	1.65	6	0.11	2013-08	2	1.07	6	0.23
2016-07	1	1.61	6	0.25	2013-09	2	1.25	6	0.25
2016-08	1	1.67	6	0.20	2013-10	2	1.97	6	0.23
2016-09	1	1.96	6	0.17	2013-11	2	1.56	6	0.40
2016-10	1	2.09	6	0.08	2013-12	2	1.45	6	0.42
2016-11	1	2.09	6	0.06	2014-01	2	1.25	6	0.24
2016-12	1	2.03	6	0.13	2014-02	2	1.28	6	0.16
2011-01	2	2.16	6	0.28	2014-03	2	1.31	6	0.36
2011-02	2	2.12	6	0.37	2014-04	2	1.21	6	0.45
2011-03	2	2.06	6	0.38	2014-05	2	0.86	6	0.10
2011-04	2	2.46	6	0.13	2014-06	2	0.99	6	0.08
2011-05	2	1.70	6	0.52	2014-07	2	1.07	6	0.20
2011-06	2	1.76	6	0.40	2014-08	2	1.03	6	0.14
2011-07	2	1.58	6	0.15	2014-09	2	1.66	6	0.40
2011-08	2	1.99	6	0.33	2014-10	2	2.15	6	0.11
2011-09	2	1.83	6	0.60	2014-11	2	2.08	6	0.13

（续）

日期（年-月）	井号	地下水埋深/m	样本数	标准差	日期（年-月）	井号	地下水埋深/m	样本数	标准差
2014-12	2	2.31	6	0.18	2012-02	3	0.38	6	0.05
2015-01	2	1.79	6	0.37	2012-03	3	0.46	6	0.05
2015-02	2	1.45	6	0.20	2012-04	3	0.27	6	0.05
2015-03	2	1.85	6	0.07	2012-05	3	0.24	6	0.05
2015-04	2	2.00	6	0.17	2012-06	3	0.24	6	0.05
2015-05	2	1.14	6	0.20	2012-07	3	0.22	6	0.02
2015-06	2	1.24	6	0.20	2012-08	3	0.19	6	0.01
2015-07	2	1.33	6	0.08	2012-09	3	0.18	6	0.02
2015-08	2	1.26	6	0.19	2012-10	3	0.27	6	0.05
2015-09	2	1.94	6	0.08	2012-11	3	0.27	6	0.02
2015-10	2	1.60	6	0.41	2012-12	3	0.28	6	0.01
2015-11	2	1.89	6	0.28	2013-01	3	0.23	6	0.03
2015-12	2	1.62	6	0.14	2013-02	3	0.31	6	0.01
2016-01	2	1.42	6	0.11	2013-03	3	0.27	6	0.06
2016-02	2	1.56	6	0.21	2013-04	3	0.18	6	0.01
2016-03	2	1.43	6	0.20	2013-05	3	0.18	6	0.02
2016-04	2	1.20	6	0.16	2013-06	3	0.15	6	0.01
2016-05	2	1.33	6	0.19	2013-07	3	0.15	6	0.01
2016-06	2	1.36	6	0.12	2013-08	3	0.15	6	0.01
2016-07	2	1.36	6	0.24	2013-09	3	0.15	6	0.00
2016-08	2	1.39	6	0.32	2013-10	3	0.16	6	0.01
2016-09	2	1.75	6	0.15	2013-11	3	0.15	6	0.00
2016-10	2	1.88	6	0.06	2013-12	3	0.15	6	0.00
2016-11	2	1.90	6	0.07	2014-01	3	0.15	6	0.00
2016-12	2	1.85	6	0.20	2014-02	3	0.15	6	0.00
2011-01	3	0.40	6	0.02	2014-03	3	0.15	6	0.00
2011-02	3	0.41	6	0.07	2014-04	3	0.15	6	0.00
2011-03	3	0.45	6	0.04	2014-05	3	0.15	6	0.00
2011-04	3	0.52	6	0.01	2014-06	3	0.15	6	0.00
2011-05	3	0.45	6	0.04	2014-07	3	0.15	6	0.00
2011-06	3	0.40	6	0.05	2014-08	3	0.15	6	0.00
2011-07	3	0.31	6	0.05	2014-09	3	0.15	6	0.00
2011-08	3	0.32	6	0.05	2014-10	3	0.15	6	0.00
2011-09	3	0.38	6	0.08	2014-11	3	0.15	6	0.00
2011-10	3	0.24	5	0.07	2014-12	3	0.15	6	0.00
2011-11	3	0.37	5	0.09	2015-01	3	0.15	6	0.00
2011-12	3	0.36	6	0.03	2015-02	3	0.15	6	0.00
2012-01	3	0.38	6	0.02	2015-03	3	0.15	6	0.00

（续）

日期（年-月）	井号	地下水埋深/m	样本数	标准差	日期（年-月）	井号	地下水埋深/m	样本数	标准差
2015-04	3	0.15	6	0.00	2012-06	4	2.33	6	0.63
2015-05	3	0.15	6	0.00	2012-07	4	2.53	6	0.22
2015-06	3	0.15	6	0.00	2012-08	4	3.26	6	0.20
2015-07	3	0.15	6	0.00	2012-09	4	2.83	6	0.11
2015-08	3	0.15	6	0.00	2012-10	4	3.23	6	0.52
2015-09	3	0.15	6	0.00	2012-11	4	3.39	6	0.14
2015-10	3	0.15	6	0.00	2012-12	4	2.71	6	0.16
2015-11	3	0.15	6	0.00	2013-01	4	3.21	6	0.06
2015-12	3	0.15	6	0.00	2013-02	4	3.56	6	0.14
2016-01	3	0.15	6	0.00	2013-03	4	2.98	6	1.01
2016-02	3	0.15	6	0.00	2013-04	4	2.02	6	0.76
2016-03	3	0.15	6	0.00	2013-05	4	2.79	6	0.48
2016-04	3	0.15	6	0.00	2013-06	4	2.53	6	0.42
2016-05	3	0.15	6	0.00	2013-07	4	2.41	6	0.79
2016-06	3	0.15	6	0.00	2013-08	4	2.61	6	0.73
2016-07	3	0.15	6	0.00	2013-09	4	2.97	6	0.59
2016-08	3	0.15	6	0.00	2013-10	4	3.25	6	0.30
2016-09	3	0.15	6	0.00	2013-11	4	3.27	6	0.26
2016-10	3	0.15	6	0.00	2013-12	4	3.12	6	0.58
2016-11	3	0.15	6	0.00	2014-01	4	2.93	6	0.87
2016-12	3	0.15	6	0.00	2014-02	4	3.24	6	0.35
2011-01	4	2.28	6	0.60	2014-03	4	3.04	6	0.98
2011-02	4	2.61	6	0.55	2014-04	4	3.03	6	0.50
2011-03	4	2.72	6	0.69	2014-05	4	2.88	6	0.31
2011-04	4	2.93	6	0.94	2014-06	4	3.05	6	0.42
2011-05	4	2.96	6	0.93	2014-07	4	2.55	6	0.86
2011-06	4	2.61	6	0.41	2014-08	4	2.82	6	0.56
2011-07	4	3.23	6	0.35	2014-09	4	3.19	6	0.19
2011-08	4	3.16	6	0.51	2014-10	4	3.05	6	0.56
2011-09	4	2.67	6	0.83	2014-11	4	3.32	6	0.55
2011-10	4	1.76	5	0.67	2014-12	4	3.19	6	0.21
2011-11	4	2.02	5	0.63	2015-01	4	3.35	6	0.44
2011-12	4	2.35	6	0.32	2015-02	4	3.29	6	0.18
2012-01	4	2.43	6	0.37	2015-03	4	3.59	6	0.21
2012-02	4	3.01	6	0.75	2015-04	4	3.60	6	0.09
2012-03	4	2.56	6	0.14	2015-05	4	2.60	6	0.66
2012-04	4	2.49	6	0.78	2015-06	4	2.46	6	0.56
2012-05	4	2.30	6	0.29	2015-07	4	2.66	6	0.42

（续）

日期（年-月）	井号	地下水埋深/m	样本数	标准差	日期（年-月）	井号	地下水埋深/m	样本数	标准差
2015-08	4	2.56	6	0.43	2016-05	4	2.11	6	0.11
2015-09	4	3.51	6	0.31	2016-06	4	2.34	6	0.16
2015-10	4	2.11	6	0.56	2016-07	4	2.22	6	0.26
2015-11	4	2.61	6	0.33	2016-08	4	2.19	6	0.25
2015-12	4	2.68	6	0.28	2016-09	4	2.23	6	0.12
2016-01	4	2.81	6	0.24	2016-10	4	2.57	6	0.29
2016-02	4	2.41	6	0.29	2016-11	4	2.78	6	0.17
2016-03	4	2.53	6	0.30	2016-12	4	3.06	6	0.09
2016-04	4	2.39	6	0.26					

注：1～4 分别代表 4 个井，4 个井的地面高程分别是 25、25、22、34 m。

3.3.7 地表径流

（1）概述

地表径流属于整个径流的一部分，也可称为暴雨径流或快速径流（周国逸，1997）。鼎湖山站有两个集水区径流场，分别是 1999 年起测的季风林集水区径流场（DHFZH01CRJ）和 2000 年 3 月 22 日起测的东沟集水区径流场（DHFFZ12CTJ）。

（2）数据采集和处理方法

利用沟道观测集水区径流场，2018 年 9 月前，每天早上人工更换自记水位计的记录纸，通过查三角堰流量表换算实测地表径流量数据（m^3），再根据以下公式计算每日径流量（mm）。从 2018 年 9 月开始改用自动水位计每 10 min 测定 1 次，将每天的数据汇总，计算出每日实测地表径流量数据，单位为 mm，小数位数 2。每日径流量（mm）＝0.1×实测地表径流（m^3）/集水区面积（hm^2）。

（3）数据质量控制和评估

核对记录纸、查证计算公式。本部分数据为日数据累加成的月、年数据。

（4）数据使用方法和建议

地表径流是生态系统水文循环的主要分量，是水文循环监测的重要部分。

日数据获取方式：http：//dhf. cern. ac. cn/meta/detail/FC09。

（5）数据

具体数据见表 3-41。

表 3-41 1999—2016 年 2 个集水区森林生态系统地表径流量月统计表

单位：mm

样地代码	年份	月份												年合计
		1	2	3	4	5	6	7	8	9	10	11	12	
DHFZH01CRJ	1999	1.47	1.37	1.47	2.26	10.53	32.17	51.79	52.16	25.30	5.99	1.54	1.84	187.88
	2001	5.04	5.07	2.78	70.38	70.31	124.98	368.74	78.80	228.39	9.05	1.24	2.67	967.44
	2002	0.79	0.39	0.61	0.62	1.08	16.83	185.74	419.63					625.70
	2003									88.26	4.06	5.82	5.51	103.65

（续）

样地代码	年份	月份												年合计
		1	2	3	4	5	6	7	8	9	10	11	12	
DHFZH01CRJ	2004	5.82	3.52	12.23	28.33	97.33	3.09	41.41	50.81	9.44	2.57	2.28	0.75	257.58
	2005	0.79	0.78	0.60	2.17	127.09	87.36	46.07	92.21	362.89	4.06	3.83	1.23	729.08
	2006	0.60	0.76	4.73	2.63	131.16	109.25	250.89	145.33	18.89	6.05	3.68	3.04	677.01
	2007	0.64	0.69	2.47	28.98	23.63	57.39	55.10	19.18	16.67	2.15	1.06	0.58	208.55
	2008	0.96	3.94	2.73	22.71	245.17	1460.54	599.30	93.14	42.24	26.27	63.82	0.90	2561.72
	2009	0.25	0.19	9.23	33.69	324.81	237.65	43.60	368.05	35.28	6.96	12.39	3.14	1075.22
	2010	6.39	5.77	4.09	56.72	166.96	281.50	131.99	26.93	174.23	15.11	1.96	1.02	872.69
	2011	0.29	1.51	1.15	0.55	8.61	50.41	24.65	1.95	3.52	41.76	3.99	0.96	139.31
	2012	2.49	1.72	12.75	98.89	31.31	72.36	119.20	40.60	27.88	5.69	14.75	17.62	445.26
	2013	0.22	0.09	22.46	64.53	46.07	40.52	43.76	206.88	77.19	8.86	10.47	50.71	571.76
	2014	2.11	1.49	63.41	58.80	119.03	88.38	41.77	64.08	48.22	3.45	3.77	0.64	495.14
	2015	0.90	0.13	0.75	0.47	163.88	69.30	52.73	21.55	67.76	88.82	8.43	33.42	508.13
	2016	97.66	27.20	73.15	70.96	98.98	87.24	311.53	245.27	24.11	57.71	65.35	10.83	1169.98
DHFFZ12CTJ	2000				47.65	83.29	56.56	158.72	103.44	59.73	56.22	45.12	29.79	643.27
	2001	33.62	36.25	29.24	85.20	119.48	230.69	403.24	107.23	308.09	148.30	77.65	90.79	1669.78
	2002	69.11	52.78	57.79	84.39	65.32	54.81	143.45	287.59	112.82	176.96	57.26	46.63	1208.91
	2003	39.38	30.31	39.79	82.50	88.64	130.36	58.53	125.00	235.64	45.77	23.61	19.94	919.47
	2004	17.48	18.86	26.02	84.07	200.87	40.27	83.18	154.63	85.10	22.91	20.35	16.93	770.67
	2005	9.43	8.67	12.55	24.55	153.88	217.11	166.12	223.50	297.98	24.01	12.70	10.64	1161.13
	2006	10.53	10.33	22.00	21.24	154.67	289.61	179.57	310.52	75.82	34.42	27.84	19.67	1156.23
	2007	16.25	21.88	21.67	48.54	53.59	98.77	107.01	67.30	58.30	17.48	13.80	18.10	542.68
	2008	13.49	25.82	34.54	48.63	174.92	287.60	133.64	139.10	95.60	61.79	20.51	14.79	1050.45
	2009	10.62	9.23	34.81	48.13	103.31	100.14	53.73	104.53	44.06	30.24	20.68	22.96	582.42
	2010	22.95	22.68	24.79	75.55	162.46	188.92	95.15	65.77	175.82	66.18	18.73	18.88	937.87
	2011	8.20	11.98	16.55	18.32	36.13	83.08	55.17	22.70	17.27	70.80	17.50	10.74	368.46
	2012	10.28	8.86	14.98	127.53	102.29	128.81	194.81	103.08	61.24	31.50	43.14	42.55	869.07
	2013	13.78	12.45	37.92	93.22	95.69	73.14	84.17	171.94	124.50	29.86	38.85	87.43	862.95
	2014	24.07	16.25	46.30	95.90	158.21	102.61	84.42	106.55	79.18	27.83	25.50	15.14	781.97
	2015	14.23	9.90	12.27	11.91	103.98	80.62	94.35	57.01	71.27	94.08	27.99	39.02	616.63
	2016	108.94	69.41	72.17	85.42	104.09	118.94	206.15	262.50	66.99	72.10	103.08	52.47	1322.25

注：DHFZH01CRJ 代表的是鼎湖山站综合观测场季风表径流观测场，2002 年 8 月只有 1—20 日数据，空白的为集水区于 2002 年 8 月 21 日遭泥石流冲垮无观测，于 2003 年 9 月 1 日恢复观测，2008 年 6—7 月数据可能由于样地上方有土建工程，导致水量特别大，需综合考虑使用；DHFFZ12CTJ 代表的是鼎湖山站东沟天然径流观测场，2000 年 3 月 22 日开始观测。

3.3.8 枯枝落叶含水量

（1）概述

枯枝落叶含水量是表征森林生态系统枯枝落叶层持水能力的重要指标，自1999年开始在鼎湖山松林、针阔Ⅰ号、针阔Ⅱ号和季风林各样地中进行1次/月的采样测定，单位为%，小数位数1。

（2）数据采集和处理方法

每月中旬监测人员在没有降雨的天气条件下采集1次样品，具体方法是在各林分样地附近冠层结构比较均匀的下方随机设置3个1 m×1 m样方，取样时，将小样方内所有的枯枝落叶都收集起来，去除夹杂的土壤后用透明不透气的封口胶袋包好，给每一个样品编号并记录采样时间、采样者、样方面积和位置信息。所有样品采集完成后带回实验室用百分之一电子天平（CP2102，奥豪斯仪器有限公司，美国）在1h内称重并记录鲜重，然后用烘箱在105 ℃下将样品烘干至恒重，冷却后再称重，得样品干重。枯枝落叶含水量百分比为鲜重和干重差值占干重的比值，3个重复的平均值代表每个样地的月均枯枝落叶含水量。

根据质控后的数据分别计算不同样地的月平均数据，作为本部分数据的结果数据。1999年和2001年的原始数据缺失，无法确定测定的数据表示干重含水率还是鲜重含水率，故选用2002年以后的数据，其中针阔Ⅱ号枯枝落叶含水量数据是从2011年开始测定，针阔Ⅰ号的相应数据在2011年1—4月期间停测了4个月。

（3）数据质量控制和评估

台站管理人员和监测人员依据CERN监测规范并参照台站实际情况共同拟定有针对性的长期观测质量管理手册，严格把关样地设置、野外观测和采样、观测数据记录与整理等操作规范和实施细则，全方位保证观测数据质量（刘佩伶等，2021b）。在样品收集过程中，通过使用不透气的收集袋、控制运输时长等方式减少水分散失造成的测量误差；原始数据记录时要备注测量人员和测量时间方便日后查验。另外，鼎湖山站所在地区的降水量季节分配严重不均，全年降雨特性复杂，每月固定时期采样得到的测量结果受天气变化影响，使用该数据集时可结合当地的气象数据综合分析。

（4）数据使用方法和建议

枯枝落叶层是森林水文过程的重要界面，其生态水文作用表现的形式和内容较多，除了能截持降水，更有吸收和阻延地表径流、抑制土壤蒸发、改善土壤性质、增加降水入渗、增强土壤抗冲击能力和蓄水减沙的功能。枯落物含水量作为森林生态系统水文循环中的重要分量之一，在森林生态系统地表界面的土壤蒸发、水分下渗、产流等水文过程起关键作用。因此，枯枝落叶层含水率的长期监测具有重要意义。

原始数据获取方式：http：//dhf. cern. ac. cn/meta/detail/FC12。

（5）数据

具体数据见表3-42。

表3-42 2002—2016年4个林枯枝落叶含水量

单位：%

样地名称	年份	月份											
		1	2	3	4	5	6	7	8	9	10	11	12
松林	2002			70.9	33.7	13.2	62.8	195.8	101.5	206.3	138.6	43.0	101.5
	2003	26.3	25.9	67.2	40.5	64.9	119.5	95.0	127.9	45.6	12.4	129.8	22.2
	2004	19.7	28.0	130.2	91.9	107.7	59.8	118.7	19.3	55.3	15.4	124.7	9.8
	2005	23.4	49.2	160.9	91.2	104.4	143.7	17.0	106.1	41.9	17.1	53.7	16.4

（续）

样地名称	年份	月份											
		1	2	3	4	5	6	7	8	9	10	11	12
松林	2006	12.5	22.0	92.9	110.4	28.5	49.3	90.8	104.4	43.3	23.8	63.6	58.2
	2007	14.4	25.3	131.0	94.2	23.2	22.1	11.0	97.5	20.4	18.7	11.0	16.5
	2008	12.1	76.0	128.4	24.9	62.3	217.2	189.9	54.4	38.6	96.9	31.8	7.8
	2009	10.5	17.6	33.6	71.3	58.0	134.1	128.1	53.1	74.0	43.9	55.9	38.5
	2010	73.7	115.3	90.6	106.5	111.5	80.7	100.7	83.8	135.9	38.7	7.6	12.9
	2011	17.9	74.8	139.0	52.1	79.0	130.9	106.1	29.4	35.0	109.1	34.8	16.0
	2012	96.1	30.3	152.3	72.2	50.9	75.0	53.3	55.8	47.4	31.1	41.6	47.6
	2013	35.2	110.0	23.4	37.0	122.0	133.1	125.9	122.4	31.0	24.0	121.6	99.2
	2014	20.1	58.4	70.8	124.2	115.9	46.9	131.6	113.9	40.2	21.3	100.5	19.1
	2015	41.0	22.3	89.6	44.1	75.1	129.8	35.4	48.2	48.0	45.9	69.0	138.9
	2016	102.5	27.6	67.8	96.7	90.6	106.8	83.7	138.7	53.1	34.6	71.4	31.7
针阔Ⅰ号	2002			100.7	20.1	16.4	41.7	210.8	75.3	107.2	52.0	49.6	35.6
	2003	18.0	44.9	61.7	55.0	59.8	112.5	32.3	119.4	35.5	14.4	65.3	23.7
	2004	23.2	46.6	108.0	53.0	171.9	91.3	147.1	30.5	22.4	20.7	55.2	9.6
	2005	30.9	51.3	180.6	102.4	70.1	65.2	27.2	114.1	48.2	27.4	45.9	22.9
	2006	12.9	26.5	56.9	63.5	36.4	52.5	128.6	176.7	47.6	31.7	79.7	56.6
	2007	35.9	65.9	151.4	146.3	34.4	37.9	18.9	114.5	32.4	28.0	14.9	26.2
	2008	35.8	63.8	122.4	46.2	87.4	221.8	185.1	51.6	37.0	124.4	30.7	20.0
	2009	19.3	32.5	63.7	88.5	55.1	148.5	160.2	50.4	138.2	47.1	92.1	61.3
	2010	104.5	91.4	88.0	108.9	113.3	86.9	57.0	72.1	107.1	97.5	23.0	39.3
	2011					161.0	109.1	147.3	28.8	33.2	119.8	29.7	31.4
	2012	88.1	41.0	198.4	88.4	90.2	138.6	51.0	68.0	30.7	29.9	30.1	42.7
	2013	43.7	28.4	31.7	61.6	121.6	64.3	93.8	62.4	57.4	21.9	40.3	92.6
	2014	34.2	107.9	77.7	122.1	95.8	48.8	46.0	46.0	24.3	19.2	33.6	16.8
	2015	37.7	38.0	132.0	29.1	154.4	109.4	39.4	83.0	97.1	60.7	31.0	40.1
	2016	178.4	41.0	80.2	117.7	84.2	100.5	140.8	176.0	43.7	32.0	53.4	35.8
针阔Ⅱ号	2011	62.6	122.9	125.9	45.3	184.1	148.6	130.2	22.8	34.3	122.7	37.2	22.8
	2012	135.2	53.7	228.5	76.9	112.3	83.1	39.2	98.6	39.2	34.6	36.4	47.0
	2013	40.7	44.3	38.8	75.3	108.5	207.3	150.1	159.7	37.4	32.8	160.1	138.7
	2014	28.1	70.4	110.4	107.3	110.9	37.6	137.7	92.8	61.6	19.4	93.6	26.9
	2015	41.0	36.8	151.9	43.8	93.4	109.2	34.1	106.1	46.5	80.4	79.2	131.0
	2016	176.2	43.9	112.2	171.6	106.8	181.2	99.2	190.7	32.8	41.3	74.5	32.2
季风林	2002			114.1	37.9	24.8	86.5	108.2	76.9	139.3	95.3	46.7	49.3
	2003	32.9	77.7	74.4	82.3	45.9	108.5	142.5	148.1	43.9	17.4	70.8	21.7
	2004	25.0	38.9	98.7	34.0	142.6	71.2	127.7	68.6	23.8	29.4	51.6	15.9
	2005	36.1	98.2	194.8	65.8	122.3	124.7	31.6	75.6	57.3	21.2	35.1	36.6
	2006	32.0	32.1	91.2	120.1	36.8	90.9	76.6	91.1	50.2	35.0	82.8	52.6
	2007	34.2	102.1	147.7	157.0	28.8	40.3	13.3	102.6	12.0	26.0	17.7	34.5

（续）

样地名称	年份	月份											
		1	2	3	4	5	6	7	8	9	10	11	12
季风林	2008	35.6	86.5	110.7	52.4	78.7	257.0	219.3	53.6	57.9	56.3	34.6	17.9
	2009	23.4	51.3	50.9	92.8	57.0	154.1	143.4	40.9	100.5	68.1	84.2	58.4
	2010	147.4	140.4	109.7	111.5	142.7	103.9	69.7	76.5	131.0	76.8	23.3	25.4
	2011	34.1	96.6	108.5	53.6	150.5	132.0	144.2	65.8	53.7	129.2	50.5	28.1
	2012	88.9	78.7	218.0	88.4	116.1	121.6	47.9	74.2	50.8	40.3	40.4	57.8
	2013	47.7	38.5	39.7	67.7	144.9	201.1	126.5	149.4	54.1	30.8	150.9	157.8
	2014	48.4	68.0	120.2	127.3	138.9	45.5	107.8	129.0	83.5	36.1	156.3	36.4
	2015	78.6	58.2	206.9	40.4	115.8	130.6	43.4	97.7	50.0	97.7	84.1	140.1
	2016	209.0	50.8	136.7	216.1	140.3	199.8	145.2	234.1	88.1	47.3	72.9	39.8

3.4 气象联网长期观测数据

3.4.1 气象人工观测

（1）概述

首次出版的鼎湖山站气象人工观测数据可作为自动观测数据的有效验证，观测时间始于 2004 年 11 月，数据出版时间段为 2005 年 1 月至 2018 年 12 月。观测要素包括气压（P）、气温（T）、相对湿度（U）、平均风速（F）、地温 0 cm 和定时降水（R），数据来自气象观测场（DHFQX01），样地和设备信息详见 2.2.14。月、年尺度的数据分别在表 3－46 和表 3－47 发布，表 3－48 单独发布降水的月、年、干季（10 月至翌年 3 月）、湿季（4—9 月）统计数据。

每天定时数据获取：http：//dhf. cern. ac. cn/meta/detail/FDD212、FDD222。

（2）数据采集和处理方法

数据观测频率大多为每天 3 次（分别为北京时间 8：00、14：00、20：00）。其中，8：00 至第二天 8：00 观测前 12h 的累计降水量，作为前一天的日降水量；气温、地温指标还统计了最高、最低值。鼎湖山站于 2018 年 4 月开始使用自主研发的手机野外数据采集 App，数据可实时传输到台站综合运营管理系统，工作人员将数据导出到气象站软件即可自动处理生成原始数据表，此外本站还保留人工记录本以供核查。

表 3－43 描述内容包括各观测要素数据获取方法、单位、小数位数、观测层次，以及鼎湖山站统计的该时段数据的日、月均值范围。

表 3－43　人工气象观测要素元数据

指标及代码	数据获取方法	数据单位	小数位数	观测层次	日定点范围值	月均范围值
气压（P）	空盒气压表观测	hPa	1	距地面小于 1 m，海拔高度 100.5 m	898.0～1 021.7	985.9～1 010.8
气温（T）	干球温度表观测	℃	1	1.5 m	0～42.4	9.2～29.8
相对湿度（U）	非结冰期采用干球温度表和湿球温度表观测。按照干、湿球温度表的温度差值查《湿度查算表》获得相对湿度	%	0	1.5 m	15～100	51～91

（续）

指标及代码	数据获取方法	数据单位	小数位数	观测层次	日定点范围值	月均范围值
平均风速（F）	电接风向风速计观测	m/s	1	10 m 风杆	0～11.4	0.7～3.0
地表温度	水银地温表观测	℃	1	地表面 0 cm 处	3.7～5.4	11.3～37.2
定时降水（R）	雨量器	mm	1	距地面高度 70 cm	0～260.9	0～741.9
有效数据	相当于天数	条	0	每个指标	3～4	28～31

注：定时降水 2004 年 11 月 1 日至 2015 年 4 月 7 日只在 20：00 测 1 次，2015 年 4 月 8 日开始测 2 次。

原始数据表中已统计月均值，本部分数据为重新按各指标要求计算的日均值和月均值，并与原月均值复核，有些差别，但未超出阈值的，以重新计算的为准。人工记录除了风速外，基本没有数据缺测的情况，则有效数据为该月自然天数。但定时数据及极值会出现大小不合理的现象，无法一一修正，使用时请参考原始定时数据和自动观测数据（表 3－44）。

表 3－44　人工气象观测要素数据处理方法

指标	数据处理方法
气压	对每日质控后的 3 个时次观测数据进行平均，计算日平均值。再用日均合计值除以日数获得月平均值
气温	①将当天最低气温和前一天 20：00 气温的平均值作为 2：00 的插补气温值，2009 年前的数据中没有自动生成 2：00气温值，已重新计算与校对。若当天最低气温或前一天 20：00 气温也缺测，则 2：00 气温用 8：00 的记录代替。对每日质控后的所有 4 个时次观测数据进行平均，计算日平均值。再用日均合计值除以日数获得月平均值。②日定时气温值的大小关系一般为 2：00 气温＜8：00 气温、8：00 气温＜14：00 气温、14：00 气温＞20：00 气温、最高气温＞14：00 气温、最低气温＜2：00 气温，依据日气温变化规律进行数据计算与校正，若定时数据差值超过 4，则根据前后数据进行零星修改。另外有些明显的输入错误也同步修正
相对湿度	用 8：00 的相对湿度值代替 2：00 的值，然后对每日质控后的 4 个时次观测数据进行平均，计算日平均值
平均风速	对每天质控后的 3 个时次观测数据进行平均，0 表示静风，按照正常数据纳入计算，得出日平均值后，再用日均合计值除以日数获得月平均值。1 d 中定时记录缺测 1 次（空白）或以上时，不做日平均。由于仪器故障，数据主要缺测时间段为 2005 年 7 月，2014 年 1 月至 2015 年 12 月。
地表温度（0 cm）	将当天地面最低温度和前一天 20：00 地表温度的平均值作为 2：00 的地表温度，然后对每天质控后的 4 个时次观测数据进行平均，计算日平均值
降水量	①降水量的日总量由该日降水量各时值累加获得，1 d 中定时记录缺测 1 次，另一定时记录未缺测时，按实有记录做日合计，全天缺测时不做日合计。②月累计降水量由日总量累加而得，1 个月中降水量缺测 7 d 或以上时，该月不做月合计，按缺测处理。有效数据条数为有雨的天数

（3）数据质量控制和评估

具体方法见表 3－45。

表 3－45　人工气象观测要素数据质量控制和评估

指标	数据质量控制和评估
气压	①均不超出气候学界限值域 300～1 100 hPa。②24h 变压的绝对值小于 50 hPa。③与自动站数据对比，人工观测数据较低。其中月均值差距不大（范围在－0.1～11）
气温	①超出气候学界限值域－80～60 ℃的数据为错误数据。②24 h 气温变化范围小于 50 ℃。③与自动站对比，人工观测数据较大。其中月均值差距不大（范围在－5.6～0.27），均没有超出阈值
相对湿度	①相对湿度介于 0～100％。②与自动站对比，人工观测数据较大。其中月均值差距较大（范围在－50～9），部分差别较大的数据未作修改

（续）

指标	数据质量控制和评估
平均风速	均不超出气候学界限值域 0～75 m/s
地表温度（0 cm）	①超出气候学界限值域－90～90 ℃的数据为错误数据。②地表温度 24h 变化范围小于 60 ℃。③与自动站的地表温度 TgO 作对比，差别不大
降水量	①降水量大于 0 mm 或者微量时，应有降水天气现象。无降水为空白；②日降水量以 8：00 为分界，即以 8：00 至次日 8：00 的降水量作为昨日的日降水量。③与鼎湖山站自动观测降水量数据对比，有一定差距。这主要与仪器的精度有较大关系。自动观测仪器精度有待改进。④与邻近的高要气象站的自动观测降水对比，均高于高要站，且有一定差距

（4）数据

具体数据见表 3-46～表 3-48。

表 3-46　2005—2018 年气象场人工观测月统计数据

时间（年-月）	气压/hPa	气温/℃	相对湿度/%	平均风速/（m/s）	地表温度（0 cm）/℃	降水量/mm	月降水天数
2005-01	1 007.9	15.3	69	1.7	16.4	20.7	8
2005-02	1 006.0	14.9	84	1.7	15.5	38.2	14
2005-03	1 006.7	17.1	78	1.7	15.0	112.2	17
2005-04	1 001.9	22.9	81	2.1	23.8	128.6	17
2005-05	995.1	28.9	79	2.1	30.1	341.0	20
2005-06	992.0	29.2	82	1.8	27.8	295.8	19
2005-07	994.2	34.5	71		36.5	172.6	10
2005-08	993.0	30.7	78	1.7	31.9	192.8	18
2005-09	998.1	30.6	73	2.0	32.1	291.2	12
2005-10	1 003.7	30.1	60	1.9	31.9	1.3	1
2005-11	1 005.0	25.2	63	1.9	26.9	13.6	3
2005-12	1 010.0	17.6	51	2.3	19.0	7.0	3
2006-01	1 006.7	17.9	70	1.9	19.1	8.5	5
2006-02	1 007.9	20.3	70	1.8	21.4	118.7	6
2006-03	1 003.2	18.7	78	1.6	19.4	135.3	13
2006-04	999.3	24.8	81	1.9	25.7	79.3	13
2006-05	998.3	26.9	81	1.6	28.0	490.8	21
2006-06	994.4	30.3	84	1.7	31.5	342.8	18
2006-07	991.4	31.4	79	1.9	32.7	358.6	16
2006-08	993.4	31.0	80	1.9	32.2	419.3	12
2006-09	998.3	28.3	73	1.8	29.3	123.5	9
2006-10	1 003.1	27.6	71	1.8	28.0	53.0	7

（续）

时间（年-月）	气压/hPa	气温/℃	相对湿度/%	平均风速/(m/s)	地表温度 (0 cm) /℃	降水量/mm	月降水天数
2006-11	1 004.2	22.3	67	1.9	23.1	69.6	13
2006-12	1 009.6	16.9	60	2.2	17.8	28.2	3
2007-01	1 010.8	15.4	65	2.0	16.2	45.7	6
2007-02	1 005.0	18.9	78	1.6	19.7	57.3	7
2007-03	1 002.9	19.5	85	1.9	20.0	64.3	15
2007-04	1 002.3	22.7	79	2.0	23.4	208.7	17
2007-05	997.2	29.0	71	1.9	30.3	149.0	11
2007-06	993.5	32.4	78	1.7	33.7	271.1	17
2007-07	989.5	35.2	79	0.7	37.2	139.3	10
2007-08	987.7	32.3	85	1.4	33.9	278.1	23
2007-09	991.4	30.3	82	1.1	32.0	170.1	12
2007-10	995.4	27.9	77	1.5	30.0	18.3	4
2007-11	999.2	22.0	60	1.3	24.2	7.4	2
2007-12	999.9	19.3	70	1.1	21.2	13.8	2
2008-01	1 001.9	15.2	77	1.3	17.0	92.8	9
2008-02	1 003.4	12.8	82	1.4	14.2	61.8	10
2008-03	998.2	21.2	83	1.5	23.0	126.5	11
2008-04	995.0	23.7	91	1.5	25.0	189.2	15
2008-05	992.3	26.2	88	1.5	27.7	440.2	21
2008-06	989.5	27.7	90	1.9	29.1	741.9	25
2008-07	989.1	30.6	84	3.0	32.8	118.7	13
2008-08	989.3	30.6	79	2.4	33.2	223.1	10
2008-09	991.7	29.5	80	2.4	32.2	161.3	14
2008-10	996.4	26.3	79	1.9	29.0	91.4	5
2008-11	1 000.6	19.9	75	2.3	22.5	89.7	4
2008-12	1 002.5	15.5	76	2.3	17.7	24.5	4
2009-01	1 003.9	13.0	75	2.4	14.8	19.1	3
2009-02	997.8	21.5	84	1.7	24.0	3.0	3
2009-03	997.9	17.2	88	2.0	19.2	172.9	19
2009-04	995.7	21.4	86	1.9	23.9	165.2	10
2009-05	994.2	26.5	84	1.6	29.4	317.8	14
2009-06	988.1	29.1	86	1.7	32.2	282.0	19

（续）

时间（年-月）	气压/hPa	气温/℃	相对湿度/%	平均风速/（m/s）	地表温度（0 cm）/℃	降水量/mm	月降水天数
2009-07	988.4	30.7	78	2.1	34.1	219.4	18
2009-08	989.0	31.8	76	1.9	35.5	216.1	8
2009-09	991.6	30.2	76	1.5	34.2	161.5	9
2009-10	995.0	27.4	73	1.3	30.0	44.8	4
2009-11	1 000.5	19.4	79	1.4	21.1	92.0	5
2009-12	1 001.6	15.8	81	1.3	17.2	66.6	6
2010-01	1 001.8	14.8	85	1.1	14.8	87.5	16
2010-02	998.5	17.1	87	1.1	17.1	54.7	15
2010-03	998.9	20.0	81	1.4	20.0	42.2	8
2010-04	996.6	20.1	90	1.2	20.1	239.7	21
2010-05	992.2	27.1	81	1.7	27.1	279.6	16
2010-06	991.1	27.2	85	1.8	27.2	342.8	19
2010-07	992.0	31.8	77	2.2	31.7	148.8	11
2010-08	992.0	30.8	77	1.8	30.7	142.5	13
2010-09	992.1	28.8	79	1.8	28.7	303.7	14
2010-10	996.0	25.3	74	2.3	25.3	45.8	3
2010-11	1 000.1	23.1	70	2.1	23.1	0.8	1
2010-12	999.1	16.4	72	2.0	16.4	47.8	6
2011-01	1 003.8	11.3	78	2.0	11.3	25.2	4
2011-02	999.5	17.2	80	1.7	17.2	75.5	9
2011-03	1 001.2	17.2	78	2.0	17.2	56.6	7
2011-04	996.9	26.8	77	1.7	26.8	59.4	4
2011-05	993.7	28.2	79	1.5	28.2	214.4	13
2011-06	989.9	31.8	80	1.8	31.8	328.6	19
2011-07	988.8	32.7	79	1.7	32.7	155.2	14
2011-08	990.7	33.1	78	1.8	33.1	55.5	7
2011-09	992.3	30.7	75	2.3	30.7	158.2	9
2011-10	996.8	25.0	73	2.0	25.0	162.6	10
2011-11	998.3	23.5	73	2.0	23.5	78.6	5
2011-12	1 003.4	16.9	67	2.0	16.9	0.3	1
2012-01	1 001.9	12.2	83	1.4	12.2	95.4	17
2012-02	999.7	14.3	85	1.5	14.3	52.1	10
2012-03	998.3	18.0	88	1.6	18.0	68.0	16

（续）

时间（年-月）	气压/hPa	气温/℃	相对湿度/%	平均风速/（m/s）	地表温度（0 cm）/℃	降水量/mm	月降水天数
2012-04	994.8	24.3	83	2.0	24.3	386.5	18
2012-05	992.1	29.0	78	2.0	29.0	192.8	16
2012-06	986.9	29.1	75	1.8	29.1	273.5	18
2012-07	988.7	30.2	80	2.3	30.2	369.0	18
2012-08	986.8	29.8	78	1.6	29.7	117.6	13
2012-09	993.7	27.6	69	1.9	27.6	148.8	9
2012-10	996.0	26.6	68	2.0	26.6	121.1	4
2012-11	997.3	20.4	73	1.9	20.4	142.5	15
2012-12	1 000.2	15.6	80	2.1	15.6	61.0	9
2013-01	1 002.9	14.9	78	2.0	14.9	13.7	3
2013-02	1 000.5	18.1	83	1.7	18.1	23.0	7
2013-03	998.0	20.9	82	1.7	20.9	194.0	15
2013-04	995.1	22.1	87	1.7	22.1	227.8	20
2013-05	992.5	27.8	86	1.7	27.8	179.0	17
2013-06	988.9	30.3	82	2.2	30.2	206.8	17
2013-07	991.0	29.8	79	2.0	29.8	216.9	18
2013-08	988.7	30.3	79	2.0	30.3	345.8	17
2013-09	992.4	29.5	76	2.1	29.6	241.5	12
2013-10	996.7	26.3	68	2.1	26.3	2.6	1
2013-11	999.4	20.7	71	2.0	20.7	161.2	9
2013-12	1 001.9	13.4	69	2.0	13.4	224.3	6
2014-01	1 002.7	15.2	74		15.3	0.0	0
2014-02	1 000.1	15.0	78		14.9	49.2	10
2014-03	999.3	18.5	84		18.4	260.7	17
2014-04	996.1	23.9	86		23.9	214.3	14
2014-05	993.1	26.9	88		27.0	363.3	24
2014-06	987.6	31.0	82		31.0	281.6	16
2014-07	989.4	32.5	77		32.5	205.5	12
2014-08	990.3	31.8	80		31.8	213.6	16
2014-09	992.6	30.6	80		30.6	165.1	7
2014-10	996.8	27.7	66		27.7	16.3	1
2014-11	999.2	22.0	76		22.0	70.1	7
2014-12	1 003.6	14.5	69		14.5	139.4	8
2015-01	1 002.9	15.7	71		15.7	77.9	4

（续）

时间（年-月）	气压/hPa	气温/℃	相对湿度/%	平均风速/（m/s）	地表温度（0 cm）/℃	降水量/mm	月降水天数
2015 - 02	1 000.8	18.1	77		18.1	16.7	4
2015 - 03	999.6	19.5	85		19.5	50.6	13
2015 - 04	996.7	25.6	72		25.4	48.0	6
2015 - 05	992.5	28.4	84		28.4	540.6	24
2015 - 06	991.3	31.6	79		31.6	288.6	15
2015 - 07	988.0	31.3	78		31.3	303.0	14
2015 - 08	990.4	31.5	79		31.5	227.5	14
2015 - 09	993.9	30.2	80		30.2	136.0	8
2015 - 10	997.1	26.5	73		26.5	287.6	9
2015 - 11	999.6	22.6	76		22.6	31.3	2
2015 - 12	1 002.7	16.1	81		16.1	174.2	14
2016 - 01	1 002.3	14.0	87	1.7	14.0	350.7	18
2016 - 02	1 004.6	14.2	76	2.0	14.2	58.9	7
2016 - 03	1 000.6	17.9	86	1.6	17.9	228.1	14
2016 - 04	994.8	25.0	88	1.5	25.0	179.2	14
2016 - 05	993.9	27.8	85	1.8	27.8	293.9	14
2016 - 06	992.5	31.2	85	1.4	31.2	342.5	18
2016 - 07	991.2	32.1	80	1.9	32.1	296.9	13
2016 - 08	986.9	30.2	88	1.8	30.2	483.3	18
2016 - 09	991.0	29.9	78	1.7	29.9	119.0	10
2016 - 10	994.5	27.9	79	2.0	27.9	236.5	6
2016 - 11	999.7	20.8	85	1.7	20.8	277.9	7
2016 - 12	1 001.9	18.4	73	1.9	18.4	2.3	1
2017 - 01	1 002.0	17.1	83	1.6	17.1	39.8	9
2017 - 02	1 002.1	17.3	78	1.9	17.3	19.2	5
2017 - 03	998.8	18.9	90	1.4	18.9	188.4	15
2017 - 04	996.1	24.0	85	1.7	24.0	107.1	11
2017 - 05	994.1	27.8	87	1.6	27.8	167.7	11
2017 - 06	990.2	31.2	87	1.5	31.2	293.1	19
2017 - 07	991.2	30.0	89	1.6	30.0	356.5	20
2017 - 08	989.8	32.5	85	2.0	32.5	306.0	14
2017 - 09	992.8	31.1	86	1.4	31.1	130.9	10
2017 - 10	995.8	25.6	79	2.0	25.6	125.3	10
2017 - 11	999.5	20.4	85	1.8	20.4	126.8	9

（续）

时间（年-月）	气压/hPa	气温/℃	相对湿度/%	平均风速/(m/s)	地表温度（0 cm）/℃	降水量/mm	月降水天数
2017-12	1 002.9	16.2	74	2.1	16.2	0.0	0
2018-01	1 000.6	14.7	82	1.8	14.7	147.1	11
2018-02	1 001.7	16.3	68	1.8	16.4	32.0	3
2018-03	998.2	22.0	74	1.8	22.0	57.7	7
2018-04	996.9	23.8	76	1.6	23.8	75.3	11
2018-05	994.5	30.9	74	1.9	30.8	229.3	14
2018-06	989.0	29.8	78	1.8	29.8	546.8	20
2018-07	987.5	30.0	79	1.6	29.9	299.9	17
2018-08	985.9	29.9	81	1.4	29.9	363.0	19
2018-09	992.8	28.8	73	1.9	28.7	343.3	12
2018-10	995.0	24.3	66	1.8	24.4	58.9	6
2018-11	995.0	21.5	76	1.6	21.5	32.8	9
2018-12	1 002.0	16.8	78	1.7	16.8	23.2	8

表 3-47　2005—2018 年气象场人工观测年统计数据

年份	气压/hPa	气温/℃	相对湿度/%	平均风速/(m/s)	地表温度（0 cm）/℃	降水量/mm	年降水天数
2005	1 001.1	24.8	73	1.9	25.6	1 615.0	142
2006	1 000.8	24.7	75	1.8	25.7	2 227.6	136
2007	997.9	25.4	76	1.5	26.8	1 423.1	126
2008	995.8	23.3	82	2	25.3	2 361.1	141
2009	995.3	23.7	81	1.7	26.3	1 760.4	118
2010	995.9	23.5	80	1.7	23.5	1 735.8	143
2011	996.3	24.5	76	1.9	24.5	1 370.0	102
2012	994.7	23.1	78	1.8	23.1	2 028.3	163
2013	995.7	23.7	78	1.9	23.7	2 036.6	142
2014	995.9	24.2	78		24.1	1 979.1	132
2015	996.3	24.8	78		24.8	2 182.0	127
2016	996.2	24.1	83	1.8	24.1	2 869.2*	140
2017	996.3	24.3	84	1.7	24.3	1 860.8	133
2018	994.9	24.1	75	1.7	24.1	2 209.3	137
平均值	996.7	24.1	78	1.8	24.7	1 975.6	134.4
标准差	1.9	0.6	3.2	0.1	1.0	381.1	13.5

* 2016 年降水量偏大，可斟酌对比使用。

注：每月有效条数为当月自然天数，风速缺失数据的有 2005 年 7 月，2014 年 11 月至 2015 年 12 月。

表 3-48　2005—2018 年人工降水数据月、干季、湿季、年统计

单位：mm

年份	月份												干季（10 月至翌年 3 月）	湿季（4—9 月）	年总计	年降水天数
	1	2	3	4	5	6	7	8	9	10	11	12				
2005	20.7	38.2	112.2	128.6	341.0	295.8	172.6	192.8	291.2	1.3	13.6	7.0	193.0	1 422.0	1 615.0	142
2006	8.5	118.7	135.3	79.3	490.8	342.8	358.6	419.3	123.5	53.0	69.6	28.2	413.3	1 814.3	2 227.6	136
2007	45.7	57.3	64.3	208.7	149.0	271.1	139.3	278.1	170.1	18.3	7.4	13.8	206.8	1 216.3	1 423.1	126
2008	92.8	61.8	126.5	189.2	440.2	741.9	118.7	223.1	161.3	91.4	89.7	24.5	486.7	1 874.4	2 361.1	141
2009	19.1	3.0	172.9	165.2	317.8	282.0	219.4	216.1	161.5	44.8	92.0	66.6	398.4	1 362.0	1 760.4	118
2010	87.5	54.7	42.2	239.7	279.6	342.8	148.8	142.5	303.7	45.8	0.8	47.8	278.8	1 457.1	1 735.9	143
2011	25.2	75.5	56.6	59.4	214.4	328.6	155.2	55.5	158.2	162.6	78.6	0.3	398.8	971.3	1 370.1	102
2012	95.4	52.1	68.0	386.5	192.8	273.5	369.0	117.6	148.8	121.1	142.5	61.0	540.1	1 488.2	2 028.3	163
2013	13.7	23.0	194.0	227.8	179.0	206.8	216.9	345.8	241.5	2.6	161.2	224.3	618.8	1 417.8	2 036.6	142
2014	0.0	49.2	260.7	214.3	363.3	281.6	205.5	213.6	165.1	16.3	70.1	139.4	535.7	1 443.4	1 979.1	132
2015	77.9	16.7	50.6	48.0	540.6	288.6	303.0	227.5	136.0	287.6	31.3	174.2	638.3	1 543.7	2 182.0	127
2016	350.7	58.9	228.1	179.2	293.9	342.5	296.9	483.3	119.0	236.5	277.9	2.3	1 154.4	1 714.8	2 869.2	140
2017	39.8	19.2	188.4	107.1	167.7	293.1	356.5	306.0	130.9	125.3	126.8	0.0	499.5	1 361.3	1 860.8	133
2018	147.1	32.0	57.7	75.3	229.3	546.8	299.9	363.0	343.3	58.9	32.8	23.2	351.7	1 857.6	2 209.3	137
平均值	73.2	47.2	125.5	164.9	300.0	345.6	240.0	256.0	189.6	90.4	81.0	54.4	479.6	1 496.0	1 975.6	134
标准差	87.2	28.0	70.2	88.1	119.3	132.1	85.4	114.1	71.0	84.7	71.4	67.5	229.6	243.6	381.1	13

刘佩伶等（2021a）曾经计过2005—2015年鼎湖山站人工监测降水量和温度年际动态，如图3-2所示。

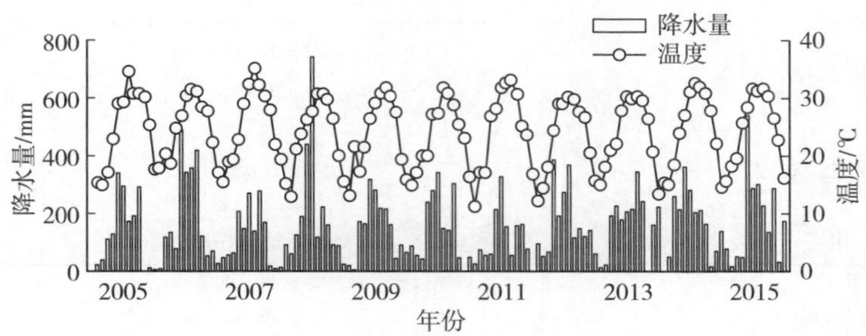

图3-2 鼎湖山2005—2015年人工监测降水量和温度的年际动态

2005—2015年，鼎湖山地区年平均降水量为1 883.6 mm，降水充沛，年降水量最大为2 361.1 mm（2008年），最小为1 370.1 mm（2011年）。降水季节分配严重不均，降水主要集中在湿季（4—9月），约占年降水量的77.3%，干季（10月至翌年3月）的降水量仅占年降水量的22.7%。年内各月平均降水量有明显差异，6月降水量最大，平均值为332.3 mm；1月降水量最小（44.2 mm）。年平均气温达24.1℃，气温的季节变化均呈单峰型，最高值出现在6、7、8月。整体上，该地区气候特征表现为典型的“雨热同期”。

3.4.2 气象自动观测

（1）概述

气象因子长期联网自动监测数据来自鼎湖山站综合气象观测场（DHFQX01），观测数据包括气温、相对湿度、露点温度、水气压、大气压、海平面气压、风速风向、降水量、地表温度、土壤温度、太阳辐射等指标的每小时观测值。观测时间始于2004年11月。

本部分数据包括大气压、气温、相对湿度、降水量、地表温度（0 cm）和土壤温度（5、10、15、20、40、60、100 cm）、太阳辐射和日照等的月统计值。另有数据论文系统地报道了鼎湖山站气象观测场2005—2018年VISILA自动观测系统监测数据（刘佩伶等，2020）。表3-49描述了各观测要素的数据获取方法、单位、小数位数、观测层次，以及鼎湖山站统计的日、月均范围值；表3-50阐述数据采集和处理方法；表3-51阐述数据质量控制和评估方法；表3-52阐述地表温度和土壤温度的原始数据质控方法。月尺度数据分别在表3-53～表3-55发布。原始数据中已有月均值的结果，本部分数据重新按各指标要求进行了日均值和月均值计算，并与原月均值复核，有一定差别，但未超出阈值，以重新计算的结果为准。在原始数据没有缺测的情况下，有效数据为该月的自然天数。

原始小时、日数据获取方式：http：//dhf. cern. ac. cn/meta/detail/FDD等。

表3-49 自动观测指标的元数据

指标及代码	观测设备	数据单位	小数位	观测层次	日定点范围值	月均范围值	数据表号
气压（P）	DPA501数字气压表	hPa	1	距地面小于1 m	956.5～1024.1	990.1～1011.0	3-53
气温（T）	HMP45D温度传感器	℃	1	距地面1.5 m	3.2～34.3	9.5～30.1	3-53
相对湿度（RH）	HMP45D湿度传感器	%	0	距地面1.5 m	0～100	36～89	3-53
降水（R）	SM1-1型雨量器	mm	1	距地面70 cm	0～330.2	0～948.6	3-53
地表温度（0 cm）	QMT110地温传感器	℃	1	地表面0 cm	13～32.3	12.4～34.7	3-54

（续）

指标及代码	观测设备	数据单位	小数位	观测层次	日定点范围值	月均范围值	数据表号
分层土壤温度	QMT110 地温传感器	℃	1	地面以下 5、10 15、20、40、60、100 cm	0～38.5	12.29～32.8	3-54
太阳辐射	总辐射表观测	MJ/m^2 或 mol/m^2	3	距地面 1.5 m			3-55
有效数据	统计，相当于天数	条	0	每月记录 28～31 d			

（2）数据采集和处理方法

从“生态气象工作站”软件下载原始观测数据后，运行软件的报表处理程序生成气象数据表和辐射数据表（简称 M 报表），利用 M 报表中相关功能对每月数据文件中的日观测数据进行人工确认或修正。每月的日数据统计和审核完成后，将 M 报表转换成规范的气象数据报表（简称 A 报表），并在其中进行旬、月的各要素统计处理。接着在气象报表中录入人工观测的相关观测要素数据，程序再进行旬、月的各要素统计处理，最后将达到观测规范要求的 A 报表上报大气分中心，大气分中心再次核查后交综合中心数据库，完成观测数据最后的处理与审核（刘佩伶等，2020）。本部分数据由大气分中心审核后返回台站的数据统计生成。

表 3-50 自动观测指标的数据采集和处理方法

观测指标	原始数据采集精度	数据处理方法
气压	每 10 s 采测 1 次，每分钟共采测 6 次，去除 1 个最大值和 1 个最小值后取平均值，作为每分钟的观测值存储，正点时采测的观测值作为正点数据存储	（1）用质控后的日均值合计值除以日数获得月平均值。日平均值缺测 6 次或者以上时，不做月统计 （2）某一定时气压缺测时，用前、后两次定时数据内插求得，按正常数据统计；若连续两个或以上定时数据缺测时，不能内插，仍按缺测处理，这种情况较少出现，一般缺测天数为 1 d 或几天 （3）1 d 中若 24 次定时观测记录有缺测时，该日按照 2：00、8：00、14：00、20：00 的定时记录做日平均，若 4 次定时记录缺测 1 次或以上，但该日各定时记录缺测 5 次或以下时，按实有记录作日统计，缺测 6 次或以上时，不做日平均。鼎湖山站该指标缺测时长一般是半天或全天，已在数据表后备注说明
气温		1 d 中若 24 次定时观测记录有缺测时，该日按 2：00、8：00、14：00、20：00 的定时记录做日平均，若 4 次定时记录缺测 1 次或以上，但该日各定时记录缺测 5 次或以下时，按实有记录作日统计，缺测 6 次或以上时，不做日平均。原日均值与重新计算的结果完全一致
相对湿度		（1）某一定时相对湿度缺测时，用前、后两定时数据内插求得，按正常数据统计，若连续两个或以上定时数据缺测时，不能内插，仍按缺测处理 （2）1 d 中若 24 次定时观测记录有缺测时，该日按照 2：00、8：00、14：00、20：00 的定时记录做日平均，若 4 次定时记录缺测 1 次或以上，但该日各定时记录缺测 5 次或以下时，按实有记录作日统计，缺测 6 次或以上时，不做日平均 （3）用质控后的日均值合计除以日数获得月平均值。日平均值缺测 6 次或者以上时，不做月统计

（续）

观测指标	原始数据采集精度	数据处理方法
地表、土壤分层温度		（1）某一定时地表温度缺测时，用前、后 2 次的定时数据内插求得，按正常数据统计，若连续 2 个或以上定时数据缺测时，不能内插，仍按缺测处理 （2）1 d 中若 24 次定时观测记录有缺测时，该日按照 2：00、8：00、14：00、20：00 的定时记录做日平均，若 4 次定时记录缺测 1 次或以上，但该日各定时记录缺测 5 次或以下时，按实有记录作日统计，缺测 6 次或以上时，不做日平均
降水	每分钟计算出 1 min 降水量，正点时计算、存储 1 h 的累计降水量，每日 20：00 存储每日累积降水	1 个月中降水量缺测 6 d 或以下时，按实有记录做月合计，缺测 7 d 或以上时，该月不做月合计
太阳辐射	每 10 s 采测 1 次，每分钟采测 6 次辐照度（瞬时值），去除 1 个最大值和 1 个最小值后取平均值。正点（地方平均太阳时）采集存储辐照度，同时计算、存储曝辐量（累积值）	（1）从辐射日数据表统计日合计值，与 D3 表核对无误。1 个月中辐射曝辐量日总量缺测 9 d 或以下时，月平均日合计等于实有记录之和除以实有记录天数。缺测 10 d 或以上时，该月不做月统计，按缺测处理 （2）小时总辐射累积值应小于同一地理位置大气层顶的辐射总量，小时总辐射累积值可以稍微大于同一地理位置在大气具有很大透过率和非常晴朗天空状态下的小时总辐射累积值，所有夜间观测的小时总辐射累积值小于 0 时用 0 代替 （3）辐射曝辐量缺测数小时但不是全天缺测时，按实有记录做日合计，全天缺测时，不做日合计

（3）数据质量控制和评估

气象数据管理包含气象监测管理和数据库管理两部分，气象监测管理主要对传感器和线路进行检查和维护；数据库管理则是对原始观测数据进行保存和备份、合理性分析与统计。其中气温与降水指标的数据还与广州气象局的肇庆高要气象站（112°16′9.6″E，23°1′12″N，观测场海拔 40 m，气压传感器 41.9 m）数据进行对比（表 3-51）。

表 3-51　自动观测指标的数据质量控制和评估方法

观测指标	数据质量控制和评估方法
气压	①均在气候学界限值域 300～1100 hPa 的范围内 ②所观测的气压不小于日最低气压且不大于日最高气压，鼎湖山站海拔高度大于 0 m，气压均小于海平面气压 ③24 h 变压的绝对值小于 50 hPa ④与人工测量值对比，自动观测数据总体大于人工测量数据
气温	①超出气候学界限值域－80～60 ℃的数据为错误数据 ②1 h 内变化幅度的最小值为 0.1 ℃；鼎湖山站 1 h 数据部分邻近值显示一样，无法修正 ③24h 气温变化范围均小于 50 ℃ ④与临近的肇庆高要气象站的自动月均温进行对比，差值较小（范围在－1.1～0.93） ⑤与人工测量值相比较，自动观测数据总体偏小
相对湿度	①均符合相对湿度介于 0～100% ②定时相对湿度大于等于日最小相对湿度 ③与人工测量相比较，自动观测数据总体偏小

（续）

观测指标	数据质量控制和评估方法
降水	①降水强度不应超出气候学界限值域 0～400 mm/min ②降水量大于 0.0 mm 或者微量时，应有降水 ③由于鼎湖山站降水自动监测数据与人工测量值差别较大，而人工测量数据与附近高要站相近，故一般使用人工统计数据。此数据仅供参考
地表、土壤分层温度	①定时观测地表温度大于等于日地表最低温度且小于等于日地表最高温度 ②自动观测地表温度与人工测量相比，两者相差不大 ③地表温度和土壤温度的原始数据质量控制详见表 3-52
太阳辐射	①总辐射最大值均不超过气候学界限值 2 000 W/m² ②当前瞬时值与前一次值的差异小于最大变幅 800 W/m² ③小时总辐射量大于等于小时净辐射、反射辐射和紫外辐射；除阴天、雨天和雪天外，总辐射一般在中午前后出现极大值 ④小时总辐射累积值应小于同一地理位置大气层顶的辐射总量，小时总辐射累积值可以稍微大于同一地理位置在大气具有很大透过率和非常晴朗天空状态下的小时总辐射累积值，所有夜间观测的小时总辐射累积值小于 0 时用 0 代替

表 3-52 地表温度和土壤温度的原始数据质量控制方法表

指标	Tg_0	Tg_5	Tg_{10}	Tg_{15}	Tg_{20}	Tg_{40}	Tg_{60}	Tg_{100}
超出气候学界限值域的数据为错误数据/℃	−90～90	−80～80	−70～70	−60～60	−45～45	−45～45	−40～40	−40～40
1 min 内允许的最大变化值/℃	5	1	1	1	1	1	1	5
多少小时内变化幅度的最小值为 0.1 ℃/h	1	2	2	2	2	2	2	1
地表温度 24 h 变化范围/℃	<60	<40	<40	<40	<30	<30	<25	<20

注：Tg_0 2007 年 8 月至 2017 年 4 月缺测天数较多，其他时间基本无缺测。

（4）数据

具体数据见表 3-53～表 3-55。

表 3-53 2004—2018 年自动站气压、气温、降水、相对湿度月数据

年份	月份	气压/（hPa）	气温/℃	降水量/mm	相对湿度/%	相对湿度有效天数
2004	12	1 008.2	16.3	2.8	57	31
2005	1	1 008.1	12.9	20.0	68	31
2005	2	1 006.2	13.4	30.4	84	28
2005	3	1 006.6	16.3	94.6	76	30
2005	4	1 001.8	21.9	142.8	80	27
2005	5	995.1	26.8	318.2	79	31
2005	6	992.1	27.1	308.4	83	30
2005	7	994.3	29.3	175.2	71	31

（续）

年份	月份	气压/（hPa）	气温/℃	降水量/mm	相对湿度/%	相对湿度有效天数
2005	8	993.1	28.0	188.2	78	31
2005	9	998.0	27.6	309.8	73	30
2005	10	1 003.7	25.0	0.8	60	31
2005	11	1 005.1	21.6	13.0	62	30
2005	12	1 010.2	14.6	6.4	50	31
2006	1	1 006.8	15.3	8.8	68	30
2006	2	1 008.0	16.8	109.2	69	28
2006	3	1 003.4	17.2	126.0	78	31
2006	4	999.4	23.2	77.2	80	30
2006	5	998.3	24.5	324.8	81	31
2006	6	994.5	27.4	231.4	85	30
2006	7	991.4	28.9	323.2	80	31
2006	8	993.4	28.3	388.6	80	31
2006	9	998.3	26.3	119.6	73	30
2006	10	1 003.0	26.0	46.4	71	30
2006	11	1 004.2	21.1	69.6	67	30
2006	12	1 009.7	15.8	28.2	60	31
2007	1	1 011.0	13.5	50.2	64	30
2007	2	1 005.1	18.0	62.2	76	28
2007	3	1 003.0	18.2	61.2	85	31
2007	4	1 002.3	20.8	198.8	78	29
2007	5	997.3	26.4	144.8	72	31
2007	6	993.6	28.2	270.4	78	28
2007	7	994.0	30.1	130.8	70	31
2007	8	990.8	28.4	244.8	75	31
2007	9	996.0	27.2	162.2	70	30
2007	10	1 001.0	24.9	23.8	60	31
2007	11	1 006.3	20.0	8.6	48	30
2007	12	1 006.7	17.1	15.4	63	30
2008	1	1 008.5	12.6	85.2	65	31
2008	2	1 010.2	11.2	63.2	64	29
2008	3	1 003.5	19.6	120.4	69	31

（续）

年份	月份	气压/（hPa）	气温/℃	降水量/mm	相对湿度/%	相对湿度有效天数
2008	4	1 000.1	22.4	224.2	82	29
2008	5	996.0	24.8	528.8	82	29
2008	6	993.5	26.6	948.6	87	30
2008	7	993.2	28.7	173.4	76	31
2008	8	993.9	28.8	261.0	75	30
2008	9	996.4	28.2	213.2	72	29
2008	10	1 002.6	25.6	182.6	70	31
2008	11	1 007.1	19.7	101.2	59	30
2008	12	1 008.6	15.6	42.0	57	30
2009	1	1 010.5	12.7	31.6	54	28
2009	2	1 002.5	21.4	5.4	76	27
2009	3	1 003.0	17.3	156.3	69	18
2009	4	1 001.2	21.5	212.0	67	21
2009	5	998.5	25.2	409.0	61	20
2009	6	992.4	27.6	260.8	88	30
2009	7	992.8	28.9	225.2	69	23
2009	8	993.0	29.8	234.4	69	25
2009	9	996.0	28.9	110.6	70	24
2009	10	1 000.9	25.5	73.6	65	28
2009	11	1 006.7	17.8	121.2	64	24
2009	12	1 007.9	15.0	55.4	71	26
2010	1	1 008.8	14.0	95.0	61	13
2010	2	1 004.1	16.2	71.4	56	14
2010	3	1 004.5	19.0	40.2	69	25
2010	4	1 002.4	19.4	221.2	45	9
2010	5	996.1	25.7	285.0	61	15
2010	6	995.2	26.0	284.1	49	10
2010	7	995.6	29.3	154.0	66	18
2010	8	996.2	28.6	94.6	73	23
2010	9	996.7	27.6	197.0	76	28
2010	10	1 001.9	23.6	48.2	64	31
2010	11	1 005.8	20.3	0.8	56	30

（续）

年份	月份	气压/（hPa）	气温/℃	降水量/mm	相对湿度/%	相对湿度有效天数
2010	12	1 005.1	15.5	44.8	60	29
2011	1	1 010.9	9.5	26.8	61	31
2011	2	1 005.2	15.2	76.8	72	28
2011	3	1 007.4	15.7	64.8	68	31
2011	4	1 001.7	23.7	43.8	63	29
2011	5	997.3	26.4	195.8	69	13
2011	6	992.8	28.2	309.2	80	28
2011	7	992.3	29.0	133.2	83	31
2011	8	994.4	29.5	52.0	74	31
2011	9	996.3	27.5	145.2	75	30
2011	10	1 002.9	23.3	148.4	78	31
2011	11	1 004.3	21.9	69.4	72	30
2011	12	1 010.2	14.6	0.6	55	31
2012	1	1 008.4	11.0	89.4	88	31
2012	2	1 005.4	13.5	49.0	84	29
2012	3	1 003.6	17.6	60.6	81	29
2012	4	998.8	23.2	326.0	71	19
2012	5	995.2	27.0	170.8	82	27
2012	6	990.5	27.7	237.0	83	27
2012	7	992.5	28.6	181.2	74	23
2012	8	991.8	28.7	121.6	78	29
2012	9	999.0	26.8	135.6	68	24
2012	10	1 002.7	24.7	102.6	69	30
2012	11	1 004.1	19.4	126.8	82	30
2012	12	1 007.2	14.7	54.8	76	31
2013	1	1 009.2	13.7	12.2	73	31
2013	2	1 006.5	17.2	19.4	82	28
2013	3	1 003.3	19.9	168.2	80	31
2013	4	1 000.2	20.8	200.6	86	30
2013	5	996.3	25.8	156.2	84	31
2013	6	993.2	28.3	166.4	75	27
2013	7	994.8	27.7	97.6	83	31

（续）

年份	月份	气压/（hPa）	气温/℃	降水量/mm	相对湿度/%	相对湿度有效天数
2013	8	992.7	28.1	314.0	81	31
2013	9	997.0	27.3	205.4	76	30
2013	10	1 003.1	24.5	2.2	59	31
2013	11	1 006.3	19.8	141.8	68	30
2013	12	1 008.9	13.0	196.4	59	31
2014	1	1 009.6	14.7	0.0	59	31
2014	2	1 006.1	13.3	46.0	79	28
2014	3	1 005.1	17.3	127.2	82	30
2014	4	1 001.1	22.7	155.8	82	29
2014	5	997.1	25.2	158.6	84	28
2014	6	991.6	28.8	18.4	76	28
2014	7	993.3	29.3	184.0	74	28
2014	8	994.6	28.3	186.6	82	31
2014	9	996.7	27.9	141.8	79	30
2014	10	1 003.1	25.1	13.2	66	31
2014	11	1 005.5	20.4	61.0	77	30
2014	12	1 010.7	13.5	195.0	64	31
2015	1	1 009.4	14.6	410.4	70	31
2015	2	1 007.0	16.8	15.2	77	28
2015	3	1 005.3	18.0	51.6	89	31
2015	4	1 001.6	23.1	37.6	74	30
2015	5	995.8	26.0	435.2	89	31
2015	6	994.6	28.4	228.0	81	29
2015	7	992.1	28.3	232.8	81	31
2015	8	994.3	28.3	158.2	80	31
2015	9	998.3	27.3	156.4	81	30
2015	10	1 002.9	24.4	246.6	74	31
2015	11	1 006.2	21.1	26.4	80	30
2015	12	1 009.9	15.8	164.2	58	31
2016	1	1 009.5	13.0	291.4	84	26
2016	2	1 010.8	13.1	42.6	74	29
2016	3	1 005.5	16.8	192.6	85	31

（续）

年份	月份	气压/（hPa）	气温/℃	降水量/mm	相对湿度/%	相对湿度有效天数
2016	4	998.7	23.6	128.4	89	29
2016	5	997.3	25.8	201.0	87	31
2016	6	995.2	28.2	188.2	89	30
2016	7	994.7	29.1	97.4	84	31
2016	8	991.0	28.0	165.2	89	31
2016	9	995.8	27.4	74.2	81	30
2016	10	999.7	25.6	181.0	81	31
2016	11	1 006.1	19.2	214.2	85	30
2016	12	1 008.4	16.9	2.2	70	31
2017	1	1 008.4	15.8	26.4	82	31
2017	2	1 008.7	15.5	26.0	74	28
2017	3	1 004.4	17.7	59.4	80	26
2017	4	1 000.1	22.3	49.2	47	12
2017	5	998.5	25.2	218.6	36	11
2017	6	994.1	28.0	56.6	85	30
2017	7	994.9	27.7	150.0	86	31
2017	8	994.1	28.8	88.2	81	31
2017	9	997.3	28.3	47.8	79	29
2017	10	1 002.1	24.2	43.2	73	31
2017	11	1 005.8	19.2	105.6	80	30
2017	12	1 009.7	15.4	0.8	60	31
2018	1	1 007.1	13.9	79.4	75	31
2018	2	1 008.1	14.7	2.8	68	28
2018	3	1 003.9	20.4	21.4	75	31
2018	4	1 002.0	22.3	55.8	78	30
2018	5	998.1	27.5	107.2	80	31
2018	6	992.8	27.5	87.0	84	30
2018	7	992.0	28.0	237.8	85	31
2018	8	990.1	27.7	289.8	88	31
2018	9	997.0	27.2	203.6	75	28
2018	10	1 004.4	23.1	55.0	72	31
2018	11	1 006.0	20.3	31.8	81	30

（续）

年份	月份	气压/（hPa）	气温/℃	降水量/mm	相对湿度/%	相对湿度有效天数
2018	12	1 009.1	15.6	10.8	83	31

注：气压、温度、降水量除以下列出的月份有缺测外，其他月份无缺测，有效天数为自然天数。

气压：2009 年 4 月有效天数为 6 d；2007 年 8 月有效天数为 13 d；2017 年 4 月、2018 年 4 月有效天数为 24 d；2016 年 1 月有效天数为 26 d；2005 年 4 月、2013 年 6 月有效天数为 27 d；2007 年 6 月、2009 年 3 月、2009 年 9 月、2010 年 9 月、2014 年 5 月、2014 年 6 月、2014 年 7 月有效天数为 28 d。

温度：2015 年 12 月、2017 年 5 月有效天数为 11 d；2017 年 4 月有效天数为 12 d；2016 年 1 月、2017 年 3 月有效天数为 26 d；2005 年 4 月、2013 年 6 月有效天数为 27 d；2009 年 9 月、2010 年 9 月、2014 年 5 月、2014 年 6 月、2014 年 7 月、2018 年 9 月有效天数为 28 d。

降水量：2017 年 4 月有效天数为 26 d；2016 年 1 月有效天数为 27 d；2018 年 9 月有效天数为 29 d。

表 3-54　2004—2018 年地表温度和土壤分层温度月均值

年份	月份	地表温度(0 cm)/℃	土壤温度/℃							有效数据/条
			5 cm	10 cm	15 cm	20 cm	40 cm	60 cm	100 cm	
2004	12	19.5	19.2	19.9	19.7	20.1	20.8	21.4	22.3	31
2005	1	15.3	15.2	15.7	15.7	16.0	16.9	17.6	18.9	31
2005	2	15.0	15.1	15.5	15.5	15.9	16.5	17.1	18.1	28
2005	3	17.4	16.9	17.0	16.9	17.1	17.1	17.2	17.7	30
2005	4	22.7	22.4	22.4	22.1	22.0	21.6	21.0	20.7	27
2005	5	28.8	28.0	27.8	27.4	27.3	26.4	25.4	24.4	31
2005	6	28.9	28.6	28.6	28.3	28.4	27.8	27.1	26.5	30
2005	7	34.5	32.8	32.6	32.1	32.1	30.9	29.8	28.7	31
2005	8	30.7	29.9	29.9	29.7	29.8	29.4	28.9	28.6	31
2005	9	30.5	29.4	29.6	29.4	29.5	29.2	28.8	28.5	30
2005	10	29.9	28.4	28.6	28.4	28.5	28.3	28.1	28.0	31
2005	11	25.0	24.2	24.5	24.5	24.7	25.0	25.2	25.7	30
2005	12	17.5	17.5	18.0	18.1	18.5	19.5	20.4	21.7	31
2006	1	17.9	17.5	17.8	17.8	18.1	18.5	18.9	19.8	30
2006	2	20.1	19.8	20.0	19.9	20.1	20.2	20.3	20.6	28
2006	3	18.6	18.5	18.7	18.5	18.7	18.9	19.1	19.6	31
2006	4	24.9	24.1	24.1	23.7	23.7	23.0	22.4	21.9	30
2006	5	26.9	26.4	26.4	26.1	26.2	25.7	25.1	24.7	31
2006	6	30.2	28.8	28.8	28.4	28.4	27.6	26.8	26.1	30
2006	7	31.5	30.2	30.4	30.1	30.2	29.7	29.1	28.5	31
2006	8	30.8	29.8	29.9	29.7	29.7	29.4	28.9	28.6	31
2006	9	28.4	28.1	28.3	28.1	28.3	28.3	28.1	28.1	30
2006	10	27.6	27.4	27.7	27.6	27.7	27.7	27.6	27.6	30

（续）

年份	月份	地表温度 (0 cm)/℃	土壤温度/℃							有效数据/条
			5 cm	10 cm	15 cm	20 cm	40 cm	60 cm	100 cm	
2006	11	22.2	22.8	23.2	23.2	23.5	24.1	24.6	25.3	30
2006	12	16.8	17.8	18.2	18.3	18.7	19.6	20.5	21.7	31
2007	1	15.3	15.8	16.1	16.2	16.5	17.3	18.0	19.1	30
2007	2	18.9	18.6	18.8	18.6	18.8	18.8	18.8	19.2	28
2007	3	19.4	19.3	19.4	19.3	19.4	19.4	19.4	19.7	31
2007	4	22.7	22.1	22.2	22.0	22.0	21.7	21.4	21.2	29
2007	5	29.1	27.2	27.2	26.9	26.8	26.1	25.2	24.5	31
2007	6	32.1	30.3	30.4	30.0	30.0	29.2	28.2	27.3	28
2007	7	34.7	31.9	32.0	31.6	31.6	30.9	30.0	29.2	31
2007	8	31.7	30.5	30.7	30.4	30.6	30.3	29.9	29.5	22*
2007	9	29.2	28.5	28.7	28.5	28.7	28.6	28.4	28.4	30
2007	10	26.1	26.1	26.4	26.4	26.6	26.8	26.9	27.2	31
2007	11	19.8	20.7	21.1	21.3	21.7	22.5	23.2	24.2	30
2007	12	18.0	18.5	18.9	19.0	19.3	20.0	20.6	21.6	30
2008	1	15.0	15.7	16.2	16.3	16.7	17.7	18.6	19.8	31
2008	2	12.9	13.2	13.5	13.5	13.8	14.4	15.1	16.3	29
2008	3	19.7	19.5	19.7	19.5	19.6	19.4	19.1	19.1	31
2008	4	22.8	22.6	22.7	22.4	22.5	22.2	21.8	21.5	29
2008	5	26.1	25.8	25.9	25.7	25.8	25.3	24.7	24.2	29
2008	6	28.1	27.8	27.8	27.6	27.7	27.3	26.8	26.3	30
2008	7	30.5	30.1	30.1	29.8	29.8	29.2	28.6	28.0	31
2008	8	30.7	30.3	30.5	30.2	30.3	30.0	29.5	29.0	30
2008	9	30.2	30.0	30.1	30.0	30.2	30.0	29.6	29.3	29
2008	10	27.5	27.3	27.6	27.4	27.7	27.8	27.7	27.9	31
2008	11	21.4	22.1	22.6	22.7	23.1	23.9	24.5	25.3	30
2008	12	16.8	17.5	18.0	18.1	18.5	19.4	20.2	21.4	31
2009	1	14.4	14.9	15.5	15.6	16.0	16.9	17.7	18.9	31
2009	2	22.1	21.0	21.2	20.9	21.0	20.6	20.2	20.1	28
2009	3	19.3	19.2	19.6	19.5	19.7	20.0	20.1	20.5	28
2009	4	23.4	22.4	22.7	22.4	22.6	22.2	21.8	21.7	28
2009	5	27.7	26.2	26.6	26.3	26.3	25.8	25.2	24.6	30
2009	6	30.1	28.6	28.9	28.5	28.6	27.9	27.2	26.5	30

（续）

年份	月份	地表温度(0 cm)/℃	土壤温度/℃							有效数据/条
			5 cm	10 cm	15 cm	20 cm	40 cm	60 cm	100 cm	
2009	7	31.7	30.2	30.6	30.2	30.3	29.7	29.0	28.4	29
2009	8	33.2	30.8	31.1	30.8	30.9	30.3	29.8	29.3	30
2009	9	32.4	30.5	30.9	30.7	30.9	30.6	30.2	29.8	28
2009	10	28.2	26.8	27.4	27.3	27.5	27.7	27.8	28.1	31
2009	11	20.7	20.3	21.2	21.3	21.8	22.7	23.5	24.5	30
2009	12	17.1	17.1	18.0	18.1	18.5	19.4	20.1	21.2	31
2010	1	15.7	15.5	16.2	16.2	16.4	17.0	17.6	18.6	30
2010	2	17.9	17.3	17.8	17.7	17.9	18.1	18.2	18.8	28
2010	3	21.0	20.2	20.7	20.5	20.7	20.6	20.4	20.4	31
2010	4	20.8	20.2	20.7	20.6	20.7	20.7	20.6	20.7	29
2010	5	27.3	25.9	26.2	25.8	25.7	25.0	24.2	23.5	30
2010	6	28.2	27.4	27.8	27.5	27.4	27.0	26.4	25.8	29
2010	7	31.3	30.6	30.9	30.5	30.6	29.7	28.9	28.2	29
2010	8	31.4	30.4	30.9	30.6	30.6	30.0	29.4	28.9	30
2010	9	29.6	28.8	29.6	29.3	29.4	29.1	28.8	28.7	28
2010	10	25.5	25.1	26.1	26.0	26.3	26.6	26.8	27.1	31
2010	11	21.7	21.1	22.1	22.1	22.4	22.9	23.3	24.1	30
2010	12	17.2	17.0	18.2	18.3	18.8	19.6	20.5	21.6	29
2011	1	12.4	12.3	13.4	13.5	13.9	15.0	16.0	17.4	31
2011	2	16.5	15.7	16.5	16.4	16.6	16.7	16.8	17.4	28
2011	3	17.3	16.8	17.7	17.6	17.8	18.0	18.1	18.4	31
2011	4	24.4	23.1	23.7	23.3	23.2	22.4	21.6	21.0	29
2011	5	26.6	25.6	26.2	25.9	26.0	25.3	24.6	24.1	29
2011	6	30.1	29.1	29.8	29.5	29.5	28.7	27.9	27.0	30
2011	7	31.0	30.0	30.8	30.4	30.5	29.9	29.1	28.5	31
2011	8	31.2	30.3	31.1	30.8	30.8	30.3	29.7	29.2	31
2011	9	29.1	28.7	29.7	29.5	29.7	29.6	29.3	29.1	30
2011	10	24.5	24.4	25.1	25.3	25.5	25.8	26.1	26.5	31
2011	11	22.6	22.5	23.5	23.4	23.7	24.1	24.4	24.9	30
2011	12	16.3	16.7	17.9	18.0	18.5	19.5	20.3	21.5	31
2012	1	13.3	13.7	14.7	14.9	15.3	16.2	17.2	18.5	31
2012	2	14.7	14.6	15.5	15.5	15.7	16.1	16.5	17.2	29

（续）

年份	月份	地表温度(0 cm)/℃	土壤温度/℃							有效数据/条
			5 cm	10 cm	15 cm	20 cm	40 cm	60 cm	100 cm	
2012	3	18.0	17.2	18.0	17.8	17.9	17.8	17.7	17.9	31
2012	4	23.4	22.5	23.3	22.9	23.0	22.5	21.9	21.5	30
2012	5	28.4	27.4	28.1	27.8	27.8	27.0	26.1	25.3	31
2012	6	29.2	28.2	29.0	28.6	28.7	28.1	27.4	26.8	30
2012	7	30.4	29.3	30.1	29.8	29.8	29.3	28.7	28.2	30
2012	8	30.4	29.2	30.1	29.8	29.9	29.5	28.9	28.5	30
2012	9	28.6	27.7	28.6	28.5	28.7	28.7	28.5	28.4	30
2012	10	26.3	25.6	26.6	26.5	26.7	26.9	26.9	27.1	31
2012	11	21.3	21.0	22.1	22.1	22.5	23.1	23.7	24.4	30
2012	12	16.7	16.4	17.5	17.6	18.0	18.8	19.6	20.6	31
2013	1	15.4	15.0	16.0	16.0	16.3	16.8	17.4	18.4	31
2013	2	18.6	17.9	18.8	18.7	18.9	19.0	19.1	19.4	28
2013	3	20.8	19.9	20.8	20.6	20.8	20.7	20.5	20.5	31
2013	4	22.1	21.0	21.9	21.6	21.8	21.5	21.2	21.2	30
2013	5	27.4	25.9	26.6	26.2	26.2	25.4	24.6	23.9	31
2013	6	30.3	28.9	29.7	29.4	29.3	28.7	27.9	27.1	27
2013	7	29.8	28.5	29.4	29.2	29.3	29.0	28.4	28.0	31
2013	8	29.6	28.3	29.0	29.0	29.1	28.8	28.3	27.9	31
2013	9	29.1	28.0	29.0	28.8	29.0	28.8	28.5	28.2	30
2013	10	25.5	24.8	25.9	25.8	26.1	26.4	26.6	26.9	31
2013	11	21.1	20.9	22.1	22.1	22.5	23.1	23.6	24.4	30
2013	12	13.9	14.0	15.2	15.4	15.8	16.9	18.0	19.5	31
2014	1	14.8	14.4	15.4	15.3	15.6	16.0	16.5	17.4	31
2014	2	15.1	14.7	15.7	15.7	16.0	16.4	16.9	17.6	28
2014	3	18.2	17.3	18.2	18.0	18.0	18.0	17.9	18.0	30
2014	4	23.6	22.4	23.2	22.9	23.1	22.5	21.9	21.4	29
2014	5	26.3	24.9	25.0	24.6	25.3	24.6	23.9	23.4	28
2014	6	30.2	28.8	29.6	29.3	29.4	28.6	27.7	26.8	28
2014	7	32.1	30.6	30.7	30.5	30.4	29.9	29.3	28.5	28
2014	8	32.5	31.1	31.1	31.0	30.9	30.5	30.1	29.4	31
2014	9	31.6	30.0	30.0	29.9	29.9	29.6	29.4	29.0	30
2014	10	28.6	27.7	27.8	27.8	28.0	28.0	28.1	28.1	31

（续）

年份	月份	地表温度 (0 cm)/℃	土壤温度/℃							有效数据/条
			5 cm	10 cm	15 cm	20 cm	40 cm	60 cm	100 cm	
2014	11	22.7	22.9	23.1	23.2	23.4	23.8	24.3	25.0	30
2014	12	15.4	16.8	17.1	17.4	17.8	18.6	19.7	21.1	31
2015	1	16.3	16.3	16.4	16.5	16.7	17.0	17.5	18.4	31
2015	2	18.8	18.2	18.2	18.2	18.2	18.2	18.3	18.7	28
2015	3	19.6	19.3	19.4	19.3	19.3	19.3	19.4	19.5	31
2015	4	27.3	24.5	24.3	24.1	24.0	23.4	23.0	22.3	30
2015	5	28.6	27.3	27.3	27.1	27.0	26.6	26.2	25.4	31
2015	6	30.6	29.8	29.7	29.6	29.4	29.0	28.4	27.6	29
2015	7	30.7	30.1	30.1	30.1	30.0	29.8	29.6	29.0	31
2015	8	29.9	29.8	29.9	29.8	29.8	29.7	29.6	29.1	31
2015	9	29.3	28.9	28.9	28.8	28.8	28.8	28.7	28.6	30
2015	10	26.0	26.2	26.3	26.3	26.4	26.6	26.9	27.2	31
2015	11	23.3	23.7	23.9	24.0	24.1	24.5	25.0	25.5	30
2015	12	16.8	17.0	17.8	18.0	18.3	19.2	20.1	21.3	31
2016	1	15.2	15.8	15.4	16.1	16.3	16.8	17.6	18.7	26
2016	2	15.5	14.9	15.0	15.0	15.1	15.4	15.8	16.5	29
2016	3	18.8	18.0	18.0	17.9	17.9	17.8	17.9	18.0	31
2016	4	24.9	23.7	23.6	23.4	23.2	22.7	22.1	21.3	29
2016	5	27.5	26.3	26.2	26.1	25.9	25.5	25.0	24.3	31
2016	6	30.1	29.3	29.3	29.1	28.9	28.5	28.0	27.1	30
2016	7	31.0	29.8	29.8	29.6	29.5	29.2	28.9	28.3	31
2016	8	29.6	29.1	29.1	29.1	29.1	29.0	29.0	28.7	31
2016	9	28.7	28.4	28.5	28.5	28.5	28.5	28.6	28.4	30
2016	10	27.7	26.9	27.0	27.0	27.1	27.2	27.4	27.5	31
2016	11	21.5	22.0	22.2	22.3	22.6	23.1	23.8	24.7	30
2016	12	19.3	19.0	19.2	19.3	19.5	19.9	20.5	21.4	31
2017	1	18.1	18.0	18.1	18.2	18.3	18.7	19.2	20.1	31
2017	2	17.9	17.8	17.9	18.0	18.1	18.3	18.7	19.3	28
2017	3	18.9	18.8	18.9	18.8	18.9	18.9	19.1	19.4	31
2017	4	23.1	23.1	23.1	23.0	23.0	22.6	22.3	21.9	24*
2017	5	26.4	26.4	26.4	26.2	26.0	25.6	25.2	24.5	31
2017	6	29.6	29.7	29.6	29.5	29.3	28.8	28.3	27.3	30

（续）

年份	月份	地表温度 (0 cm)/℃	土壤温度/℃							有效数据/条
			5 cm	10 cm	15 cm	20 cm	40 cm	60 cm	100 cm	
2017	7	29.4	29.3	29.2	29.2	29.1	28.8	28.6	28.0	31
2017	8	30.1	30.3	30.3	30.3	30.2	30.1	29.8	29.3	31
2017	9	29.3	29.6	29.6	29.7	29.6	29.5	29.4	29.1	29
2017	10	25.4	26.3	26.4	26.6	26.6	27.0	27.3	27.7	31
2017	11	21.0	21.9	22.0	22.2	22.3	22.8	23.4	24.3	30
2017	12	17.0	18.1	18.3	18.5	18.7	19.3	20.1	21.2	31
2018	1	15.8	16.8	17.0	17.1	17.3	17.8	18.5	19.4	31
2018	2	16.3	16.2	16.2	16.2	16.3	16.5	17.0	17.7	28
2018	3	21.5	21.1	21.0	20.9	20.9	20.7	20.6	20.4	31
2018	4	23.5	23.0	23.0	22.9	22.9	22.7	22.5	22.2	30
2018	5	29.1	27.7	27.6	27.4	27.2	26.6	26.0	25.0	31
2018	6	28.9	28.4	28.4	28.3	28.2	28.0	27.8	27.3	30
2018	7	29.4	29.1	29.2	29.1	29.1	28.9	28.8	28.3	31
2018	8	28.7	28.8	28.8	28.8	28.8	28.7	28.7	28.4	31
2018	9	27.8	27.8	26.9	27.9	27.9	27.9	27.9	27.8	26
2018	10	23.7	24.5	24.7	24.8	24.9	25.3	25.8	26.3	31
2018	11	21.8	22.4	22.6	22.6	22.8	23.1	23.6	24.2	30
2018	12	18.1	19.0	19.2	19.3	19.5	19.9	20.6	21.5	29

注：有效天数标 * 为有缺测。

表 3-55　2004—2018 年太阳辐射及日照月合计

年份	月份	总辐射总量平均值/(MJ/m²)	总辐射有效天数	反射辐射总量平均/(MJ/m²)	紫外辐射总量平均值/(MJ/m²)	净辐射量平均值/(MJ/m²)	光合有效辐射总量平均值/[mol/(m²·s)]	日照时数总和	日照分数总和
2004	12	373.233	31	66.994	12.290	91.840	666.726	190	9
2005	1	236.270	31	40.378	8.297	63.480	403.067	71	54
2005	2	133.118	28	20.900	5.822	51.643	232.813	15	2
2005	3	230.875	30	31.632	9.264	109.580	394.221	52	46
2005	4	279.380	30	33.353	10.921	147.132	451.220	54	50
2005	5	443.087	25	60.140	19.715	270.595	789.566	121	10
2005	6	294.668	23	47.882	14.783	173.292	584.447	66	26
2005	7	569.217	31	97.697	24.113	304.394	1 005.214	210	3
2005	8	443.728	31	64.978	19.677	257.084	791.825	138	38

（续）

年份	月份	总辐射总量平均值/（MJ/m²）	总辐射有效天数	反射辐射总量平均/（MJ/m²）	紫外辐射总量平均值/（MJ/m²）	净辐射总量平均值/（MJ/m²）	光合有效辐射总量平均值/［mol/（m²·s）］	日照时数总和	日照分数总和
2005	9	428.131	30	66.382	18.119	241.707	757.562	164	58
2005	10	505.670	31	80.960	19.593	248.752	872.645	250	36
2005	11	352.670	30	57.873	13.974	144.441	614.297	167	44
2005	12	298.518	31	51.533	11.198	91.620	504.892	139	44
2006	1	262.898	31	43.897	10.506	103.267	372.261	96	35
2006	2	237.519	28	39.930	9.701	96.008	343.963	70	17
2006	3	208.341	31	29.910	8.261	104.129	310.558	57	21
2006	4	304.747	30	42.093	12.983	172.386	487.776	69	24
2006	5	363.685	31	52.534	16.940	199.941	641.304	90	50
2006	6	423.646	30	61.468	18.457	250.611	725.657	121	50
2006	7	488.045	31	72.447	21.354	282.530	841.651	175	19
2006	8	498.558	31	71.860	20.434	288.196	872.033	188	52
2006	9	455.513	30	65.343	18.427	257.117	775.857	189	3
2006	10	408.398	31	60.129	15.467	203.942	676.313	189	44
2006	11	301.795	30	45.432	11.283	121.048	491.506	138	29
2006	12	388.043	31	53.898	14.153	142.028	594.797	191	51
2007	1	335.407	31	48.586	12.075	125.193	581.512	132	38
2007	2	260.398	28	35.401	9.246	102.652	440.039	89	56
2007	3	198.758	31	21.490	7.585	84.624	328.659	25	14
2007	4	305.223	30	34.360	12.396	150.491	507.655	68	21
2007	5	539.889	31	63.831	22.658	301.177	925.021	176	40
2007	6	498.599	30	59.615	22.556	290.826	900.167	145	50
2007	7	678.914	31	85.389	29.884	389.777	1 220.287	248	13
2007	8	517.828	31	62.441	23.036	292.111	930.647	164	48
2007	9	470.686	30	59.155	19.520	252.961	812.604	163	38
2007	10	474.129	31	65.099	18.587	222.218	794.345	205	10
2007	11	441.143	30	64.188	16.021	157.616	705.127	222	11
2007	12	306.594	31	47.099	10.971	92.219	477.816	112	40
2008	1	300.880	31	44.633	11.333	93.163	476.735	113	5
2008	2	279.437	29	36.609	11.206	106.648	446.104	81	50
2008	3	360.903	31	48.136	12.995	148.772	574.207	125	47

（续）

年份	月份	总辐射总量平均值/（MJ/m²）	总辐射有效天数	反射辐射总量平均/（MJ/m²）	紫外辐射总量平均值/（MJ/m²）	净辐射总量平均值/（MJ/m²）	光合有效辐射总量平均值/[mol/（m²·s）]	日照时数总和	日照分数总和
2008	4	280.007	30	32.303	12.383	133.855	466.324	49	52
2008	5	365.510	31	45.024	16.440	180.833	627.241	90	22
2008	6	380.794	30	45.903	18.271	193.923	672.834	84	3
2008	7	569.161	31	72.910	25.586	309.109	974.635	183	59
2008	8	567.291	31	72.546	24.908	351.185	971.250	200	17
2008	9	533.705	30	69.326	22.416	359.844	859.845	212	16
2008	10	464.931	31	62.665	19.190	230.261	736.863	187	21
2008	11	434.474	30	62.529	16.082	163.894	723.269	200	6
2008	12	380.822	31	55.173	11.766	104.734	681.785	174	0
2009	1								
2009	2	337.002	28	44.671	10.910	127.448	605.269	117	22
2009	3	240.651	31	28.690	8.001	87.161	412.420	47	42
2009	4	346.590	30	41.177	12.123	155.211	608.368	74	3
2009	5	440.805	31	52.398	16.131	224.336	793.247	114	10
2009	6	479.597	30	55.346	18.342	327.905	894.318	124	8
2009	7	583.297	31	66.978	21.901	401.177	1 109.596	185	42
2009	8	625.227	31	72.303	22.329	423.319	1 186.965	229	35
2009	9	525.903	30	62.024	18.514	432.426	990.312	197	34
2009	10	509.282	31	64.904	16.998	246.289	933.527	226	29
2009	11	381.528	30	44.829	12.449	141.288	683.491	150	17
2009	12	286.250	31	33.453	9.492	93.384	497.188	87	32
2010	1	208.401	30	21.632	7.315	67.966	348.325	50	35
2010	2	203.502	28	19.561	7.142	87.685	324.995	46	58
2010	3	320.368	31	37.694	9.450	195.380	500.719	92	19
2010	4	190.900	30	19.965	7.210	121.705	303.743	22	21
2010	5	368.402	31	42.171	13.562	348.254	614.842	85	6
2010	6	348.879	29	40.716	14.040	233.107	593.573	54	36
2010	7	597.313	31	69.028	22.067	425.543	1 061.505	186	48
2010	8	623.311	30	73.248	22.070	530.987	1 112.872	218	0
2010	9	448.345	28	50.766	15.850	428.640	766.040	147	6
2010	10	437.709	31	50.611	15.217	252.241	750.555	158	24

（续）

年份	月份	总辐射总量平均值/（MJ/m²）	总辐射有效天数	反射辐射总量平均/（MJ/m²）	紫外辐射总量平均值/（MJ/m²）	净辐射总量平均值/（MJ/m²）	光合有效辐射总量平均值/［mol/（m²·s）］	日照时数总和	日照分数总和
2010	11	455.286	30	57.871	15.844	159.137	686.138	212	4
2010	12	345.734	30	41.758	12.453	97.856	494.843	157	27
2011	1	298.827	31	38.987	10.171	100.223	431.341	90	43
2011	2	284.343	28	36.603	9.856	111.518	433.259	83	31
2011	3	282.959	31	35.005	10.335	118.906	431.907	44	38
2011	4	465.736	30	61.182	16.126	296.483	726.526	141	9
2011	5		7	55.632	17.989	271.891	719.010	126	33
2011	6			59.893	20.268	359.462	823.167	142	13
2011	7		20	71.105	22.919	542.031	965.821	184	22
2011	8	675.587	31	84.958	25.144	517.595	1 132.836	262	11
2011	9	524.838	30	65.821	19.096	404.851	873.329	188	30
2011	10	411.035	31	42.299	17.673	289.801	639.169	145	27
2011	11	403.585	30	43.663	16.414	282.682	629.908	171	12
2011	12	404.486	31	48.679	15.354	131.255	661.687	174	19
2012	1	193.671	31	19.382	8.386	55.573	281.403	30	57
2012	2	199.512	29	19.503	8.581	80.627	284.093	33	42
2012	3	266.240	31	24.177	10.316	145.062	369.384	68	7
2012	4	310.413	30	28.831	13.199	266.309	450.504	70	45
2012	5	455.641	31	45.386	20.382		699.074	102	58
2012	6	437.661	30	41.762	20.215	224.396	668.062	95	30
2012	7	594.697	30	61.823	26.175		957.747	189	58
2012	8	558.590	30	58.330	24.414		898.409	183	1
2012	9	507.669	30	50.765	21.531		826.243	178	0
2012	10	497.324	31	56.668	19.025	300.190	820.319	221	38
2012	11	270.395	30	27.287	11.535	144.712	420.008	72	5
2012	12	278.531	30	27.980	11.004	108.463	477.402	84	3
2013	1	298.500	31	35.682	11.272	109.755	469.567	89	40
2013	2	245.251	28	27.282	10.654	182.903	401.860	52	20
2013	3	302.295	31	34.273	11.345	254.514	473.250	89	33
2013	4	266.987	30	26.561	11.408	242.364	420.527	44	34
2013	5	429.976	31	43.471	19.794	435.024	718.306	90	59

（续）

年份	月份	总辐射总量平均值/（MJ/m²）	总辐射有效天数	反射辐射总量平均/（MJ/m²）	紫外辐射总量平均值/（MJ/m²）	净辐射总量平均值/（MJ/m²）	光合有效辐射总量平均值/［mol/（m²·s）］	日照时数总和	日照分数总和
2013	6	547.703	29	58.339	24.852	664.482	939.243	157	21
2013	7	498.569	31	55.584	22.876	445.761	864.170	130	54
2013	8	509.054	30	56.005	22.706	628.604	885.396	151	42
2013	9	529.474	30	56.124	22.387		916.193	186	7
2013	10	534.904	31	64.108	21.034	251.477	917.307	226	38
2013	11	347.228	30	37.053	14.042	130.703	590.852	135	28
2013	12	381.512	31	41.170	13.640	122.726	619.152	194	25
2014	1	401.970	31	48.420	14.214	132.182	653.021	183	43
2014	2	247.246	28	25.365	10.101	88.797	394.455	62	51
2014	3	257.634	31	23.344	9.972	145.342	412.624	54	31
2014	4	281.251	29	28.175	11.627		454.577	38	49
2014	5	373.249	31	36.883	17.171		654.090	83	38
2014	6	558.575	28	61.823	24.456		1 006.904	148	11
2014	7	591.494	28	72.881	29.205		1 160.279	221	35
2014	8	562.960	31	74.245	29.367	329.394	1 115.654	223	16
2014	9	507.296	30	69.774	26.166	284.606	988.033	208	18
2014	10	489.164	31	75.190	23.084	136.100	910.921	230	9
2014	11	294.081	30	41.843	14.179	8.671	552.923	122	18
2014	12	314.526	31	43.074	14.629	126.916	574.802	141	48
2015	1	338.172	31	47.978	15.178	135.358	610.833	157	10
2015	2	228.354	28	32.340	10.992	100.257	418.680	73	34
2015	3	171.890	31	18.961	9.082	89.367	319.182	28	55
2015	4	425.752	30	54.893	20.486	222.930	745.266	148	8
2015	5	347.560	31	39.276	19.471	210.751	649.752	88	52
2015	6	541.719	29	68.743	29.862	327.384	1 010.975	170	18
2015	7	541.913	31	71.156	29.490	323.761	1 013.558	169	33
2015	8	574.796	31	76.686	29.834	339.858	1 063.264	219	28
2015	9	471.758	30	60.935	24.629	278.355	871.154	173	36
2015	10	437.786	31	59.032			790.603	184	51
2015	11	303.360	30	39.812			548.778	110	38
2015	12	212.250	31	28.656			393.313	70	31

（续）

年份	月份	总辐射总量平均值/（MJ/m²）	总辐射有效天数	反射辐射总量平均/（MJ/m²）	紫外辐射总量平均值/（MJ/m²）	净辐射总量平均值/（MJ/m²）	光合有效辐射总量平均值/［mol/（m²・s）］	日照时数总和	日照分数总和
2016	1	177.545	26	21.769			326.907	94	31
2016	2	277.165	29	36.066			491.047	114	44
2016	3	260.023	31	31.783	10.492	110.404	440.384	80	41
2016	4	246.545	29	30.780	12.082	141.689	401.065	49	12
2016	5	410.429	31	54.584	21.298	241.938	669.565	116	26
2016	6	534.109	30	72.403	27.788	322.491	871.413	179	26
2016	7	573.064	31	76.511	29.897	334.781	951.456	202	0
2016	8	433.272	31	54.034	22.722	253.266	722.507	146	41
2016	9	486.104	30	65.226	24.515	277.374	792.894	186	26
2016	10	402.463	31	51.138	20.768	215.541	667.402	156	25
2016	11	284.042	30	34.491	13.890	131.099	456.901	110	18
2016	12	375.664	31	49.303	16.946	167.732	582.628	183	37
2017	1	278.511	31	33.823	13.100	121.627	434.561	117	2
2017	2	315.843	28	37.365	14.643	151.817	479.167	121	12
2017	3	199.970	31	22.725	9.872	95.099	316.732	94	6
2017	4	297.129	24	34.593	15.110	158.393	460.728	80	39
2017	5	452.497	31	54.642	23.109	258.733	705.115	134	48
2017	6	493.110	30	58.620	26.751	299.187	786.125	147	7
2017	7	481.193	31	43.778	16.344	258.180	807.169	143	4
2017	8	631.968	31	47.416	18.708	347.676	1 052.539	215	38
2017	9	523.382	29	39.683	13.149	272.687	826.316	189	41
2017	10	501.435	31	37.218	10.656	235.988	760.436	208	19
2017	11	280.532	30	20.834	10.928	118.375	428.931	82	28
2017	12	387.718	31	30.613	18.745	148.137	550.802	165	59
2018	1	274.705	31	21.260	13.800	100.597	393.829	97	41
2018	2	340.962	28	26.896	16.868	150.733	468.901	121	49
2018	3	425.413	31	32.981	20.918	198.973	613.473	138	59
2018	4	335.122	30	25.451	17.819	161.100	491.903	84	39
2018	5	614.134	31	42.646	33.849	343.151	869.706	211	59
2018	6	515.302	30	34.943	29.432	290.495	720.954	158	51
2018	7	508.745	31	33.706	29.447	283.763	713.913	152	59

（续）

年份	月份	总辐射总量平均值/(MJ/m²)	总辐射有效天数	反射辐射总量平均/(MJ/m²)	紫外辐射总量平均值/(MJ/m²)	净辐射总量平均值/(MJ/m²)	光合有效辐射总量平均值/[mol/（m²·s)]	日照时数总和	日照分数总和
2018	8	491.102	31	33.499	28.685	273.332	684.450	145	21
2018	9	510.992	28	37.632	29.528	280.509	700.202	180	48
2018	10	445.284	31	34.638	23.843	204.320	599.795	165	10
2018	11	340.548	30	24.486	18.269	148.840	452.984	128	36
2018	12	252.603	31	17.733	14.128	107.173	337.431	66	45

注：空白处为缺测，总辐射总量 2009 年 1 月、2011 年 5 月 7 日、2009 年 1 月全缺；净辐射总量 2012 年 5 月、7—10 月、2013 年 9 月、2014 年 4—7 月缺测；紫外辐射总量、净辐射总量 2015 年 10 月至 2016 年 2 月缺测。

第4章 研究与管理数据

4.1 研究特色数据

鼎湖山站除了常规监测外，还有大量的长期实验研究。在此收录了鼎湖山野生维管束植物名录、主要植被类型的鸟类名录等较新的本底调查数据，以及树干液流部分监测数据、碳通量前期监测的校正过的数据，以供参考使用。

4.1.1 鼎湖山野生维管束植物名录

（1）概述

本部分名录共收集分布在鼎湖山站所在的鼎湖山国家级自然保护区范围内的野生维管植物 183 科 762 属 1 481 种（蕨类 28 科 61 属 126 种，裸子植物 3 科 3 属 4 种，被子植物 152 科 698 属 1 351 种）。本部分名录综合了多位植物工作者长期以来的工作成果，包括反映鼎湖山树木园老一辈工作者在保护区成立 20 周年时整理的在鼎湖山及周边调查采集植物标本等工作成果的《鼎湖山植物手册》、华南植物园系统与进化研究中心 2005—2008 年在鼎湖山进行的系统调查，以及近几十年在鼎湖山从事植物多样性监测研究（包括样地和样带监测）人员的成果。

本部分名录收集的数据为处于野生状态的维管植物，包括一些原来是栽培种，后逸为野生的植物，有意栽培的种类均不包括在内。此名录也不包括七星岩、东岗坑、铁炉坑、砚坑等鼎湖山周边地区（《鼎湖山植物手册》包括这些地区）分布的野生植物。因此，统计的种类数量比《鼎湖山植物手册》和以往公布的植物名录（如《广东鼎湖山国家级自然保护区综合科学考察报告》）所收集的均有一定程度的减少。

因时间跨度逾 50 年，有些种类的分类归并和定名发生了很大变化，同时由于鼎湖山国家级自然保护区周边和内部环境变化较大，开放旅游区域人为干扰较严重，造成稀有种可能消失，可能产生新分布种，栽培种逸为野生也时有发生。因此，本名录的不确定性仍然存在，错漏在所难免，仍需持续不断地监测与更正。

本部分名录主要是为科研工作者开展野外调查及科普爱好者野外考察植物提供方便，每个种描述了主要性状，如乔木（常绿或落叶）、灌木（攀缓与非攀缓）、藤本（木质或草质）、草本（一年生、二年生或多年生）、树蕨、竹类。其种群数量及容易发现程度分为 5 级（常见、较常见、较少见、少见和极少见）。此外，列出了其主要分布生境，如自然林、林缘、灌丛、旷野、草地等。

本名录的主要种类图册发表于《鼎湖山野生植物》（黄忠良等，2019）一书。本名录发表的维管植物的系统排列顺序及定名规范均根据最新的植物分子系统学的研究成果。其中，蕨类植物依据的是最新的 PPG Ⅰ系统（PPG Ⅰ，2016）。裸子植物依据的是最新的克氏系统（Christenhusz MJM et al.，2011）。被子植物依据的是最新的 APG Ⅳ系统（APG Ⅳ，2016）。

（2）数据采集和处理方法

为与表 3-15 样地植物名录数据对应，本数据集也根据中国科学院生态系统研究网络统一规定，

以 *Flora of China*（Wu et al.，1996）、《中国植物志》（中国科学院中国植物志编辑委员会，2004）及地方植物志等重新查证统一，与《鼎湖山野生植物》图册稍有差异。

本部分数据的构建过程主要包括：标本馆查阅登记、野外考察记录、样地调查、数据整理与录入、数据质量控制与评估、数据分析以及数据集的形成与入库。在标本馆主要查阅鼎湖山工作人员在鼎湖山采集的 30 000 多份植物腊叶标本，外来植物学工作者在鼎湖山采集的植物标本和调查记录、统计鼎湖山多次野外考察，以及各个样地、样带各次调查的记录，并经过系统整理而成。对一些曾经改变过命名或归并的种类均根据最新的结果予以订正。

（3）数据质量控制和评估

所有的植物标本均经过植物分类学专家鉴定。

（4）数据价值/数据使用方法和建议

本部分名录主要是为科研工作者开展研究工作时提供基本信息。

（5）数据

具体数据见表 4-1。

4.1.2　鼎湖山主要植被类型的鸟类名录

（1）概述

鸟类数据是以鼎湖山国家级自然保护区内具有代表性的植被类型为基础，确定固定监测样线。采集时间为 2015—2018 年，数据采集内容包括在监测范围内出现的所有鸟类，共记录到鸟类 9 目 35 科 88 种，占保护区鸟类总种数（267 种）（范宗骥等，2021）的 33.33%，累计数量 14 678 只，其中，2015 年记录到 7 目 29 科 73 种 5 110 只，2016 年记录到 8 目 33 科 71 种 4 628 只，2017 年记录到 9 目 30 科 68 种 4 932 只。

（2）数据采集和处理方法

鸟类数据采集选择鼎湖山保护区内的季风常绿阔叶林、针阔混交林及针叶林 3 种林型，每种林型 2 条重复，共有 6 条固定监测样线，样线的海拔范围在 8～480 m。

采用固定样线法和固定样点法相结合的方法进行，两者互补结合是目前被认为最高效的鸟类群落调查方法（Bibby et al.，2000）。采用固定样线法调查时，调查人员沿固定样线以 1～2 km/h 的速度行进，用 8×42 的双筒望远镜记录样线两侧各 25 m 范围内发现的鸟类个体，记录内容包括鸟类的种类、数量、时间、距离、离地高度、活动基质及行为方式等。采用固定样点法调查时，样点的选取按照每隔 200 m 的距离设置 1 个固定样点的方法在样线上均匀分布，每个样点停留 10 min，记录样点半径 25 m 内发现的鸟类个体，记录内容与固定样线法一致。为保证所选样点之间的独立性及重复记录，在样点半径 25 m 外和林冠层以外飞过的鸟类不予记录。鸟类数据采集周期为每 5 年连续采集 3 年，每年开展鸟类监测 4 次，包括繁殖期 2 次（鼎湖山鸟类繁殖期为 4—7 月），越冬期 2 次（11 月至翌年 2 月）。一般选择晴朗、风力不大的上午，调查时间为日出后 3h。

数据处理是以分析鸟类群落的多样性指数、均匀性指数、优势度指数和相似系数为主。

①鸟类群落的多样性指数用香农-威纳（Shannon-Wiener）多样性指数（关文彬等，1997）计算，其公式为：

$$H' = -\sum_{i=1}^{s}(P_i \ln P_i)$$

式中：H'为香农-威纳多样性指数，P_i 为物种 i 的个体数占总个体数的比例；S 为物种数。

②鸟类群落的 Pielou 均匀性指数（Pielou，1969），其公式为：

$$E = H'/H_{max}$$

式中，E 为均匀性指数；H'为实际调查的多样性指数；$H_{max} = \ln S$，为最大多样性值。

表 4-1 鼎湖山野生维管束植物名录

序号	种名	学名	科名	性状	主要分布生境	多度	性状大类
1	蛇足石杉	*Huperzia serrata*（Thunb.）Trev.	石松科	直立小草本	山谷林下或沟谷石上	少见	藤本
2	藤石松	*Lycopodiastrum casuarinoides*（Spring）Holub ex Dixit	石松科	草质藤本	疏林灌丛	较常见	草本
3	垂穗石松	*Palhinhaea cernua*（L.）Vasc. et Franco	石松科	匍匐草本	自然林	较常见	草本
4	马尾杉	*Phlegmariurus phlegmaria*（L.）Holub	石松科	附生草本	山谷林下或沟谷石上	常见	草本
5	薄叶卷柏	*Selaginella delicatula*（Desv.）Alston	卷柏科	直立草本	山谷林中	少见	草本
6	深绿卷柏	*Selaginella doederleinii* Hieron.	卷柏科	直立草本	林下路旁	较常见	草本
7	疏松卷柏	*Selaginella effusa* Alston	卷柏科	直立草本	石上	较常见	草本
8	细叶卷柏	*Selaginella labordei* Hieron. ex christ	卷柏科	贴地草本	林中	较常见	草本
9	江南卷柏	*Selaginella moellendorffii* Hieron.	卷柏科	直立草本	林中	少见	草本
10	翠云草	*Selaginella uncinata*（Desv. ex Poir.）Spring	卷柏科	匍匐草本	林下或石上	较少见	草本
11	节节草	*Equisetum ramosissimum* Desf.	木贼科	直立草本	山顶	少见	草本
12	笔管草	*Equisetum ramosissimum* subsp. *debile*（Roxb. ex Vaucher）Hauke	木贼科	直立草本	林中草丛或石缝	较常见	草本
13	七指蕨	*Helminthostachys zeylanica*（L.）Hook.	瓶尔小草科	直立草本	山谷林中	极少见	草本
14	瓶尔小草	*Ophioglossum vulgatum* L.	瓶尔小草科	直立小草本	平地路旁草地	少见	草本
15	福建观音座莲	*Angiopteris fokiensis* Hieron.	合囊蕨科	大型草本	林中	少见	草本
16	华南紫萁	*Osmunda vachellii* Hook.	紫萁科	直立草本	沟边	较常见	草本
17	长柄蕗蕨	*Hymenophyllum polyanthos*（Sw.）Sw.	膜蕨科	直立草本	自然林	少见	草本
18	芒萁	*Dicranopteris pedata*（Houtt.）Nakaike	里白科	丛生草本	自然林、疏林灌丛	常见	草本
19	中华里白	*Diplopterygium chinensis*（Ros.）De Vol	里白科	丛生草本	自然林	常见	草本
20	全缘燕尾蕨	*Cheiropleuria integrifolia*（D. C. Eaton ex Hook.）M. Kato	双扇蕨科	直立小草本	山谷林中	少见	草本
21	曲轴海金沙	*Lygodium flexuosum*（L.）Sw.	海金沙科	藤状草本	疏林灌丛	较少见	草本
22	海金沙	*Lygodium japonicum*（Thunb.）Sw.	海金沙科	藤状草本	路旁、山坡灌丛	常见	草本

（续）

序号	种名	学名	科名	性状	主要分布生境	多度	性状大类
23	小叶海金沙	*Lygodium microphyllum*（Cav.）R. Br.	海金沙科	藤状草本	山坡灌丛	较常见	草本
24	南国田字草	*Marsilea minuta* L.	嗯科	浮水草本	湿地	较少见	草本
25	嗯	*Marsilea quadrifolia* L.	嗯科	浮水草本	湿地	较常见	草本
26	满江红	*Azolla pinnata* subsp. *asiatica* R. M. K. Saunders & K. Fowler	槐叶苹科	浮水草本	湿地	较少见	草本
27	槐叶苹	*Salvinia natans*（L.）All.	槐叶苹科	浮水草本	湿地	较少见	草本
28	华东瘤足蕨	*Plagiogyria japonica* Nakai	瘤足蕨科	直立草本	林中	少见	草本
29	金毛狗	*Cibotium barometz*（L.）J. Sm.	金毛狗科	大型直立草本	灌丛、疏林	常见	树蕨
30	大叶黑桫椤	*Alsophila gigantea* Wall. ex Hook.	桫椤科	树蕨	山谷林下	极少见	树蕨
31	桫椤	*Alsophila spinulosa*（Wall. ex Hook.）R. M. Tryon	桫椤科	树蕨	山谷林下	少见	树蕨
32	黑桫椤	*Gymnosphaera podophylla*（Hook.）Copel.	桫椤科	树蕨	自然林	常见	草本
33	剑叶鳞始蕨	*Lindsaea ensifolia* Sw.	鳞始蕨科	直立草本	山坡灌丛、松林	少见	草本
34	异叶鳞始蕨	*Lindsaea heterophylla* Dryand.	鳞始蕨科	直立草本	山坡山谷、松林	少见	草本
35	团叶鳞始蕨	*Lindsaea orbiculata*（Lam.）Mett. ex Kuhn	鳞始蕨科	直立草本	山坡灌丛	较常见	草本
36	乌蕨	*Odontosoria chinensis* J. Sm.	鳞始蕨科	直立草本	路边、林下	较常见	草本
37	碗蕨	*Dennstaedtia scabra*（Wall. ex Hook.）Moore	碗蕨科	直立草本	林下	少见	草本
38	栗蕨	*Histiopteris incisa*（Thunb.）J. Sm.	碗蕨科	直立草本	山谷林下	较常见	草本
39	华南鳞盖蕨	*Microlepia hancei* Prantl	碗蕨科	直立草本	林中或溪边	较常见	草本
40	虎克鳞盖蕨	*Microlepia hookeriana*（Wall.）Presl	碗蕨科	直立草本	自然林或溪边	少见	草本
41	边缘鳞盖蕨	*Microlepia marginata*（Houtt.）C. Chr.	碗蕨科	直立草本	灌丛溪边	少见	草本
42	稀子蕨	*Monachosorum henryi* Christ	碗蕨科	直立草本	林下或石上	少见	草本
43	蕨	*Pteridium aquilinum* var. *latiusculum*（Desv.）Underw. ex Heller	碗蕨科	直立草本	山顶林缘	少见	草本
44	毛轴蕨	*Pteridium revolutum*（Blume）Nakai	碗蕨科	直立草本	自然林	较少见	草本

（续）

序号	种名	学名	科名	性状	主要分布生境	多度	性状大类
45	鞭叶铁线蕨	*Adiantum caudatum* L.	凤尾蕨科	直立草本	石缝	较常见	草本
46	扇叶铁线蕨	*Adiantum flabellulatum* L.	凤尾蕨科	直立草本	林下灌丛	常见	草本
47	水蕨	*Ceratopteris thalictroides*（L.）Brongn.	凤尾蕨科	一年生小草本	湿地	少见	草本
48	毛轴碎米蕨	*Cheilanthes chusana* Hook.	凤尾蕨科	直立草本	林下	少见	草本
49	薄叶碎米蕨	*Cheilanthes tenuifolia*（Burm. f.）Sw.	凤尾蕨科	直立草本	林下、灌丛、路旁	较少见	草本
50	书带蕨	*Haplopteris flexuosa*（Fée）E. H. Crane	凤尾蕨科	附生草本	沟谷石上或树上	少见	草本
51	剑叶凤尾蕨	*Pteris ensiformis* Burm.	凤尾蕨科	直立草本	溪边、林下	常见	草本
52	溪边凤尾蕨	*Pteris terminalis* Wall. ex J. Agardh	凤尾蕨科	较高大直立草本	自然林山谷溪旁	较少见	草本
53	傅氏凤尾蕨	*Pteris fauriei* Hieron.	凤尾蕨科	直立草本	林下沟边	较常见	草本
54	林下凤尾蕨	*Pteris grevilleana* Wall. ex J. Agardh	凤尾蕨科	直立草本	自然林	较少见	草本
55	井栏边草	*Pteris multifida* Poir.	凤尾蕨科	较小直立草本	林下、石上	较常见	草本
56	栗柄凤尾蕨	*Pteris plumbea* Christ	凤尾蕨科	直立草本	林下、石上	较少见	草本
57	半边旗	*Pteris semipinnata* L.	凤尾蕨科	直立草本	林下灌丛、路旁	较常见	草本
58	蜈蚣草	*Pteris vittata* L.	凤尾蕨科	直立草本	屋旁、石缝	较常见	草本
59	毛轴铁角蕨	*Asplenium crinicaule* Hance	铁角蕨科	直立草本	山谷林中溪边石上	较常见	草本
60	剑叶铁角蕨	*Asplenium ensiforme* Wall. ex Hook. et Grev.	铁角蕨科	直立草本	山谷林中溪边石上	少见	草本
61	厚叶铁角蕨	*Asplenium griffithianum* Hook.	铁角蕨科	直立草本	自然林下石上	少见	草本
62	倒挂铁角蕨	*Asplenium normale* D. Don	铁角蕨科	直立草本	山谷林下	较常见	草本
63	长叶铁角蕨	*Asplenium prolongatum* Hook.	铁角蕨科	直立草本	自然林下或石上	少见	草本
64	假大羽铁角蕨	*Asplenium pseudolaserpitiifolium* Ching	铁角蕨科	直立草本	山谷林下	较少见	草本
65	膜连铁角蕨	*Asplenium tenerum* Forst.	铁角蕨科	直立草本	山谷林下石上	较少见	草本
66	星毛蕨	*Ampelopteris prolifera*（Retz.）Cop.	金星蕨科	攀援状草本	平地沟旁	较少见	草本

（续）

序号	种名	学名	科名	性状	主要分布生境	多度	性状大类
67	渐尖毛蕨	*Cyclosorus acuminatus*（Houtt.）Nakai	金星蕨科	直立草本	林下山谷	较少见	草本
68	华南毛蕨	*Cyclosorus parasiticus*（L.）Farwell.	金星蕨科	直立草本	林下、沟边、路边	较常见	草本
69	新月蕨	*Pronephrium gymnopteridifrons*（Hay.）Holtt.	金星蕨科	直立草本	山谷溪边	少见	草本
70	红色新月蕨	*Pronephrium lakhimpurense*（Rosenst.）Holtt.	金星蕨科	直立草本	山谷溪边	少见	草本
71	三羽新月蕨	*Pronephrium triphyllum*（Sw.）Holttum	金星蕨科	直立草本	自然林下	较少见	草本
72	溪边假毛蕨	*Pseudocyclosorus ciliatus*（Benth.）Ching	金星蕨科	直立草本	山谷林下溪边	少见	草本
73	普通假毛蕨	*Pseudocyclosorus subochthodes*（Ching）Ching	金星蕨科	直立草本	山谷林下	较少见	草本
74	羽裂圣蕨	*Dictyocline wilfordii*（Hook.）J. Sm.	金星蕨科	直立草本	山谷林下	少见	草本
75	戟叶圣蕨	*Dictyocline sagittifolia* Ching	金星蕨科	直立草本	山谷林下	少见	草本
76	乌毛蕨	*Blechnum orientale* L.	乌毛蕨科	直立草本	林下灌丛	常见	树蕨
77	苏铁蕨	*Brainea insignis*（Hook.）J. Sm.	乌毛蕨科	树蕨	山坡、松林下	较少见	草本
78	崇澍蕨	*Chieniopteris harlandii*（Hook.）Ching	乌毛蕨科	直立草本	山谷林下石上	较少见	草本
79	狗脊	*Woodwardia japonica*（L. f.）Sm.	乌毛蕨科	直立草本	自然林	较常见	草本
80	东洋对囊蕨	*Deparia japonica*（Thunb.）M. Kato	蹄盖蕨科	直立草本	林下、山谷溪沟边	较常见	草本
81	毛叶对囊蕨	*Deparia petersenii*（Kunze）M. Kato	蹄盖蕨科	直立草本	林下、山谷溪沟边	较少见	草本
82	毛柄双盖蕨	*Diplazium dilatatum* Blume	蹄盖蕨科	直立草本	山谷林下	少见	草本
83	鼎湖山毛轴双盖蕨	*Diplazium dinghushanicum*（Ching et S. H. Wu）Z. R. He	蹄盖蕨科	直立草本	山谷林中石上	较少见	草本
84	双盖蕨	*Diplazium donianum*（Mett.）Tardieu	蹄盖蕨科	直立草本	自然林下	较常见	草本
85	食用双盖蕨	*Diplazium esculentum*（Retz.）Sm.	蹄盖蕨科	直立草本	林下、水边	较少见	草本
86	江南双盖蕨	*Diplazium mettenianum*（Miq.）C. Chr.	蹄盖蕨科	直立草本	自然林下	少见	草本
87	单叶对囊蕨	*Deparia lancea*（Thunb.）Fraser-Jenk.	蹄盖蕨科	直立草本	自然林下	较少见	草本
88	多羽复叶耳蕨	*Arachniodes amoena*（Ching）Ching	鳞毛蕨科	直立草本	自然林下	较常见	草本

（续）

序号	种名	学名	科名	性状	主要分布生境	多度	性状大类
89	刺头复叶耳蕨	*Arachniodes aristata*（Forst.）Tindale	鳞毛蕨科	直立草本	自然林下	较少见	草本
90	中华复叶耳蕨	*Arachniodes chinensis*（Rosenst.）Ching	鳞毛蕨科	直立草本	自然林下	少见	草本
91	华南实蕨	*Bolbitis subcordata*（Cop.）Ching	鳞毛蕨科	直立草本	自然林下	较少见	草本
92	阔鳞鳞毛蕨	*Dryopteris championii*（Benth.）C. Chr.	鳞毛蕨科	直立草本	林下	少见	草本
93	鱼鳞蕨毛蕨	*Dryopteris paleolata*（Pic. Serm.）Li Bing Zhang	鳞毛蕨科	直立草本	林缘	较少见	草本
94	稀羽鳞毛蕨	*Dryopteris sparsa*（D. Don）Kuntze	鳞毛蕨科	直立草本	林下	少见	草本
95	华南舌蕨	*Elaphoglossum yoshinagae*（Yatabe）Makino	鳞毛蕨科	直立草本	山谷林中	较少见	草本
96	灰绿耳蕨	*Polystichum scariosum*（Roxb.）C. V. Morton	鳞毛蕨科	直立草本	林缘	较少见	草本
97	巴郎耳蕨	*Polystichum balansae* Christ	鳞毛蕨科	直立草本	山谷溪沟边或林下	较少见	草本
98	肾蕨	*Nephrolepis cordifolia*（L.）C. Presl	肾蕨科	直立草本	树上、灌丛	较常见	草本
99	毛轴牙蕨	*Pteridrys australis* Ching	三叉蕨科	直立草本	山谷林中	少见	草本
100	下延叉蕨	*Tectaria decurrens*（Presl）Cop.	三叉蕨科	直立草本	山谷林下	较少见	草本
101	沙皮蕨	*Tectaria harlandii*（Hook.）C. M. Kuo	三叉蕨科	直立草本	自然林下	较常见	草本
102	三叉蕨	*Tectaria subtriphylla*（Hook. et Arn.）Cop.	三叉蕨科	直立草本	自然林下	少见	草本
103	地耳蕨	*Tectaria zeylanica*（Houtt.）Sledge	三叉蕨科	小草本	自然林下石上	较常见	草本
104	华南条蕨	*Oleandra cumingii* J. Sm.	条蕨科	直立草本	溪边石上	少见	草本
105	波边条蕨	*Oleandra undulata*（Willd.）Ching	条蕨科	直立草本	林下石上	少见	草本
106	大叶骨碎补	*Davallia divaricata* Blume	骨碎补科	较大型草本	附生山谷林中石上或树上	较少见	草本
107	杯盖阴石蕨	*Davallia griffithiana* Hook.	骨碎补科	附生草本	树上或石上	少见	草本
108	阴石蕨	*Davallia repens* Desv.	骨碎补科	附生草本	树上或石上	较少见	草本
109	阔叶骨碎补	*Davallia solida*（G. Forst.）Sw.	骨碎补科	附生直立草本	树上或石上	少见	草本
110	崖姜	*Aglaomorpha coronans*（Wall. ex Mett.）Cop.	水龙骨科	附生直立草本	树上或石上	较少见	草本

（续）

序号	种名	学名	科名	性状	主要分布生境	多度	性状大类
111	抱石莲	*Lemmaphyllum drymoglossoides*（Baker）Ching	水龙骨科	匍匐草本	树上或石上	较少见	草本
112	伏石蕨	*Lemmaphyllum microphyllum* C. Presl	水龙骨科	匍匐草本	树上或石上	较少见	草本
113	骨牌蕨	*Lemmaphyllum rostratum*（Bedd.）Tagawa	水龙骨科	匍匐草本	树上或石上	少见	草本
114	掌叶线蕨	*Leptochilus digitatus*（Baker）Noot.	水龙骨科	直立草本	山谷林下	少见	草本
115	线蕨	*Leptochilus ellipticus*（Thunb.）Noot.	水龙骨科	直立草本	山谷林下	少见	草本
116	宽羽线蕨	*Leptochilus ellipticus* var. *pothifolius*（Buch.-Ham. ex D. Don）X. C. Zhang	水龙骨科	直立草本	自然林下石上	较常见	草本
117	断线蕨	*Leptochilus hemionitideus*（C. Presl）Noot.	水龙骨科	直立草本	山谷林下石上	少见	草本
118	胄叶线蕨	*Leptochilus hemitomus*（Hance）Noot.	水龙骨科	直立草本	山谷林下	少见	草本
119	褐叶线蕨	*Leptochilus wrightii*（Hook. et Baker）X. C. Zhang	水龙骨科	直立草本	山谷林下石上	少见	草本
120	羽裂星蕨	*Microsorum insigne*（Blume）Cop.	水龙骨科	附生草本	林下石上	较少见	草本
121	星蕨	*Microsorum punctatum*（L.）Cop.	水龙骨科	附生草本	自然林树上、石上	较少见	草本
122	江南星蕨	*Neolepisorus fortunei*（T. Moore）Li. Wang	水龙骨科	附生草本	自然林树上、石上	较常见	草本
123	短柄滨禾蕨	*Oreogrammitis dorsipila*（Christ）Parris	水龙骨科	小型附生草本	山谷林中石上	少见	草本
124	贴生石韦	*Pyrrosia adnascens*（Sw.）Ching	水龙骨科	附生草本	阴处石上或树上	较常见	草本
125	石韦	*Pyrrosia lingua*（Thunb.）Farwell	水龙骨科	附生草本	石上或树上	较少见	草本
126	抱树石韦	*Pyrrosia piloselloides*（L.）M. G. Price	水龙骨科	附生草本	树干上	较少见	藤本
127	罗浮买麻藤	*Gnetum lofuense* C. Y. Cheng	买麻藤科	木质藤本	林中	较常见	藤本
128	小叶买麻藤	*Gnetum parvifolium*（Warb.）C. Y. Cheng ex Chun	买麻藤科	木质藤本	林中、灌丛	较常见	乔木
129	马尾松	*Pinus massoniana* Lamb.	松科	常绿乔木	松林与混交林	常见	乔木
130	长叶竹柏	*Nageia fleuryi*（Hickel）de Laub.	罗汉松科	常绿乔木	山坡林中	少见	藤本
131	黑老虎	*Kadsura coccinea*（Lem.）A. C. Sm.	五味子科	木质藤本	自然林	少见	藤本

（续）

序号	种名	学名	科名	性状	主要分布生境	多度	性状大类
132	异形南五味子	*Kadsura heteroclita*（Roxb.）Craib	五味子科	木质藤本	自然林	少见	藤本
133	南五味子	*Kadsura longipedunculata* Finet et Gagnep.	五味子科	木质藤本	自然林	少见	草本
134	蕺菜	*Houttuynia cordata* Thunb.	三白草科	多年生草本	旷野、水边	较常见	藤本
135	华南胡椒	*Piper austrosinense* Y. C. Tseng	胡椒科	攀援藤本	自然林	较常见	藤本
136	山蒟	*Piper hancei* Maxim.	胡椒科	攀援藤本	林中	常见	藤本
137	变叶胡椒	*Piper mutabile* C. DC.	胡椒科	攀援藤本	疏林、灌丛	较常见	藤本
138	假蒟	*Piper sarmentosum* Roxb.	胡椒科	直立草本	林下、路旁	常见	草本
139	小叶爬崖香	*Piper sintenense* Hatus.	胡椒科	攀援藤本	自然林	较常见	藤本
140	广防己	*Aristolochia fangchi* Y. C. Wu ex L. D. Chow et S. M. Hwang	马兜铃科	木质藤本	林中	较少见	草本
141	杜衡	*Asarum forbesii* Maxim.	马兜铃科	多年生草本	山谷林下、石上	少见	草本
142	鼎湖细辛	*Asarum magnificum* var. *dinghuense* C. Y. Cheng et C. S. Yang	马兜铃科	多年生草本	山谷林下	少见	草本
143	慈姑叶细辛	*Asarum sagittarioides* C. F. Liang	马兜铃科	多年生草本	山谷林下或高山草丛	少见	乔木
144	香港木兰	*Lirianthe championii*（Benth.）N. H. Xia et C. Y. Wu	木兰科	常绿乔木	自然林	较常见	乔木
145	毛桃木莲	*Manglietia kwangtungensis*（Merr.）Dandy	木兰科	常绿乔木	林中	少见	乔木
146	金叶含笑	*Michelia foveolata* Merr. ex Dandy	木兰科	常绿乔木	自然林	较少见	乔木
147	深山含笑	*Michelia maudiae* Dunn	木兰科	常绿乔木	山谷林中	少见	乔木
148	观光木	*Michelia odora*（Chun）Noot. et B. L. Chen	木兰科	常绿乔木	自然林	少见	乔木
149	野含笑	*Michelia skinneriana* Dunn	木兰科	常绿乔木	山谷林中	少见	藤本
150	假鹰爪	*Desmos chinensis* Lour.	番荔枝科	木质藤本	山坡灌丛、路旁	常见	藤本
151	白叶瓜馥木	*Fissistigma glaucescens*（Hance）Merr.	番荔枝科	木质藤本	自然林	常见	藤本
152	瓜馥木	*Fissistigma oldhamii*（Hemsl.）Merr.	番荔枝科	木质藤本	自然林	少见	藤本
153	黑风藤	*Fissistigma polyanthum*（Hook. f. et Thoms.）Merr.	番荔枝科	木质藤本	自然林	较少见	藤本

（续）

序号	种名	学名	科名	性状	主要分布生境	多度	性状大类
154	香港瓜馥木	*Fissistigma uonicum* (Dunn) Merr.	番荔枝科	木质藤本	自然林	少见	藤本
155	斜脉异萼花	*Disepalum plagioneurum* (Diels) D. M. Johnson	番荔枝科	木质藤本	自然林	少见	藤本
156	光叶紫玉盘	*Uvaria boniana* Finet et Gagnep.	番荔枝科	木质藤本	自然林	少见	藤本
157	紫玉盘	*Uvaria macrophylla* Roxb.	番荔枝科	木质藤本	各种林中	常见	藤本
158	小花青藤	*Illigera parviflora* Dunn	莲叶桐科	藤本	自然林	较少见	藤本
159	红花青藤	*Illigera rhodantha* Hance	莲叶桐科	藤本	自然林	少见	藤本
160	无根藤	*Cassytha filiformis* L.	樟科	寄生缠绕草质藤本	灌丛、疏林	较少见	乔木
161	毛桂	*Cinnamomum appelianum* Schewe	樟科	常绿乔木	自然林	少见	乔木
162	阴香	*Cinnamomum burmannii* (Nees et T. Nees) Blume	樟科	常绿小乔木	疏林	常见	乔木
163	樟	*Cinnamomum camphora* (L.) J. Presl	樟科	常绿乔木	疏林	常见	乔木
164	少花桂	*Cinnamomum pauciflorum* Nees	樟科	常绿乔木	自然林	少见	乔木
165	香桂	*Cinnamomum subavenium* Miq.	樟科	常绿乔木	自然林	少见	乔木
166	厚壳桂	*Cryptocarya chinensis* (Hance) Hemsl.	樟科	常绿乔木	自然林	常见	乔木
167	硬壳桂	*Cryptocarya chingii* Cheng	樟科	常绿乔木	自然林	较少见	乔木
168	黄果厚壳桂	*Cryptocarya concinna* Hance	樟科	常绿乔木	自然林	常见	乔木
169	乌药	*Lindera aggregata* (Sims) Kosterm.	樟科	常绿乔木	自然林	少见	乔木
170	鼎湖钓樟	*Lindera chunii* Merr.	樟科	常绿乔木	自然林	常见	乔木
171	香叶树	*Lindera communis* Hemsl.	樟科	常绿乔木	自然林	较少见	乔木
172	广东山胡椒	*Lindera kwangtungensis* (H. Liu) C. K. Allen	樟科	常绿乔木	林中	少见	乔木
173	滇粤山胡椒	*Lindera metcalfiana* C. K. Allen	樟科	常绿乔木	自然林	较常见	乔木
174	绒毛山胡椒	*Lindera nacusua* (D. Don) Merr.	樟科	常绿乔木	山谷林中	少见	乔木
175	尖脉木姜子	*Litsea acutivena* Hayata	樟科	常绿乔木	自然林	少见	乔木

（续）

序号	种名	学名	科名	性状	主要分布生境	多度	性状大类
176	山胡椒	*Litsea cubeba*（Lour.）Pers.	樟科	常绿乔木	疏林中	常见	乔木
177	黄丹木姜子	*Litsea elongata*（Wall. ex Nees）Benth. et Hook. f.	樟科	常绿乔木	自然林	少见	乔木
178	潺槁木姜子	*Litsea glutinosa*（Lour.）C. B. Rob.	樟科	常绿乔木	疏林	常见	乔木
179	华南木姜子	*Litsea greenmaniana* C. K. Allen	樟科	常绿乔木	林中	少见	乔木
180	假柿木姜子	*Litsea monopetala*（Roxb.）Pers.	樟科	常绿乔木	自然林	较常见	乔木
181	豺皮樟	*Litsea rotundifolia* var. *oblongifolia*（Nees）Allen	樟科	常绿乔木	疏林	常见	乔木
182	短序润楠	*Machilus breviflora*（Benth.）Hemsl.	樟科	常绿乔木	自然林	较常见	乔木
183	华润楠	*Machilus chinensis*（Champ. ex Benth.）Hemsl.	樟科	常绿乔木	自然林	常见	乔木
184	黄心树	*Machilus gamblei* King ex Hook. f.	樟科	常绿乔木	林中	少见	乔木
185	黄绒润楠	*Machilus grijsii* Hance	樟科	常绿乔木	疏林	少见	乔木
186	广东润楠	*Machilus kwangtungensis* Yang	樟科	常绿乔木	山脚沟边至自然林	常见	乔木
187	凤凰润楠	*Machilus phoenicis* Dunn	樟科	常绿乔木	自然林	较常见	乔木
188	红楠	*Machilus thunbergii* Sieb. et Zucc.	樟科	常绿乔木	林中	少见	乔木
189	绒毛润楠	*Machilus velutina* Champ. ex Benth.	樟科	常绿乔木	疏林	常见	乔木
190	新木姜子	*Neolitsea aurata*（Hay.）Koidz.	樟科	常绿乔木	山谷林中	少见	乔木
191	锈叶新木姜子	*Neolitsea cambodiana* Lec.	樟科	常绿乔木	自然林	较常见	乔木
192	鸭公树	*Neolitsea chui* Merr.	樟科	常绿乔木	自然林	较少见	乔木
193	显脉新木姜子	*Neolitsea phanerophlebia* Merr.	樟科	常绿乔木	自然林	少见	乔木
194	美丽新木姜子	*Neolitsea pulchella*（Meisn.）Merr.	樟科	常绿乔木	自然林	少见	灌木
195	金粟兰	*Chloranthus spicatus*（Thunb.）Makino	金粟兰科	多枝亚灌木	自然林	较常见	灌木
196	草珊瑚	*Sarcandra glabra*（Thunb.）Nakai	金粟兰科	直立亚灌木	自然林	较常见	草本
197	菖蒲	*Acorus calamus* L.	菖蒲科	多年生草本	湿地	较少见	草本

（续）

序号	种名	学名	科名	性状	主要分布生境	多度	性状大类
198	金钱蒲	*Acorus gramineus* Soland.	菖蒲科	多年生草本	湿地	常见	草本
199	广东万年青	*Aglaonema modestum* Schott ex Engl.	天南星科	多年生草本	湿地	常见	草本
200	尖尾芋	*Alocasia cucullata*（Lour.）Schott	天南星科	多年生草本	湿地	较少见	草本
201	海芋	*Alocasia odora*（Roxb.）K. Koch	天南星科	多年生草本	湿地	常见	草本
202	花魔芋	*Amorphophallus konjac* K. Koch	天南星科	多年生草本	湿地	少见	草本
203	野芋	*Colocasia antiquorum* Schott	天南星科	多年生草本	旷野水湿处	较常见	藤本
204	麒麟叶	*Epipremnum pinnatum*（L.）Engl.	天南星科	攀援大藤本	沟谷林中	较常见	草本
205	千年健	*Homalomena occulta*（Lour.）Schott	天南星科	多年生草本	湿地	较常见	草本
206	刺芋	*Lasia spinosa*（L.）Thwaites	天南星科	多年生草本	湿地	较少见	草本
207	浮萍	*Lemna minor* L.	天南星科	水生漂浮草本	湿地	较少见	藤本
208	石柑子	*Pothos chinensis*（Raf.）Merr.	天南星科	攀援藤本	附生树上或石上	常见	藤本
209	百足藤	*Pothos repens*（Lour.）Druce	天南星科	攀援藤本	附生树上或石上	较常见	藤本
210	狮子尾	*Rhaphidophora hongkongensis* Schott	天南星科	攀援大藤本	沟谷林中	常见	草本
211	犁头尖	*Typhonium blumei* Nicols. et Sivad.	天南星科	多年生草本	旷野阴湿处	常见	草本
212	泽泻	*Alisma plantago-aquatica* L.	泽泻科	水生草本	湿地	较少见	草本
213	矮慈姑	*Sagittaria pygmaea* Miq.	泽泻科	水生草本	湿地	较少见	草本
214	野慈姑	*Sagittaria trifolia* L.	泽泻科	挺水草本	湿地	较少见	草本
215	无尾水筛	*Blyxa aubertii* Rich.	水鳖科	水生草本	湿地	较常见	草本
216	黑藻	*Hydrilla verticillata*（L. f.）Royle	水鳖科	沉水草本	湿地	较少见	草本
217	小茨藻	*Najas minor* All.	水鳖科	沉水草本	湿地	少见	草本
218	苦草	*Vallisneria natans*（Lour.）H. Hara	水鳖科	沉水草本	湿地	较常见	草本
219	菹草	*Potamogeton crispus* L.	眼子菜科	沉水草本	湿地	较少见	草本

（续）

序号	种名	学名	科名	性状	主要分布生境	多度	性状大类
220	水玉簪	*Burmannia disticha* L.	水玉簪科	一年生腐生草本	山谷林缘阴湿处	较少见	草本
221	纤草	*Burmannia itoana* Makino	水玉簪科	一年生腐生草本	山谷林缘阴湿处	少见	草本
222	宽翅水玉簪	*Burmannia nepalensis* (Miers) Hook. f.	水玉簪科	一年生腐生草本	山谷林缘阴湿处	少见	藤本
223	黄独	*Dioscorea bulbifera* L.	薯蓣科	草质缠绕藤本	旷野阴处	较少见	藤本
224	薯莨	*Dioscorea cirrhosa* Lour.	薯蓣科	草质缠绕藤本	林缘、灌丛	常见	藤本
225	五叶薯蓣	*Dioscorea pentaphylla* L.	薯蓣科	草质缠绕藤本	自然林	较少见	藤本
226	山药	*Dioscorea polystachya* Turcz.	薯蓣科	草质缠绕藤本	自然林	少见	藤本
227	大百部	*Stemona tuberosa* Lour.	百部科	草质缠绕藤本	自然林	少见	草本
228	露兜草	*Pandanus austrosinensis* T. L. Wu	露兜树科	多年生大草本	疏林中	较常见	草本
229	中国白丝草	*Chionographis chinensis* K. Krause	藜芦科	多年生草本	山谷林下	少见	草本
230	南投万寿竹	*Disporum nantouense* S. S. Ying	秋水仙科	多年生草本	林下、灌丛	较少见	灌木
231	菝葜	*Smilax china* L.	菝葜科	落叶攀援灌木	灌丛、疏林	较少见	灌木
232	筐条菝葜	*Smilax corbularia* Kunth	菝葜科	攀援灌木	山坡灌丛	较常见	灌木
233	合丝肖菝葜	*Heterosmilax gaudichaudiana* (Kunth) Max.	百合科	攀援灌木	山坡灌丛	较少见	灌木
234	土茯苓	*Smilax glabra* Roxb.	菝葜科	攀援灌木	灌丛、疏林	较常见	灌木
235	肖菝葜	*Heterosmilax japonica* Kunth	百合科	攀援灌木	灌丛、疏林	较少见	灌木
236	暗色菝葜	*Smilax lanceifolia* var. *opaca* A. DC.	菝葜科	攀援灌木	灌丛、疏林	较常见	灌木
237	大果菝葜	*Smilax megacarpa* A. DC.	菝葜科	攀援灌木	山坡灌丛	少见	灌木
238	牛尾菜	*Smilax riparia* A. DC.	菝葜科	攀援灌木	水边灌丛	较常见	草本
239	野百合	*Lilium brownii* F. E. Brown ex Miellez	百合科	多年生直立草本	山顶灌丛	较少见	草本
240	麝香百合	*Lilium longiflorum* Thunb.	百合科	多年生直立草本	山坡草丛	较少见	草本
241	多花脆兰	*Acampe rigida* (Buch. -Ham. ex Sm.) P. F. Hunt	兰科	粗壮附生草本	树上	较常见	草本

（续）

序号	种名	学名	科名	性状	主要分布生境	多度	性状大类
242	金线兰	*Anoectochilus roxburghii*（Wall.）Lindl.	兰科	小草本	林中	较少见	草本
243	竹叶兰	*Arundina graminifolia*（D. Don）Hochr.	兰科	草本	山坡草地	较少见	草本
244	芳香石豆兰	*Bulbophyllum ambrosia*（Hance）Schltr.	兰科	附生草本	林中石上	少见	草本
245	广东石豆兰	*Bulbophyllum kwangtungense* Schltr.	兰科	附生草本	石上	较少见	草本
246	密花石豆兰	*Bulbophyllum odoratissimum* Lindl.	兰科	附生草本	石上	少见	草本
247	短足石豆兰	*Bulbophyllum stenobulbon* Par. et Rchb.	兰科	附生草本	石上	少见	草本
248	钩距虾脊兰	*Calanthe graciliflora* Hayata	兰科	草本	石上	少见	草本
249	黄兰	*Cephalantheropsis obcordata*（Lindl.）Ormerod	兰科	多年生草本	林中	少见	草本
250	红花隔距兰	*Cleisostoma williamsonii*（Rchb. f.）Garay	兰科	附生草本	自然林树上	较少见	草本
251	流苏贝母兰	*Coelogyne fimbriata* Lindl.	兰科	附生草本	山谷林中树上或石上	较少见	草本
252	吻兰	*Collabium chinense*（Rolfe）Tang et F. T. Wang	兰科	多年生草本	山谷水旁石上	少见	草本
253	隐柱兰	*Cryptostylis arachnites*（Blume）Hassk.	兰科	多年生草本	山谷林下水旁	少见	草本
254	纹瓣兰	*Cymbidium aloifolium*（L.）Sw.	兰科	附生草本	山谷林下	较少见	草本
255	建兰	*Cymbidium ensifolium*（L.）Sw.	兰科	多年生草本	山谷林下	较少见	草本
256	多花兰	*Cymbidium floribundum* Lindl.	兰科	附生草本	山谷林下	少见	草本
257	墨兰	*Cymbidium sinense*（Jacks. ex Andrews）Willd.	兰科	多年生草本	山谷林下	较少见	草本
258	钩状石斛	*Dendrobium aduncum* Wall. ex Lindl.	兰科	附生草本	山谷林下石上	少见	草本
259	美花石斛	*Dendrobium loddigesii* Rolfe	兰科	附生草本	林中树上	少见	草本
260	无耳沼兰	*Dienia ophrydis*（J. Koenig）Ormerod et Seidenf.	兰科	多年生草本	山谷林下	少见	草本
261	半柱毛兰	*Eria corneri* Rchb. f.	兰科	附生草本	山谷林下	少见	草本
262	足茎毛兰	*Eria coronaria*（Lindl.）Rchb. f.	兰科	附生草本	山谷林下	少见	草本
263	高斑叶兰	*Goodyera procera*（Ker Gawl.）Hook.	兰科	多年生草本	山谷林下或山脚	较少见	草本

（续）

序号	种名	学名	科名	性状	主要分布生境	多度	性状大类
264	橙黄玉凤花	*Habenaria rhodocheila* Hance	兰科	多年生草本	山谷林下石上	较少见	草本
265	镰翅羊耳蒜	*Liparis bootanensis* Griff.	兰科	附生草本	山谷林下石上	少见	草本
266	扇唇羊耳蒜	*Liparis stricklandiana* Rchb. f.	兰科	附生草本	山谷林下	少见	草本
267	见血青	*Liparis nervosa*（Thunb. ex A. Murray）Lindl.	兰科	多年生草本	林中	较少见	草本
268	石仙桃	*Pholidota chinensis* Lindl.	兰科	多年生草本	山谷林下石上	较少见	草本
269	小舌唇兰	*Platanthera minor*（Miq.）Rchb. f.	兰科	多年生草本	山顶草丛	少见	草本
270	苞舌兰	*Spathoglottis pubescens* Lindl.	兰科	多年生草本	山顶草丛	少见	草本
271	绶草	*Spiranthes sinensis*（Pers.）Ames	兰科	多年生草本	旷野草地	较少见	草本
272	香港带唇兰	*Tainia hongkongensis* Rolfe	兰科	多年生草本	山谷林下	少见	草本
273	短穗竹茎兰	*Tropidia curculigoides* Lindl.	兰科	多年生草本	山谷林下	少见	草本
274	香荚兰	*Vanilla planifolia* Andrews	兰科	多年生攀附草本	山谷林下	少见	草本
275	线柱兰	*Zeuxine strateumatica*（L.）Schltr.	兰科	多年生草本	旷野草地	较少见	草本
276	短莛仙茅	*Curculigo breviscapa* S. C. Chen	仙茅科	多年生大草本	林下	较少见	草本
277	大叶仙茅	*Curculigo capitulata*（Lour.）Kuntze	仙茅科	多年生大草本	林下	较少见	草本
278	仙茅	*Curculigo orchioides* Gaertn.	仙茅科	多年生小草本	山脊、路旁	较少见	草本
279	小金梅草	*Hypoxis aurea* Lour.	仙茅科	多年生小草本	旷野草地	少见	草本
280	射干	*Belamcanda chinensis*（L.）Redouté	鸢尾科	草本	林中	较常见	草本
281	山菅兰	*Dianella ensifolia*（L.）Redouté	阿福花科	多年生草本	山坡草地、路旁	常见	草本
282	萱草	*Hemerocallis fulva*（L.）L.	阿福花科	较大型草本	山坡草地	较少见	草本
283	文殊兰	*Crinum asiaticum* var. *sinicum*（Roxb. ex Herb.）Baker	石蒜科	较大型草本	旷野草地	较少见	草本
284	忽地笑	*Lycoris aurea*（L'Hér.）Herb.	石蒜科	较大型草本	林中、屋旁	较少见	草本
285	石蒜	*Lycoris radiata*（L'Hér.）Herb.	石蒜科	多年生草本	屋旁、沟旁石上	较少见	草本

（续）

序号	种名	学名	科名	性状	主要分布生境	多度	性状大类
286	九龙盘	*Aspidistra lurida* Ker Gawl.	天门冬科	多年生草本	山谷林下石上	少见	草本
287	小花蜘蛛抱蛋	*Aspidistra minutiflora* Stapf	天门冬科	多年生草本	山谷林下	少见	草本
288	山麦冬	*Liriope spicata*（Thunb.）Lour.	天门冬科	多年生草本	山谷林下	较常见	草本
289	麦冬	*Ophiopogon japonicus*（L. f.）Ker Gawl.	天门冬科	多年生草本	旷野、路旁	较少见	草本
290	广东沿阶草	*Ophiopogon reversus* C. C. Huang	天门冬科	多年生草本	林下或溪边	少见	草本
291	狭叶沿阶草	*Ophiopogon stenophyllus*（Merr.）L. Rodr.	天门冬科	多年生草本	山谷林下	较常见	草本
292	大盖球子草	*Peliosanthes macrostegia* Hance	天门冬科	多年生草本	较阴处	少见	藤本
293	大喙省藤	*Calamus macrorrhynchus* Burret	棕榈科	木质藤本	林中	较少见	藤本
294	杖藤	*Calamus rhabdocladus* Burret	棕榈科	木质藤本	自然林	常见	乔木
295	鱼尾葵	*Caryota maxima* Blume ex Mart.	棕榈科	大乔木	自然林	常见	灌木
296	黄藤	*Daemonorops jenkinsiana*（Griff.）Mart.	棕榈科	攀援灌木	自然林	较少见	乔木
297	变色山槟榔	*Pinanga baviensis* Becc.	棕榈科	灌木或小乔木	山谷林中	少见	灌木
298	棕竹	*Rhapis excels*（Thunb.）Henry ex Rehd.	棕榈科	丛生灌木	林中	较常见	草本
299	穿鞘花	*Amischotolype hispida*（A. Rich.）D. Y. Hong	鸭跖草科	多年生草本	山谷密林	较常见	草本
300	竹节菜	*Commelina diffusa* Burm. f.	鸭跖草科	多年生草本	水旁草地	较常见	草本
301	大苞鸭跖草	*Commelina paludosa* Blume	鸭跖草科	多年生草本	林中或旷野草地	少见	草本
302	蛛丝毛蓝耳草	*Cyanotis arachnoidea* C. B. Clarke	鸭跖草科	多年生草本	山脊石上	少见	草本
303	聚花草	*Floscopa scandens* Lour.	鸭跖草科	多年生草本	水旁草地	少见	草本
304	大苞水竹叶	*Murdannia bracteata*（C. B. Clarke）J. K. Morton ex Hong	鸭跖草科	多年生草本	林中或旷野草地	较常见	草本
305	裸花水竹叶	*Murdannia nudiflora*（L.）Brenan	鸭跖草科	多年生草本	水旁草地	较少见	草本
306	水竹叶	*Murdannia triquetra*（Wall. ex C. B. Clarke）Brückn.	鸭跖草科	多年生草本	旷野水沟旁	较少见	草本
307	鸭舌草	*Monochoria vaginalis*（Burm. f.）C. Presl	雨久花科	多年生草本	旷野湿地	较少见	草本

（续）

序号	种名	学名	科名	性状	主要分布生境	多度	性状大类
308	柊叶	*Phrynium rheedei* Suresh & Nicolson	竹芋科	多年生草本	山谷林下	常见	草本
309	闭鞘姜	*Cheilocostus speciosus*（J. Koenig）C. D. Specht	闭鞘姜科	多年生大草本	旷野湿地	少见	草本
310	红豆蔻	*Alpinia galanga*（L.）Willd.	姜科	多年生草本	自然林下	较少见	草本
311	山姜	*Alpinia japonica*（Thunb.）Miq.	姜科	多年生草本	山谷林下	少见	草本
312	华山姜	*Alpinia oblongifolia* Hayata	姜科	多年生大草本	灌丛、疏林	较常见	草本
313	花叶山姜	*Alpinia pumila* Hook. f.	姜科	多年生草本	灌丛、疏林	少见	草本
314	艳山姜	*Alpinia zerumbet*（Pers.）B. L. Burtt et Sm.	姜科	多年生草本	山谷林下	较常见	草本
315	砂仁	*Amomum villosum* Lour.	姜科	多年生草本	灌丛、草地	较少见	草本
316	黄花大苞姜	*Caulokaempferia coenobialis*（Hance）K. Larsen	姜科	多年生小草本	湿壁上	较常见	草本
317	莪术	*Curcuma phaeocaulis* Valeton	姜科	多年生草本	灌丛、草地	少见	草本
318	红球姜	*Zingiber zerumbet*（L.）Roscoe ex Sm.	姜科	多年生草本	灌丛、草地	较常见	草本
319	葱草	*Xyris pauciflora* Willd.	黄眼草科	直立簇生或散生草本	湿地	较少见	草本
320	华南谷精草	*Eriocaulon sexangulare* L.	谷精草科	一年生挺水草本	湿地	较常见	草本
321	流星谷精草	*Eriocaulon truncatum* Buch.-Ham. ex Mart.	谷精草科	一年生挺水草本	湿地	较少见	草本
322	灯心草	*Juncus effusus* L.	灯心草科	多年生草本	湿地	较少见	草本
323	笄石菖	*Juncus prismatocarpus* R. Br.	灯心草科	多年生草本	湿地	较少见	草本
324	球柱草	*Bulbostylis barbata*（Rottb.）C. B. Clarke	莎草科	一年生小草本	旷野草地	较少见	草本
325	浆果薹草	*Carex baccans* Nees	莎草科	多年生草本	林中	较少见	草本
326	十字薹草	*Carex cruciata* Wahlenb.	莎草科	多年生草本	林缘灌丛	较常见	草本
327	隐穗薹草	*Carex cryptostachys* Brongn.	莎草科	多年生草本	自然林	少见	草本
328	二形鳞薹草	*Carex dimorpholepis* Steud.	莎草科	多年生草本	草地	少见	草本
329	蕨状薹草	*Carex filicina* Nees	莎草科	多年生草本	山谷林下	少见	草本

（续）

序号	种名	学名	科名	性状	主要分布生境	多度	性状大类
330	条穗薹草	*Carex nemostachys* Steud.	莎草科	多年生草本	山谷水边	较少见	草本
331	镜子薹草	*Carex phacota* Spreng.	莎草科	多年生草本	山谷林下或旷野草地	较少见	草本
332	花葶薹草	*Carex scaposa* C. B. Clarke	莎草科	多年生草本	山谷林下	少见	草本
333	三穗薹草	*Carex tristachya* Thunb.	莎草科	多年生草本	山谷路旁	少见	草本
334	扁穗莎草	*Cyperus compressus* L.	莎草科	一年生草本	旷野草地	较少见	草本
335	砖子苗	*Cyperus cyperoides*（L.）Kuntze	莎草科	多年生草本	湿地	较常见	草本
336	异型莎草	*Cyperus difformis* L.	莎草科	多年生草本	自然林下	较少见	草本
337	畦畔莎草	*Cyperus haspan* L.	莎草科	一年生草本	旷野草地	常见	草本
338	叠穗莎草	*Cyperus imbricatus* Retz.	莎草科	多年生草本	旷野水边	少见	草本
339	碎米莎草	*Cyperus iria* L.	莎草科	一年生草本	旷野	较常见	草本
340	旋鳞莎草	*Cyperus michelianus*（L.）Link	莎草科	一年生草本	旷野草地	少见	草本
341	具芒碎米莎草	*Cyperus microiria* Steud.	莎草科	一年生草本	旷野草地	少见	草本
342	毛轴莎草	*Cyperus pilosus* Vahl	莎草科	多年生草本	旷野	较常见	草本
343	香附子	*Cyperus rotundus* L.	莎草科	多年生草本	旷野草地	较常见	草本
344	裂颖茅	*Diplacrum caricinum* R. Br.	莎草科	多年生草本	旷野草地	较常见	草本
345	荸荠	*Eleocharis dulcis*（Burm. f.）Trin. ex Hensch.	莎草科	多年生草本	湿地	少见	草本
346	贝壳叶荸荠	*Eleocharis retroflexa*（Poir.）Urb.	莎草科	多年生草本	湿地	少见	草本
347	披针穗飘拂草	*Fimbristylis acuminata* Vahl	莎草科	多年生草本	湿地	少见	草本
348	夏飘拂草	*Fimbristylis aestivalis*（Retz.）Vahl	莎草科	一年生草本	旷野草地	较常见	草本
349	两歧飘拂草	*Fimbristylis dichotoma*（L.）Vahl	莎草科	一年生草本	灌丛或旷野草地	常见	草本
350	暗褐飘拂草	*Fimbristylis fusca*（Nees）Benth.	莎草科	一年生草本	旷野草地	较常见	草本
351	水虱草	*Fimbristylis littoralis* Gaudich.	莎草科	多年生草本	旷野草地	较少见	草本

（续）

序号	种名	学名	科名	性状	主要分布生境	多度	性状大类
352	西南飘拂草	*Fimbristylis thomsonii* Boeckeler	莎草科	多年生草本	山坡草丛	较少见	草本
353	芙兰草	*Fuirena umbellata* Rottb.	莎草科	多年生大草本	旷野草地	少见	草本
354	黑莎草	*Gahnia tristis* Nees	莎草科	多年生簇生草本	林下或灌丛中	常见	草本
355	割鸡芒	*Hypolytrum nemorum*（Vahl）Spreng.	莎草科	多年生草本	林下或疏林灌丛中	较常见	草本
356	短叶水蜈蚣	*Kyllinga brevifolia* Rottb.	莎草科	多年生草本	旷野草地	常见	草本
357	华湖瓜草	*Lipocarpha chinensis*（Osbeck）Kern	莎草科	多年生草本	旷野草地	少见	草本
358	湖瓜草	*Lipocarpha microcephala*（R. Br.）Kunth	莎草科	多年生草本	旷野草地	较少见	草本
359	单穗擂鼓荔	*Mapania wallichii* C. B. Clarke	莎草科	多年生草本	山谷林下	较少见	草本
360	球穗扁莎	*Pycreus flavidus*（Retzius）T. Koyama	莎草科	多年生草本	旷野草地	较少见	草本
361	多枝扁莎	*Pycreus polystachyos*（Rottboll）P. Beauvois	莎草科	多年生草本	旷野草地	少见	草本
362	刺子莞	*Rhynchospora rubra*（Lour.）Makino.	莎草科	多年生草本	灌丛或旷野草地	少见	草本
363	萤蔺	*Schoenoplectus juncoides*（Roxb.）Palla	莎草科	多年生丛生草本	湿地或草地	较常见	草本
364	百球藨草	*Scirpus rosthornii* Diels	莎草科	多年生草本	旷野草地	较少见	草本
365	华珍珠茅	*Scleria ciliaris* Nees	莎草科	多年生草本	自然林	少见	草本
366	圆秆珍珠茅	*Scleria harlandii* Hance	莎草科	多年生草本	林下、灌丛	少见	草本
367	毛果珍珠茅	*Scleria levis* Retz.	莎草科	多年生草本	灌丛、林下	较常见	草本
368	小型珍珠茅	*Scleria parvula* Steud.	莎草科	一年生草本	旷野草地	少见	草本
369	高秆珍珠茅	*Scleria terrestris*（L.）Fass.	莎草科	多年生草本	山坡、路旁草地	较常见	草本
370	毛颖草	*Alloteropsis semialata*（R. Br.）Hitchc.	禾本科	多年生草本	旷野草地	少见	草本
371	看麦娘	*Alopecurus aequalis* Sobol.	禾本科	一年生草本	旷野草地	较常见	草本
372	水蔗草	*Apluda mutica* L.	禾本科	多年生草本	灌丛、山谷	较常见	草本
373	荩草	*Arthraxon hispidus*（Thunb.）Makino	禾本科	多年生丛生草本	林下、路旁	较常见	竹类

（续）

序号	种名	学名	科名	性状	主要分布生境	多度	性状大类
374	毛秆野古草	*Arundinella hirta*（Thunb.）Tanaka	禾本科	多年生草本	山坡、山谷水旁	较常见	草本
375	石芒草	*Arundinella nepalensis* Trin.	禾本科	多年生草本	山坡、山谷水旁	较少见	草本
376	地毯草	*Axonopus compressus*（Sw.）Beauv.	禾本科	多年生草本	旷野、路旁	常见	草本
377	臭根子草	*Bothriochloa bladhii*（Retz.）S. T. Blake	禾本科	多年生草本	路旁、旷野草地	较少见	草本
378	白羊草	*Bothriochloa ischaemum*（L.）Keng	禾本科	多年生草本	自然林下	较少见	草本
379	四生臂形草	*Brachiaria subquadripara*（Trin.）Hitchc.	禾本科	一年生草本	旷野草地	较少见	草本
380	硬秆子草	*Capillipedium assimile*（Steud.）A. Camus	禾本科	多年生草本	林下、旷野	较少见	草本
381	细柄草	*Capillipedium parviflorum*（R. Br.）Stapf	禾本科	多年生草本	灌丛、旷野草地	较少见	草本
382	酸模芒	*Centotheca lappacea*（L.）Desv.	禾本科	多年生草本	林中	较少见	草本
383	竹节草	*Chrysopogon aciculatus*（Retz.）Trin.	禾本科	多年生草本	旷野草地	较少见	草本
384	薏苡	*Coix lacryma-jobi* L.	禾本科	多年生草本	旷野草地	较常见	草本
385	青香茅	*Cymbopogon mekongensis* A. Camus	禾本科	多年生草本	路旁、旷野草地	较少见	草本
386	狗牙根	*Cynodon dactylon*（L.）Pers.	禾本科	多年生草本	田边路旁草地	常见	草本
387	弓果黍	*Cyrtococcum patens*（L.）A. Camus	禾本科	一年生草本	林下、灌丛	较常见	草本
388	散穗弓果黍	*Cyrtococcum patens* var. *latifolium*（Honda）Ohwi	禾本科	一年生草本	林下、灌丛	较少见	草本
389	龙爪茅	*Dactyloctenium aegyptium*（L.）Beauv.	禾本科	一年生草本	旷野草地	较少见	草本
390	双花草	*Dichanthium annulatum*（Forssk.）Stapf	禾本科	多年生草本	旷野、路旁草地	较少见	草本
391	止血马唐	*Digitaria ischaemum*（Schreb.）Muhl.	禾本科	一年生草本	旷野草地	较常见	草本
392	马唐	*Digitaria sanguinalis*（L.）Scop.	禾本科	一年生草本	旷野草地	较常见	草本
393	紫马唐	*Digitaria violascens* Link	禾本科	一年生草本	旷野草地	较少见	草本
394	光头稗	*Echinochloa colona*（L.）Link	禾本科	一年生草本	路旁、旷野草地	较常见	草本
395	稗	*Echinochloa crusgalli*（L.）P. Beauv.	禾本科	一年生草本	湿地	较常见	草本

（续）

序号	种名	学名	科名	性状	主要分布生境	多度	性状大类
396	孔雀稗	*Echinochloa cruspavonis*（Kunth）Schult.	禾本科	一年生草本	湿地	较少见	草本
397	牛筋草	*Eleusine indica*（L.）Gaertn.	禾本科	一年生草本	路旁、旷野草地	常见	草本
398	鼠妇草	*Eragrostis atrovirens*（Desf.）Trin. ex Steud.	禾本科	多年生草本	旷野草地	常见	草本
399	乱草	*Eragrostis japonica*（Thunb.）Trin.	禾本科	一年生草本	旷野、路旁	较常见	草本
400	宿根画眉草	*Eragrostis perennans* Keng	禾本科	多年生草本	旷野草地	较少见	草本
401	疏穗画眉草	*Eragrostis perlaxa* Keng ex Keng f. et L. Liu	禾本科	多年生草本	旷野草地	较少见	草本
402	画眉草	*Eragrostis pilosa*（L.）P. Beauv.	禾本科	一年生草本	旷野草地	较常见	草本
403	鲫鱼草	*Eragrostis tenella*（L.）P. Beauv. ex Roem. et Schult.	禾本科	一年生草本	旷野、路旁	较常见	草本
404	牛虱草	*Eragrostis unioloides*（Retz.）Nees ex Steud.	禾本科	一年生草本	旷野草地	常见	草本
405	长画眉草	*Eragrostis brownii*（Kunth）Nees	禾本科	一年生簇生草本	旷野、路旁	较少见	草本
406	蜈蚣草	*Eremochloa ciliaris*（L.）Merr.	禾本科	丛生小草本	旷野、路旁草地	较常见	草本
407	假俭草	*Eremochloa ophiuroides*（Munro）Hack.	禾本科	多年生草本	旷野草地	较少见	草本
408	鹧鸪草	*Eriachne pallescens* R. Br.	禾本科	多年生丛生草本	山坡、松林下	常见	草本
409	球穗草	*Hackelochloa granularis*（L.）Kuntze	禾本科	一年生草本	林中、路旁草地	较少见	草本
410	扁穗牛鞭草	*Hemarthria compressa*（L. f.）R. Br.	禾本科	多年生草本	林缘、路旁、旷野	常见	草本
411	水禾	*Hygroryza aristata*（Retz.）Nees	禾本科	水生漂浮草本	湿地	少见	草本
412	大距花黍	*Ichnanthus pallens* var. *major*（Nees）Stieber	禾本科	多年生草本	水旁草地	常见	草本
413	大白茅	*Imperata cylindrica* var. *major*（Nees）C. E. Hubb.	禾本科	多年生草本	疏林灌丛	常见	草本
414	箬叶竹	*Indocalamus longiauritus* Hand. -Mazz.	禾本科	灌木状	山坡灌丛	常见	灌木
415	白花柳叶箬	*Isachne albens* Trin.	禾本科	多年生草本	山坡灌丛草地	常见	草本
416	柳叶箬	*Isachne globosa*（Thunb.）Kuntze	禾本科	多年生草本	山坡灌丛草地	常见	草本
417	有芒鸭嘴草	*Ischaemum aristatum* L.	禾本科	多年生草本	山坡灌丛草地	少见	草本

（续）

序号	种名	学名	科名	性状	主要分布生境	多度	性状大类
418	粗毛鸭嘴草	*Ischaemum barbatum* Retz.	禾本科	多年生草本	山坡灌丛草地	较少见	草本
419	细毛鸭嘴草	*Ischaemum ciliare* Retz.	禾本科	多年生草本	山坡灌丛草地	较常见	草本
420	李氏禾	*Leersia hexandra* Sw.	禾本科	多年生草本	山坡灌丛草地	较常见	草本
421	虮子草	*Leptochloa panicea*（Retz.）Ohwi	禾本科	一年生草本	山坡灌丛草地	较常见	草本
422	淡竹叶	*Lophatherum gracile* Brongn.	禾本科	多年生草本	山坡灌丛草地	常见	草本
423	红毛草	*Melinis repens*（Willd.）Zizka	禾本科	多年生草本	山坡灌丛草地	较常见	草本
424	蔓生莠竹	*Microstegium fasciculatum*（L.）Henrard	禾本科	多年生蔓生草本	山坡灌丛草地	常见	草本
425	五节芒	*Miscanthus floridulus*（Lab.）Warb. ex K. Schum. & Laut.	禾本科	多年生丛生草本	山坡灌丛草地	常见	草本
426	芒	*Miscanthus sinensis* Anderss.	禾本科	多年生丛生草本	山坡灌丛草地	常见	草本
427	类芦	*Neyraudia reynaudiana*（Kunth）Keng ex Hitchc.	禾本科	多年生丛生草本	山坡灌丛草地	较常见	草本
428	竹叶草	*Oplismenus compositus*（L.）Beauv.	禾本科	一年生草本	旷野山坡草地	较常见	草本
429	日本求米草	*Oplismenus undulatifolius* var. *japonicus*（Steud.）Koidz.	禾本科	一年生草本	旷野山坡草地	较常见	草本
430	露籽草	*Ottochloa nodosa*（Kunth）Dandy	禾本科	多年生草本	旷野山坡草地	少见	草本
431	小花露籽草	*Ottochloa nodosa* var. *micrantha* (Balansa ex A. Camus) S. L. Chen et S. M. Phillips	禾本科	多年生草本	旷野山坡草地	较少见	草本
432	糠稷	*Panicum bisulcatum* Thunb.	禾本科	一年生草本	旷野山坡草地	少见	草本
433	短叶黍	*Panicum brevifolium* L.	禾本科	一年生草本	旷野山坡草地	常见	草本
434	藤竹草	*Panicum incomtum* Trin.	禾本科	多年生攀援状草本	旷野山坡草地	较少见	草本
435	心叶稷	*Panicum notatum* Retz.	禾本科	多年生直立草本	旷野山坡草地	少见	草本
436	铺地黍	*Panicum repens* L.	禾本科	多年生匍匐草本	旷野山坡草地	较常见	草本
437	两耳草	*Paspalum conjugatum* Bergius	禾本科	多年生草本	旷野山坡草地	少见	草本
438	双穗雀稗	*Paspalum distichum* L.	禾本科	多年生草本	旷野山坡草地	较少见	草本

（续）

序号	种名	学名	科名	性状	主要分布生境	多度	性状大类
439	圆果雀稗	*Paspalum scrobiculatum* var. *orbiculare*（G. Forst.）Hack.	禾本科	多年生簇生草本	旷野山坡草地	常见	草本
440	雀稗	*Paspalum thunbergii* Kunth ex Steud.	禾本科	多年生簇生草本	旷野山坡草地	常见	草本
441	狼尾草	*Pennisetum alopecuroides* Spreng.	禾本科	多年生丛生草本	旷野山坡草地	较少见	草本
442	芦苇	*Phragmites australis*（Cav.）Trin. ex Steud.	禾本科	多年生簇生大草本	湿地	较常见	草本
443	卡开芦	*Phragmites karka*（Retz.）Trin. ex Steud.	禾本科	多年生簇生大草本	湿地	少见	草本
444	金丝草	*Pogonatherum crinitum*（Thunb.）Kunth	禾本科	多年生簇生小草本	墙壁、石缝、土坡	常见	草本
445	金发草	*Pogonatherum paniceum*（Lam.）Hack.	禾本科	多年生簇生草本	墙壁、石缝、土坡	较少见	草本
446	棒头草	*Polypogon fugax* Nees ex Steud.	禾本科	一年生草本	旷野水旁草地	少见	草本
447	托竹	*Pseudosasa cantorii*（Munro）Keng f. ex S. L. Chen et al.	禾本科	散生竹类	疏林	较少见	草本
448	筒轴茅	*Rottboellia cochinchinensis*（Lour.）Clayton	禾本科	一年生草本	路旁、水边	较少见	草本
449	斑茅	*Saccharum arundinaceum* Retz.	禾本科	多年生大草本	山谷、水旁草地	较少见	草本
450	甜根子草	*Saccharum spontaneum* L.	禾本科	多年生大草本	旷野山谷阴处	常见	草本
451	囊颖草	*Sacciolepis indica*（L.）Chase	禾本科	一年生草本	旷野山坡草地	常见	草本
452	裂稃草	*Schizachyrium brevifolium*（Sw.）Nees ex Buse	禾本科	一年生草本	旷野山坡草地	少见	草本
453	红裂稃草	*Schizachyrium sanguineum*（Retz.）Alston	禾本科	多年生簇生草本	旷野山坡草地	少见	草本
454	棕叶狗尾草	*Setaria palmifolia*（Koenig）Stapf	禾本科	多年生草本	旷野山坡草地	较少见	草本
455	幽狗尾草	*Setaria parviflora*（Poir.）Kerguélen	禾本科	多年生草本	旷野山坡草地	较常见	草本
456	皱叶狗尾草	*Setaria plicata*（Lam.）T. Cooke	禾本科	多年生草本	旷野、路旁草地	较少见	草本
457	金色狗尾草	*Setaria pumila*（Poir.）Roem. et Schult.	禾本科	一年生簇生草本	旷野山坡草地	较常见	草本
458	狗尾草	*Setaria viridis*（L.）P. Beauv.	禾本科	一年生草本	旷野	较常见	草本
459	稗荩	*Sphaerocaryum malaccense*（Trin.）Pilg.	禾本科	一年生纤细草本	林下	较常见	草本
460	大油芒	*Spodiopogon sibiricus* Trin.	禾本科	多年生大草本	山坡旷野	少见	草本

（续）

序号	种名	学名	科名	性状	主要分布生境	多度	性状大类
461	鼠尾粟	*Sporobolus fertilis* (Steud.) Clayton	禾本科	多年生草本	路旁草地	较常见	草本
462	苞子草	*Themeda caudata* (Nees) A. Camus	禾本科	多年生粗壮草本	山坡灌丛草地	较常见	草本
463	阿拉伯黄背草	*Themeda triandra* Forssk.	禾本科	多年生簇生草本	山坡草地	较少见	草本
464	粽叶芦	*Thysanolaena latifolia* (Roxb. ex Hornem.) Honda	禾本科	多年生簇生粗壮草本	山坡灌丛草地	常见	草本
465	金鱼藻	*Ceratophyllum demersum* L.	金鱼藻科	多年生水生草本	湿地	较常见	藤本
466	大血藤	*Sargentodoxa cuneata* (Oliv.) Rehd. et Wils.	木通科	木质藤本	林中	较常见	藤本
467	野木瓜	*Stauntonia chinensis* DC.	木通科	木质藤本	山谷林下	少见	藤本
468	倒卵叶野木瓜	*Stauntonia obovata* Hemsl.	木通科	木质藤本	林缘	少见	藤本
469	木防己	*Cocculus orbiculatus* (L.) DC.	防己科	缠绕藤本	疏林灌丛	较常见	藤本
470	粉叶轮环藤	*Cyclea hypoglauca* (Schauer) Diels	防己科	草质缠绕藤本	灌丛林缘	较少见	藤本
471	苍白秤钩风	*Diploclisia glaucescens* (Blume) Diels	防己科	木质藤本	自然林	较常见	藤本
472	天仙藤	*Fibraurea recisa* Pierre	防己科	木质藤本	沟边	较少见	藤本
473	夜花藤	*Hypserpa nitida* Miers	防己科	木质藤本	灌丛或自然林	较少见	藤本
474	细圆藤	*Pericampylus glaucus* (Lam.) Merr.	防己科	木质藤本	疏林灌丛	较常见	藤本
475	血散薯	*Stephania dielsiana* Y. C. Wu	防己科	木质藤本	林中	较少见	藤本
476	粪箕笃	*Stephania longa* Lour.	防己科	缠绕藤本	灌丛路旁	常见	藤本
477	中华青牛胆	*Tinospora sinensis* (Lour.) Merr.	防己科	落叶木质藤本	灌丛林中	少见	藤本
478	小木通	*Clematis armandii* Franch.	毛茛科	木质藤本	自然林	较少见	藤本
479	厚叶铁线莲	*Clematis crassifolia* Benth.	毛茛科	木质藤本	山谷、灌丛草地	少见	藤本
480	山木通	*Clematis finetiana* Lév. et Van.	毛茛科	木质藤本	自然林	较少见	藤本
481	丝铁线莲	*Clematis loureiroana* DC.	毛茛科	木质藤本	山谷林中	较常见	藤本
482	毛柱铁线莲	*Clematis meyeniana* Walp.	毛茛科	木质藤本	山坡、山谷灌丛或路旁	较常见	藤本

（续）

序号	种名	学名	科名	性状	主要分布生境	多度	性状大类
483	裂叶铁线莲	*Clematis parviloba* Gardn. et Champ.	毛茛科	木质藤本	林下、灌丛	较少见	藤本
484	鼎湖铁线莲	*Clematis tinghuensis* C. T. Ting	毛茛科	木质藤本	林缘、灌丛	较少见	草本
485	还亮草	*Delphinium anthriscifolium* Hance	毛茛科	一年生草本	林缘草地	较常见	乔木
486	香皮树	*Meliosma fordii* Hemsl.	清风藤科	常绿乔木	自然林	较少见	乔木
487	笔罗子	*Meliosma rigida* Sieb. et Zucc.	清风藤科	常绿乔木	自然林或疏林	较常见	藤本
488	灰背清风藤	*Sabia discolor* Dunn.	清风藤科	木质藤本	山谷	少见	藤本
489	柠檬清风藤	*Sabia limoniacea* Wall. ex Hook. f. et Thoms.	清风藤科	木质藤本	自然林	较常见	藤本
490	尖叶清风藤	*Sabia swinhoei* Hemsl. ex Forb. et Hemsl.	清风藤科	木质藤本	山谷	少见	乔木
491	小果山龙眼	*Helicia cochinchinensis* Lour.	山龙眼科	常绿乔木	自然林	少见	乔木
492	网脉山龙眼	*Helicia reticulata* W. T. Wang	山龙眼科	常绿乔木	自然林、灌丛、路旁	常见	乔木
493	大花五桠果	*Dillenia turbinata* Finet et Gagnep.	五桠果科	常绿乔木	山谷林中	少见	藤本
494	锡叶藤	*Tetracera sarmentosa*（L.）Vahl.	五桠果科	木质藤本	林缘、灌丛	常见	乔木
495	蕈树	*Altingia chinensis*（Champ.）Oliver ex Hance	蕈树科	常绿乔木	山谷林中	较少见	乔木
496	枫香树	*Liquidambar formosana* Hance	蕈树科	落叶乔木	山坡、林缘	较常见	乔木
497	杨梅叶蚊母树	*Distylium myricoides* Hemsl.	金缕梅科	常绿乔木	山谷林中、水旁	较少见	乔木
498	蚊母树	*Distylium racemosum* Sieb. et Zucc.	金缕梅科	常绿乔木	山谷林中、水旁	较少见	乔木
499	秀柱花	*Eustigma oblongifolium* Gardn. et Champ.	金缕梅科	常绿乔木	山谷林中	少见	乔木
500	尖叶假蚊母树	*Distyliopsis dunnii*（Hemsl.）P. K. Endress	金缕梅科	常绿小乔木	山谷	较少见	乔木
501	牛耳枫	*Daphniphyllum calycinum* Benth.	虎皮楠科	灌木或小乔木	各种林中	较常见	乔木
502	虎皮楠	*Daphniphyllum oldhamii*（Hemsl.）K. Rosenthal	虎皮楠科	常绿乔木	自然林	较少见	乔木
503	鼠刺	*Itea chinensis* Hook. et Arn.	鼠刺科	常绿乔木	自然林	较常见	乔木
504	厚叶鼠刺	*Itea coriacea* Y. C. Wu	鼠刺科	常绿乔木	林中	少见	乔木

（续）

序号	种名	学名	科名	性状	主要分布生境	多度	性状大类
505	峨眉鼠刺	*Itea omeiensis* C. K. Schneid.	鼠刺科	常绿乔木	山谷林中	少见	草本
506	黄花小二仙草	*Gonocarpus chinensis*（Lour.）Orchard	小二仙草科	多年生小草本	山坡草地	较少见	草本
507	小二仙草	*Gonocarpus micranthus* Thunb.	小二仙草科	多年生小草本	山坡草丛	较常见	草本
508	狐尾藻	*Myriophyllum verticillatum* L.	小二仙草科	多年生水生草本	湿地	较少见	藤本
509	广东蛇葡萄	*Ampelopsis cantoniensis*（Hook. et Arn.）Planch.	葡萄科	草质藤本	旷野灌丛	较常见	藤本
510	光叶蛇葡萄	*Ampelopsis glandulosa* var. *hancei*（Planch.）Momiy.	葡萄科	草质藤本	山谷林中	少见	藤本
511	显齿蛇葡萄	*Ampelopsis grossedentata*（Hand.-Mazz.）W. T. Wang	葡萄科	草质藤本	疏林灌丛	少见	藤本
512	角花乌蔹莓	*Cayratia corniculata*（Benth.）Gagnep.	葡萄科	草质藤本	山谷密林	较少见	藤本
513	乌蔹莓	*Cayratia japonica*（Thunb.）Gagnep.	葡萄科	草质藤本	自然林	较常见	藤本
514	毛乌蔹莓	*Cayratia japonica* var. *mollis*（Wall.）Momiy.	葡萄科	草质藤本	山谷林中	少见	藤本
515	苦郎藤	*Cissus assamica*（Laws.）Craib.	葡萄科	草质藤本	自然林	较少见	藤本
516	翼茎白粉藤	*Cissus pteroclada* Hayata	葡萄科	草质藤本	林中	少见	藤本
517	异叶地锦	*Parthenocissus dalzielii* Gagnep.	葡萄科	落叶木质藤本	攀生于墙或树上	较少见	藤本
518	尾叶崖爬藤	*Tetrastigma caudatum* Merr. et Chun	葡萄科	木质藤本	自然林	较少见	藤本
519	三叶崖爬藤	*Tetrastigma hemsleyanum* Diels et Gilg	葡萄科	攀援木质藤本	山谷林中	少见	藤本
520	扁担藤	*Tetrastigma planicaule*（Hook. f.）Gagnep.	葡萄科	木质大藤本	自然林	常见	藤本
521	小果葡萄	*Vitis balansana* Planch.	葡萄科	木质藤本	灌丛	少见	藤本
522	葛藟葡萄	*Vitis flexuosa* Thunb.	葡萄科	木质藤本	自然林	少见	藤本
523	大果俞藤	*Yua austro-orientalis*（F. P. Metcalf）C. L. Li	葡萄科	木质藤本	自然林	少见	藤本
524	广州相思子	*Abrus pulchellus* subsp. *cantoniensis*（Hance）Verdc.	豆科	小灌木	各种林中	较少见	灌木
525	毛相思子	*Abrus pulchellus* subsp. *mollis*（Hance）Verdc.	豆科	缠绕藤本	各种林中、灌丛	较常见	乔木
526	海红豆	*Adenanthera microsperma* Teijsm. et Binn.	豆科	落叶乔木	林中路旁	较常见	草本

（续）

序号	种名	学名	科名	性状	主要分布生境	多度	性状大类
527	合萌	*Aeschynomene indica* L.	豆科	一年生亚灌木状草本	旷野灌丛	较少见	灌木
528	鼎湖双束鱼藤	*Aganope dinghuensis*（P. Y. Chen）T. C. Chen et Pedley	豆科	木质藤本	灌丛、林缘	少见	草本
529	天香藤	*Albizia corniculata*（Lour.）Druce	豆科	攀援灌木	疏林灌丛	常见	乔木
530	链荚豆	*Alysicarpus vaginalis*（L.）DC.	豆科	多年生草本	旷野草地	较少见	乔木
531	猴耳环	*Archidendron clypearia*（Jack）I. C. Nielsen	豆科	常绿乔木	林缘灌丛	较常见	乔木
532	亮叶猴耳环	*Archidendron lucidum*（Benth.）I. C. Nielsen	豆科	常绿乔木	林缘灌丛	常见	藤本
533	大叶合欢	*Archidendron turgidum*（Merr.）I. C. Nielsen	豆科	半落叶小乔木	林缘灌丛	较常见	藤本
534	火索藤	*Bauhinia aurea* H. Lév.	豆科	木质藤本	山谷水边灌丛	少见	藤本
535	龙须藤	*Bauhinia championii*（Benth.）Benth.	豆科	木质藤本	自然林或林缘灌丛	较常见	藤本
536	首冠藤	*Bauhinia corymbosa* Roxb. ex DC.	豆科	木质藤本	林缘灌丛	少见	灌木
537	薄叶羊蹄甲	*Bauhinia glauca* subsp. *tenuiflora*（Watt ex C. B. Clarke）K. et S. S. Lar.	豆科	木质藤本	山谷林中	较少见	灌木
538	藤槐	*Bowringia callicarpa* Champ. ex Benth.	豆科	攀援灌木	林缘灌丛	常见	灌木
539	华南云实	*Caesalpinia crista* L.	豆科	攀援灌木	林缘灌丛溪边	常见	灌木
540	小叶云实	*Caesalpinia millettii* Hook. et Arn.	豆科	攀援灌木	林缘溪边	较常见	藤本
541	喙荚云实	*Caesalpinia minax* Hance	豆科	攀援灌木	路旁	较少见	草本
542	香花鸡血藤	*Callerya dielsiana*（Harms）P. K. Loc ex Z. Wei et Pedley	豆科	木质藤本	疏林灌丛	常见	草本
543	网络鸡血藤	*Callerya reticulata*（Benth.）Schot	豆科	木质藤本	疏林灌丛	较少见	草本
544	美丽鸡血藤	*Callerya speciosa*（Champ. ex Benth.）Schot	豆科	木质藤本	疏林灌丛	较常见	灌木
545	喙果鸡血藤	*Callerya tsui*（F. P. Metcalf）Z. Wei et Pedley	豆科	木质藤本	疏林灌丛	较常见	草本
546	海刀豆	*Canavalia rosea*（Sw.）DC.	豆科	缠绕藤本	旷野灌丛	较少见	草本
547	山扁豆	*Chamaecrista mimosoides* Standl.	豆科	亚灌木状草本	林缘草地	较常见	草本

（续）

序号	种名	学名	科名	性状	主要分布生境	多度	性状大类
548	圆叶舞草	*Codariocalyx gyroides*（Roxb. ex Link）Hassk.	豆科	灌木	山坡灌丛	少见	草本
549	响铃豆	*Crotalaria albida* B. Heyne ex Roth	豆科	灌木状草本	林缘草地	较少见	草本
550	大猪屎豆	*Crotalaria assamica* Benth.	豆科	亚灌木状草本	山谷溪旁	较常见	草本
551	长萼猪屎豆	*Crotalaria calycina* Kurz	豆科	一年生草本	山谷溪旁	少见	草本
552	假地蓝	*Crotalaria ferruginea* Graham ex Benth.	豆科	亚灌木状草本	山谷	较少见	草本
553	线叶猪屎豆	*Crotalaria linifolia* L. f.	豆科	亚灌木状草本	山谷草丛	较常见	乔木
554	猪屎豆	*Crotalaria pallida* Aiton	豆科	亚灌木状草本	旷野	较少见	灌木
555	吊裙草	*Crotalaria retusa* L.	豆科	亚灌木状草本	山谷草地	少见	藤本
556	紫花野百合	*Crotalaria sessiliflora* L.	豆科	多年生草本	山坡草地	少见	藤本
557	秧青	*Dalbergia assamica* Benth.	豆科	落叶乔木	林缘、山谷林中	较少见	藤本
558	两粤黄檀	*Dalbergia benthamii* Prain	豆科	攀援灌木	林缘	少见	藤本
559	藤黄檀	*Dalbergia hancei* Benth.	豆科	木质藤本	山谷溪旁灌丛	较常见	草本
560	斜叶黄檀	*Dalbergia pinnata*（Lour.）Prain	豆科	落叶木质藤本	山谷或山坡林中	较少见	灌木
561	白花鱼藤	*Derris alborubra* Hemsl.	豆科	木质藤本	疏林、灌丛	较少见	灌木
562	大叶山蚂蝗	*Desmodium gangeticum*（L.）DC.	豆科	亚灌木状草本	林缘、灌丛	较常见	草本
563	假地豆	*Desmodium heterocarpon*（L.）DC.	豆科	灌木	山坡灌丛	较常见	藤本
564	显脉山绿豆	*Desmodium reticulatum* Champ. ex Benth.	豆科	亚灌木	林缘灌丛	较常见	藤本
565	三点金	*Desmodium triflorum*（L.）DC.	豆科	匍匐草本	旷野草地	较常见	草本
566	圆叶野扁豆	*Dunbaria rotundifolia*（Lour.）Merr.	豆科	草质藤本	灌丛草地	较常见	乔木
567	榼藤	*Entada phaseoloides*（L.）Merr.	豆科	木质大藤本	山谷林中	较少见	灌木
568	鸡头薯	*Eriosema chinense* Vogel	豆科	一年生草本	山坡草地	较少见	灌木
569	格木	*Erythrophleum fordii* Oliv.	豆科	常绿大乔木	自然林	较常见	草本

（续）

序号	种名	学名	科名	性状	主要分布生境	多度	性状大类
570	大叶千斤拔	*Flemingia macrophylla*（Willd.）Prain	豆科	灌木	山谷、灌丛草地	较常见	灌木
571	干花豆	*Fordia cauliflora* Hemsl.	豆科	灌木	灌丛草地	较少见	草本
572	细长柄山蚂蝗	*Hylodesmum leptopus*（A. Gray ex Benth.）H. Ohashi et R. R. Mill	豆科	亚灌木状草本	山坡灌丛	少见	灌木
573	野青树	*Indigofera suffruticosa* Mill.	豆科	灌木	旷野草地	较少见	乔木
574	鸡眼草	*Kummerowia striata*（Thunb.）Schindl.	豆科	一年生铺地草本	旷野草地	较常见	藤本
575	截叶铁扫帚	*Lespedeza cuneata*（Dum. Cours.）G. Don	豆科	亚灌木	山坡、灌丛	较少见	藤本
576	银合欢	*Leucaena leucocephala*（Lam.）de Wit	豆科	小乔木	疏林灌丛	较常见	藤本
577	海南崖豆藤	*Millettia pachyloba* Drake	豆科	木质藤本	疏林灌丛	较常见	藤本
578	含羞草	*Mimosa pudica* L.	豆科	多年生草本	旷野草地	常见	藤本
579	白花油麻藤	*Mucuna birdwoodiana* Tutcher	豆科	木质大藤本	自然林、山谷溪旁	常见	草本
580	常春油麻藤	*Mucuna sempervirens* Hemsl.	豆科	木质大藤本	山谷溪旁	较少见	藤本
581	小槐花	*Ohwia caudata*（Thunb.）H. Ohashi	豆科	灌木	灌丛草地	少见	藤本
582	肥荚红豆	*Ormosia fordiana* Oliv.	豆科	常绿乔木	自然林	较常见	灌木
583	光叶红豆	*Ormosia glaberrima* Y. C. Wu	豆科	常绿乔木	自然林	常见	乔木
584	茸荚红豆	*Ormosia pachycarpa* Champ. ex Benth.	豆科	常绿乔木	自然林	较少见	乔木
585	海南红豆	*Ormosia pinnata*（Lour.）Merr.	豆科	常绿乔木	林中	较常见	乔木
586	软荚红豆	*Ormosia semicastrata* Hance	豆科	常绿乔木	山谷林中	少见	乔木
587	木荚红豆	*Ormosia xylocarpa* Chun ex L. Chen	豆科	常绿乔木	山谷密林	较少见	乔木
588	毛排钱树	*Phyllodium elegans*（Lour.）Desv.	豆科	亚灌木	山坡灌丛	较常见	乔木
589	排钱树	*Phyllodium pulchellum*（L.）Desv.	豆科	亚灌木	山坡灌丛	少见	灌木
590	葛	*Pueraria montana*（Lour.）Merr	豆科	草质藤本	山谷、山坡灌丛	常见	灌木
591	葛麻姆	*Pueraria montana* var. *lobata*（Willd.）Maesen et S. M. Almeida ex Sanjappa et Predeep	豆科	草质藤本	山谷灌丛	少见	藤本

（续）

序号	种名	学名	科名	性状	主要分布生境	多度	性状大类
592	三裂叶野葛	*Pueraria phaseoloides*（Roxb.）Benth.	豆科	草质藤本	山谷灌丛水边	较常见	藤本
593	密子豆	*Pycnospora lutescens*（Poir.）Schindl.	豆科	草本	旷野草地	少见	藤本
594	鹿藿	*Rhynchosia volubilis* Lour.	豆科	草质缠绕藤本	旷野灌丛	较少见	草本
595	望江南	*Senna occidentalis*（L.）Link	豆科	亚灌木状草本	山坡旷野	较少见	藤本
596	决明	*Senna tora*（L.）Roxb.	豆科	亚灌木状草本	田野旷野	较常见	草本
597	田菁	*Sesbania cannabina*（Retz.）Poir.	豆科	一年生草本	旷野草地	较常见	藤本
598	密花豆	*Spatholobus suberectus* Dunn	豆科	攀援藤本	林中	较少见	灌木
599	葫芦茶	*Tadehagi triquetrum*（L.）H. Ohashi	豆科	灌木或亚灌木	林缘灌丛	较常见	草本
600	狸尾豆	*Uraria lagopodioides*（L.）Desv. ex DC.	豆科	草本	旷野灌丛	较少见	草本
601	丁癸草	*Zornia gibbosa* Span.	豆科	多年生小草本	旷野草地阳处	较常见	灌木
602	黄花倒水莲	*Polygala fallax* Hemsl.	远志科	灌木	林中、灌丛	较常见	草本
603	华南远志	*Polygala chinensis* L.	远志科	草本	疏林灌丛	较常见	灌木
604	曲江远志	*Polygala koi* Merr.	远志科	亚灌木	林下	较少见	灌木
605	大叶金牛	*Polygala latouchei* Franch.	远志科	亚灌木	沟谷林下	少见	草本
606	齿果草	*Salomonia cantoniensis* Lour.	远志科	一年生小草本	山坡灌丛或林下石上	较少见	灌木
607	蝉翼藤	*Securidaca inappendiculata* Hassk.	远志科	攀援灌木	灌丛、林缘	较常见	乔木
608	黄叶树	*Xanthophyllum hainanense* H. H. Hu	远志科	常绿乔木	自然林	常见	草本
609	小花龙芽草	*Agrimonia nipponica* Koidz. var. *occidentalis* Skalick	蔷薇科	多年生草本	旷野草地	较少见	草本
610	龙芽草	*Agrimonia pilosa* Ledeb.	蔷薇科	多年生草本	旷野草地	少见	乔木
611	香花枇杷	*Eriobotrya fragrans* Champ. ex Benth.	蔷薇科	常绿乔木	山谷林中	少见	乔木
612	腺叶桂樱	*Laurocerasus phaeosticta*（Hance）Schneid.	蔷薇科	常绿乔木	山谷林中	少见	乔木
613	大叶桂樱	*Laurocerasus zippeliana*（Miq.）Yü	蔷薇科	常绿乔木	林中	较少见	乔木

（续）

序号	种名	学名	科名	性状	主要分布生境	多度	性状大类
614	台湾林檎	*Malus doumeri*（Bois）Chev.	蔷薇科	落叶乔木	林中	少见	乔木
615	中华石楠	*Photinia beauverdiana* Schneid.	蔷薇科	常绿乔木	山谷林中	少见	乔木
616	闽粤石楠	*Photinia benthamiana* Hance	蔷薇科	常绿乔木	林缘灌丛	较常见	乔木
617	桃叶石楠	*Photinia prunifolia*（Hook. et Arn.）Lindl.	蔷薇科	常绿小乔木	自然林或疏林中	常见	草本
618	蛇莓	*Potentilla indica*（Andr.）Focke	蔷薇科	多年生匍匐草本	旷野草地	常见	乔木
619	李	*Prunus salicina* Lindl.	蔷薇科	落叶小乔木	路旁、旷野	少见	乔木
620	臀果木	*Pygeum topengii* Merr.	蔷薇科	常绿乔木	自然林	常见	乔木
621	豆梨	*Pyrus calleryana* Decne.	蔷薇科	落叶乔木	疏林	少见	乔木
622	石斑木	*Rhaphiolepis indica*（L.）Lindl.	蔷薇科	常绿小乔木	疏林灌丛	较常见	乔木
623	柳叶石斑木	*Rhaphiolepis salicifolia* Lindl.	蔷薇科	常绿小乔木	林中	少见	灌木
624	广东蔷薇	*Rosa kwangtungensis* Yü et Tsai	蔷薇科	攀援灌木	旷野路旁	较少见	灌木
625	金樱子	*Rosa laevigata* Michx.	蔷薇科	攀援灌木	山坡灌丛	较常见	灌木
626	粗叶悬钩子	*Rubus alceifolius* Poir.	蔷薇科	攀援灌木	旷野灌丛	常见	灌木
627	山莓	*Rubus corchorifolius* L. f.	蔷薇科	灌木	疏林灌丛	较常见	灌木
628	白花悬钩子	*Rubus leucanthus* Hance	蔷薇科	攀援灌木	疏林灌丛	常见	灌木
629	茅莓	*Rubus parvifolius* L.	蔷薇科	攀援灌木	疏林灌丛	较常见	灌木
630	梨叶悬钩子	*Rubus pirifolius* Sm.	蔷薇科	攀援灌木	疏林灌丛	较少见	灌木
631	锈毛莓	*Rubus reflexus* Ker	蔷薇科	攀援灌木	疏林灌丛	较常见	灌木
632	浅裂锈毛莓	*Rubus reflexus* var. *hui*（Diels ex Hu）Metc.	蔷薇科	攀援灌木	疏林灌丛	较少见	灌木
633	深裂锈毛莓	*Rubus reflexus* var. *lanceolobus* Metc.	蔷薇科	攀援灌木	疏林灌丛	较少见	灌木
634	空心泡	*Rubus rosifolius* Sm.	蔷薇科	灌木	疏林灌丛	较常见	灌木
635	蔓胡颓子	*Elaeagnus glabra* Thunb.	胡颓子科	藤状灌木	自然林	少见	灌木

（续）

序号	种名	学名	科名	性状	主要分布生境	多度	性状大类
636	角花胡颓子	*Elaeagnus gonyanthes* Benth.	胡颓子科	藤状灌木	自然林	较少见	灌木
637	胡颓子	*Elaeagnus pungens* Thunb.	胡颓子科	藤状灌木	自然林	较常见	灌木
638	多花勾儿茶	*Berchemia floribunda*（Wall.）Brongn.	鼠李科	藤状灌木	疏林灌丛	较常见	灌木
639	铁包金	*Berchemia lineata*（L.）DC.	鼠李科	藤状灌木	疏林灌丛	较常见	灌木
640	毛咀签	*Gouania javanica* Miq.	鼠李科	攀援灌木	疏林灌丛	较少见	乔木
641	枳椇	*Hovenia acerba* Lindl.	鼠李科	落叶乔木	林缘灌丛	较少见	乔木
642	硬毛马甲子	*Paliurus hirsutus* Hemsl.	鼠李科	灌木或小乔木	水旁灌丛	较少见	灌木
643	马甲子	*Paliurus ramosissimus*（Lour.）Poir.	鼠李科	落叶灌木	灌丛田边	较少见	灌木
644	山绿柴	*Rhamnus brachypoda* C. Y. Wu ex Y. L. Chen	鼠李科	灌木	山坡灌丛	少见	灌木
645	长叶冻绿	*Rhamnus crenata* Sieb. et Zucc.	鼠李科	灌木	山坡灌丛	较常见	灌木
646	薄叶鼠李	*Rhamnus leptophylla* Schneid.	鼠李科	灌木	山坡灌丛	较少见	灌木
647	皱叶鼠李	*Rhamnus rugulosa* Hemsl.	鼠李科	灌木	山坡灌丛	少见	藤本
648	亮叶雀梅藤	*Sageretia lucida* Merr.	鼠李科	木质藤本	林中	少见	灌木
649	雀梅藤	*Sageretia thea*（Osbeck）M. C. Johnst.	鼠李科	攀援灌木	山谷疏林灌丛	较少见	灌木
650	翼核果	*Ventilago leiocarpa* Benth.	鼠李科	攀援灌木	沟边灌丛	较少见	灌木
651	滇刺枣	*Ziziphus mauritiana* Lam.	鼠李科	灌木	旷野灌丛	较少见	乔木
652	朴树	*Celtis sinensis* Pers.	大麻科	落叶乔木	疏林路旁	常见	乔木
653	白颜树	*Gironniera subaequalis* Planch.	大麻科	常绿乔木	自然林	常见	乔木
654	狭叶山黄麻	*Trema angustifolia*（Planch.）Blume	大麻科	灌木或小乔木	疏林灌丛	较常见	乔木
655	光叶山黄麻	*Trema cannabina* Lour.	大麻科	灌木或小乔木	疏林路旁	常见	乔木
656	山油麻	*Trema cannabina* var. *dielsiana*（Hand.-Mazz.）C. J. Chen	大麻科	灌木或小乔木	疏林灌丛	少见	乔木
657	异色山黄麻	*Trema orientalis*（L.）Blume	大麻科	灌木或小乔木	疏林灌丛	较常见	乔木

（续）

序号	种名	学名	科名	性状	主要分布生境	多度	性状大类
658	二色波罗蜜	*Artocarpus styracifolius* Pierre	桑科	常绿乔木	自然林	较常见	乔木
659	胭脂	*Artocarpus tonkinensis* A. Chev. ex Gagnep.	桑科	常绿乔木	自然林	较常见	藤本
660	葡蟠	*Broussonetia kaempferi* Sieb.	桑科	藤本	疏林灌丛	较常见	乔木
661	构树	*Broussonetia papyrifera*（L.）L'Hér. ex Vent.	桑科	落叶乔木	疏林路旁	常见	草本
662	水蛇麻	*Fatoua villosa*（Thunb.）Nakai	桑科	一年生草本	疏林路旁	较常见	灌木
663	石榕树	*Ficus abelii* Miq.	桑科	灌木	山谷疏林	较少见	灌木
664	矮小天仙果	*Ficus erecta* Thunb.	桑科	落叶灌木	山谷密林	较少见	乔木
665	黄毛榕	*Ficus esquiroliana* H. Lév.	桑科	常绿乔木	林缘路旁	常见	乔木
666	水同木	*Ficus fistulosa* Reinw. ex Blume	桑科	常绿小乔木	自然林水旁	较常见	乔木
667	台湾榕	*Ficus formosana* Maxim.	桑科	常绿小乔木	自然林水旁	少见	灌木
668	山榕	*Ficus heterophylla* L. f.	桑科	灌木	疏林灌丛	较少见	灌木
669	粗叶榕	*Ficus hirta* Vahl	桑科	灌木	疏林灌丛	常见	乔木
670	对叶榕	*Ficus hispida* L. f.	桑科	常绿小乔木	山谷水旁、林缘灌丛	常见	乔木
671	青藤公	*Ficus langkokensis* Drake	桑科	常绿小乔木	密林中	少见	乔木
672	榕树	*Ficus microcarpa* L. f.	桑科	常绿乔木	路旁	常见	乔木
673	九丁榕	*Ficus nervosa* Heyne ex Roth	桑科	常绿大乔木	自然林	常见	灌木
674	琴叶榕	*Ficus pandurata* Hance	桑科	灌木	沟边灌丛	较少见	藤本
675	薜荔	*Ficus pumila* L.	桑科	藤本	攀生树上、石上	较常见	灌木
676	舶梨榕	*Ficus pyriformis* Hook. et Arn.	桑科	小灌木	山谷水旁	较常见	藤本
677	羊乳榕	*Ficus sagittata* Vahl	桑科	藤本	自然林树上或石上	较常见	灌木
678	竹叶榕	*Ficus stenophylla* Hemsl.	桑科	灌木	疏林灌丛	较少见	乔木
679	笔管榕	*Ficus subpisocarpa* Gagnep.	桑科	落叶乔木	自然林或林缘水旁	较常见	灌木

（续）

序号	种名	学名	科名	性状	主要分布生境	多度	性状大类
680	假斜叶榕	*Ficus subulata* Blume	桑科	灌木	自然林	较少见	乔木
681	杂色榕	*Ficus variegata* Blume	桑科	灌木或小乔木	自然林	较少见	乔木
682	变叶榕	*Ficus variolosa* Lindl. ex Benth.	桑科	灌木或小乔木	自然林	常见	乔木
683	白肉榕	*Ficus vasculosa* Wall. ex Miq.	桑科	常绿乔木	自然林	较少见	乔木
684	绿黄葛树	*Ficus virens* Aiton	桑科	落叶乔木	自然林或林缘水旁	较常见	灌木
685	构棘	*Maclura cochinchinensis*（Lour.）Corner	桑科	攀援灌木	林缘水旁	较常见	灌木
686	舌柱麻	*Archiboehmeria atrata*（Gagnep.）C. J. Chen	荨麻科	亚灌木	疏林灌丛	较常见	灌木
687	水苎麻	*Boehmeria macrophylla* Hornem.	荨麻科	亚灌木	林中	较常见	灌木
688	糙叶水苎麻	*Boehmeria macrophylla* var. *scabrella*（Roxb.）D. G. Long	荨麻科	亚灌木	林中	较常见	灌木
689	狭叶楼梯草	*Elatostema lineolatum* Wight	荨麻科	亚灌木	林中	较少见	灌木
690	多序楼梯草	*Elatostema macintyrei* Dunn	荨麻科	亚灌木	林中	较少见	灌木
691	宽叶楼梯草	*Elatostema platyphyllum* Wedd.	荨麻科	亚灌木	山谷林中	较常见	草本
692	曲毛楼梯草	*Elatostema retrohirtum* Dunn	荨麻科	匍匐草本	林中	较常见	草本
693	糯米团	*Gonostegia hirta*（Blume）Miq.	荨麻科	匍匐草本	灌丛田边	较常见	草本
694	毛花点草	*Nanocnide lobata* Wedd.	荨麻科	多年生草本	林中、屋旁	常见	灌木
695	紫麻	*Oreocnide frutescens*（Thunb.）Miq.	荨麻科	灌木	林中水旁	少见	草本
696	华南赤车	*Pellionia grijsii* Hance	荨麻科	多年生草本	自然林	较少见	草本
697	赤车	*Pellionia radicans*（Sieb. et Zucc.）Wedd.	荨麻科	匍匐草本	自然林	较常见	灌木
698	蔓赤车	*Pellionia scabra* Benth.	荨麻科	亚灌木状	林中	少见	草本
699	小叶冷水花	*Pilea microphylla*（L.）Liebm.	荨麻科	肉质小草本	屋旁、墙上	常见	草本
700	生根冷水花	*Pilea wightii* Wedd.	荨麻科	一年生草本	林下水旁	较少见	草本
701	雾水葛	*Pouzolzia zeylanica*（L.）Benn. et R. Br.	荨麻科	多年生草本	旷野草地、屋旁	常见	草本

（续）

序号	种名	学名	科名	性状	主要分布生境	多度	性状大类
702	藤麻	*Procris crenata* C. B. Robinson	荨麻科	多年生草本	林中石上或树上	少见	乔木
703	米槠	*Castanopsis carlesii*（Hemsl.）Hayata	壳斗科	常绿乔木	疏林	较常见	乔木
704	锥	*Castanopsis chinensis*（Spreng.）Hance	壳斗科	常绿乔木	自然林	常见	乔木
705	甜槠	*Castanopsis eyrei*（Champ. ex Benth.）Tutcher	壳斗科	常绿乔木	山谷林中	少见	乔木
706	罗浮栲	*Castanopsis faberi* Hance	壳斗科	常绿乔木	密林	较少见	乔木
707	栲	*Castanopsis fargesii* Franch.	壳斗科	常绿乔木	密林	少见	乔木
708	黧蒴锥	*Castanopsis fissa*（Champ. ex Benth.）Rehder et E. H. Wilson	壳斗科	常绿乔木	林中	常见	乔木
709	毛锥	*Castanopsis fordii* Hance	壳斗科	常绿乔木	山谷密林	少见	乔木
710	红锥	*Castanopsis hystrix* Hook. f. et Thomson ex A. DC.	壳斗科	常绿乔木	密林	较少见	乔木
711	鹿角锥	*Castanopsis lamontii* Hance	壳斗科	常绿乔木	密林	少见	乔木
712	饭甑青冈	*Cyclobalanopsis fleuryi*（Hickel et A. Camus）Chun ex Q. F. Zheng	壳斗科	常绿乔木	密林	少见	乔木
713	细叶青冈	*Cyclobalanopsis gracilis*（Rehder et E. H. Wilson）W. C. Cheng et T. Hong	壳斗科	常绿乔木	自然林	少见	乔木
714	雷公青冈	*Cyclobalanopsis hui*（Chun）Chun ex Y. C. Hsu et H. W. Jen	壳斗科	常绿乔木	疏林	较常见	乔木
715	小叶青冈	*Cyclobalanopsis myrsinifolia*（Blume）Oersted	壳斗科	常绿乔木	山谷密林	较常见	乔木
716	毛果青冈	*Cyclobalanopsis pachyloma*（Seemen）Schottky	壳斗科	常绿乔木	山谷密林	少见	乔木
717	烟斗柯	*Lithocarpus corneus*（Lour.）Rehder	壳斗科	常绿乔木	山谷林中	较少见	乔木
718	菴耳柯	*Lithocarpus haipinii* Chun	壳斗科	常绿乔木	山谷密林	少见	乔木
719	硬壳柯	*Lithocarpus hancei*（Benth.）Rehder	壳斗科	常绿乔木	山谷林中	较少见	乔木
720	鼠刺叶稠	*Lithocarpus iteaphyllus*（Hance）Rehder	壳斗科	常绿乔木	自然林	少见	乔木
721	木姜叶柯	*Lithocarpus litseifolius*（Hance）Chun	壳斗科	常绿乔木	密林	少见	乔木
722	南川柯	*Lithocarpus rosthornii*（Schottky）Barnett	壳斗科	常绿乔木	密林	少见	乔木

（续）

序号	种名	学名	科名	性状	主要分布生境	多度	性状大类
723	毛杨梅	*Myrica esculenta* Buch. -Ham.	杨梅科	常绿乔木	林中、路旁	较少见	乔木
724	杨梅	*Myrica rubra* Sieb. et Zucc.	杨梅科	常绿乔木	山谷林中	较常见	乔木
725	黄杞	*Engelhardia roxburghiana* Wall.	胡桃科	半常绿乔木	自然林	常见	乔木
726	华南桦	*Betula austrosinensis* Chun ex P. C. Li	桦木科	常绿乔木	疏林	少见	藤本
727	绞股蓝	*Gynostemma pentaphyllum*（Thunb.）Makino	葫芦科	草质藤本	屋旁及林中	常见	藤本
728	木鳖子	*Momordica cochinchinensis*（Lour.）Spreng.	葫芦科	多年生粗大藤本	林中	少见	藤本
729	凹萼木鳖	*Momordica subangulata* Blume	葫芦科	草质藤本	旷野灌丛	少见	藤本
730	罗汉果	*Siraitia grosvenorii*（Swingle）C. Jeffrey ex A. M. Lu et Z. Y. Zhang	葫芦科	多年生草质藤本	旷野路旁	较少见	藤本
731	茅瓜	*Solena heterophylla* Lour.	葫芦科	草质藤本	林中	少见	藤本
732	蛇瓜	*Trichosanthes anguina* L.	葫芦科	草质藤本	林中	少见	藤本
733	全缘栝楼	*Trichosanthes pilosa* Lour.	葫芦科	草质藤本	林缘灌丛	较常见	藤本
734	两广栝楼	*Trichosanthes reticulinervis* C. Y. Wu ex S. K. Chen	葫芦科	草质藤本	林中	较常见	藤本
735	中华栝楼	*Trichosanthes rosthornii* Harms	葫芦科	草质藤本	旷野灌丛	少见	藤本
736	红花栝楼	*Trichosanthes rubriflos* Thorel ex Cayla	葫芦科	草质藤本	林缘灌丛	少见	藤本
737	钮子瓜	*Zehneria bodinieri*（H. Lév.）W. J. de Wilde et Duyfjes	葫芦科	草质藤本	林缘灌丛	少见	藤本
738	马㼎儿	*Zehneria japonica*（Thunb.）H. Y. Liu	葫芦科	草质藤本	灌丛田边	少见	草本
739	粗喙秋海棠	*Begonia longifolia* Blume	秋海棠科	多年生草本	山谷林中	较常见	草本
740	紫背天葵	*Begonia fimbristipula* Hance	秋海棠科	多年生草本	沟谷、石壁	较常见	草本
741	裂叶秋海棠	*Begonia palmata* D. Don	秋海棠科	多年生草本	沟谷、石壁	常见	藤本
742	过山枫	*Celastrus aculeatus* Merr.	卫矛科	木质藤本	林缘灌丛	较少见	藤本
743	圆叶南蛇藤	*Celastrus kusanoi* Hayata	卫矛科	木质藤本	林缘灌丛	少见	藤本
744	独子藤	*Celastrus monospermus* Roxb.	卫矛科	木质藤本	自然林	少见	灌木

（续）

序号	种名	学名	科名	性状	主要分布生境	多度	性状大类
745	扶芳藤	*Euonymus fortunei*（Turcz.）Hand. -Mazz.	卫矛科	攀援灌木	林缘灌丛	较少见	灌木
746	疏花卫矛	*Euonymus laxiflorus* Champ. ex Benth.	卫矛科	灌木	自然林	常见	灌木
747	中华卫矛	*Euonymus nitidus* Benth.	卫矛科	灌木	林缘灌丛	少见	灌木
748	程香仔树	*Loeseneriella concinna* A. C. Sm.	卫矛科	攀援灌木	自然林	较少见	灌木
749	福建假卫矛	*Microtropis fokienensis* Dunn	卫矛科	灌木	山谷林中	少见	灌木
750	小叶红叶藤	*Rourea microphylla*（Hook. et Arn.）Planch.	牛栓藤科	攀援灌木	自然林	常见	灌木
751	红叶藤	*Rourea minor*（Gaertn.）Alston	牛栓藤科	攀援灌木	自然林	较常见	乔木
752	阳桃	*Averrhoa carambola* L.	酢浆草科	常绿乔木	自然林	较常见	草本
753	酢浆草	*Oxalis corniculata* L.	酢浆草科	一年生草本	村旁、路边、田野	常见	草本
754	红花酢浆草	*Oxalis corymbosa* DC.	酢浆草科	多年生草本	村旁旷野	常见	乔木
755	中华杜英	*Elaeocarpus chinensis*（Gardn. et Champ.）Hook. f. ex Benth.	杜英科	常绿乔木	自然林	较少见	乔木
756	褐毛杜英	*Elaeocarpus duclouxii* Gagnep.	杜英科	常绿乔木	山谷林中	少见	乔木
757	日本杜英	*Elaeocarpus japonicus* Sieb. et Zucc.	杜英科	常绿乔木	自然林	较常见	乔木
758	绢毛杜英	*Elaeocarpus nitentifolius* Merr. et Chun	杜英科	常绿乔木	自然林	较常见	乔木
759	山杜英	*Elaeocarpus sylvestris*（Lour.）Poir.	杜英科	常绿乔木	自然林	较常见	乔木
760	薄果猴欢喜	*Sloanea leptocarpa* Diels	杜英科	常绿乔木	山谷林中	少见	乔木
761	猴欢喜	*Sloanea sinensis*（Hance）Hemsl.	杜英科	常绿乔木	山谷林中	少见	乔木
762	小盘木	*Microdesmis caseariifolia* Planch.	小盘木科	常绿小乔木	自然林	常见	乔木
763	竹节树	*Carallia brachiata*（Lour.）Merr.	红树科	常绿乔木	自然林	常见	乔木
764	木竹子	*Garcinia multiflora* Champ. ex Benth.	藤黄科	常绿小乔木	自然林	较常见	乔木
765	岭南山竹子	*Garcinia oblongifolia* Champ. ex Benth.	藤黄科	常绿小乔木	自然林	较常见	灌木
766	薄叶红厚壳	*Calophyllum membranaceum* Gardn. et Champ.	红厚壳科	灌木	疏林灌丛	常见	乔木

（续）

序号	种名	学名	科名	性状	主要分布生境	多度	性状大类
767	黄牛木	*Cratoxylum cochinchinense*（Lour.）Blume	金丝桃科	灌木至小乔木	林缘、疏林灌丛	常见	草本
768	地耳草	*Hypericum japonicum* Thunb. ex Murray	金丝桃科	一年生小草本	旷野草地	较常见	草本
769	元宝草	*Hypericum sampsoni* Hance	金丝桃科	小草本	旷野草地	较少见	藤本
770	风筝果	*Hiptage benghalensis*（L.）Kurz	金虎尾科	木质藤本	自然林	较少见	草本
771	戟叶堇菜	*Viola betonicifolia* J. E. Smith	堇菜科	一年生草本	山谷林下	少见	草本
772	七星莲	*Viola diffusa* Ging.	堇菜科	多年生草本	山坡草丛湿润处	较少见	草本
773	长萼堇菜	*Viola inconspicua* Blume	堇菜科	矮小草本	山坡草丛湿润处	较常见	草本
774	柔毛堇菜	*Viola fargesii* Boiss	堇菜科	一年生草本	山坡草丛湿润处	较少见	草本
775	如意草	*Viola arcuata* Blume	堇菜科	一年生草本	山坡草丛湿润处	较少见	藤本
776	龙珠果	*Passiflora foetida* L.	西番莲科	草质藤本	旷野草地、灌丛	较少见	乔木
777	球花脚骨脆	*Casearia glomerata* Roxb.	杨柳科	落叶小乔木	各种林中	较常见	乔木
778	爪哇脚骨脆	*Casearia velutina* Blume	杨柳科	落叶乔木	自然林及灌丛	常见	乔木
779	大叶刺篱木	*Flacourtia rukam* Zoll. et Mor.	杨柳科	常绿大乔木	山谷林中	少见	乔木
780	天料木	*Homalium cochinchinense*（Lour.）Druce	杨柳科	落叶小乔木	各种林中	较常见	乔木
781	长叶柞木	*Xylosma longifolia* Clos	杨柳科	常绿乔木	自然林	少见	草本
782	铁苋菜	*Acalypha australis* L.	大戟科	一年生草本	屋旁、旷野草地	常见	草本
783	裂苞铁苋菜	*Acalypha supera* Forssk.	大戟科	一年生草本	旷野草地	较少见	灌木
784	红背山麻杆	*Alchornea trewioides*（Benth.）Müll. Arg.	大戟科	半落叶灌木	林缘灌丛路旁	常见	乔木
785	棒柄花	*Cleidion brevipetiolatum* Pax et Hoffm.	大戟科	灌木或小乔木	山谷密林阴湿处	少见	灌木
786	毛果巴豆	*Croton lachnocarpus* Benth.	大戟科	灌木	疏林灌丛	常见	乔木
787	巴豆	*Croton tiglium* L.	大戟科	小乔木	自然林	较常见	乔木
788	黄桐	*Endospermum chinense* Benth.	大戟科	乔木	自然林	较少见	草本

（续）

序号	种名	学名	科名	性状	主要分布生境	多度	性状大类
789	乳浆大戟	*Euphorbia esula* L.	大戟科	多年生草本	旷野草地	较少见	草本
790	飞扬草	*Euphorbia hirta* L.	大戟科	一年生草本	屋旁、旷野草地	常见	草本
791	通奶草	*Euphorbia hypericifolia* L.	大戟科	一年生草本	旷野草地	较少见	草本
792	匍匐大戟	*Euphorbia prostrata* Aiton	大戟科	一年生匍匐草本	旷野草地	较少见	草本
793	千根草	*Euphorbia thymifolia* L.	大戟科	一年生匍匐草本	旷野草地	常见	乔木
794	印度血桐	*Macaranga adenantha* Gagnep.	大戟科	常绿乔木	自然林	少见	乔木
795	鼎湖血桐	*Macaranga sampsonii* Hance	大戟科	常绿小乔木	自然林	常见	灌木
796	白背叶	*Mallotus apelta*（Lour.）Muell. Arg.	大戟科	灌木	疏林灌丛路旁	常见	灌木
797	毛桐	*Mallotus barbatus*（Wall.）Muell. Arg.	大戟科	灌木	疏林灌丛	较常见	乔木
798	粗毛野桐	*Hancea hookeriana* Seem.	大戟科	灌木或小乔木	自然林	较少见	乔木
799	白楸	*Mallotus paniculatus*（Lam.）Muell. Arg.	大戟科	常绿小乔木	自然林、疏林灌丛	常见	乔木
800	粗糠柴	*Mallotus philippensis*（Lam.）Muell. Arg.	大戟科	常绿小乔木	山谷林中	较少见	灌木
801	石岩枫	*Mallotus repandus*（Willd.）Muell. Arg.	大戟科	攀援灌木	自然林	少见	乔木
802	山乌桕	*Triadica cochinchinensis* Lour.	大戟科	落叶乔木	疏林灌丛	常见	乔木
803	乌桕	*Triadica sebifera*（L.）Small	大戟科	落叶乔木	山坡疏林灌丛	较少见	乔木
804	五月茶	*Antidesma bunius*（L.）Spreng.	叶下珠科	常绿乔木	林中、路旁、村边	较常见	乔木
805	黄毛五月茶	*Antidesma fordii* Hemsl.	叶下珠科	灌木或小乔木	林中	较少见	灌木
806	酸味子	*Antidesma japonicum* Sieb. et Zucc.	叶下珠科	灌木	自然林及路旁	常见	灌木
807	小叶五月茶	*Antidesma montanum* var. *microphyllum*（Hemsl.）Petra Hoffm.	叶下珠科	灌木	林中	少见	乔木
808	银柴	*Aporosa dioica*（Roxb.）Müll. Arg.	叶下珠科	灌木或小乔木	疏林灌丛	较常见	乔木
809	云南银柴	*Aporosa yunnanensis*（Pax et K. Hoffm.）F. P. Metcalf	叶下珠科	灌木或小乔木	自然林	常见	乔木
810	重阳木	*Bischofia polycarpa*（H. Lév.）Airy Shaw	叶下珠科	大乔木	村边、路旁	较常见	灌木

（续）

序号	种名	学名	科名	性状	主要分布生境	多度	性状大类
811	黑面神	*Breynia fruticosa*（L.）Hook. f.	叶下珠科	灌木	旷野、疏林灌丛	常见	乔木
812	禾串树	*Bridelia balansae* Tutcher	叶下珠科	常绿乔木	自然林	较常见	乔木
813	土蜜树	*Bridelia tomentosa* Blume	叶下珠科	灌木或小乔木	疏林灌丛、路旁	常见	灌木
814	毛果算盘子	*Glochidion eriocarpum* Champ. ex Benth.	叶下珠科	灌木	疏林灌丛山坡路旁	常见	灌木
815	厚叶算盘子	*Glochidion hirsutum*（Roxb.）Voigt	叶下珠科	灌木	林缘路旁湿处	较常见	灌木
816	艾胶算盘子	*Glochidion lanceolarium*（Roxb.）Voigt	叶下珠科	灌木	林缘灌丛	较少见	灌木
817	算盘子	*Glochidion puberum*（L.）Hutch.	叶下珠科	灌木	疏林灌丛	较少见	乔木
818	里白算盘子	*Glochidion triandrum*（Blanco）C. B. Rob.	叶下珠科	小乔木	山谷林中	少见	乔木
819	白背算盘子	*Glochidion wrightii* Benth.	叶下珠科	灌木或小乔木	自然林或疏林灌丛	常见	乔木
820	香港算盘子	*Glochidion zeylanicum*（Gaertn.）A. Juss.	叶下珠科	灌木或小乔木	林缘、疏林水边湿处	较常见	灌木
821	余甘子	*Phyllanthus emblica* L.	叶下珠科	落叶灌木	灌丛、松林	较少见	灌木
822	小果叶下珠	*Phyllanthus reticulatus* Poir.	叶下珠科	灌木	林缘、灌丛、路旁	较常见	草本
823	叶下珠	*Phyllanthus urinaria* L.	叶下珠科	一年生草本	林缘、灌丛、路旁	常见	灌木
824	白饭树	*Flueggea virosa*（Roxb. ex Willd.）Voigt	叶下珠科	落叶灌木	林缘、灌丛、路旁	较少见	灌木
825	风车子	*Combretum alfredi* Hance	使君子科	攀援灌木	自然林	少见	藤本
826	使君子	*Quisqualis indica* L.	使君子科	藤本	路旁、旷野	少见	草本
827	香膏萼距花	*Cuphea balsamona* Cham. et Schltdl.	千屈菜科	一年生草本	旷野草地	较常见	草本
828	圆叶节节菜	*Rotala rotundifolia*（Buch.-Ham. ex Roxb.）Koehne	千屈菜科	一年生草本	旷野草地	较常见	草本
829	水龙	*Ludwigia adscendens*（L.）H. Hara	柳叶菜科	多年生草本	湿地	较少见	草本
830	草龙	*Ludwigia hyssopifolia*（G. Don）Exell	柳叶菜科	一年生草本	旷野	较常见	草本
831	毛草龙	*Ludwigia octovalvis*（Jacq.）P. H. Raven	柳叶菜科	一年生草本	水边草地	较常见	灌木
832	岗松	*Baeckea frutescens* L.	桃金娘科	灌木	灌丛、疏林	常见	乔木

（续）

序号	种名	学名	科名	性状	主要分布生境	多度	性状大类
833	番石榴	*Psidium guajava* L.	桃金娘科	灌木或小乔木	旷野、路边	较常见	灌木
834	桃金娘	*Rhodomyrtus tomentosa*（Aiton）Hassk.	桃金娘科	灌木	疏林灌丛	常见	乔木
835	肖蒲桃	*Syzygium acuminatissimum*（Blume）DC.	桃金娘科	常绿乔木	自然林	常见	乔木
836	华南蒲桃	*Syzygium austrosinense*（Merr. et Perry）Chang et Miau	桃金娘科	常绿乔木	山谷林中	常见	乔木
837	赤楠	*Syzygium buxifolium* Hook. et Arn.	桃金娘科	常绿乔木	自然林	较常见	乔木
838	子凌蒲桃	*Syzygium championii*（Benth.）Merr. et Perry	桃金娘科	常绿乔木	自然林	较少见	乔木
839	卫矛叶蒲桃	*Syzygium euonymifolium*（Metcalf）Merr. et Perry	桃金娘科	常绿乔木	自然林	较少见	乔木
840	红鳞蒲桃	*Syzygium hancei* Merr. et Perry	桃金娘科	常绿乔木	自然林	较常见	乔木
841	蒲桃	*Syzygium jambos*（L.）Alston	桃金娘科	常绿乔木	自然林、山沟水旁	常见	乔木
842	广东蒲桃	*Syzygium kwangtungense*（Merr.）Merr. et Perry	桃金娘科	常绿乔木	自然林	少见	乔木
843	山蒲桃	*Syzygium levinei*（Merr.）Merr. et Perry	桃金娘科	常绿乔木	自然林、林缘疏林	常见	乔木
844	水翁蒲桃	*Syzygium nervosum* DC.	桃金娘科	常绿乔木	溪边	常见	乔木
845	红枝蒲桃	*Syzygium rehderianum* Merr. et Perry	桃金娘科	常绿乔木	自然林	常见	乔木
846	四角蒲桃	*Syzygium tetragonum*（Wight）Wall. ex Walp.	桃金娘科	常绿乔木	山谷林中	少见	灌木
847	柏拉木	*Blastus cochinchinensis* Lour.	野牡丹科	灌木	自然林	常见	灌木
848	少花柏拉木	*Blastus pauciflorus*（Benth.）Guillaumin	野牡丹科	灌木	疏林灌丛	少见	灌木
849	短柄野海棠	*Bredia sessilifolia* H. L. Li	野牡丹科	小灌木	山谷林中或灌丛	少见	草本
850	异药花	*Fordiophyton faberi* Stapf	野牡丹科	多年生草本	草丛	少见	灌木
851	北酸脚杆	*Medinilla septentrionalis*（W. W. Sm.）H. L. Li	野牡丹科	攀援灌木	山谷林中及疏林、灌丛	较少见	灌木
852	野牡丹	*Melastoma malabathricum* L.	野牡丹科	灌木	山坡灌丛	常见	草本
853	地稔	*Melastoma dodecandrum* Lour.	野牡丹科	多年生草本	草坡、疏林	常见	灌木
854	毛稔	*Melastoma sanguineum* Sims	野牡丹科	灌木	林中、路旁、灌丛	常见	乔木

（续）

序号	种名	学名	科名	性状	主要分布生境	多度	性状大类
855	谷木	*Memecylon ligustrifolium* Champ.	野牡丹科	常绿小乔木	自然林	常见	乔木
856	黑叶谷木	*Memecylon nigrescens* Hook. et Arn.	野牡丹科	常绿小乔木	自然林	较常见	草本
857	金锦香	*Osbeckia chinensis* L. ex Walp.	野牡丹科	一年生草本	旷野草地	较常见	草本
858	槠头红	*Sarcopyramis napalensis* Wall.	野牡丹科	多年生草本	山谷林下	较常见	草本
859	蜂斗草	*Sonerila cantonensis* Stapf	野牡丹科	多年生草本	自然林下	常见	灌木
860	锐尖山香圆	*Turpinia arguta*（Lindl.）Seem.	省沽油科	灌木	自然林	较少见	乔木
861	橄榄	*Canarium album*（Lour.）Rauesch.	橄榄科	常绿大乔木	自然林	常见	乔木
862	乌榄	*Canarium pimela* Leenh.	橄榄科	常绿大乔木	自然林	少见	乔木
863	南酸枣	*Choerospondias axillaris*（Roxb.）B. L. Burtt et A. W. Hill	漆树科	落叶乔木	山谷密林	较少见	乔木
864	人面子	*Dracontomelon duperreanum* Pierre	漆树科	常绿大乔木	自然林	常见	乔木
865	杧果	*Mangifera indica* L.	漆树科	常绿乔木	山谷自然林	常见	乔木
866	盐肤木	*Rhus chinensis* Mill.	漆树科	落叶灌木或小乔木	疏林灌丛	常见	乔木
867	滨盐肤木	*Rhus chinensis* var. *roxburghii*（DC.）Rehder	漆树科	落叶灌木或小乔木	疏林灌丛	少见	乔木
868	野漆	*Toxicodendron succedaneum*（L.）Kuntze	漆树科	落叶灌木或小乔木	疏林灌丛	常见	乔木
869	漆树	*Toxicodendron vernicifluum*（Stokes）F. A. Barkley	漆树科	落叶灌木或小乔木	疏林灌丛	较少见	乔木
870	罗浮槭	*Acer fabri* Hance	无患子科	落叶乔木	山谷林中	少见	乔木
871	毛脉槭	*Acer pubinerve* Rehd.	无患子科	落叶乔木	自然林	少见	乔木
872	岭南槭	*Acer tutcheri* Duthie	无患子科	落叶乔木	密林中	较少见	藤本
873	倒地铃	*Cardiospermum halicacabum* L.	无患子科	草质藤本	旷野草地	较常见	乔木
874	龙眼	*Dimocarpus longan* Lour.	无患子科	常绿乔木	旷野、路旁	较常见	乔木
875	荔枝	*Litchi chinensis* Sonn.	无患子科	常绿乔木	自然林	较少见	乔木
876	褐叶柄果木	*Mischocarpus pentapetalus*（Roxb.）Radlk.	无患子科	常绿乔木	自然林	常见	乔木

（续）

序号	种名	学名	科名	性状	主要分布生境	多度	性状大类
877	韶子	*Nephelium chryseum* Blume	无患子科	常绿乔木	自然林	较常见	乔木
878	无患子	*Sapindus saponaria* L.	无患子科	落叶乔木	自然林	较少见	乔木
879	山油柑	*Acronychia pedunculata*（L.）Miq.	芸香科	常绿小乔木	疏林灌丛	常见	乔木
880	黄皮	*Clausena lansium*（Lour.）Skeels	芸香科	常绿小乔木	旷野、路旁	常见	灌木
881	山小橘	*Glycosmis pentaphylla*（Retz.）Correa	芸香科	灌木	灌丛及自然林	较常见	乔木
882	三桠苦	*Melicope pteleifolia*（Champ. ex Benth.）T. G. Hartley	芸香科	灌木或小乔木	疏林灌丛	常见	乔木
883	乔木茵芋	*Skimmia arborescens* Ander. ex Gamble	芸香科	常绿小乔木	山谷林中	少见	乔木
884	华南吴萸	*Tetradium austrosinense*（Hand. -Mazz.）T. G. Hartley	芸香科	落叶乔木	山谷林中	少见	乔木
885	楝叶吴萸	*Tetradium glabrifolium*（Champ. ex Benth.）T. G. Hartley	芸香科	落叶乔木	自然林	较少见	乔木
886	吴茱萸	*Tetradium ruticarpum*（A. Juss.）T. G. Hartley	芸香科	落叶小乔木	林缘、疏林、旷野	较少见	灌木
887	飞龙掌血	*Toddalia asiatica*（L.）Lam.	芸香科	攀援灌木	自然林	较常见	灌木
888	竹叶花椒	*Zanthoxylum armatum* DC.	芸香科	灌木	林缘灌丛	较少见	乔木
889	簕党花椒	*Zanthoxylum avicennae*（Lam.）DC.	芸香科	常绿小乔木	疏林灌丛	常见	乔木
890	大叶臭花椒	*Zanthoxylum myriacanthum* Wall. ex Hook. f.	芸香科	落叶乔木	林缘和自然林	较常见	藤本
891	两面针	*Zanthoxylum nitidum*（Roxb.）DC.	芸香科	木质藤本	疏林灌丛	较常见	灌木
892	花椒簕	*Zanthoxylum scandens* Blume	芸香科	攀援灌木	疏林灌丛	少见	乔木
893	楝	*Melia azedarach* L.	楝科	落叶乔木	旷野、路旁	较常见	乔木
894	红椿	*Toona ciliata* Roem.	楝科	落叶或半落叶乔木	山谷林中	少见	乔木
895	香椿	*Toona sinensis*（A. Juss.）M. Roem.	楝科	落叶乔木	自然林	较少见	灌木
896	黄葵	*Abelmoschus moschatus* Medicus	锦葵科	多年生亚灌木	旷野草丛、路边	较常见	草本
897	磨盘草	*Abutilon indicum*（L.）Sweet	锦葵科	亚灌木状草本	旷野路旁草地	较少见	藤本
898	刺果藤	*Byttneria grandifolia* DC.	锦葵科	木质大藤本	沟边	常见	灌木

（续）

序号	种名	学名	科名	性状	主要分布生境	多度	性状大类
899	甜麻	*Corchorus aestuans* L.	锦葵科	灌木	旷野草地	较常见	灌木
900	黄麻	*Corchorus capsularis* L.	锦葵科	亚灌木	旷野草地、灌丛	较常见	灌木
901	山芝麻	*Helicteres angustifolia* L.	锦葵科	灌木	山坡灌丛、路旁	较常见	乔木
902	木芙蓉	*Hibiscus mutabilis* L.	锦葵科	落叶灌木至乔木	旷野、路旁	较常见	草本
903	赛葵	*Malvastrum coromandelianum*（L.）Garcke	锦葵科	亚冠木状草本	旷野路旁	较常见	草本
904	马松子	*Melochia corchorifolia* L.	锦葵科	亚冠木状草本	路旁、灌丛草地	较常见	乔木
905	破布叶	*Microcos paniculata* L.	锦葵科	落叶灌木或乔木	林缘、灌丛、路旁	常见	乔木
906	翻白叶树	*Pterospermum heterophyllum* Hance	锦葵科	常绿乔木	自然林	较常见	乔木
907	窄叶半枫荷	*Pterospermum lanceifolium* Roxb.	锦葵科	常绿乔木	自然林	较常见	乔木
908	两广梭罗	*Reevesia thyrsoidea* Lindl.	锦葵科	常绿乔木	自然林	较常见	灌木
909	黄花稔	*Sida acuta* Burm. f.	锦葵科	亚灌木	旷野荒地	常见	灌木
910	桤叶黄花稔	*Sida alnifolia* L.	锦葵科	小灌木	旷野路旁	较少见	灌木
911	心叶黄花稔	*Sida cordifolia* L.	锦葵科	小灌木	旷野草丛、路边	较少见	灌木
912	白背黄花稔	*Sida rhombifolia* L.	锦葵科	亚灌木	旷野草丛、路边	较常见	乔木
913	假苹婆	*Sterculia lanceolata* Cav.	锦葵科	常绿乔木	自然林	常见	灌木
914	毛刺蒴麻	*Triumfetta cana* Blume	锦葵科	亚灌木	林缘灌丛、路旁草丛	较常见	灌木
915	刺蒴麻	*Triumfetta rhomboidea* Jacq.	锦葵科	亚灌木	林缘灌丛、路旁草丛	较常见	灌木
916	地桃花	*Urena lobata* L.	锦葵科	亚灌木	旷野路边草丛	常见	灌木
917	梵天花	*Urena procumbens* L.	锦葵科	亚灌木	旷野灌丛、路边草地	较常见	灌木
918	蛇婆子	*Waltheria indica* L.	锦葵科	半灌木	山顶草坡	少见	乔木
919	土沉香	*Aquilaria sinensis*（Lour.）Spreng.	瑞香科	常绿乔木	自然林	较少见	灌木
920	了哥王	*Wikstroemia indica*（L.）C. A. Mey.	瑞香科	灌木	旷野灌丛、路旁	常见	灌木

（续）

序号	种名	学名	科名	性状	主要分布生境	多度	性状大类
921	北江荛花	*Wikstroemia monnula* Hance	瑞香科	灌木	灌丛	较常见	灌木
922	细轴荛花	*Wikstroemia nutans* Champ. ex Benth.	瑞香科	灌木	灌丛、密林、疏林	常见	灌木
923	独行千里	*Capparis acutifolia* Sweet	山柑科	攀援灌木	自然林	较少见	灌木
924	广州山柑	*Capparis cantoniensis* Lour.	山柑科	攀援灌木	自然林	较常见	灌木
925	屈头鸡	*Capparis versicolor* Griff.	山柑科	攀援灌木	自然林	较少见	草本
926	羊角菜	*Gynandropsis gynandra*（L.）Briq.	白花菜科	一年生草本	旷野草地、路旁	少见	草本
927	荠	*Capsella bursa-pastoris*（L.）Medik.	十字花科	一年生草本	旷野湿润处	较常见	草本
928	弯曲碎米荠	*Cardamine flexuosa* With.	十字花科	一年生草本	山谷水边	少见	草本
929	碎米荠	*Cardamine hirsuta* L.	十字花科	一年生草本	旷野草地屋旁	较常见	草本
930	广州蔊菜	*Rorippa cantoniensis*（Lour.）Ohwi	十字花科	一年生草本	旷野、路旁	较少见	草本
931	蔊菜	*Rorippa indica*（L.）Hiern	十字花科	一年生草本	屋旁、旷野	较常见	草本
932	红冬蛇菰	*Balanophora harlandii* Hook. f.	蛇菰科	多年生寄生肉质草本	山谷林中	少见	灌木
933	寄生藤	*Dendrotrophe varians*（Blume）Miq.	檀香科	寄生性木质藤本或灌木	林缘灌丛	较常见	灌木
934	扁枝槲寄生	*Viscum articulatum* Burm. f.	檀香科	寄生灌木	树上	较少见	乔木
935	华南青皮木	*Schoepfia chinensis* Gardn. et Champ.	青皮木科	落叶小乔木	自然林或疏林	较常见	乔木
936	青皮木	*Schoepfia jasminodora* Sieb. et Zucc.	青皮木科	落叶小乔木	自然林或疏林	较少见	灌木
937	五蕊寄生	*Dendrophthoe pentandra*（L.）Miq.	桑寄生科	寄生灌木	树上	较少见	灌木
938	离瓣寄生	*Helixanthera parasitica* Lour.	桑寄生科	寄生灌木	树上	较常见	灌木
939	油茶离瓣寄生	*Helixanthera sampsonii*（Hance）Danser	桑寄生科	寄生灌木	树上	较少见	灌木
940	鞘花	*Macrosolen cochinchinensis*（Lour.）Van Tiegh.	桑寄生科	寄生灌木	树上	常见	灌木
941	广寄生	*Taxillus chinensis*（DC.）Danser	桑寄生科	寄生灌木	树上	常见	灌木
942	白花丹	*Plumbago zeylanica* L.	白花丹科	亚灌木	旷野、路旁	较常见	藤本

（续）

序号	种名	学名	科名	性状	主要分布生境	多度	性状大类
943	何首乌	*Fallopia multiflora*（Thunb.）Harald.	蓼科	草质藤本	自然林	常见	草本
944	山蓼	*Oxyria digyna*（L.）Hill	蓼科	多年生草本	旷野、路旁	较少见	草本
945	毛蓼	*Polygonum barbatum* L.	蓼科	一年生草本	旷野、路旁	较常见	草本
946	头花蓼	*Polygonum capitatum* Buch. -Ham. ex D. Don	蓼科	多年生草本	旷野、路旁	较少见	草本
947	火炭母	*Polygonum chinense* L.	蓼科	多年生草本	旷野、路旁	常见	草本
948	虎杖	*Reynoutria japonica* Houtt.	蓼科	较高大草本	旷野、路旁	较少见	草本
949	光蓼	*Polygonum glabrum* Willd.	蓼科	多年生草本	旷野、路旁	较少见	草本
950	长箭叶蓼	*Polygonum hastatosagittatum* Makino	蓼科	多年生草本	旷野、路旁	较少见	草本
951	水蓼	*Polygonum hydropiper* L.	蓼科	一年生草本	旷野、路旁	较常见	草本
952	酸模叶蓼	*Polygonum lapathifolium* L.	蓼科	多年生草本	旷野、路旁	较常见	草本
953	长鬃蓼	*Polygonum longisetum* De Br.	蓼科	多年生草本	旷野、路旁	较少见	草本
954	小蓼	*Persicaria minor*（Huds.）Opiz	蓼科	一年生草本	旷野、路旁	较少见	草本
955	小蓼花	*Polygonum muricatum* Meisn.	蓼科	一年生草本	旷野、路旁	较常见	草本
956	红蓼	*Polygonum orientale* L.	蓼科	一年生草本	旷野、路旁	较常见	草本
957	掌叶蓼	*Polygonum palmatum* Dunn	蓼科	多年生草本	旷野、路旁	少见	草本
958	杠板归	*Polygonum perfoliatum* L.	蓼科	多年生草本	旷野、路旁	较常见	草本
959	习见蓼	*Polygonum plebeium* R. Br.	蓼科	一年生草本	旷野、路旁	少见	草本
960	柔茎蓼	*Polygonum kawagoeanum* Makino	蓼科	一年生草本	旷野、路旁	较少见	草本
961	酸模	*Rumex acetosa* L.	蓼科	一年生草本	旷野、路旁	较常见	草本
962	锦地罗	*Drosera burmanni* Vahl	茅膏菜科	多年生食虫草本	山沟、水旁	较少见	草本
963	茅膏菜	*Drosera peltata* Smith.	茅膏菜科	多年生食虫草本	草地路旁及松林	较少见	草本
964	匙叶茅膏菜	*Drosera spatulata* Labill.	茅膏菜科	多年生食虫草本	山沟、水旁	较少见	草本

（续）

序号	种名	学名	科名	性状	主要分布生境	多度	性状大类
965	荷莲豆草	*Drymaria diandra* Blume［Drymaria cordata（L.）Willd. ex Schult.］	石竹科	多年生草本	山沟林缘	较常见	草本
966	鹅肠菜	*Myosoton aquaticum*（L.）Moench	石竹科	多年生草本	旷野、路旁	常见	草本
967	多荚草	*Polycarpon prostratum*（Forssk.）Asch. et Schweinf.	石竹科	一年生草本	旷野	少见	草本
968	繁缕	*Stellaria media*（L.）Vill.	石竹科	一年生草本	旷野	较常见	草本
969	土牛膝	*Achyranthes aspera* L.	苋科	一或二年生草本	路旁旷野	较常见	草本
970	牛膝	*Achyranthes bidentata* Blume	苋科	多年生草本	路旁旷野	较少见	草本
971	喜旱莲子草	*Alternanthera philoxeroides*（Mart.）Griseb.	苋科	一年生草本	水边	常见	草本
972	莲子草	*Alternanthera sessilis*（L.）DC.	苋科	一年生草本	旷野路旁	较常见	草本
973	刺苋	*Amaranthus spinosus* L.	苋科	一年生草本	旷野路旁	常见	草本
974	皱果苋	*Amaranthus viridis* L.	苋科	一年生草本	旷野路旁屋旁	常见	草本
975	青葙	*Celosia argentea* L.	苋科	一年生草本	旷野、屋旁	较常见	草本
976	藜	*Chenopodium album* L.	苋科	一年生草本	旷野路旁	较常见	草本
977	土荆芥	*Dysphania ambrosioides*（L.）Mosyakin et Clemants	苋科	一年生草本	旷野路旁	较常见	草本
978	杯苋	*Cyathula prostrata*（L.）Blume	苋科	一年生草本	旷野路旁	较少见	草本
979	商陆	*Phytolacca acinosa* Roxb.	商陆科	一年生草本	旷野路旁	较常见	草本
980	粟米草	*Trigastrotheca stricta*（L.）Thulin	粟米草科	一年生草本	旷野路旁	较常见	草本
981	土人参	*Talinum paniculatum*（Jacq.）Gaertn.	土人参科	一年生草本	旷野路旁	较少见	草本
982	马齿苋	*Portulaca oleracea* L.	马齿苋科	一年生草本	旷野路旁	较常见	灌木
983	常山	*Dichroa febrifuga* Lour.	绣球科	落叶灌木	林下	少见	灌木
984	中国绣球	*Hydrangea chinensis* Maxim.	绣球科	落叶灌木	山谷林中	较少见	灌木
985	绣球	*Hydrangea macrophylla*（Thunb.）Ser.	绣球科	落叶灌木	山谷林中	少见	灌木

（续）

序号	种名	学名	科名	性状	主要分布生境	多度	性状大类
986	柳叶绣球	*Hydrangea stenophylla* Merr. et Chun	绣球科	落叶灌木	山谷林中	少见	藤本
987	星毛冠盖藤	*Pileostegia tomentella* Hand. -Mazz.	绣球科	木质藤本	山谷林中	少见	藤本
988	冠盖藤	*Pileostegia viburnoides* Hook. f. et Thoms.	绣球科	木质藤本	山谷林中	少见	乔木
989	八角枫	*Alangium chinense*（Lour.）Harms	山茱萸科	落叶乔木	自然林	少见	灌木
990	小花八角枫	*Alangium faberi* Oliv.	山茱萸科	灌木	林中	少见	草本
991	大叶凤仙花	*Impatiens apalophylla* Hook. f.	凤仙花科	一年生草本	山谷沟边	较常见	草本
992	华凤仙	*Impatiens chinensis* L.	凤仙花科	一年生草本	山谷沟边	较常见	草本
993	丰满凤仙花	*Impatiens obesa* Hook. f.	凤仙花科	一年生草本	山谷沟边	较少见	草本
994	黄金凤	*Impatiens siculifer* Hook. f.	凤仙花科	一年生草本	山谷林中	少见	乔木
995	杨桐	*Adinandra millettii*（Hook. et Arn.）Benth. et Hook. f. ex Hance	五列木科	常绿小乔木	山谷密林	较少见	乔木
996	亮叶杨桐	*Adinandra nitida* Merr. ex H. L. Li	五列木科	常绿乔木	林中	较常见	乔木
997	茶梨	*Anneslea fragrans* Wall.	五列木科	常绿乔木	山谷林中	少见	乔木
998	红淡比	*Cleyera japonica* Thunb.	五列木科	常绿小乔木	山谷林中	少见	灌木
999	尖叶毛柃	*Eurya acuminatissima* Merr. et Chun	五列木科	灌木	林中	少见	灌木
1000	米碎花	*Eurya chinensis* R. Br.	五列木科	灌木	疏林灌丛	常见	灌木
1001	岗柃	*Eurya groffii* Merr.	五列木科	灌木	疏林灌丛	常见	灌木
1002	细枝柃	*Eurya loquaiana* Dunn	五列木科	灌木	山谷林中	少见	乔木
1003	黑柃	*Eurya macartneyi* Champ.	五列木科	常绿小乔木	自然林	常见	灌木
1004	细齿叶柃	*Eurya nitida* Korth.	五列木科	灌木	山谷林中	较常见	灌木
1005	窄基红褐柃	*Eurya rubiginosa* var. *attenuata* H. T. Chang	五列木科	灌木	山谷林中	少见	乔木
1006	五列木	*Pentaphylax euryoides* Gardn. et Champ.	五列木科	常绿小乔木	自然林	较少见	乔木
1007	厚皮香	*Ternstroemia gymnanthera*（Wight et Arn.）Bedd.	五列木科	常绿小乔木	自然林	较常见	灌木

（续）

序号	种名	学名	科名	性状	主要分布生境	多度	性状大类
1008	厚叶厚皮香	*Ternstroemia kwangtungensis* Merr.	五列木科	常绿灌木	山谷林中	少见	乔木
1009	亮叶厚皮香	*Ternstroemia nitida* Merr.	五列木科	常绿小乔木	林中	少见	乔木
1010	金叶树	*Chrysophyllum lanceolatum* var. *stellatocarpon* P. Royen	山榄科	常绿乔木	自然林	较常见	乔木
1011	紫荆木	*Madhuca pasquieri*（Dubard）H. J. Lam	山榄科	常绿乔木	自然林	较少见	乔木
1012	肉实树	*Sarcosperma laurinum*（Benth.）Hook. f.	山榄科	常绿乔木	自然林	常见	乔木
1013	乌材	*Diospyros eriantha* Champ. ex Benth.	柿科	常绿乔木	自然林	常见	乔木
1014	野柿	*Diospyros kaki* Thunb. var. *silvestris* Makino	柿科	常绿乔木	林中	较少见	乔木
1015	罗浮柿	*Diospyros morrisiana* Hance	柿科	常绿乔木	自然林	常见	灌木
1016	凹脉紫金牛	*Ardisia brunnescens* Walker	报春花科	亚灌木	山谷密林中	少见	灌木
1017	朱砂根	*Ardisia crenata* Sims	报春花科	小灌木	自然林	较常见	灌木
1018	百两金	*Ardisia crispa*（Thunb.）A. DC.	报春花科	小灌木	自然林	较少见	灌木
1019	小紫金牛	*Ardisia chinensis* Benth.	报春花科	小灌木	山谷林中	较少见	灌木
1020	灰色紫金牛	*Ardisia fordii* Hemsl.	报春花科	小灌木	自然林	较少见	灌木
1021	走马胎	*Ardisia gigantifolia* Stapf	报春花科	小灌木	自然林下	少见	灌木
1022	大罗伞树	*Ardisia hanceana* Mez	报春花科	小灌木	自然林	少见	灌木
1023	山血丹	*Ardisia lindleyana* D. Dietr.	报春花科	小灌木	自然林	常见	灌木
1024	心叶紫金牛	*Ardisia maclurei* Merr.	报春花科	小灌木	自然林	少见	灌木
1025	虎舌红	*Ardisia mamillata* Hance	报春花科	亚灌木	自然林下	较常见	灌木
1026	莲座紫金牛	*Ardisia primulifolia* Gardn. et Champ.	报春花科	亚灌木	自然林下	较少见	灌木
1027	罗伞树	*Ardisia quinquegona* Blume	报春花科	灌木	自然林	常见	灌木
1028	酸藤子	*Embelia laeta*（L.）Mez	报春花科	藤状灌木	山坡灌丛	常见	灌木
1029	当归藤	*Embelia parviflora* Wall. ex A. DC.	报春花科	藤状灌木	山谷林中及林缘	较少见	灌木

（续）

序号	种名	学名	科名	性状	主要分布生境	多度	性状大类
1030	白花酸藤果	*Embelia ribes* Burm. f.	报春花科	藤状灌木	疏林灌丛	较常见	灌木
1031	厚叶白花酸藤子	*Embelia ribes* subsp. *pachyphylla* (Chun ex C. Y. Wu et C. Chen) Pipoly & C. Chen	报春花科	藤状灌木	自然林	较少见	灌木
1032	平叶酸藤子	*Embelia undulata*（Wall.）Mez	报春花科	藤状灌木	次生林中	较少见	灌木
1033	密齿酸藤子	*Embelia vestita* Roxb.	报春花科	藤状灌木	自然林	较少见	草本
1034	泽珍珠菜	*Lysimachia candida* Lindl.	报春花科	一或二年生草本	旷野草丛	较常见	草本
1035	延叶珍珠菜	*Lysimachia decurrens* G. Forst.	报春花科	一或二年生草本	旷野草丛	较常见	草本
1036	大叶过路黄	*Lysimachia fordiana* Oliv.	报春花科	多年生草本	山谷密林	少见	草本
1037	星宿菜	*Lysimachia fortunei* Maxim.	报春花科	一年生草本	旷野溪边草地	较常见	灌木
1038	杜茎山	*Maesa japonica*（Thunb.）Moritzi et Zoll.	报春花科	灌木	自然林及灌丛	较少见	灌木
1039	鲫鱼胆	*Maesa perlarius*（Lour.）Merr.	报春花科	灌木	疏林灌丛	常见	灌木
1040	柳叶杜茎山	*Maesa salicifolia* E. Walker	报春花科	灌木	自然林	较常见	灌木
1041	软弱杜茎山	*Maesa tenera* Mez	报春花科	灌木	林缘灌丛	较少见	灌木
1042	光叶铁仔	*Myrsine stolonifera*（Koidz.）E. Walker	报春花科	灌木	山谷密林	少见	乔木
1043	密花树	*Myrsine seguinii* H. Lév.	报春花科	常绿小乔木	自然林或高山灌丛	较常见	乔木
1044	长尾毛蕊茶	*Camellia caudata* Wall.	山茶科	常绿小乔木	山谷林中	少见	灌木
1045	柃叶连蕊茶	*Camellia euryoides* Lindl.	山茶科	灌木	山谷林中	较常见	乔木
1046	糙果茶	*Camellia furfuracea*（Merr.）Coh. St.	山茶科	常绿小乔木	山谷林中	较少见	灌木
1047	柳叶毛蕊茶	*Camellia salicifolia* Champ. ex Benth.	山茶科	灌木	山谷林中	较少见	乔木
1048	南山茶	*Camellia semiserrata* C. W. Chi	山茶科	常绿小乔木	疏林灌丛	常见	灌木
1049	茶	*Camellia sinensis*（L.）Kuntze	山茶科	灌木	山谷林中	较常见	乔木
1050	粗毛核果茶	*Pyrenaria hirta*（Hand.-Mazz.）H. Keng	山茶科	常绿乔木	山谷林中	少见	乔木

（续）

序号	种名	学名	科名	性状	主要分布生境	多度	性状大类
1051	大果核果茶	*Pyrenaria spectabilis*（Champ.）C. Y. Wu et S. X. Yang	山茶科	常绿乔木	林中	少见	乔木
1052	木荷	*Schima superba* Gardner et Champ.	山茶科	常绿乔木	自然林及混交林	常见	灌木
1053	腺柄山矾	*Symplocos adenopus* Hance	山矾科	灌木	自然林	较常见	乔木
1054	薄叶山矾	*Symplocos anomala* Brand	山矾科	常绿乔木	林中	少见	乔木
1055	越南山矾	*Symplocos cochinchinensis*（Lour.）S. Moore	山矾科	常绿乔木	自然林	较少见	乔木
1056	南岭山矾	*Symplocos pendula* var. *hirtistylis*（C. B. Clarke）Noot.	山矾科	常绿乔木	自然林及次生林	较少见	乔木
1057	密花山矾	*Symplocos congesta* Benth.	山矾科	常绿乔木	密林中	少见	乔木
1058	光亮山矾	*Symplocos lucida*（Thunb.）Sieb. et Zucc.	山矾科	常绿乔木	山谷林中	少见	乔木
1059	山矾	*Symplocos sumuntia* Buch. -Ham. ex D. Don	山矾科	常绿乔木	山谷密林	少见	乔木
1060	长毛山矾	*Symplocos dolichotricha* Merr.	山矾科	常绿乔木	山谷林中	少见	乔木
1061	光叶山矾	*Symplocos lancifolia* Sieb. et Zucc.	山矾科	常绿乔木	次生林中	较常见	乔木
1062	黄牛奶树	*Symplocos cochinchinensis* var. *laurina*（Retz.）Noot.	山矾科	常绿乔木	次生林中	较少见	乔木
1063	白檀	*Symplocos paniculata*（Thunb.）Miq.	山矾科	落叶灌木或小乔木	山谷疏林	少见	乔木
1064	微毛山矾	*Symplocos wikstroemiifolia* Hayata	山矾科	常绿乔木	自然林	较常见	乔木
1065	赤杨叶	*Alniphyllum fortunei*（Hemsl.）Makino	安息香科	常绿乔木	山谷密林	少见	乔木
1066	赛山梅	*Styrax confusus* Hemsl.	安息香科	常绿乔木	疏林、灌丛	较少见	灌木
1067	白花龙	*Styrax faberi* Perkins	安息香科	灌木	疏林、灌丛、水旁	较少见	乔木
1068	栓叶安息香	*Styrax suberifolius* Hook. et Arn.	安息香科	常绿乔木	山谷林中	较少见	乔木
1069	越南安息香	*Styrax tonkinensis*（Pierre）Craib ex Hartwic	安息香科	常绿乔木	疏林灌丛	较常见	藤本
1070	毛花猕猴桃	*Actinidia eriantha* Benth.	猕猴桃科	木质藤本	林中	少见	藤本
1071	条叶猕猴桃	*Actinidia fortunatii* Fin. et Gagn.	猕猴桃科	木质藤本	山谷林中	少见	藤本
1072	蒙自猕猴桃	*Actinidia henryi* Dunn	猕猴桃科	木质藤本	山谷林中	少见	藤本

（续）

序号	种名	学名	科名	性状	主要分布生境	多度	性状大类
1073	阔叶猕猴桃	*Actinidia latifolia*（Gardner et Champ.）Merr.	猕猴桃科	木质藤本	山谷林中	少见	乔木
1074	水东哥	*Saurauia tristyla* DC.	猕猴桃科	小乔木	溪边	常见	乔木
1075	广东金叶子	*Craibiodendron scleranthum* var. *kwangtungense*（S. Y. Hu）Judd	杜鹃花科	大乔木	自然林或疏林灌丛	常见	灌木
1076	吊钟花	*Enkianthus quinqueflorus* Lour.	杜鹃花科	常绿或半落叶灌木	山坡灌丛	较常见	灌木
1077	齿叶吊钟花	*Enkianthus serrulatus*（Wils.）Schneid.	杜鹃花科	落叶灌木	灌丛	较少见	灌木
1078	滇白珠	*Gaultheria leucocarpa* var. *yunnanensis*（Franch.）T. Z. Hsu et R. C. Fang	杜鹃花科	灌木	灌丛	少见	灌木
1079	珍珠花	*Lyonia ovalifolia*（Wall.）Drude	杜鹃花科	落叶灌木	灌丛	少见	乔木
1080	狭叶珍珠花	*Lyonia ovalifolia* var. *lanceolata*（Wall.）Hand.-Mazz.	杜鹃花科	落叶乔木	山谷林中	少见	乔木
1081	弯蒴杜鹃	*Rhododendron henryi* Hance	杜鹃花科	灌木或小乔木	自然林或次生林	常见	灌木
1082	南岭杜鹃	*Rhododendron levinei* Merr.	杜鹃花科	灌木	山脊灌丛	少见	灌木
1083	岭南杜鹃	*Rhododendron mariae* Hance	杜鹃花科	灌木	自然林或次生林灌丛	常见	灌木
1084	满山红	*Rhododendron mariesii* Hemsl. et E. H. Wilson	杜鹃花科	落叶灌木	灌丛	较常见	乔木
1085	凯里杜鹃	*Rhododendron westlandii* Hemsl.	杜鹃花科	常绿小乔木	疏林灌丛	较少见	灌木
1086	猴头杜鹃	*Rhododendron simiarum* Hance	杜鹃花科	灌木	山谷林中	较少见	灌木
1087	杜鹃	*Rhododendron simsii* Planch.	杜鹃花科	灌木	疏林灌丛	常见	灌木
1088	鼎湖杜鹃	*Rhododendron tingwuense* P. C. Tam	杜鹃花科	灌木	山顶灌丛	少见	灌木
1089	南烛	*Vaccinium bracteatum* Thunb.	杜鹃花科	灌木	山谷林中	少见	乔木
1090	峦大越橘	*Vaccinium randaiense* Hayata	杜鹃花科	灌木或小乔木	自然林	较少见	藤本
1091	小果微花藤	*Iodes vitiginea*（Hance）Hemsl.	茶茱萸科	木质藤本	疏林灌丛	较少见	藤本
1092	定心藤	*Mappianthus iodoides* Hand.-Mazz.	茶茱萸科	木质大藤本	山谷林中	较常见	灌木
1093	桃叶珊瑚	*Aucuba chinensis* Benth.	丝缨花科	灌木	疏林、灌丛	少见	灌木

（续）

序号	种名	学名	科名	性状	主要分布生境	多度	性状大类
1094	狭叶桃叶珊瑚	*Aucuba chinensis* var. *angusta* F. T. Wang	丝缨花科	灌木	山谷林中	少见	乔木
1095	水团花	*Adina pilulifera*（Lam.）Franch. ex Drake	茜草科	小乔木	山谷水旁或林缘	常见	灌木
1096	细叶水团花	*Adina rubella* Hance	茜草科	小灌木	旷野灌丛	较少见	乔木
1097	香楠	*Aidia canthioides*（Champ. ex Benth.）Masam.	茜草科	灌木至小乔木	自然林	常见	乔木
1098	茜树	*Aidia cochinchinensis* Lour.	茜草科	灌木至小乔木	山谷密林	较少见	乔木
1099	多毛茜草树	*Aidia pycnantha*（Drake）Tirveng.	茜草科	灌木至小乔木	自然林	较少见	灌木
1100	假鱼骨木	*Psydrax dicocca* Gaertn.	茜草科	灌木	自然林	较常见	灌木
1101	猪肚木	*Canthium horridum* Blume	茜草科	灌木	自然林	较少见	乔木
1102	山石榴	*Catunaregam spinosa*（Thunb.）Tirveng.	茜草科	常绿小乔木	疏林、灌丛	较少见	灌木
1103	风箱树	*Cephalanthus tetrandrus*（Roxb.）Ridsd. et Bakh. f.	茜草科	灌木	旷野湿润处	少见	灌木
1104	弯管花	*Chassalia curviflora* Thwaites	茜草科	灌木	山谷林中	较少见	藤本
1105	流苏子	*Coptosapelta diffusa*（Champ. ex Benth.）Steenis	茜草科	藤本	自然林	较常见	灌木
1106	狗骨柴	*Diplospora dubia*（Lindl.）Masam.	茜草科	灌木	自然林	较常见	草本
1107	猪殃殃	*Galium spurium* L.	茜草科	蔓生或攀援草本	旷野草地	较少见	灌木
1108	栀子	*Gardenia jasminoides* Ellis	茜草科	灌木	山坡疏林灌丛	较常见	草本
1109	爱地草	*Geophila repens*（L.）I. M. Johnst.	茜草科	一年生草本	自然林	较少见	草本
1110	耳草	*Hedyotis auricularia* L.	茜草科	多年生草本	林下、灌丛或路旁	较常见	草本
1111	双花耳草	*Hedyotis biflora*（L.）Lam.	茜草科	一年生草本	旷野草地	较少见	草本
1112	剑叶耳草	*Hedyotis caudatifolia* Merr. et Metcalf	茜草科	多年生草本	自然林下或路旁灌丛	常见	草本
1113	金毛耳草	*Hedyotis chrysotricha*（Palib.）Merr.	茜草科	多年生草本	旷野草地	较少见	草本
1114	伞房花耳草	*Hedyotis corymbosa*（L.）Lam.	茜草科	一年生草本	旷野草地	较常见	草本
1115	白花蛇舌草	*Hedyotis diffusa* Willd.	茜草科	一年生草本	旷野草地	较常见	草本

（续）

序号	种名	学名	科名	性状	主要分布生境	多度	性状大类
1116	鼎湖耳草	*Hedyotis effusa* Hance	茜草科	多年生草本	自然林或疏林灌丛	较常见	藤本
1117	牛白藤	*Hedyotis hedyotidea*（DC.）Merr.	茜草科	草质藤本	疏林灌丛路旁	常见	草本
1118	疏花耳草	*Hedyotis matthewii* Dunn	茜草科	一年生草本	山谷密林	少见	草本
1119	粗毛耳草	*Hedyotis mellii* Tutcher	茜草科	多年生草本	山谷林下	较少见	草本
1120	纤花耳草	*Hedyotis tenelliflora* Blume	茜草科	一年生草本	旷野草地	较少见	草本
1121	粗叶耳草	*Hedyotis verticillata*（L.）Lam.	茜草科	一年生草本	旷野草地	较少见	灌木
1122	龙船花	*Ixora chinensis* Lam.	茜草科	灌木	疏林灌丛	常见	灌木
1123	斜基粗叶木	*Lasianthus attenuatus* Jack	茜草科	灌木	自然林、次生林及灌丛	较少见	灌木
1124	粗叶木	*Lasianthus chinensis*（Champ.）Benth.	茜草科	灌木	自然林	较常见	灌木
1125	罗浮粗叶木	*Lasianthus fordii* Hance	茜草科	灌木	山谷林中	少见	灌木
1126	西南粗叶木	*Lasianthus henryi* Hutch.	茜草科	灌木	疏林	少见	灌木
1127	日本粗叶木	*Lasianthus japonicus* Miq.	茜草科	灌木	疏林灌丛	较少见	藤本
1128	栗色巴戟	*Morinda badia* Y. Z. Ruan	茜草科	草质藤本	疏林灌丛	少见	灌木
1129	大果巴戟	*Morinda cochinchinensis* DC.	茜草科	攀援状灌木	山谷林中	较少见	藤本
1130	巴戟天	*Morinda officinalis* F. C. How	茜草科	草质藤本	疏林灌丛	较少见	灌木
1131	印度羊角藤	*Morinda umbellata* L.	茜草科	攀援状灌木	林缘灌丛	较常见	灌木
1132	楠藤	*Mussaenda erosa* Champ.	茜草科	攀援状灌木	次生林或灌丛	常见	灌木
1133	广东玉叶金花	*Mussaenda kwangtungensis* H. L. Li	茜草科	攀援状灌木	疏林灌丛	少见	灌木
1134	玉叶金花	*Mussaenda pubescens* W. T. Aiton	茜草科	攀援状灌木	疏林灌丛	常见	灌木
1135	华腺萼木	*Mycetia sinensis*（Hemsl.）Craib	茜草科	灌木	山谷密林	少见	乔木
1136	乌檀	*Nauclea officinalis*（Pierre ex Pit.）Merr.	茜草科	常绿乔木	自然林	较常见	草本
1137	薄叶新耳草	*Neanotis hirsuta*（L. f.）Lewis	茜草科	一年生草本	沟边草地	少见	草本

（续）

序号	种名	学名	科名	性状	主要分布生境	多度	性状大类
1138	广东新耳草	*Neanotis kwangtungensis*（Merr. et Metcalf）Lewis	茜草科	多年生草本	山谷密林	少见	草本
1139	广州蛇根草	*Ophiorrhiza cantoniensis* Hance	茜草科	多年生草本	自然林水沟旁	常见	草本
1140	短小蛇根草	*Ophiorrhiza pumila* Champ. ex Benth.	茜草科	一年生小草本	山谷林中	少见	藤本
1141	臭鸡矢藤	*Paederia cruddasiana* Prain	茜草科	草质藤本	旷野灌丛	少见	藤本
1142	鸡矢藤	*Paederia foetida* L.	茜草科	草质藤本	旷野灌丛	常见	乔木
1143	大沙叶	*Pavetta arenosa* Lour.	茜草科	灌木至小乔木	自然林	较少见	乔木
1144	香港大沙叶	*Pavetta hongkongensis* Bremek.	茜草科	灌木至小乔木	自然林	较常见	灌木
1145	九节	*Psychotria asiatica* L.	茜草科	大灌木	林下或灌丛中	常见	藤本
1146	蔓九节	*Psychotria serpens* L.	茜草科	草质藤本	自然林、疏林树上	常见	灌木
1147	白马骨	*Serissa serissoides*（DC.）Druce	茜草科	灌木	疏林灌丛	少见	草本
1148	阔叶丰花草	*Spermacoce alata* Aubl.	茜草科	一年生披散草本	旷野草地湿润处	较常见	草本
1149	光叶丰花草	*Spermacoce remota* Lam.	茜草科	一年生草本	旷野草地湿润处	较少见	灌木
1150	白花苦灯笼	*Tarenna mollissima*（Hook. et Arn.）Rob.	茜草科	灌木	自然林	较常见	藤本
1151	毛钩藤	*Uncaria hirsuta* Havil.	茜草科	木质藤本	山坡灌丛	较常见	藤本
1152	钩藤	*Uncaria rhynchophylla*（Miq.）Miq. ex Havil.	茜草科	木质藤本	山坡灌丛	较少见	藤本
1153	侯钩藤	*Uncaria rhynchophylloides* F. C. How	茜草科	木质藤本	山坡灌丛	较常见	乔木
1154	水锦树	*Wendlandia uvariifolia* Hance	茜草科	常绿灌木或乔木	疏林灌丛或山谷水旁	较常见	草本
1155	罗星草	*Canscora andrographioides* Griff. ex C. B. Clarke	龙胆科	一年生小草本	自然林或山谷石上	较常见	藤本
1156	福建蔓龙胆	*Crawfurdia pricei*（Marq.）H. Sm.	龙胆科	草质藤本	山脊灌丛	少见	草本
1157	香港双蝴蝶	*Tripterospermum nienkui*（Marq.）C. J. Wu	龙胆科	缠绕草本	疏林灌丛	少见	草本
1158	水田白	*Mitrasacme pygmaea* R. Br.	马钱科	一年生小草本	旷野草地	较少见	灌木
1159	华马钱	*Strychnos cathayensis* Merr.	马钱科	攀援状灌木	山谷林中	较少见	藤本

（续）

序号	种名	学名	科名	性状	主要分布生境	多度	性状大类
1160	钩吻	*Gelsemium elegans*（Gardn. et Champ.）Benth.	钩吻科	草质藤本	疏林灌丛	较常见	灌木
1161	筋藤	*Alyxia levinei* Merr.	夹竹桃科	攀援状灌木	自然林或灌丛	较常见	灌木
1162	链珠藤	*Alyxia sinensis* Champ. ex Benth.	夹竹桃科	攀援状灌木	疏林、灌丛	少见	藤本
1163	鳝藤	*Anodendron affine*（Hook. et Arn.）Druce	夹竹桃科	木质藤本	自然林或灌丛	较常见	藤本
1164	鹿角藤	*Chonemorpha eriostylis* Pit.	夹竹桃科	木质大藤本	山谷密林	少见	藤本
1165	白叶藤	*Cryptolepis sinensis*（Lour.）Merr.	夹竹桃科	木质藤本	旷野灌丛	较少见	藤本
1166	眼树莲	*Dischidia chinensis* Champ. ex Benth.	夹竹桃科	附生藤本	自然林、次生林树上	常见	藤本
1167	纤冠藤	*Gongronema napalense*（Wall.）Decne.	夹竹桃科	木质藤本	疏林灌丛	少见	藤本
1168	天星藤	*Graphistemma pictum*（Champ. ex Benth.）Benth. et Hook. f. ex Maxim.	夹竹桃科	木质藤本	自然林	少见	藤本
1169	广东匙羹藤	*Gymnema inodorum*（Lour.）Decne.	夹竹桃科	木质藤本	旷野灌丛	少见	藤本
1170	匙羹藤	*Gymnema sylvestre*（Retz.）Schult.	夹竹桃科	木质藤本	林缘灌丛	较常见	草本
1171	荷秋藤	*Hoya griffithii* Hook. f.	夹竹桃科	多年生草本	附生树上或石上	较少见	藤本
1172	腰骨藤	*Ichnocarpus frutescens*（L.）W. T. Aiton	夹竹桃科	木质藤本	山谷林中	较少见	乔木
1173	蕊木	*Kopsia arborea* Blume	夹竹桃科	常绿乔木	山谷林中	少见	藤本
1174	尖山橙	*Melodinus fusiformis* Champ. ex Benth.	夹竹桃科	木质藤本	自然林或灌丛	较常见	藤本
1175	山橙	*Melodinus suaveolens*（Hance）Champ. ex Benth.	夹竹桃科	木质藤本	自然林	较常见	藤本
1176	驼峰藤	*Merrillanthus hainanensis* Chun et Tsiang	夹竹桃科	木质藤本	自然林	少见	草本
1177	石萝藦	*Pentasachme caudatum* Wall. ex Wight	夹竹桃科	多年生直立草本	山谷林缘、溪边湿地	少见	藤本
1178	帘子藤	*Pottsia laxiflora*（Blume）Kuntze	夹竹桃科	木质藤本	自然林或灌丛	较常见	灌木
1179	萝芙木	*Rauvolfia verticillata*（Lour.）Baill.	夹竹桃科	灌木	山谷林中	少见	灌木
1180	羊角拗	*Strophanthus divaricatus*（Lour.）Hook. et Arn.	夹竹桃科	藤状灌木	旷野、林缘灌丛	较常见	藤本

（续）

序号	种名	学名	科名	性状	主要分布生境	多度	性状大类
1181	络石	*Trachelospermum jasminoides*（Lindl.）Lem.	夹竹桃科	木质藤本	攀附树上、石上、墙上	较常见	藤本
1182	人参娃儿藤	*Tylophora kerrii* Craib	夹竹桃科	多年生缠绕藤本	溪边草地	较少见	藤本
1183	通天连	*Tylophora koi* Merr.	夹竹桃科	木质藤本	林缘灌丛	较少见	藤本
1184	娃儿藤	*Tylophora ovata*（Lindl.）Hook. ex Steud.	夹竹桃科	缠绕藤本	旷野草丛或灌丛	较少见	藤本
1185	杜仲藤	*Urceola micrantha*（Wall. ex G. Don）D. J. Middleton	夹竹桃科	木质大藤本	自然林	较少见	藤本
1186	华南杜仲藤	*Urceola quintaretii*（Pierre）D. J. Middleton	夹竹桃科	木质大藤本	山谷林中	少见	藤本
1187	酸叶胶藤	*Urceola rosea*（Hook. et Arn.）D. J. Middleton	夹竹桃科	木质大藤本	山谷林中	少见	藤本
1188	七层楼	*Tylophora floribunda* Miq.	夹竹桃科	纤弱藤本	水沟旁	少见	乔木
1189	蓝树	*Wrightia laevis* Hook. f.	夹竹桃科	常绿乔木	自然林	较少见	乔木
1190	倒吊笔	*Wrightia pubescens* R. Br.	夹竹桃科	落叶乔木	林缘、疏林	较少见	草本
1191	柔弱斑种草	*Bothriospermum zeylanicum*（J. Jacq.）Druce	紫草科	一年生草本	旷野路旁	较常见	乔木
1192	破布木	*Cordia dichotoma* G. Forst.	紫草科	落叶乔木	旷野路旁	较常见	乔木
1193	长花厚壳树	*Ehretia longiflora* Champ. ex Benth.	紫草科	落叶乔木	自然林	较常见	草本
1194	大尾摇	*Heliotropium indicum* L.	紫草科	一年生草本	旷野路旁	较常见	藤本
1195	白鹤藤	*Argyreia acuta* Lour.	旋花科	草质缠绕藤本	旷野灌丛	少见	草本
1196	打碗花	*Calystegia hederacea* Wall.	旋花科	一年生缠绕草本	旷野路旁	较少见	藤本
1197	南方菟丝子	*Cuscuta australis* R. Br.	旋花科	一年生寄生缠绕藤本	灌丛、树上	较常见	藤本
1198	丁公藤	*Erycibe obtusifolia* Benth.	旋花科	木质藤本	自然林	常见	藤本
1199	光叶丁公藤	*Erycibe schmidtii* Craib	旋花科	木质藤本	自然林	较常见	草本
1200	毛牵牛	*Ipomoea biflora*（L.）Pers.	旋花科	一年生缠绕草本	路旁灌丛	少见	藤本
1201	五爪金龙	*Ipomoea cairica*（L.）Sweet	旋花科	草质藤本	旷野灌丛、林缘	常见	藤本
1202	小心叶薯	*Ipomoea obscura*（L.）Ker Gawl.	旋花科	草质藤本	旷野草地	较少见	藤本

（续）

序号	种名	学名	科名	性状	主要分布生境	多度	性状大类
1203	三裂叶薯	*Ipomoea triloba* L.	旋花科	草质藤本	旷野草地	较常见	藤本
1204	篱栏网	*Merremia hederacea*（Burm. f.）Hall. f.	旋花科	草质藤本	旷野、林缘灌丛	较常见	藤本
1205	盒果藤	*Operculina turpethum*（L.）Silva Manso	旋花科	草质藤本	灌丛、林缘	较少见	灌木
1206	白花曼陀罗	*Datura candida* Pers.	茄科	亚灌木	旷野草地	较少见	灌木
1207	红丝线	*Lycianthes biflora*（Lour.）Bitter	茄科	亚灌木	林下、灌丛或路旁	常见	草本
1208	苦蘵	*Physalis angulata* L.	茄科	一年生草本	旷野草地湿润处	较常见	草本
1209	小酸浆	*Physalis minima* L.	茄科	一年生草本	旷野、路旁	较少见	草本
1210	少花龙葵	*Solanum americanum* Mill.	茄科	一年生草本	旷野、路旁	常见	藤本
1211	白英	*Solanum lyratum* Thunb.	茄科	草质藤本	旷野灌丛	少见	灌木
1212	水茄	*Solanum torvum* Sw.	茄科	灌木	旷野灌丛	较少见	灌木
1213	黄果茄	*Solanum virginianum* L.	茄科	亚灌木	旷野灌丛	较少见	草本
1214	龙珠	*Tubocapsicum anomalum*（Franch. et Sav.）Makino	茄科	一年生草本	旷野灌丛	少见	乔木
1215	白蜡树	*Fraxinus chinensis* Roxb.	木樨科	落叶乔木	路旁	较少见	灌木
1216	扭肚藤	*Jasminum elongatum*（Bergius）Willd.	木樨科	藤状灌木	疏林灌丛	较少见	灌木
1217	清香藤	*Jasminum lanceolaria* Roxb.	木樨科	藤状灌木	自然林或疏林	较常见	灌木
1218	厚叶素馨	*Jasminum pentaneurum* Hand. -Mazz.	木樨科	攀援灌木	林缘灌丛	常见	灌木
1219	茉莉花	*Jasminum sambac*（L.）Aiton	木樨科	攀援灌木	路旁	较少见	灌木
1220	台湾女贞	*Ligustrum amamianum* Koidz.	木樨科	灌木	山谷林中	较少见	乔木
1221	女贞	*Ligustrum lucidum* Aiton	木樨科	常绿乔木	山谷林中	较少见	灌木
1222	小蜡	*Ligustrum sinense* Lour.	木樨科	灌木	林缘灌丛	常见	灌木
1223	光萼小蜡	*Ligustrum sinense* var. *myrianthum*（Diels）Hoefker	木樨科	灌木	林缘、灌丛	少见	乔木
1224	云南木樨榄	*Olea tsoongii*（Merr.）P. S. Green	木樨科	常绿小乔木	山谷林中	少见	乔木

（续）

序号	种名	学名	科名	性状	主要分布生境	多度	性状大类
1225	厚边木樨	*Osmanthus marginatus*（Champ. ex Benth.）Hemsl.	木樨科	常绿小乔木	山谷林中	较少见	乔木
1226	牛矢果	*Osmanthus matsumuranus* Hayata	木樨科	常绿小乔木	疏林灌丛	较少见	乔木
1227	小叶月桂	*Osmanthus minor* P. S. Green	木樨科	常绿小乔木	密林	少见	藤本
1228	芒毛苣苔	*Aeschynanthus acuminatus* Wall. ex A. DC.	苦苣苔科	木质藤本	山谷林中	少见	草本
1229	鼎湖唇柱苣苔	*Chirita fordii* var. *dolichotricha*（W. T. Wang）W. T. Wang	苦苣苔科	多年生草本	山谷林中	少见	草本
1230	唇柱苣苔	*Chirita sinensis* Lindl.	苦苣苔科	多年生草本	林中阴湿处	少见	草本
1231	长筒漏斗苣苔	*Raphiocarpus macrosiphon*（Hance）Burtt	苦苣苔科	多年生草本	山谷林下阴湿处	少见	草本
1232	双片苣苔	*Didymostigma obtusum*（Clarke）W. T. Wang	苦苣苔科	多年生草本	山谷林下阴湿处	少见	草本
1233	大叶石上莲	*Oreocharis benthamii* C. B. Clarke	苦苣苔科	多年生草本	山谷林下阴湿处	常见	草本
1234	石上莲	*Oreocharis benthamii* var. *reticulata* Dunn	苦苣苔科	多年生草本	林下石上	少见	草本
1235	鼎湖后蕊苣苔	*Opithandra dinghushanensis* W. T. Wang	苦苣苔科	多年生草本	山谷林中石上	少见	草本
1236	绵毛马铃苣苔	*Oreocharis nemoralis* Chun var. *lanata* Y. L. Zheng et N. H. Xia	苦苣苔科	多年生草本	山谷林中	少见	灌木
1237	椭圆线柱苣苔	*Rhynchotechum ellipticum*（Wall. ex D. Dietr.）A. DC.	苦苣苔科	亚灌木	自然林	较少见	草本
1238	毛麝香	*Adenosma glutinosum*（L.）Druce	车前科	一年生草本	疏林灌丛	常见	草本
1239	球花毛麝香	*Adenosma indianum*（Lour.）Merr.	车前科	一年生草本	林缘、灌丛草地	较常见	草本
1240	金鱼草	*Antirrhinum majus* L.	车前科	多年生草本	旷野草地	少见	草本
1241	假马齿苋	*Bacopa monnieri*（L.）Wettst.	车前科	匍匐草本	湿地	较少见	草本
1242	沼生水马齿	*Callitriche palustris* L.	车前科	水生草本	湿地	较少见	草本
1243	白花水八角	*Gratiola japonica* Miq.	车前科	直立或平卧草本	湿地	少见	草本
1244	紫苏草	*Limnophila aromatica*（Lam.）Merr.	车前科	多年生草本	湿地	较少见	草本
1245	中华石龙尾	*Limnophila chinensis*（Osbeck）Merr.	车前科	多年生草本	湿地	少见	草本
1246	石龙尾	*Limnophila sessiliflora*（Vahl）Blume	车前科	多年生草本	湿地	较少见	草本

（续）

序号	种名	学名	科名	性状	主要分布生境	多度	性状大类
1247	车前	*Plantago asiatica* L.	车前科	一年生草本	旷野草地	常见	草本
1248	大车前	*Plantago major* L.	车前科	一年生草本	旷野草地	较常见	草本
1249	野甘草	*Scoparia dulcis* L.	车前科	多年生草本	旷野草地	常见	草本
1250	茶菱	*Trapella sinensis* Oliv.	车前科	多年生水生草本	湿地	少见	草本
1251	多枝婆婆纳	*Veronica javanica* Blume	车前科	一或二年生草本	自然林	较少见	草本
1252	水苦荬	*Veronica undulata* Wall.	车前科	肉质直立草本	旷野草地	较少见	灌木
1253	白背枫	*Buddleja asiatica* Lour.	玄参科	灌木	疏林灌丛	较少见	草本
1254	长蒴母草	*Lindernia anagallis*（Burm. f.）Pennell	母草科	一年生草本	旷野草地	常见	草本
1255	刺齿泥花草	*Lindernia ciliata*（Colsm.）Pennell	母草科	一年生草本	旷野草地	较少见	草本
1256	母草	*Lindernia crustacea*（L.）F. Muell.	母草科	一年生草本	林下	较常见	草本
1257	陌上菜	*Lindernia procumbens*（Krock.）Philcox	母草科	一年生草本	旷野草地	较少见	草本
1258	旱田草	*Lindernia ruellioides*（Colsm.）Pennell	母草科	一年生草本	旷野草地	较少见	草本
1259	刺毛母草	*Lindernia setulosa*（Maxim.）Tuyama ex H. Hara	母草科	一年生草本	林缘、路旁	少见	草本
1260	二花蝴蝶草	*Torenia biniflora* Chin et Hong	母草科	一年生草本	林缘旷野	较常见	草本
1261	单色蝴蝶草	*Torenia concolor* Lindl.	母草科	一年生草本	林缘旷野	较少见	草本
1262	黄花蝴蝶草	*Torenia flava* Buch. -Ham. ex Benth.	母草科	一年生草本	林缘旷野	少见	草本
1263	紫斑蝴蝶草	*Torenia fordii* Hook. f.	母草科	一年生草本	林缘旷野	较少见	草本
1264	蓝猪耳	*Torenia fournieri* Linden ex E. Fourn.	母草科	一年生草本	林缘旷野	较常见	草本
1265	十万错	*Asystasia nemorum* Nees	爵床科	多年生草本	旷野草地	少见	草本
1266	假杜鹃	*Barleria cristata* L.	爵床科	多年生草本	旷野草地	较少见	草本
1267	鳄嘴花	*Clinacanthus nutans*（Burm. f.）Lindau	爵床科	亚灌木状草本	疏林草地	较少见	草本
1268	钟花草	*Codonacanthus pauciflorus*（Nees）Nees	爵床科	多年生草本	自然林下	较常见	草本

（续）

序号	种名	学名	科名	性状	主要分布生境	多度	性状大类
1269	狗肝菜	*Dicliptera chinensis*（L.）Juss.	爵床科	二年生草本	旷野草地	较常见	草本
1270	水蓑衣	*Hygrophila ringens*（L.）R. Br. ex Spreng.	爵床科	多年生草本	旷野或湿地	较常见	草本
1271	华南爵床	*Justicia austrosinensis* H. S. Lo	爵床科	多年生草本	旷野、灌丛	较少见	灌木
1272	小驳骨	*Justicia gendarussa* Burm. f.	爵床科	亚灌木	疏林灌丛	较少见	草本
1273	爵床	*Justicia procumbens* L.	爵床科	多年生草本	旷野灌丛	常见	草本
1274	杜根藤	*Justicia quadrifaria*（Nees）T. Anderson	爵床科	多年生草本	旷野灌丛	较常见	灌木
1275	黑叶小驳骨	*Justicia ventricosa* Wall. ex Hook. f.	爵床科	灌木	疏林灌丛	少见	草本
1276	鳞花草	*Lepidagathis incurva* Buch. -Ham. ex D. Don	爵床科	多年生草本	自然林或疏林灌丛	常见	草本
1277	鸡冠爵床	*Odontonema strictum*（Nees）Kuntze	爵床科	多年生草本	林缘、路边	较少见	草本
1278	中华孩儿草	*Rungia chinensis* Benth.	爵床科	多年生草本	山谷林下	较少见	草本
1279	孩儿草	*Rungia pectinata*（L.）Nees	爵床科	一年生匍匐草本	旷野草地	较少见	灌木
1280	金脉爵床	*Sanchezia speciosa* J. Leonard	爵床科	灌木	林缘、路边	较少见	草本
1281	弯花叉柱花	*Staurogyne chapaensis* Benoist	爵床科	一年生小草本	山谷林下	少见	草本
1282	大花叉柱花	*Staurogyne sesamoides*（Hand. -Mazz.）B. L. Burtt	爵床科	一年生草本	山谷林下	较少见	草本
1283	板蓝	*Strobilanthes cusia*（Nees）Kuntze	爵床科	多年生草本	自然林	常见	草本
1284	曲枝假蓝	*Strobilanthes dalzielii*（W. W. Sm.）Benoist	爵床科	多年生草本	旷野灌丛	较少见	灌木
1285	球花马蓝	*Strobilanthes dimorphotricha* Hance	爵床科	亚灌木	旷野灌丛	较少见	藤本
1286	山牵牛	*Thunbergia grandiflora*（Rottl. ex Willd.）Roxb.	爵床科	缠绕藤本	旷野草地	较常见	草本
1287	黄花狸藻	*Utricularia aurea* Lour.	狸藻科	沉水小草本	湿地	较少见	草本
1288	挖耳草	*Utricularia bifida* L.	狸藻科	陆生小草本	旷野湿地	较常见	草本
1289	过江藤	*Phyla nodiflora*（L.）Greene	马鞭草科	一年生匍匐草本	水边、湿地	较少见	草本
1290	马鞭草	*Verbena officinalis* L.	马鞭草科	多年生草本	旷野草地	较常见	草本

（续）

序号	种名	学名	科名	性状	主要分布生境	多度	性状大类
1291	金疮小草	*Ajuga decumbens* Thunb.	唇形科	一或二年生草本	林下、屋旁	较少见	草本
1292	紫背金盘	*Ajuga nipponensis* Makino	唇形科	一年生草本	林下、屋旁	较常见	草本
1293	广防风	*Anisomeles indica*（L.）Kuntze	唇形科	一年生草本	旷野、屋旁	较常见	灌木
1294	华紫珠	*Callicarpa cathayana* H. T. Chang	唇形科	灌木	林缘、灌丛	较少见	灌木
1295	白棠子树	*Callicarpa dichotoma*（Lour.）K. Koch	唇形科	灌木	林缘、灌丛	少见	灌木
1296	杜虹花	*Callicarpa formosana* Rolfe	唇形科	灌木	高草灌丛	较常见	灌木
1297	枇杷叶紫珠	*Callicarpa kochiana* Makino	唇形科	灌木	疏林、灌丛	少见	灌木
1298	长叶紫珠	*Callicarpa longifolia* Lamk.	唇形科	灌木	疏林、灌丛	少见	灌木
1299	尖尾枫	*Callicarpa longissima*（Hemsl.）Merr.	唇形科	灌木	林缘、灌丛	较少见	灌木
1300	大叶紫珠	*Callicarpa macrophylla* Vahl	唇形科	灌木	林缘、灌丛	较常见	灌木
1301	红紫珠	*Callicarpa rubella* Lindl.	唇形科	灌木	疏林、灌丛	常见	灌木
1302	鼎湖紫珠	*Callicarpa tingwuensis* H. T. Chang	唇形科	灌木	林缘、疏林	较少见	灌木
1303	灰毛大青	*Clerodendrum canescens* Wall. ex Walp.	唇形科	灌木	疏林、灌丛	较少见	灌木
1304	大青	*Clerodendrum cyrtophyllum* Turcz.	唇形科	灌木	疏林、灌丛	少见	灌木
1305	白花灯笼	*Clerodendrum fortunatum* L.	唇形科	灌木	疏林、灌丛	常见	灌木
1306	苦郎树	*Clerodendrum inerme*（L.）Gaertn.	唇形科	灌木	林缘	较少见	灌木
1307	赪桐	*Clerodendrum japonicum*（Thunb.）Sweet	唇形科	灌木	路边、林缘	少见	灌木
1308	广东大青	*Clerodendrum kwangtungense* Hand. -Mazz.	唇形科	灌木	山谷林中	少见	灌木
1309	尖齿臭茉莉	*Clerodendrum lindleyi* Decne. ex Planch.	唇形科	灌木	林缘、路边	较少见	灌木
1310	风轮菜	*Clinopodium chinense*（Benth.）Kuntze	唇形科	多年生草本	旷野水边	较少见	草本
1311	细风轮菜	*Clinopodium gracile*（Benth.）Kuntze	唇形科	一年生草本	林中、旷野草地	较常见	草本
1312	海州香薷	*Elsholtzia splendens* Nakai ex F. Maekawa	唇形科	一年生草本	山谷	较少见	草本

（续）

序号	种名	学名	科名	性状	主要分布生境	多度	性状大类
1313	活血丹	*Glechoma longituba*（Nakai）Kupr.	唇形科	多年生草本	山谷水旁	较少见	草本
1314	中华锥花	*Gomphostemma chinense* Oliv.	唇形科	亚灌木状草本	山谷林中	较少见	草本
1315	山香	*Hyptis suaveolens*（L.）Poit.	唇形科	一年生草本	旷野草地	较少见	草本
1316	线纹香茶菜	*Isodon lophanthoides*（Buch.-Ham. ex D. Don）H. Hara	唇形科	一年生草本	山谷林中	少见	草本
1317	溪黄草	*Isodon serra*（Maxim.）Kudo	唇形科	多年生草本	路旁、沟边	较少见	草本
1318	牛尾草	*Isodon ternifolius*（D. Don）Kudo	唇形科	多年生草本	疏林、草丛	少见	草本
1319	益母草	*Leonurus japonicus* Houtt.	唇形科	一或二年生直立草本	旷野草地	较少见	草本
1320	疏毛白绒草	*Leucas mollissima* var. *chinensis* Benth.	唇形科	一年生草本	山谷溪旁	少见	草本
1321	绉面草	*Leucas zeylanica*（L.）R. Br.	唇形科	一年生草本	旷野草丛	少见	草本
1322	地笋	*Lycopus lucidus* Turcz.	唇形科	一年生草本	屋旁旷野	较少见	草本
1323	薄荷	*Mentha canadensis* L.	唇形科	多年生草本	屋旁旷野	较少见	草本
1324	冠唇花	*Microtoena insuavis*（Hance）Prain ex Dunn	唇形科	一年生草本	林缘草丛	少见	草本
1325	小花荠苎	*Mosla cavaleriei* H. Lév.	唇形科	一年生草本	路旁、沟边	较少见	草本
1326	石香薷	*Mosla chinensis* Maxim.	唇形科	一年生草本	山脊阳处	较少见	草本
1327	小鱼仙草	*Mosla dianthera*（Buch.-Ham. ex Roxb.）Maxim.	唇形科	一年生草本	山谷路旁	少见	草本
1328	石荠苎	*Mosla scabra*（Thunb.）C. Y. Wu et H. W. Li	唇形科	一年生草本	屋旁旷野	较少见	草本
1329	罗勒	*Ocimum basilicum* L.	唇形科	一年生草本	山谷林中	少见	草本
1330	野生紫苏	*Perilla frutescens* var. *purpurascens*（Hayata）H. W. Li	唇形科	一年生草本	旷野草地	较少见	草本
1331	水珍珠菜	*Pogostemon auricularius*（L.）Hassk.	唇形科	多年生草本	旷野草地	较少见	草本
1332	齿叶水蜡烛	*Dysophylla sampsonii* Hance	唇形科	多年生草本	山谷林下	少见	草本
1333	弯毛臭黄荆	*Premna maclurei* Merr.	唇形科	灌木	旷野	少见	灌木
1334	荔枝草	*Salvia plebeia* R. Br.	唇形科	多年生草本	屋旁、旷野	较常见	草本

（续）

序号	种名	学名	科名	性状	主要分布生境	多度	性状大类
1335	半枝莲	*Scutellaria barbata* D. Don	唇形科	一年生草本	旷野草地	较少见	草本
1336	韩信草	*Scutellaria indica* L.	唇形科	多年生草本	林缘、路旁、旷野	常见	草本
1337	地蚕	*Stachys geobombycis* C. Y. Wu	唇形科	一年生草本	旷野、路旁	较常见	草本
1338	细柄针筒菜	*Stachys oblongifolia* var. *leptopoda*（Hayata）C. Y. Wu	唇形科	一年生草本	旷野、路旁	少见	草本
1339	铁轴草	*Teucrium quadrifarium* Buch. -Ham. ex D. Don	唇形科	亚灌木状多年生草本	林下、灌丛	较少见	草本
1340	血见愁	*Teucrium viscidum* Blume	唇形科	多年生草本	林下或旷野	较少见	草本
1341	黄荆	*Vitex negundo* L.	唇形科	灌木	旷野灌丛	较少见	灌木
1342	牡荆	*Vitex negundo* var. *cannabifolia*（Sieb. et Zucc.）Hand. -Mazz.	唇形科	灌木	旷野灌丛	较少见	灌木
1343	山牡荆	*Vitex quinata*（Lour.）Will.	唇形科	常绿乔木	自然林	较常见	乔木
1344	广东牡荆	*Vitex sampsonii* Hance	唇形科	灌木	旷野灌丛	较少见	灌木
1345	蔓荆	*Vitex trifolia* L.	唇形科	蔓生灌木	旷野、路旁	较少见	灌木
1346	通泉草	*Mazus pumilus*（Burm. f.）Steenis	通泉草科	一年生草本	旷野湿润草地	较常见	草本
1347	野菰	*Aeginetia indica* L.	列当科	寄生小草本	山谷林下阴湿处	较少见	草本
1348	矮胡麻草	*Centranthera tranquebarica*（Spreng.）Merr.	列当科	一年生草本	旷野草地	少见	草本
1349	阴行草	*Siphonostegia chinensis* Benth.	列当科	一年生草本	旷野草地	少见	草本
1350	独脚金	*Striga asiatica*（L.）Kuntze	列当科	寄生小草本	路旁、草地	较少见	草本
1351	秤星树	*Ilex asprella*（Hook. et Arn.）Champ. ex Benth.	冬青科	落叶灌木	疏林灌丛	常见	灌木
1352	凹叶冬青	*Ilex championii* Loes.	冬青科	常绿乔木	林中	少见	乔木
1353	沙坝冬青	*Ilex chapaensis* Merr.	冬青科	落叶乔木	自然林	较常见	乔木
1354	越南冬青	*Ilex cochinchinensis*（Lour.）Loes.	冬青科	常绿乔木	自然林	较少见	乔木
1355	密花冬青	*Ilex confertiflora* Merr.	冬青科	常绿小乔木	山谷林中	少见	乔木
1356	枸骨	*Ilex cornuta* Lindl. et Paxton	冬青科	常绿小乔木	灌丛	少见	乔木

（续）

序号	种名	学名	科名	性状	主要分布生境	多度	性状大类
1357	显脉冬青	*Ilex editicostata* Hu et Tang	冬青科	常绿小乔木	密林	少见	乔木
1358	榕叶冬青	*Ilex ficoidea* Hemsl.	冬青科	常绿乔木	密林	较少见	乔木
1359	台湾冬青	*Ilex formosana* Maxim.	冬青科	常绿乔木	疏林、林缘	少见	乔木
1360	广东冬青	*Ilex kwangtungensis* Merr.	冬青科	常绿小乔木	密林	较少见	乔木
1361	剑叶冬青	*Ilex lancilimba* Merr.	冬青科	常绿乔木	密林	少见	乔木
1362	大叶冬青	*Ilex latifolia* Thunb.	冬青科	常绿乔木	自然林	较常见	乔木
1363	矮冬青	*Ilex lohfauensis* Merr.	冬青科	灌木	疏林、灌丛	少见	灌木
1364	大果冬青	*Ilex macrocarpa* Oliv.	冬青科	落叶乔木	自然林	较少见	乔木
1365	谷木叶冬青	*Ilex memecylifolia* Champ. ex Benth.	冬青科	常绿乔木	自然林	较少见	乔木
1366	小果冬青	*Ilex micrococca* Maxim.	冬青科	落叶乔木	疏林灌丛	少见	乔木
1367	毛冬青	*Ilex pubescens* Hook. et Arn.	冬青科	灌木	疏林灌丛	常见	灌木
1368	铁冬青	*Ilex rotunda* Thunb.	冬青科	常绿乔木	林中、灌丛、旷野	较常见	乔木
1369	三花冬青	*Ilex triflora* Blume	冬青科	灌木	自然林或疏林	较常见	灌木
1370	罗浮冬青	*Ilex tutcheri* Merr.	冬青科	灌木	密林	较少见	灌木
1371	绿冬青	*Ilex viridis* Champ. ex Benth.	冬青科	灌木	疏林灌丛	较常见	灌木
1372	金钱豹	*Campanumoea javanica* Bl.	桔梗科	草质藤本	自然林山谷灌丛	较少见	藤本
1373	半边莲	*Lobelia chinensis* Lour.	桔梗科	多年生小草本	旷野草地	较少见	草本
1374	线萼山梗菜	*Lobelia melliana* E. Wimm.	桔梗科	多年生草本	山谷密林	少见	草本
1375	铜锤玉带草	*Lobelia nummularia* Lam.	桔梗科	匍匐草本	山谷及旷野	少见	草本
1376	卵叶半边莲	*Lobelia zeylanica* L.	桔梗科	多年生小草本	山谷林中及草地	少见	草本
1377	蓝花参	*Wahlenbergia marginata*（Thunb.）A. DC.	桔梗科	披散草本	旷野	较少见	草本
1378	花柱草	*Stylidium uliginosum* Sw.	花柱草科	一年生草本	山谷草地	少见	草本

（续）

序号	种名	学名	科名	性状	主要分布生境	多度	性状大类
1379	金纽扣	*Acmella paniculata* (Wall. ex DC.) R. K. Jansen	菊科	一年生草本	旷野	较常见	草本
1380	下田菊	*Adenostemma lavenia* (L.) Kuntze	菊科	一年生草本	旷野草地	较少见	草本
1381	藿香蓟	*Ageratum conyzoides* L.	菊科	一年生草本	旷野	常见	草本
1382	熊耳草	*Ageratum houstonianum* Mill.	菊科	一年生草本	旷野	较少见	草本
1383	阿里山兔儿风	*Ainsliaea macroclinidioides* Hayata	菊科	多年生草本	林下、草丛	少见	草本
1384	山黄菊	*Anisopappus chinensis* (L.) Hook. et Arn.	菊科	一年生草本	草地	较少见	草本
1385	黄花蒿	*Artemisia annua* L.	菊科	一年生草本	草地	较少见	草本
1386	青蒿	*Artemisia carvifolia* Buch. -Ham. ex Roxb.	菊科	一年生草本	草地	较少见	草本
1387	牡蒿	*Artemisia japonica* Thunb.	菊科	多年生草本	旷野	较少见	草本
1388	白苞蒿	*Artemisia lactiflora* Wall. ex DC.	菊科	多年生草本	旷野草地及山顶草丛	少见	草本
1389	野艾蒿	*Artemisia lavandulifolia* DC.	菊科	多年生草本	旷野草地	较常见	草本
1390	三脉紫菀	*Aster trinervius* subsp. *ageratoides* (Turcz.) Grierson	菊科	多年生草本	山顶草丛	少见	草本
1391	马兰	*Aster indicus* L.	菊科	多年生草本	旷野草地、路旁	较常见	草本
1392	钻叶紫菀	*Symphyotrichum subulatum* (Michx.) G. L. Nesom	菊科	多年生草本	林缘、草地	较少见	草本
1393	婆婆针	*Bidens bipinnata* L.	菊科	一年生草本	旷野草地	较常见	草本
1394	金盏银盘	*Bidens biternata* (Lour.) Merr. et Sherff	菊科	一年生草本	旷野草地	较少见	草本
1395	鬼针草	*Bidens pilosa* L.	菊科	一年生草本	旷野草地	常见	草本
1396	艾纳香	*Blumea balsamifera* (L.) DC.	菊科	亚灌木	屋旁草地、灌丛	较少见	灌木
1397	毛毡草	*Blumea hieraciifolia* (Spreng.) DC.	菊科	多年生草本	旷野草地	较少见	草本
1398	六耳铃	*Blumea sinuata* (Lour.) Merr.	菊科	多年生草本	旷野草地	较常见	草本
1399	千头艾纳香	*Blumea lanceolaria* (Roxb.) Druce	菊科	多年生草本	旷野草地	较少见	草本
1400	东风草	*Blumea megacephala* (Randeria) Chang et Tseng	菊科	攀援状草本	林缘灌丛	较常见	草本

（续）

序号	种名	学名	科名	性状	主要分布生境	多度	性状大类
1401	柔毛艾纳香	*Blumea axillaris*（Lam.）DC.	菊科	多年生草本	旷野	较常见	草本
1402	天名精	*Carpesium abrotanoides* L.	菊科	多年生草本	旷野草地	较少见	草本
1403	石胡荽	*Centipeda minima*（L.）A. Braun et Asch.	菊科	一年生匍地小草本	旷野屋旁	较常见	草本
1404	野菊	*Chrysanthemum indicum* L.	菊科	多年生草本	旷野草地	较少见	草本
1405	线叶蓟	*Cirsium lineare*（Thunb.）Sch. Bip.	菊科	多年生草本	山顶草地	少见	草本
1406	野茼蒿	*Crassocephalum crepidioides*（Benth.）S. Moore	菊科	一年生草本	旷野草地	较常见	草本
1407	黄瓜假还阳参	*Crepidiastrum denticulatum*（Houtt.）Pak et Kawano	菊科	一年生草本	山顶草丛	少见	草本
1408	鱼眼草	*Dichrocephala integrifolia*（L. f.）Kuntze	菊科	一年生草本	屋旁、草地	常见	草本
1409	鳢肠	*Eclipta prostrata*（L.）L.	菊科	一年生草本	屋旁、旷野	较常见	草本
1410	地胆草	*Elephantopus scaber* L.	菊科	一年生草本	屋旁、旷野、路旁	常见	草本
1411	白花地胆草	*Elephantopus tomentosus* L.	菊科	一年生草本	旷野、路旁	常见	草本
1412	小一点红	*Emilia prenanthoidea* DC.	菊科	一年生草本	旷野、屋旁草地	较常见	草本
1413	一点红	*Emilia sonchifolia*（L.）DC.	菊科	一年生草本	屋旁及旷野草地	常见	草本
1414	败酱叶菊芹	*Erechtites valerianifolius*（Link ex Spreng.）DC.	菊科	一年生草本	旷野	较常见	草本
1415	香丝草	*Erigeron bonariensis* L.	菊科	一年生草本	旷野屋旁草地	常见	草本
1416	小蓬草	*Erigeron canadensis* L.	菊科	一年生草本	旷野草地	较少见	草本
1417	多须公	*Eupatorium chinense* L.	菊科	多年生草本	灌丛及旷野、屋旁草地	较常见	草本
1418	佩兰	*Eupatorium fortunei* Turcz.	菊科	多年生草本	屋旁、路旁	少见	草本
1419	白头婆	*Eupatorium japonicum* Thunb.	菊科	多年生草本	灌丛、草地	少见	草本
1420	林泽兰	*Eupatorium lindleyanum* DC.	菊科	多年生草本	林缘或山脊草坡	较少见	草本
1421	兔耳一枝箭	*Piloselloides hirsuta*（Forssk.）C. Jeffrey ex Cufod.	菊科	多年生草本	灌丛、草地	少见	草本
1422	鼠曲草	*Pseudognaphalium affine*（D. Don）Anderb.	菊科	一年生草本	旷野路旁	常见	草本

（续）

序号	种名	学名	科名	性状	主要分布生境	多度	性状大类
1423	匙叶合冠鼠曲草	*Gamochaeta pensylvanica*（Willd.）Cabrera	菊科	一年生草本	旷野草地	较常见	草本
1424	多茎鼠曲草	*Gnaphalium polycaulon* Pers.	菊科	一年生草本	旷野路旁	较常见	草本
1425	泥胡菜	*Hemisteptia lyrata*（Bunge）Fisch. et C. A. Mey.	菊科	一年生草本	旷野	较少见	草本
1426	羊耳菊	*Duhaldea cappa*（Buch. -Ham. ex D. Don）Pruski et Anderb.	菊科	亚灌木	灌丛、旷野、路旁	较常见	灌木
1427	细叶小苦荬	*Ixeridium gracile*（DC.）Shih	菊科	一年生小草本	林缘、草地	较常见	草本
1428	中华苦荬菜	*Ixeris chinensis*（Thunb.）Nakai	菊科	一年生草本	旷野、路旁及高山草地	较少见	草本
1429	翅果菊	*Lactuca indica* L.	菊科	一或二年生草本	灌丛、旷野、路旁草丛	较常见	草本
1430	六棱菊	*Laggera alata*（D. Don）Sch. Bip. ex Oliv.	菊科	多年生草本	山坡草地	较少见	草本
1431	稻槎菜	*Lapsanastrum apogonoides*（Maxim.）Pak et K. Bremer	菊科	一年生小草本	湿地	较少见	草本
1432	千里光	*Senecio scandens* Buch. -Ham. ex D. Don	菊科	攀援状草本	林中、灌丛	较常见	草本
1433	虾须草	*Sheareria nana* S. Moore	菊科	一年生小草本	林缘、草地	较少见	草本
1434	豨莶	*Sigesbeckia orientalis* L.	菊科	一年生草本	旷野、草地、屋旁	较常见	草本
1435	一枝黄花	*Solidago decurrens* Lour.	菊科	多年生草本	旷野、草丛	较少见	草本
1436	裸柱菊	*Soliva anthemifolia*（Juss.）R. Br.	菊科	一年生小草本	旷野	较少见	草本
1437	苣荬菜	*Sonchus wightianus* DC.	菊科	一年生草本	屋旁、旷野草地	较常见	草本
1438	苦苣菜	*Sonchus oleraceus* L.	菊科	一年生草本	旷野	较少见	草本
1439	金腰箭	*Synedrella nodiflora*（L.）Gaertn.	菊科	一年生草本	屋旁、旷野路旁草地	较常见	草本
1440	肿柄菊	*Tithonia diversifolia*（Hemsl.）A. Gray	菊科	多年生大草本	路旁	较少见	草本
1441	糙叶斑鸠菊	*Vernonia aspera* Buch. -Ham.	菊科	多年生草本	山谷草丛	少见	草本
1442	夜香牛	*Vernonia cinerea*（L.）Less.	菊科	一年生草本	路旁、旷野草地	常见	草本
1443	毒根斑鸠菊	*Vernonia cumingiana* Benth.	菊科	攀援状灌木	山谷林中	较常见	灌木
1444	咸虾花	*Vernonia patula*（Dryand.）Merr.	菊科	一年生草本	旷野草地、路旁	常见	草本

（续）

序号	种名	学名	科名	性状	主要分布生境	多度	性状大类
1445	茄叶斑鸠菊	*Vernonia solanifolia* Benth.	菊科	灌木或小乔木	旷野、路旁	较常见	乔木
1446	蟛蜞菊	*Sphagneticola calendulacea*（L.）Pruski	菊科	多年生匍匐草本	林缘、旷野	较常见	草本
1447	苍耳	*Xanthium strumarium* L.	菊科	一年生草本	旷野	较少见	草本
1448	异叶黄鹌菜	*Youngia heterophylla*（Hemsl.）Babc. et Stebbins	菊科	一年生草本	旷野	少见	草本
1449	黄鹌菜	*Youngia japonica*（L.）DC.	菊科	一年生草本	旷野、路旁	常见	草本
1450	接骨草	*Sambucus javanica* Blume	五福花科	落叶亚灌木	山谷灌丛	较少见	灌木
1451	南方荚蒾	*Viburnum fordiae* Hance	五福花科	灌木	疏林灌丛	较常见	灌木
1452	蝶花荚蒾	*Viburnum hanceanum* Maxim.	五福花科	灌木	林缘灌丛	较少见	灌木
1453	淡黄荚蒾	*Viburnum lutescens* Blume	五福花科	灌木	山谷林中	少见	灌木
1454	吕宋荚蒾	*Viburnum luzonicum* Rolfe	五福花科	灌木	山坡灌丛	少见	灌木
1455	珊瑚树	*Viburnum odoratissimum* Ker Gawl.	五福花科	常绿小乔木	林缘、疏林	常见	乔木
1456	常绿荚蒾	*Viburnum sempervirens* K. Koch	五福花科	灌木	林中、灌丛	较常见	灌木
1457	华南忍冬	*Lonicera confusa* DC.	忍冬科	藤状灌木	疏林灌丛	较常见	灌木
1458	菰腺忍冬	*Lonicera hypoglauca* Miq.	忍冬科	藤状灌木	疏林灌丛	较少见	灌木
1459	攀倒甑	*Patrinia villosa*（Thunb.）Juss.	忍冬科	多年生草本	路旁	少见	草本
1460	光叶海桐	*Pittosporum glabratum* Lindl.	海桐科	灌木	密林或疏林	较常见	灌木
1461	狭叶海桐	*Pittosporum glabratum* var. *neriifolium* Rehd. et Wils.	海桐科	灌木	密林或疏林	少见	灌木
1462	野楤头	*Aralia armata*（Wall.）Seem.	五加科	灌木	山谷水旁、灌丛	较少见	灌木
1463	头序楤木	*Aralia dasyphylla* Miq.	五加科	灌木	山谷水旁	少见	灌木
1464	台湾毛楤木	*Aralia decaisneana* Hance	五加科	灌木	山谷水旁	较常见	灌木
1465	长刺楤木	*Aralia spinifolia* Merr.	五加科	灌木	自然林阴湿处	较常见	灌木
1466	树参	*Dendropanax dentiger*（Harms）Merr.	五加科	常绿小乔木	山谷林中	少见	乔木

（续）

序号	种名	学名	科名	性状	主要分布生境	多度	性状大类
1467	海南树参	*Dendropanax hainanensis*（Merr. et Chun）Chun	五加科	常绿小乔木	山谷林中	少见	乔木
1468	变叶树参	*Dendropanax proteus*（Champ.）Benth.	五加科	常绿小乔木	山谷林中	较少见	乔木
1469	白簕	*Eleutherococcus trifoliatus*（L.）S. Y. Hu	五加科	攀援状灌木	山顶草丛	较少见	灌木
1470	红马蹄草	*Hydrocotyle nepalensis* Hook.	五加科	多年生匍匐草本	山谷林中	少见	草本
1471	天胡荽	*Hydrocotyle sibthorpioides* Lam.	五加科	多年生匍匐小草本	草地、屋旁	较常见	草本
1472	破铜钱	*Hydrocotyle sibthorpioides* var. *batrachium*（Hance）Hand.-Mazz.	五加科	多年生草本	山谷草地	较少见	草本
1473	肾叶天胡荽	*Hydrocotyle wilfordii* Maxim.	五加科	多年生匍匐小草本	山谷草地	少见	草本
1474	鹅掌柴	*Schefflera heptaphylla*（L.）Frodin	五加科	常绿乔木	次生林中	常见	乔木
1475	星毛鹅掌柴	*Schefflera minutistellata* Merr. ex H. L. Li	五加科	常绿小乔木	山谷林中	少见	乔木
1476	积雪草	*Centella asiatica*（L.）Urb.	伞形科	多年生匍匐草本	旷野、屋旁	较少见	草本
1477	蛇床	*Cnidium monnieri*（L.）Cusson	伞形科	一年生草本	旷野草地	较常见	草本
1478	刺芹	*Eryngium foetidum* L.	伞形科	多年生矮小草本	旷野草地	较少见	草本
1479	短辐水芹	*Oenanthe benghalensis*（Roxb.）Benth. et Hook. f.	伞形科	多年生草本	旷野草地	较常见	草本
1480	水芹	*Oenanthe javanica*（Blume）DC.	伞形科	多年生草本	湿地	较常见	草本

③鸟类群落的优势度指数（唐平等，2005），其公式为：

$$C=\sum_{i=1}^{s}(P_i)^2$$

式中，C 为优势度指数；P_i 为第 i 个物种个体数占生境总个体数的比例；S 为物种数。

④相似系数（郑师章等，1994），其公式为：

$$S=2W/(a+b)$$

式中，W 为两个群落中共有的物种数，a 为群落 A 的物种数，b 为群落 B 的物种数。

（3）数据质量控制和评估

鸟类数据采集严格按照数据采集调查方案进行，鸟类物种和数量按照实际情况准确计量，均能准确鉴定到种一级，无疑似种类。同时，按照调查方案要求，鸟类数据均在规定时间段内完成，且为同一调查人员进行，无数据缺失、断点的情况。

在采集鸟类数据时，野生鸟类的辨别主要参照《中国野外鸟类手册》（约翰·马敬能等，2000）、《中国香港及华南鸟类野外手册》（尹琏等，2017）和《中国鸟类图鉴（便携版）》（曲利明，2014），鸟类分类系统及拉丁学名主要参照《中国鸟类分类与分布名录（第三版）》（郑光美，2017），区系及居留型分析等主要参照《中国鸟类志》（上、下卷）（赵正阶，2001）。

本部分数据统计了 2015—2018 年的鸟类调查数据，在鼎湖山保护区所调查的 3 种林型中鸟类群落特征明显（表 4-2）。随着植被类型朝着正向演替（针叶林→混交林→阔叶林）的趋势发展，鸟类群落的多样性和均匀性也呈现增高趋势，但在演替的最高阶段（阔叶林）的鸟类多样性和均匀性不是最高，针阔混交林的多样性指数（2.952 8）与均匀性指数（0.697 4）均高于季风常绿阔叶林，这一结果与鼎湖山植物群落多样性研究相吻合（黄忠良等，2000）。季风常绿阔叶林与针阔混交林在物种组成上区别不是很明显，季风常绿阔叶林（0.137 2）优势度指数较高，由此可以说明季风常绿阔叶林的某些鸟类物种具有明显优势，而针阔混交林的鸟类群落优势不明显、群落更加稳定。在针叶林中鸟类群落特征明显低于其他林型，其中优势度指数（0.115 1）仅次于季风常绿阔叶林，加之其生境结构、植物种类相对单一以及鸟类种类偏少，说明针叶林的鸟类群落较不稳定。

表 4-2 鼎湖山保护区不同林型鸟类群落特征

林型	目	科	种	数量/只	H'	H_{max}	E	C
季风常绿阔叶林	7	30	72	5 392	2.712 9	4.276 7	0.634 3	0.137 2
针阔混交林	7	31	69	5 686	2.952 8	4.234 1	0.697 4	0.091 0
针叶林	8	28	55	3 600	2.616 2	4.007 3	0.652 8	0.115 1

在 3 种林型中，季风常绿阔叶林和针阔混交林的鸟类相似程度最高（S=0.851 1），主要是由于季风常绿阔叶林和针阔混交林的植被演化较为接近；季风常绿阔叶林和针叶林的相似程度最低（S=0.692 9），主要是因为针叶林植被结构较为单一，以致鸟类群落组成具有较大差异；针叶林与针阔混交林的鸟类相似度较高（S=0.758 1）（表 4-3）。

表 4-3 各林型的鸟类相似系数

林型	季风常绿阔叶林	针阔混交林	针叶林
季风常绿阔叶林	1	0.851 1	0.692 9
针阔混交林		1	0.758 1
针叶林			1

（4）数据价值/数据使用方法和建议

本部分数据可用于包括群落、种群、行为、栖息地等在内的鸟类生态学研究分析，如不同植被演替序列鸟类群落格局、森林鸟类混合群、群落谱系与功能结构、功能多样性、全球气候变化和人为干扰对鸟类的影响、迁徙鸟类生活史与种群动态等。

（5）数据

具体数据见表 4-4。

表 4-4 鼎湖山鸟类名录（2015—2018 年）

编号	目	科	物种名	拉丁名	生境类型	区系	居留型	评估等级
1	鸡形目	雉科	灰胸竹鸡	*Bambusicola thoracicus*	MEBF/ MCBF/ PF	OR	R	LC
2	鸡形目	雉科	白鹇	*Lophura nycthemera*	MEBF/ MCBF	OR	R	LC
3	鸽形目	鸠鸽科	绿翅金鸠	*Chalcophaps indica*	MEBF/ MCBF/ PF	OR	R	LC
4	夜鹰目	雨燕科	小白腰雨燕	*Apus nipalensis*	PF	OR	S	LC
5	鹃形目	杜鹃科	褐翅鸦鹃	*Centropus sinensis*	PF	OR	R	LC
6	鹃形目	杜鹃科	红翅凤头鹃	*Clamator coromandus*	MCBF/ PF	OR	S	LC
7	鹃形目	杜鹃科	八声杜鹃	*Cacomantis merulinus*	MEBF/ MCBF	OR	S	LC
8	鹃形目	杜鹃科	乌鹃	*Surniculus lugubris*	MEBF/ MCBF	OR	S	LC
9	鹃形目	杜鹃科	大鹰鹃	*Hierococcyx sparverioides*	MEBF	OR	S	LC
10	鹃形目	杜鹃科	棕腹鹰鹃	*Hierococcyx nisicolor*	MEBF/ MCBF	OR	S	LC
11	鹃形目	杜鹃科	小杜鹃	*Cuculus poliocephalus*	MEBF/ MCBF	PAL/OR	S	LC
12	鹃形目	杜鹃科	四声杜鹃	*Cuculus micropterus*	MEBF	PAL/OR	S	LC
13	鹰形目	鹰科	蛇雕	*Spilornis cheela*	MEBF/ MCBF	OR	R	NT
14	鹰形目	鹰科	凤头鹰	*Accipiter trivirgatus*	MEBF/ MCBF/ PF	OR	R	NT
15	鹰形目	鹰科	松雀鹰	*Accipiter virgatus*	MCBF/ PF	OR	R	LC
16	鸮形目	鸱鸮科	红角鸮	*Otus sunia*	MEBF	PAL/OR	R	LC
17	鸮形目	鸱鸮科	领鸺鹠	*Glaucidium brodiei*	MEBF	OR	R	LC
18	佛法僧目	佛法僧科	三宝鸟	*Eurystomus orientalis*	MCBF	OR	S	LC
19	佛法僧目	翠鸟科	普通翠鸟	*Alcedio atthis*	PF	PAL/OR	R	LC
20	啄木鸟目	拟啄木鸟科	大拟啄木鸟	*Psilopogon virens*	MEBF/ MCBF	OR	R	LC
21	啄木鸟目	拟啄木鸟科	黑眉拟啄木鸟	*Psilopogon faber*	MEBF/ MCBF	OR	R	LC
22	啄木鸟目	啄木鸟科	斑姬啄木鸟	*Picumnus innominatus*	MEBF/ MCBF/ PF	OR	R	LC
23	啄木鸟目	啄木鸟科	白眉棕啄木鸟	*Sasia ochracea*	MEBF	OR	R	LC
24	啄木鸟目	啄木鸟科	灰头绿啄木鸟	*Picus canus*	MEBF	PAL/OR	R	LC
25	啄木鸟目	啄木鸟科	黄嘴栗啄木鸟	*Blythipicus pyrrhotis*	MEBF/ MCBF/ PF	OR	R	LC
26	雀形目	莺雀科	白腹凤鹛	*Erpornis zantholeuca*	MEBF/ MCBF	OR	R	LC
27	雀形目	山椒鸟科	灰喉山椒鸟	*Pericrocotus solaris*	MEBF/ MCBF/ PF	OR	R	LC
28	雀形目	山椒鸟科	赤红山椒鸟	*Pericrocotus flammeus*	MEBF/ MCBF/ PF	OR	R	LC
29	雀形目	卷尾科	黑卷尾	*Dicrurus macrocercus*	MEBF	OR	S	LC
30	雀形目	伯劳科	棕背伯劳	*Lanius schach*	MCBF	OR	R	LC

（续）

编号	目	科	物种名	拉丁名	生境类型	区系	居留型	评估等级
31	雀形目	鸦科	松鸦	*Garrulus glandarius*	MEBF	PAL	R	LC
32	雀形目	鸦科	红嘴蓝鹊	*Urocissa erythroryncha*	MEBF	OR	R	LC
33	雀形目	鸦科	灰树鹊	*Dendrocitta formosae*	MEBF/ MCBF/ PF	OR	R	LC
34	雀形目	鸦科	大嘴乌鸦	*Corvus macrorhynchos*	MEBF/ MCBF/ PF	PAL/OR	R	LC
35	雀形目	山雀科	大山雀	*Parus cinereus*	MEBF/ MCBF/ PF	PAL/OR	R	LC
36	雀形目	山雀科	黄颊山雀	*Machlolophus spilonotus*	MEBF/ MCBF/ PF	OR	R	LC
37	雀形目	扇尾莺科	黑喉山鹪莺	*PALinia atrogularis*	MCBF/ PF	OR	R	LC
38	雀形目	扇尾莺科	暗冕山鹪莺	*PALinia rufescens*	MEBF/ MCBF/ PF	OR	R	LC
39	雀形目	扇尾莺科	黄腹山鹪莺	*PALinia flaviventris*	PF	OR	R	LC
40	雀形目	扇尾莺科	纯色山鹪莺	*PALinia inornata*	PF	OR	R	LC
41	雀形目	扇尾莺科	长尾缝叶莺	*Orthotomus sutorius*	MEBF/ MCBF/ PF	OR	R	LC
42	雀形目	鳞胸鹪鹛科	小鳞胸鹪鹛	*Pnoepyga pusilla*	MEBF/ MCBF	OR	R	LC
43	雀形目	燕科	家燕	*Hirundo rustica*	MEBF/ MCBF/ PF	PAL/OR	S/P/R	LC
44	雀形目	燕科	金腰燕	*Cecropis daurica*	MEBF/ MCBF/ PF	PAL/OR	S/P/R	LC
45	雀形目	鹎科	红耳鹎	*Pycnonotus jocosus*	MEBF/ MCBF/ PF	OR	R	LC
46	雀形目	鹎科	白头鹎	*Pycnonotus sinensis*	MEBF/ MCBF/ PF	OR	R	LC
47	雀形目	鹎科	绿翅短脚鹎	*Ixos mcclellandii*	MEBF/ MCBF/ PF	OR	R	LC
48	雀形目	鹎科	栗背短脚鹎	*Hemixos castanonotus*	MEBF/ MCBF/ PF	OR	R	LC
49	雀形目	鹎科	黑短脚鹎	*Hypsipetes leucocephalus*	MEBF/ MCBF/ PF	OR	R	LC
50	雀形目	柳莺科	褐柳莺	*Phylloscopus fuscatus*	MEBF/ MCBF/ PF	PAL	W	LC
51	雀形目	柳莺科	黄腰柳莺	*Phylloscopus PALoregulus*	MEBF/ MCBF/ PF	PAL	W	LC
52	雀形目	柳莺科	黄眉柳莺	*Phylloscopus inornatus*	MEBF/ MCBF/ PF	PAL	W	LC
53	雀形目	柳莺科	暗绿柳莺	*Phylloscopus trochiloides*	PF	PAL	W	LC
54	雀形目	柳莺科	比氏鹟莺	*Seicercus valentini*	MEBF	OR	W	LC
55	雀形目	树莺科	栗头织叶莺	*Phyllergates cuculatus*	MEBF/ MCBF	OR	R	LC
56	雀形目	树莺科	强脚树莺	*Horornis fortipes*	MEBF/ MCBF/ PF	OR	R	LC
57	雀形目	树莺科	鳞头树莺	*Urosphena squameiceps*	MEBF	PAL	W	LC
58	雀形目	长尾山雀科	红头长尾山雀	*Aegithalos concinnus*	MEBF/ MCBF/ PF	OR	R	LC
59	雀形目	绣眼鸟科	栗耳凤鹛	*Yuhina castaniceps*	MEBF/ MCBF/ PF	OR	R	LC
60	雀形目	绣眼鸟科	暗绿绣眼鸟	*Zosterops japonicus*	MEBF/ MCBF/ PF	OR	R	LC
61	雀形目	林鹛科	棕颈钩嘴鹛	*Pomatorhinus ruficollis*	MEBF/ MCBF/ PF	OR	R	LC
62	雀形目	林鹛科	红头穗鹛	*Cyanoderma ruficeps*	MEBF/ MCBF/ PF	OR	R	LC
63	雀形目	幽鹛科	褐顶雀鹛	*Schoeniparus brunneus*	MEBF/ MCBF	OR	R	LC

（续）

编号	目	科	物种名	拉丁名	生境类型	区系	居留型	评估等级
64	雀形目	幽鹛科	灰眶雀鹛	*Alcippe morrisonia*	MEBF/ MCBF/ PF	OR	R	LC
65	雀形目	噪鹛科	画眉	*Garrulax canorus*	MEBF/ MCBF/ PF	OR	R	NT
66	雀形目	噪鹛科	小黑领噪鹛	*Garrulax monileger*	MEBF/ MCBF/ PF	OR	R	LC
67	雀形目	噪鹛科	黑领噪鹛	*Garrulax pectoralis*	MEBF/ MCBF	OR	R	LC
68	雀形目	噪鹛科	黑喉噪鹛	*Garrulax chinensis*	MEBF/ MCBF/ PF	OR	R	LC
69	雀形目	噪鹛科	红嘴相思鸟	*Leiothrix lutea*	MEBF/ MCBF/ PF	OR	R	LC
70	雀形目	鸫科	橙头地鸫	*Geokichla citrina*	MEBF/ MCBF/ PF	OR	S	LC
71	雀形目	鸫科	灰背鸫	*Turdus hortulorum*	MEBF/ MCBF	PAL	W	LC
72	雀形目	鸫科	乌灰鸫	*Turdus cardis*	MEBF	PAL	W	LC
73	雀形目	鹟科	红尾歌鸲	*Larvivora sibilans*	MCBF	PAL	W	LC
74	雀形目	鹟科	红胁蓝尾鸲	*Tarsiger cyanurus*	MEBF/ MCBF/ PF	PAL	W	LC
75	雀形目	鹟科	白喉短翅鸫	*Brachypteryx leucophris*	MEBF/ MCBF/ PF	OR	R	LC
76	雀形目	鹟科	鹊鸲	*Copsychus saularis*	MEBF/ MCBF/ PF	OR	R	LC
77	雀形目	鹟科	北红尾鸲	*Phoenicurus auroreus*	PF	PAL	W	LC
78	雀形目	鹟科	白尾蓝地鸲	*Myiomela leucurum*	MEBF/ MCBF	OR	R	LC
79	雀形目	鹟科	紫啸鸫	*Myophonus caeruleus*	MEBF/ MCBF/ PF	OR	R	LC
80	雀形目	鹟科	灰背燕尾	*Enicurus schistaceus*	MEBF/ MCBF	OR	R	LC
81	雀形目	鹟科	白额燕尾	*Enicurus leschenaulti*	MCBF	OR	R	LC
82	雀形目	鹟科	北灰鹟	*Muscicapa dauurica*	PF	PAL	P	LC
83	雀形目	鹟科	海南蓝仙鹟	*Cyornis hainanus*	MEBF/ MCBF/ PF	OR	S	LC
84	雀形目	叶鹎科	橙腹叶鹎	*Chloropsis hardwickii*	MEBF/ MCBF	OR	R	LC
85	雀形目	啄花鸟科	红胸啄花鸟	*Dicaeum ignipectus*	MEBF/ MCBF/ PF	OR	R	LC
86	雀形目	花蜜鸟科	叉尾太阳鸟	*Aethopyga christinae*	MEBF/ MCBF/ PF	OR	R	LC
87	雀形目	梅花雀科	白腰文鸟	*Lonchura striata*	MEBF/ MCBF/ PF	OR	R	LC
88	雀形目	鹡鸰科	树鹨	*Anthus hodgsoni*	MCBF	PAL	W	LC
89	雀形目	鹀科	白眉鹀	*Emberiza tristrami*	MEBF/ MCBF/ PF	PAL	W	NT

注：生境类型："MEBF"——季风常绿阔叶林（Monsoon evergreen broadleaf forest），"MCBF"——针阔混交林（Mixed coniferous broadleaf forest），"PF"——针叶林（Pine forest）。区系："OR"——东洋界、"PAL"——古北界、"PAL/OR"——广布种。居留型："R"——留鸟、"S"——夏候鸟、"W"——冬候鸟、"P"——迁徙过境鸟。红色名录评估等级："NT"——近危、"LC"——无危。在记录的鸟类中，白鹇、褐翅鸦鹃、蛇雕、凤头鹰、松雀鹰、红角鸮和领鸺鹠为国家Ⅱ级重点保护野生动物。

4.1.3 鼎湖山针阔叶混交林树干液流监测数据

（1）概述

研究数据采集对象为处于森林演替中期的针阔叶混交林，也是南亚热带马尾松群落向地带性季风常绿阔叶林过渡的中间林分类型，在当地具有典型代表性。该群落在垂直结构上大致分为乔木、灌木、草本 3 层，此外还有少量藤本和附生等层间植物。组成种类以常绿树种占绝对优势，其中优势树种有马尾松、锥、木荷、华润楠等（程静等，2015；王立景等，2018）。为研究针阔叶林阶段的水分利用特征，于 2010 年选取代表性的林段 1 000 m^2 建立样地。

（2）数据采集和处理方法

样地位于鼎湖山站客座公寓后针阔林中，采用 Granier 热消散探针法于 2010 年 6 月至 2011 年 12 月对所选择样树液流密度进行连续测定。选取针阔叶林优势树种：马尾松、木荷、锥栗和华润楠，每个树种按径级分布特征选择 3～5 棵样树，每天对所选择样树液流密度进行连续 24h 测定。探针的安装原则：考虑到鼎湖山样地郁闭度较大（大于 85%），参考国内外已有的研究方法，将一对 20 mm 长的热消散探针安装于树干北面 1.3 m 胸径高度处，以北向的液流代表树干平均液流密度（梅婷婷等，2010），每组探针上下相距 10～15 cm。对于径级较大的个体，考虑到其边材厚度大，同时设置 20～40 mm 边材深度的探针。为防止雨水接触探针，在探针外覆盖泡沫盒，并包裹防辐射薄膜（黄德卫等，2012）。上探针供以 12 V 直流电压持续加热（0.2 W），下探针作为参照不加热。两探针之间的温差电势应用数据采集器（DL2e，Delta-T Devices，英国）自动记录和存储（每 10 s 测读 1 次，存储每 60 min 的平均值），测定树干液流原理如图 4-1 所示（黄德卫等，2012）。根据 Granier 建立的经验公式依据温差电势的计算出液流密度，公式如下：

$$Js=119\times[(\Delta Tm-\Delta T)/\Delta T]^{1.231}$$

式中，ΔTm 为上、下探针之间的最大昼夜温差，ΔT 为瞬时温差，Js 为瞬时液流密度 [g/（m^2·s）]转换为液流密度值。该公式是 Granier 根据多年对多种树木进行研究的数据总结出的经验公式（Granier，1985）。

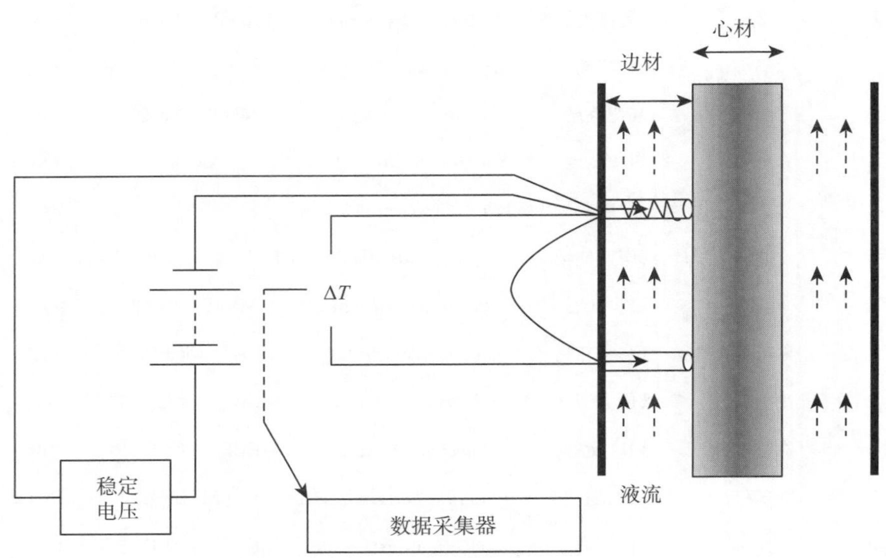

图 4-1 热消散探针法测定树干液流原理图

基于野外监测的数据，经数据收集与整理、数据质量控制与评估、数据分析，最终形成数据集入库。

（3）数据质量控制和评估

树干液流数据来源于野外样地的实测数据。从样地设置的前期准备、设备的安装、数据的获取及校正，均经树干液流研究方面的相关专家认可，确保数据准确性。具体的数据质控方法是采用无线传输，监测仪器的运行动态，维护仪器正常数据采集。采集的数据同样经无线远程传输给相关树干液流监测项目专家，由专家分析数据的可靠性，在保证数据可靠性的前提下，采用 CERN 数据质量保证和控制方法将数据入库。

（4）数据价值/数据使用方法和建议

全球水、热格局可能发生变化的情形下，对不同森林类型，特别是我国常绿阔叶林区主要森林类型的水分利用特征进行相关分析和研究，将有利于森林经营管理和利用，对全球变暖提出林业上的科学对策有着重要的意义。对针阔叶混交林优势树种的整树水平的实测、不同单叶水平的实测，可为该地区的森林水分利用提供准确的基础信息（Otieno et al.，2014；Otieno et al.，2017）。针阔叶混交林是我国南亚热带地区的主要植被类型，具体来说，针阔叶混交林是鼎湖山主要森林类型之一，林分树龄约 80 年，其群落垂直结构分明，有明显的乔木、灌木、草本层，乔木优势树种包括针叶树种马尾松及阔叶树种锥、木荷、华润楠。这 4 种优势树种的生物量占该群落生物量的 85%以上，可作为评估该森林类型的蒸腾及水分利用能力的代表树种。关于该森林类型树干液流的公开数据少之又少。

本部分树干液流数据可用于全球气候变化情形下的水分利用分析、不同森林类型的水分利用比较、林业经营管理等相关领域，也可以在不同的典型区域、典型陆地生态系统之间开展多台站数据联网分析，结合数据中心长期定位观测的生物、土壤、气候等相关数据，可为模型分析提供数据支持，特别在当今模型研究缺乏实测的情形下。

数据可通过 Science Data Bank 在线服务网址（http：//www. sciencedb. cn/dataSet/handle/881）下载数据（黄健强等，2020b）；也可通过广东鼎湖山站数据资源服务网（http：//dhf. cern. ac. cn/meta/detail/FYSGYL）了解或申请获取数据。

（5）数据

具体数据见表 4-5～表 4-8。

表 4-5 2010 年优势种木荷树干液流监测数据

单位：kg/d

日期（年-月-日）	样树代号							
	Ss1	Ss2	Ss3	Ss4	Ss5	Ss6	Ss7	Ss8
2010-06-15	9.453	5.231	9.418	14.946	35.425	19.352	9.460	11.989
2010-06-16	1.269	5.891	1.296	15.898	37.926	2.589	11.748	13.856
2010-07-02	9.479	5.556	9.222	15.135	36.255	18.477	11.487	12.184
2010-07-03	1.458	5.912	1.368	16.345	39.997	2.517	13.416	14.298
2010-07-04	1.767	6.552	1.458	16.433	42.595	2.978	13.728	14.647
2010-07-05	1.978	6.119	1.444	16.361	43.849	21.122	14.157	15.350
2010-07-06	1.872	5.846	1.477	15.883	41.858	19.412	12.960	14.322
2010-07-07	1.588	5.850	9.900	15.676	4.398	19.255	12.535	14.165
2010-07-08	1.793	6.595	1.385	15.854	4.685	19.829	13.896	14.850
2010-07-09	1.266	5.787	9.789	14.735	36.316	18.199	12.147	13.518
2010-07-10	9.985	5.742	1.736	14.562	35.890	18.676	12.122	13.470
2010-07-11	9.793	5.959	1.121	14.612	35.336	18.456	11.816	13.519
2010-07-12	1.371	6.566	1.415	14.978	36.224	18.469	11.987	13.853
2010-07-13	9.634	5.659	9.627	13.932	33.890	17.135	11.124	13.943
2010-07-14	8.433	4.914	8.484	12.419	29.183	14.893	9.532	11.256
2010-07-15	6.998	2.658	5.234	7.981	18.589	1.149	4.986	6.379
2010-07-16	6.131	3.481	6.191	9.564	22.649	9.542	5.891	7.769
2010-07-17	5.554	1.366	1.870	2.932	8.574	3.248	1.365	2.281

（续）

日期（年-月-日）	样树代号							
	Ss1	Ss2	Ss3	Ss4	Ss5	Ss6	Ss7	Ss8
2010-07-18	7.677	5.275	6.792	9.519	22.176	14.389	6.433	9.113
2010-07-19	8.757	5.368	7.955	13.799	33.634	17.644	9.829	11.345
2010-07-20	9.656	5.473	9.392	14.626	35.620	19.717	1.684	12.898
2010-07-21	3.812	1.895	3.386	5.699	12.394	6.639	2.980	3.997
2010-07-22	3.241	0.613	0.927	0.287	3.297	1.619	0.972	0.474
2010-07-23	2.282	1.212	1.373	1.720	6.185	6.394	0.733	2.495
2010-07-24	9.196	4.178	5.967	9.634	27.164	16.188	4.753	9.779
2010-07-25	8.831	4.863	7.148	12.542	33.799	17.389	6.877	11.519
2010-07-26	7.672	4.870	6.652	11.679	26.554	13.841	5.658	9.298
2010-07-27	5.338	2.579	4.357	6.439	18.283	7.864	2.774	6.756
2010-07-28	3.219	0.775	2.989	3.147	11.555	5.294	0.852	2.860
2010-07-29	5.544	3.121	4.712	8.827	23.439	11.334	4.438	6.760
2010-07-30	1.198	4.577	7.598	12.445	31.679	16.316	7.161	1.866
2010-07-31	9.334	5.267	9.664	13.996	36.549	18.726	9.398	15.418
2010-08-01	9.581	4.939	7.737	12.639	33.653	16.887	8.753	11.983
2010-08-02	7.656	4.122	6.784	1.186	3.600	14.754	5.727	1.136
2010-08-03	1.945	5.648	9.531	13.976	4.216	19.698	8.983	13.567
2010-08-04	1.495	5.542	9.156	13.897	38.884	19.764	9.357	13.746
2010-08-05	9.455	5.146	7.541	12.219	34.832	17.795	9.577	12.149
2010-08-06	5.198	2.367	4.662	5.437	19.123	9.627	3.258	6.488
2010-08-07	8.172	4.581	8.186	12.256	3.915	15.400	6.953	9.816
2010-08-08	9.255	5.376	8.936	13.567	34.258	18.215	8.126	11.977
2010-08-09	9.796	5.786	9.595	14.398	36.720	19.632	9.516	13.822
2010-08-10	9.439	5.388	9.275	14.718	34.752	19.628	9.392	13.677
2010-08-11	7.213	3.960	6.745	1.673	26.135	13.742	6.819	9.583
2010-08-12	7.798	4.474	7.733	11.527	28.454	15.493	8.182	1.642
2010-08-13	9.678	5.394	9.413	13.983	33.191	18.554	1.583	12.915
2010-08-14	9.237	5.354	8.922	13.172	33.348	18.224	1.959	13.372
2010-08-15	6.550	2.965	5.674	8.523	2.395	11.257	4.876	7.755
2010-08-16	8.336	4.979	8.493	12.263	28.987	16.648	9.156	11.863
2010-08-17	5.928	2.617	4.767	7.195	17.699	9.336	3.675	6.646
2010-08-18	8.873	5.464	8.683	12.995	34.425	17.419	9.452	12.124
2010-08-19	4.163	1.572	2.691	3.666	9.459	4.652	2.193	3.284
2010-08-20	7.556	4.234	6.412	8.994	25.134	12.515	5.711	9.698
2010-08-21	9.683	5.814	9.189	13.581	35.182	18.658	8.766	12.623
2010-08-22	7.575	4.688	7.466	11.642	3.517	15.816	6.965	9.693
2010-08-23	7.574	3.815	7.439	9.429	27.398	13.134	6.585	1.127

（续）

日期（年-月-日）	样树代号							
	Ss1	Ss2	Ss3	Ss4	Ss5	Ss6	Ss7	Ss8
2010-08-24	2.287	0.562	1.288	2.478	8.167	3.155	0.494	1.353
2010-08-25	6.926	3.865	6.921	11.252	25.745	13.263	5.771	9.927
2010-08-26	5.614	3.362	5.416	8.833	23.216	11.268	4.700	7.797
2010-08-27	4.597	2.940	4.484	5.658	16.383	8.349	3.189	5.472
2010-08-28	8.357	5.888	9.416	12.333	32.583	17.678	7.735	12.424
2010-08-29	9.767	5.897	11.237	13.788	34.716	18.678	9.732	12.849
2010-08-30	9.732	5.885	11.553	14.195	36.483	19.825	9.839	13.179
2010-08-31	9.263	5.634	11.976	13.639	35.642	19.788	9.824	13.540
2010-09-01	9.785	6.113	11.613	14.366	37.966	2.356	11.933	14.597
2010-09-02	9.611	5.896	11.339	13.825	34.666	19.638	11.997	13.866
2010-09-03	3.763	0.889	1.247	0.700	2.190	0.223	1.456	0.167
2010-09-04		2.335	2.460	0.434	0.275	0.926	2.849	1.114
2010-09-05	8.162	3.124	7.752	7.831	35.145	11.898	4.219	6.255
2010-09-06	8.547	5.266	9.879	12.396	36.288	13.664	7.824	8.727
2010-09-07	8.751	5.214	1.217	12.715	33.665	12.764	8.219	8.176
2010-09-08	7.398	3.860	8.913	9.768	28.867	9.792	5.734	6.233
2010-09-09	8.918	4.657	8.854	1.194	29.743	11.370	7.592	7.164
2010-09-10	6.138	3.232	7.148	8.283	24.357	9.296	5.352	5.482
2010-09-11	1.958	1.420	1.888	1.725	8.833	1.963	0.552	0.617
2010-09-12	1.856	1.452	1.340	0.442	3.568	0.389	1.220	0.796
2010-09-13	7.380	3.298	5.764	7.235	26.588	16.924	3.566	6.130
2010-09-14	7.664	3.796	7.687	8.879	2.828	21.575	5.865	6.300
2010-09-15	7.688	5.322	9.338	1.571	32.848	21.216	6.251	6.338
2010-09-16	8.879	5.869	1.582	13.152	39.737	2.491	8.360	7.849
2010-09-17	7.959	4.735	9.687	11.839	31.646	17.250	7.245	6.531
2010-09-18	5.543	3.242	6.444	7.813	2.964	11.978	5.694	4.639
2010-09-19	8.456	6.796	9.942	12.384	33.917	17.775	8.299	8.468
2010-09-20	7.519	4.349	1.973	12.174	3.998	16.374	7.558	6.278
2010-09-21	1.239	2.224	1.635	0.362	1.437	1.397	3.168	
2010-09-22	1.196	1.657			5.468	2.292	0.723	1.214
2010-09-23	4.792	2.523			16.693	9.300	3.373	4.847
2010-09-24	6.597	3.914			23.361	14.716	4.344	5.441
2010-09-25	6.847	3.213			25.639	12.597	3.814	4.466
2010-09-26	6.992	4.263			24.816	16.583	5.237	5.724
2010-09-27	7.552	4.712			28.313	16.783	6.379	6.533
2010-09-28	6.354	3.715			24.140	12.893	4.583	4.672
2010-09-29	6.634	2.821			22.577	1.451	5.140	3.443

（续）

日期（年-月-日）	样树代号							
	Ss1	Ss2	Ss3	Ss4	Ss5	Ss6	Ss7	Ss8
2010-09-30	4.777	2.927			18.158	11.280	4.177	3.242
2010-10-01	7.365	4.780			3.677	16.296	7.397	6.242
2010-10-02	8.274	5.179			29.793	16.155	8.247	6.692
2010-10-03	8.313	5.395			28.278	15.684	8.365	6.395
2010-10-04	6.664	4.774			2.954	11.853	6.865	4.855
2010-10-05	6.688	4.353			18.535	1.474	5.698	4.517
2010-10-06	5.833	4.140			17.553	1.591	5.589	4.118
2010-10-07	5.469	3.847			17.318	1.236	5.219	3.482
2010-10-08	6.259	4.368			18.537	11.134	5.984	4.398
2010-10-09	1.784	0.385			2.347	1.786	0.799	0.239
2010-10-10	3.960	0.788			0.131			
2010-10-11	6.554	1.420				6.423	1.926	1.743
2010-10-12	5.714	3.852			17.482	1.117	3.574	5.249
2010-10-13	7.923	5.928			27.818	14.219	5.159	7.529
2010-10-14	7.374	5.122	2.819	3.281	25.495	14.375	5.259	6.777
2010-10-15	4.969	2.988	6.667	9.792	15.795	8.466	2.459	2.818
2010-10-16	6.362	3.785	8.438	11.713	21.977	12.498	4.446	6.825
2010-10-17	7.865	4.835	1.511	12.841	26.958	14.889	6.826	1.249
2010-10-18	8.479	5.265	11.317	13.885	27.157	16.449	8.285	11.171
2010-10-19	9.167	5.958	11.883	15.658	28.248	18.362	1.425	12.689
2010-10-20	7.786	5.580	11.358	14.295	24.583	15.973	9.285	11.361
2010-10-21	6.637	4.667	9.772	11.824	19.753	13.182	7.526	9.652
2010-10-22	8.158	5.885	1.688	14.135	24.238	16.724	1.149	11.828
2010-10-23	8.470	5.951	1.412	15.788	25.194	16.977	1.847	12.279
2010-10-24	7.260	4.966	8.649	12.458	2.663	14.399	8.214	1.819
2010-10-25	5.717	4.337	8.767	9.331	19.450	12.148	7.289	1.149
2010-10-26	3.972	2.413	5.290	6.542	11.397	6.568	3.989	6.150
2010-10-27	7.868	4.986	8.483	12.666	2.620	13.251	7.578	1.533
2010-10-28	7.828	5.522	8.655	13.119	2.298	13.972	8.537	1.652
2010-10-29	8.499	5.715	9.856	14.880	25.834	14.269	8.679	1.275
2010-10-30	8.198	5.483	9.213	16.185	26.298	13.662	8.639	1.395
2010-10-31	6.979	5.837	8.453	15.189	23.733	13.698	7.674	9.623
2010-11-01	7.818	6.287	8.753	15.730	26.672	14.679	8.284	1.577
2010-11-02	7.740	6.733	8.440	15.379	27.670	14.929	8.348	1.537
2010-11-03	7.437	5.827	7.962	14.775	27.678	14.677	8.379	1.653
2010-11-04	6.372	4.884	6.248	11.574	22.962	11.118	5.757	9.669
2010-11-05	4.430	3.215	3.937	6.215	17.487	7.599	3.634	7.997

（续）

日期（年-月-日）	样树代号							
	Ss1	Ss2	Ss3	Ss4	Ss5	Ss6	Ss7	Ss8
2010-11-06	6.568	4.615	6.398	1.497	22.843	12.143	5.342	9.592
2010-11-07	7.297	5.444	7.919	13.880	28.772	14.894	7.986	11.193
2010-11-08	7.263	6.345	8.389	14.474	28.924	15.900	8.626	11.629
2010-11-09	6.218	5.658	7.736	13.428	25.120	14.761	7.780	1.619
2010-11-10	7.569	5.934	8.240	13.999	26.353	14.627	7.984	11.272
2010-11-11	6.870	5.750	7.843	13.588	25.629	14.238	7.738	1.885
2010-11-12	6.372	5.285	7.457	12.413	23.173	13.946	7.255	9.859
2010-11-13	6.112	4.873	7.136	11.580	21.747	11.863	6.527	9.452
2010-11-14	6.125	4.979	6.969	11.560	22.268	11.962	6.549	9.727
2010-11-15	6.216	4.856	6.969	11.352	22.916	11.696	6.576	9.188
2010-11-16	5.390	3.613	5.518	9.262	16.877	8.467	4.227	6.888
2010-11-17	5.349	3.691	5.564	9.789	18.711	8.944	4.338	7.265
2010-11-18	5.763	3.748	5.861	1.143	2.412	9.411	5.689	7.591
2010-11-19	5.146	3.687	5.594	9.158	17.550	8.773	4.735	6.844
2010-11-20	5.473	4.894	6.252	1.549	19.563	9.726	5.384	7.769
2010-11-21	3.838	2.727	4.471	7.768	13.313	6.343	3.520	5.433
2010-11-22	3.743	2.526	4.123	6.554	13.697	5.997	3.326	4.933
2010-11-23	5.341	4.222	5.722	8.916	18.271	9.111	4.994	6.970
2010-11-24	4.532	3.629	5.185	8.194	16.762	8.465	4.395	6.573
2010-11-25	5.749	4.165	5.977	8.938	18.756	9.387	5.672	7.144
2010-11-26	4.957	4.396	5.513	9.250	18.178	8.943	4.453	7.119
2010-11-27	3.588	3.533	4.125	7.459	15.500	7.791	3.353	6.359
2010-11-28	3.653	2.919	3.381	6.342	13.768	6.823	2.539	5.477
2010-11-29	3.600	3.337	4.234	7.361	14.841	7.616	3.573	5.735
2010-11-30	3.255	2.873	3.563	6.340	13.195	6.637	2.433	5.143
2010-12-01	3.929	3.845	4.819	8.114	16.533	8.756	4.246	6.419
2010-12-02	3.994	3.773	5.489	8.248	16.387	9.456	4.538	6.239
2010-12-03	4.967	4.433	6.786	9.811	2.592	1.818	6.367	7.718
2010-12-04	5.322	4.465	5.729	9.891	2.194	1.152	5.134	7.681
2010-12-05	4.640	3.774	4.734	8.586	18.789	9.434	4.372	6.683
2010-12-06	4.789	4.657	5.326	9.259	21.297	1.170	5.155	7.494
2010-12-07	3.416	2.879	3.924	6.786	14.969	5.564	2.292	4.953
2010-12-08	4.743	4.246	5.679	9.376	16.975	9.743	5.742	7.128
2010-12-09	4.476	4.721	5.245	8.920	17.338	9.312	4.675	6.954
2010-12-10	1.546	1.538	0.938	3.236	9.652	1.340	1.382	2.973
2010-12-11	0.114	0.679	0.533	0.337	1.962	0.216	0.272	0.611
2010-12-12	0.380	1.340	0.341	0.298	2.132	0.128	0.433	0.762

（续）

日期（年-月-日）	样树代号							
	Ss1	Ss2	Ss3	Ss4	Ss5	Ss6	Ss7	Ss8
2010-12-13	1.298	1.638	0.591	0.815	6.289	1.184	0.274	1.634
2010-12-14	1.717	0.767	0.329	0.588	1.815	0.289	0.238	0.359
2010-12-15	4.395	1.196	1.657	0.252	0.281	1.380	0.424	0.869
2010-12-16	2.847	2.184	4.952	3.642	5.200	4.272	0.439	3.936
2010-12-17	4.118	3.854	5.817	8.861	13.841	11.660	1.518	5.685
2010-12-18	4.352	4.579	6.715	1.538	17.496	13.598	2.738	5.324
2010-12-19	2.986	4.154	5.356	9.174	11.493	11.389	2.598	4.833
2010-12-20	2.625	2.636	4.442	7.583	1.998	8.385	1.847	3.650
2010-12-21	3.588	3.620	5.652	8.894	19.316	1.118	2.398	4.473
2010-12-22	4.960	3.638	7.426	1.625	25.452	11.788	3.854	5.417
2010-12-23	5.348	4.385	8.271	11.119	21.760	12.273	3.855	6.115
2010-12-24	3.153	2.838	5.264	7.283	11.729	7.668	1.929	4.158
2010-12-25	2.246	0.579	1.847	1.250	0.375	0.617	0.639	0.766
2010-12-26	5.386	3.642	6.637	1.482	19.698	1.297	1.672	5.977
2010-12-27	4.942	4.326	7.737	11.127	21.556	12.190	3.461	6.749
2010-12-28	5.698	4.873	8.375	11.319	19.360	12.926	3.928	7.279
2010-12-29	6.173	4.776	7.992	11.345	17.969	12.969	4.130	7.278
2010-12-30	6.288	4.643	7.829	11.138	17.335	12.435	4.172	7.250
2010-12-31	6.183	4.222	7.521	11.113	16.160	1.587	4.173	6.864

注：代号对应胸径分别为，Ss1 为 16.1 cm、Ss2 为 12.4 cm、Ss3 为 13.8 cm、Ss4 为 18.8 cm、Ss5 为 44.7 cm、Ss6 为 20 cm、Ss7 为 20.4 cm、Ss8 为 18.8 cm。

表 4-6　2011 年优势种木荷树干液流监测数据

单位：kg/d

日期（年-月-日）	样树代号							
	Ss1	Ss2	Ss3	Ss4	Ss5	Ss6	Ss7	Ss8
2011-01-01	5.812	4.977	6.692	9.674	67.364	9.741	3.698	5.744
2011-01-02	2.290	1.597	2.171	3.183	29.536	2.751	0.785	1.594
2011-01-03	0.124	0.486	0.177		2.358	0.647	0.436	
2011-01-04		0.747	1.516		3.600	1.619	1.557	
2011-01-05		0.720	0.186		7.314	2.155	2.564	
2011-01-06		0.847	2.121	5.115	16.357	2.562	2.734	
2011-01-07	4.578	1.466	3.444	1.762	37.164	5.127	0.958	1.858
2011-01-08	4.982	2.752	5.376	11.680	53.887	9.270	1.449	4.389
2011-01-09	1.843	0.987	1.927	4.565	26.658	3.328	0.623	1.741
2011-01-10	2.343	1.726	3.232	5.592	35.283	4.461	0.482	3.235
2011-01-11	1.934	0.396	0.172	0.850	3.686	0.537	0.427	1.138

（续）

日期（年-月-日）	样树代号							
	Ss1	Ss2	Ss3	Ss4	Ss5	Ss6	Ss7	Ss8
2011-01-12	5.497	1.973	2.944	7.768	31.935	4.198	1.944	2.843
2011-01-13	3.464	1.921	3.164	7.982	48.242	4.397	0.961	3.283
2011-01-14	5.497	4.988	6.923	12.419	78.656	9.792	2.373	5.948
2011-01-15	4.989	2.944	6.925	1.993	61.522	6.656	1.569	4.656
2011-01-16	5.440	3.124	7.237	9.257	53.163	6.943	1.423	5.724
2011-01-17	5.159	3.152	7.128	8.547	51.363	6.968	1.742	5.293
2011-01-18	4.598	3.881	6.593	7.966	51.468	6.576	1.493	4.273
2011-01-19	3.684	2.476	5.419	6.455	45.175	4.915	0.988	3.155
2011-01-20	2.278	1.266	2.523	2.653	17.332	1.859	0.320	0.967
2011-01-21	4.270	2.848	6.719	7.378	42.988	4.856	0.978	3.975
2011-01-22	1.466	0.987	2.244	1.989	11.892	1.631	0.518	1.573
2011-01-23	2.723	1.523	2.799	3.716	24.752	2.612	0.245	2.453
2011-01-24	1.276	0.674	1.283	1.249	9.130	1.590	0.243	0.583
2011-01-25	1.546	0.931	1.650	1.743	12.768	1.439	0.226	1.119
2011-01-26	2.688	1.782	3.994	3.968	36.716	2.550	0.365	3.133
2011-01-27	3.549	2.548	6.627	6.834	57.772	3.167	0.563	5.198
2011-01-28	2.369	1.467	5.512	5.224	39.411	1.668	0.416	3.746
2011-01-29	2.174	1.571	6.728	6.587	38.255	1.461	0.421	4.461
2011-01-30	2.126	1.461	6.179	5.677	33.774	1.866	0.482	4.159
2011-01-31	2.266	1.737	6.925	7.673	47.684	2.346	0.513	5.652
2011-02-01	2.596	1.270	4.185	5.458	37.688	2.242	0.527	4.523
2011-02-02	2.180	1.355	5.194	6.975	46.367	2.435	0.533	6.153
2011-02-03	2.131	1.183	3.846	5.846	41.826	2.445	0.553	4.987
2011-02-04	2.164	1.232	5.183	7.628	57.145	2.954	0.942	6.482
2011-02-05	1.876	1.230	4.421	5.951	44.163	2.632	0.898	5.139
2011-02-06	1.784	1.142	4.167	5.498	47.840	2.818	0.684	5.164
2011-02-07	1.534	0.960	3.260	4.527	48.287	3.360	0.447	4.629
2011-02-08	1.132	0.630	2.457	2.921	37.997	2.566	0.258	3.449
2011-02-09	1.116	0.379	0.898	1.214	25.367	2.595	0.874	2.336
2011-02-10	0.963	0.536	1.769	1.928	43.595	2.838	0.317	3.122
2011-02-11	0.369	0.154	0.128	0.952	1.925	0.634		0.284
2011-02-12	0.268	0.635	0.194		6.652	1.523		
2011-02-13	0.653	1.738	0.757		9.376	2.854	0.862	0.448
2011-02-14		1.246	1.466		2.865	2.162	0.356	0.733
2011-02-15		0.940	1.273		9.638	2.976	1.356	0.285
2011-02-16		1.349	1.391		12.682	4.836	1.764	0.293
2011-02-17	0.770	1.213	0.974		14.128	4.724	1.226	0.191

（续）

日期（年-月-日）	样树代号							
	Ss1	Ss2	Ss3	Ss4	Ss5	Ss6	Ss7	Ss8
2011-02-18	0.962	0.614	0.555	1.159	4.669	1.875	0.938	
2011-02-19	3.669	0.973	1.382	0.777	3.826	3.323	1.452	0.294
2011-02-20	1.230	0.687	1.623	1.169	17.437	2.724	0.932	0.474
2011-02-21	0.331	0.182	1.271	1.272	1.897	2.257	0.586	
2011-02-22		0.335	0.223	0.240	0.228	1.635		
2011-02-23		0.539	0.800	1.327	15.571	3.538	0.363	0.443
2011-02-24	7.787	0.848	1.966	3.955	61.569	9.536	2.126	3.234
2011-02-25	3.576	1.193	2.124	4.660	68.412	11.242	2.172	2.794
2011-02-26	4.624	1.256	1.992	5.539	54.697	1.183	2.268	2.139
2011-02-27	5.975	1.716	2.571	7.488	64.745	13.579	3.192	3.761
2011-02-28	7.134	2.862	2.928	8.966	67.224	13.856	3.462	5.144
2011-03-01	7.559	2.138	2.960	9.699	65.940	13.826	2.969	5.842
2011-03-02	4.652	1.526	1.393	5.356	37.867	8.528	1.156	3.112
2011-03-03	5.751	1.698	2.125	7.425	59.791	11.491	1.698	6.240
2011-03-04	4.758	2.733	1.534	5.840	45.224	9.650	1.456	4.673
2011-03-05	6.368	2.170	2.557	7.866	71.718	13.245	2.557	7.466
2011-03-06	4.429	0.739	1.883	3.900	54.476	8.697	0.613	5.723
2011-03-07	7.120	2.559	2.377	6.724	6.667	1.893	1.653	6.515
2011-03-08	0.179	0.754	0.151	0.287	5.832	1.529		0.532
2011-03-09	0.276	0.969	0.877	0.163	1.835	1.299		1.224
2011-03-10	3.192	1.529	0.857	2.755	21.350	2.378		1.538
2011-03-11	3.675	1.878	0.528	5.625	35.841	4.226	1.322	2.468
2011-03-12	2.380	0.873	0.146	3.598	26.266	2.463		1.128
2011-03-13	8.685	3.524	4.336	12.951	86.733	14.257	4.478	8.835
2011-03-14	1.720	4.955	6.494	15.568	11.746	18.154	6.746	1.475
2011-03-15	4.763	1.788	1.346	6.738	36.937	5.986	1.924	2.563
2011-03-16	8.568	5.765	3.274	12.744	56.470	15.836	3.464	6.725
2011-03-17	5.918	4.564	2.971	9.253	57.743	11.494	2.769	5.392
2011-03-18	1.621	0.822	0.718	0.252	2.345	0.318	0.416	0.162
2011-03-19	2.692	0.697	0.427	0.734	4.387	0.739	0.629	0.626
2011-03-20	3.480	1.338	1.352	4.332	24.484	3.426	0.456	1.948
2011-03-21	6.220	2.675	3.297	9.444	59.532	1.838	2.482	5.713
2011-03-22	5.741	2.299	2.168	8.822	38.179	7.453	1.473	2.586
2011-03-23	8.395	5.338	5.166	12.826	63.439	15.524	3.752	9.349
2011-03-24	4.758	2.784	2.224	8.692	36.815	8.753	1.721	4.221
2011-03-25	9.144	4.718	5.892	14.426	72.175	17.582	4.737	9.579
2011-03-26	7.989	3.330	4.700	12.598	6.782	14.190	3.587	7.966

（续）

日期（年-月-日）	样树代号							
	Ss1	Ss2	Ss3	Ss4	Ss5	Ss6	Ss7	Ss8
2011-03-27	6.359	3.130	2.966	9.639	41.244	9.911	1.648	5.413
2011-03-28	1.937	5.713	8.790	17.522	92.768	21.488	7.852	12.473
2011-03-29	13.252	5.559	9.977	19.316	117.842	21.285	8.349	13.284
2011-03-30	7.942	3.645	5.266	12.360	68.243	14.353	3.695	7.547
2011-03-31	11.927	5.794	9.188	16.616	18.444	2.137	7.175	12.249
2011-04-01	12.285	5.975	1.119	17.359	115.489	2.666	7.549	12.354
2011-04-02	11.572	5.438	9.571	17.372	117.645	2.130	8.334	12.446
2011-04-03	9.623	4.266	7.734	14.633	9.716	16.328	5.312	1.620
2011-04-04	4.384	1.339	2.347	6.565	25.326	6.259	0.639	2.594
2011-04-05	7.895	3.728	6.837	12.269	62.228	13.571	3.416	8.333
2011-04-06	7.425	3.139	7.254	11.958	65.917	12.567	4.185	8.927
2011-04-07	8.912	4.338	8.467	13.949	9.614	14.758	6.272	1.692
2011-04-08	6.363	2.646	5.358	1.274	6.232	9.672	2.977	7.352
2011-04-09	1.655	5.238	9.492	16.283	111.532	16.583	7.365	12.559
2011-04-10	11.284	5.656	1.326	17.271	125.996	17.438	9.854	13.645
2011-04-11	11.673	5.839	1.412	17.479	126.655	17.832	4.320	14.450
2011-04-12	5.825	2.216	4.532	8.131	51.142	6.792	3.771	6.756
2011-04-13	1.153	5.315	9.354	15.192	15.189	14.190	8.234	12.124
2011-04-14	11.249	5.931	1.579	17.176	115.447	18.178	11.956	14.615
2011-04-15	9.968	4.897	8.676	14.164	82.932	12.726	8.356	11.619
2011-04-16	8.621	3.956	6.765	11.944	69.232	9.278	6.495	9.365
2011-04-17	2.322	0.764	1.442	3.222	26.679	2.271	0.920	3.315
2011-04-18	11.628	6.188	9.140	15.249	11.287	18.854		14.923
2011-04-19	12.836	6.813	1.273	18.518	18.174	21.472	0.263	16.165
2011-04-20	11.786	5.846	8.925	16.860	112.625	17.446	9.379	14.683
2011-04-21	8.821	4.569	6.588	13.327	8.223	13.144	6.229	1.584
2011-04-22	6.684	2.824	5.179	9.127	57.634	9.352	4.212	7.984
2011-04-23	1.546	7.180	1.123	17.283	15.269	21.836	9.422	15.718
2011-04-24	1.974	6.648	9.770	17.962	96.663	2.323	1.127	14.793
2011-04-25	11.746	7.195	9.896	17.724	91.173	21.334	11.151	15.560
2011-04-26	11.467	7.429	9.717	17.476	82.877	2.134	1.570	15.358
2011-04-27	1.319	6.834	9.549	16.313	79.464	19.140	1.886	14.441
2011-04-28	8.983	4.854	7.625	13.849	63.822	14.914	8.784	11.939
2011-04-29	0.382	0.762	1.423	0.665	1.928	1.627	0.846	1.968
2011-04-30		2.635	4.998	9.844	24.370	11.250	3.332	8.425
2011-05-01		1.324	2.897	6.116	11.937	6.393	1.479	4.627
2011-05-02		2.682	4.453	8.537	17.268	9.681	2.977	7.584

（续）

日期（年-月-日）	样树代号							
	Ss1	Ss2	Ss3	Ss4	Ss5	Ss6	Ss7	Ss8
2011-05-03		0.866	2.142	3.123	9.678	3.296	0.957	3.275
2011-05-04		0.200	0.418	0.946	5.188	0.533	0.722	0.895
2011-05-05		0.619	0.365	0.216	2.277	0.242	0.198	0.390
2011-05-06			0.869	1.512	4.660	1.128	0.722	2.443
2011-05-07			3.633	7.921	13.885	6.451	1.977	5.138
2011-05-08			6.932	16.519	29.432	13.523	5.579	9.847
2011-05-09			7.282	16.135	45.777	15.354	5.722	12.895
2011-05-10			7.739	17.458	93.423	16.134	7.177	13.173
2011-05-11			7.266	17.726	97.597	16.363	7.471	12.757
2011-05-12			5.950	14.914	89.919	14.649	5.776	1.667
2011-05-13			1.127	3.344	19.454	1.243	0.885	2.665
2011-05-14			0.459	1.543	15.477	0.832	0.259	1.344
2011-05-15			1.213	4.584	27.795	2.479		2.871
2011-05-16			4.766	12.729	71.732	7.226	4.957	6.935
2011-05-17			1.596	23.735	67.267	22.165	11.878	14.883
2011-05-18			1.229	23.342	13.626	22.978	1.749	14.416
2011-05-19			1.367	23.684	114.814	24.146	1.799	14.993
2011-05-20			9.841	22.644	1.279	2.563	9.456	14.183
2011-05-21			5.544	12.700	55.862	1.314	3.729	7.513
2011-05-22			5.330	1.925	46.723	1.127	4.948	7.355
2011-05-23			7.680	18.959	97.114	14.519	8.194	11.932
2011-05-24			9.757	2.758	118.332	18.994	9.577	13.885
2011-05-25		1.792	9.725	2.750	127.575	18.467	9.695	12.892
2011-05-26	1.429	8.846	11.393	23.363	152.975	21.721	11.230	15.261
2011-05-27	3.225	8.167	1.552	22.446	148.616	21.831	1.553	14.483
2011-05-28	5.294	8.869	11.624	23.695	147.927	23.341	12.125	15.859
2011-05-29	7.963	8.765	11.822	23.964	14.889	2.979	12.111	15.963
2011-05-30	8.847	7.544	1.826	2.372	135.894	15.250	9.388	13.498
2011-05-31	11.261	7.564	11.128	2.236	124.771	16.980	1.870	14.422
2011-06-01	11.372	6.154	9.535	17.837	13.244	13.754	8.719	12.733
2011-06-02	9.729	5.532	7.624	14.633	96.947	12.138	6.921	1.168
2011-06-03	12.577	8.735	1.595	19.848	12.226	17.460	11.518	13.721
2011-06-04	12.165	6.999	1.766	17.797	89.544	12.987	9.136	11.516
2011-06-05	7.451	4.936	6.937	11.766	61.365	7.863	4.833	8.233
2011-06-06	11.981	8.562	11.781	21.138	15.446	16.656	1.934	14.885
2011-06-07	8.325	5.593	6.420	13.276	64.763	9.414	6.359	9.664
2011-06-08	7.524	5.932	6.368	15.593	72.163	9.136	5.635	9.923

（续）

日期（年-月-日）	样树代号							
	Ss1	Ss2	Ss3	Ss4	Ss5	Ss6	Ss7	Ss8
2011-06-09	11.859	9.295	11.496	26.813	116.879	15.277	9.329	16.617
2011-06-10	11.192	7.669	9.315	21.427	69.754	14.526	9.454	15.688
2011-06-11	5.622	2.893	5.560	1.260	21.456	5.556	3.378	7.990
2011-06-12	1.568	0.963	2.169	2.879	13.150	1.275	0.787	1.875
2011-06-13	8.627	5.453	7.445	14.372	78.898	8.433	6.895	9.488
2011-06-14	13.593	8.262	11.577	22.913	13.648	15.582	12.873	15.634
2011-06-15	1.386	5.216	6.846	15.492	94.554	9.263	6.566	9.363
2011-06-16	14.442	7.539	8.927	21.559	118.359	16.485	9.248	13.827
2011-06-17	14.192	6.811	7.666	19.768	11.162	16.124	8.385	12.929
2011-06-18	13.414	6.295	7.594	17.628	13.124	13.550	7.525	11.555
2011-06-19	14.865	7.132	8.219	2.456	121.917	17.235	8.487	13.852
2011-06-20	16.484	7.491	8.367	21.749	131.893	19.979	9.486	14.225
2011-06-21	16.214	8.223	9.378	22.956	137.496	18.772	11.261	15.482
2011-06-22	7.460	1.878	2.852	8.384	59.129	1.150	1.599	3.724
2011-06-23	0.228	1.652	1.428	1.298	3.232	0.234	0.176	0.876
2011-06-24	11.263	5.856	7.583	15.963	12.627	11.368	7.251	11.659
2011-06-25	16.485	8.345	1.966	23.768	148.425	19.474	11.758	15.994
2011-06-26	6.556	2.427	5.170	7.874	57.145	4.376	2.678	4.355
2011-06-27	14.448	7.856	1.387	21.578	84.166	15.897	11.189	13.842
2011-06-28	0.295	3.760	4.895	9.732	26.519	7.248	4.660	6.220
2011-06-29		1.352		0.878	2.574	1.516		1.136
2011-06-30		3.437		7.278	24.849	4.765		4.189
2011-07-01	11.962	8.536	9.823	23.797	11.186	13.823	13.848	13.129
2011-07-02	11.449	7.818	8.927	22.900	79.813	14.943	12.616	13.314
2011-07-03	13.358	9.253	11.200	26.354	65.749	2.455	15.288	17.288
2011-07-04	13.149	8.680	1.565	24.845	68.891	16.451	13.864	17.119
2011-07-05	12.341	8.680	1.985	23.885	77.733	17.935	14.823	17.496
2011-07-06	11.893	8.561	1.984	22.619	76.896	16.375	13.616	17.515
2011-07-07	12.113	8.724	11.218	22.416	78.177	15.764	13.568	17.597
2011-07-08	11.859	8.559	11.511	21.562	78.536	15.662	13.547	17.586
2011-07-09	5.864	4.767	5.515	1.527	39.683	6.287	5.827	8.142
2011-07-10	8.375	5.368	7.165	13.127	53.159	9.174	7.482	1.954
2011-07-11	8.888	5.327	7.426	12.537	49.934	9.886	7.576	1.758
2011-07-12	3.787	2.414	3.535	5.177	2.160	3.368	2.417	3.979
2011-07-13	9.460	7.325	7.763	1.668	44.339	9.536	6.394	11.178
2011-07-14	12.125	8.268	9.643	15.455	54.940	12.653	8.330	15.127
2011-07-15	1.484	6.787	7.834	11.827	37.369	9.220	6.714	11.896

（续）

日期（年-月-日）	样树代号							
	Ss1	Ss2	Ss3	Ss4	Ss5	Ss6	Ss7	Ss8
2011-07-16	9.784	6.847	6.328	11.416	46.288	7.727	4.171	8.812
2011-07-17	6.594	3.467	3.568	6.717	36.859	5.879	1.774	4.771
2011-07-18	12.641	7.342	8.954	13.619	76.378	13.223	8.359	1.433
2011-07-19	5.353	2.316	2.927	6.588	35.193	3.356	2.280	4.297
2011-07-20	1.398	5.532	5.917	14.249	57.627	9.614	6.454	1.198
2011-07-21	13.634	8.651	8.233	18.519	58.337	16.771	1.987	14.383
2011-07-22	13.472	8.249	8.884	17.824	56.583	14.293	1.952	12.787
2011-07-23	13.224	8.376	8.545	18.395	64.324	16.238	11.515	14.425
2011-07-24	13.515	8.775	9.293	2.283	71.427	19.452	13.791	16.572
2011-07-25	14.473	8.512	9.638	2.667	72.920	18.884	13.839	17.145
2011-07-26	14.615	7.818	9.865	18.212	63.245	15.632	12.174	15.526
2011-07-27	15.114	8.313	11.239	19.825	68.712	18.975	13.664	17.797
2011-07-28	14.111	8.247	11.660	20.000	72.684	2.113	15.422	18.117
2011-07-29	5.319	2.813	5.189	7.611	29.475	4.865	4.255	5.430
2011-07-30	2.133	1.882	1.825	3.426	18.627	2.236	0.893	2.675
2011-07-31	4.552	3.527	2.796	6.646	35.814	3.664	2.324	5.234
2011-08-01	12.573	1.290	9.360	22.975	85.248	15.414	1.518	15.527
2011-08-02	14.199	9.194	1.567	21.323	61.666	2.814	13.973	16.884
2011-08-03	14.718	8.764	1.644	21.526	72.949	21.329	15.340	18.364
2011-08-04	13.242	8.287	1.187	19.620	71.384	18.898	12.968	17.754
2011-08-05	12.455	8.238	1.371	18.760	68.243	17.514	12.369	15.964
2011-08-06	12.829	8.438	11.667	19.434	67.878	18.763	13.414	17.350
2011-08-07	12.536	8.295	11.544	19.632	63.979	18.376	13.647	17.148
2011-08-08	11.673	7.629	1.879	17.757	57.416	15.845	12.184	15.888
2011-08-09	2.716	0.979	2.399	5.637	2.336	1.867	1.329	3.412
2011-08-10	3.613	2.265	2.174	3.199	18.514	1.657	1.953	4.393
2011-08-11	5.587	4.822	5.827	11.468	49.813	6.542	3.450	6.774
2011-08-12	1.158	7.535	1.123	16.123	55.683	11.756	7.966	12.173
2011-08-13	13.614	1.180	12.786	22.186	75.387	19.361	13.512	17.319
2011-08-14	12.175	9.743	1.726	21.738	66.176	19.948	13.830	17.829
2011-08-15	12.142	9.739	1.793	21.756	65.850	2.599	13.942	18.853
2011-08-16	12.194	9.670	1.638	21.564	66.554	2.771	13.966	18.190
2011-08-17	7.978	6.170	6.358	13.940	45.625	12.617	8.475	12.397
2011-08-18	7.128	6.124	7.696	12.688	52.692	1.827	7.369	11.153
2011-08-19	9.414	7.559	8.754	14.893	65.612	12.988	8.156	13.892
2011-08-20	1.845	9.518	9.994	17.993	57.989	17.233	11.466	16.129
2011-08-21	9.479	8.618	8.776	15.799	57.175	15.621	9.997	14.869

（续）

日期（年-月-日）	样树代号							
	Ss1	Ss2	Ss3	Ss4	Ss5	Ss6	Ss7	Ss8
2011-08-22	1.197	9.720	1.796	18.587	69.160	19.792	13.125	18.326
2011-08-23	1.742	9.612	1.845	18.354	62.434	2.589	13.833	18.398
2011-08-24	5.826	5.819	5.297	9.849	36.447	8.969	6.148	9.769
2011-08-25	9.693	9.866	1.548	16.695	67.522	15.731	1.265	14.983
2011-08-26	9.242	9.446	9.540	16.129	58.940	16.962	11.366	15.143
2011-08-27	1.377	9.331	9.688	17.258	57.786	18.415	12.313	16.596
2011-08-28	1.962	8.598	9.382	16.863	57.715	17.995	12.219	16.533
2011-08-29	1.544	8.953	9.497	17.827	64.268	19.995	13.526	18.281
2011-08-30	1.368	8.344	9.393	17.870	59.120	19.573	13.398	17.886
2011-08-31	9.595	7.297	7.820	15.794	53.943	17.518	12.577	16.512
2011-09-01	2.588	1.859	2.267	5.519	22.984	3.169	2.458	3.729
2011-09-02	4.463	4.593	4.440	9.933	13.529	7.933	5.944	7.143
2011-09-03	0.235	0.354	0.852	1.459	2.315	0.637	2.389	0.382
2011-09-04	9.644	8.575	1.200	14.689	27.866	12.936	1.833	11.845
2011-09-05	7.220	7.374	7.418	13.520	23.573	11.869	9.289	9.640
2011-09-06	9.425	8.130	9.369	14.736	27.125	17.387	1.457	12.118
2011-09-07	9.342	9.477	1.418	16.323	31.245	2.865	11.690	12.737
2011-09-08	8.863	8.988	9.624	15.713	29.728	17.798	1.939	12.482
2011-09-09	7.166	7.395	7.653	13.158	23.334	14.474	9.579	11.618
2011-09-10	8.322	8.378	9.960	15.371	71.498	16.591	11.760	13.485
2011-09-11	8.625	7.743	11.219	15.111	85.550	14.873	1.416	12.632
2011-09-12	9.522	8.162	12.424	16.583	92.888	16.879	12.618	14.222
2011-09-13	9.254	8.388	11.345	17.545	86.634	21.322	12.117	14.518
2011-09-14	8.755	7.626	1.314	16.532	74.538	17.260	11.878	14.439
2011-09-15	8.875	7.626	1.189	16.789	7.373	16.786	12.263	15.267
2011-09-16	8.454	7.350	9.692	16.149	67.637	16.838	11.592	14.900
2011-09-17	7.916	6.850	9.484	15.156	57.544	15.966	1.621	13.792
2011-09-18	6.987	5.845	7.956	13.423	57.984	15.568	1.554	12.726
2011-09-19	6.957	5.787	8.143	13.600	48.217	14.519	8.640	11.725
2011-09-20	7.874	6.619	8.887	14.758	45.837	14.865	1.778	13.200
2011-09-21	7.924	6.639	8.963	15.150	46.669	15.183	1.816	13.863
2011-09-22	7.896	6.569	8.592	15.181	47.986	15.456	11.419	14.258
2011-09-23	7.974	6.673	8.269	15.891	49.881	14.788	11.170	14.537
2011-09-24	6.322	5.353	6.551	12.272	4.380	1.773	8.498	11.691
2011-09-25	4.444	3.435	3.916	7.569	29.783	5.293	4.470	6.883
2011-09-26	6.652	5.493	5.960	11.629	66.525	3.794	6.946	11.493
2011-09-27	7.618	6.568	7.163	13.000	6.484		1.828	13.494

（续）

日期（年-月-日）	样树代号							
	Ss1	Ss2	Ss3	Ss4	Ss5	Ss6	Ss7	Ss8
2011-09-28	7.214	5.996	6.642	11.617	54.655		9.418	12.683
2011-09-29	0.838	0.668	1.432	1.384	8.470		1.577	1.348
2011-09-30	0.434	0.756			2.634		1.895	0.931
2011-10-01	2.570	1.775		3.661	25.150	2.925	3.146	5.462
2011-10-02	7.395	3.978	6.980	12.326	69.276	8.612	6.862	1.267
2011-10-03	4.778	2.487	4.669	8.894	45.635	6.263	3.860	4.337
2011-10-04	4.724	1.334	3.572	5.195	34.873	3.572	1.862	3.580
2011-10-05	7.863	3.930	6.327	13.599	64.934	1.670	4.862	8.719
2011-10-06	5.848	2.299	3.517	7.780	45.875	5.969	3.122	4.947
2011-10-07	6.675	2.455	4.656	8.693	48.548	8.357	3.463	5.732
2011-10-08	1.682	5.884	8.622	17.656	81.943	18.119	7.919	1.776
2011-10-09	11.761	7.219	9.849	19.347	91.273	21.193	9.898	13.259
2011-10-10	0.245	6.331	8.695	17.424	83.911	18.534	7.945	1.839
2011-10-11		0.145		0.879	6.828	1.118	0.756	0.988
2011-10-12				1.435	0.813	0.649		
2011-10-13		1.796	2.939	3.458	17.532	1.949	3.935	
2011-10-14	6.876	6.456	7.369	11.153	58.597	7.963	7.949	7.875
2011-10-15	13.590	8.180	1.888	2.419	84.957	16.542	1.177	13.995
2011-10-16	15.182	9.526	12.358	23.219	9.157	21.242	13.157	16.666
2011-10-17	13.973	8.829	11.396	22.527	84.158	21.532	11.839	14.613
2011-10-18	13.479	8.769	11.234	21.939	77.464	2.598	11.200	13.993
2011-10-19	12.445	8.354	1.860	19.267	68.250	19.985	9.633	12.932
2011-10-20	11.200	7.547	1.150	16.744	59.852	16.737	7.856	11.565
2011-10-21	12.177	8.285	11.341	17.672	58.969	18.618	9.126	12.912
2011-10-22	11.725	7.794	1.943	17.665	52.572	17.155	8.683	12.584
2011-10-23	1.215	6.654	9.781	14.166	47.619	14.914	7.452	1.776
2011-10-24	9.469	6.663	8.815	15.425	44.580	13.539	6.658	1.595
2011-10-25	7.944	5.726	7.356	13.257	41.199	8.618	4.937	8.438
2011-10-26	7.753	5.116	6.366	13.874	46.917	8.464	4.369	8.251
2011-10-27	1.330	6.712	8.372	19.793	67.553	14.637	7.121	1.884
2011-10-28	1.246	7.233	8.533	18.736	74.734	14.887	7.879	11.588
2011-10-29	9.434	6.629	7.458	15.616	65.827	11.835	6.652	1.333
2011-10-30	8.652	6.653	7.635	16.836	68.817	13.161	6.869	1.249
2011-10-31	6.966	5.475	6.880	15.720	66.615	1.528	5.633	8.976
2011-11-01	9.345	6.834	8.759	21.516	8.778	15.157	8.119	11.211
2011-11-02	1.543	7.182	8.582	21.477	72.766	16.694	9.244	11.960
2011-11-03	1.916	6.529	7.639	17.613	63.556	14.562	7.884	11.369

（续）

日期（年-月-日）	样树代号							
	Ss1	Ss2	Ss3	Ss4	Ss5	Ss6	Ss7	Ss8
2011-11-04	8.536	5.872	6.777	15.196	55.956	12.868	7.195	1.494
2011-11-05	7.997	6.632	7.728	16.466	55.578	12.615	9.963	12.184
2011-11-06	7.150	6.477	8.196	14.241	36.621	13.359	9.236	12.373
2011-11-07	6.569	5.948	7.462	12.594	24.784	13.739	8.424	11.339
2011-11-08	0.457	1.199	0.172	0.334	0.539	0.926	2.193	0.482
2011-11-09	0.661	1.299	0.267	0.494	4.916	1.939	4.175	2.157
2011-11-10	5.475	6.564	7.147	12.870	62.382	14.637	6.923	11.369
2011-11-11	6.872	6.534	8.247	13.855	59.993	13.211	7.337	9.933
2011-11-12	8.532	6.927	8.863	16.720	67.731	16.139	8.878	11.533
2011-11-13	9.192	7.497	8.965	17.166	7.122	16.119	8.677	11.492
2011-11-14	9.958	7.626	9.576	18.167	74.982	17.136	9.385	11.914
2011-11-15	1.379	7.524	9.722	18.439	76.114	17.466	9.150	12.123
2011-11-16	9.169	6.868	8.435	16.355	7.288	15.712	7.972	1.486
2011-11-17	5.611	4.289	4.848	8.877	46.742	8.286	4.463	6.862
2011-11-18	3.742	1.532	1.943	2.567	24.515	3.284	2.828	4.327
2011-11-19	9.819	3.862	7.700	16.993	69.919	12.346	9.187	11.556
2011-11-20	12.412	5.820	9.726	19.374	66.898	11.314	1.358	11.294
2011-11-21	8.185	3.935	4.814	8.735	38.652	5.773	4.273	6.173
2011-11-22	11.962	6.935	8.637	15.289	53.366	12.196	6.517	9.514
2011-11-23	14.143	9.362	11.575	19.169	7.434	17.463	1.143	11.692
2011-11-24	12.827	9.192	11.776	17.116	61.166	17.622	9.587	1.741
2011-11-25	8.238	5.574	6.225	11.946	44.162	8.380	4.890	7.334
2011-11-26	8.557	6.678	7.114	14.940	49.757	11.235	5.526	9.969
2011-11-27	8.578	7.896	8.660	17.243	6.124	15.118	7.682	12.328
2011-11-28	6.382	7.336	8.119	15.935	54.387	15.143	6.980	11.952
2011-11-29	5.416	5.858	7.376	14.766	58.669	11.653	4.926	1.834
2011-11-30	6.862	6.818	8.418	18.499	8.754	13.661	6.758	12.620
2011-12-01	6.364	6.374	7.712	12.482	46.145	9.253	4.133	7.754
2011-12-02	7.370	6.632	7.425	13.865	44.644	11.561	4.313	8.278
2011-12-03	6.186	6.523	7.142	14.146	5.519	12.330	4.580	8.498
2011-12-04	7.689	7.576	8.872	16.816	68.255	15.466	6.543	1.730
2011-12-05	7.368	6.999	8.224	15.317	62.229	14.298	5.843	1.687
2011-12-06	5.278	5.435	6.217	11.974	5.557	1.881	4.318	8.553
2011-12-07	2.248	2.854	2.765	5.211	34.644	2.979	0.997	3.993
2011-12-08	5.595	5.634	6.414	9.728	66.587	7.962	3.698	7.614
2011-12-09	3.793	4.440	5.397	7.732	52.259	6.879	2.514	5.862
2011-12-10	5.946	6.666	7.736	1.745	62.917	12.138	5.244	8.370

（续）

日期（年-月-日）	样树代号							
	Ss1	Ss2	Ss3	Ss4	Ss5	Ss6	Ss7	Ss8
2011-12-11	5.935	7.462	7.642	11.156	47.589	12.764	5.177	8.438
2011-12-12	6.134	6.984	7.667	11.595	45.373	0.389	5.543	8.744
2011-12-13	6.744	6.375	7.376	12.283	4.829	13.970	5.513	8.618
2011-12-14	6.372	6.527	7.455	12.619	34.273	15.313	6.137	9.167
2011-12-15	5.617	5.424	5.750	1.799	31.420	11.288	4.277	7.587
2011-12-16	3.538	5.472	5.717	9.765	31.166	0.249	3.741	7.724
2011-12-17		5.597	6.898	11.643	41.164	2.455	4.930	8.193
2011-12-18		5.538	6.523	1.794	33.146	12.722	5.161	7.548
2011-12-19		5.342	6.457	1.678	31.512	7.621	4.472	7.250
2011-12-20		5.422	6.450	1.682	28.826	12.876	4.744	8.264
2011-12-21		5.576	6.578	1.718	35.660	13.260	5.668	7.973
2011-12-22		4.824	5.615	9.466	28.135	9.760	3.974	6.230
2011-12-23		3.723	4.780	8.176	26.562	7.412	2.365	5.522
2011-12-24		4.975	6.197	9.794	27.937	1.359	4.275	6.619
2011-12-25		5.199	6.628	1.752	26.522	12.835	4.854	7.113
2011-12-26		5.327	6.762	11.392	28.474	11.381	5.915	7.722
2011-12-27		4.470	5.434	9.543	26.648	2.955	3.936	7.893
2011-12-28		4.739	6.250	11.225	38.860		5.285	8.586
2011-12-29		4.582	5.939	1.219	31.936		5.234	7.382
2011-12-30		2.229	3.312	5.458	25.337		1.471	3.340

注：代号对应胸径分别为，Ss1 为 16.1 cm、Ss2 为 12.4 cm、Ss3 为 13.8 cm、Ss4 为 18.8 cm、Ss5 为 44.7 cm、Ss6 为 20 cm、Ss7 为 20.4 cm、Ss8 为 18.8 cm。

表 4-7 2010 年优势种马尾松、华润楠、锥栗树干液流监测数据

单位：kg/d

日期（年-月-日）	马尾松			华润楠			锥栗		
	Pm2	Pm3	Pm4	M1	M2	M3	C1	C2	C3
2010-06-15	26.153	8.959	6.971	77.470	15.143	1.835	1.983	11.374	
2010-06-16	25.845	8.390	6.282	76.655	15.773	11.939	11.616	11.667	11.697
2010-07-02	3.114	8.217	6.229	65.167	16.300	11.656	11.222	1.764	
2010-07-03	28.880	8.348	6.596	71.174	17.713	12.923	11.686	11.589	3.375
2010-07-04	3.392	8.755	7.765	71.687	17.766	12.124	11.977	12.141	19.357
2010-07-05	28.119	8.900	7.293	7.533	16.972	11.924	11.964	12.544	18.728
2010-07-06	26.794	9.928	7.828	67.324	16.369	11.694	12.188	12.231	17.426
2010-07-07	26.722	8.851	7.688	64.587	15.498	11.149	12.375	11.872	9.128

（续）

日期（年-月-日）	马尾松			华润楠			锥栗		
	Pm2	Pm3	Pm4	M1	M2	M3	C1	C2	C3
2010-07-08	26.556	9.597	7.527	63.558	15.589	11.119	12.193	12.224	19.556
2010-07-09	24.999	8.647	7.274	57.173	13.556	1.321	11.763	11.476	19.945
2010-07-10	25.363	8.565	7.966	58.318	13.629	9.876	12.147	11.432	2.561
2010-07-11	26.426	9.168	7.377	59.795	13.588	9.659	13.116	11.567	21.156
2010-07-12	25.697	8.898	7.616	65.113	14.219	9.273	14.492	12.887	21.287
2010-07-13	24.397	9.533	7.223	63.456	13.669	8.155	14.296	11.131	19.834
2010-07-14	21.788	8.518	6.437	58.913	12.783	6.618	13.380	1.117	17.589
2010-07-15	12.446	4.381	3.865	41.868	9.647	3.797	1.194	5.776	0.429
2010-07-16	14.676	5.327	4.752	47.183	1.922	5.313	1.940	7.299	1.678
2010-07-17	3.322	1.796	1.422	27.142	5.649	1.133	4.315	1.314	0.758
2010-07-18	15.733	5.640	4.767	5.973	11.322		9.558	7.219	
2010-07-19	23.146	7.970	6.420	7.328	14.928		12.456	11.496	0.925
2010-07-20	25.319	8.617	6.655	74.423	14.995		12.917	12.366	18.354
2010-07-21	8.792	3.739	2.387	29.653	4.897	6.745	4.973	4.497	6.465
2010-07-22	2.669	1.228	1.444	14.339	1.717	0.000	1.660	1.858	
2010-07-23	4.763	1.275	1.932	2.883	3.824	1.973	3.944		
2010-07-24	18.179	5.736	6.345	61.173	12.420	1.632	5.680	7.849	
2010-07-25	2.534	7.669	6.778	68.694	14.177	11.316	11.878	12.187	
2010-07-26	13.436	5.528	4.547	61.819	12.993	9.327	1.788	9.713	
2010-07-27	7.460	3.389	2.483	42.266	7.355	6.884	6.245	7.747	
2010-07-28	3.142	1.200	0.842	21.326	6.214	4.775	9.677	4.463	
2010-07-29	14.442	5.468	3.938	53.918	1.964	1.923	8.846	8.125	
2010-07-30	2.278	7.858	5.645	69.194	14.658	12.447	13.874	11.237	
2010-07-31	21.987	8.296	6.136	78.372	16.195	11.733	14.185	12.415	
2010-08-01	21.272	8.341	6.266	71.377	14.248	5.746	12.974	11.485	15.342
2010-08-02	15.975	6.117	5.514	63.838	12.853	4.660	13.453	9.176	11.985
2010-08-03	22.695	8.387	6.452	78.773	16.472	7.655	14.498	13.195	15.518
2010-08-04	23.214	8.427	6.660	77.568	15.433	6.776	13.532	12.584	17.293
2010-08-05	21.489	7.699	6.565	65.251	12.784	6.630	9.177	1.953	15.736
2010-08-06	9.471	3.587	2.895	5.862	8.584	4.686	11.353	4.818	
2010-08-07	19.237	6.879	5.397	64.449	13.332	13.238	12.693	9.754	
2010-08-08	2.753	7.749	6.522	66.792	14.175	15.373	12.754	11.265	

（续）

日期（年-月-日）	马尾松			华润楠			锥栗		
	Pm2	Pm3	Pm4	M1	M2	M3	C1	C2	C3
2010-08-09	22.889	7.967	6.597	72.937	15.373	16.322	13.132	11.600	
2010-08-10	21.532	7.278	6.454	72.324	15.286	14.860	13.484	11.337	
2010-08-11	15.355	5.354	4.745	59.311	11.747	1.669	1.557	8.230	
2010-08-12	17.758	6.430	4.828	5.134	12.442	11.629	11.451	8.892	
2010-08-13	21.318	7.276	6.819	42.918	15.145	1.793	13.587	12.168	
2010-08-14	21.872	7.298	6.298	3.536	14.580	5.172	12.937	11.748	
2010-08-15	11.897	3.884	3.732	21.826	9.933	1.411	9.572		
2010-08-16	19.842	7.278	5.475	27.858	13.792	2.913	12.594		
2010-08-17	9.762	3.512	2.997	21.538	8.554	0.628	9.187		
2010-08-18	24.287	8.245	6.429	33.283	14.188	5.528	13.420		
2010-08-19	4.959	1.738	1.448	1.761	5.795	1.700	0.656		
2010-08-20	15.327	5.276	4.195	28.215	8.285	9.115	1.279		
2010-08-21	22.315	7.853	5.936	34.486	15.195	12.885	1.448		
2010-08-22	16.765	6.785	4.864	27.676	13.472	1.859	1.369		
2010-08-23	15.885	5.484	4.289	27.774	11.251	11.634	1.262		
2010-08-24	1.619	0.743	0.647	21.450	4.996	3.657	0.422		
2010-08-25	14.659	5.517	4.122	65.296	12.554	13.122	0.749		
2010-08-26	13.369	4.654	3.792	46.885	9.941	11.778	0.523		
2010-08-27	9.336	3.167	2.553	42.873	8.712	7.755	0.393		
2010-08-28	2.214	7.692	5.569	69.770	14.258	15.752	0.959		
2010-08-29	22.758	8.289	6.989	7.352	15.961	17.930	1.724		
2010-08-30	23.715	8.142	6.356	74.891	16.538	15.625	1.966		
2010-08-31	23.135	7.687	6.135	67.626	15.459	14.531	1.754		
2010-09-01	25.243	8.447	6.623	64.985	15.985	15.819	0.979		
2010-09-02	24.287	8.114	6.244	59.187	14.966	9.188	0.842		
2010-09-03	0.592	0.174	0.231	7.224	1.868	0.188	0.120		
2010-09-04	1.633	0.678	0.553	0.269	0.397	1.466	0.114		
2010-09-05	12.455	4.176	3.118	72.349	1.845	1.865	0.666		
2010-09-06	2.736	7.155	5.192	71.839	15.684	14.858	0.745		
2010-09-07	2.596	7.471	5.715	72.338	15.716	14.652	0.869		
2010-09-08	17.230	5.432	4.515	58.323	13.138	9.494	0.789		
2010-09-09	18.642	6.348	4.837	81.621	4.455	11.476	0.775		

（续）

日期（年-月-日）	马尾松			华润楠			锥栗		
	Pm2	Pm3	Pm4	M1	M2	M3	C1	C2	C3
2010-09-10	15.723	5.657	4.165	7.845	12.385	9.755	0.568		
2010-09-11	1.588	0.614	0.467	21.383	3.993	2.836	0.894		
2010-09-12	1.844	0.387	0.236	4.332	1.395	0.287	0.333		
2010-09-13	12.812	4.589	3.298	59.647	3.846	9.686	0.693		
2010-09-14	17.144	5.357	4.552	55.270	13.869	11.728	0.688		
2010-09-15	19.486	6.326	4.813	62.495	15.800	13.489	0.758		
2010-09-16	22.946	7.375	5.642	69.879	17.320	16.278	0.934		
2010-09-17	21.289	6.685	5.366	61.386	15.757	14.393	0.828		
2010-09-18	14.889	4.664	3.697	39.626	1.575	9.949	0.473		
2010-09-19	22.962	7.259	5.416	72.191	16.597	16.665	0.764		
2010-09-20	19.944	6.389	5.258	49.849	14.263	13.936	0.877		
2010-09-21	1.839	0.779	0.311	12.695	1.937	0.499	0.646		
2010-09-22	1.812	0.254	0.756	12.880	2.384	0.112	0.120		
2010-09-23	9.893	3.212	2.269	47.260	11.818		0.491		
2010-09-24	15.931	5.287	3.513	52.659	14.395	2.176	0.568		
2010-09-25	12.493	4.132	3.998	51.823	12.548	8.894	0.565		
2010-09-26	16.593	5.644	3.976	52.298	13.718	11.854	0.676		
2010-09-27	18.827	6.330	4.777	54.846	15.323	13.574	0.785		
2010-09-28	13.647	4.728	3.858	46.252	12.981	11.129	0.813		
2010-09-29	11.399	4.423	3.673	51.674	4.586	0.286	0.848		
2010-09-30	11.287	4.289	4.225	5.934	11.732	0.790	0.952		
2010-10-01	19.985	7.227	6.357	52.314	15.272	8.975	1.447		
2010-10-02	21.947	7.472	6.889	5.530	15.344	15.414	1.329		
2010-10-03	19.460	7.141	6.918	51.133	14.855	16.491	1.659		
2010-10-04	14.476	5.819	5.236	42.780	13.163	12.154	0.834		
2010-10-05	14.438	5.338	5.882	39.687	11.979	9.455	0.814		
2010-10-06	14.534	5.633	4.765	35.252	11.178		0.739		
2010-10-07	14.834	5.697	4.787	34.486	11.374		0.757		
2010-10-08	16.742	6.582	5.543	37.441	12.267		0.653		
2010-10-09	0.858	1.321	1.998	9.988	2.750		0.180		
2010-10-10	5.125	2.252	1.824	0.894			0.576		
2010-10-11	4.764	2.135	2.867	12.627					

（续）

日期（年-月-日）	马尾松			华润楠			锥栗		
	Pm2	Pm3	Pm4	M1	M2	M3	C1	C2	C3
2010-10-12	14.425	5.498	5.676						
2010-10-13	18.669	7.211	7.227	2.288	1.399				
2010-10-14	17.962	6.289	6.836	47.880	13.465		1.000	3.275	0.949
2010-10-15	7.247	2.484	4.533	27.565	1.862		5.967	7.618	7.972
2010-10-16	11.375	4.444	5.212	27.562	12.744		7.728	9.170	11.753
2010-10-17	18.478	6.548	7.230	28.387	13.800		8.791	1.218	13.213
2010-10-18	2.228	7.348	7.495	29.579	13.776		9.240	1.856	13.536
2010-10-19	21.634	7.713	8.116	34.958	14.494		8.263	11.423	19.416
2010-10-20	18.743	6.966	7.477	28.642	13.252		6.736	1.496	19.912
2010-10-21	13.997	5.987	6.365	31.838	12.957		6.485	9.934	17.172
2010-10-22	19.868	7.827	7.694	42.915	14.352		9.427	11.882	19.578
2010-10-23	21.325	7.475	8.217	4.779	14.116		11.884	12.297	18.254
2010-10-24	17.979	6.212	7.542	31.618	12.995		8.855	9.512	15.689
2010-10-25	14.938	4.712	6.789	24.257	13.634		6.679	7.532	15.478
2010-10-26	3.825	1.645	4.164	19.183	1.399		5.885	5.647	11.124
2010-10-27	15.335	5.749	6.979	27.430	13.162		8.613	9.958	17.530
2010-10-28	16.136	5.454	6.277	22.715	11.582		8.876	1.214	15.825
2010-10-29	17.463	5.626	6.460	24.457	12.663		8.913	9.983	16.687
2010-10-30	17.423	6.638	6.560	28.382	12.615		9.386	1.697	17.132
2010-10-31	16.687	5.797	5.743	27.749	12.155		8.774	1.734	15.253
2010-11-01	18.379	6.460	6.239	31.314	12.819		9.555	12.326	15.824
2010-11-02	18.352	6.252	6.132	31.320	13.175		9.385	12.373	16.980
2010-11-03	17.834	5.947	6.697	31.498	13.186		9.894	12.494	17.394
2010-11-04	12.879	4.385	5.977	28.976	11.535		9.998	11.717	16.124
2010-11-05	7.755	2.496	3.314	22.551	8.989		7.744	9.463	11.144
2010-11-06	12.262	3.330	4.819	26.242	11.372		8.623	1.941	14.121
2010-11-07	17.356	4.950	5.524	3.393	13.278		9.513	12.229	16.325
2010-11-08	17.797	5.260	5.426	3.955	13.416		9.843	12.245	16.618
2010-11-09	16.679	4.544	4.697	28.969	12.573		9.412	11.514	16.284
2010-11-10	16.579	4.965	5.994	32.238	12.895		9.825	11.640	15.754
2010-11-11	15.685	4.529	4.585	31.600	12.372		9.654	11.166	14.776
2010-11-12	14.929	4.215	4.180	32.446	11.878		9.236	1.916	14.172

（续）

日期（年-月-日）	马尾松			华润楠			锥栗		
	Pm2	Pm3	Pm4	M1	M2	M3	C1	C2	C3
2010-11-13	13.681	3.725	3.763	36.246	11.559		9.928	1.236	14.764
2010-11-14	13.636	3.620	3.816	38.567	11.623		1.385	1.256	14.562
2010-11-15	13.923	3.622	3.753	32.455	1.965		9.352	1.399	13.965
2010-11-16	9.729	2.655	3.152	24.932	9.352		8.196	9.243	12.158
2010-11-17	1.136	2.973	3.538	31.282	9.724		1.659	9.875	14.993
2010-11-18	11.543	3.496	3.697	34.793	9.918		1.458	9.664	14.394
2010-11-19	11.222	3.126	3.232	3.718	9.592		9.839	9.475	13.733
2010-11-20	12.246	3.645	3.434	33.274	9.943		1.398	9.812	14.757
2010-11-21	7.834	2.223	2.438	26.639	7.124		8.489	7.516	11.149
2010-11-22	8.236	2.193	2.652	23.325	7.636		7.873	7.665	11.188
2010-11-23	12.291	3.495	3.182	27.615	9.263		8.756	9.557	13.769
2010-11-24	1.130	3.157	2.754	24.592	8.295		7.773	8.625	12.248
2010-11-25	11.875	3.784	3.234	23.664	9.237		8.763	9.637	12.531
2010-11-26	1.155	3.685	3.492	24.482	9.640		9.357	9.895	11.725
2010-11-27	7.916	2.468	2.282	2.581	7.741		8.214	7.997	1.180
2010-11-28	6.622	1.940	1.853	18.396	7.532		7.684	7.528	9.596
2010-11-29	7.959	2.214	2.116	22.999	8.253		9.339	8.764	12.000
2010-11-30	6.970	1.942	1.975	22.563	7.147		8.478	7.437	11.359
2010-12-01	9.882	2.930	2.532	3.393	9.125		7.419	9.287	15.252
2010-12-02	9.946	3.431	2.467	26.417	8.571		7.954	8.657	14.223
2010-12-03	11.816	4.824	3.152	27.522	9.977		8.499	1.185	16.799
2010-12-04	1.954	4.217	3.558	24.737	9.819		7.915	1.727	15.135
2010-12-05	9.294	3.353	2.687	23.774	8.413		6.962	9.899	12.437
2010-12-06	1.834	3.483	3.232	23.942	9.315		7.933	1.121	13.636
2010-12-07	3.695	1.579	1.874	15.134	8.157		7.915	9.769	12.757
2010-12-08	9.814	3.820	3.517	2.965	11.954		9.773	11.679	14.430
2010-12-09	1.120	4.249	3.497	2.846	9.684		8.367	11.243	12.242
2010-12-10	1.763	0.997	0.994	6.448	3.946		4.880	7.382	4.890
2010-12-11	2.413	0.699	0.848		0.619		1.485	2.495	0.663
2010-12-12	3.266	0.869	0.951		0.749			2.280	
2010-12-13	2.435	0.674	0.952	1.594	2.171		1.567	4.124	0.328
2010-12-14	1.614	0.482	0.754		0.425		0.165	1.624	

（续）

日期（年-月-日）	马尾松			华润楠			锥栗		
	Pm2	Pm3	Pm4	M1	M2	M3	C1	C2	C3
2010-12-15	3.432	0.753	0.962		0.467		0.144	1.964	
2010-12-16	5.443	0.416	1.323	15.228	5.299		7.791	5.773	
2010-12-17	7.244	1.479	1.635	13.149	6.394		6.686	7.458	1.257
2010-12-18	9.773	2.463	2.245	13.957	8.527		7.849	8.684	8.188
2010-12-19	9.497	2.853	2.450	17.857	8.569		6.526	7.792	8.357
2010-12-20	7.674	2.937	1.653	26.374	7.442		6.383	6.825	4.995
2010-12-21	1.978	2.786	2.159	29.425	8.982		7.500	7.981	1.212
2010-12-22	12.624	3.484	2.876	39.485	1.659		9.337	9.639	15.245
2010-12-23	11.978	4.146	3.379	43.861	1.555		9.274	9.953	13.263
2010-12-24	4.995	2.214	1.867	12.672	7.471		5.150	7.856	4.834
2010-12-25	1.654	0.649	0.513	1.573	0.825		0.583	1.539	0.687
2010-12-26	9.394	2.615	2.536	31.124	1.945		8.277	8.670	7.432
2010-12-27	11.486	3.494	2.823	32.160	9.647		1.229	8.839	1.788
2010-12-28	11.631	4.212	2.866	35.828	9.747		1.958	9.382	12.184
2010-12-29	11.774	4.444	3.518	34.575	9.515		11.226	9.567	14.876
2010-12-30	12.339	4.477	3.213	35.718	9.465	8.618	11.571	9.986	17.949
2010-12-31	11.293	4.215	3.454	34.388	1.425	8.985	12.146	1.834	19.485

注：代号对应胸径分别为，Pm2 为 28.7 cm、Pm3 为 22 cm、Pm4 为 17.5 cm、M1 为 32.7 cm、M2 为 18.2 cm、M3 为 19.2 cm、C1 为 13.2 cm、C2 为 20.8 cm、C3 为 27.1 cm。

表 4-8　2011 年优势种马尾松、华润楠、锥栗树干液流监测数据

单位：kg/d

日期（年-月-日）	马尾松			华润楠			锥栗		
	Pm2	Pm3	Pm4	M1	M2	M3	C1	C2	C3
2011-01-01	9.975	4.178	3.428	53.415	8.278	8.197	8.480	9.654	11.540
2011-01-02	1.784	1.197	0.945	33.976	4.246	2.318	5.639	6.362	3.445
2011-01-03	1.618	0.596	0.121		0.983	0.151	0.178	1.354	
2011-01-04	5.163	0.955	0.412		0.357		0.977	1.724	
2011-01-05	4.253	0.667	0.418				0.762	1.136	
2011-01-06	3.373	0.380	0.573		2.549		5.198	2.716	
2011-01-07	2.772	0.399	0.997		4.789	3.494	7.323	4.642	
2011-01-08	5.726	1.472	1.845		5.229	6.254	7.334	5.563	
2011-01-09	1.127	0.248	0.488		2.166	2.224	3.737	3.154	

（续）

日期（年-月-日）	马尾松			华润楠			锥栗		
	Pm2	Pm3	Pm4	M1	M2	M3	C1	C2	C3
2011-01-10	1.520	0.542	0.973		3.257	3.547	5.128	4.492	
2011-01-11	1.382	0.214	0.962		1.429	0.518	0.382	0.391	
2011-01-12	5.295	1.161	1.486	3.813	4.147		6.152	4.342	0.276
2011-01-13	3.865	0.869	1.139	12.232	5.336	2.412	6.259	4.232	3.327
2011-01-14	10.535	3.175	2.763	19.444	7.717	7.969	9.229	7.814	9.227
2011-01-15	6.368	2.948	1.995	2.963	6.890	3.768	9.592	7.818	1.643
2011-01-16	5.502	2.113	1.986	26.913	6.343	5.515	9.153	7.613	1.915
2011-01-17	6.017	2.364	2.486	23.200	5.618	4.625	8.592	7.754	11.834
2011-01-18	5.423	2.256	1.884	17.979	6.333	5.945	8.397	7.757	12.222
2011-01-19	4.554	1.872	1.824	17.467	5.677	4.728	7.675	6.777	11.159
2011-01-20	1.569	0.664	0.770	13.735	3.238	1.795	5.266	4.979	6.692
2011-01-21	6.418	2.255	2.453	32.228	8.557	5.352	9.615	8.942	13.245
2011-01-22	2.259	0.774	0.880	18.417	3.258	1.326	5.172	4.113	5.554
2011-01-23	2.380	0.774	1.468	2.912	3.779	1.581	6.526	3.745	7.752
2011-01-24	0.842	0.333	0.419	22.755	2.821	0.743	5.328	3.576	4.755
2011-01-25	1.583	0.444	0.648	21.832	2.619	0.939	5.225	3.130	4.164
2011-01-26	4.360	1.462	1.646	24.829	4.123	3.619	7.198	5.483	8.448
2011-01-27	9.353	3.323	2.690	32.985	5.924	5.856	8.838	7.758	12.963
2011-01-28	6.456	2.222	2.167	28.133	4.464	3.743	8.496	7.275	13.170
2011-01-29	7.039	2.548	2.419	31.775	0.645	5.168	9.522	8.696	14.192
2011-01-30	6.507	2.533	2.116	28.643		4.295	8.993	8.263	12.727
2011-01-31	9.178	3.462	2.817	35.874		5.672	1.936	9.215	14.892
2011-02-01	7.522	2.695	2.182	31.675		3.292	8.893	7.992	12.449
2011-02-02	10.664	3.583	2.997	27.644		5.289	9.462	9.240	14.162
2011-02-03	10.810	3.221	2.456	8.929		3.473	8.127	8.178	12.259
2011-02-04	15.257	4.593	3.135	12.936		6.300	9.656	1.279	14.953
2011-02-05	13.187	4.899	2.950	13.271		5.782	9.440	9.314	13.864
2011-02-06	13.281	4.274	2.875	17.594		6.153	1.160	9.455	14.345
2011-02-07	12.119	3.766	2.482	2.423		5.316	1.494	8.947	13.812
2011-02-08	9.321	2.763	2.455	13.673		3.829	8.385	7.578	12.357
2011-02-09	5.710	1.421	1.148	6.149		1.643	7.654	5.885	8.593
2011-02-10	11.489	3.386	2.226	7.874		4.153	8.254	7.413	11.972

（续）

日期（年-月-日）	马尾松			华润楠			锥栗		
	Pm2	Pm3	Pm4	M1	M2	M3	C1	C2	C3
2011-02-11	1.854	0.339	0.585	3.878		0.565	5.670	4.139	7.278
2011-02-12	3.376	0.569	1.120	3.343		0.333	5.343	2.429	4.490
2011-02-13	6.740	0.737	0.637				0.576		
2011-02-14	10.643	1.639	2.211	1.756		3.461	8.322	5.262	
2011-02-15	1.637	0.184	0.329			0.230	0.339		
2011-02-16	1.818	0.443	0.494			0.355	0.563		
2011-02-17	1.391	0.261	0.428			0.745	0.743		
2011-02-18	0.563	0.118	0.256	0.756		0.177	1.890		
2011-02-19	0.903	0.237	0.385			0.996	1.832		
2011-02-20	11.276	1.916	1.865	12.662		4.494	9.684	8.893	0.943
2011-02-21	8.852	1.637	1.384	9.997		2.697	6.820	7.679	7.939
2011-02-22	1.354	0.432	0.215	4.355		0.146	1.379	1.487	0.726
2011-02-23	6.727	1.141	0.287	11.699		2.245	5.674	7.934	6.795
2011-02-24	15.091	4.349	2.197	24.735	2.657	6.253	7.261	16.294	12.239
2011-02-25	15.755	4.482	2.438	25.696	9.236	6.417	1.463	17.939	12.228
2011-02-26	11.848	3.494	2.932	18.623	7.445	5.398	8.897	15.618	9.184
2011-02-27	15.004	4.289	2.557	18.247	8.529	6.537	9.836	17.638	13.421
2011-02-28	13.853	3.938	2.425	2.442	8.328	5.772	9.374	17.487	12.146
2011-03-01	13.640	3.726	2.756	18.897	8.262	4.221	9.569	17.286	12.589
2011-03-02	8.862	2.548	1.966	8.129	6.989	5.529	8.865	15.539	9.823
2011-03-03	12.535	3.819	2.531	12.426	7.931	3.565	9.912	14.776	1.172
2011-03-04	9.728	3.156	2.132	1.874	0.429	2.954	9.348	14.196	9.416
2011-03-05	13.433	4.369	2.560	13.724		3.619	1.566	14.786	9.750
2011-03-06	5.363	1.924	1.439	7.759		0.491	7.361	1.163	0.568
2011-03-07	9.010	3.226	2.197	13.194		2.674	9.892	15.969	0.358
2011-03-08	1.538	0.250	0.739	2.548	0.245	0.969	1.842	3.114	
2011-03-09	1.619	0.188	0.144		0.465		0.938	2.112	
2011-03-10	2.385	0.229	0.548	3.536	1.353		3.172	4.556	0.394
2011-03-11	4.219	0.537	0.743	6.357	3.739		4.725	7.387	4.383
2011-03-12	2.721	0.346	0.427	5.523	2.969		3.147	6.425	3.230
2011-03-13	11.479	3.324	1.994	16.862	6.977		7.868	13.744	13.697
2011-03-14	15.384	5.694	3.125	23.287	9.233		1.168	17.454	19.282

（续）

日期（年-月-日）	马尾松			华润楠			锥栗		
	Pm2	Pm3	Pm4	M1	M2	M3	C1	C2	C3
2011-03-15	2.343	0.777	0.959	9.248	3.746		0.343	8.453	8.967
2011-03-16	6.666	2.357	1.982		7.717		4.353	11.816	14.886
2011-03-17	5.984	2.368	1.939		7.689		6.847	11.968	7.548
2011-03-18	1.697	0.581	0.186	0.896	0.472		0.163	1.412	
2011-03-19	3.618	0.269	0.447	2.518	0.439		0.715	1.589	
2011-03-20	2.208	0.547	0.479	1.391	2.844		4.123	5.174	0.284
2011-03-21	6.221	1.640	1.213	15.272	6.671		6.585	1.869	5.969
2011-03-22	1.942	0.151	0.758	5.635	4.118		3.865	7.229	3.588
2011-03-23	6.323	1.464	1.622	9.267	7.348		5.623	9.655	1.584
2011-03-24	1.870	0.376	0.694	2.697	2.399		3.927	6.858	7.311
2011-03-25	12.555	3.398	2.589	6.833	5.411		6.552	11.264	16.799
2011-03-26	8.543	2.322	2.740	8.342	5.720		6.148	1.451	15.961
2011-03-27	2.963	0.785	1.264	8.620	4.679		5.932	8.665	8.919
2011-03-28	18.621	5.693	3.645	15.897	9.836		8.946	15.936	17.845
2011-03-29	18.671	6.856	4.391	15.936	9.390		8.475	19.213	18.255
2011-03-30	10.428	4.272	2.178	8.256	5.117		5.289	1.918	1.282
2011-03-31	18.949	7.154	3.899	16.676	8.928		7.544	15.143	16.250
2011-04-01	17.498	6.767	4.633	18.735	8.797	0.638	7.679	16.968	16.984
2011-04-02	17.636	6.442	4.187	21.993	9.254	0.894	7.214	16.544	5.388
2011-04-03	13.320	4.589	3.417	13.667	6.582	0.384	6.421	13.147	13.235
2011-04-04	1.386	0.678	0.679	2.437	1.188		3.446	5.724	5.982
2011-04-05	9.856	3.516	2.362	8.759	4.540	0.655	6.398	8.000	8.927
2011-04-06	11.260	4.268	2.475	11.249	5.171	0.765	6.273	7.717	1.558
2011-04-07	15.141	5.660	3.236	14.512	7.183	1.879	8.267	9.264	1.616
2011-04-08	8.908	3.259	1.974	11.294	4.516	0.549	7.469	6.981	8.495
2011-04-09	16.871	6.156	3.938	18.562	9.329	3.130	9.999	1.485	13.147
2011-04-10	18.421	6.861	4.772	21.496	1.196	4.833	11.898	11.214	15.911
2011-04-11	20.706	7.587	5.968	23.636	11.283	6.115	12.390	11.987	16.196
2011-04-12	6.651	2.897	2.122	8.626	5.126	1.793	7.636	5.775	9.525
2011-04-13	16.692	6.332	4.258	14.458	9.684	3.952	1.961	9.935	12.779
2011-04-14	20.180	7.641	5.779	16.625	11.684	4.239	11.356	12.132	18.793
2011-04-15	15.852	6.433	4.157	14.833	9.277	2.163	9.582	9.327	14.758

（续）

日期（年-月-日）	马尾松			华润楠			锥栗		
	Pm2	Pm3	Pm4	M1	M2	M3	C1	C2	C3
2011-04-16	13.076	5.245	3.377	12.272	7.741	1.324	7.148	8.178	11.560
2011-04-17	4.101	1.634	1.195	4.494	2.675	0.139	2.697	3.823	2.398
2011-04-18	20.398	6.793	4.537	43.884	11.879	2.439	4.145	8.845	
2011-04-19	23.273	7.632	5.000	65.334	14.876	3.425	1.834	11.562	
2011-04-20	18.761	6.371	4.494	69.981	11.964	1.229	8.944	11.551	14.522
2011-04-21	11.902	4.253	2.986	2.787	9.268	0.253	7.843	8.828	11.988
2011-04-22	9.625	2.984	2.359	7.985	6.427	0.346	4.752	5.859	7.845
2011-04-23	18.454	6.539	4.193	13.815	12.364	0.711	9.755	11.813	15.640
2011-04-24	20.573	7.714	4.862	14.614	11.773	0.828	9.129	12.329	14.486
2011-04-25	22.443	7.359	5.167	3.792	12.112	0.738	8.582	12.624	14.151
2011-04-26	20.662	6.896	5.614	72.930	11.859	0.337	8.882	12.613	14.322
2011-04-27	20.669	6.713	4.785	16.974	12.131	0.128	8.744	12.188	15.350
2011-04-28	16.116	5.382	4.130	12.645	9.632		6.717	1.315	13.420
2011-04-29	3.250	0.423	0.233	0.795	0.535		0.290	0.894	0.749
2011-04-30	8.381	2.659	2.283	5.690	6.653		5.816	5.398	
2011-05-01	5.429	1.455	1.255	4.246	4.232		4.522	4.514	
2011-05-02	9.270	2.912	1.942	6.743	6.434		5.147	5.687	
2011-05-03	3.658	1.612	0.993	3.874	2.227		2.366	2.176	
2011-05-04	0.883	0.262	0.159	7.472	0.887		0.946	0.558	
2011-05-05	0.640	0.328	0.996	5.218	0.382		0.219	0.526	
2011-05-06	2.384	0.774	0.319	2.584	1.463		1.440	0.835	
2011-05-07	6.438	2.532	0.511	7.292	4.388		2.925	5.938	
2011-05-08	13.731	5.822		14.644	9.665		2.559	11.277	
2011-05-09	16.546	5.834		13.848	9.182	3.375	5.958	9.586	
2011-05-10	20.434	6.363		13.480	9.174	3.774	5.556	8.585	
2011-05-11	19.219	6.417		15.863	9.622	1.653	6.125	9.582	
2011-05-12	16.188	5.668		13.397	8.535	0.614	2.766	8.412	
2011-05-13	1.508	0.492		4.785	1.739		2.849	1.532	
2011-05-14	0.635	0.214		2.618	0.631			0.963	
2011-05-15	3.362	0.767		4.327	0.616		1.927	2.789	
2011-05-16	7.548	3.455		9.946	5.583		3.923	6.238	
2011-05-17	23.668	9.420		22.511	12.543	6.188	9.387	11.787	5.944

（续）

日期（年-月-日）	马尾松			华润楠			锥栗		
	Pm2	Pm3	Pm4	M1	M2	M3	C1	C2	C3
2011-05-18	24.127	9.469		22.612	12.763	6.316	8.714	11.537	0.275
2011-05-19	25.808	9.586		22.344	12.989	6.362	11.857	11.935	4.632
2011-05-20	24.428	9.997		18.493	12.136	5.675	11.527	11.368	6.497
2011-05-21	11.891	4.877		8.414	7.117	2.580	8.912	7.284	9.559
2011-05-22	15.920	5.265		9.680	5.324	1.812	6.546	5.639	3.862
2011-05-23	18.265	7.839		21.491	9.261	4.694	9.665	8.550	1.329
2011-05-24	22.204	9.543		58.694	11.598	5.175	1.213	1.258	12.130
2011-05-25	23.127	9.247	1.167	49.954	11.773	4.776	9.762	1.437	1.767
2011-05-26	26.841	1.774	7.928	55.842	12.743	6.255	1.248	12.386	14.750
2011-05-27	25.708	1.255	7.251	56.856	12.176	5.889	11.383	12.386	16.958
2011-05-28	29.103	11.267	8.384	53.776	13.377	6.662	12.833	12.999	17.579
2011-05-29	28.735	1.876	8.223	18.618	7.544	6.685	12.254	13.787	17.145
2011-05-30	24.661	9.747	6.797	13.440		5.297	1.946	12.222	14.972
2011-05-31	25.945	9.944	7.517	14.453		5.618	11.375	12.857	14.354
2011-06-01	21.999	8.264	6.198	14.646		4.346	1.336	1.267	11.586
2011-06-02	19.805	7.377	5.275	12.791	0.123	3.740	9.437	8.786	0.359
2011-06-03	26.122	9.925	7.679	13.827	12.739	6.364	13.233	12.116	12.882
2011-06-04	21.490	8.319	6.497	1.358	11.339	4.928	12.427	11.826	12.557
2011-06-05	15.112	5.823	4.379	8.363	6.758	2.990	7.764	7.212	7.316
2011-06-06	29.157	1.257	8.374	15.193	13.592	6.232	13.335	12.237	19.966
2011-06-07	18.367	6.415	5.233	9.929	7.679	3.753	8.955	7.978	2.543
2011-06-08	0.000		4.997	15.382	8.242	2.487	7.585	6.828	
2011-06-09	0.000		7.454	15.161	12.223	4.979	9.762	11.180	
2011-06-10	0.000		7.837	13.292	0.262		9.152	1.698	
2011-06-11	0.000		4.846	7.150			7.922	5.323	
2011-06-12	0.000		1.128	15.828			1.322	1.379	
2011-06-13	0.000		4.651	5.428			1.282	5.920	
2011-06-14	0.000		8.219	75.540			2.479	1.226	13.192
2011-06-15	0.000		4.887	19.262			4.564	7.227	16.212
2011-06-16	6.757	6.268	7.662	19.269		4.415	7.471	1.278	18.386
2011-06-17	9.808	8.835	6.736	17.384		2.649	9.163	9.281	18.533
2011-06-18	8.808	8.196	5.978	23.316	12.160	2.571	9.749	8.215	12.398

（续）

日期（年-月-日）	马尾松			华润楠			锥栗		
	Pm2	Pm3	Pm4	M1	M2	M3	C1	C2	C3
2011-06-19	9.496	9.677	6.922	58.288	12.521	1.489	12.134	9.325	14.512
2011-06-20	9.957	9.384	7.292	65.324	12.796	7.362	11.972	9.734	0.661
2011-06-21	10.615	9.684	8.136	42.735	14.485	8.480	11.738	11.274	
2011-06-22	2.838	1.652	1.874	16.143	5.615	4.142	6.136	5.268	
2011-06-23	0.963	0.281	0.493	0.374	0.922	0.674	0.115	1.134	
2011-06-24	8.122	7.354	6.392	48.321	9.346	5.970	2.778	7.514	2.772
2011-06-25	10.870	1.116	9.194	72.560	12.988	8.745	9.326	1.688	2.455
2011-06-26	4.018	2.924	2.823	49.699	4.735	4.613	2.454	5.435	0.428
2011-06-27	9.525	8.545	6.884	75.569	11.173	8.574	1.815	9.756	14.936
2011-06-28	5.062	4.854	3.765	5.662	5.912	4.951	3.959	4.422	8.340
2011-06-29	1.505	0.740	1.490	13.722	0.617		0.794	0.124	
2011-06-30	3.959	3.344	3.228	5.184	3.443	3.723		1.852	
2011-07-01	10.649	9.199	7.914	13.914	1.514	9.826		11.316	
2011-07-02	14.733	8.222	7.317	11.357	1.363	7.715	7.753	9.827	
2011-07-03	18.460	1.836	9.123	15.518	13.543	1.727	9.935	11.727	14.738
2011-07-04	18.352	9.814	8.718	15.285	12.853	9.285	8.925	1.297	11.342
2011-07-05	18.746	9.746	8.765	16.629	13.430	9.844	9.643	1.375	11.374
2011-07-06	19.428	1.556	9.135	16.786	13.248	9.759	1.619	1.490	11.727
2011-07-07	19.811	1.385	9.195	16.892	13.317	9.841	12.274	1.514	13.463
2011-07-08	19.679	1.456	9.235	18.465	12.542	9.726	13.830	1.447	14.723
2011-07-09	9.555	4.812	4.528	11.924	5.675	4.393	8.615	5.975	8.123
2011-07-10	12.837	6.522	5.785	15.950	7.584	6.225	1.952	6.282	1.931
2011-07-11	13.192	6.724	5.823	17.218	7.747	6.271	11.575	6.482	13.914
2011-07-12	2.508	2.165	1.912	9.112	3.182	3.119	5.474	3.777	8.698
2011-07-13	7.142	6.448	5.381	12.623	7.256	6.442	8.775	5.758	11.659
2011-07-14	17.500	8.571	7.736	16.740	8.341	6.368	11.673	7.811	18.262
2011-07-15	8.224	7.637	6.450	13.979	9.549	4.968	8.759	6.185	1.527
2011-07-16	6.671	5.879	5.499	11.135	9.757	5.126	7.929	5.523	14.812
2011-07-17	4.147	3.592	3.669	8.817	9.398	5.528	6.731	3.646	4.984
2011-07-18	9.143	8.424	7.927	14.441	11.827	8.384	1.342	7.355	16.847
2011-07-19	3.378	2.288	3.417	7.600	1.646	3.399	6.113	2.883	3.415
2011-07-20	11.587	5.787	5.955	12.283	11.539	5.993	1.239	5.976	11.689

（续）

日期（年-月-日）	马尾松			华润楠			锥栗		
	Pm2	Pm3	Pm4	M1	M2	M3	C1	C2	C3
2011-07-21	19.397	9.319	9.347	17.486	11.859	9.624	12.981	8.794	19.363
2011-07-22	16.875	7.997	8.516	17.925	11.638	9.312	13.192	9.875	17.964
2011-07-23	18.553	9.194	9.342	18.122	12.659	9.433	12.418	9.129	11.914
2011-07-24	18.639	9.265	9.575	129.163	15.165	1.249	12.172	1.736	12.914
2011-07-25	19.742	9.972	9.472	6.427	15.396	9.744	11.498	1.125	14.439
2011-07-26	17.196	9.483	8.357	18.998	13.850	8.682	11.944	9.529	15.579
2011-07-27	18.979	9.824	9.387	2.970	15.466	1.282	14.154	1.869	17.445
2011-07-28	19.826	9.960	9.571	21.618	15.788	11.281	13.645	11.335	15.829
2011-07-29	6.758	3.544	3.397	8.977	6.174	4.328	6.626	4.673	6.262
2011-07-30	1.804	1.666	1.843	4.439	2.894	0.837	3.736	2.271	4.634
2011-07-31	6.111	3.415	1.870	8.382	4.773	4.134	5.357	2.927	
2011-08-01	17.346	1.271	6.892	21.192	12.940	6.170	5.774	8.767	
2011-08-02	18.886	1.497	8.562	26.633	15.324	1.354	12.552	1.878	17.269
2011-08-03	20.090	1.527	9.938	26.944	15.862	1.384	12.599	11.175	17.683
2011-08-04	19.395	1.352	9.419	24.467	14.454	9.329	12.717	1.367	17.535
2011-08-05	18.204	1.794	8.573	22.788	13.832	8.994	12.597	9.989	16.726
2011-08-06	19.105	1.434	8.812	24.265	14.524	9.528	12.956	1.597	16.516
2011-08-07	19.112	1.249	8.654	23.446	14.153	9.296	13.346	1.612	16.373
2011-08-08	16.192	9.190	7.616	22.124	12.741	8.481	12.473	1.660	15.658
2011-08-09	1.718	0.557	0.814	8.376	3.230	1.784	5.324	2.573	4.694
2011-08-10	7.822	1.723	0.662	5.994	2.818	2.623	4.729	1.630	2.238
2011-08-11	9.111	5.592	3.630	12.876	6.375	3.930	6.978	4.628	9.426
2011-08-12	14.916	8.693	5.138	16.166	9.919	6.596	9.244	7.143	5.863
2011-08-13	20.697	11.264	8.297	24.287	15.548	9.945	12.986	11.274	15.213
2011-08-14	20.948	1.898	9.377	23.949	14.930	9.834	12.452	11.266	15.527
2011-08-15	21.295	1.574	9.232	23.671	14.943	1.163	12.265	11.475	15.922
2011-08-16	21.168	1.542	8.822	23.254	14.896	1.549	12.354	11.666	15.850
2011-08-17	14.946	7.539	6.595	18.552	9.889	6.640	1.217	7.668	11.554
2011-08-18	13.285	7.490	5.263	15.843	9.227	5.711	8.154	6.580	9.576
2011-08-19	16.022	8.495	5.715	18.575	1.533	6.847	1.612	7.589	11.951
2011-08-20	19.238	9.840	7.623	21.269	12.827	8.600	12.288	1.481	13.851
2011-08-21	17.290	8.272	7.321	2.725	11.646	7.673	11.627	8.952	12.689

（续）

日期（年-月-日）	马尾松			华润楠			锥栗		
	Pm2	Pm3	Pm4	M1	M2	M3	C1	C2	C3
2011-08-22	20.721	1.165	8.358	23.168	14.269	9.486	12.656	11.154	15.437
2011-08-23	20.907	1.192	8.377	21.545	14.693	9.658	11.552	11.257	15.287
2011-08-24	11.265	5.583	4.486	12.882	6.982	4.845	6.889	5.893	8.193
2011-08-25	17.893	9.517	6.766	18.482	12.884	7.900	1.689	9.589	12.852
2011-08-26	19.133	9.580	6.973	15.736	12.476	8.458	9.928	9.842	12.992
2011-08-27	20.349	9.966	8.137	17.782	12.832	9.393	11.363	1.535	13.597
2011-08-28	19.638	9.775	7.645	18.400	12.294	8.969	11.938	1.227	13.765
2011-08-29	21.615	1.264	8.112	2.395	6.826	9.782	12.544	11.117	14.719
2011-08-30	20.528	9.644	7.523	19.226	13.856	9.592	11.834	1.700	13.736
2011-08-31	18.162	8.541	7.283	18.629	11.713	8.786	11.125	9.947	12.568
2011-09-01	3.723	2.163	1.513	1.538	3.556	3.245	4.995	4.166	3.495
2011-09-02	11.360	5.463	3.611	15.389	6.846	5.689	7.417	6.456	6.332
2011-09-03	6.797	0.663	0.828	3.313	0.747	1.397	0.637	1.125	
2011-09-04	20.689	7.972	6.356	19.377	1.966	8.177	11.389	8.500	
2011-09-05	17.020	7.148	5.613	18.432	1.197	7.523	8.530	7.891	
2011-09-06	18.942	7.889	6.221	18.255	11.557	8.267	9.948	7.788	
2011-09-07	18.054	8.253	6.763	21.270	12.387	9.538	1.765	9.369	4.647
2011-09-08	16.233	7.955	6.196	21.490	12.694	9.945	1.515	9.428	12.737
2011-09-09	13.399	6.860	5.271	18.499	1.213	7.630	9.194	7.955	9.125
2011-09-10	16.329	8.478	6.312	2.924	12.243	9.162	9.839	9.585	11.513
2011-09-11	17.153	8.441	6.199	16.157	11.636	8.487	9.392	8.438	1.332
2011-09-12	17.882	8.523	6.189	18.594	12.589	9.369	1.599	9.386	6.218
2011-09-13	18.680	9.779	6.869	2.638	12.812	9.922	11.268	1.644	13.728
2011-09-14	17.612	8.825	6.877	2.313	12.322	9.917	1.866	1.259	12.425
2011-09-15	18.500	9.329	7.277	21.856	12.556	9.389	11.829	1.627	13.911
2011-09-16	18.467	9.622	6.850	2.811	12.368	9.223	12.363	1.362	13.399
2011-09-17	16.982	8.686	6.316	19.852	11.752	8.645	12.357	1.163	13.483
2011-09-18	15.306	7.860	5.454	15.348	1.681	8.896	1.288	8.470	1.725
2011-09-19	14.296	7.734	5.266	14.880	9.922	7.234	9.838	8.894	12.746
2011-09-20	14.740	8.835	6.723	14.656	1.652	7.484	9.685	9.499	15.133
2011-09-21	15.297	8.995	6.823	14.354	1.926	7.546	9.277	9.846	14.918
2011-09-22	16.294	9.225	6.188	13.826	1.854	7.634	8.976	9.823	14.293

（续）

日期 （年-月-日）	马尾松			华润楠			锥栗		
	Pm2	Pm3	Pm4	M1	M2	M3	C1	C2	C3
2011-09-23	16.431	9.213	6.193	13.337	1.698	7.467	8.873	9.790	14.855
2011-09-24	11.350	6.828	4.325	12.174	8.843	5.730	7.688	8.414	13.217
2011-09-25	6.231	3.915	2.138	8.970	5.345	3.617	5.634	5.326	7.819
2011-09-26	12.429	6.994	4.917	13.315	8.514	6.385	1.812	7.647	1.888
2011-09-27	16.674	8.245	5.218	16.534	1.259	7.337	1.833	8.493	12.260
2011-09-28	17.477	8.729	5.929	15.477	1.867	7.577	9.476	8.987	1.927
2011-09-29	1.879	2.768	1.397	2.622	3.817	2.166	1.929	3.779	
2011-09-30	2.549	2.121	1.555		2.754	2.520	2.876	1.442	
2011-10-01	9.555	3.187	2.189		4.457	7.185	4.574	2.134	
2011-10-02	17.073	6.948	5.511		9.895	8.888	5.587	5.766	
2011-10-03	7.446	3.194	2.438		8.658	5.881	6.168	5.149	
2011-10-04	5.182	2.318	1.546		4.661	2.744	4.873	2.735	
2011-10-05	12.987	6.626	3.962		9.867	5.843	8.579	6.117	
2011-10-06	8.643	4.495	2.597	9.737	5.799	3.190	5.372	3.558	
2011-10-07	9.746	4.270	2.375		0.327	3.436	5.927	3.772	
2011-10-08	17.151	8.719	5.949		5.315	6.533	9.894	7.423	0.482
2011-10-09	19.286	9.934	6.321		13.565	7.418	1.774	8.214	17.739
2011-10-10	17.723	8.878	5.644	18.282	11.837	6.118	8.430	7.473	12.984
2011-10-11	0.860	1.373	0.118	0.192	0.224	0.217	0.397	0.945	0.413
2011-10-12	1.395	3.217	0.179					1.659	
2011-10-13	2.673	2.793	0.112					1.587	
2011-10-14	5.914	5.718	2.912		8.423			5.263	
2011-10-15	18.598	9.221	5.972		14.135	7.729	6.942	9.385	
2011-10-16	22.146	11.527	8.326		14.914	8.434	11.832	1.737	
2011-10-17	21.336	11.243	7.355	13.394	13.985	7.578	11.415	9.428	
2011-10-18	20.266	1.862	6.973	11.361	13.635	7.223	1.789	9.148	16.879
2011-10-19	19.537	1.586	6.757	9.588	12.900	6.957	9.973	8.869	14.686
2011-10-20	17.492	9.667	6.614	7.639	11.580	6.224	9.335	8.929	12.124
2011-10-21	19.447	1.332	6.497	8.132	12.486	6.774	1.953	8.529	13.414
2011-10-22	19.376	1.924	5.885	7.665	12.127	6.786	11.184	8.165	12.735
2011-10-23	17.285	8.653	4.555	6.544	11.244	6.260	11.449	8.362	12.298
2011-10-24	13.879	7.793	4.381	5.729	1.361	5.755	9.632	7.259	1.788

（续）

日期（年-月-日）	马尾松			华润楠			锥栗		
	Pm2	Pm3	Pm4	M1	M2	M3	C1	C2	C3
2011-10-25	8.347	5.384	3.258	3.945	9.492	4.559	8.353	7.182	11.153
2011-10-26	10.140	6.149	2.886	3.896	8.659	4.497	6.649	7.272	1.300
2011-10-27	15.928	8.780	3.911	4.583	1.570	5.551	8.463	8.242	12.483
2011-10-28	17.084	9.500	4.526	4.739	1.816	5.721	9.244	8.423	13.451
2011-10-29	13.494	7.940	3.985	3.659	9.649	4.680	9.733	7.832	12.547
2011-10-30	15.102	8.946	4.149	3.883	9.968	5.278	1.234	8.332	12.896
2011-10-31	14.136	7.980	3.614	3.275	8.789	4.599	9.455	7.155	11.232
2011-11-01	18.025	9.953	4.837	4.523	1.599	5.879	9.989	7.923	12.657
2011-11-02	19.233	1.385	5.223	4.961	11.338	6.532	9.858	8.526	13.957
2011-11-03	17.677	9.193	4.564	4.222	1.221	5.846	9.272	8.415	14.549
2011-11-04	17.209	7.993	4.443	3.748	9.441	5.459	8.542	7.849	13.946
2011-11-05	16.323	9.217	4.897	5.992	11.642	6.979	9.615	9.444	15.217
2011-11-06	12.213	8.416	4.324	5.154	11.368	6.865	9.816	9.292	15.834
2011-11-07	11.603	8.223	4.419	4.668	1.390	6.137	8.449	8.746	15.624
2011-11-08	0.842	2.934	0.140		0.283	0.260	0.187	1.563	0.333
2011-11-09	2.175	2.998	0.278			0.622	0.334	2.137	
2011-11-10	12.947	7.293	3.926		1.571	5.917	7.667	8.412	
2011-11-11	14.618	8.266	3.776	7.297	1.835	5.519	1.399	8.463	6.897
2011-11-12	17.851	1.273	4.882	5.496	1.898	5.844	1.972	8.189	16.230
2011-11-13	18.560	1.225	4.754	5.129	11.889	6.695	11.167	8.287	13.312
2011-11-14	18.986	1.494	4.914	5.147	11.464	6.496	11.769	8.593	13.959
2011-11-15	18.811	9.936	5.665	5.877	11.762	6.630	12.569	8.959	15.173
2011-11-16	16.816	8.665	4.432	4.248	1.792	6.215	11.591	8.327	14.184
2011-11-17	9.399	5.517	2.484	2.117	7.277	3.211	8.627	5.995	9.832
2011-11-18	2.377	2.881	0.581		3.741	1.342	3.885	2.996	2.984
2011-11-19	2.643	7.436	4.692		11.428	7.643	12.187	8.778	15.536
2011-11-20	5.302	8.554	5.820	7.283	12.165	7.299	14.363	9.755	18.596
2011-11-21	4.569	4.583	2.643	2.633	6.479	4.271	1.378	6.345	11.199
2011-11-22	15.299	8.578	4.986	5.156	9.622	7.889	11.396	8.166	13.415
2011-11-23	20.390	1.178	6.233	6.857	11.520	9.657	13.836	9.356	17.858
2011-11-24	18.545	1.297	6.454	5.481	11.367	8.223	13.723	8.897	17.417
2011-11-25	9.185	5.749	3.859	2.761	6.536	5.252	1.978	6.122	12.398

（续）

日期（年-月-日）	马尾松			华润楠			锥栗		
	Pm2	Pm3	Pm4	M1	M2	M3	C1	C2	C3
2011-11-26	14.287	7.172	4.540	3.476	7.760	6.866	1.531	6.723	12.914
2011-11-27	13.379	8.125	4.972	4.242	9.118	8.169	1.241	8.879	13.339
2011-11-28	12.601	7.732	4.480	3.456	8.342	7.647	9.277	9.355	11.845
2011-11-29	10.828	6.439	4.123	3.287	6.888	7.698	8.460	9.389	11.563
2011-11-30	9.393	7.944	5.932	4.354	8.369	1.162	9.759	1.187	13.572
2011-12-01	8.918	4.435	3.554	1.998	5.818	6.414	9.858	7.914	12.860
2011-12-02	10.844	5.228	3.746	1.851	6.278	6.487	8.849	8.950	1.846
2011-12-03	13.050	5.967	3.822	1.378	5.752	6.266	8.147	7.535	9.749
2011-12-04	17.544	8.768	5.940	2.689	7.148	6.976	9.725	9.137	12.233
2011-12-05	17.382	7.361	4.890	2.748	6.535	5.238	9.863	8.535	12.825
2011-12-06	12.760	4.626	2.959	2.256	5.689	3.387	9.316	7.524	12.778
2011-12-07	3.244	1.145	0.782	0.732	1.922	1.192	6.289	5.413	7.969
2011-12-08	6.769	4.138	3.165	3.346	5.845	4.646	9.234	8.348	12.315
2011-12-09	4.595	2.911	1.856	1.623	4.845	3.186	8.834	7.164	1.763
2011-12-10	10.464	5.366	3.155	2.164	6.765	4.351	1.734	8.481	14.225
2011-12-11	12.802	6.565	3.824	1.444	6.362	4.416	1.718	8.537	13.576
2011-12-12	14.871	6.852	3.944	1.540	6.242	5.530	1.151	8.350	13.172
2011-12-13	14.927	6.686	3.758	1.693	5.984	6.338	8.962	7.685	12.252
2011-12-14	16.311	6.896	3.996	2.273	6.453	7.219	8.937	7.768	12.291
2011-12-15	10.245	4.716	2.843	1.730	4.956	5.976	8.921	6.775	12.653
2011-12-16	9.545	4.835	3.242	1.834	0.238	5.860	9.259	6.853	12.926
2011-12-17	4.810	5.680	3.646	2.764		6.117	1.540	8.557	14.643
2011-12-18	5.315	5.893	3.287	2.395		5.768	8.389	7.283	11.739
2011-12-19	6.825	5.665	3.248	2.467		5.829	7.989	7.542	11.819
2011-12-20	4.819	6.192	3.482	3.973		4.648	8.779	7.148	12.136
2011-12-21	5.128	5.652	3.264	5.426		6.476	9.424	7.336	13.699
2011-12-22	3.684	4.323	2.577	4.745		5.679	8.514	6.414	12.175
2011-12-23	6.440	3.534	2.134	4.159		5.854	7.552	5.899	9.428
2011-12-24	8.245	4.643	2.675	4.729		8.854	9.168	6.998	12.298
2011-12-25	10.444	5.549	3.152	4.658		7.448	8.687	7.155	11.837
2011-12-26	13.652	6.270	3.594	3.785		8.376	8.995	7.517	11.676
2011-12-27	11.904	5.258	3.172	3.260		6.468	7.716	6.689	1.256

（续）

日期（年-月-日）	马尾松			华润楠			锥栗		
	Pm2	Pm3	Pm4	M1	M2	M3	C1	C2	C3
2011-12-28	13.425	5.888	3.716	5.970		6.339	9.338	7.775	12.856
2011-12-29	12.730	4.667	2.895	7.647		5.775	8.959	7.158	12.743
2011-12-30	3.587	1.673	1.144	9.683		2.426	5.756	4.597	7.375

注：代号对应胸径分别为，Pm2 为 28.7 cm、Pm3 为 22 cm、Pm4 为 17.5 cm、M1 为 32.7 cm、M2 为 18.2 cm、M3 为 19.2 cm、C1 为 13.2 cm、C2 为 20.8 cm、C3 为 27.1 cm。

4.1.4 鼎湖山针阔叶混交林碳通量监测

（1）概述

针阔叶混交林群落为我国南亚热带的森林演替过程中针叶林向常绿阔叶林演替的中间阶段森林群落类型，具有典型代表性。为研究针阔叶混交林生态系统冠层碳水交换能力及其生态系统服务功能维持机制等，鼎湖山站按照 China FLUX 的观测标准，于 2002 年 10 月在海拔 300 m 处建立了针阔叶混交林碳通量塔样地，进行水汽通量监测。涡度相关和气象梯度观测参数：CO_2、H_2O 和能量通量系统采集频率为 10 Hz，常规气象要素的数据采集频率为 0.5 Hz。观测点位于鼎湖山五棵松，通量观测塔高 38 m，装有 2 层开路涡度相关通量观测系统，观测探头高度分别为 28 m 和 3 m，分别代表林冠层顶/大气界面、林冠下层/地表草本界面的通量。通量观测铁塔上同时安装多层微气象观测系统。气象梯度观测系统包括：7 层 3 杯风速仪和温、湿度构成风速和温湿度垂直梯度观测系统；此外，还设置了 2 层光合有效辐射（PAR）传感器以观测 PAR 垂直变化；在通量观测塔顶层安装有太阳辐射传感器和雨量筒，其中太阳辐射含太阳总辐射 4 分量动态，地下观测指标还有地表温度、土壤热通量、土壤温度、土壤体积含水量等，详细介绍见李跃林等（2021）的研究。

（2）数据采集和处理方法

为保证数据可靠性，所有仪器设备均定期校对和维护。基于 ChinaFLUX 流程与标准（张雷明等，2019；于贵瑞等，2018；起德花等，2021），数据的构建过程主要包括数据观测、采集、质控、处理等流程。首先通过数据采集器（CR5000，Campbell Scientific Inc，USA）自动存储采样频率为 10 Hz 原始数据，在线进行虚温订正和空气密度脉动订正，之后存储 30 min 的通量数据，对离线数据采用二次坐标旋转，进行地形和仪器倾斜影响订正，并对通量进行质量控制，剔除符合以下任意条件的记录数据：①有降水；②CO_2、水汽浓度超过仪器量程范围；③湍流不充分（$u_* < 0.05$ m/s）；④有效样本少于 15 000 个；⑤异常突出的数据。一般 u_* 订正阈值取 0.15～0.2 m/s，对鼎湖山站数据分析表明，当 $u_* > 0.05$ m/s 时夜间通量数据随风速变化不明显，而有效样本数大幅度下降，为避免样本数太少带来新的不确定性，故取 u_* 阈值为 0.05 m/s。此外，由于局部地形影响，冠层下方存在明显的类似山谷风的风向日变化，且发现通量数据在南风方向上普遍偏低，为避免地形因素导致对通量数据系统性偏低估算，剔除风向在 120°～200°的数据。通过质量控制后，获取 30 min 有效通量数据（王春林等，2006，2007）。对于气温、土壤温度、土壤水分含量等常规气象观测参数，数据采集器对采样频率为 10 Hz 的原始数据在线计算并自动存储 30 min 统计数据（王春林等，2006，2007）。

（3）数据质量控制和评估

本部分数据提供了以鼎湖山站针阔叶混交林为下垫面的月际、年际碳通量相关数据，数据来源于野外样地的实时监测及质量控制后分析整理的数据，其中关于半小时尺度的相关数据，详细见中国通量观测研究联盟网站（http：//chinaflux.org）共享数据库及《中国科学数据》碳通量专集。数据的获取及校正，均在China FLUX技术团队指导下，由鼎湖山站具有长期野外工作经验的技术人员及科研人员完成，确保了数据准确性。在保证数据可靠性的前提下，采用ChinaFLUX数据质量保证和控制方法进行数据入库。

（4）数据价值/数据使用方法和建议

全球水、热格局可能发生变化的情形下，森林生态系统物质循环和能量流动中碳、水通量的生态学意义显得尤为重要。南亚热带针阔叶混交林生态系统是我国生态关键带的重要森林生态系统类型之一，其过程与变化的研究是生态系统生态学研究的重点，生态系统过程对全球变化有响应和反馈作用，是阐述全球变化的影响与适应机理的基础。因此，对我国南亚热带鼎湖山代表性森林类型针阔叶混交林的碳、水通量等过程进行相关分析和研究，将有利于森林经营管理和利用，并对全球变暖提出林业上的科学对策有着较为重要的意义。

对鼎湖山针阔叶混交林碳、水通量的实测，可为该地区的森林物质循环、能量流动及信息传递提供准确的基础信息（Yu et al.，2006）。鼎湖山针阔叶混交林林分年龄为50～100年，群落有着复杂的垂直结构，系统稳定，是代表本地带中间过渡性类型的森林植被（于贵瑞等，2014）。基于中国亚热带形成机理，学术界公认鼎湖山所在区域水热环境对全球变化极其敏感。随着青藏高原冰川的逐步消融，预计海陆季风效应将进一步加强，全年降水变率有可能进一步加大，导致干季土壤水分进一步亏缺。在这种逐步改变的环境下，鼎湖山的针阔叶混交林群落的响应可为森林生态系统结构、功能和动态研究以及区域退化生态系统恢复研究提供重要参考（Yu et al.，2006；于贵瑞等，2014）。

本部分数据可通过Science Data Bank在线服务网址（http：//www.cnern.org.cn/data/initDRsearch? classcode=SYC_A02）下载数据（李跃林等，2021）；也可通过广东鼎湖山森林生态系统国家野外科学观测研究站数据资源服务网（http：//dhf.cern.ac.cn/meta/detail/FTY01-10）查看元数据信息并申请获取数据。

（5）数据

2003—2010年的月际、年际尺度观测数据结果见表4-9、表4-10。

表4-9　2003—2010年鼎湖山针阔叶混交林年尺度碳通量监测结果

年份	净生态系统碳交换量（NEE）/[g/（m^2·年）]	生态系统呼吸（RE）/[g/（m^2·年）]	总生态系统碳交换量（GEE）/[g/（m^2·年）]	潜热通量（LE）/（MW/m^2）	显热通量（Hs）/（MW/m^2）
2003	−491.71	968.92	−1 460.63	1 757.65	617.81
2004	−518.57	899.97	−1 418.54	1 733.15	586.38
2005	−349.41	904.59	−1 254.00	1 646.69	557.47
2006	−501.14	958.88	−1 460.02	1 400.38	575.73
2007	−497.58	1 055.36	−1 552.94	1 651.31	595.71
2008	−393.63	994.22	−1 387.86	1 484.53	867.65
2009	−211.56	1 142.83	−1 354.39	1 727.94	982.95
2010	−342.01	1 080.72	−1 422.73	1 554.98	434.70

表 4-10　2003—2010 年鼎湖山针阔叶混交林月尺度碳通量监测结果

年份	月份	净生态系统碳交换量（NEE）/［g/（m²·月）］	生态系统呼吸（RE）/［g/（m²·月）］	总生态系统碳交换量（GEE）/［g/（m²·月）］	潜热通量（LE）/（MW/m²）	显热通量（Hs）/（MW/m²）
2003	1	−60.70	42.54	−103.24	105.82	62.45
2003	2	−16.96	48.97	−65.94	42.96	29.85
2003	3	−37.67	61.01	−98.68	158.85	98.75
2003	4	−30.28	79.66	−109.94	122.52	55.56
2003	5	−54.39	97.41	−151.81	147.14	46.18
2003	6	−20.08	100.02	−120.10	141.84	15.25
2003	7	−33.08	115.50	−148.59	222.51	51.97
2003	8	−21.70	123.49	−145.19	216.02	37.00
2003	9	−22.69	111.36	−134.05	177.16	41.00
2003	10	−65.36	83.99	−149.36	176.05	58.86
2003	11	−58.03	62.48	−120.51	125.73	50.97
2003	12	−70.76	42.48	−113.24	121.06	69.95
2004	1	−44.99	36.31	−81.30	66.99	52.78
2004	2	−32.24	41.05	−73.29	72.60	53.96
2004	3	−3.02	54.91	−57.93	66.20	34.87
2004	4	8.70	87.99	−79.30	163.30	26.37
2004	5	−28.69	115.31	−144.00	197.76	43.66
2004	6	−59.80	92.20	−152.00	194.73	69.28
2004	7	−73.15	83.03	−156.17	179.60	34.29
2004	8	−24.52	128.89	−153.41	197.86	39.82
2004	9	−56.27	102.69	−158.96	221.32	61.84
2004	10	−81.56	64.65	−146.21	168.19	58.44
2004	11	−66.09	53.20	−119.29	119.60	59.24
2004	12	−56.93	39.75	−96.67	85.01	51.84
2005	1	−28.44	31.47	−59.92	52.91	54.49
2005	2	−16.96	33.08	−50.04	101.38	49.30
2005	3	−8.33	48.35	−56.68	117.69	49.14
2005	4	−0.54	75.82	−76.36	123.70	38.84
2005	5	−19.89	101.65	−121.55	138.51	42.28
2005	6	4.74	105.68	−100.94	130.96	24.19
2005	7	−27.37	113.19	−140.56	209.73	58.76
2005	8	−31.82	117.29	−149.11	188.23	30.63

（续）

年份	月份	净生态系统碳交换量（NEE）/［g /（m²·月）］	生态系统呼吸（RE）/［g /（m²·月）］	总生态系统碳交换量（GEE）/［g /（m²·月）］	潜热通量（LE）/（MW/m²）	显热通量（Hs）/（MW/m²）
2005	9	−38.44	106.10	−144.54	195.46	37.61
2005	10	−73.05	79.16	−152.21	179.22	67.64
2005	11	−60.81	56.58	−117.39	115.35	58.84
2005	12	−48.50	36.23	−84.73	93.56	45.75
2006	1	−48.43	51.64	−100.07	62.36	70.98
2006	2	−47.90	50.37	−98.27	56.90	71.69
2006	3	−6.57	63.98	−70.55	50.55	44.24
2006	4	−36.55	79.66	−116.22	82.27	33.41
2006	5	−32.30	90.76	−123.06	127.10	24.66
2006	6	−23.38	102.99	−126.38	125.01	36.22
2006	7	−33.73	108.84	−142.57	173.59	25.02
2006	8	−43.96	105.34	−149.30	188.96	53.70
2006	9	−49.01	90.55	−139.56	157.85	55.58
2006	10	−73.31	90.63	−163.94	145.69	58.22
2006	11	−40.71	72.16	−112.87	115.82	33.38
2006	12	−65.28	51.95	−117.24	114.28	68.64
2007	1	−57.23	41.35	−98.58	86.53	80.83
2007	2	−24.69	57.00	−81.69	48.91	50.95
2007	3	−5.27	64.27	−69.54	46.73	12.50
2007	4	−44.28	73.37	−117.65	97.85	36.39
2007	5	−47.59	110.45	−158.05	151.17	65.79
2007	6	−17.24	124.49	−141.74	151.50	44.64
2007	7	−6.17	134.60	−140.77	226.89	64.56
2007	8	−47.17	126.08	−173.25	227.49	48.60
2007	9	−43.87	108.84	−152.70	190.09	36.95
2007	10	−77.38	94.04	−171.42	183.11	46.43
2007	11	−72.74	64.20	−136.94	156.35	42.11
2007	12	−53.94	56.65	−110.59	84.70	65.97
2008	1	−46.80	39.40	−86.21	72.15	69.95
2008	2	−37.24	29.17	−66.41	68.86	59.02
2008	3	−12.50	68.88	−81.38	80.05	74.80

（续）

年份	月份	净生态系统碳交换量（NEE）/[g/（m²·月）]	生态系统呼吸（RE）/[g/（m²·月）]	总生态系统碳交换量（GEE）/[g/（m²·月）]	潜热通量（LE）/（MW/m²）	显热通量（Hs）/（MW/m²）
2008	4	−8.40	82.15	−90.55	83.84	21.24
2008	5	−27.04	97.98	−125.01	119.40	27.53
2008	6	−39.20	106.23	−145.43	136.92	22.41
2008	7	−7.26	122.07	−129.33	165.42	115.41
2008	8	−32.40	124.69	−157.09	200.18	121.89
2008	9	−35.65	116.51	−152.17	175.99	112.04
2008	10	−35.12	100.78	−135.90	148.75	91.43
2008	11	−48.42	60.64	−109.06	123.75	67.85
2008	12	−63.60	45.72	−109.32	109.22	84.07
2009	1	−53.06	37.98	−91.04	83.28	88.33
2009	2	−25.49	71.12	−96.61	67.72	34.27
2009	3	−19.06	61.33	−80.40	56.45	48.55
2009	4	−21.41	82.48	−103.89	98.65	37.83
2009	5	−28.92	110.66	−139.58	127.87	48.42
2009	6	33.03	131.15	−98.12	146.26	131.41
2009	7	36.01	143.14	−107.14	228.45	233.94
2009	8	14.28	150.82	−136.53	245.46	185.13
2009	9	−0.97	136.08	−137.04	232.72	44.66
2009	10	−58.22	106.07	−164.30	197.19	40.51
2009	11	−45.26	64.13	−109.40	145.16	48.15
2009	12	−42.49	47.86	−90.35	98.72	41.74
2010	1	−22.25	65.30	−87.55	70.69	28.73
2010	2	−4.33	64.45	−68.78	67.63	15.95
2010	3	−13.06	80.51	−93.57	95.28	33.47
2010	4	−0.33	81.46	−81.79	90.57	−7.87
2010	5	−16.39	107.30	−123.69	119.62	31.41
2010	6	−8.00	99.56	−107.57	108.71	13.01
2010	7	−24.57	116.40	−140.97	172.31	46.53
2010	8	−38.78	114.32	−153.11	202.77	72.37
2010	9	−36.63	108.09	−144.72	180.31	39.46
2010	10	−58.65	98.12	−156.77	188.38	47.27

（续）

年份	月份	净生态系统碳交换量（NEE）/[g/（m²·月）]	生态系统呼吸（RE）/[g/（m²·月）]	总生态系统碳交换量（GEE）/[g/（m²·月）]	潜热通量（LE）/（MW/m²）	显热通量（Hs）/（MW/m²）
2010	11	−67.79	77.07	−144.86	149.86	70.51
2010	12	−51.23	68.14	−119.37	108.85	43.84

4.2 管理数据

该部分收集了鼎湖山站的科研成果和项目信息，在 http：//dhf.cern.ac.cn/首页的科学研究栏目下，有 2011—2019 年各类科研成果（包括论文、专著、专利、奖项、新品种等的目录和 PDF 文档可供查询下载）、科研项目信息可供查询。本数据集收集的时间段截至 2019 年 12 月。

4.2.1 发表的主要 SCI 论文及专著目录

1955—2019 年发表的与鼎湖山相关的论文有 2000 多篇，鼎湖山站人员参与发表的有 1000 多篇，其中 SCI 论文 392 篇。此处列出鼎湖山站人员 1995—2019 年以第一或通讯作者发表的 SCI 论文目录 258 篇及主编、参编专著 29 部。

（1）Guoyi Zhou*，Shan Xu，Philippe Ciais，Stefano Manzoni，Jingyun Fang，Guirui Yu，Xuli Tang，Ping Zhou，Wantong Wang，Junhua Yan，Gengxu Wang，Keping Ma，Shenggong Li，Sheng Du，Shijie Han，Youxin Ma，Deqiang Zhang，Juxiu Liu，Shizhong Liu，Guowei Chu，Qianmei Zhang，Yuelin Li，Wenjuan Huang，Hai Ren，Xiankai Lu，Xiuzhi Chen. Climate and litter C/N ratio constrain soil organic carbon accumulation. National Science Review，2019，6：746 - 757.

（2）Hui Liu，Sean M. Gleason，Guangyou Hao，Lei Hua，Pengcheng He，Guillermo Goldstein，Qing Ye*. Hydraulic traits are coordinated with maximum plant height at the global scale. Science Advances，2019，5（2）：1332.

（3）Mianhai Zheng，Zhenghu Zhou，Yiqi Luo，Ping Zhao，Jiangming Mo*. Global pattern and controls of biological nitrogen fixation under nutrient enrichment：A meta-analysis. Global Change Biology，2019，25：3018 - 3030.

（4）Pengcheng He，Ian J. Wright，Shidan Zhu，Yusuke Onoda，Hui Liu，Ronghua Li，Xiaorong Liu，Lei Hua，Osazee O. Oyanoghafo，Qing Ye*. Leaf mechanical strength and photosynthetic capacity vary independently across 57 subtropical forest species with contrasting light requirements. New Phytologist，2019，223：607 - 618.

（5）Juan Huang，Juxiu Liu，Wei Zhang，Xi'an Cai，Lei Liu，Mianhai Zheng*，Jiangming Mo*. Effects of urbanization on plant phosphorus availability in broadleaf and needleleaf subtropical forests. Science of the Total Environment，2019，684：50 - 57.

（6）Hui Liu，Samuel H. Taylor，Qiuyuan Xu，Yixue Lin，Hao Hou，Guilin Wu，Qing Ye*. Life history is a key factor explaining functional trait diversity among subtropical grasses，and its influence differs between C_3 and C_4 species. Journal of Experimental Botany，2019，70（5）：1567 - 1580.

（7）Zhiyang Lie，Wei Lin，Wenjuan Huang，Xiong Fang，Chumin Huang，Ting Wu，Guowei

* *通讯作者，** 为第二通讯作者。

Chu，Shizhong Liu，Ze Meng，Guoyi Zhou，Juxiu Liu*. Warming changes soil N and P supplies in model tropical forests. Biology and Fertility of Soils，2019，55：751－763.

（8）Mianhai Zheng，Wei Zhang*，Yiqi Luo，Shiqiang Wan，Shenglei Fu，Senhao Wang，Nan Liu，Qing Ye，Junhua Yan，Bi Zou，Chengliang Fang，Yuxi Ju，Denglong Ha，Liwei Zhu，Jiangming Mo*. The inhibitory effects of nitrogen deposition on asymbiotic nitrogen fixation are divergent between a tropical and a temperate forest. Ecosystems，2019，22：955－967.

（9）Honglang Duan，Yiyong Li，Yue Xu，Shuangxi Zhou，Juan Liu，David T. Tissue，Juxiu Liu*. Contrasting drought sensitivity and post－drought resilience among three cooccurring tree species in subtropical China. Agricultural and Forest Meteorology，2019，272－273：55－68.

（10）Xingyun Liang，Pengcheng He，Hui Liu，Shidan Zhu，Isaac Kazuo Uyehara，Hao Hou，Guilin Wu，Hui Zhang，Zhangtian You，Yiying Xiao，Qing Ye*. Precipitation has dominant influences on the variation of plant hydraulics of the native Castanopsis fargesii（Fagaceae）in subtropical China. Agricultural and Forest Meteorology，2019，271：83－91.

（11）Mengxiao Yu，Yingping Wang，Jun Jiang，Chen Wang，Guoyi Zhou，Junhua Yan*. Soil organic carbon stabilization in the three subtropical forests：importance of clay and metal oxides. Journal of Geophysical Research－Biogeosciences，2019，124：2976－2990.

（12）Xiaoge Han，Changchao Xu，Yanxia Nie，Jinhong He，Wenjuan Wang，Qi Deng，Weijun Shen*. Seasonal variations in N_2O emissions in a subtropical forest with exogenous nitrogen enrichment are predominately influenced by the abundances of soil nitrifiers and denitrifiers. Journal of Geophysical Research－Biogeosciences，2019，124：3635－3651.

（13）Xiaorong Liu，Hui Liu，Sean M. Gleason，Guillermo Goldstein，Shidan Zhu，Pengcheng He，Hao Hou，Ronghua Li，Qing Ye*. Water transport from stem to stomata：the coordination of hydraulic and gas exchange traits across 33 subtropical woody species. Tree Physiology，2019，39（10）：1665－1674.

（14）Shidan Zhu，Ronghua Li，Pengcheng He，Zafar Siddiq，Kunfang Cao，Qing Ye*. Large branch and leaf hydraulic safety margins in subtropical evergreen broadleaved forest. Tree Physiology，2019，39（8）：1405－1415.

（15）Taiki Mori，Senhao Wang，Wei Zhang*，Jiangming Mo*. A potential source of soil ecoenzymes：From the phyllosphere to soil via throughfall. Applied Soil Ecology，2019，139：25－28.

（16）Juxiu Liu，Xiong Fang，Xuli Tang，Wantong Wang，Guoyi Zhou*，Shan Xu，Wenjuan Huang，Gengxu Wang，Junhua Yan，Keping Ma，Sheng Du，Shenggong Li，Shijie Han，Youxin Ma. Patterns and controlling factors of plant nitrogen and phosphorus stoichiometry across China's forests. Biogeochemistry，2019，143：191－205.

（17）Jun Jiang，YingPing Wang，Yanhua Yang，Mengxiao Yu，Chen Wang，Junhua Yan*. Interactive effects of nitrogen and phosphorus additions on plant growth vary with ecosystem type. Plant Soil，2019，440：523－537.

（18）Huiling Zhang，Qi Deng*，Dafeng Hui，Jianping Wu，Xin Xiong，Jianqi Zhao，Mengdi Zhao，Guowei Chu，Guoyi Zhou，Deqiang Zhang*. Recovery in soil carbon stock but reduction in carbon stabilization after 56－year forest restoration in degraded tropical lands. Forest Ecology and Management，2019，441（0）：1－8.

（19）Senhao Wang，Kaijun Zhou，Taiki Mori，Jiangming Mo，Wei Zhang*. Effects of phosphorus and nitrogen fertilization on soil arylsulfatase activity and sulfur availability of two tropical plantations in southern China. Forest Ecology and Management, 2019, 453: 117613.

(20) Hui Liu*, Colin P. Osborne, Deyi Yin, Robert P. Freckleton, Gaoming Jiang, Meizhen Liu. Phylogeny and ecological processes infuence grass coexistence at diferent spatial scales within the steppe biome. Oecologia, 2019, 191: 25-38.

(21) Juan Huang, Kaijun Zhou, Wei Zhang, Juxiu Liu, Xiang Ding, Xi'an Cai, Jiangming Mo*. Sulfur deposition still contributes to forest soil acidification in the Pearl River Delta, South China, despite the control of sulfur dioxide emission since 2001. Environmental Science and Pollution Research, 2019, 26 (13): 12928-12939.

(22) Ting Wu, Wei Lin, Yiyong Li, Zhiyang Lie, Wenjuan Huang, Juxiu Liu*. Nitrogen addition method affects growth and nitrogen accumulation in seedlings of four subtropical tree species: Schima superba Gardner & Champ., Pinus massoniana Lamb., Acacia mangium Willd., and Ormosia pinnata Lour. Annals of Forest Science, 2019, 76: 23.

(23) Huiling Zhang, Xin Xiong, Jianping Wu, Jianqi Zhao, Mengdi Zhao, Guowei Chu, Dafeng Hui, Guoyi Zhou, Qi Deng*, Deqiang Zhang*. Changes in soil microbial biomass, community composition, and enzyme activities after half-century forest restoration in degraded tropical lands. Forests, 2019, 10 (12): 1124.

(24) Ting Wu, Chao Qu, Yiyong Li, Xu Li, Guoyi Zhou, Shizhong Liu, Guowei Chu, Ze Meng, Zhiyang Lie, Juxiu Liu*. Warming effects on leaf nutrients and plant growth in tropical forests. Plant ecology, 2019, 220: 663-674.

(25) Taiki Mori, Kaijun Zhou, Senhao Wang, Wei Zhang, Jiangming Mo*. Effect of nitrogen addition on DOC leaching and chemical exchanges on canopy leaves in Guangdong Province, China. Journal of Forestry Research, 2019, 30 (5): 1707-1713.

(26) Taiki Mori, Senhao Wang, Zhuohang Wang, Cong Wang, Hui Mo, Jiangming Mo, Xiankai Lu*. Testing potassium limitation on soil microbial activity in a sub-tropical forest. Journal of Forestry Research, 2019, 30 (6): 2341-2347.

(27) Zeyuan Zou, Rourou Huang, Yiming Fan, Qianmei Zhang*, Shizhong Liu, Guowei Chu. Community structure and conservation of rare and endangered plants of geomantic forest in southern china. Applied eclolgy and environmental research, 2019, 17 (6): 15775-15785.

(28) Xiaoying Luo, Qianmei Zhang*, Hai Ren*, Guohua Ma, Hong Liu. Dormancy and germination of firmiana danxiaensis, an endangered tree endemic to south china. Seed Science and Technology, 2019, 47 (3): 343-349.

(29) Shiping Chen, Wantong Wang, Wenting Xu, Yang Wang, Hongwei Wan, Dima Chen, Zhiyao Tang, Xuli Tang, Guoyi Zhou, Zongqiang Xie, Daowei Zhou, Zhouping Shangguan, Jianhui Huang, JinSheng He, Yanfen Wang, Jiandong Sheng, Lisong Tang, Xinrong Li, Ming Dong, Yan Wu, Qiufeng Wang, Zhiheng Wang, Jianguo Wu, F. Stuart Chapin Ⅲ, Yongfei Bai*. Plant diversity enhances productivity and soil carbon storage. Proceedings of the National Academy of Sciences of the United States of America, 2018, 115 (16): 4027-4032.

(30) Xiankai Lu, Peter M. Vitousek*, Qinggong Mao, Frank S. Gilliam, Yiqi Luo, Guoyi Zhou, Xiaoming Zou, Edith Bai, Todd M. Scanlon, Enqing Hou, Jiangming Mo*. Plant acclimation to long-term high nitrogen deposition in an N-rich tropical forest. Proceedings of the National Academy of Sciences of the United States of America, 2018, 115 (20): 5187-5192.

(31) Zhiyao Tang, Wenting Xu, Guoyi Zhou, Yongfei Bai, Jiaxiang Li, Xuli Tang, Dima

Chen, Qing Liu, Wenhong Ma, Gaoming Xiong, Honglin He, Nianpeng He, Yanpei Guo, Qiang Guo, Jiangling Zhu, Wenxuan Han, Huifeng Hu, Jingyun Fang*, Zongqiang Xie*. Patterns of plant carbon, nitrogen, and phosphorus concentration in relation to productivity in China's terrestrial ecosystems. Proceedings of the National Academy of Sciences of the United States of America, 2018, 115 (16): 4033 - 4038.

(32) Xuli Tang, Xia Zhao, Yongfei Bai, Zhiyao Tang, Wantong Wang, Yongcun Zhao, Hongwei Wan, Zongqiang Xie, Xuezheng Shi, Bingfang Wu, Gengxu Wang, Junhua Yan, Keping Ma, Sheng Du, Shenggong Li, Shijie Han, Youxin Ma, Huifeng Hu, Nianpeng He, Yuanhe Yang, Wenxuan Han, Hongling He, Guirui Yu, Jingyun Fang, Guoyi Zhou*. Carbon pools in China' s terrestrial ecosystems: New estimates based on an intensive field survey. Proceedings of the National Academy of Sciences of the United States of America, 2018, 115 (16): 4021 - 4026.

(33) Qinggong Mao, Xiankai Lu*, Hui Mo, Per Gundersen, Jiangming Mo. Effects of simulated N deposition on foliar nutrient status, N metabolism and photosynthetic capacity of three dominant understory plant species in a mature tropical forest. Science of the Total Environment, 2018, 610 - 611: 555 - 562.

(34) Hui Wang, Shirong Liu*, Xiao Zhang, Qinggong Mao, Xiangzhen Li, Yeming You, Jingxin Wang, Mianhai Zheng, Wei Zhang, Xiankai Lu, Jiangming Mo**. Nitrogen addition reduces soil bacterial richness, while phosphorus addition alters community composition in an old - growth N - rich tropical forest in southern China. Soil Biology and Biochemistry, 2018, 127: 22 - 30.

(35) Cong Wang, Xiankai Lu*, Taiki Mori, Qinggong Mao, Kaijun Zhou, Guoyi Zhou, Yanxia Nie, Jiangming Mo. Responses of soil microbial community to continuous experimental nitrogen additions for 13 years in a nitrogen - rich tropical forest. Soil Biology and Biochemistry, 2018, 121: 103 - 112.

(36) Qi Deng, Deqiang Zhang, Xi Han, Guowei Chu, Quanfa Zhang**, Dafeng Hui*. Changing rainfall frequency rather than drought rapidly alters annual soil respiration in a tropical forest. Soil Biology and Biochemistry, 2018, 121: 8 - 15.

(37) Hui Zhang, Han Y. H. Chen, Juyu Lian, Robert John, Li Ronghua, Hui Liu, Wanhui Ye, Frank Berninger, Qing Ye*. Using functional trait diversity patterns to disentangle the scale - dependent ecological processes in a subtropical forest. Functional Ecology, 2018, 32: 1379 - 1389.

(38) Taiki Mori, Xiankai Lu, Ryota Aoyagi, Jiangming Mo*. Reconsidering the phosphorus limitation of soil microbial activity in tropical forests. Functional Ecology, 2018, 32 (5): 1145 - 1154.

(39) Mianhai Zheng, Wei Zhang, Yiqi Luo, Dejun Li, Senhao Wang, Juan Huang, Xiangkai Lu, Jiangming Mo*. Stoichiometry controls asymbiotic nitrogen fixation and its response to nitrogen inputs in a nitrogen - saturated forest. Ecology, 2018, 99 (9): 2037 - 2046.

(40) Guilin Wu, Hui Liu, Lei Hua, Qi Luo, Yixue Lin, Pengcheng He, Shiwei Feng, Juxiu Liu, Qing Ye*. Differential responses of stomata and photosynthesis to elevated temperature in two co - occurring subtropical forest tree species. Frontiers in Plant Science, 2018, 9: 467.

(41) Guilin Wu, Shaowei Jiang, Hui Liu, Shidan Zhu, Duoduo Zhou, Ying Zhang, Qi Luo, Jun Li*. Early direct competition does not determine the community structure in a desert riparian forest. Scientific Reports, 2018, 8: 4531.

(42) Jun Jiang, Yingping Wang, Mengxiao Yu, Nannan Cao, Junhua Yan*. Soil organic matter is important for acid buffering and reducing aluminum leaching from acidic forest soils. Chemical

Geology，2018，501：86 - 94.

(43) Kaijun Zhou，Xiankai Lu*，Taiki Mori，Qinggong Mao，Cong Wang，Mianhai Zheng，Hui Mo，Enqing Hou，Jiangming Mo. Effects of long - term nitrogen deposition on phosphorus leaching dynamics in a mature tropical forest. Biogeochemistry，2018，138 (2)：215 - 224.

(44) Shidan Zhu，Pengcheng He，Ronghua Li，Shenglei Fu，Yongbiao Lin，Lixia Zhou，Kunfang Cao，Qing Ye*. Drought tolerance traits predict survival ratio of native tree species planted in a subtropical degraded hilly area in South China. Forest Ecology and Management，2018，418：41 - 46.

(45) Hui Zhang，Robert John，Shidan Zhu，Hui Liu，Qiuyuan Xu，Wei Qi，Kun Liu，Han Y. H. Chen，Qing Ye*. Shifts in functional trait - species abundance relationships over secondary subalpine meadow succession in the Qinghai - Tibetan Plateau. Oecologia，2018，188：547 - 557.

(46) Hui Liu，Liwei Zhu，Qiuyuan Xu，Marjorie R. Lundgren，Keming Yang，Ping Zhao，Qing Ye*. Ecophysiological responses of two closely related Magnoliaceae genera to seasonal changes in subtropical China. Journal of Plant Ecology，2018，11 (3)：434 - 444.

(47) Liyang Liu，Jishan Liao，Xiuzhi Chen*，Guoyi Zhou，Yongxian Su*，Zhiying Xiang，Zhe Wang，Xiaodong Liu，Yiyong Li，Jianping Wu，Xin Xiong，Huaiyong Shao*. The Microwave Temperature Vegetation Drought Index (MTVDI) based on AMSR - E brightness temperatures for long - term drought assessment across China (2003 - 2010). Remote Sensing of Environment，2017，199：302 - 320.

(48) Mianhai Zheng，Wei Zhang，Yiqi Luo，Taiki Mori，Qinggong Mao，Senhao Wang，Juan Huang，Xiankai Lu，Jiangming Mo*. Different responses of asymbiotic nitrogen fixation to nitrogen addition between disturbed and rehabilitated subtropical forests. Science of the Total Environment，2017，601 - 602：1505 - 1512.

(49) Hui Zhang，Shidan Zhu，Robert John，Ronghua Li，Hui Liu，Qing Ye*. Habitat filtering and exclusion of weak competitors jointly explain fern species assemblage along a light and water gradient. Scientific Reports，2017，7：298.

(50) Jing Zhang，Xuli Tang*，Siyuan Zhong，Guangcai Yin，Yifei Gao，Xinhua He. Recalcitrant carbon components in glomalin - related soil protein facilitate soil organic carbon preservation in tropical forests. Scientific Reports，2017，7：2391.

(51) Shan Xu，Guoyi Zhou*，Xuli Tang，Wantong Wang，Genxu Wang，Keping Ma，Shijie Han，Sheng Du，Shenggong Li，Junhua Yan，Youxin Ma. Different spatial patterns of nitrogen and phosphorus resorption efficiencies in China's forests. Scientific Reports，2017，7：10584.

(52) Dennis Otieno，Yuelin li*，Xiaodong Liu，Guoyi Zhou，Jing Cheng，Yangxu Ou，Shizhong Liu，Xiuzhi Chen，Qianmei Zhang，Xuli Tang，Deqiang Zhang，Eun - Young Jung，J. D. Tenhunen. Spatial heterogeneity in stand characteristics alters water use patterns of mountain forests. Agricultural and Forest Meteorology，2017，236：78 - 86.

(53) Qinggong Mao，Xiankai Lu*，Kaijun Zhou，Hao Chen，Xiaomin Zhu，Taiki Mori，Jiangming Mo*. Effects of long - term nitrogen and phosphorus additions on soil acidification in an N - rich tropical forest. Geoderma，2017，285：57 - 63.

(54) Wenjuan Huang，Juxiu Liu，Tianfeng Han，Deqiang Zhang，Shaojun Huang，Guoyi Zhou*. Different plant covers change soil respiration and its sources in subtropics. Biology and Fertility of Soils，2017，53：469 - 478.

（55）Yiyong Li，Guoyi Zhou，Juxiu Liu*. Different Growth and Physiological Responses of Six Subtropical Tree Species to Warming. Frontiers in Plant Science，2017，8：1511.

（56）Geshere Abdisa Gurmesa，Xiankai Lu，Per Gundersen，Yunting Fang，Qinggong Mao，Chen Hao，Jiangming Mo*. Nitrogen input 15N signatures are reflected in plant 15N natural abundances in subtropical forests in China. Biogeosciences，2017，14（9）：2359－2370.

（57）Juxiu Liu，Shuange Liu，Yiyong Li，Shizhong Liu，Guangcai Yin，Juan Huang，Yue Xu，Guoyi Zhou. Warming effects on the decomposition of two litter species in model subtropical forests. Plant Soil，2017，420：277－287.

（58）Qinggong Mao，Xiankai Lu*，Cong Wang，Kaijun Zhou，Jiangming Mo*. Responses of understory plant physiological traits to a decade of nitrogen addition in a tropical reforested ecosystem. Forest Ecology and Management，2017，401：65－74.

（59）Juxiu Liu，Yiyong Li，Yue Xu，Shuange Liu，Wenjuan Huang，Xiong Fang，Guangcai Yin. Phosphorus uptake in four tree species under nitrogen addition in subtropical China. Environmental Science and Pollution Research，2017，24：20005－20014.

（60）Xiuzhi Chen，Xiaodong Liu，Zhiyong Liu，Ping Zhou，Guoyi Zhou*，Jishan Liao，Liyang Liu. Spatial clusters and temporal trends of seasonal surface soil moisture across China in responses to regional climate and land cover changes. Ecohydrology，2017，10（2）：e1800.

（61）Yongxian Su，Xiuzhi Chen *，Hua Su，Liyang Liu，Jishan Liao. Digitizing the thermal and hydrological parameters of land surface in subtropical China using AMSR－E brightness temperatures. International Journal of Digital Earth，2017，10（7）：687－700.

（62）Hao Chen，Wei Zhang，G. A. Gurmesa，X. Zhu，D. Li，Jiangming Mo*. Phosphorus addition affects soil nitrogen dynamics in a nitrogen－saturated and two nitrogen－limited forests. European Journal of Soil Science，2017，68（4）：472－479.

（63）Hui Liu，Qiuyuan Xu，Marjorie R. Lundgren，Qing Ye*. Different water relations between flowering and leaf periods：a case study in flower－before－leaf－emergence Magnolia species. Functional Plant Biology，2017，44（11）：1098－1110.

（64）Qiuyuan Xu，Hui Liu，Qing Ye*. Intraspecific variability of ecophysiological traits of four Magnoliaceae species growing in two climatic regions in China. Plant Ecology，2017，218（4）：407－415.

（65）Taiki Mori*，N. Imai，D. Yokoyama，M. Mukai，K. Kitayama. Effects of selective logging and application of phosphorus and nitrogen on fluxes of CO_2，CH_4，and N_2O in lowland tropical rainforests of Borneo. Journal of Tropical Forest Science，2017，29（2）：248－256.

（66）Xiuzhi Chen，Xiaohua Wei，Ge Sun，Ping Zhou，Guoyi Zhou. Reply to "Space－time asymmetry undermines water yield assessment". Nature Communications，2016，7：11604.

（67）Geshere Abdisa Gurmesa，Xiankai Lu，Per Gundersen，Qinggong Mao，Kaijun Zhou，Yunting Fang，Jiangming Mo. High retention of 15N－labeled nitrogen deposition in a nitrogen saturated old－growth tropical forest. Global Change Biology，2016，22（11）：3608－3620.

（68）Hao Chen，Geshere A. Gurmesa，Wei Zhang，Xiaomin Zhu，Mianhai Zheng，Qinggong Mao，Tao Zhang，Jiangming Mo*. Nitrogen saturation in humid tropical forests after 6 years of nitrogen and phosphorus addition：hypothesis testing. Functional Ecology，2016，30（2）：305－313.

（69）Shidan Zhu，Hui Liu，Qiuyuan Xu，Kunfang Cao，Qing Ye*. Are leaves more vulnerable to cavitation than branches?. Functional Ecology，2016，30：1740－1744.

(70) Wenjuan Huang, Tianfeng Han, Juxiu Liu, Gangsheng Wang, Guoyi Zhou*. Changes in soil respiration components and their specific respiration along three successional forests in the subtropics. Functional Ecology, 2016, 30: 1466 - 1474.

(71) Jun Jiang, Yingping Wang, Mengxiao Yu, Kun Li, Yijing Shao, Junhua Yan*. Responses of soil buffering capacity to acid treatment in three typical subtropical forests. Science of the Total Environment, 2016, 563: 1068 - 1077.

(72) Jianping Wu, Guohua Liang, Dafeng Hui, Qi Deng, Xin Xiong, Qingyan Qiu, Juxiu Liu, Guowei Chu, Guoyi Zhou, Deqiang Zhang*. Prolonged acid rain facilitates soil organic carbon accumulation in a mature forest in Southern China. Science of the Total Environment, 2016, 544: 94 - 102.

(73) Yiyong Li, Juxiu Liu*, Guoyi Zhou, Wenjuan Huang, Honglang Duan. Warming effects on Photosynthesis of subtropical tree species: a translocation experiment along an altitudinal gradient. Scientific Reports, 2016, 6: 24895.

(74) Wantong Wang, Jinxia Wang, Xingzhao Liu, Guoyi Zhou, Junhua Yan*. Decadal drought deaccelerated the increasing trend of annual net primary production in tropical or subtropical forests in southern China. Scientific Reports, 2016, 6: 28640.

(75) Hui Liu, Marjorie R. Lundgren, Robert P. Freckleton, Qiuyuan Xu, Qing Ye*. Uncovering the spatio - temporal drivers of species trait variances: a case study of Magnoliaceae in China. Journal of Biogeography, 2016, 43: 1179 - 1191.

(76) Shidan Zhu, Ronghua Li, Juan Song, Pengcheng He, Hui Liu, Frank Berninger, Qing Ye*. Different leaf cost - benefit strategies of ferns distributed in contrasting light habitats of sub - tropical forests. Annals of Botany, 2016, 117: 497 - 506.

(77) Mianhai Zheng, Tao Zhang, Lei Liu, Weixing Zhu, Wei Zhang, Jiangming Mo*. Effects of nitrogen and phosphorus additions on nitrous oxide emission in a nitrogen - rich and two nitrogen - limited tropical forests. Biogeosciences, 2016, 13 (11): 3503 - 3517.

(78) Mianhai Zheng, Hao Chen, Dejun Li, Xiaomin Zhu, Wei Zhang, Shenglei Fu, Jiangming Mo*. Biological nitrogen fixation and its response to nitrogen input in two mature tropical plantations with and without legume trees. Biology and Fertility of Soils, 2016, 52 (5): 665 - 674.

(79) Xiong Fang, Guoyi Zhou, Yuelin Li, Shizhong Liu, Guowei Chu, Zhihong Xu, Juxiu Liu*. Warming effects on biomass and composition of microbial communities and enzyme activities within soil aggregates in subtropical forest. Biology and Fertility of Soils, 2016, 52 (3): 353 - 365.

(80) Xiuzhi Chen, Yongxian Su, Jishan Liao, Jiali Shang, Taifeng Dong, Chongyang Wang, Wei Liu, Guoyi Zhou*, Liyang Liu. Detecting significant decreasing trends of land surface soil moisture in eastern China during the past three decades (1979 - 2010). Journal of Geophysical Research - Atmospheres, 2016, 121 (10): 5177 - 5192.

(81) Mianhai Zheng, Dejun Li, Xing Lu, Xiaomin Zhu, Wei Zhang, Juan Huang, Shenglei Fu, Xiankai Lu, Jiangming Mo*. Effects of phosphorus addition with and without nitrogen addition on biological nitrogen fixation in tropical legume and non - legume tree plantations. Biogeochemistry, 2016, 131 (1 - 2): 65 - 76.

(82) Mianhai Zheng, Tao Zhang, Lei Liu, Wei Zhang, Xiankai Lu, Jiangming Mo*. Effects of nitrogen and phosphorus additions on soil methane uptake in disturbed forests. Journal of Geophysical Research - Biogeosciences, 2016, 121 (12): 3089 - 3100.

（83）Xiaomin Zhu，Hao Chen，Wei Zhang，Juan Huang，Shenglei Fu，Zhanfeng Liu，Jiangming Mo*. Effects of nitrogen addition on litter decomposition and nutrient release in two tropical plantations with N_2 - fixing vs. non - N_2 - fixing tree species. Plant Soil，2016，399：61 - 74.

（84）Yiyong Li，Guoyi Zhou，Wenjuan Huang，Juxiu Liu*，Xiong Fang. Potential effects of warming on soil respiration and carbon sequestration in a subtropical forest. Plant Soil，2016，409：247 - 257.

（85）Guohua Liang，Dafeng Hui，Xiaoying Wu，Jianping Wu，Juxiu Liu，Guoyi Zhou，Deqiang Zhang*. Effects of simulated acid rain on soil respiration and its components in a subtropical mixed conifer and broadleaf forest in southern China. Environmental Science Processes & Impacts，2016，18（2）：246 - 255.

（86）Yongxian Su，Xiuzhi Chen*，Jishan Liao，Hongou Zhang，Changjian Wang，Yeyao Ye，Yang Wang. Modeling the optimal ecological security pattern for guiding the urban constructed land expansions. Urban Forestry & Urban Greening，2016，19：35 - 46.

（87）Xiaomei Chen，Deqiang Zhang，Guohua Liang，Qingyan Qiu，Juxiu Liu，Guoyi Zhou，Shizhong Liu，Guowei Chu，Junhua Yan*. Effects of precipitation on soil organic carbon fractions in three subtropical forests in southern China. Journal of Plant Ecology，2016，9（1）：10 - 19.

（88）Juanjuan Song，Guoliang Ye，Zhengjiang Qian，Qing Ye*. Virus - induced plasma membrane aquaporin PsPIP2；1 silencing inhibits plant water transport of Pisum sativum. Botanical Studies，2016，57：15.

（89）Guoyi Zhou*，Xiaohua Wei，Xiuzhi Chen*，Ping Zhou，Xiaodong Liu，Yin Xiao，Ge Sun，David F. Scott，Shuyidan Zhou，Liusheng Han，Yongxian Su. Global pattern for the effect of climate and land cover on water yield. Nature Communications，2015，6：6918.

（90）Li Ronghua，Zhu Shidan，Han Y. H. Chen，John Robert，Guoyi Zhou，Deqiang Zhang，Zhang Qianmei，Ye Qing*. Are functional traits a good predict of global change impact on tree species abundance dynamics in a subtropical forest？. Ecology Letters，2015，18：1181 - 1189.

（91）Zhengjiang Qian*，Juanjuan Song*，François Chaumont，Qing Ye. Differential responses of plasma membrane aquaporins in mediating water transport of cucumber seedlings under osmotic and salt stresses. Plant，Cell and Environment，2015，38：461 - 473.

（92）Hui Liu，Colin P. Osborne1*. Water relations traits of C4 grasses depend on phylogenetic lineage，photosynthetic pathway，and habitat water availability. Journal of Experimental Botany，2015，66（3）：761 - 773.

（93）Xiankai Lu，Qinggong Mao，Jiangming Mo*，Frank S. Gilliam，Guoyi Zhou，Yiqi Luo，Wei Zhang，Juan Huang. Divergent responses of soil buffering capacity to long - term N deposition in three typical tropical forests with different land - use history. Environmental Science & Technology，2015，49：4072 - 4080.

（94）Hui Zhang，Wei Qi，Robert John，Wenbin Wang，Feifan Song，Shurong Zhou. Using functional trait diversity to evaluate the contribution of multiple ecological processes to community assembly during succession. Ecography，2015，38：1176 - 1186.

（95）Juan Huang*，Wei Zhang，Jiangming Mo，Shizhong Wang，Juxiu Liu，Hao Chen. Urbanization in China drives soil acidification of Pinus massoniana forests. Scientific Reports，2015，5：13512.

（96）Junhua Yan，Kun Li，Xingju Peng，Zhongliang Huang，Shizhong Liu，Qianmei

Zhang. The mechanism for exclusion of Pinus massoniana during the succession in subtropical forest ecosystems：light competition or stoichiometric homoeostasis? . Scientific Reports，2015，5：10994.

（97）Hui Liu*，Qiuyuan Xu*，Pengcheng He，Louis S. Santiago，Keming Yang，Qing Ye. Strong phylogenetic signals and phylogenetic niche consevatism in ecophysiological traits across divergent lineages of Magnoliaceae. Scientific Reports，2015，5：12246.

（98）Wenjuan Huang，Benjamin Z. Houlton，Alison R. Marklein，Juxiu Liu，Guoyi Zhou*. Plant stoichiometric responses to elevated CO_2 vary with nitrogen and phosphorus inputs：Evidence from a global - scale meta - analysis. Scientific Reports，2015，5：18225.

（99）Feifei Zhu，Xiankai Lu，Lei Liu，Jiangming Mo*. Phosphate addition enhanced soil inorganic nutrients to a large extent in three tropical forests. Scientific Reports，2015，5：7923.

（100）Lei Liu，Per Gundersen，Wei Zhang，Tao Zhang，Hao Chen，Jiangming Mo*. Effects of nitrogen and phosphorus additions on soil microbial biomass and community structure in two reforested tropical forests. Scientific Reports，2015，5：14378.

（101）Tianfeng Han*，Wenjuan Huang*，Juxiu Liu，Guoyi Zhou，Yin Xiao. Different soil respiration responses to litter manipulation in three subtropical successional forests. Scientific Reports，2015，5：18166.

（102）Juxiu Liu*，Xiong Fang，Qi Deng，Tianfeng Han，Wenjuan Huang，Yiyong Li. CO_2 enrichment and N addition increase nutrient loss from decomposing leaf litter in subtropical model forest ecosystems. Scientific Reports，2015，5：7952.

（103）Wei Zhang*，Weijun Shen*，Shidan Zhu，Shiqiang Wan，Yiqi Luo，Junhua Yan，Keya Wang，Lei Liu，Huitang Dai，Peixue Li，Keyuan Dai，Weixin Zhang，Zhanfeng Liu，Faming Wang，Yuanwen Kuang，Zhian Li，Yongbiao Lin，Xingquan Rao，Jiong Li，Bi Zou，Xian Cai，Jiangming Mo，Ping Zhao，Qing Ye，Jianguo Huang，Shenglei Fu. CAN canopy addition of nitrogen better lllustrate the effect of atmospheric nitrogen deposition on forest ecosystem? . Scientific Reports，2015，5：11245.

（104）Hao Chen，Dejun Li，Geshere A. Gurmesa，Guirui Yu，Linghao Li，Wei Zhang，Huajun Fang，Jiangming Mo*. Effects of nitrogen deposition on carbon cycle in terrestrial ecosystems of China：A meta - analysis. Environmental Pollution，2015，206：352 - 360.

（105）Wenjuan Huang，Guoyi Zhou，Juxiu Liu*，Deqiang Zhang，Shizhong Liu，Guowei Chu，Xiong Fang. Mineral Elements of Subtropical Tree Seedlings in Response to Elevated Carbon Dioxide and Nitrogen Addition. Plos One，2015，10（3）：e0120190.

（106）Jing Zhang，Xuli* Tang，Xinhua He，Juxiu Liu. Glomalin - related soil protein responses to elevated CO_2 and nitrogen addition in a subtropical forest：potential consequences for soil carbon accumulation. Soil Biology and Biochemistry，2015，83：142 - 149.

（107）Wenjuan Huang，Spohn Marie. Effects of long - term litter manipulation on soil carbon，nitrogen，and phosphorus in a temperate deciduous forest. Soil Biology and Biochemistry，2015，83：12 - 18.

（108）Junhua Yan*，Kun Li，Wantong Wang，Deqiang Zhang，Guoyi Zhou. Changes in dissolved organic carbon and total dissolved nitrogen fluxes across subtropical forest ecosystems at different successional stages. Water Resources Research，2015，51（5）：3681 - 3694.

（109）Xiong Fang，Liang Zhao，Guoyi Zhou，Wenjuan Huang，Juxiu Liu*. Increased litter input increases litter decomposition and soil respiration but has minor effects on soil organic carbon in subtropical forests. Plant and Soil，2015，392（1-2）：139-153.

（110）Juan Huang*，Wei Zhang，Xiaomin Zhu，Frank S. Gilliam，Hao Chen，Xiankai Lu，Jiangming Mo. Urbanization in China changes the composition and main sources of wet inorganic nitrogen deposition. Environmental Science and Pollution Research，2015，22：6526-6534.

（111）Xiuzhi Chen，Xiaodong Liu，Guoyi Zhou*，Liusheng Han，Wei Liu，Jishan Liao. 50-year evapotranspiration declining and potential causations in subtropical Guangdong province，southern China. Catena，2015，128：185-194.

（112）Shidan Zhu*，Yajun Chen*，Kunfang Cao，Qing Ye. Interspecific variation in branch and leaf traits among three Syzygium tree species from different successional tropical forests. Functional Plant Biology，2015，42：423-432.

（113）Yongxian Su，Xiuzhi Chen*，Chongyang Wang，Hongou Zhang，Jishan Liao，Yuyao Ye，Changjian Wang. A new method for extracting built-up urban areas using DMSP-OLS nighttime stable lights：a case study in the Pearl River Delta，southern China. GIScience & Remote Sensing，2015，52（2）：218-238.

（114）Xiaodong Liu，Yuelin Li，Xiuzhi Chen，Guoyi Zhou*，Jing Cheng，Deqiang Zhang，Ze Meng，Qianmei Zhang. Partitioning evapotranspiration in an intact forested watershed in southern China. Ecohydrology，2015，8：1037-1047.

（115）Wenjuan Huang，Guoyi Zhou，Xiaofang Deng，Juxiu Liu*，Honglang Duan，Deqiang Zhang，Guowei Chu，Shizhong Liu. Nitrogen and phosphorus productivities of five subtropical tree species in response to elevated CO_2 and N addition. European Journal of Forest Research，2015，134（5）：845-856.

（116）Mianhai Zheng，Juan Huang，Hao Chen，Hui Wang，Jiangming Mo*. Responses of soil acid phosphatase and beta-glucosidase to nitrogen and phosphorus addition in two subtropical forests in southern China. European Journal of Soil Biology，2015，68：77-84.

（117）Yiyong Li，Juxiu Liu*，Genyun Chen，Guoyi Zhou，Wenjuan Huang，Guangcai Yin，Deqiang Zhang，Yuelin Li. Water-use efficiency of four native trees under CO_2 enrichment and N addition in subtropical model forest ecosystems. Journal of Plant Ecology，2015，8（4）：411-419.

（118）Qingyan Qiu，Jianping Wu，Guohua Liang，Juxiu Liu，Guowei Chu，Guoyi Zhou，Deqiang Zhang*. Effects of simulated acid rain on soil and soil solution chemistry in a monsoon evergreen broad-leaved forest in southern China. Environmental Monitoring and Assessment，2015，187（5）：272.

（119）Guoyi Zhou*，Benjamin Z. Houlton，Wantong Wang，Wenjuan Huang，Yin Xiao，Qianmei Zhang，Shizhong Liu，Min Cao，Xihua Wang，Silong Wang，Yiping Zhang，Junhua Yan，Juxiu Liu，Xuli Tang，Deqiang Zhang. Substantial reorganizationof China'stropical and subtropical forests：based on the permanent plots. Global Change Biology，2014，20：240-250.

（120）Junhua Yan*，Wei Zhang，Keya Wang，Fen Qin，Wantong Wang，Huitang Dai，Peixue Li. Responses of CO_2，N_2O and CH_4 fluxes between atmosphere and forest soil to changes in multiple environmental conditions. Global Change Biology，2014，20：300-312.

（121）Xiankai Lu，Qinggong Mao，Frank S. Gilliam，Yiqi Luo，Jiangming Mo*. Nitrogen deposition contributes to soil acidification in tropical ecosystems. Global Change Biology，2014，20：3790-3801.

（122）Junhua Yan*，Deqiang Zhang，Juxiu Liu，Guoyi Zhou. Interactions between CO_2 enhancement and N addition on net primary productivity and water - use efficiency in a mesocosm with multiple subtropical tree species. Global Change Biology, 2014, 20: 2230 - 2239.

(123) Yongxian Su, Xiuzhi Chen*, Yong Li, Jishan Liao, Yuyao Ye, Hongou Zhang, Ningsheng Huang, Yaoqiu Kuang. China's 19 - year city - level carbon emissions of energy consumptions, driving forces and regionalized mitigation guidelines. Renewable and Sustainable Energy Reviews, 2014, 35: 231 - 243.

(124) Wei Zhang*, Keya Wang, Yiqi Luo, Yunting Fang, Junhua Yan, Tao Zhang, Xiaomin Zhu, Hao Chen, Wantong Wang, Jiangming Mo. Methane uptake in forest soils along an urban - to - rural gradient in Pearl River Delta, South China. Scientific Reports, 2014, 4: 5120.

(125) Yin Xiao, Guoyi Zhou*, Zhang Qianmei, Wantong Wang, Shizhong Liu. Increasing active biomass carbon may lead to a breakdown of mature forest equilibrium. Scientific Reports, 2014, 4: 3681.

(126) Wei Zhang, Xiaomin Zhu, Yiqi Luo, Rafique, R., Hua Chen, Juan Huang, Jiangming Mo*. Responses of nitrous oxide emissions to nitrogen and phosphorus additions in two tropical plantations with N - fixing vs. non - N - fixing tree species. Biogeosciences, 2014, 11 (18): 4941 - 4951.

(127) Dennis Otieno, Yuelin Li*, Yangxu Ou, Jing Cheng, Shizhong Liu, Xuli Tang, Zhang Qianmei, Eun - young Jung, Deqiang Zhang, John Tenhunen. Stand characteristics and water use at two elevations in a sub - tropical evergreen forest in southern China. Agricultural and Forest Meteorology, 2014, 194: 155 - 166.

(128) Juxiu Liu, Deqiang Zhang, Wenjuan Huang, Guoyi Zhou*, Yuelin Li, Shizhong Liu. Quantify the loss of major ions induced by CO_2 enrichment and nitrogen addition in subtropical model forest ecosystems. Journal of Geophysical Research Bilgeosciences, 2014, 119 (4): 676 - 686.

(129) Hao Chen, Geshere A. Gurmesa, Lei Liu, Tao Zhang, Shenglei Fu, Zhanfeng Liu, Shaofeng Dong, Chuan Ma, Jiangming Mo*. Effects of Litter Manipulation on Litter Decomposition in a Successional Gradients of Tropical Forests in Southern China. Plos One, 2014, 9 (6): e99018.

(130) Xingzhao Liu, Wei Meng, Guohua Liang, Kun Li, Weiqiang Xu, Liujing Huang, Junhua Yan*. Available Phosphorus in Forest Soil Increases with Soil Nitrogen but Not Total Phosphorus: Evidence from Subtropical Forests and a Pot Experiment. Plos One, 2014, 9 (2): e88070.

(131) Junhua Yan*, Wantong Wang, Chuanyan Zhou, Kun Li, Shijie Wang. Responses of water yield and dissolved inorganic carbon export to forest recovery in the Houzhai karst basin, southwest China. Hydrological Processes, 2014, 28: 2082 - 2090.

(132) Xiuzhi Chen*, Yong Li, Yongxian Su, Liusheng Han, Jishan Liao, Shenbin Yang. Mapping global surface roughness using AMSR - E passive microwave remote sensing. Geoderma, 2014, 235 - 236: 308 - 315.

(133) Qianmei Zhang*, Xiaoying Luo, Zaixiong Chen. Conservation and reintroduction of Firmiana danxiaensis, a rare tree species endemic to southern China. Oryx, 2014, 48 (4): 485.

(134) Feifei Zhu, Xiankai Lu, Jiangming Mo*. Phosphorus limitation on photosynthesis of two dominant understory species in a lowland tropical forest. Joumal of Plant Ecology, 2014, 7: 1 - 9.

(135) Wenjuan Huang, Guoyi Zhou, Juxiu Liu*, Honglang Duan, Xingzhao Liu, Xiong Fang, Deqiang Zhang. Shifts in soil phosphorus fractions under elevated CO_2 and N addition in model forest ecosystems in subtropical China. Plant Ecology, 2014, 215: 1373 - 1384.

(136) Xiuzhi Chen*, Yongxian Su, Yong Li, Liusheng Han, Jishan Liao, Shenbin

Yang. Retrieving China's surface soil moisture and land surface temperature using AMSR－E brightness temperatures. Remote Sensing Letters，2014，5（7）：662－671.

（137）Juxiu Liu，Wenjuan Huang，Guoyi Zhou*，Deqiang Zhang，Shizhong Liu，Yiyong Li. Nitrogen to phosphorus ratios of tree species in response to elevated carbon dioxide and nitrogen addition in subtropical forests. Global Change Biology，2013，13：208－216.

（138）Guoyi Zhou*，Changhui Peng，Yuelin Li，Shizhong Liu，Qianmei Zhang，Xuli Tang，Juxiu Liu，Junhua Yan，Deqiang Zhang，Guowei Chu. A climate change－induced threat to the ecological resilience of a subtropical monsoon evergreen broadleaved forest in southern china. Global Change Biology，2013，19：1197－1210.

（139）Junhua Yan*，Yiping Zhang，Guirui Yu，Guoyi Zhou，Leiming Zhang，Kun Li，Zhenghong Tan，Liqing Sha. Seasonal and inter－annual variations in net ecosystem exchange of two old－growth forests in southern China. Agricultural and Forest Meteorology，2013，182－183：257－265.

（140）Hao Jiang，Qi Deng*，Guoyi Zhou，Dafeng Hui，Deqiang Zhang，Shizhong Liu，Guowei Chu，Jiong Li. Responses of soil respiration and its temperature/moisture sensitivity to precipitation in three subtropical forests in southern China. Biogeosciences，2013，10：3963－3982.

（141）Xiankai Lu，F. S. Gilliam，G. Yu，L. Li，Qinggong Mao，Hao Chen，Jiangming Mo*. Long－term nitrogen addition decreases carbon leaching in a nitrogen－rich forest ecosystem. Biogeosciences，2013，10：3931－3941.

（142）Hao Chen，Wei Zhang，F. Gilliam，Lei Liu，Juan Huang，Tao Zhang，W. Wang，Jiangming Mo. Changes in soil carbon sequestration in Pinus massoniana forests along an urban to rural gradient of southern China. Biogeosciences，2013，10：11319－11341.

（143）Guohua Liang，Xingzhao Liu，Xiaomei Chen，Qingyan Qiu，Deqiang Zhang，Guowei Chu，Juxiu Liu，Shizhong Liu，Guoyi Zhou*. Response of Soil Respiration to Acid Rain in Forests of Different Maturity in Southern China. Plos One，2013，8（4）：e62207.

（144）Feifei Zhu，Muneoki Yoh，Frank S. Gilliam，Xiankai Lu，Jiangming Mo*. Nutrient Limitation in Three Lowland Tropical Forests in Southern China Receiving High Nitrogen Deposition：Insights from Fine Root Responses to Nutrient Additions. Plos One，2013，8（12）：e82661.

（145）Lei Liu，Tao Zhang，Frank S. Gilliam，Per Gundersen，Wei Zhang，Hao Chen，Jiangming Mo*. Interactive Effects of Nitrogen and Phosphorus on Soil Microbial Communities in a Tropical Forest. Plos One，2013，8（4）：e61188.

（146）Hao Chen，Shaofeng Dong，Lei Liu，Chuan Ma，Tao Zhang，Xiaomin Zhu，Jiangming Mo*. Effects of experimental nitrogen and phosphorus addition on litter decomposition in an old－growth tropical forest. Plos One，2013，8（12）：e84101.

（147）Yuelin Li，Fangfang Yang，Yangxu Ou，Deqiang Zhang，Juxiu Liu，Guowei Chu，Yaru Zhang，Dennis Otieno，Guoyi Zhou*. Changes in Forest Soil Properties in Different Successional Stages in Lower Tropical China. Plos One，2013，8（11）：e81359.

（148）Wenjuan Huang，Juxiu Liu，Yingping Wang，Guoyi Zhou*，Tianfeng Han，Yin Li. Increasing phosphorus limitation along three successional forests in southern China. Plant and Soil，2013，364：181－191.

（149）Qi Deng*，Xiaoli Cheng，Guoyi Zhou，Juxiu Liu，Shizhong Liu，Quanfa Zhang，Deqiang Zhang**. Seasonal responses of soil respiration to elevated CO_2 and N addition in young subtropical forest ecosystems in southern China. Ecological Engineering, 2013, 61: 65－73.

(150) Weiqiang Xu, Juxiu Liu, Xingzhao Liu, Kun Li, Deqiang Zhang, Junhua Yan*. Fine root production, turnover, and decomposition in a fast－growth Eucalyptus urophylla plantation in southern China. Journal of Soils and Sediments, 2013, 13: 1150－1160.

(151) Wenjuan Huang, Zhihong Xu, Chengrong Chen, Guoyi Zhou, Juxiu Liu*, Abdullah Kadum M, Reverchon Frederique, Xian Liu. Short－term effects of prescribed burning on phosphorus availability in a suburban native forest of subtropical Australia. Journal of Soils and Sediments, 2013, 13: 869－876.

(152) Qingqing Chen, Weiqiang Xu, Shenggong Li, Shenglei Fu, Junhua Yan*. Aboveground biomass and corresponding carbon sequestration ability of four major forest types in south China. Chinese Science Bulletin, 2013, 58 (13): 1551－1557.

(153) Junhua Yan*, Xingzhao Liu, Xuli Tang, Guirui Yu, Leiming Zhang, Qingqing Chen, Kun Li. Substantial amounts of carbon are sequestered during dry periods in an old－growth subtropical forest in South China. Journal of Forest Research, 2013, 18: 21－30.

(154) Qing Miao, Yan Junhua*. Comparison of three ornamental plants for phytoextraction potential of chromium removal from tannery sludge. Journal of Material Cycles and Waste Management, 2013, 15: 98－105.

(155) Qi Deng, Dafeng Hui, Deqiang Zhang, Guoyi Zhou, Juxiu Liu, Shizhong Liu, Guowei Chu, Jiong Li. Effects of Precipitation Increase on Soil Respiration: A Three－Year Fi Liu eld Experiment in Subtropical Forests in China. Plos one, 2012, 7 (7): e41493.

(156) Wenjuan Huang, Guoyi Zhou, Juxiu Liu*, Deqiang Zhang, Zhihong Xu, Shizhong Liu. Effects of elevated carbon dioxide and nitrogen addition on foliar stoichiometry of nitrogen and phosphorus of five tree species in subtropical model forest ecosystems. Environmental Pollution, 2012, 168: 113－120.

(157) Lei Liu, Gundersen Per, Tao Zhang, Jiangming Mo*. Effects of phosphorus addition on soil microbial biomass and community composition in three forest types in tropical China. Soil Biology and Biochemistry , 2012, 44: 31－38.

(158) Keisuke Koba, Yunting Fang*, Jiangming Mo, Wei Zhang, Xiankai Lu, Lei Liu, Tao Zhang, Yu Takebayashi, Sakae Toyoda, Naohiro Yoshida, Keisuke Suzuki, Muneoki Yoh, Keishi Senoo. The 15N natural abundance of the N lost from an N－saturated subtropical forest in southern China. Journal of Geophysical Research, 2012, 117: G02015.

(159) Junhua Yan*, Jianmei Li, Qing Ye, Kun Li. Concentrations and exports of solutes from surface runoff in Houzhai Karst Basin, southwest China. Chemical Geology , 2012, 304－305: 1－9.

(160) Junhua Yan*, Yingping Wang, Guoyi Zhou, Shenggong Li, Guirui Yu, Shijie Wang. Reply to comment by Francois Bourges et al. On "Carbon uptake by karsts in the Houzhai Basin, southwest China" Journal of Geophysical Research－Biogeosciences, 2012, 117: G03007.

(161) Wei Zhang, Xiaomin Zhu, Lei Liu, Shenglei Fu, Hao Chen, Juan Huang, Xiankai Lu, Zhanfeng Liu, Jiangming Mo*. Large difference of inhibitive effect of nitrogen deposition on soil methane oxidation between plantations with N－fixing tree species and non－N－fixing tree species. Journal of Geophysical Research－Biogeosciences, 2012, 117: G00N16.

(162) Xiaomei Chen, Juxiu Liu, Qi Deng, Junhua Yan, Deqiang Zhang*. Effects of elevated CO_2 and nitrogen addition on soil organic carbon fractions in a subtropical forest. Plant and Soil,

2012，357：25－34.

（163）Xiankai Lu，Jiangming Mo*，Frank S. Gilliam，Hua Fang，Feifei Zhu，Yunting Fang，Wei Zhang，Juan Huang. Nitrogen Addition Shapes Soil Phosphorus Availability in Two Reforested Tropical Forests in Southern China. Biotropica，2012，44（3）：302－311.

（164）Wenjuan Huang，Guoyi Zhou*，Juxiu Liu. Nitrogen and phosphorus status and their influence on aboveground production under increasing nitrogen deposition in three successional forests. Acta Oecologica－International Journal of Ecology，2012，44：20－27.

（165）Xiaomei Chen，Yuelin Li，Jiangming Mo，Dennis Otieno，John Tenhunen，Junhua Yan，Juxiu Liu，Deqiang Zhang*. Effects of nitrogen deposition on soil organic carbon fractions in the subtropical forest ecosystems of S China. Journal of Plant Nutrition and Soil Science，2012，175：947－953.

（166）Juxiu Liu，Deqiang Zhang，Guoyi Zhou，Honglang Duan. Changes in leaf nutrient traits and photosynthesis of four tree species：effects of elevated [CO_2]，N fertilization and canopy positions. Journal of Plant Ecology，2012，5（4）：376－390.

（167）Wenjuan Huang，Deqiang Zhang，Yuelin Li，Xiankai Lu，Wei Zhang，Juan Huang，Dennis Otieno，Zhihong Xu，Juxiu Liu*，Shizhong Liu，Guowei Chu. Responses of soil acid phosphomonoesterase activity to simulated nitrogen deposition in three forests of subtropical China. Pedosphere，2012，22（5）：698－706.

（168）Yuelin Li，Guoyi Zhou，Deqiang Zhang，Katherine Owen Wenigmann，Dennis Otieno，John Tenhunen，Qianmei Zhang，Junhua Yan*. Quantification of Ecosystem Carbon Exchange Characteristics in a Dominant Subtropical Evergreen Forest Ecosystem. Asia－Pacific Journal of Atmospheric Sciences，2012，48（1）：1－10.

（169）Guoyi Zhou，Xiaohua Wei，Yiping Wu，Shuguang Liu，Yuhui Huang，Junhua Yan，Deqiang Zhang，Qianmei Zhang，Jiuxu Liu，Ze Meng，Chunlin Wang，Guowei Chu，Shizhong Liu，Xuli Tang，Xiaodong Liu. Quantifying the hydrological responses to climate change in an intact forested small watershed in Southern China. Global Change Biology，2011，17：3736－3746.

（170）Yunting Fang*，Muneoki Yoh，Keisuke Koba，Weixing Zhu，Yu Takebayashi，Yihua Xiao，Chunyi Lei，Jiangming Mo，Wei Zhang，Xiankai Lu. Nitrogen deposition and forest nitrogen cycling along an urban－rural transect in southern China. Global Change Biology，2011，17（2）：872－885.

（171）Yunting Fang*，Keisuke Koba，X. M. Wang，Dazhi Wen，J. Li，Y. Takebayashi，X. Y. Liu，M. Yoh. Anthropogenic imprints on nitrogen and oxygen isotopic composition of precipitation nitrate in a nitrogen－polluted city in southern China. Atmospheric Chemistry and Physics，2011，11（3）：1313－1325.

（172）Tao Zhang，Zhu Weixing，Jiangming Mo*，Liu Lei，S. Dong. Responses of CH_4 uptake to the experimental N and P additions in an old－growth tropical forest，Southern China. Biogeosciences，2011，8：4953－4983.

（173）Tao Zhang，Weixing Zhu，Jiangming Mo*，Lei Liu，S. Dong. Increased phosphorus availability mitigates the inhibition of nitrogen deposition on CH_4 uptake in an old－growth tropical forest，southern China. Biogeosciences，2011，8（9）：2805－2813.

（174）Wenjuan Huang，Juxiu Liu，Guoyi Zhou*，Deqiang Zhang，Qi Deng. Effects of Precipitation on Soil Acid Phosphatase Activity in Three Successional Forests in Southern China. Biogeosciences，2011，8

(7): 1901－1910.

(175) Xiankai Lu, Jiangming Mo*, Frank S. Gilliam, Guirui Yu, Wei Zhang, Yunting Fang, Juan Huang. Effects of experimental nitrogen additions on plant diversity in tropical forests of contrasting disturbance regimes in Southern China. Environmental Pollution, 2011, 159 (10): 2228－2235.

(176) Juxiu Liu, Zhihong Xu, Deqiang Zhang, Guoyi Zhou*, Qi Deng, Liang Zhao, Chunlin Wang. Effects of carbon dioxide enrichment and nitrogen addition on inorganic carbon leaching in subtropical model forest ecosystems. Ecosystems, 2011, 14: 683－697.

(177) Junhua Yan*, Yingping Wang, Guoyi Zhou, Shenggong Li, Guirui Yu, Kun Li. Carbon uptake by karst in the Houzhai Basin, Southwest China. Journal of Geophysical Research, 2011, 116: G04012.

(178) Yuhui Huang, Yuelin Li, Yin Xiao, Katherine O. Wenigmann, Guoyi Zhou*, Deqiang Zhang, Mike Wenigmann, Xuli Tang, Juxiu Liu. Controls of litter quality on the carbon sink in soils through partitioning the products of decomposing litter in a forest succession series in South China. Forest Ecology and Management, 2011, 261: 1170－1177.

(179) Juxiu Liu, Guoyi Zhou, Zhihong Xu, Honglang Duan, Yuelin Li, Deqiang Zhang*. Photosynthesis acclimation, leaf nitrogen concentration and growth of four tree species over three years in response to elevated carbon dioxide and nitrogen treatment in subtropical China. Journal of Soils and Sediments, 2011, 11: 1155－1164.

(180) Xuli Tang, Yingping Wang, Guoyi Zhou*, Deqiang Zhang, Shen Liu, Shizhong Liu, Qianmei Zhang, Juxiu Liu, Junhua Yan. Different patterns of ecosystem carbon accumulation between a young and an old－growth subtropical forest in Southern China. Plant Ecology, 2011, 212: 1385－1395.

(181) Yuhui Huang, Guoyi Zhou*, Xuli Tang, Hao Jiang, Deqiang Zhang, Qianmei Zhang. Estimated Soil Respiration Rates Decreased with Long－Term Soil Microclimate Changes in Successional Forests in Southern China. Environmental Management, 2011, 48 (6): 1189－1197.

(182) Qi Deng, Guoyi Zhou, Shizhong Liu, Guowei Chu, Deqiang Zhang*. Responses of Soil CO_2 Efflux to Precipitation Pulses in Two Subtropical Forests in Southern China. Environmental Management, 2011, 48 (6): 1182－1188.

(183) Yunting Fang*, Gundersen Per, Vogt Rolf D., Koba Keisuke, Fusheng Chen, Xiyun Chen, Yoh Muneoki. Atmospheric deposition and leaching of nitrogen in Chinese forest ecosystems. Journal of Forest Research, 2011, 16 (5): 341－350.

(184) Xiankai Lu, Jiangming Mo*, Gilliam Frank S., Guoyi Zhou, Yunting Fang. Effects of experimental nitrogen additions on plant diversity in an old－growth tropical forest. Global Change Biology, 2010, 16 (10): 2688－2700.

(185) Deng Qi, Guoyi Zhou, Juxiu Liu, Shizhong Liu, Honglang Duan, Deqiang Zhang*. Responses of soil respiration to elevated carbon dioxide and nitrogen addition in young subtropical forest ecosystems in China. Biogeosciences, 2010, 7 (1): 315－328.

(186) Juan Huang, Yanli Feng*, Jiamo Fu, Guoying Sheng. A method of detecting carbonyl compounds in tree leaves in China. Environmental Science and Pollution Research, 2010, 17 (5): 1129－1136.

(187) Guoyi Zhou, Xiaohua Wei, Yan Luo, Yuna Qiao, Mingfang Zhang, Yuelin Li, Haigui Liu, Chunlin Wang. Forest Recovery and River Discharge at the Regional Scale of Guangdong Prov-

ince，China. Water Resources Research，2010，46：W09503.

（188）Juxiu Liu，Guoyi Zhou，Deqiang Zhang，Zhihong Xu，Honglang Duan，Qi Deng，Liang Zhao. Carbon dynamics in subtropical forest soil：effects of atmospheric carbon dioxide enrichment and nitrogen addition. Journal of Soils and Sediments，2010，10：730－738.

（189）Xinyi Tang，Shuguang Liu，Juxiu Liu，Guoyi Zhou*. Effects of vegetation restoration and slope positions on soil aggregation and soil carbon accumulation on heavily eroded tropical land of Southern China. Journal of Soils and Sediments，2010，10：505－513.

（190）Fangfang Yang，Yuelin Li，Guoyi Zhou*，K. O. Wenigmann，Deqiang Zhang，Mike Wenigmann，Shizhong Liu，Qianmei Zhang. Dynamics of coarse woody debris and decomposition rates in an old－growth forest in lower tropical China. Forest Ecology and Management，2010，259：1666－1672.

（191）Xinyi Tang，Shuguang Liu，Juxiu Liu，Guoyi Zhou*. Erosion and Vegetation Restoration Impacts on Ecosystem Carbon Dynamics in South China. Soil Science Society of America Journal，2010，74（1）：272－281.

（192）Yunting Fang，Weixing Zhu*，Per Gundersen，Jiangming Mo，Guoyi Zhou，Muneoki Yoh. Large loss of dissolved organic nitrogen in nitrogen－saturated forests in subtropical China. Ecosystems，2009，12（1）：33－45.

（193）Shen Liu，Yuelin Li，Guoyi Zhou*，K. O. Wenigmann，Yan Luo，D. Otieno，J. Tenhunen. Applying biomass and stem fluxes to quantify temporal and spatial fluctuations of an old－growth forest in disturbance. Biogeosciences discussion. Biogeosciences，2009，6（9）：1839－1848.

（194）Junhua Yan*，Deqiang Zhang，Guoyi Zhou，Juxiu Liu. Soil respiration associated with forest succession in subtropical forests in Dinghushan Biosphere Reserve. Soil Biology and Biochemistry，2009，41（5）：991－999.

（195）Junhua Yan，Guoyi Zhou，Yuelin Li*，Deqiang Zhang，D. Otieno，J. Tenhunen. A comparison of CO_2 fluxes via eddy covariance measurements with model predictions in a dominant subtropical forest ecosystem. Biogeosciences Discuss，2009，（6）：2913－2937.

（196）Yunting Fang*，Per Gundersen，Wei Zhang，Jesper Riis Christiansen，Jiangming Mo，Shaofeng Dong，Tao Zhang. Soil－atmosphere exchange of N_2O，CO_2 and CH_4 along a slope of an evergreen broad－leaved forest in southern China. Plant and Soil，2009，319：37－48.

（197）Yunting Fang*，Per Gundersen，Jiangming Mo，Weixing Zhu. Nitrogen leaching in response to increased nitrogen inputs in subtropical monsoon forests in southern China. Forest Ecology and Management，2009，257（1）：332－342.

（198）Juan Huang，Hanping Xia，Zhi'an Li，Yanmei Xiong，Guohui Kong. Soil aluminium uptake and accumulation by Paspalum notatum. Waste Management & Research，2009，27（7）：668－675.

（199）Xiankai Lu，Jiangming Mo*，Gundersern Per，Weixing Zhu，Guoyi Zhou，Dejun Li，Xu Zhang. Effects of simulated N deposition on soil exchangeable cations in three forest land－use types in subtropical China. Pedosphere，2009，19（2）：189－198.

（200）Yunting Fang，M. Yoh，Jiangming Mo*，P. Gundersen，Guoyi Zhou. Response of Nitrogen Leaching to Nitrogen Deposition in a Disturbed and a Mature Forest in Southern China. Pedosphere，2009，19（1）：111－120.

（201）Jiangming Mo*，Wei Zhang，Weixing Zhu，Per Gundersen，Yunting Fang，Dejun Li，

Hui Wang. Nitrogen addition reduces soil respiration in a mature tropical forest in southern China. Global Change Biology，2008，14：403-412.

(202) Yuelin Li，J. Tenhunen*，H. Mirzaei，M. Z. Hussain，L. Siebicke，T. Foken，D. Otieno，M. Schmidt，N. Ribeiro，L. Aires，C. Pio，J. Banza，J. Pereira. Assessment and up-scaling of CO_2 exchange by patches of the herbaceous vegetation mosaic in a Portuguese cork oak woodland. Agricultural and Forest Meteorology，2008，148：1318-1331.

(203) Yuelin Li，J. Tenhunen，K. Owen，M. Schmitt，M. Bahn，M. Droesler，D. Otieno*，M. Schmidt，Th. Gruenwald，M. Z. Hussain，H. Mirzae，Ch. Bernhofer. Patterns in CO_2 gas exchange capacity of grassland ecosystems in the Alps . Agricultural and Forest Meteorology，2008，148：51-68.

(204) Yunting Fang，Per Gundersen，Jiangming Mo，Weixing Zhu. Input and output of dissolved organic and inorganic nitrogen in subtropical forests of South China under high air pollution. Biogeosciences，2008，5：339-352.

(205) Juxiu Liu，Deqiang Zhang，Guoyi Zhou*，Benjamin Faivre-Vuillin，Qi Deng，Chunlin Wang. CO_2 enrichment increases nutrient leaching from model forest ecosystems in subtropical China. Biogeosciences，2008，5：1783-1795.

(206) Dejun Li，Xinming Wang，Guoying Sheng，Jiangming Mo*，Jiamo Fu. Soil nitric oxide emissions after nitrogen and phosphorus additions in two subtropical humid forests. Journal of Geophysical Research-Atmospheres，2008，113：D16301.

(207) Wei Zhang，Jiangming Mo，Guoyi Zhou，Per Gundersen，Yunting Fang，Xiankai Lu，Tao Zhang，Shaofeng Dong. Methane uptake responses to nitrogen deposition in three tropical forests in southern China. Journal of Geophysical Research-Atmospheres，2008，113：D11116.

(208) Xiaoxue Tian，Juxiu Liu，Guoyi Zhou*，Pingan Peng，Xiaoli Wang，Chunlin Wang. Estimation of the annual scavenged amount of polycyclic aromatic hydrocarbons by forests in the Pearl River Delta of Southern China. Environmental Pollution，2008，156：306-315.

(209) Bernd Zellera，Juxiu Liu*，Nina Buchmannc，Andreas Richter. Tree girdling increases soil N mineralisation in two spruce stands. Soil Biology and Biochemistry，2008，40：1155-1166.

(210) Juxiu Liu，Shanjinang Peng，Benjamin Faivre-vuillin，Zhihong Xu，Deqiang Zhang，Guoyi Zhou*. *Erigeron annuus* (L.) Pers.，as a green manure for ameliorating soil exposed to acid rain in Southern China. Journal of Soils and Sediments，2008 (8)：452-460.

(211) Chuanyan Zhou，Xiaohua Wei，Guoyi Zhou*，Junhua Yan，Xu Wang，Chunlin Wang，Haigui Liu，Xinyi Tang，Qianmei Zhang. Impacts of a large-scale reforestation program on carbon storage dynamics in Guangdong，China. Forest Ecology and Management，2008，255：847-854.

(212) Yuanwen Kuang，fangfang Sun，Dazhi Wen*，Guoyi Zhou，PingZhao. Tree-ring growth patterns of Masson pine (Pinus massonianan L.) during the recent decades in the acidification Pearl River Delta of China. Forest Ecology and Management，2008，255：3534-3540.

(213) Yan Luo，Shen Liu，Shenglei Fu，Jingshi Liu，Guoqin Wang，Guoyi Zhou*. Trends of precipitation in Beijiang River Basin，Guangdong Province，China. Hydrological Processes，2008 (22)：2377-2386.

(214) Wei Zhang，Jiangming Mo*，Guirui Yu，Yunting Fang，Dejun Li，Xiankai Lu，Hui Wang. Emissions of nitrous oxide from three tropical forests in Southern China in response to simulated nitrogen deposition. Plant and Soil，2008，306：221-236.

（215）Guoyi Zhou*，Guan Lili，Wei Xiaohua，Tang Xuli，Liu Shuguang，Juxiu Liu，Zhang Deqing，Yan Junhua. Factors influencing leaf litter decomposition：an intersite decomposition experiment across China. Plant and Soil，2008（311）：61－72.

（216）Jinagming Mo*，Dejun Li，Gundersen，Per. Seedling growth response of two tropical tree species to nitrogen deposition in southern China. Eurasian Journal of Forest Research，2008（127）：275－283.

（217）Jinagming Mo*，Hua Fang，Weixing Zhu，Guoyi Zhou，Xiankai Lu，Yunting Fang. Decomposition responses of pine（Pinus massoniana）needles with two different nutrient－status to N deposition in a tropical pine plantation in southern China. Annals of Forest Science，2008，65：405.

（218）Yuanwen Kuang*，Dazhi Wen，Guoyi Zhou，Guowei Chu，Fangfang Sun，Jiong Li. Reconstruction of soil pH by dendrochemistry of Masson pine at two forested sites in the Pearl River Delta，South China. Annals of Forest Science，2008，65：804.

（219）Juan Huang，Yanli Feng*，Jian Li，Bin Xiong，Jialiang Feng，Sheng Wen，Guoying Sheng，Jiamo Fu，Minghong Wu. Characteristics of carbonyl compounds in ambient air of Shanghai，China. Journal of Atmospheric Chemistry，2008，61：1－20.

（220）Guoyi Zhou，Ge Sun*，Xu Wang，Chuanyan Zhou，Steven G. MeNulty，James M. Vose，Devendra M. Amatya. Estimating Forest Ecosystem Evapotranspiration at Multiple Temporal Scales with a Dimension Analysis Approach. Journal of the American water resources association，2008，44（1）：208－221.

（221）Deqiang Zhang，Dafeng Hui，Yiqi Luo*，Guoyi Zhou. Rates of litter decomposition in terrestrial ecosystems：global patterns and controlling factors. Journal of Plant Ecology，2008，1（2）：85－93.

（222）Xuejun Ouyang，Guoyi Zhou*，Zhongliang Huang，Juxiu Liu，Deqiang Zhang，Jiong Li. Effect of Simulated Acid Rain on Potential Carbon and Nitrogen Mineralization in Forest Soils. Pedosphere，2008，18（4）：503－514.

（223）YueLin Li，Dennis Otieno，Owen K.，Yun Zhang，Tenhunen J.，Xingquan Rao，Yongbiao Lin. Temporal Variability in Soil CO_2 Emission in an Orchard Forest Ecosystem in Lower Subtropical China. Pedosphere，2008，18（3）：273－283.

（224）Xuejun Ouyang，Guoyi Zhou*，Zhongliang Huang，Cunyu Zhou，Jiong Li，Junhui Shi，Deqiang Zhang. Effect of N and P addition on soil organic C potential mineralization in forest soils in South China. Journal of Environmental Sciences－China，2008，20：1082－1089.

（225）Yuanwen Kuang，Dazhi Wen，Guoyi Zhou*，Shizhong Liu. Distribution of elements in needles of Pinus massoniana（Lamb.）was uneven and affected by needle age. Environmental Pollution，2007，145（1）：146－153.

（226）Jiangming Mo，Wei Zhang，Weixing Zhu，Yunting Fang，Dejun Li，Ping Zhao. Response of soil respiration to simulated N deposition in a disturbed and a rehabilitated tropical forest in southern China. Plant Soil，2007，296（1）：125－135.

（227）Hua Fang，Jiangming Mo*，Shaolin Peng，Zhian Li，Hui Wang. Cumulative effects of nitrogen additions on litter decomposition in three tropical forests in southern China. Plant Soil，2007，297（1）：233－242.

（228）Juxiu Liu*，Guoyi Zhou，Deqiang Zhang. Effects of Acidic Solutions on Element Dynamics in Monsoon Evergreen Broad - leaved Forest at Dinghushan, China: Part 2: Dynamics of Fe, Cu, Mn and Al . Environmental Science and Pollution Research, 2007, 14 (3): 215 - 218.

(229) Juxiu Liu*, Guoyi Zhou, Deqiang Zhang. Simulated effects of acidic solutions on element dynamics in monsoon evergreen broad - leaved forest at Dinghushan, China. Part 1: Dynamics of K, Na, Ca, Mg and P. Environmental Science and Pollution Research, 2007, 14 (2): 123 - 129.

(230) Yuanwen Kuang, Guoyi Zhou, Dazhi Wen*, Shizhong Liu. Heavy metals in bark of Pinus massoniana (Lamb.) as an indicator of atmospheric deposition near a smeltery at Qujiang, China. Environmental Science and Pollution Research, 2007, 14 (4): 270 - 275.

(231) Guoyi Zhou, Lili Guan, Xiaohua Wei*, Deqiang Zhang, Qianmei Zhang, Junhua Yan, Dazhi Wen, Juxiu Liu, Shuguang Liu, Zhongliang Huang, Guohui Kong, Jiangming Mo, Qingfa Yu. Litterfall production along successional and altitudinal gradients of subtropical monsoon evergreen broadleaved forests in Guangdong, China. Plant Ecology, 2007, 188 (1): 77 - 89.

(232) Jiangming Mo*, Brown Sandra, Jinghua Xue, Yunting Fang, Zhian Li, Dejun Li, Shaofeng Dong. Response of nutrient dynamics of decomposing pine (Pinus massoniana) needles to simulated N deposition in a disturbed and a rehabilitated forest in tropical China. Ecological Research, 2007, 22 (4): 649 - 658.

(233) Guoliang Xu, Jiangming Mo*, Shenglei Fu, Gundersen Per, Guoyi Zhou, Jinghua Xue. Response of soil fauna to simulated nitrogen deposition: A nursery experiment in subtropical China. Journal of Environmental Sciences, 2007, 19 (5): 603 - 609.

(234) Juxiu Liu*, Guoyi Zhou, Chengwei Yang, Zhiying Ou, Changlian Peng. Responses of chlorophyll fluorescence and xanthophyll cycle in leaves of Schima superba Gardn. & Champ. and Pinus massoniana Lamb. to simulated acid rain at Dinghushan Biosphere Reserve, China. Acta Physiologiae Plantarum, 2007, 29 (1): 33 - 38.

(235) Junhua Yan, Guoyi Zhou, Deqiang Zhang, Guowei Chu. Changes of soil water, organic matter, and exchangeable cations along a forest successional gradient in southern China. Pedosphere, 2007, 17 (3): 397 - 405.

(236) Guoyi Zhou, Shuguang Liu, zhian Li, Deqiang Zhang, Xuli Tang, Chuanyan Zhou, junhua Yan, Jiangming Mo. Old - Growth Forests Can Accumulate Carbon in Soils. Science, 2006, 314: 1417.

(237) Junhua Yan, Yingping Wang, Guoyi Zhou*, Deqiang Zhang. Estimates of soil respiration and net primary production of three forests at different succession stages in South China. Global Change Biology, 2006, 12 (5): 810 - 821.

(238) Xuli Tang, Shuguang Liu, Guoyi Zhou, Deqiang Zhang, Cunyu Zhou. Soil - atmospheric exchange of CO_2, CH_4, and N_2O in three subtropical forest ecosystems in southern China. Global Change Biology, 2006, 12 (3): 546 - 560.

(239) Jiangming Mo*, Brown Sandra, Jinghua Xue, Yunting Fang, Zhian Li. Response of litter decomposition to simulated N deposition in disturbed, rehabilitated and mature forests of subtropical China. Plant Soil, 2006, 282: 135 - 151.

(240) Yunting Fang, Weixing Zhu, Jiangming Mo*, Guoyi Zhou, Gundersen Per. Dynamics of soil inorganic nitrogen and their responses to nitrogen additions in three subtropical forests, South China. Journal of Environmental Sciences, 2006, 18 (4): 752 - 759.

(241) Yuanwen Kuang, Guoyi Zhou, Dazhi Wen*, Shizhong Liu. Acidity and conductivity of

Pinus massoniana bark as indicators to atmospheric acid deposition in Guangdong, China. Journal of Environmental Sciences, 2006, 18 (5): 916 - 920.

(242) Junhua Yan, Guoyi Zhou, Deqiang Zhang, Xuli Tang, Xu Wang. Different patterns of changes in the dry season diameter at breast height of dominant and evergreen tree species in a mature subtropical forest in South China. Journal of Integrative Plant Biology, 2006, 48 (8): 906 - 913.

(243) Xuli Tang, Guoyi Zhou*, Shuguang Liu, Deqiang Zhang, Shizhong Liu, Jiong Li, Cunyu Zhou. Dependence of soil respiration on soil temperature and soil moisture in successional forests in Southern China. Journal of Integrative Plant Biology, 2006, 48: 654 - 663.

(244) Guoliang Xu, Jiangming Mo*, Guoyi Zhou, Shenglei Fu. Preliminary response of soil fauna to simulated N deposition in three typical subtropical forests. Pedosphere, 2006, 16 (5): 596 - 601.

(245) Guoyi Zhou, Cunyu Zhou, Shuguang Liu, Xuli Tang, Xuejun OuYang, Deqiang Zhang, Shizhong Liu, Juxiu Liu, Junhua Yan, Chuanyan Zhou, Yan Luo, Lili Guan, Yan Liu. Belowground carbon balance and carbon accumulation rate in the successional series of monsoon evergreen broad - leaved forest. Science in China Series D - Earth Sciences, 2006, 49 (3): 311 - 321.

(246) Chunlin Wang, Yu GR, Guoyi Zhou*, Junhua Yan, LM Zhang, Xu Wang, Xuli Tang, XM Sun. CO_2 flux evaluation over the evergreen coniferous and broad - leaved mixed forest in Dinghushan, China. Science in China Series D - Earth Sciences, 2006, 49 (Supp. Ⅱ): 127 - 138.

(247) Deqiang Zhang, Xiaomin Sun, Guoyi Zhou, Junhua Yan, Yuesi Wang, Shizhong Liu, Cunyu Zhou, Juxiu Liu, Xuli Tang, Jiong Li, Qianmei Zhang. Seasonal dynamics of soil CO_2 effluxes with responses to environmental factors in lower subtropical forest of China. Science in China Series D - Earth Sciences, 2006, 49 (Supp. Ⅱ): 139 - 149.

(248) Junhua Yan, Deqiang Zhang, Guoyi Zhou*, Cunyu Zhou, Shizhong Liu, Guowei Chu. Greenhouse gases exchange at the forest floor of a dominant forest in South China. Eurasian Journal of Forest Research, 2005, 8 (2): 75 - 84.

(249) Cunyu Zhou, Guoyi Zhou*, Deqiang Zhang, Yinghong Wang, Shizhong Liu. CO_2 efflux from different forest soils and impact factors in Dinghu Mountain, China. Science in China Series D - Earth Sciences, 2005, 48 (Supp. Ⅰ): 198 - 206.

(250) Dazhi Wen*, Yuanwen Kuang, Guoyi Zhou. Sensitivity analyses of woody species exposed to air pollution based on ecophysiological measurement. Environmental Science and Pollution Research, 2004, 11 (3): 165 - 170.

(251) Guoyi Zhou*, Guangcai Yin, Morris Jim, Jiayu Bai, Shaoxiong Chen, Guowei Chu, Ningnan Zhang. Measured sap flow and estimated evaportranspiration of tropical Eucalyptus Urophylla plantations in South China. Acta Botanica Sinica, 2004, 46 (2): 202 - 210.

(252) Yongmei Zhang, Guoyi Zhou*, Ning Wu, Weikai Bao. Soil enzyme activity changes in different - aged spruce forests of the eastern Qinghai - Tibetan Plateau. Pedosphere, 2004, 14 (3): 305 - 312.

(253) Meifang Hou, Fangbai Li*, Ruifeng Li, Hongfu Wan, Guoyi Zhou, Xie Kechang. Mechanisms of enhancement of photocatalytic properties and activity of Nd^{3+} - doped TiO_2 for methyl orange degradation. Journal of Rare Earths, 2004, 22 (4): 542 - 547.

(254) Jiangming Mo, Brown Sandra, Shaolin Peng, Guohui Kong. Nitrogen availability in disturbed, rehabilitated and mature forests of tropical china. Forest Ecology and Management, 2003, 175 (3): 573 - 583.

(255) Guoyi Zhou, JD. Morris, Junhua Yan, Zuoyue Yu, Shaolin Peng. Hydrological impacts of reafforestation with eucalyptus and indigenous species: a case study in Southern China. Forest Ecology and Management, 2002, 167: 209 - 222.

(256) Guoyi Zhou, Xiaohua Wei*, Junhua Yan. Impacts of eucalyptus (Eucalyptus exserta) plantation on sediment yield in Guangdong Province, Southern China - a kinetic energy Approach. Catena, 2002, 49: 231 - 251.

(257) Guoyi Zhou*, Zhihong Huang, Morris Jim, Zhian Li, Collopy John, Ningnan Zhang, Jiayu Bai. Radial Variation in Sap Flux Density as a Function of Sapwood Thickness in Two Eucalyptus (Eucalyptus urophylla) Plantations. Acta Botanica Sinica, 2002, 44 (12): 1418 - 1424.

(258) Sandra Brown, Mo Jiangming, DavidT. Bell, J. K. Mcpherson. Decomposition of woody derbies in western Australian forests. Canadian Journal of Forest Research (Canada), 1996, 26 (6): 954 - 966.

(259) 周国逸. 生态系统水热原理及其应用. 北京: 气象出版社, 1997.

(260) 周国逸, 闫俊华. 生态公益林补偿理论与实践. 北京: 气象出版社, 2000.

(261) 任海, 黄平, 张倩媚, 侯长谋. 广东森林资源及其生态系统服务功能. 北京: 中国环境科学出版社, 2002.

(262) 任海, 刘菊秀, 罗宇宽, 廖景平, 季申芒, 丁颖, 张倩媚, 范德权, 李跃林, 等. 科普的理论方法与实践. 北京: 中国环境科学出版社, 2004.

(263) 任海. 科学植物园建设的理论与实践. 北京: 科学出版社, 2006.

(264) 张倩媚, 刘世忠, 褚国伟. 中国生态系统定位观测与研究据集: 森林生态系统卷——广东鼎湖山站 (1998—2008). 北京: 中国农业出版社, 2011.

(265) 杨洪. 深圳凤塘河口湿地的生态系统修复. 武汉: 华中科技大学出版社, 2012.

(266) 周国逸, 尹光彩, 唐旭利, 温达志, 刘昌平, 旷远文, 王万同. 中国森林生态系统碳储量—生物量方程。北京: 科学出版社, 2018.

(267) 王万同, 唐旭利, 黄玫, 周国逸, 尹光彩, 王金霞, 温达志. 中国森林生态系统碳储量—动态及机制. 北京: 科学出版社, 2018.

(268) 任海, 张倩媚, 王瑞江. 广东珍稀濒危植物的保护与研究. 北京: 中国林业出版社, 2016.

(269) 孙庆龄, 李宝林. 基于改进 Biome-BGC 模型的三江源高寒草甸净第一性生产力模拟研究. 北京: 中国环境出版集团, 2019.

(270) 韦彩妙, 孔国辉, 张祝平, 王俊浩, 林植芳. 全球变化与我国未来的生存环境: 荷木-黄果厚壳桂群落不同层次植物的气孔导度和蒸腾速率. 北京: 气象出版社, 1996.

(271) 周国逸, 余作岳, 彭少麟. 热带亚热带退化生态系统植被恢复生态学研究第 8 章: 恢复生态学中的水热问题. 广州: 广东科技出版社, 1996.

(272) 张倩媚. 鼎湖山站数据目录//中国生态系统研究网络科学委员会秘书处. 中国生态系统研究网络数据目录. 北京: 气象出版社, 1998.

(273) 孔国辉, 黄忠良, 廖崇惠, 何道泉, 高育仁, 张倩媚, 温达志, 魏平, 刘世忠, 李健雄, 敖惠修. 鼎湖山南亚热带常绿阔叶林生态系统多样性//马克平. 中国重点地区与类型生态系统多样性. 杭州: 浙江科学技术出版社, 1999.

(274) 闫俊华, 周国逸, 屈家树. 绿色曙光: 广东林业在改善水资源环境中的作用. 北京: 中国林业出版社, 2000.

(275) 张德强, 丁明懋, 邓南荣. 广东省退化坡地发展绿色食品生产的潜力//彭少麟. 广东省退化坡地农业综合利用与绿色食品生产．广州：广东科技出版社，2001.

（276）刘菊秀．酸雨对广东省农业生态系统的影响//万洪富．我国区域农业环境问题及其综合治理．北京：中国环境科学出版社，2005.

（277）周国逸，王国勤，韩士杰，桑卫国，汪思龙，傅声雷，包维楷，王根绪，张一平，曹敏，谢宗强，王辉民．森林生态系统//孙鸿烈．生态系统综合研究．北京：科学出版社，2009.

（278）周国逸，张德强，唐旭利，张倩媚．生态系统定位研究：南亚热带森林生态系统演替过程与规律——CERN鼎湖山森林生态系统定位研究站科学研究进展．北京：科学出版社，2009.

（279）王国勤，张倩媚．把握地球生命脉搏的梦想与实践：寻找失踪的碳汇．北京：科学出版社，2009.

（280）周国逸，唐旭利，程徐冰，王万同．森林生态系统固碳研究的野外调查与室内分析技术规范//生态系统固碳项目技术规范编写组．生态系统固碳观测与调查技术规范．北京：科学出版社，2015.

（281）唐旭利．栉风沐雨 开创进取——鼎湖山国家级自然保护区55周年纪念文集：鼎湖山国家级自然保护区科研平台建设与成果．广州：广东科技出版社，2013.

（282）孔国辉，莫江明．栉风沐雨 开创进取——鼎湖山国家级自然保护区55周年纪念文集：鼎湖山国家级自然保护区通往国际科研合作之路．广州：广东科技出版社，2013.

（283）莫江明，方运霆．栉风沐雨 开创进取——鼎湖山国家级自然保护区55周年纪念文集：科学研究与保护区管理——鼎湖山生物圈保护区的实例研究．广州：广东科技出版社，2013.

（284）周国逸，张德强，李跃林，张倩媚，陈小梅，陈修治，邓琦，刘菊秀，刘效东，鲁显楷，莫江明，唐旭利，张静，朱师丹，邹顺．南亚热带常绿阔叶林生态系统过程与变化//于贵瑞，等．森林生态系统过程与变化．北京：高等教育出版社，2019.

（285）Wang Yingping，Ray Leuning，Peter Isaac，Zhou Guoyi. Scaling the estimate of maximum canopy conductance from patch to region and comparison of aircraft measurements. In：R. Mencuccini（Editor）"Forests at the Land-Atmosphere Interface". London：Kluwer Academic Press，2004.

（286）Zhang Qianmei，Zhang Jinping，Yuan Lianlian，Shen Chengde，Ren Hai*. Plantations Biodiversity，Carbon Sequestration，Restroration，Ren Hai. 2013 Nova Science Publishers：Sedimentary organic carbon dynamics in a native and an exotic mangrove plantation based on dual carbon isotopic analyses. New York：Inc，2013.

（287）Xiankai Lu，Qinggong Mao，Cong Wang. Atmospheric Reactivee Nitrogen In China-EmissIon，Deposition and Environmental Impacts：Impacts of Nitrogen Deposition on Forest Ecosystems in China. USA：Springer，2019.

4.2.2 学生毕业论文目录

2001—2019年，共培养毕业60名博士，55名硕士，12名博士后出站，具体名单见表4-11。

表4-11 2001—2019年毕业论文名单

序号	姓名	类别	论文题目	毕业出站年份	导师
1	侯爱敏	博士	鼎湖山马尾松及黄果厚壳桂等物种年轮生态学研究	2001	彭少麟，周国逸
2	闫俊华	博士	鼎湖山主要生态系统的水热过程研究及脆弱性初探	2001	陈忠毅，周国逸
3	黄志宏	博士	雷州桉树人工林水文学与模型模拟	2003	周国逸

（续）

序号	姓名	类别	论文题目	毕业出站年份	导师
4	刘菊秀	博士	土壤累积酸化对鼎湖山森林生态系统的影响	2003	周国逸
5	侯梅芳	博士	多孔纳米 TiO_2 的制备、表征及其光催化降解 NO_x 的研究	2004	周国逸，万洪富
6	温达志	博士	南亚热带木本植物对生长光强的生理生态响应	2004	周国逸
7	尹光彩	博士	鼎湖山针阔叶混交林生态系统水文学及养分循环	2004	周国逸
8	张咏梅	博士	青藏高原东缘人工云杉林土壤酶特征及其与系统动态变化的关系研究	2004	周国逸
9	方运霆	博士	氮沉降对鼎湖山森林土壤氮素过程的影响	2006	周国逸，莫江明
10	官丽莉	博士	中国森林生态系统凋落物交互分解试验研究	2006	周国逸
11	旷远文	博士	珠江三角洲马尾松年轮化学分析的环境指示意义	2006	周国逸，温达志
12	欧阳学军	博士	鼎湖山主要森林土壤有机碳矿化及环境因子影响研究	2006	周国逸，黄忠良
13	唐旭利	博士	季风常绿阔叶林演替系列碳平衡及其动态模拟	2006	周国逸，刘曙光
14	王春林	博士	鼎湖山针阔叶混交林生态系统碳通量观测研究	2006	周国逸
15	王旭	博士	鼎湖山针阔叶混交林生态系统水热通量研究	2006	周国逸
16	徐国良	博士	南亚热带鼎湖山土壤动物群落对模拟大气氮沉降的响应	2006	周国逸
17	周传艳	博士	广东省森林植被恢复下碳的动态和分布	2006	周国逸，魏晓华
18	周存宇	博士	鼎湖山森林土壤 CO_2，N_2O，CH_4 排放/吸收通量及其动态	2006	周国逸
19	方华	博士	南亚热带森林凋落物分解对模拟氮沉降的响应	2007	莫江明
20	刘申	博士	鼎湖山样地和景观尺度群落动态及其模拟	2007	周国逸，傅升雷
21	罗艳	博士	北江流域河流碳转运动态及其影响因素的研究	2007	傅声雷，周国逸
22	鲁显楷	博士	氮沉降对南亚热带森林植物的影响	2008	莫江明
23	田晓雪	博士	珠江三角洲地区森林吸收大气多环芳烃机制	2008	周国逸
24	张炜	博士	氮沉降对南亚热带森林土壤 CO_2、CH_4、N_2O 通量的影响	2008	莫江明
25	汤新艺	博士	广东省土壤有机碳储量和侵蚀量研究	2009	周国逸，刘曙光
26	黄钰辉	博士	鼎湖山季风常绿阔叶林演替系列地表温室气体对水热变化的响应	2010	周国逸
27	邓琦	博士	南亚热带森林土壤 CO_2 排放对主要环境因子变化的响应机理	2011	周国逸，张德强
28	杨方方	博士	鼎湖山季风常绿阔叶林粗死木质残体动态研究	2011	周国逸，李跃林
29	江浩	博士	鼎湖山南亚热带森林冠层附生植物结构功能特征及其对环境因子的响应与适应	2012	周国逸，唐旭利
30	刘蕾	博士	氮磷添加对鼎湖山森林土壤微生物的影响	2012	莫江明
31	刘兴诏	博士	中国亚热带森林 C、N、P 化学计量学的时空格局	2012	周国逸，闫俊华
32	张涛	博士	氮磷交互作用对热带森林土壤 CH_4 和 N_2O 通量的影响	2012	莫江明
33	陈小梅	博士	南亚热带森林土壤有机碳形态对环境变化的响应	2013	闫俊华，张德强
34	韩天丰	博士	南亚热带森林土壤呼吸组分分异机制研究	2013	周国逸

（续）

序号	姓名	类别	论文题目	毕业出站年份	导师
35	黄文娟	博士	南亚热带森林生态系统磷循环及其对全球变化的响应	2013	周国逸，刘菊秀
36	梁国华	博士	鼎湖山不同演替阶段森林土壤呼吸对模拟酸雨的响应规律及机理研究	2013	周国逸，张德强
37	徐伟强	博士	尾叶桉人工林细根生长、分解及其养分动态研究	2013	闫俊华
38	陈浩	博士	氮沉降对华南亚热带森林土壤碳吸存的影响	2014	莫江明
39	李坤	博士	南亚热带森林演替过程中养分循环变化规律研究	2014	闫俊华
40	钱政江	博士	水分胁迫下黄瓜幼苗水分关系及细胞质膜水通道蛋白的调控机制	2014	叶清
41	肖崟	博士	南亚热带森林不同演替阶段凋落物分解产物去向的比较研究	2014	周国逸
42	朱飞飞	博士	氮沉降对南亚热带森林细根动态的影响	2014	莫江明
43	刘效东	博士	南亚热带森林演替过程中水热环境的改变机理及其对气候变化的响应	2015	周国逸
44	GESHERE ABDISA GURMESA	博士	Fate of deposited nitrogen in tropical forests in southern China	2016	莫江明
45	方熊	博士	增温对南亚热带山地常绿阔叶林土壤有机碳组分影响的微生物机制	2016	周国逸，刘菊秀
46	李荣华	博士	基于功能性状预测南亚热带森林植物多度及其在全球变化背景下的动态变化	2016	叶清
47	李义勇	博士	南亚热带针阔叶混交林对气候变暖的生理生态响应	2016	周国逸，刘菊秀
48	许秋园	博士	基于功能性状探讨亚热带木兰科植物主要类群的生理生态适应性	2016	叶清
49	朱晓敏	博士	氮磷添加对南亚热带两种成熟人工林凋落物分解的影响	2016	莫江明
50	江军	博士	酸沉降对南亚热带森林土壤酸化及水化学物质输出的影响	2017	闫俊华
51	毛庆功	博士	长期氮磷添加对南亚热带森林植物多样性的影响	2017	莫江明
52	吴桂林	博士	基于功能性状探讨南亚热带优势树种对人工增温和氮添加的响应	2018	叶清
53	吴建平	博士	长期模拟酸雨对鼎湖山季风常绿阔叶林土壤有机碳固存的影响及机理	2018	周国逸，张德强
54	张静	博士	南亚热带森林丛枝菌根真菌资源及其对土壤有机碳的影响	2018	周国逸，唐旭利
55	郑棉海	博士	氮磷添加对南亚热带三种典型森林自由固氮的影响和机理	2018	莫江明
56	周凯军	博士	氮添加对鼎湖山森林主要营养元素输入输出动态的影响	2018	莫江明，鲁显楷
57	俞梦笑	博士	亚热带典型森林土壤有机碳稳定性及其影响因素	2019	闫俊华

（续）

序号	姓名	类别	论文题目	毕业出站年份	导师
58	贺鹏程	博士	基于功能性状探讨森林植物对环境变化的响应：从个体水平到全球尺度	2019	叶清
59	华雷	博士	植物叶脉性状对叶片水力及机械功能的影响	2019	叶清
60	刘小容	博士	亚热带森林木本植物光合、水力特征与叶片力学性状的权衡关系	2019	叶清
61	罗艳	博士后	生态模型引进与应用研究	2009	周国逸，王春林
62	苗青	博士后	用于植物修复铬污染土壤的花卉品种的初步筛选及化学-植物联合修复技术初探	2013	闫俊华
63	黄文娟	博士后	环境因子改变对森林土壤磷有效性的影响	2014	周国逸
64	王克亚	博士后	气候交错区（鸡公山）森林土柱移植生态过程比较研究	2014	闫俊华
65	王万同	博士后	中国森林生态系统碳库格局及动态	2014	闫俊华
66	尹光彩	博士后	基于LS-SVM构建中国森林主要树种生物量方程	2014	周国逸
67	森大喜	博士后	Ecosystem theories in relation with nutrient dynamics and decomposition revisited	2018	莫江明
68	徐姗	博士后	生态系统化学计量与土壤有机碳累积的相关性研究	2018	周国逸
69	江军	博士后	鼎湖山不同演替阶段森林土壤对模拟酸雨的响应模式与缓冲机理	2019	王应平
70	梁寒雪	博士后	亚热带马尾松径向生长对竞争和气候的响应研究	2019	黄建国
71	梁星云	博士后	氮添加对植物光合影响的全球格局研究	2019	叶清
72	郑棉海	博士后	氮沉降对森林生物固氮的影响：从样点到全球尺度	2020	赵平，莫江明
73	刘菊秀	硕士	酸沉降背景下鼎湖山森林水和土壤化学特征	2001	周国逸
74	方运霆	硕士	鼎湖山退化林地重建马尾松林生态系统碳积累研究	2002	莫江明
75	欧阳学军	硕士	鼎湖山森林生态系统营养物质输入及锶同位素数量评价研究——以季风常绿阔叶林为例	2002	周国逸，黄忠良
76	李德军	硕士	南亚热带三种树苗对模拟氮沉降增加的响应	2004	莫江明
77	罗艳	硕士	鼎湖山森林生态系统3种主要林型水文学过程中总有机碳转运初探	2004	周国逸
78	张倩媚	硕士	鼎湖山主要林型优势树种种间联结性研究	2004	陈北光，周国逸
79	刘艳	硕士	南亚热带典型森林生态系统演替中DOM水文学过程研究	2005	周国逸
80	余春珠	硕士	不同生活型植物对大气污染胁迫的响应与适应策略	2005	莫江明，温达志
81	江远清	硕士	鼎湖山阔叶林和针叶林土壤溶液化学对氮沉降的响应	2006	莫江明
82	吕明和	硕士	鼎湖山典型森林植被中优势树种粗死木质残体分解研究	2006	周国逸，张德强
83	王莉丽	硕士	两种园林树木断根和剪枝后蒸腾和光合等特性的比较研究	2006	周国逸
84	王晖	硕士	氮沉降对鼎湖山森林土壤微生物的影响	2007	莫江明
85	王国勤	硕士	水热格局变化下南亚热带典型森林的水文学过程研究	2008	闫俊华
86	董少峰	硕士	高氮沉降状况下施磷对鼎湖山森林凋落物分解的影响	2009	莫江明

（续）

序号	姓名	类别	论文题目	毕业出站年份	导师
87	段洪浪	硕士	OTC中植物与土壤碳积累对C—N交互的响应与适应	2009	张德强，刘菊秀
88	乔玉娜	硕士	鼎湖山主要森林类型的水文功能及其重要影响因素分析	2010	周国逸，刘菊秀
89	张娜	硕士	华南3种森林生态系统水文过程中物质循环规律	2010	闫俊华
90	李荣华	硕士	起始时间对亚热带森林凋落物分解速率的影响	2011	张德强
91	陈青青	硕士	我国南方主要林型乔木层地上部分碳汇差异及其机理研究	2012	闫俊华
92	黄德卫	硕士	鼎湖山针阔叶混交林优势树种的树干液流比较	2012	张德强
93	马川	硕士	鼎湖山马尾松林凋落物分解对凋落物输入变化的响应	2012	莫江明
94	赵亮	硕士	碳输入变化对南亚热带主要森林土壤碳沉积及过程的影响	2012	刘菊秀
95	李义勇	硕士	鼎湖山主要森林类型碳格局与过程对气温上升的响应	2013	刘菊秀
96	刘滔	硕士	酸沉降下南亚热带森林土壤元素动态及其响应机制	2013	尹光彩，刘菊秀
97	丘清燕	硕士	模拟酸雨对鼎湖山森林地表水化学特征的影响	2013	张德强
98	宋娟	硕士	鼎湖山不同生境下蕨类植物的叶片成本-收益分析及其对干旱胁迫的响应	2013	叶清
99	张亚茹	硕士	鼎湖山不同森林演替阶段主要林下层植物光合生理特性对模拟酸雨的响应	2013	李跃林
100	郑克举	硕士	鼎湖山季风常绿阔叶林演替系列菌根资源多样性研究	2013	唐旭利
101	苗娟	硕士	贵州省森林生态系统碳储量动态和空间分布	2014	闫俊华
102	欧阳旭	硕士	鼎湖山两种主要森林类型水文过程对模拟增温的响应	2014	李跃林，张倩媚
103	张灏	硕士	鼎湖山森林地表温室气体通量和土壤微生物群落对凋落物处理的响应	2014	闫俊华
104	张静	硕士	南亚热带森林土壤球囊霉素相关蛋白储量及其对土壤碳固持的影响	2014	唐旭利
105	程静	硕士	鼎湖山两种主要林型水分利用特征及其影响因子研究	2015	李跃林
106	龙凤玲	硕士	模拟酸雨和氮添加对南亚热带主要树种磷含量的影响	2015	刘菊秀
107	童琳	硕士	亚热带森林菌根对植物生长与土壤碳动态的影响	2015	唐旭利，张倩媚
108	汪越	硕士	紫背天葵（*Begonia fimbristipula* Hance）的生态学特性及其回归研究	2015	任海，李跃林，张倩媚
109	郑棉海	硕士	氮、磷添加对南亚热带两种人工林生物固氮的影响	2015	莫江明
110	陈美领	硕士	南亚热带两种成熟人工林土壤磷组分对氮添加的响应	2016	莫江明
111	高一飞	硕士	中国森林生态系统碳库特征及其影响因素	2016	唐旭利
112	刘双娥	硕士	模拟增温对木荷和短序润楠凋落物分解的影响	2016	刘菊秀，刘世忠
113	熊鑫	硕士	南亚热带森林演替序列植物-土壤碳氮同位素特征	2016	张德强
114	叶国良	硕士	两种不同抗旱性豇豆水分关系及其抗旱机理的对比研究	2016	叶清
115	邵宜晶	硕士	南亚热带几种常见树种凋落物分解过程研究	2017	闫俊华
116	许悦	硕士	干旱胁迫对四种植物碳水过程的影响及其致死机制探究	2017	刘菊秀，段洪浪，洪岚
117	钟思远	硕士	丛枝菌根真菌与森林土壤团聚体的关系	2017	唐旭利

（续）

序号	姓名	类别	论文题目	毕业出站年份	导师
118	罗绮	硕士	植物叶片水力性状对喀斯特和热带珊瑚岛特殊生境的响应	2018	叶清
119	王立景	硕士	鼎湖山不同演替阶段森林优势树种冠层气孔导度与水分利用的研究	2018	李跃林
120	王卓航	硕士	长期氮沉降对南亚热带森林土壤有机碳稳定性的影响	2018	鲁显楷
121	夏艳菊	硕士	物种及结构多样性对森林植被碳密度的影响	2018	唐旭利
122	邓永红	硕士	鼎湖山三种主要森林类型水文和水化学对模拟增温的响应	2019	李跃林
123	耿卫欣	硕士	降水变化对土壤微生物生物量和群落组成的影响：整合分析	2019	周国逸，周平
124	侯皓	硕士	木兰科常绿与落叶植物叶片的构建策略	2019	叶清
125	张勇群	硕士	长期氮输入对南亚热带典型森林生态系统土壤线虫群落的影响	2019	鲁显楷
126	赵建琪	硕士	增温对鼎湖山主要森林类型土壤微生物及其介导碳循环功能的影响	2019	张德强
127	赵梦頔	硕士	鼎湖山主要森林类型土壤温室气体通量与呼吸组分对增温的响应	2019	张德强，陆耀东

4.2.3 主要承担项目目录

2000年以来鼎湖山站人员承担了300多个项目，在此列出2019年以前结题的100万元以上的项目、在研的50万元以上的项目，国家基金面上项目等（表4-12）。

表4-12 2020年前鼎湖山站主要项目名单

序号	项目名称	资金来源	时间	主持人	万元
1	南海生态环境变化——植被新建特色种选育及应用	中国科学院——院战略性先导科技专项课题	2016—2020	叶清，简曙光	9000
2	中国森林生态系统固碳现状、速率、机制和潜力	中国科学院——院战略性先导科技专项	2011—2015	周国逸	5900
3	植被模式与地下淡化水体涵养相互作用机制	中国科学院——院战略性先导科技专项课题	2016—2020	闫俊华	1600
4	森林生态系统服务功能形成机理	国家科技部973计划课题	2009—2013	周国逸	473
5	第1课题，植被及其与各个圈层碳循环的相互作用	国家科技部973计划课题	2013—2017	闫俊华	452
6	陆表过程与环境变化	国家自然科学基金委杰出青年科学基金	2019—2023	闫俊华	420
7	植物生理生态方向	国家自然科学基金委杰出青年科学基金	2019—2023	叶清	420

（续）

序号	项目名称	资金来源	时间	主持人	万元
8	全球环境变化对地带性常绿阔叶林结构与主要服务功能的影响及机理	国家自然科学基金委重点项目	2015—2019	周国逸	330
9	豫南经济植物联合开发项目	桐柏县财政局地方项目	2017—2020	张炜	300
10	全球环境变化引起的群落结构改变对生态系统碳、水服务功能的驱动机制	中国科学院创新人才项——前沿科学重点研究计划项目	2016—2020	周国逸	300
11	森林生态与全球变化创新团队	中国科学院——创新国际团队	2015—2018	叶清	300
12	鼎湖山站“十二五”基础设施建设项目	中国科学院	2012—2014	周国逸	300
13	基于我国南亚热带森林生态系统服务功能维持机制研究探讨肯尼亚森林可持续性和恢复能力及对生计的影响	国家自然科学基金委国际（地区）合作研究与交流项目	2020—2024	李跃林	300
14	中国南亚热带森林生态系统中氮沉降的去向、储存及其机理	国家自然科学基金委重点项目	2018—2022	莫江明	286
15	中国森林生态系统固碳现状及其变化趋势	中国科学院重要方向性项目——华南植物园一三五突破经费	2016—2020	周国逸	250
16	生态系统化学计量学	中国科学院“百人计划”项目——园自筹	2017—2020	邓琦	200
17	陆面生物地球化学研究	中国科学院“千人计划”项目——园自筹	2017—2020	王应平	200
18	植物水分关系对全球变化的响应与适应	中国科学院“百人计划”项目	2011—2014	叶清	200
19	群落与系统生态学	国家自然科学基金委杰出青年科学基金	2008—2011	周国逸	200
20	南亚热带森林土壤碳积累过程及其关键驱动机制研究	国家自然科学基金委重点项目	2008—2011	周国逸	165
21	植物多样性对典型生态系统主要服务功能的影响与调控	中国科学院——院重要方向性项目	2017—2019	陈修治，李跃林	160
22	极端气候对亚洲中高纬区生态系统的影响	国家自然科学基金委重大项目课题五（专题）	2020—2024	刘菊秀	150
23	中国科学院青年促进会优秀会员项目	中国科学院青年创新促进会	2020—2023	鲁显楷	150
24	广东森林生态系统服务功能及其对全球气候变化的贡献	广东省自然科学基金研究团队项目	2008—2012	周国逸	130
25	森林生态系统氮素生物地球化学	国家自然科学基金委优秀青年科学基金项目	2020—2022	鲁显楷	130
26	华南片区灌丛调查	中国科学院——院战略性先导科技专项	2011—2015	李跃林	120
27	全球变化与东亚季风常绿阔叶林生态系统的响应与适应	中国科学院重要方向性项目——华南植物园一三五培育经费	2016—2020	叶清，黄建国	114
28	广州常见乡土树种的干旱敏感性及死亡机制研究	广州市科技厅攻关计划项目	2019—2021	刘菊秀	100

（续）

序号	项目名称	资金来源	时间	主持人	万元
29	氮素淋溶的过程机制及其受活性氮的影响	国家科技部青年 973 计划	2014—2018	鲁显楷	100
30	碳清查森林生态系统体系的构建	中国科学院——院战略性先导科技专项	2014—2015	周国逸	100
31	广东省第二届南粤百杰	广东省科技厅	2013—2015	周国逸	100
32	野外观测网络华南植物园大气本底观测专项（网络台站）	中国科学院仪器修购项目	2018—2020	褚国伟	90
33	森林土壤有机碳分解过程形态结构对环境变化响应与适应	国家自然科学基金委面上项目	2016—2019	张德强	88
34	氮沉降增加的条件下植物非结构性碳的变化及其对植物源挥发性有机物的排放调控	国家自然科学基金委面上项目	2016—2019	黄娟	87
35	不同气候带森林植物水分关系对大气氮沉降的响应及其调控机制	国家自然科学基金委面上项目	2016—2019	叶清	81
36	佛山高明区植物资源调查	佛山自然资源局高明分局	2019—2022	张倩媚	81
37	植物功能性状的适应及演化	中国科学院青年创新促进会	2019—2022	刘慧	80
38	气温上升影响下南亚热带主要森林类型乡土树种生长差异化原因探究	国家自然科学基金委面上项目	2016—2019	刘菊秀	76
39	增温背景下亚热带森林土壤水与磷有效性的关系及其生物化学调控机制	国家自然科学基金委面上项目	2017—2020	黄文娟	72
40	氮磷添加对南亚热带森林生物固氮的影响及其机理	国家自然科学基金委面上项目	2018—2021	莫江明	68
41	环境变化对森林凋落物分解过程碳去向的影响及驱动机制	国家自然科学基金委面上项目	2018—2021	张德强	68
42	热带岛礁植物适应机理解析及新优特色物种筛选	中国科学院南海创新研究院（筹）一般项目	2019—2020	叶清	68
43	河源市新丰江库区消落带生态保护与治理	河源市环境保护局联合体投标项目	2016—2019	刘世忠	66
44	气候过渡区典型森林生物固氮对林冠氮沉降的响应及机理	国家自然科学基金委面上项目	2017—2020	张炜	65
45	仪器修购项目	中国科学院仪器修购项目	2019—2020	褚国伟	65
46	中国木兰科主要类群植物关键功能性状的协同进化及其生态适应性研究	国家自然科学基金委面上项目	2017—2020	刘慧	65
47	适生植物的生态生物学特征及生理生态适应机制	中国科学院——院战略性先导科技专项	2016—2020	叶清	65
48	生理过程及物理环境对湿润区森林生态系统蒸散的贡献及其调控机制研究	国家自然科学基金委面上项目	2017—2020	李跃林	62
49	增温对南亚热带山地常绿阔叶林氮循环的影响	国家自然科学基金委面上项目	2020—2023	刘菊秀	61

（续）

序号	项目名称	资金来源	时间	主持人	万元
50	结合功能性状和系统发育探究南亚热带森林在不同时空尺度上的群落构建机制	国家自然科学基金委面上项目	2018—2021	张辉	61
51	环境变化对南亚热带森林土壤磷有效性的影响及其生物化学调控机制	国家自然科学基金委面上项目	2019—2021	邓琦	60
52	粤琼片区灌丛植物群落调查	国家科技部基础性工作专项	2015—2020	李跃林	60
53	长期氮沉降对南亚热带区域森林生物固氮的影响和机理	人力资源和社会保障部博士后创新人才支持计划	2018—2020	郑棉海	60
54	广东省主要生态公益林生态效益监测与评估	广东省林业局森林生态科技研究和推广项目	2020—2020	刘菊秀	60
55	AMF促进土壤有机碳固持的机理会随其多样性改变吗?	国家自然科学基金委面上项目	2018—2021	唐旭利	58
56	氮沉降增加的背景下南亚热带森林植物氮素在生长与防御之间的权衡	国家自然科学基金委面上项目	2020—2023	黄娟	58
57	雨热同期和异期气候下热带亚热带常绿阔叶林物候及蒸散的驱动机制	国家自然科学基金委面上项目	2020—2023	陈修治	58
58	广东特支计划百千万工程领军人才	广东省科技厅人才项目	2017—2020	刘菊秀	50
59	美丽中国生态文明建设科技工程子课题——鼎湖山保护区监测	中国科学院战略性先导科技专项	2019—2023	李跃林	50

4.2.4 已授权专利和新品种目录

2003—2019年，授权专利31项，其中1项为日本专利，2项为实用新型专利，新品种2项，软件著作权2项，专利获奖4项（表4-13）。

表4-13 2003—2019年鼎湖山站获得专利、软件著作权和新品种名单

序号	专利名称	项目完成人	专利号	批准时间
1	采石场坡壁植被恢复的植物固定技术	任海，彭少麟，谢振华，刘世忠，张倩媚，欧伟	发明专利：ZL03140161.9	2005
2	管叶伽蓝菜的屋顶绿化实用技术	刘世忠，任海，谢振华，彭少麟，张倩媚，周国逸，欧伟	发明专利：ZL03139997.5	2005
3	屋顶绿化长效轻型基质配方	任海，彭少麟，刘世忠，谢振华，张倩媚	发明专利：ZL03126785.8	2005
4	一种酸化土壤的修复改善方法	刘菊秀，周国逸，张德强，张倩媚	发明专利：ZL03139678.X	2005
5	散尾棕种子繁育及幼苗的培育技术	李跃林，何洁英，任海，廖景平，张倩媚，刘世忠	发明专利：ZL200510033954.3	2007
6	无瓣海桑的种苗繁育方法	林康英，林玉进，许方宏，张倩媚，高蕴璋，陈忠毅，王瑞江，殷祚云，郝刚，任海	发明专利：ZL200610032977.7	2007

（续）

序号	专利名称	项目完成人	专利号	批准时间
7	一种屋顶绿化方法（原名：玉吊钟屋顶绿化技术）	刘世忠，任海，申卫军，李志安，李跃林，张倩媚，周国逸	发明专利：ZL200410051646.9	2007
8	用于生活污水净化的人工湿地植物配置	任海，卢琼，张倩媚，刘春常，简曙光，陆宏芳，叶东辉，周衍雄	发明专利：ZL200510035068.4	2008
9	一种报春苣苔（*Primulina tabacum* Hance）组织培养繁殖及野外栽培方法	马国华，任海，张倩媚，李世晋，胡玉姬，何长信，张新华，焦德强，邓伟雄，杨伟雄	发明专利：ZL200710030266.0	2009
10	一种潮间带种植红树林的方法	任海，张倩媚，简曙光，陆宏芳，黄鹄，宁天竹，梁镜明，周晚朗	发明专利：ZL200610124054.4	2009
11	一种清除土壤铝毒害的植物修复方法	夏汉平，黄娟，李志安，孔国辉	发明专利：ZL200710035750.2	2010
12	一种绿化屋顶的方法	任海，简曙光，王少平，张倩媚，陈红锋	发明专利：ZL200810220044.X	2010
13	一种绿化高架桥桥墩的方法	卢琼，张倩媚，任海，简曙光	发明专利：ZL200810219813.4	2011
14	一种人工湿地及其建造方法	黄鹄，宁天竹，郑道才，李瑞成，任海，张倩媚	发明专利：ZL201110114364.9	2012
15	一种基于植被措施下的喀斯特地区水污染防治的方法	闫俊华，旷远文，李坤	发明专利：ZL201010280291.6	2012
16	一种利用小花露籽草建立耐荫草坪的方法	任海，王俊，张倩媚，范桑桑，张佩霞	发明专利：ZL201110420446.6	2013
17	一种利用皱叶狗尾草绿化和净化住宅小区乔木下绿地的方法	任海，袁莲莲，张倩媚，陆宏芳，范一鸣	发明专利：ZL201210333138.4	2013
18	一种应用新型消浪护坡块进行水质净化和护坡的方法	任海，沈凌云，范桑桑，刘红晓，张倩媚，黄鹄，孙秀波，周影涛，宁天竹	发明专利：ZL201310016874.1	2013
19	一种林冠模拟氮沉降和降雨野外控制实验系统	傅声雷，张炜，戴慧堂，万师强，李培学，王明蕊，戴克元，朱师丹，闫俊华，王克亚，申卫军，林永标，旷远文，刘占锋，王法明，叶清，赵平	实用新型：ZL201320100383.0	2013
20	一种单旋翼电动无人机平衡调节装置	李勇，陈修治	实用新型：ZL201320798146.6	2014
21	一种利用皱叶狗尾草绿化和净化住宅小区乔木下绿地的方法	任海，袁莲莲，张倩媚，陆宏芳	日本专利：2014－533761	2015
22	一种提高皱叶狗尾草萌发率和成活率的方法	任海，袁莲莲，张倩媚，陆宏芳，范一鸣	发明专利：ZL201310180808.8	2015
23	地表土壤物理参数的被动微波遥感反演方法	陈修治，李勇，苏泳娴	发明专利：ZL201410137298.0	2016

（续）

序号	专利名称	项目完成人	专利号	批准时间
24	一种阳春秋海棠组织培养繁育方法	马国华，任海，张倩媚，陈雨路，罗建	ZL201510391062.4	2017
25	一种圆籽荷扦插繁殖方法	易慧琳，汪越，任海，罗健，张倩媚，刘向国，蔡毅，徐翊，陈永聚，闵锐，钟志诚，邓文萍	发明专利：ZL201510228107.6	2017
26	一种土壤中的小型动物分离装置	韩涛涛，周浪，王俊，莫定升	发明专利：ZL201720130553.8	2017
27	一种利用短叶黍进行林下覆绿的方法	吴向崇，张倩媚，刘秀梅，钟龙霞，杨亮，蔡英璧，陆大鹏，范一鸣	发明专利：ZL201510354634.1	2018
28	一种促进椰子树或露兜树在非滨海沙地定居和结果的方法	任海，王俊，简曙光，王春南，张倩媚，闫树永	发明专利：ZL201510338188.5	2018
29	一种基于夜间灯光影像的能源碳排放量遥感估算方法	苏泳娴，陈修治，李勇	发明专利：ZL201510604791.3	2018
30	一种基于光谱曲线特征分异的森林生物量遥感反演方法	陈修治，苏泳娴，李静	发明专利：ZL201610864141.7	2018
31	一种基于被动微波遥感的干旱指数构建方法	陈修治，苏泳娴，刘礼杨	发明专利：ZL201710070362.1	2019
32	红艳艳	许明英，王少平，张倩媚，简曙光，邵应韶，苏国华，伍佰年，任海，袁莲莲	新品种权号：20150030	2014
33	嫣红	陈新兰，杨科明，何飞龙，林金妹，廖景平，刘慧，韦强，叶育石	新品种权号：20180233	2018
34	Recovery Plant Species Selection 软件 V1.0	王琛，刘楠，张辉，简曙光	软件登记号：2019SR1160222	2019
35	Uncertainty Quantification Python Laboratory 软件 V1.0	王琛，段青云	软件登记号：2019SR1009332	2019
36	散尾棕种子繁育及幼苗的培育技术	李跃林，何洁英，任海，廖景平，张倩媚，刘世忠	第十八届全国发明展览会金奖	2009
37	管叶伽蓝菜的屋顶绿化实用技术	刘世忠，任海，谢振华，彭少麟，张倩媚，周国逸，欧伟	第十八届全国发明展览会银奖	2009
38	屋顶绿化长效轻型基质配方	任海，彭少麟，刘世忠，谢振华，张倩媚	第十八届全国发明展览会银奖	2009
39	采石场坡壁植被恢复的植物固定技术	任海，彭少麟，谢振华，刘世忠，张倩媚，欧伟	第十八届全国发明展览会铜奖	2009

4.2.5 省部级以上获奖项目及集体获奖

鼎湖山站人员获得省部级奖项 18 项，其中 2 项国家级奖及 3 项省级奖为站人员独立完成。鼎湖山站还连续 3 届被中科院 5 年综合评估评为优秀野外站，以及国家科技部首次 5 年（2013—2017 年）

综合评估优秀站，2019 年获得广东省五一劳动奖状（表 4-14）。

表 4-14　2019 年前鼎湖山站获奖名单

项目名称	项目完成人（只列出本站人员及排序）	获奖名称	年份
华南热带亚热带森林生态系统恢复/演替过程碳、氮、水演变机理	周国逸，闫俊华，张德强，莫江明，唐旭利	国家自然科学二等奖	2008
植物对大气污染的敏感性反映及其净化作用与应用研究	孔国辉 1，张德强 3，温达志 4，刘世忠 7，旷远文 9，褚国伟 10	国家环境保护科学技术三等奖	2006
中国生态系统研究网络的创建及其观测研究和试验示范	鼎湖山站（参与）	国家科技进步一等奖	2012
中国陆地碳收支评估的生态系统碳通量联网观测与模型模拟系统	周国逸 8	国家科技进步二等奖	2010
乡土植物在珠三角城镇生态绿地构建中的研究与应用	张倩媚 3	国家环境保护科学技术三等奖	2010
热带亚热带生物与非生物固碳过程及其对环境变化的响应	闫俊华 1，张德强 5，李坤 7	广东省自然科学一等奖	2018
常绿阔叶林生态系统稳定性与土壤固碳对环境变化响应机理	周国逸，莫江明，张德强，刘菊秀，鲁显楷，张炜，黄文娟，刘蕾，方华，唐旭利，张倩媚，李跃林，刘世忠，褚国伟	广东省自然科学一等奖	2016
基于地物波谱的地表信息获取方法与应用	陈修治 3	广东省科技进步二等奖	2015
乡土植物在生态园林建设中的关键技术与产业化	张倩媚 10	广东省科学技术一等奖	2013
华南珍稀濒危植物的野外回归研究与应用	张倩媚 7	广东省科学技术一等奖	2012
热带亚热带森林生态系统碳、氮、水耦合研究	周国逸，闫俊华，张德强，莫江明，唐旭利，刘菊秀，旷远文，温达志，黄忠良，张倩媚，方运霆，欧阳学军，刘世忠，褚国伟，周存宇	广东省自然科学一等奖	2006
我国区域农业环境问题及其综合治理	刘菊秀 5	广东省科学技术二等奖	2005
广东省主要农情动态监测及快速预报研究	张倩媚 7，李跃林 15	广东省科学技术一等奖	2003
南亚热带森林生态系统中土壤微生物与氮素循环研究	黄忠良 3，莫江明 4	广东省自然科学三等奖	2002
华南热带南亚热带森林生态系统物质循环与能量流动研究	周国逸 1，闫俊华 6，刘菊秀 13	广东省自然科学二等奖（一等奖空缺）	2000
基于地物波谱的地表信息获取方法与应用	陈修治 3	中国地理信息科技进步三等奖	2013
植物对大气污染的敏感性反映及其净化作用与应用研究	孔国辉 1，张德强 3，温达志 4，刘世忠 7，褚国伟 10	广东省环保局科技成果一等奖	2006

（续）

项目名称	项目完成人（只列出本站人员及排序）	获奖名称	年份
城市林业优良树种选育及其应用	孔国辉 2，张德强 3，温达志 6，中国科学院华南植物研究所为第二完成单位	佛山市科技进步二等奖	2003
广东省五一劳动奖状集体奖	鼎湖山站	广东省五一劳动奖状	2019
CERN 2011—2015 年综合评估优秀站	鼎湖山站	中国科学院综合评估优秀站	2016
CERN 2006—2010 年综合评估优秀站	鼎湖山站	中国科学院综合评估优秀站	2011
CERN 2001—2005 年综合评估优秀站	鼎湖山站	中国科学院综合评估优秀站	2006
CERN2013—2017 年综合评估优秀站	鼎湖山站	5 年考评中获得优秀	2019
发现成熟森林土壤可持续积累有机碳	鼎湖山站	2006 年度中国基础研究十大新闻	2006

参 考 文 献

陈炬锋，刘磊磊，2007. 雨水水质研究进展［J］. 安徽农业科学（7）：2045-2046.

程静，欧阳旭，黄德卫，等，2015. 鼎湖山针阔叶混交林 4 种优势树种树干液流特征［J］. 生态学报，35（12）：4097-4104.

董鸣，王义凤，孔繁志，等，1997. 陆地生物群落调查观测与分析［M］. 北京：中国标准出版社.

范宗骥，欧阳学军，等，2021. 鼎湖山鼎湖山的鸟类与考察研究历史［J］. 动物学杂志，56（3）：449-468.

关文彬，陈铁，董亚杰，等，1997. 东北地区植被多样性的研究 I. 寒温带针叶林区域垂直植被多样性分析［J］. 应用生态学报，8（5）：465-470.

桂旭君，练琚愉，张入匀，等，2019. 鼎湖山南亚热带常绿阔叶林群落垂直结构及其物种多样性特征［J］. 生物多样性，27（6）：619-629.

黄德卫，张德强，周国逸，等，2012. 鼎湖山针阔叶混交林优势种树干液流特征及其与环境因子的关系［J］. 应用生态学报，23（5）：1159-1166.

黄健强，邓永红，曾小平，等，2020a. 南亚热带针阔叶混交林生态系统水分利用效率［J］. 生态学杂志，39（8）：2538-2545.

黄健强，黄德卫，李跃林，等，2020b. 2010—2011 年鼎湖山针阔叶混交林树干液流数据集［J/OL］. 中国科学数据（中英文网络版），5（1）：94-102［2019-10-10］. http：//www. csdata. org/p/373/3/.

黄忠良，孔国辉，何道泉，2000. 鼎湖山植物群落多样性研究［J］. 生态学报，20（2）：193-198.

黄忠良，宋柱秋，吴林芳，等，2019. 鼎湖山野生植物［M］. 广东：广东科技出版社.

李跃林，刘世忠，黄健强，等，2020. 1999—2016 年鼎湖山季风常绿阔叶林凋落物月回收量数据集［J/OL］. 中国科学数据（中英文网络版），5（2）：51-60［2020-06-24］. http：//www. csdata. org/p/395/.

李跃林，闫俊华，孟泽，等，2021. 2003—2010 年鼎湖山针阔叶混交林碳水通量观测数据集［J/OL］. 中国科学数据（中英文网络版），6（1）［2021-03-30］. http：//www. csdata. org/p/450/.

刘光崧，1996. 土壤理化分析与剖面描述［M］. 北京：中国标准出版社.

刘菊秀，李跃林，刘世忠，等，2013. 气温上升对模拟森林生态系统影响实验的介绍［J］. 植物生态学报，37（6）：558-565.

刘佩伶，陈乐，刘效东，等，2021. 鼎湖山不同演替阶段森林土壤水分的时空变异［J/OL］. 生态学报（5）：1-10［2021-01-22］. http：//kns. cnki. net/kcms/detail/11. 2031. Q. 20201231. 1552. 007. html.

刘佩伶，张倩媚，刘效东，等，2019. 2002—2016 年鼎湖山典型森林生态系统土壤含水量数据集［J/OL］. 中国科学数据（中英文网络版），4（4）：143-15［2019-12-25］. http：//www. csdata. org/p/237/.

刘佩伶，张倩媚，刘效东，等，2021b. 2012—2018 年鼎湖山典型森林生态系统枯落物含水量数据集［J/OL］. 中国科学数据（中英文网络版），6（1）［2021-03-29］. http：//www. csdata. org/p/489/.

刘佩伶，张倩媚，刘效东，等，2020. 2005—2018 年鼎湖山森林生态系统定位研究站气象数据集［J/OL］. 中国科学数据（中英文网络版），5（4）：170-179［2020-12-29］. http：//www. csdata. org/p/423/.

梅婷婷，王传宽，赵平，等，2010. 木荷树干液流的密度特征［J］. 林业科学，46（1）：40-47.

潘贤章，郭志英，潘恺，2019. 陆地生态系统土壤观测指标与规范［M］. 北京：中国环境出版集团.

丘清燕，梁国华，黄德卫，等，2013. 森林土壤可溶性有机碳研究进展［J］. 西南林业大学学报，33（1）：86-96.

起德花，张一平，宋清海，等，2021. 2003—2010 年西双版纳热带季节雨林碳水通量观测数据集［J/OL］. 中国科学数据（中英文网络版），6（1）：33-45［2021-07-14］. https：//d. wanfangdata. com. cn/periodical/zgkxsj202101005.

曲利明，2014. 中国鸟类图鉴（便携版）［M］. 福州：海峡书局.

唐平，王丽华，李操，等，2005. 四川省盐边县鸟类多样性调查［J］. 西南林学院学报，25（3）：60－65.

王春林，于贵瑞，周国逸，等，2006. 鼎湖山常绿针阔叶混交林 CO_2 通量估算［J］. 中国科学 . D 辑：地球科学（S1）：119－129.

王春林，周国逸，唐旭利，等，2007. 鼎湖山针阔叶混交林生态系统呼吸及其影响因子［J］. 生态学报，27（7）：2659－2668.

王立景，邓永红，曾小平，等，2019. 我国南亚热带森林群落先锋树种马尾松的水分利用特征［J］. 中南林业科技大学学报，39（3）：82－90.

王立景，胡彦婷，张德强，等，2018. 鼎湖山南亚热带天然针阔叶混交林臭氧吸收特征［J］. 生态学报，38（17）：6092－6100.

温达志，魏平，孔国辉，等，1997. 鼎湖山锥栗＋黄果厚壳桂＋荷木群落生物量及其特征［J］. 生态学报，（5）：497－504.

吴冬秀，韦文珊，宋创业，等，2012. 陆地生态系统生物观测数据质量保证与质量控制［M］. 北京：中国环境科学出版社.

叶万辉，曹洪麟，黄忠良，等，2008. 鼎湖山南亚热带常绿阔叶林 20 公顷样地群落特征研究［J］. 植物生态学报，32（2）：274－286.

尹琏，费嘉伦，林超英，2017. 中国香港及华南鸟类野外手册［M］. 长沙：湖南教育出版社.

于贵瑞，孙晓敏，2018. 陆地生态系统通量观测的原理与方法［M］. 2 版. 北京：高等教育出版社.

于贵瑞，张雷明，孙晓敏，2014. 中国陆地生态系统通量观测研究网络（ChinaFLUX）的主要进展及发展展望［J］. 地理科学进展，33（7）：903－917.

袁国富，张心昱，唐新斋，2012. 陆地生态系统水环境观测质量保证与质量控制［M］. 北京：中国环境科学出版社.

袁国富，朱治林，张心昱，等，2019. 陆地生态系统水环境观测指标与规范［M］. 北京：中国环境出版集团.

约翰·马敬能，卡伦·菲利普斯，2000. 中国鸟类野外手册［M］. 卢何芬，译. 长沙：湖南教育出版社.

张雷明，罗艺伟，刘敏，等，2019. 2003—2005 年中国通量观测研究联盟（ChinaFLUX）碳水通量观测数据集［J/OL］. 中国科学数据（中英文网络版），4（1）：18－34. https：//library. lzufe. edu. cn/asset/detail. aspx? id=203772928624.

赵正阶，2001. 中国鸟类志：下卷 雀形目［M］. 长春：吉林科学技术出版社.

郑光美，2017. 中国鸟类分类与分布名录［M］. 3 版. 北京：科学出版社.

郑师章，吴千红，王海波，等，1994. 普通生态学——原理、方法和应用［M］. 上海：复旦大学出版社.

中国科学院华南植物园，2017. 中国科学院鼎湖山森林生态系统定位研究站［J］. 中国科学院院刊，32（9）：1047－1049.

中国科学院中国植物志编辑委员会，2004. 中国植物志［M］. 北京：科技出版社.

中国生态系统研究网络科学委员会，2007a. 陆地生态系统生物观测规范［M］. 北京：中国环境科学出版社.

中国生态系统研究网络科学委员会，2007b. 陆地生态系统水环境观测规范［M］. 北京：中国环境科学出版社.

中科院华南植物研究所，1987. 广东植物志［M］. 广州：广东科技出版社.

周传艳，周国逸，闫俊华，等，2005. 鼎湖山地带性植被及其不同演替阶段水文学过程长期对比研究［J］. 生态学报，29（2）：208－217.

周国逸，1997. 生态系统水热原理及其应用［M］. 北京：气象出版社.

周国逸，张德强，李跃林，等，2017. 长期监测与创新研究阐明森林生态系统功能形成过程与机理［J］. 中国科学院院刊，32（9）：1036－1046.

邹顺，耿卫欣，张倩媚，等，2019. 1992—2015 年鼎湖山季风常绿阔叶林乔木物种组成数据集［J/OL］. 中国科学数据（中英文网络版），4（4）：161－167［2019－12－24］. http：//csdata. org/p/266/.

Bibby C J，Burgress N D，Hill D A，et al.，2000. Bird Census Techniques［M］. London：Academic Press.

Christenhusz M J M，Reveal J L，Farjon A，et al.，2011. A new classification and linear sequence of extant gymnosperms［J］. Phytotaxa，19：55－70.

Deng Q，Hui D F，Zhang D Q，et al.，2012. Effects of precipitation increase on soil respiration：A three-year field experiment in subtropical forests in China［J］. Plos one，7（7）：e41493.

Deng Q，Zhang D Q，Han X，et al.，2018. Changing rainfall frequency rather than drought rapidly alters annual soil respiration in a tropical forest [J]. Soil Biology and Biochemistry, 121: 8 - 15.

Granier A, 1985. A new method of sap flow measurement in tree stems [J]. Annales Des Sciences Forestieres, 42: 193 - 200.

Huang Y H, Zhou G Y, Tang X L, et al., 2011. Estimated soil respiration rates decreased with long-term soil microclimate changes in successional forests in southern China [J]. Environmental Management, 48 (6): 1189 - 1197.

Jiang H, Deng Q, Zhou G Y, et al., 2013. Responses of soil respiration and its temperature/moisture sensitivity to precipitation in three subtropical forests in southern China [J]. Biogeosciences, 10: 3963 - 3982.

Liu P L, Liu X D, Dai Y H, et al., 2020. Influence of vegetation restoration on soil hydraulic properties in South China [J]. Forests, 11 (10): 1111.

Lu X K, Mo J M, Gilliam F S, et al., 2010. Effects of experimental nitrogen additions on plant diversity in an old-growth tropical forest [J]. Global Change Biology, 16 (10): 2688 - 2700.

Otieno D, Li Y L, Liu X D, et al., 2017. Spatial heterogeneity in stand characteristics alters water use patterns of mountain forests [J]. Agricultural and Forest Meteorology, 236: 78 - 86.

Otieno D, Li Y L, Ou Y X, et al., 2014. Stand characteristics and water use at two elevations in a sub-tropical evergreen forest in southern China [J]. Agricultural & Forest Meteorology, 194 (3): 155 - 166.

Pielou E C, 1969. An introduction to mathematical ecology [J]. New York: Wiley-Interscience.

Wu Z Y, Peter H R, 1996. Flora of China [M]. Beijing: Science Press.

Yu G R, Fu Y L, Sun X M, et al., 2006. Recent progress and future directions of ChinaFlux [J]. Science in China (Series D: Earth Sciences), 49 (NovS2): 1 - 23.

图书在版编目（CIP）数据

中国生态系统定位观测与研究数据集．森林生态系统卷．广东鼎湖山站：1998-2018 / 陈宜瑜总主编；张倩媚，刘世忠，褚国伟主编．—北京：中国农业出版社，2022.11

ISBN 978-7-109-30209-9

Ⅰ.①中… Ⅱ.①陈… ②张… ③刘… ④褚… Ⅲ.①生态系一统计数据一中国②森林生态系统一统计数据一肇庆一1998-2018 Ⅳ.①Q147②S718.55

中国版本图书馆 CIP 数据核字（2022）第 213691 号

ZHONGGUO SHENGTAI XITONG DINGWEI GUANCE YU YANJIU SHUJUJI

中国农业出版社出版

地址：北京市朝阳区麦子店街 18 号楼

邮编：100125

责任编辑：李昕昱　　文字编辑：黄璟冰

版式设计：李　文　　责任校对：周丽芳

印刷：中农印务有限公司

版次：2022 年 11 月第 1 版

印次：2022 年 11 月北京第 1 次印刷

发行：新华书店北京发行所

开本：889mm×1194mm　1/16

印张：33.5

字数：990 千字

定价：158.00 元